矿区生态环境修复丛书

环境材料在矿区土壤修复中的应用

黄占斌　王　平　李昉泽　编著

科学出版社
龍門書局
北　京

内 容 简 介

土壤修复是矿区土地复垦和生态修复的基础，环境材料又是土壤修复的基础。环境材料是具有最大使用功能和最小环境负荷的各类材料，具有功能性、环保性和经济性三大特点。针对矿区土地复垦和生态修复中的土壤修复，本书根据作者在环境材料方面的科研实践，结合相关研究进展编写而成。全书在对环境材料理论和矿区土壤修复原理介绍的基础上，主要针对矿业废弃物堆场复垦和盐碱地等退化土壤的修复和改良，以及重金属污染等土壤治理中环境材料的应用进行综合介绍，对保水剂和腐殖酸两类材料及复合材料在土壤修复和土壤污染特别是重金属土壤污染治理方面的应用基础研究进行总结。

本书可作为环境科学与工程和材料学等专业教学参考书使用，也可以作为环境科学与工程研究人员及材料科学工作者的科研参考用书。

图书在版编目（CIP）数据

环境材料在矿区土壤修复中的应用/黄占斌，王平，李昉泽编著. —北京：龙门书局，2020.11

（矿区生态环境修复丛书）

国家出版基金项目

ISBN 978-7-5088-5820-3

I. ①环… II. ①黄… ②王… ③李… III. ①材料科学－应用－矿区－污染土壤－修复－研究 IV. ①X53

中国版本图书馆 CIP 数据核字(2020)第 204563 号

责任编辑：李建峰　杨光华　刘　畅/责任校对：高　嵘

责任印制：彭　超/封面设计：苏　波

科 学 出 版 社
龍 門 書 局 出版

北京东黄城根北街 16 号

邮政编码：100717

http://www.sciencep.com

武汉精一佳印刷有限公司印刷

科学出版社发行　各地新华书店经销

*

开本：787×1092　1/16

2020 年 11 月第　一　版　　印张：22 1/2

2020 年 11 月第一次印刷　　字数：530 000

定价：268.00 元

“矿区生态环境修复丛书”

编　委　会

“矿区生态环境修复丛书”序

我国是矿产大国，矿产资源丰富，已探明的矿产资源总量约占世界的12%，仅次于美国和俄罗斯，居世界第三位。新中国成立尤其是改革开放以后，经济的发展使国内矿山资源开发技术和开发需求上升，从而加快了矿山的开发速度。由于我国矿产资源开发利用总体上还比较传统粗放，土地损毁、生态破坏、环境问题仍然十分突出，矿山开采造成的生态破坏和环境污染点多、量大、面广。截至 2017 年底，全国矿产资源开发占用土地面积约 362 万公顷，有色金属矿区周边土壤和水中镉、砷、铅、汞等污染较为严重，严重影响国家粮食安全、食品安全、生态安全与人体健康。党的十八大、十九大高度重视生态文明建设，矿业产业作为国民经济的重要支柱性产业，矿产资源的合理开发与矿业转型发展成为生态文明建设的重要领域，建设绿色矿山、发展绿色矿业是加快推进矿业领域生态文明建设的重大举措和必然要求，是党中央、国务院做出的重大决策部署。习近平总书记多次对矿产开发做出重要批示，强调“坚持生态保护第一，充分尊重群众意愿”，全面落实科学发展观，做好矿产开发与生态保护工作。为了积极响应习总书记号召，更好地保护矿区环境，我国加快了矿山生态修复，并取得了较为显著的成效。截至 2017 年底，我国用于矿山地质环境治理的资金超过 1 000 亿元，累计完成治理恢复土地面积约 92 万公顷，治理率约为 28.75%。

我国矿区生态环境修复研究虽然起步较晚，但是近年来发展迅速，已经取得了许多理论创新和技术突破。特别是在近几年，修复理论、修复技术、修复实践都取得了很多重要的成果，在国际上产生了重要的影响力。目前，国内在矿区生态环境修复研究领域尚缺乏全面、系统反映学科研究全貌的理论、技术与实践科研成果的系列化著作。如能及时将该领域所取得的创新性科研成果进行系统性整理和出版，将对推进我国矿区生态环境修复的跨越式发展起到极大的促进作用，并对矿区生态修复学科的建立与发展起到十分重要的作用。矿区生态环境修复属于交叉学科，涉及管理、采矿、冶金、地质、测绘、土地、规划、水资源、环境、生态等多个领域，要做好我国矿区生态环境的修复工作离不开多学科专家的共同参与。基于此，“矿区生态环境修复丛书”汇聚了国内从事矿区生态环境修复工作的各个学科的众多专家，在编委会的统一组织和规划下，将我国矿区生态环境修复中的基础性和共性问题、法规与监管、基础原理/理论、监测与评价、规划、金属矿冶区/能源矿山/非金属矿区/砂石矿废弃地修复技术、典型实践案例等已取得的理论创新性成果和技术突破进行系统整理，综合反映了该领域的研究内容，系统化、专业化、整体性较强，本套丛书将是该领域的第一套丛书，也是该领域科学前沿和国家级科研项目成果的展示平台。

本套丛书通过科技出版与传播的实际行动来践行党的十九大报告“绿水青山就是金山银山”的理念和“节约资源和保护环境”的基本国策，其出版将具有非常重要的政治意义、理论和技术创新价值及社会价值。希望通过本套丛书的出版能够为我国矿区生态环境修复事业发挥积极的促进作用，吸引更多的人才投身到矿区修复事业中，为加快矿区受损生态环境的修复工作提供科技支撑，为我国矿区生态环境修复理论与技术在国际上全面实现领先奠定基础。

干　勇　胡振琪　党　志
柴立元　周连碧　束文圣
2020 年 4 月

前　言

土壤是地球陆地表面能生长绿色植物的疏松表层，是土地生产力和生态环境可持续发展的重要保障。随着我国社会经济的快速发展，矿产资源的需求不断增加，而矿物开采扰动地表塌陷等破坏、煤矸石和废渣等废弃物堆场对矿区及其周边土壤污染和土地生产力降低，以及矿物加工对矿区周边土地的“三废”污染等，极大影响绿色矿山建设和矿区可持续发展，矿区土壤修复已经成为人们不得不面对、不得不解决的生态环境问题。我国 2016 年发布《土壤污染防治行动计划》（国发〔2016〕31 号），2018 年公布《工矿用地土壤环境管理办法（试行）》，2019 年 1 月 1 日实施《中华人民共和国土壤污染防治法》等，极大推动矿区土壤污染防治和以土壤改良为核心的土壤修复发展。环境材料是土壤修复的基础，其最显著特点是具有最大使用功能和最低环境负荷，在材料的功能性、环境友好性和经济性方面也具有突出特点，在矿区土壤修复中具有极大的发展潜力。

本书是笔者在中国矿业大学（北京）开展环境材料学教学和科研的基础上，特别是在 2018 年成立中国矿业大学（北京）土壤修复生态材料研究所后，结合环境材料在矿区土壤修复的相关研究进展，特别是“十五”以来笔者承担的国家高技术研究发展计划（863 计划）课题和国家自然科学基金课题中保水剂的研发与应用，以及国家科技支撑计划课题中腐殖酸的研究，再结合部分博士、硕士研究生的毕业试验结果，对国内外环境材料在矿区土壤修复中的应用进行的梳理和总结。在此由衷地感谢我的历届博士和硕士研究生，他们辛勤的努力和丰富的成果为本书的编写提供了大量珍贵的素材，也让我们共同见证环境材料特别是保水剂和腐殖酸在矿区土壤修复中的应用发展。

本书分为 8 章：第 1 章由黄占斌编写，主要介绍环境材料概念及其学科形成，以及环境材料，特别是保水剂和腐殖酸两大类环境材料在土壤修复中的应用；第 2 章由黄占斌和彭菲编写，主要介绍矿区土地复垦和土壤修复的基本理论，以及矿区土壤修复中土壤改良和重金属污染治理技术；第 3 章由李昉泽和黄占斌编写，主要针对矿区土壤存在的问题，对土壤物理、化学和生物性质改良的进展及其主要的改良材料进行总结分析；第 4 章由宋俊颖和李昉泽编写，主要介绍矿区土壤重金属污染治理的环境材料，特别是无机、有机和氧化还原类环境材料的研发和应用进展，以及矿区土壤重金属污染治理的效果评估；第 5～6 章由李昉泽、门姝慧和彭菲编写，主要介绍保水剂在土壤改良和土壤重金属治理方面的应用；第 7～8 章由王平、史艳君和黄占斌编写，主要介绍腐殖酸在土壤改良和土壤重金属钝化方面的应用。全书由黄占斌和王平组织协调和统稿。

书中可能存在不足之处，敬请读者指正。

作　者

2020 年 3 月 6 日

目　录

第 1 章　环境材料概述

1.1　环境材料概念及其发展

人口膨胀、资源短缺、环境恶化是当今社会可持续发展面临的重大问题。材料是人类赖以生活和生产的物质基础，新材料研发和应用是人类文明进步的重要标志之一。随着科学技术的快速发展，高性能、高质量和低成本的新材料不断出现。但是，由于对材料质量和性能的过度片面追求，伴随材料的加工、制备、生产制造、使用、废弃和再生过程中资源、能源的过度消耗，废气、废水和废渣等废弃物排放不断增加，造成能源短缺、资源枯竭及环境污染问题不断加重。自 1997 年以来，联合国开发计划署驻华代表处持续开展《中国人类发展报告》（1997、1999、2002），分别关注“扶贫与发展”“国家作用与发展”“环境和人类发展”，得到国内外各界积极评价。《2016 中国人类发展报告》指出，中国人类发展取得了巨大进步，与此同时中国必须进一步深化改革，促进社会创新，确保包容性人类发展能够惠及全体人民。可见，人与自然协调，治理环境污染和维持生态平衡一直是我国经济发展的重要方向。在环境污染中，与材料有关的环境污染占到了一半以上。因此，材料产业只有走与资源、能源和环境相协调的道路才是可持续发展的。在这样的背景下，如何将资源、能源和环境问题协调统一，寻求材料的可持续发展途径，正是环境材料学产生的重要原因。

目前，环境材料及其产品的概念定义并未完全确定。20 世纪 90 年代初日本学者山本良一等提出新研究领域“环境材料”（environmental materials 或 eco-materials）。认为环境材料是赋予传统结构材料、功能材料以特别优异的环境协调性的材料，或指那些直接具有净化环境、修复等功能的材料。国内学者认为，环境材料是那些具有良好性能或功能并与环境协调的材料。从产业技术过程归纳，环境协调性材料及产品在满足性能要求的前提下，还应当具备三个特征：第一，产品或材料在生产过程中所消耗的资源应最少；第二，产生的副产物尽量不污染环境并尽可能全部资源化；第三，产品或材料本身在废弃后仍可再生或循环再生利用，达到与环境协调。因此，环境材料是考虑了资源、能源和环境问题后提出的一大类材料的总称。那些具有净化环境、修复环境功能的材料，自然是环境材料的重要组成部分。事实上，目前各行各业使用的各类材料，只要从资源、能源和环境的角度出发，在生产、加工、使用和再生过程中加以改造，使之完全具备或基本具备上述三个特征，则可称之为“环境材料”。而要开发新材料，从一开始就要对材料生产的环境影响进行评价，包括材料整个寿命周期的每一阶段（生产、加工、使用、再生直至最后处理）所造成的环境负荷。具有环境协调性的材料及产品的最佳生产模式，应当是通过专业的系统工程进行产品及材料设计，避免破坏生态环境和不可再生循环使用的产品的出现或使其数量降到极限。

因此，环境材料的概念可概括为在生产、加工、使用和再生过程中具有最低环境负荷和最大使用功能的人类所需材料，既包括经改造后的现有传统材料，也包括新开发的环境材料。

环境材料具有以下三个主要特点。

（1）功能性：是指材料本身最主要的优异的性能，其特点是为人类开拓更广阔的活动范围和环境，也称为材料的先进性。如水泥的最优异的性能是强度，而它在使用过程中往往还表现出其他功能，如在海水中使用则更关注其抗盐性和抗渗性等；再如，在土壤重金属钝化修复中，钝化剂不仅要对土壤重金属通过络合、吸附和沉淀等化学作用具有钝化效应，还应对土壤结构具有改良性能，对作物生长也应具有促进和提高经济产量效应等功能。因此，材料的功能性并不是单一的，材料的功能性越多，其适应范围越宽，价值也就会越大。

（2）环境协调性（优先争取的目标）：是指材料在生产、加工、使用和再生等环节中，使人类的活动范围同外部环境协调，不会产生二次污染，或可再生利用，减轻环境的负担，使枯竭性资源完全循环利用。这是环境材料区别于传统材料的关键之一。

（3）经济性：可理解为性价比，这有利于环境材料的评判，符合现实情况。环境材料的经济性使活动范围中的人类生活环境更繁荣、舒适，人们乐于接受和使用。

环境材料的功能性、环境协调性和经济性，在不同范围和条件下有不同理解，在实践中需要灵活的判断与把握，它们只是定性的标准。因此，环境材料的特征可以具体改为功能性、环境协调性和经济性等。

1.2 土壤污染修复中的矿物环境材料应用

土壤污染修复是指使遭受重金属、有机物等物质污染的土壤恢复正常功能的技术措施，是以固定、转移、吸收、降解或转化土壤中污染物并使其下降到不影响生物生存水平为目的，进行相关的技术产品研发生产、工程承包、信息服务、商业流通等一系列经济活动的总称。

重金属钝化材料的稳定化效果评价，我国还缺少相关标准，实践和研究中多参照《土壤环境质量　农用地土壤污染风险管控标准（试行）》（GB 15618—2018）（替代之前 GB 15618—1995），但土壤重金属全量浓度并不能充分说明其化学行为和潜在风险，目前多采用重金属形态评价。常用 Tessier 形态五步分级评价，其生物可利用性为：可交换态＞碳酸盐结合态＞铁锰氧化物结合态＞有机物及硫化物结合态＞残渣态。钝化剂的作用是使重金属从生物可利用性较大形态向较小形态转化，以降低其对生物受体的毒性，实现修复重金属污染土壤的目的（曹心德　等，2011）。

我国土壤修复市场处于起步阶段，以北京建工集团为代表的国有环保企业在获取当地大型项目上具备优势；北京高能时代、航天凯天、北京建工修复、中节能大地和永清环保等企业主攻全国性中小型项目；国外竞争者如英国 ERM、日本同和、荷兰 DHV、加拿大 RemedX 等，具备丰富的土壤修复经验和技术积累，但在我国市场暂未找到合适切入点。在环境产业发达国家，土壤修复产业占整个环保产业市场份额达 30%～50%。国内一些科研院所和新兴企业，纷纷开始研究和进行土壤修复。事实上，国内土壤修复市场正被国内外看好。国外一些土壤修复咨询机构，如荷兰 DHV 等也纷纷进入国内，带动国内修复产业的意识、技术和市场的发展。在北京、上海、南京等经济相对发达且污染场地较多的区域，也迅速涌现了一批土壤修复工程类企业。

据中经未来产业研究院发布的《2016—2020 年中国土壤修复行业发展前景与投资预测分析报告》显示，2015 年我国土壤修复合同签约额达 21.28 亿元，比 2014 年增长 67%。全国从事土壤修复业务的企业数量增加至近千家。2015 年全国土壤修复工程项目超过 100 个。在土壤修复行业中，土壤修复技术已有上百种，常用技术有十多种，一般分为物理技术、化学技术和生物技术三类。

土壤修复包括土壤改良和污染土壤治理。退化土壤包括土壤盐碱化、酸化和荒漠化等，污染土壤包括化肥农药的面源污染、重金属污染和有机物污染等。污染土壤治理是指利用物理、化学或生物等技术方法，对土壤中的污染物进行迁移转化、吸收降解，使污染物浓度降到可接受的水平，从而恢复土壤的功能。由于污染物本身特性和被污染土壤性质的差异，修复手段也不完全相同。各种治理技术都有一定的适用范围，因此多种治理技术手段常常交叉联合使用。

对于重金属污染土壤的修复，一般途径主要有两种：一是削减土壤重金属总量，二是削减有效态重金属含量，降低重金属环境迁移性及其生物有效性。主要技术包括物理、化学、生物等技术（郝汉舟 等，2011）。物理技术有客土、换土和翻土等，操作费用高、破坏土壤，主要用于场地污染修复和急性事件处理。重金属污染农田治理主要用化学钝化稳定化、生物修复和农艺技术措施。

生物修复技术是利用特殊生物将土壤重金属富集移出或形态转化，降低重金属生物有效性，包括植物、微生物、动物和菌根修复法，富集重金属植物筛选在我国研究和示范都有一定进展，如砷（As）超富集植物蜈蚣草（*Pteris vittata*）、镉（Cd）超富集植物伴矿景天（*Sedum plumbizincicola*）、锌（Zn）超富集植物东南景天（*Sedum alfredii Hance*）。农艺技术包括施肥管理、种植结构调整、休耕（美国）、农田土壤翻耕（日本、中国台湾）和灌溉管理等，如湖南农田重金属污染治理中选择的 VIP＋n 模式，即作物低累积品种（variety）＋全生育期淹水灌溉（irrigation）＋添加生石灰调节土壤酸碱度（pH）＋辅助措施（n）技术模式，取得了一定应用成效。

土壤重金属钝化稳定化技术是向污染土壤添加钝化剂，通过对重金属的吸附、离子交换、有机络合、氧化还原、拮抗或沉淀作用，改变其在土壤中的赋存形态，使其固化或钝化后减少向土壤深层和地下水迁移，并降低其生物有效性。该技术投入低、效率高、操作简单，目前在我国众多实践中应用较多（曹心德 等，2011）。

目前，在重金属钝化材料研究和应用实践中，多关注稳定剂的重金属钝化功能，对土壤物理、化学和生物性能改良和作物生产力影响等功能关注不足。对钝化剂农田是否产生二次污染，钝化剂价格和修复效果评价等考虑欠佳，这些直接影响钝化剂的实际应用推广。所以，研发具有多功能性、环保性和经济性的环境功能材料，是土壤重金属钝化剂发展的重要方向。

环境功能材料（environmental-functional materials）是近年农田环境治理与研究发展较快的新理念（黄占斌，2017），该概念最早是20世纪90年代日本学者首次提出的，后被世界各国科学家完善。环境功能材料是指在加工、制造、使用和再生过程中具有最低环境负荷和最大使用功能的人类所需的材料。环境功能材料有三个主要特征：一是功能性，即材料所具有的使用性能或先进性，材料的功能越多，其价值也就越高；二是环境协调性（环保性），即材料不能产生二次污染；三是舒适性（经济性），即材料应当物美价廉。

环境材料的应用涉及日常生活、生产的各个方面，以及工业、农业、环保、建筑、医药等各个领域。在矿业生产和应用领域中，矿业生产及其废弃物的再生利用，特别是矿物材料在矿区复垦、环境污染治理和生态修复等方面的应用，是环境材料应用的重要方面。

1.2.1 矿物环境材料

矿产资源按照《中华人民共和国矿产资源法实施细则》（1994年国务院令第152号）附件《矿产资源分类细目》分为能源矿产、金属矿产、非金属矿产和水气矿产四大类。在土壤修复中，环境功能材料主要来源于非金属矿产，主要是因为非金属矿产与土壤环境的协调性较好。按材料使用性能及用途，将非金属矿产材料分为结构材料及功能材料，其中功能材料主要是指具有特殊物理性能或化学性能的材料，如利用材料电、光、磁、热、摩擦、表面化学效应、胶体性能、填充密封性能等。矿物环境功能材料是指由矿物及其改性产物组成的与生态环境具有良好协调性或直接具有防治污染和修复环境功能的一类矿物材料（刘力章 等，2004）。

我国非金属矿物种类繁多、储量丰富、价格低廉，用作环保材料具有投资少、处理效果好、二次污染小及可以重复使用等优点。因此，包括我国在内的世界上许多国家对非金属矿物环保材料的研究与开发都非常重视。我国非金属矿产资源丰富，已探明储量的93种非金属矿产资源（按亚矿种计160种）中大部分都已开采利用。其中石膏、石灰石、菱镁矿、膨润土和重晶石等矿种的储量居世界首位；滑石、萤石、硅灰石、石棉和芒硝等居世界第二位；石墨、珍珠岩、沸石、硼矿居世界第三位；高岭土、铝土矿、天青石等储量居世界前列。进入21世纪后，随着我国战略性新兴产业的发展，“节能、环保、减排”、“太阳能、动力电池”新能源材料等的市场需求和传统应用行业的产业升级，为非金属矿产业结构调整和新产品开发利用带来机遇。“十二五”时期，非金属矿工业大力发展非金属矿物材料产业，调整产业与产品结构，提高资源利用率，进行由原料工业向材料工业发展方式的转变。非金属矿物材料已经成为无机非金属新材料的重要组成部分，成为“新能源、环保”等高新技术产业发展的重要支撑材料（戴瑞 等，2009）。

天然矿物之所以用于环境污染，绝不仅仅是矿物所表现出的简单的吸附作用，还有孔道过滤、结构调整、离子交换、化学活性、物理效应、纳米效应及与生物交互作用等诸多优良的物理化学性能，使非金属矿物能够广泛地应用于水、土壤、大气污染处理和其他领域。

非金属环境功能材料多为硅酸盐矿物，如硅藻土、沸石、海泡石、凹凸棒石、膨润土、蛭石、膨胀珍珠岩等，主要化学成分为二氧化硅（SiO_2）、三氧化二铝（Al_2O_3）、氧化钙（CaO）、氧化镁（MgO）等，具有良好的化学稳定性，除此之外还有以下特点。

（1）具有孔或层状结构，晶体层间或纳米级孔空间可以提供特殊的微化学吸附或微化学反应场所。

（2）具有较大的比表面积和优良的吸附性能，如天然沸石的比表面积为 500～1 000 m^2/g，海泡石的比表面积为 50～150 m^2/g，凹凸棒石的比表面积为 30～40 m^2/g，硅藻土的比表面积为 20～100 m^2/g，蒙脱石的比表面积为 100 m^2/g 以上。

（3）具有离子交换性，如膨润土、皂土、高岭土等的晶体层间有可交换的 Ca^{2+}、Mg^{2+}、Na^+、K^+等金属阳离子，可在晶体层间进行特殊的离子交换反应，可用于重金属废水和土壤污染治理。

（4）具有较好的吸水性和保湿性。大多可吸收和保存自身重量的 30～50 倍的水分，这在土壤改良和室内除湿等方面具有很好的用途。

此外，这些非金属矿物环境材料具有原料来源广泛，单位加工成本较低，加工、使用过程和使用结束后对环境友好等特点，在治理空气和水污染的新型绿色环保材料等方面研发和应用潜力巨大。

1.2.2　非金属矿物环境材料的主要类型

1. 膨润土

膨润土是以蒙脱石为主要矿物成分的非金属矿产，一般为白色、淡黄色，因含铁量变化又呈浅灰色、浅绿色、粉红色、褐红色、砖红色、灰黑色等；具蜡状、土状或油脂光泽；膨润土有的松散如土，也有的致密坚硬。主要化学成分是 SiO_2、Al_2O_3 和 H_2O，还含有 Fe、Mg、Ca、Na、K 等元素，氧化钠（Na_2O）和氧化钙（CaO）含量对膨润土的物理化学性质和工艺技术性能影响颇大。蒙脱石含量在 85%～90%，膨润土的一些性质也都是由蒙脱石所决定的。蒙脱石结构是由两个硅氧四面体夹一层铝氧八面体组成的 2∶1 型晶体结构，由于蒙脱石晶胞形成的层状结构存在某些阳离子，且这些阳离子与蒙脱石晶胞的作用很不稳定，易被其他阳离子交换，具有较好的离子交换性。国外已在工农业生产的 24 个领域 100 多个部门中应用膨润土，有 300 多个产品，因而人们称之为“万能土”（李吉进 等，2001）。

膨润土层间阳离子为 Na^+时称钠基膨润土，层间阳离子为 Ca^{2+}时称钙基膨润土，层间阳离子为 H^+时称氢基膨润土（活性白土、天然漂白土-酸性白土），层间阳离子为有机阳离子时称有机膨润土。根据实际需要对天然膨润土进行人工钠化、酸化或有机化处理，改变层间阳离子的类型，进行膨润土的深度开发，以满足工农业生产和科学研究的要求。膨润土具有强的吸湿性和膨胀性，可吸附 8～15 倍于自身体积的水量，体积膨胀可达数倍至 30 倍；在水介质中能分散成胶凝状和悬浮状，这种介质溶液具有一定的黏滞性、触变性和润滑性；有较强的阳离子交换能力；对各种气体、液体、有机物质有一定的吸附能力，最大吸附量可达 5 倍于自身的重量；它与水、泥或细沙的掺和物具有可塑性和黏结性；具有表面活性的氢基漂白土（活性白土、天然漂白土-酸性白土）能吸附有色离子。对于有机污染物来讲，有机膨润土较其他膨润土具有更强的吸附能力。

钙基膨润土的膨胀性较小，有时需要改成钠基膨润土，以提高其经济价值和应用价值。钙基膨润土的钠化改型工艺有干法和湿法两种。其改型工艺的原理是，以钠离子与蒙脱石中的可交换阳离子发生离子交换反应，大部分的 Ca^{2+}被 Na^{+}置换，获得性能优异的钠基膨润土。

尽管钠基膨润土的物化性能较钙基膨润土好，但是比表面积和吸附性都比不上活性白土。活性白土是一种具有微孔网络结构、比表面积很大的白色或灰白色粉末，具有很强的吸附性。膨润土的比表面积一般在 80 m^2/g 左右，而活性白土的比表面积为 200～400 m^2/g，这是膨润土酸化处理后其中杂质的溶出和离子交换形成孔道的结果。一般用盐酸（HCl）和硫酸（H_2SO_4）等无机酸活化膨润土制备活性白土，其中最常用的为 H_2SO_4，其制备原理是，以氢离子与蒙脱石中的可交换阳离子发生离子交换反应。

天然膨润土均属于无机膨润土，天然膨润土经过无机化学处理或机械加工的膨润土产品亦属于无机膨润土。另外，利用膨润土的阳离子交换性，可以加入有机阳离子，置换蒙脱石粒子表面原先吸附的阳离子，经过如此有机化处理后的膨润土，称为有机膨润土。有机膨润土是有机季铵盐与天然膨润土的复合物，是近些年开发的一种精细化工产品。合成有机膨润上的基本原理是，以有机季铵盐阳离子与蒙脱石中的可交换阳离子（主要是 Na^{+}）发生离子交换反应。

2. 沸石

沸石是沸石族矿物的总称，是一种含水的碱金属或碱土金属的铝硅酸矿物。按沸石矿物特征分为架状、片状、纤维状及未分类 4 种，按孔道体系特征分为一维、二维、三维体系。任何沸石都由硅氧四面体和铝氧四面体组成。由于沸石独特的化学结构，沸石硅氧四面体中有一个氧原子的电价没有得到中和，而产生电荷不平衡，使整个铝氧四面体带负电。为了保持中性，必须有带正电的离子来抵消，一般是由碱金属和碱土金属离子来补偿，如 Na^{+}、Ca^{2+}、Sr^{2+}、Ba^{2+}、K^{+}、Mg^{2+}等金属离子。沸石的比表面积较大，可达 500～1 000 m^2/g，内部充满了细微的孔径和通道，根据沸石的这一特性，人们用它来筛选分子，获得很好的效果。这对从工业废液中回收铜（Cu）、铅（Pb）、Cd、镍（Ni）、钼（Mo）等金属微粒具有特别重要的意义。沸石的稳定性也较好，一般在 600～700 ℃的温度下晶体结构不发生变化，天然沸石的热稳定性取决于沸石的硅与铝和平衡阳离子的比率，一般在其组成变化范围内，硅含量越高，则热稳定性越好。沸石还具有吸附性强和吸附选择性高等特性。同时，沸石也可被用作催化剂载体（张晖，2005）。

由于天然沸石孔径和通道易堵塞，并且相互连通的程度也较差，其表面硅氧结构有极强的亲水性，天然沸石吸附处理有机物的性能极差。由于硅氧结构本身带负电荷，天然沸石很难去除水中的阴离子污染物。为进一步提高天然沸石的吸附、离子交换等性能，一般要对天然沸石进行改性或改型处理（张晖，2005）。改性时，可用酸、氧化剂、还原剂等或通过加热使沸石活化或用金属盐等无机物对其进行改性，进一步改善其性能。天然沸石的改型主要是改变沸石中阳离子类型，以提高其离子交换、吸附等性能。改性沸石包括范围很广，从经简单的离子交换处理直到结构完全崩塌而得到的产品都属改性沸石范围。对沸石的改性处理的报道很多，然而，常见的天然沸石改性包括结构改性、内孔结构改性和沸石晶体表面改性三大类，改性方法有高温焙烧、无机酸改性、无机盐改性、改变硅铝比和有机改性等。改性天然沸石应用于污染物处理是沸石在环境保护中的重要应用领域，需要针对不同的污染物来设计沸石产品，对于不同成分、不同结构的沸石应采用经济、有效、适宜的改性方法（梁凯，2011）。

3. 海泡石

海泡石是一种具层链状结构的含水富镁硅酸盐黏土矿物。斜方晶系或单斜晶系，一般呈块状、土状或纤维状集合体。海泡石化学式为 $Mg_8Si_{12}O_{30}(OH)_4(OH_2)_4 \cdot 8H_2O$。在其结构单元中，硅氧四面体和镁氧八面体相互交替，硅氧四面体单元通过氧原子连接在中央镁八面体上而连续排列。这种独特的结构使海泡石具有高比表面积、大的孔隙率和优异的吸附性能，在水处理和环境修复方面有着较好的应用。其莫氏硬度为 2～3，密度为 2.0～2.5 g/cm^3。具有滑感和涩感，黏舌；干燥状态下性脆；收缩率低，可塑性好，吸附性强；溶于 HCl、质轻。海泡石本身的特殊结构决定了它具有三种特性：吸附性、流变性和催化性，而所有这些性能均可通过加工处理进行改善。海泡石的吸附性使其成为极有价值的漂白剂、净化剂、过滤剂、工业剂、废油吸附回收剂及医药、农药载体；流变性使其成为有价值的增稠剂、悬浮剂、触变剂及各种各样的化妆品、牙膏、肥皂、油漆、涂料等的原料；催化性使其可用于加氢、氧化、裂解、异构化、聚合等催化反应（谢淑州等，2008）。

天然海泡石存在表面酸性弱、通道小、热稳定不好等缺陷，因此，对天然海泡石的改性是一项十分有意义的工作。目前对海泡石进行活化改性的方法有酸改性法、离子交换法、水热处理法、焙烧法、有机金属配合物改性法、矿物改性法等。酸改性法可增强海泡石的孔隙率，增大比表面，减少通道内部酸中心在形成无水相海泡石时被“封闭”的可能性，从而提高酸中心的热稳定性。通过离子交换，还可使其结构中的 Mg^{2+}或 Si^{2+}被其他离子替代，使海泡石产生中等强度的酸性或碱性，从而改善海泡石的吸附和催化性能。海泡石的有机改性目前主要有硅烷偶联剂表面改性和有机金属配合物改性，改性的原理主要是利用海泡石表面的酸活性中心和活性 Si—OH 基团，处理剂有有机硅烷或有机硅偶联剂、有机酞酸酯偶联剂、有机酸和有机醛、吡啶及其衍生物、阳离子表面活性剂等。

4. 硅藻土

硅藻土属于生物成因的硅质沉积岩，主要由古代地质时期硅藻、海绵及放射虫的遗骸所形成，其主要化学成分为 SiO_2，矿物成分为蛋白石及其变种。硅藻土由大小几微米至几十微米的单细胞植物硅藻连结而成，具有多种形态。硅藻土资源沉积于水底，夹杂着黏土、石英等矿物，是一种经过亿万年的地质变迁而形成的不可再生的非金属矿产资源。硅藻土折射率低，具有较高的液体吸附能力、大的比表面积和适中的摩擦性能，对声、热、电具有低传导性，还具有细腻、松散、质轻、多孔、吸水性和渗透性强等特性。此外，硅藻土表面被大量的硅羟基所覆盖，并有氢键存在。这些 —OH 基团的存在是使硅藻土具有表面活性、吸附性及酸性的根本原因。硅藻土所具有的强大的吸附性使其在污水处理过程中不但能去除颗粒态和胶体态的污染物质，而且能有效地去除色度和以溶解态存在的磷和金属离子等。

硅藻土原矿一般都含有较多的杂质，这些杂质一部分包裹在硅藻土壳的外表面，另一部分则隐藏在硅藻土骨架之中。这些杂质堵塞了硅藻土微孔，降低了硅藻土的比表面积，占据了硅藻土吸附点位，阻碍了溶液中的离子进入硅藻土骨架，同时硅藻土还存在较为明显的理化构造缺陷，这些都极大地限制了硅藻土的吸附能力。因此，需要对硅藻土进行比表面积提高和表面离子增强等改性，以提高其吸附能力。目前国内外研究人员主要采用常规物理法或化学法对硅藻土进行改性研究（梁凯，2011）。

1）常规改性

主要有两种方法。①擦洗法，就是在不破坏硅藻壳的前提下对硅藻土进行研磨，打细原料颗粒，以剥离固结在硅藻壳上的黏土等矿物杂质，提高 SiO_2 含量，改善硅藻土颗粒表面性质，进而提高硅藻土的吸附能力。郑水林（2008）研究表明，擦洗能够有效去除硅藻土壳表面的黏土，明显提高硅藻土中 SiO_2 的含量。②焙烧法，高温煅烧可显著提高硅藻土 SiO_2 含量，增大孔径，增加表面酸强度。在焙烧温度低于 450 ℃时，焙烧温度的提高有利于增大硅藻土比表面积，在 450 ℃时比表面积达最大值，此后，随焙烧温度的升高，比表面积不断减少。当温度超过 900 ℃时，焙烧会破坏硅藻土骨架结构。

2）无机改性

硅藻土无机改性主要是通过加入无机大分子改性剂，使其均匀分散在硅藻土孔道间，形成柱层状缔合结构，疏通或拓展硅藻土孔道，并在缔合颗粒之间形成较大的空间，以容纳更多的吸附质，最终达到增大硅藻土比表面积以提高其吸附能力的目的。

3）有机改性

硅藻土有机改性主要是指在硅藻土表面接枝功能性大分子，对其表面结构和官能团实施改性处理，以达到提高硅藻土吸附能力的目的。

4）柱撑改性

柱撑改性是一种通过向硅藻土的层间植入金属氧化物的聚合体，再通过烧结形成柱状体，并缔结层状物质上下薄层，以此来增大硅藻土的层间距、稳定性、比表面积及表面活性的一种改性技术。

5. 凹凸棒土

凹凸棒土是以凹凸棒石为主要矿物组成的一种天然非金属黏土。凹凸棒石，又称坡缕石或坡缕缟石，是具层链状结构的含水富镁铝硅酸盐黏土矿物，属硅酸盐类，层状硅酸盐亚类，黏土矿物族。凹凸棒石的理想结构式是 $Si_8Mg_5O_{20}(OH)_2(OH_2)_4 \cdot 4H_2O$，具 2∶1 型结构，内部多孔道，内外表面发达，但它没有连续的八面体片，与典型的 2∶1 型结构不同，它的主要特性是具有平行纤维隧道孔隙，且孔隙体积占纤维体积的 1/2 以上，这种独特的层链状晶体结构和十分细小的棒状、纤维状晶体形态，使其具有较高的比表面积，有一定的吸附性能，持水性强，但不具膨胀性，阳离子交换量也非常低（干方群　等，2009）。

凹凸棒石存在一定的矿物学局限性，因矿物中含有相当比例的共生杂质，削弱了整体的物化性能，从而使凹凸棒土的胶体性、吸附性等在工业使用中受到很大的影响。为了提高凹凸棒土的质量或满足工业上的需要，通常在使用前对其进行前处理及改性。对凹凸棒土进行改性处理，可大大地提高其吸附性能，改性方法有热处理、酸处理、碱处理和有机改性。

6. 腐殖酸

腐殖酸（humic acid，HA）是动、植物遗骸，主要是植物遗骸经微生物分解和转化，以及地球化学过程形成和积累的一类有机物质，它是由芳香族及其多种官能团构成的高分子有机酸，有良好生理活性和吸收、络合、交换等功能（邹德乙，2011）。腐殖酸按存在领域分土壤腐殖酸、水体腐殖酸和煤基腐殖酸。土壤腐殖酸总量最大，是土壤有机质主要组成部分，不同土壤差异巨大；水体和沉积物腐殖酸总量大，但浓度低。所以，实际作为资源开发的腐殖酸主要是煤基腐殖酸。煤基腐殖酸主要存在于泥炭、风化煤和褐煤中，我国已探明泥炭资源 50 亿 t，褐煤和风化煤储量分别达 1 200 亿 t 和 1 000 多亿 t，开发潜力巨大（陈静　等，2014）。

腐殖酸及腐殖酸产品被广泛应用于农、林、牧、石油、化工、建材、医药卫生、环保等各个领域，尤其是现在提倡生态农业建设、无公害农业生产、绿色食品、无污染环保等，更使腐殖酸这类环境友好型功能材料备受推崇。

1.2.3　非金属矿物环境材料的应用

近年来，非金属矿物在环境治理和生态修复等方面的材料研发和应用进展很快。郑水林（2008）总结指出，非金属矿物材料在水污染治理、空气污染治理、垃圾填埋场防渗、沙漠治理与沙化土地生态修复和放射性废物的处置等方面都取得一定进展。例如：硅藻土、沸石、膨润土等经加工处理后可用在废水（重金属、有机污染物、氨氮等）处理和废气（硫化物、氮化物、甲醛、苯等）处理，脱硫石膏是一般燃煤电厂利用石灰石脱硫（SO_2）后的产物，可用于盐碱地的改良和治理；膨润土、珍珠岩、蛭石等可用于防风固沙和改良土壤、防止垃圾填埋场垃圾污水渗透及放射性废料的处置等。这些材料基本具备无二次污染的特点，其功能性和经济性也非常好。

1. 水污染治理

经过选矿提纯、表面或界面处理、复合、改型等加工后的硅藻土、膨润土、沸石、海泡石、凹凸棒石、绿泥石、高岭土、云母、蛭石、电气石等非金属矿物材料具有良好的处理工业废水（无机重金属离子及有机污染物）和城市生活污水的功能，部分已得到工业化应用。

膨润土在废水处理中主要用作吸附剂和絮凝剂，可用于废水中重金属、有机物等污染物的吸附处理。在实际应用中常常对膨润土改性处理以增强其水处理效果。张建英等（1994）用酸性膨润土，添加聚合氯化铝（polyaluminum chloride，PAC）及羧甲基纤维素钠（sodium carboxymethyl cellulose，SCMC）制得改性膨润土混凝剂 Scpb 来处理印染废水，化学需氧量（chemical oxygen demand，COD）去除率达到 60%以上，去浊率达 70%以上，脱色率高于 60%。硅藻土污水处理剂及其配套技术具有处理效果好[出水达到国家标准《城填污水处理厂污染物排放标准》（GB 18918—2002）一级 A 标中水回用标准]、工程投资少（仅是其他工艺的 50%左右）、占地面积小（仅是其他工艺的 60%左右）、运行成本低（仅是其他工艺的 70%左右）、无二次污染（污泥可回收利用）、重金属离子去除率高（去除率达 99%）、适用性强（适用于城市污水、工业废水及高浓度垃圾渗滤液等高浓度废水）等显著特点（张建英 等，1994）。特别是近两年来，利用硅藻土壳体的生物属性，在其中培养生化法所需的细菌，在去除废水中无机重金属离子和有机污染物的同时，深度去除城市污水中的氨氮，展现出硅藻土作为污水处理剂优良的特性。

2. 土壤改良和土壤修复

1）土壤改良

土壤改良的方法有多种，一是科学地施用有效的矿物肥料，提高土壤肥力；二是给土壤添加某些岩石或矿物制品，改变土壤结构、酸碱度和含水性能，提高土壤质量。某些非金属矿物除本身含有改善土壤所必需的 Ca、N、P、K 及各种微量元素之外，同时还具有一些特殊的性质，使用后可以明显改良土壤的结构与性能，改善土壤的通透性，改变酸碱度，增加保水性等，使土壤能更好地适合作物生长。

李吉进等（2001）研究发现，在沙土中施入膨润土和有机物料能显著提高沙土土壤的水分含量和有机质含量，且两者存在明显的交互作用，差异达显著水平。施用膨润土后，膨润土可与有机物料形成的腐殖质形成有机无机复合体。从而降低了有机物料的分解速率，提高了其腐殖化系数，增加了土壤有机质的累积量。同时，他们通过盆栽试验研究了不同膨润土施用量对土壤水分和玉米植株生育性状的影响，结果证实：膨润土的施用对玉米秸秆粗度的增加和株高的生长有很好的促进作用，能提高玉米的生物产量。

腐殖酸是一种在自然界中大量存在的多元有机酸，其优良的保水改土性能对腐殖酸及其衍生物的研究与应用有着重要的理论和现实意义。目前国内腐殖酸土壤改良产品包括土壤抗旱节水改土的腐殖酸保水剂、腐殖酸多功能可降解液态地膜，以及用于盐碱地改良的腐殖酸复合改良剂等。

2）土壤修复

黏土矿物钝化修复土壤重金属污染具有不同于其他修复技术的优点，如原位、廉价、易操作、见效快、不易改变土壤结构、不破坏土壤生态环境等，并且能增强土壤的自净能力。

在湖南省某地酸性 Cd 污染水稻田钝化修复试验中，稻田施用海泡石和坡缕石进行钝化稳定化，在水稻收获时，测定的土壤中脲酶、蔗糖酶、过氧化氢酶和酸性磷酸酶活性均有不同程度的提高，钝化修复明显有利于土壤中相关代谢反应的恢复，两种黏土矿物对土壤中水解氮含量无明显影响，但对土壤有效磷含量有一定的降低作用（韩君 等，2014）。彭丽成等（2011）盆栽试验发现，对 Pb-Cd 复合污染土壤中施用腐殖酸材料、高分子材料和粉质矿物复合材料，能抑制 Pb 向玉米地上部分迁移，对土壤中 Pb 的固定效果显著。

3. 空气污染治理

甲醛、苯、硫化氢、氨等是目前室内的主要污染物，这些污染物来自两大部分，一部分是人类和宠物活动所产生的废气，另一部分是室内装饰材料所散发的有毒和有害气体。

中国矿业大学（北京）研发的硅藻精土/纳米二氧化钛复合型室内空气污染治理材料，经中国建筑材料环境监测中心监测，硅藻土负载纳米二氧化钛复合材料对甲醛的降解性能优良，24 h 的甲醛去除率可达到 80%。该产品生产成本低，加工和使用过程对环境友好，是一种极具有市场前景的室内空气污染治理材料（郑水林，2008）。此外，沸石、膨润土、海泡石、凹凸棒石、煅烧高岭土等经过适当的加工处理后可用于臭气、毒气及有毒气体[如硫化氢（H_2S）、氮氧化物（NO_x）]的吸附过滤。目前，以沸石为主要组分负载银离子的复合型抗菌材料已在家用冰箱除味保鲜中得到商业化应用；膨润土为主要组分的宠物间室内除臭、除味剂也已得到广泛的商业化应用（彭勇军 等，1998）。

4. 固体废物处理

1）固体废物的二次资源化

除城市生活垃圾以外，大多数工业废渣为可利用的二次资源，如炉渣、粉煤灰、冶金渣、煤矸石、尾矿、赤泥等，它们的组成绝大部分是非金属矿物，对于此类污染物的治理主要是使其二次资源化。

粉煤灰在环境材料方面的利用方法有两种：一种是将其制备成烟气和污水中污染物的吸附剂，实现污染物的脱除，减少对环境的污染；另一种是经过化学处理转化成沸石，进行污染物控制。陈彦广等（2013）以粉煤灰为原料，通过添加高分子模板剂定向控制合成沸石，然后通过浸渍法制备成负载铈（Ce）、Mg、Cu 等金属活性组分的高效 $DeNO_x$ 添加剂，应用于粉煤灰混凝土（fly-ash content concrete，FCC）再生过程 NO_x 的脱除。模拟 FCC 实验研究结果表明，当 $DeNO_x$ 添加剂中 Ce 质量分数为 2.0%时，FCC 再生过程一氧化氮（NO）去除率可达 80%，同时由于 Ce 对一氧化碳（CO）有氧化作用，可使 CO 浓度降低到 0.5%以下。氧化铝（Al_2O_3）生产过程中产生的赤泥可以用于生产建筑材料、陶瓷制品、微晶玻璃、路基及防渗材料、硅钙肥、吸附材料和提取有价金属。

2）垃圾填埋场防渗

城市生活垃圾的处理处置方法有焚烧、堆肥和填埋等，由于填埋方法处理量大，处理成本低，在我国得到广泛应用。垃圾渗滤液会对地下水产生严重的危害，因此必须对垃圾填埋场设置防渗衬层，以阻止垃圾渗滤液污染地下水。防渗材料多种多样，目前常用的无机天然防渗材料包括黏土、膨润土等，主要有天然黏土材料和人工改性材料。其中天然黏土材料包括碳酸钙（$CaCO_3$）、沸石、坡缕石、硅藻土等，它们都具有两种特性中的一种，或两者兼而有之：①具有良好的孔隙结构，能吸附垃圾渗滤液中的污染物质；②能和垃圾渗滤液中的物质发生反应，从而把这些污染物质固定而不会造成污染。人工改性材料有改性膨润土、改性粉煤灰和活化海泡石等，它们的实质就是人工强化处理后的黏土或亚砂石（鲁安怀，1999）。

3）放射性废物处置

放射性废物处置的任务是在废物可能对人类造成不可接受的危险的时间内，将废物中的放射性核素限制在处置场范围内，防止核素以不可接受的浓度或数量向环境释放而影响人类的健康与安全。目前大多数国家初步选择凝灰岩和花岗岩作为具有天然屏障功能的处置库围岩（戴瑞 等，2009）。

1.2.4 金属矿物环境材料的应用

非金属矿物材料在环境污染中的治理已得到不同程度的利用，同时，一些金属矿物如铁矿物、锰矿物等由于具有吸附某些重金属和阴离子的能力，利用它们进行污染治理的研究也日益增多。常用的金属矿物有赤铁矿、磁铁矿、黄铁矿、氧化铝和软锰矿等，还有一些工业废弃物如红泥、钢渣、粉煤灰等也可以用作吸附剂或建筑材料，以达到废物资源化的目的。鲁安怀（1999）认为，铁锰铝氧化物及氢氧化物的表面具有明显的化学吸附性特征，锰氧化物与氢氧化物还具有较完善的孔道特性，尤其是 Fe、锰（Mn）为自然界中少数的但属于常见的变价元素，其氧化物及氢氧化物往往可表现出一定的氧化还原作用。因此可以说，铁锰铝氧化物及氢氧化物具有潜在的净化重金属污染物的功能，能成为土壤环境中吸附固定态重金属污染物的有效物质。另外，在常规污水处理过程中，铁盐和铝盐由于其比表面积和表面电荷密度均较高而具有絮凝作用得到普遍采用。同时，国内外不少学者也对软锰矿浆烟气脱硫及资源化技术进行研究，并取得了一定进展。

1.3　保水剂在土壤修复中的应用

保水剂（super absorbent polymer，SAP）是具有吸水和保水能力的一类高分子聚合物，一般可吸收自身 400～600 倍甚至更高倍数的纯水，其所吸水分可缓慢释放供植物利用。SAP 应用于土壤可以改善植物根系与土壤界面的环境状况，直接提供植物的水分供应；还可通过改善植物根际土壤结构而促进土壤保水，间接供应植物水分。由于 SAP 有应用量少、见效快、应用范围广等特点，在农业生产、水土与保持和环境治理等方面得到广泛应用，发展前景广阔。

我国农业生产和环境生态建设问题较多，SAP 应用范围多样，主要包括土壤抗旱保水、土壤污染治理等。本节通过对 SAP 的效应原理理论体系总结和应用研究分析，期望为促进 SAP 在矿区复垦、土壤水土保持及污染治理等方面应用提供参考。

1.3.1　保水剂的研发历程与进展

保水剂的研制起源于 20 世纪中期，美国研制的淀粉型保水剂在玉米、大豆等作物应用后，引起各方面关注（Sojka et al.，2006）。其中日本研发速度最快，现已成为全球最大 SAP 生产国，主要 20 家公司年产力已达到 10 万 t。法国研制出能吸水 500～700 倍的“水合土”，在沙特阿拉伯旱区的土壤改良应用中取得了成功。俄罗斯研制出 SAP 在伏尔加格勒用量为 100 kg/hm^2，作物增产 20%～70%（黄占斌 等，2016）。

我国 SAP 研发和应用经历三次较大发展。首次是在 20 世纪 80 年代，全国 40 多个科研院所开展研发，在植树造林和旱区土壤改良等方面得到应用。90 年代后期，新型 SAP 研制加快并得到广泛应用，使用范围也不断扩大，形成 SAP 研发应用的第二次高潮。21 世纪以来，随着气候变化、植树造林和抗旱节水等方面的加强，SAP 产品研发和应用到土壤改良、城市绿化和荒坡造林、水土保持、边坡治理、矿区废弃地复垦，以及保水肥料等新型肥料研发等方面，形成 SAP 研发与应用的第三次高潮，复合、多功能和低成本保水剂成为发展重要方向。作为一种化学节水技术，我国对 SAP 研发和应用非常重视，“十五”到“十二五”期间国家 863 计划节水农业重大专项一直设立“多功能保水剂系列产品研制与产业化开发”课题，作者有幸也一直参与相关课题研究。

1.3.2　保水剂合成途径与产品类型

保水剂的合成，主要是天然亲水性单体经交联剂和引发剂等助剂发生合成反应而成，其合成反应类型可分三种：接枝共聚反应、羧甲基化反应和交联反应。接枝共聚反应主要是亲水单体与聚合物主链的活动中心发生聚合，聚合需要交联剂和引发剂使单体接枝聚合，如以丙烯酸（acrylic acid，AA）或丙烯酰胺（acrylamide，AM）为单体，N，N′-亚甲基双丙烯酰胺为交联剂，以过硫酸钾（K_2SO_4）和亚硫酸氢钠（$NaHSO_3$）体系为引发剂，采用水溶液聚合法合成的丙烯酸-丙烯酰胺保水剂；羧甲基化反应主要是淀粉和纤维素等多糖类单体经羧甲基化后可直接制备保水剂，改善了保水剂对盐分的吸收；

交联反应是目前最活跃的研发应用技术，主要是含有羧基、酰胺基和羟基等单体自身交联或加入交联剂聚合的反应，该方法可使不同类型原料的亲水单体聚合，可赋予保水剂更多的功能，如凝胶强度和耐盐性等。保水剂的合成方法一般有本体共聚法、溶液共聚法、反向悬浮聚合法和反向乳液聚合法，较先进的方法还有光辐射聚合法和保水剂的共混和复合。目前，SAP 按其原料和合成技术可分为有机单体聚合（如聚丙烯酸钠）、淀粉聚合（如淀粉接枝丙烯酸钠）、有机无机复合（如凹凸棒土/聚丙烯酸钠）、有机单体与功能性成分复合（如腐殖酸型保水剂）等类型。

1.3.3　土壤保水剂土壤抗旱节水作用原理与效果

黄占斌（2013）研究和总结提出土壤保水剂作用原理体系，主要包括 4 个方面。

1. 土壤保水剂自身吸水、保水和释水原理

保水剂吸水速度快，溶胀比大。保水剂分子含有大量羧基、羟基、酰胺基及磺酸基等强亲水性官能团，对水分有强烈的缔合能力，纯水中的吸水溶胀比为 400～1 000 倍或更高，保水能力强。保水方式主要包括吸水和溶胀，以后者为主；保水剂释水性能好，供水时期长。此外，保水剂有吸水—释水—干燥—再吸水的反复吸水功能，但反复吸水后的保水剂吸水倍率可能下降 10%～70%或失去吸水功能。

不同类型保水剂在保水特性方面，特别是对去离子水、自来水（电导率 0.8～1.0 S/cm）和不同离子溶液中的吸水倍数降低率、反复吸水性等方面有较大差异（黄震 等，2010），对其应用范围有重要影响（表 1.1）。

表 1.1　不同保水剂的吸水性能比较（黄占斌 等，2007）

保水剂类型	去离子水吸水量/(g/g)	6 次反复吸水降低/%	自来水吸水量/(g/g)	自来水吸水降低/%	0.9%NaCl 吸水降低/%	0.01%Ca^{2+} 吸水降低/%	0.05%Fe^{3+} 吸水降低/%
聚丙烯酸钠	894.4	65	282.8	68.4	91.3	97.0	89.2
淀粉接枝丙烯酸钠	522.4	72	243.6	53.4	84.8	94.3	92.3
凹凸棒/聚丙烯酸钠	406.4	36	271.2	33.3	89.0	90.6	97.5
腐殖酸/聚丙烯酸钾	362.8	25	201.6	44.4	80.0	89.1	51.8

2. 土壤保水剂促进土壤改良和保持原理

保水剂在土壤中吸水膨胀，把分散的土壤颗粒黏结成团块状，增加土壤团聚体。作者研究表明，保水剂特别对 0.5～5.0 mm 粒径土壤团粒结构形成作用最明显，且土壤中保水剂质量分数在 0.005%～0.010%时，团聚体增加量明显；同时，保水剂应用会使土壤容重下降，孔隙度增加，调节土壤中的水、气、热状况而有利作物生长，改善土壤结构。

加上保水剂分子内部大量可电解羧酸盐基团吸水后网状结构撑开，可提高土壤吸水能力，增加土壤含水量。此外，保水剂能增加土壤持水能力，降低土壤水分蒸发量和水分渗透。

保水剂在水分保持增效方面，主要包括土壤水分保持、土壤改良和植物生理节水效应三个方面。SAP对水分保持和土壤改良的研究不断增多，研究发现，在土壤结构差、保水性能低的南方红壤施用 0.2%的 SAP 也会显著改善土壤水分保持性能，同时促进0.5～1.0 mm 土壤团粒结构形成，有效促进玉米生长。SAP 能促进土壤水分入渗。SAP对沙土保水性提高效果明显，且能促进玉米生长。但是，众多研究多停留在对特定SAP保水特性研究，对SAP在土壤改良效应过程中土壤微结构变化和外界因素影响，以及保水、保肥及重金属固化等多重效应机理及其应用缺乏系统研究。

3. 土壤保水剂提高肥料和农药等农化产品利用效率原理

保水剂表面分子有吸附和离子交换作用，肥料和农药中的铵离子等能被保水剂上的离子交换或络合，以“包裹”方式把土壤中的离子包起来，减少肥料和农药淋失。但同时会使土壤保水剂失去部分保水能力，故土壤保水剂尽量不与Zn、Mn和Mg等二价金属元素肥料混用。黄震等（2010）试验表明，尿素等非电解质肥料与土壤保水剂结合应用，保水剂的保水和保肥作用都能得到充分发挥。田间试验证明，土壤保水剂与氮肥配合使用，吸氮量和氮肥利用率分别提高 18.7%和 27.1%。作者在陕西延安的试验表明，开沟 10～15 cm，单施保水剂和单施氮肥的马铃薯产量分别增加 42.7%和 33.3%，土壤保水剂加氮肥使马铃薯产量增加 75%以上。

近年来，我国每年农田氮肥利用率仅 30%～35%，磷肥利用率仅 10%～20%，钾肥利用率仅35%～50%；我国每年农药施用量达30多万吨，其中高毒农药占农药总量的70%。农药平均施用量 13.4 kg/hm^2，农药过量或不合理使用导致 70%～80%的农药作用于非靶标生物或直接进入环境。土壤保水剂对化肥和农药利用率提高的研究，是治理农田化肥和农药面源污染重要的技术应用依据。

土壤保水剂在土壤肥料保持增效方面效益显著。随着我国面源污染问题加剧，21世纪以来SAP对肥料保持增效研究加快，农业部2015年2月发布《到2020年化肥使用量零增长行动方案》，减少化肥用量和提高化肥利用率是两大关键措施。所以，肥料保持增效和新型肥料研发已成为研究重点。但目前SAP对氮肥品种效应有一些积累，对磷肥和复合肥效应研究较少。据报道，SAP在大幅提高土壤持水量的同时，能提高肥料利用率。实验证明，电解质类肥料如氯化铵（NH_4Cl）、$Zn(NO_3)_2$等会降低SAP的溶胀度。百喜草栽培中土壤添加SAP，作物生长和产量都得到提高，土壤营养元素淋溶损失也减少明显。SAP在氮肥溶液中吸水倍数降低，且随氮肥浓度增大而加快降低。研究表明，尿素等非电解质肥料与SAP等材料混施，能很好地发挥材料的协同作用，实现土壤水分和氮肥最佳耦合，较常规施肥提高水分和氮素利用率 110%和 39%以上，增产 47.4%。模拟实验表明，SAP有削减径流和抑制产沙的作用，淋溶液中总氮和总磷流失量较对照减少 28.9%和 26.6%。

4. 土壤保水剂调节植物生理节水效应原理

土壤保水剂植物效应与保水剂的应用方法有关。土壤保水剂处理种子是为种子提供相对湿润的小环境，促进植物种子发芽；土壤穴施或沟施应用保水剂，主要是改变根土水环境，造成部分根系干旱产生脱落酸（abscisic acid，ABA）信号而调控植物生理节水。试验证明，作物在其生长发育过程中具有适应土壤干湿交替环境的能力，即作物在受到一定程度水分胁迫时，能够通过补偿效应来弥补产量减少或减少损伤。当土壤保水剂应用于土壤时，随着土壤水分蒸散，作物根系出现部分低水势，产生根源脱落酸，经木质部导管传输到作物的地上部分，在作物叶片调节气孔开度，减少蒸腾。同时，根系经过一定程度水分胁迫锻炼复水后，水分传导高于未经胁迫锻炼的对照。这两方面作用使作物根系表现出补偿效应。

土壤保水剂的用法主要有拌种或种子涂层、种子丸衣造粒、根部涂层（亦称蘸根）、土壤直接施用法和用作育苗培养基质等方法，常用土壤直接施用法。种子包衣方法处理种子可显著提高低土壤湿度条件下的出苗率。作者试验表明，施 0.05%～1.00%土壤保水剂的土壤移栽烤烟，缓苗期缩短 2 d，缺水存活天数较对照多 5～20 d。大量试验表明，小麦、大麦、小黑麦、玉米、棉花、大豆、花生和马铃薯应用复合包衣剂后，其增产幅度均在 13.8%以上。此外，土壤保水剂也被用作土壤结构改良剂，改善土壤结构和调节肥力，提高作物抗旱力。

土壤保水剂的发展趋势主要有三个方面。一是加强低成本、长效、多功能、复合和专用保水剂研制。针对土壤保水剂原料涨价和成本升高问题，开发以生物和原生矿物质材料为基质，抗水解且可生物降解的低成本、长效保水剂；扩大土壤保水剂应用技术范围，形成拌种、土壤施用和灌水施用等不同剂型的多功能保水剂产品系列。二是加强土壤保水剂的应用基础研究，包括土壤保水剂对土壤和植物作用的时效问题，保水剂对农业的环境影响问题，土壤保水剂在植物根土界面水分变化与植物效应的关系问题等。三是建立土壤保水剂应用技术规范，包括适合不同气候、地区和土壤的保水剂最佳施用量、施用方式和施肥方式等；研究保水剂与其他旱作农业措施相结合的综合应用技术。

1.3.4　保水剂在土壤重金属污染治理中的应用

1. 土壤重金属污染及其危害

土壤重金属污染是土壤污染中的重点。重金属元素一般指密度在 5.0 g/cm^3 以上的元素，包括 Fe、Mn、Cu、Zn、Cd、Hg、Ni、Co 等 45 种元素。As 是一种类金属，因它很多性质和环境行为与重金属元素类似，故也将其归入重金属元素。

随着社会经济快速发展，不合理农业施肥、污水灌溉、污泥应用使土壤重金属污染已严重威胁我国生态环境安全。重金属污染导致土壤退化、作物产量和品质降低，还通过食物链危害人体健康。2014 年《全国土壤污染状况调查公报》表明，我国土壤重金属总超标率为 16.1%，其中耕地达 19.4%，Cd、Pb、Ni 点位超标率分别为 7.0%、1.5%、4.8%。在分布上，南方土壤污染重于北方，矿区周边和城郊污灌区是重金属污染的重点地区。24个省（市）工矿、城郊320个污灌点中，重金属超标农产品占80%以上，其中以重金属Cd、Pb复合污染为主。据报道（郝玉芬　等，2007），我国的重金属污染每年减产粮食1 000万t以上，污染粮食1 200万t，其经济损失达到200亿元以上。

近年来，我国政府对重金属污染极其重视，许多机构与学者通过示范工程对重金属-植物-土壤生态系统开展综合试验与治理研究，取得许多科研成果与理论进展。2010～2011年我国相继颁布《中华人民共和国国民经济和社会发展第十二个五年规划纲要》和《重金属污染综合防治“十二五”规划》，明确指出“推广清洁环保生产方式，治理农业面源污染”，明确提出要加强农村面源污染、特别是重金属污染综合防控和农田修复，提高农作物产量和品质。因此，加强重金属污染土壤的修复技术研究，既具有极高的实际应用价值，又具有深远的理论研究意义。

2. 土壤重金属污染治理的环境材料

重金属污染土壤修复技术发展迅速，主要包括工程措施、物理化学措施、化学改良剂措施和生物措施，包括植物和微生物菌剂等，其中研究与应用较多的主要是生物修复技术和化学钝化修复技术（黄占斌　等，2013；曹心德　等，2011）。

化学钝化修复是化学修复技术之一，原理是向土壤中加入重金属固化剂或钝化剂，改变重金属和土壤的理化性质，通过吸附、沉淀等作用降低土壤中重金属的迁移能力和生物有效性。随着可持续发展理论研究和应用的深入，重金属固化材料研究越来越受重视。目前，重金属稳定钝化修复的材料主要有黏土矿物、磷酸盐、沸石、无机矿物、有机堆肥及微生物等。

矿物材料和有机材料对重金属有较好的稳定效应。余贵芬等（2002）研究表明，有机质能使重金属生成硫化物沉淀，也能使六价铬还原成低毒的三价铬；沸石、磷灰石、含铁矿物和磷酸盐等材料具有廉价高效和来源广泛等特点，被用作控制和修复重金属污染土壤的矿物材料。

目前对重金属污染土壤进行改良的环境材料越来越多，但新型环境材料研发、不同功能环境材料的复合产品研发，都是环境材料在土壤修复重金属污染发展的重要方向。

3. 保水剂与土壤重金属污染的治理

SAP是近年发现对重金属有固化效应的新材料。保水剂在直接供给作物根系水分、改良土壤结构和养分转化的同时，具有降低重金属对植物污染效应而减弱作物对重金属的吸收效果。有研究表明，交联合成的SAP可促进污水中微生物对Cd和Zn稳定化去除。SAP不仅促进土壤保水改土，还明显降低土壤中Cu、Zn、Pb水溶性态含量。盆栽实验证明，土壤添加0.2% SAP，可降低高粱对土壤Cd的生物有效性并促进植物生长。在含有重金属Cu、Pb、Al、As等污染的废矿物堆场修复中添加SAP施用75～170 kg/hm^2，可明显促进土壤水分保持和营养吸收，降低植物吸收重金属。

SAP在农田中对植物有直接效应，还有通过改良土壤理化性能和调节土壤生物的间接效应，通过这两个方面降低重金属的生物有效性。盆栽实验证明（黄震　等，2012），环境材料腐殖酸（HA）、SAP、粉煤灰（FM）和沸石（FS）及复合材料 F1、F2、F3（分别为 FM+SAP+HA+FS、FS+HA+SAP、FM+SAP+HA）对玉米、大豆生长及土壤重金属 Pb、Cd 吸收影响如表 1.2 所示。单个环境材料及复合材料较对照明显减少作物吸收重金属 Pb、Cd，并促进作物生长。SAP 及其复合材料 F3、F2 对土壤重金属 Pb、Cd 的固化效果明显。对比发现，SAP 复合材料可使玉米的 Pb 吸收量较对照降低 50%以上，Cd 降低 80%以上；SAP 复合材料使大豆吸收重金属 Pb 降低 69%以上，Cd 降低 33%以上。研究发现，SAP 及其复合材料对土壤 Pb、Cd 的钝化固化效应与土壤 pH、电导率（electric conductivity，EC）、有机质、养分及土壤酶活性等变化紧密相关。

表 1.2　环境材料对大豆、玉米植株干重和吸收土壤重金属 Pb、Cd 影响（黄震　等，2012）

处理方式	大豆			玉米		
	植株干重/（g/p）	Pb 质量分数/（mg/kg）	Cd 质量分数/（mg/kg）	植株干重/（g/p）	Pb 质量分数/（mg/kg）	Cd 质量分数/（mg/kg）
复合 F1（FM+SAP+HA+FS）	0.449 b	3.16 a	11.51 a	0.507 a	3.58 a	17.11 a
复合 F2（FS+HA+SAP）	0.329 ab	4.09 a	14.62 ab	0.560 a	3.89 a	14.44 a
复合 F3（FM+SAP+HA）	0.294 a	4.15 a	9.87 a	0.446 a	5.77 a	12.83 a
腐殖酸（HA）	0.383 b	6.14 b	14.56 ab	0.311 a	10.76 b	24.33 b
高分子保水剂（SAP）	0.261 a	4.10 a	9.16 a	1.128 c	3.47 a	11.27 a
粉煤灰（FM）	0.207 a	6.21 b	13.08 ab	0.880 b	4.05 a	20.47 ab
沸石（FS）	0.307 b	3.82 a	14.16 ab	0.274 a	11.14 b	29.86 b
对照（CK）	0.278 b	13.31c	21.70 c	0.406 a	11.75 b	70.70 c

注：表中字母 a、b、c 为 0.05 显著水平下的分析结果

目前有关 SAP 对土壤重金属污染修复的研究刚起步，有许多问题有待研究。如 SAP 对单个和多种重金属及其在土壤污染的效应范围，SAP 在土壤水分和氮磷肥不同组合条件下，对重金属单个和复合污染下的固化效应，SAP 对植株生长和土壤质量效应的机理，SAP 在土壤水肥和重金属污染治理中的生态风险评价等，还需深入研究。

1.4　腐殖酸在土壤修复中的应用

腐殖酸是土壤有机质组分，也是风化煤和褐煤有机质主要成分。按在溶剂中的溶解性和颜色，国际腐殖酸协会（International Humic Substances Society，IHSS）推荐腐殖酸分离方法，一般将土壤、沉积物和风化煤、褐煤中的腐殖酸分为三类：既不溶碱性溶液，

又不溶酸性溶液的残余物，即胡敏素（humin），又称黑腐酸；只溶碱性溶液，不溶酸性溶液的是胡敏酸（humic acid，HA），煤基称棕腐酸；既溶碱性溶液，又溶酸性溶液的是富里酸（fulvic acid，FA），煤基称黄腐酸。黄腐酸是促进土壤改良和植物生长活性最高的腐殖酸类别。土壤腐殖酸的分离过程如图 1.1 所示。

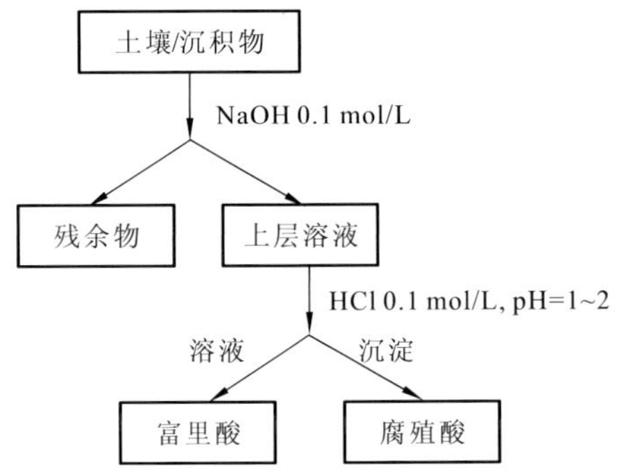

图 1.1　土壤腐殖酸的分离过程（SWIFT，1996）

腐殖酸不是单一化合物，是多种化合物组成的混合物。主要由 C、H、O、N、S 等元素组成，其结构单元主要由芳核、桥键和活性基团组成。芳核多由 5～6 芳环或杂环组成，如苯、蒽、蒽醌、吡咯、呋喃、噻吩、吡啶等；—O—，—CH_2—，—N═，—NH—，—S—和其他基团桥接，含游离离子和醌双键；活性基团主要有羧基、羟基、氨基、醇羟基、酚羟基、甲氧基、酮、醛、醚等 20 多种，形成腐殖酸多样功能性（图 1.2）。

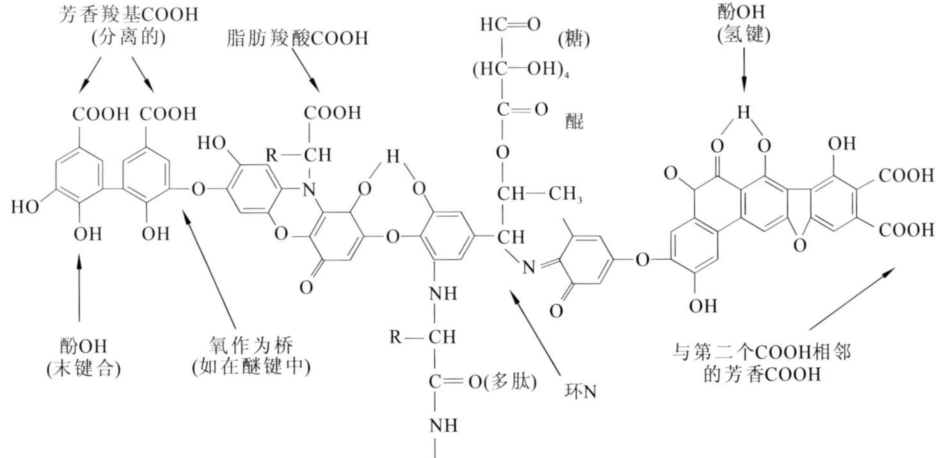

图 1.2　腐殖酸结构模型（Stenvenson 模型）

20 世纪 80 年代以来我国经大量试验，提出腐殖酸在农业中 5 大功效：①改良土壤作用，增加土壤团粒结构和缓冲性，提高土壤肥力；②提高化肥利用率，特别是控氮释磷促钾等效应；③具有生长素和细胞分裂素等激素效应，刺激作物生长；④增强作物抗旱、抗盐碱等抗逆能力；⑤改善农产品品质。从风化煤和褐煤中提取的腐殖酸，同土壤有机质中天然存在的腐殖酸有相似结构和性质（成绍鑫，2010）。腐殖酸在我国农业生产中用作有机肥，在环境治理中用作土壤改良剂，在医药行业用作降血糖、癌症治疗的药物等，用途广泛。肥料是发展最快的腐殖酸应用产业。目前全国生产煤基腐殖酸及腐殖酸肥料的企业有 3 000 多家，其中 2018 年农业农村部累计登记含腐殖酸水溶肥料（黄腐酸肥）种类就有 2 508 个（曾宪成，2018）。

腐殖酸含有各种含氧功能团（羰基、羧基、醇羟基、酚羟基等），这些基团决定腐殖酸具有酸性、浸水性、鞣剂性、阳离子交换性能，能够与土壤中污染物发生吸附、离子交换、络合和氧化还原作用，使得腐殖酸及各类腐殖酸产品被广泛应用于退化土壤修复和污染土壤治理中。

1.4.1 腐殖酸在土壤修复中应用原理

1. 腐殖酸在土壤改良中应用原理

腐殖酸在土壤改良中的主要作用是改良土壤团粒结构、提高肥料利用率、维持土壤酸碱平衡三个方面（许新桥 等，2013）。

1）改良土壤团粒结构

腐殖酸主要由芳香结构和多种活性较高的化学官能团构成，比表面积巨大，约为 2000 m^2/g。腐殖酸上的醇羟基、酚羟基、羧基、羰基等亲水性基团，与水接触后电离并与水分子结合生成氢键，吸收水分从而提高土壤含水率。腐殖酸加入土壤后通过絮凝作用把松散的土壤颗粒聚集起来，降低土壤容重，增加土壤孔隙度，形成水稳性好的团粒结构，研究表明，土壤团粒结构总数可增加 1.5～3.0 倍，水稳性团粒结构总数可增加 8.5%～30.0%，改良后的土壤耕作层中水、肥、气、热状况明显改善（Tan，2003）。

2）提高肥料利用率

腐殖酸可以控氮释磷促钾，提高肥料利用效率，增加作物产量。

（1）腐殖酸中的羧基、羰基、醇羟基、酚羟基等官能团，有较强离子交换和吸附能力，快速吸附氮肥水解生成的 NH_3 和 NH_4^+，与其发生氨化反应形成解离度低的腐殖酸铵盐，减少氮的损失并提供氮源，减少铵态氮损失。腐殖酸中的酚羟基和醌基等官能团对土壤脲酶和硝化细菌有抑制作用，能够有效减缓尿素释放和分解的速度，提高氮肥利用率（Li et al.，2009）。

（2）腐殖酸中的含氧官能团能够与土壤中难溶于水的土壤中的磷酸钙［$Ca_3(PO_4)_2$］形成溶于水的磷酸氢盐和磷酸二氢盐，被作物吸收，减少土壤对可溶性磷的固定，而且腐殖酸可以加快 P 在土壤中的扩散，促进根系对 P 的吸收量。使磷肥能够缓慢释放出来，提高磷肥利用率，增加作物吸磷量。

（3）由于腐殖酸具有较大的阳离子代换量，施入土壤中的钾肥应该首先与 K 元素结合被腐殖酸吸附，避免了土壤对 K 元素的固定，降低土壤的固钾率。腐殖酸能够活化钾，使钾肥缓慢分解，增加钾释放量，促进作物对 K 的吸收，提高钾肥利用率。

3）维持土壤酸碱平衡

腐殖酸是一种弱酸，也是一种有机大分子两性物质。腐殖酸的酸性官能团释放出的H^+可以与土壤中的碱性物质发生中和反应生成水，降低土壤碱度。腐殖酸中的醛基、羧基等官能团，一方面能生成腐殖酸盐，形成腐殖酸-腐殖酸盐相互转化的缓冲系统（陈静 等，2014）；另一方面能够与土壤中的各种阳离子结合，增加阳离子吸附量。腐殖酸的盐基交换量为200～300 cmol/kg，是土壤黏土矿物的10～20倍，土壤溶液中的有害离子能够与腐殖酸发生交换反应，降低土壤盐基含量（许新桥 等，2013）。

2. 腐殖酸在土壤污染治理中应用原理

根据酸碱质子理论（Brønsted-Lowry acid-base theory，布朗斯特-劳里酸碱理论），凡是可以提供质子的物质是酸；凡是可以接受质子的物质是碱。腐殖酸的羧基和酚羟基可以解离给出质子。根据路易斯酸碱理论，凡是可以提供电子对的物质是碱，凡是可以接受电子对的物质是酸。腐殖酸中的酚羟基解离质子后可以提供电子对，因此腐殖酸既是酸也是碱，具有酸碱两性。腐殖酸是一类含杂环的芳香稠环聚合程度不同的有机聚合物，含有C—H基团和芳香结构等疏水基团，同时还含有—COOH、—OH等亲水基团，表现出天然的表面活性剂特征。腐殖酸的酸碱两性及亲水-疏水两性，使得腐殖酸在土壤污染治理时能够与污染物发生吸附螯合反应和氧化还原反应。

（1）吸附螯合反应。巨大的内表面积使腐殖酸有较强的离子交换和吸附能力，腐殖酸通过物理吸附、共价键和氢键等化学吸附与污染物结合，降低污染物在土壤中的生物有效性。腐殖酸与土壤胶粒形成有机-无机复合胶体，使污染物上的阳离子紧紧吸附在腐殖酸分子周围，增强对污染物吸附，减少土壤中污染物的迁移。腐殖酸作为表面活性剂，使污染物从土壤中洗脱出来，降低污染物在土壤中的含量。

（2）氧化还原反应。腐殖酸较高的氧化还原能力是由于醌基、酚基等官能团，分析腐殖酸还原前后的三维荧光光谱图的波峰的荧光强度，发现小分子量腐殖酸中主要的氧化还原荧光团为醌类荧光团，还原过程主要发生醌π-π^*到苯π-π^*的跃迁。不同土壤腐殖酸的氧化还原官能团电位分布并不均匀，原态和还原态时的氧化还原电位为245～620 mV。腐殖酸还原后氧化还原电位升高。腐殖酸在这个过程中充当了电子传递体，腐殖酸将电子从还原态化合物转移到污染物上从而降解污染物，或者腐殖酸作为电子受体接受污染物提供的电子，将污染物氧化（栾富波 等，2008）。

1.4.2　腐殖酸在盐碱地修复中的应用技术

1. 盐碱地概况和危害

土壤盐碱化是我国农业重要环境问题之一，我国盐碱地土壤面积大、分布广。我国约有盐碱地3 450万hm^2，占耕地面积近1/5，主要分布在滨海地区和西部内陆干旱半干旱地区。盐土是指土壤表层的易溶性盐分质量分数超过0.6%～2.0%，通常是由于灌溉不当引起地下水位上升，造成土壤盐分累积（黄占斌 等，2013）。

盐碱土物理化学性能比较差是因为盐碱土一般情况下孔隙度低，土壤易板结，透气、透水性差，影响了土壤酶活性，土壤微生物活动和有机质转化受到抑制，降低了土壤养分利用率和有机质含量。盐碱环境对植物的危害主要表现在两方面：一是由于植物细胞质内积累过多阳离子尤其是 Na^{+}，减少了其他离子的吸收，破坏了植物内部的离子平衡，抑制植物正常的生理代谢活动，阻碍植物进行光合作用，最终导致植物死亡；二是由于盐碱环境渗透压过高，土壤水势低，抑制植物根系对土壤中水分的吸收，植物最终缺水死亡。

2. 腐殖酸在盐碱地改良中应用技术

盐碱地改良方法包括物理、化学、生物措施及水利措施等。随着循环经济和现代化工业发展，应用环境材料改良盐碱地越来越广泛。目前用于盐碱地改良的环境材料主要有两类：一类是加 Ca（代换作用）环境材料，主要有石膏、磷石膏、脱硫石膏、石灰、石灰石、磷石膏和煤矸石等；另一类是加酸（化学作用）环境材料，主要有腐殖酸、糠醛渣、硫磺、黑矾（硫酸亚铁）、粗硫酸、硫酸铝及酸性肥料等。其中施用腐殖酸改良盐碱地的研究不断加快，这与腐殖酸含有羰基、羧基、醇羟基、酚羟基、醌型羰基和酮型羰基等丰富的活性官能团，能够调节土壤酸碱度有关。

腐殖酸作为表面活性剂，能够显著强化脱硫石膏改良盐碱土壤的效果。孙在金（2013）采用脱硫石膏和腐殖酸作为改良剂，通过单施与配施组合处理含盐量分别为 0.13%、0.24%、0.86%和 2.07%的 4 种土壤，发现 4 种土壤 pH 较对照（CK）分别降低 0.26%、0.83%、1.05%、1.83%；Na^{+}含量分别降低 82.4%、92.6%、89.1%、78.6%；钠吸附比（sodium adsorption ratio，SAR）分别降低 97.4%、98.5%、97.7%、94.7%，作用效果显著。腐殖酸、高分子材料保水剂和有机肥的复合材料可明显改善施用融雪剂造成的土壤盐碱化，改善土壤结构，增强土壤保水性，降低土壤 Na^{+}和 Cl^{-}含量及土壤钠吸附比（SAR），减少融雪剂对土壤和绿化植物的伤害，有利于高速公路绿化植物的生长和养护，具有较大的经济效益（张小明 等，2013）。

1.4.3 腐殖酸在土壤重金属污染治理中应用技术

土壤重金属污染修复主要有两种途径：一是降低土壤中重金属总量，二是减少重金属在土壤中的有效态含量。

1. 腐殖酸的重金属淋洗萃取技术

腐殖酸作为天然有机酸，是一种比较好的天然淋洗剂，通过吸收溶解、解吸和络合等作用提高重金属的水溶性、迁移性及生物有效性，然后将重金属从污染土壤中转移出去，永久性地减少土壤重金属的含量。与无机酸、有机酸、合成络合剂等淋洗剂相比，水溶性腐殖酸操作安全，既能提取各种形态的重金属，又不破坏土壤理化性能和微生物功能。Reyes（2017）利用腐殖酸作为一种洗涤剂，修复智利北部因采矿造成的重金属污染场地。在 10 000 m^{2} 范围内采集 37 份 0～20 cm 深度的土壤样品，发现土壤偏碱性，电导率在 8～35 mS/cm，有机质含量较低。V（钒）、Pb、Sb 和 As 的污染浓度超过美国国家环境保护局（U.S. Environmental Protection Agency，US EPA）建议值的若干倍，分别为 10.80～175 mg/kg、7.31～90.10 mg/kg、0.83～101 mg/kg、9.53～2691 mg/kg，当腐殖酸为 100 mg/L 时，V、Pb、Sb 和 As 的去除率分别为 32%、68%、77%和 82%。

刘峙嵘等（2006）对腐殖酸修复 Ni 污染土壤的实验表明，腐殖酸对 Ni^{2+}洗脱率较大，洗脱速率较快，洗脱速率常数为 27.5×10^{-3} /min，与动力学一级方程相拟合。从肥料、粪便和廉价的普通材料中提取的黄腐酸，是一种无毒性化学强化的淋洗剂，通过和重金属 Cu、Pb、Ni 和 Cd 等发生螯合反应修复土壤。黄腐酸对重金属 Cu、Pb、Ni 和 Cd 的提取率分别为 5%～95%、1%～94%、32%～100%和 19%～87%。程海宽等（2012）通过盆栽实验，在自然条件下模拟重金属严重污染的碱性土壤，然后加入改良剂，发现黄腐酸对土壤中有效态 Pb、Cd 具有活化作用，且对土壤中 Cd 的活化能力大于对 Pb 的活化能力。因此对于重金属 Pb、Cd 污染的土壤，可以在播种前加入含黄腐酸成分的水溶性腐殖质，与土壤混合反应后收集并处理洗涤废水，去除土壤中的 Pb、Cd。

2. 腐殖酸重金属固化稳定化技术

向土壤中施加腐殖酸类肥料，通过吸附、络合、沉淀、晶格包裹等作用机制改变重金属形态，降低重金属的溶解性、迁移性和化学活性，从而降低重金属的生物毒性（骆永明 等，2006）。腐殖酸作为重金属螯合剂，在一定条件下能与重金属络合，降低土壤中重金属生物有效性，减少植物体的吸收量。陈磊（2014）在 900 m^2 实验基地种植金农丝苗稻种，探究腐殖酸液肥对稻米富集重金属的影响。研究发现腐殖酸液肥将 Pb、Cd 阻滞于稻秆中，从而减少稻米对 Pb、Cd 的富集，使稻米 Pb、Cd 含量符合限量标准。江海燕等（2014）通过盆栽试验研究胡敏酸改性膨润土对重金属 Pb、Cd 污染土壤的钝化效果，发现在 500 mg/kg Pb 和 10 mg/kg Cd 污染的土壤上施加胡敏酸改性膨润土可以钝化土壤中的 Pb 和 Cd，降低其有效态含量，使小白菜地上部分 Pb、Cd 含量分别比对照降低 47.91%和 14.89%。蒋煜峰等（2005）对污灌土壤中 Cu、Cd、Pb、Zn 形态影响的研究表明，添加腐殖酸可以改变土壤对不同形态的重金属吸持能力，使具有直接生物毒性的可溶态重金属急剧减少 60%～80%，重金属在土壤中的流动性和生物可利用性明显降低。

1.5 环境材料应用的发展趋势

环境材料是国际出现的一个研究新热点。1993 年 5 月国际材料研究学会联盟（International Union of Materials Research Societies，IUMRS）在日本东京召开先进材料国际会议第一次专门组织环境材料研讨会；1994 年 10 月在日本筑波召开国际生态平衡会议（International Conference on Ecobalance），其主题是材料及技术的寿命周期评估，即材料生命周期评价（material life cycle assessment，MLCA）。《中国 21 世纪议程》在“自然资源保护与可持续利用”部分将“推行可持续发展影响评价（sustainable development impact assessment，SDIA）制度”作为重要方案领域之一。而 MLCA 的目的及内容与 SDIA 是完全一致的。

我国在环境材料方面的研究起步迅速，上述两个国际会议都有中国学者参与。兰州大学 1995 年 4 月组织召开了“甘肃省环境材料研讨会”，这是国内第一个关于环境材料的专题讨论会。中国材料研究学会于 1995 年 10 月在西安交通大学组织了首次“国际环境材料研讨会”，并在 1996 年 11 月召开的“96′中国材料研讨会”中设立“环境材料”专题。2017 年 7 月在银川召开的中国材料大会中，将环境工程材料列入分会。

可持续发展是一个巨大的系统工程，环境材料的研究是可持续发展的组成部分，那么强调在环境材料研究这个子系统，政府可以采取一系列的政策来支持环境材料的研究开发。这些政策可概括为：法规引导、市场调节、项目策划及宣传报道。很难相信，没有政府的鼎力提倡，环境材料的研究会顺利地发展起来。在消费者和产业界还未建立完善的、自觉的环境意识之前，市场对环境材料的需求主要来自政策法规的引导，如果引导得当，可获得正面的经济效益——通过强迫绿色技术的开发以取得今后对外贸易上的竞争优势。在这一点上，日本和德国已从早期的严厉法规中获得了显著利益。政府还可通过直接资助环境材料的研究和开发，或通过策划环境材料研究的样板计划，来大力宣传这一新的材料研究系统。

一些发达国家政府部门和国际机构都在积极支持这一领域研究。如日本科学技术厅就组织了“与环境和谐的材料技术的开发”国家研究计划。联合国环境规划署（United Nations Environment Programme，UNEP）SPD（sustainable product development，可持续产品开发）工作组已进行有关全世界环境选择计划（environment choice plan，ECP）情报收集及交流等方面工作；国际电工委员会（International Electro technical Committee，IEC）正着手进行电器产品环境要素标准化工作；国际标准化组织环境管理标准化技术委员会（ISO/TC207）也已开始进行环境标记国际标准化的工作。这就意味着不但科学工作者要注意环境材料研究，商业活动也将面临“绿色标志”的挑战。企业必须大力开发环境材料及其技术，否则，一旦国际实行“绿色标志”，将大大抑制我国产品出口。

材料是经济和社会发展的基础和先导，是现代高新技术发展的三大支柱之一，为人类社会的发展做出了巨大的贡献，然而材料产业又是资源、能源的主要消耗者和环境污染的主要责任者之一。随着人类进入可持续发展阶段，在有效地利用资源和能源及有效地减少废弃物、污染物的前提下，在可持续发展的指导思想下，尽量开发和制备出更多的与环境协调的性能优异的材料，是材料科学领域的新的追求目标之一。

第 2 章 矿区土地复垦与土壤修复

2.1 矿区土地复垦与生态建设

2.1.1 矿区土地复垦概念

自 1988 年国务院《土地复垦规定》颁布和实施以来，土地复垦概念才得到确定。2011 年 2 月 22 日国务院第 145 次常务会议通过《土地复垦条例》，2012 年 12 月 11 日国土资源部第 4 次部务会议审议通过，自 2013 年 3 月 1 日起全国实施。《土地复垦条例》指出，土地复垦的目的是落实"十分珍惜、合理利用土地和切实保护耕地"的基本国策，规范土地复垦活动，加强土地复垦管理，提高土地利用的社会效益、经济效益和生态效益。该条例所称土地复垦，是指对生产建设活动和自然灾害损毁的土地，采取整治措施，使其达到可供利用状态的活动。这意味着土地复垦后无论是耕地、农林用途还是建设、休闲娱乐用途，都视为土地复垦。由于汉字"垦"在很多字典里均作"垦，耕也"解释，土地复垦也就被理解为将破坏的土地改造为种植用地之意（卞正富 等，2018）。

矿山损毁的土地类型，包括挖损、塌陷、压占类型，也包括排矸场、尾矿库及其矿区周边的污染土地。虽然《土地复垦条例》没有明确指出污染土地复垦，但实际上难以回避，因为挖损、塌陷、压占土地，特别是压占土地常伴有污染问题，复垦时需要重点考虑。对于污染土地，常使用"土地修复"一词。由于矿产资源开发带来系列社会、经济、环境问题，这些问题是区域性的，土地复垦或土地修复被认为是单一的工程手段和目标指向，有人提出了矿区生态重建，自 20 世纪 90 年代后期，我国矿区土地复垦常被"矿区土地复垦与生态重建"取代。所以，土地复垦是包含生态恢复目标的，土地是指由地球陆地部分一定高度和深度范围内的岩石、矿藏、土壤、水文、大气和植被等要素构成的自然综合体。Blasi 等（2008）则将土地生态网络定义为保持结构和功能异质性的各种自然与生物特征的环境要素的总和。因而在土地复垦时，不仅需要考虑地形因素，还要考虑土壤、水文、植被等多种环境要素及其相互之间，以及与动植物、人类活动之间的相互作用（卞正富，1999）。

国际上，与土地复垦有关的概念有 Remediation、Restoration、Reclamation 和 Rehabilitation（简称 4R）。这些概念在研究资料中常可混用，但对于政府、企业、环境保护者、当地社区、普通民众等不同的利益相关者来说，这些概念通常又有显著区别，区别主要体现在各自的目标追求不同。Remediation 是针对污染场地的，需要去除污染物，保证气、水、土和人类的健康；Restoration 为恢复采矿扰动前的生态系统，包括生物多样性、生态系统的结构和功能；Reclamation 为恢复原来的生态服务价值，包括采矿前的生态服务和地球化学循环功能，恢复后的生态系统不一定是采矿扰动前的生态系统；Rehabilitation 为优先考虑粮食、生物质生产和水的供应，主要是农业、农林与水产养殖业，剩余的还有将废弃土地再开发，用于基础设施和休闲场所变成绿色或蓝色空间。因此，Remediation、Restoration、Reclamation 到 Rehabilitation 可理解为修复、恢复、重建与复垦，是处理采矿废弃（含污染）土地的几种措施，从修复到复垦的难度逐渐减小。2010 年以来，中国煤炭学会在中国科学技术协会的指导与支持下，开展了“煤矿区土地复垦与生态重建”学科进展研究。为避免中文词义上的歧义，同时遵循高级涵盖低级原则，卞正富等（2018）建议土地修复作为高一级学科名称讨论土地复垦问题。

2.1.2　我国矿区土地复垦的发展历程与存在问题

1. 发展历程

我国矿区土地复垦与生态修复工作起步较晚，是 20 世纪 50 年代末开始的，根据发展特点可分为 4 个阶段。

一是 20 世纪 50 年代，受当时经济社会发展和技术水平等因素限制，主要通过填埋、刮土、复土等措施将退化土地改造成可耕种土地，开展实际工作和相关研究规模小，整体发展较为缓慢。

二是 20 世纪 70～80 年代，1988 年我国颁布《土地复垦规定》，矿区土地复垦和生态修复工作步入有组织的修复治理和快速发展阶段。以土地资源利用的持续稳定为主要目标，关注矿区土地资源的稳定利用及相关的基本环境工程的配套问题，使土地修复更加系统化。

三是 20 世纪 90 年代后，矿区土地复垦和生态修复理论研究深入及认识观念转变，引入生态学理论来促进矿山废弃地基质改良，开展研究选用适宜的表土、植物和肥料；研究先锋植物根的生长模式及根系分布结构；研究重金属的迁移模式；优化回填肥料的性质，如利用煤炭垃圾或粉煤灰回填或促进植物生长。同时，在生态恢复中综合考虑景观美化、可持续发展、人与自然的和谐等问题（胡振琪，2009）。目前，生态学的观点在我国矿区土地修复研究与应用中被广泛接受。

四是 21 世纪以来，生态修复理念发生巨大变化，主要以矿区生态系统健康、环境安全和植被恢复重建为修复目标，污染土地和废弃地等矿区的土地复垦得到重视，其中包含废弃物堆场土地及其污染场地、金属矿区重金属污染土壤的修复，建立 22 个土地修复示范区，坚持“因地制宜、综合治理”原则，积极创新土地修复机制，创造了多种土地修复模式。2011 年我国公布《土地复垦条例》，标志着土地修复工作慢慢走向了成熟。修复技术不仅包括植物修复、微生物修复、动物修复及其联合的环境生物新技术，也包括物理法、化学法和工程结合的综合技术，形成多种修复的示范模式。据统计，截至 2015 年，我国已复垦治理采矿损毁土地 86 万 hm^2，仍有 214 万 hm^2 未复垦。我国近 20 年矿山土地恢复率达到 15%，累计修复利用各类废弃地 100 万 hm^2（叶凌枫，2016）。2017 年第二届国际与生态修复学术研讨会上，矿区土地复垦与生态修复国际研究中心成立。2018 年 4 月 12 日由生态环境部颁布《工矿用地土壤环境管理办法（试行）》，自 2018 年 8 月 1 日起施行。这些对促进我国工矿用地土壤和地下水环境保护监督管理，防治工矿用地土壤和地下水污染具有重要意义。

2. 存在问题

1）矿区土地复垦与生态修复缺乏全局规划

我国很多矿山企业将矿区复垦工作和生态修复治理看作开采后期任务，缺乏全局意识，缺乏完整矿山开采—土地复垦—生态修复的全局规划体系，加大了矿区土地复垦与生态修复工作的难度，也不利于矿区整体工作开展。一些矿区开展生态修复，普遍存在过度追求修复目标和成本节约、不根据矿山实际进行修复。调查发现，为了在短期内达到矿山植被覆盖或覆绿目标，很多矿山企业不是根据实际情况选择与矿山生态环境相应的物种，而是选择生长快速的树种和草皮，最终形成单一的草地或树林，相应的生态系统的稳定性也不高。

2）矿区土地复垦与生态修复法律制度不完善，缺乏详细质量管理标准

我国现有土地复垦相关法律制度存在共通性和不明确性。一是这些法律规定不够细致，且分布相对分散，降低了法律的指导效率；二是具体规定相关主体在土地修复和生态修复中的职责和义务，造成矿山资源的开采混乱、相应的权利关系不明确、责任相互推脱等问题。进而引起矿山土地修复和生态修复工作流于表面形式，形成矿山资源管理中的难点和盲点。同国外发达国家相比，我国的土地复垦和生态修复治理工作起步较晚，尽管有相关的法律体系对土地复垦的质量做出阐述，但其完整性和实效性仍然落后于其他国家。我国法律通常从全国的层面对土地复垦工作进行管理和控制，缺乏针对性，对解决特定地方矿区土地复垦工作指导性不强。

3）矿区土地复垦与生态修复的管理机制不完善

我国《土地复垦条例》规定由县级以上土地管理部门与其他相关部门相协调共同管理和监督土地复垦工作，但未明确不同层级和部门间的权责分配。这较容易产生管理层级混乱、部门职责不明的现象，从而导致管理上的空白或重复。同时由于管理人员专业水平参差不齐、管理方式单一和管理标准不一致等问题，可能降低管理的效率。

4）矿区土地复垦与生态修复的资金保障不健全

目前我国并未实行国家层面的土地复垦保证金制度，其资金投入主要来源于矿山开采企业，缺乏完善的市场运行机制。这一方面加大了开采企业的资金压力，降低其生态修复的积极性，另一方面也使土地复垦和生态修复的资金缺口加大，不利于生态修复的持续性和有效性。

5）矿山土地复垦和生态修复的科学研究和技术发展不够协调

矿山土地复垦和生态修复是一项多专业、多学科交叉融合的复杂、庞大的工程，而在我国实际对矿山废弃地所进行的土地复垦和生态修复工作大多是迫于法律和自然资源部门的压力而开展的，并且是矿山业主自己组织实施的。由于其专业性不强，相应的土地复垦和生态修复的意愿也不高，在具体操作中不能真正进行科学的土地复垦和生态修

复。同时，缺乏相应的研究机构、咨询机构、社会组织和专业技术人员。可见，我国的现实情况是研究机构在理论研究与实践上不同步。

2.1.3 我国土地复垦与生态修复的原则和目标

1. 矿区土地复垦与生态修复的原则

（1）因地制宜的原则。在矿区土地复垦与生态修复的过程中，应根据当地的土地资源禀赋来确定土地再利用的方向，同时应满足我国《土地复垦条例》和基本国策的要求，将矿区优先复垦为农用地。

（2）全面系统的原则。充分考虑当地的自然属性与社会环境。在对矿区土地复垦进行适宜性评价时，不仅要考虑土壤质地、地形地貌，还要充分考虑当地的种植习惯、政府的产业导向和特色农产品类型。

（3）可持续利用的原则。土地复垦与生态修复关系土地的长久使用，因此应坚持可持续利用的原则，做到经济效益、社会效益和生态效益的统一。

2. 矿区土地复垦与生态修复的目标

（1）生态效益。在矿山开采过程中产生的环境破坏问题，应通过土地复垦和景观再造等措施进行修复，不仅降低地质灾害发生的概率，也将有效调整土地利用结构，缓解人地矛盾，改善生态环境。

（2）经济效益。矿区的生态修复不仅要治理好当地的生态环境，还要促进经济发展。例如，土地复垦为农用地，增加农业和经济作物的种植面积；发展可持续的产业，促进产业转型与升级；通过景观治理，将矿区改造成旅游景点等。

（3）社会效益。矿区土地复垦与生态修复，一方面改善当地居民的生活环境，提高生活质量；另一方面也为当地居民提供大量的就业机会，保障家庭收入，有利于社会的和谐稳定。

2.1.4 我国土地复垦与生态修复的发展趋势方向

矿区土地复垦与生态修复是一项系统工程，需要政策和技术的共同支撑。从土地复垦与生态修复整体进程而言，未来应加强以下几方面的工作。

（1）增强管理者的环境意识，加大公众参与程度。有效进行矿山土地复垦和生态修复的关键因素，包括切实可行的政策、经济增长与生态环境协调发展的意识等方面。因此，应改变政绩考核方式，不再仅仅考察经济增长单一指标，可结合当地实际情况构建具有可操作性的绿色 GDP 考核指标体系。另外，当地居民参与和认识程度也在很大程度上影响矿山土地复垦和生态修复效果。因此，有效推进矿区土地复垦和生态修复需要各参与主体生态环境保护意识的提高，积极主动以各种有效形式参与矿区土地复垦与生态修复工作。

（2）建立矿区生态修复的补偿机制。构建切实可行的矿区生态补偿机制，可促进污染者付费、受损者获得补偿、开发者自觉保护、破坏者恢复局面的形成。通过法律法规的形式对补偿机制的补偿方式、补偿主体和受体、补偿额度进行明确的规定，加强矿区生态补偿的理论研究。可设立专门的矿区生态补偿基金，专款专用，基金主要来源于政府的专项拨款和征收的矿区生态补偿费。

（3）建立源头末端一体化生态修复的清洁生产理念。我国长久以来较重视矿区破坏后的（事后）土地复垦和生态修复，对开采前（事前）、开采过程中（事中）预防重视不够，影响矿山土地复垦和生态修复效果。因此，应建立全过程的治理和恢复模式，即从开采源头、生产过程和采后治理系统一体化，注意生态环境的保护，在生产过程中解决矿山生态环境问题。在开采方式上，加大矿产资源绿色开采技术应用推广，最大限度减少矿山开采中塌陷、煤矸石占地及环境污染。在实践中推广动态预生态修复技术，实现事前预防-事中清洁生产与治理结合-事后生态修复的一体化模式。

2.2　矿区土地修复与土壤修复

2.2.1　矿区土地修复

1. 矿区土地破坏类型

我国是世界上矿产种类多、分布广、储量大的少数国家之一。目前我国已探明矿物种类达 172 种。其中以有色金属居多，钨（W）、锑（Sb）、锡（Sn）、汞（Hg）、钼（Mo）、锌（Zn）、铜（Cu）、铋（Bi）、钒（V）、钛（Ti）、稀土、锂（Li）等均占世界前列。矿产资源是工农业生产的物质基础，开采力度也随人口爆炸和社会发展而迅速增加。矿山开采是目前最大规模改变土地利用方式和损坏陆地生态系统的有组织的人类活动。我国 93%以上的一次能源、80%以上的工业生产资料、70%以上的农业生产资料以矿产品为原料，我国现有国有大中型矿山企业 8 000 多个，小型矿山 23 万个，数目众多、规模巨大的矿山开采对土地和生态环境造成了严重破坏（魏远　等，2012）。

1949 年以来，我国因矿山、砖瓦窑、铁路、公路、水利水电、石油天然气等生产建设项目，以及自然灾害等原因已损毁约 1 000 万 hm^2 土地。依靠矿区废弃地自身演替的恢复需要耗时 100～1 000 年。因此，人工干预的矿区废弃地土地复垦和生态重建就成为十分必要的环境保护手段。目前，矿区废弃地复垦与生态恢复已成为世界各国共同关注的课题和跨学科的研究热点。

从人类生产建设扰动土地和破坏土地的方式角度，矿区土地破坏类型可以概括为土地挖损、土地塌陷、土地压占和土地污染等损毁类型（寇晓蓉，2017）。

1）土地挖损

土地挖损指因采矿、挖沙、取土等生产建设活动致使原地表形态、土壤结构、地表生物等直接摧毁，土地原有功能丧失的过程。露采迹地对土地破坏的影响因素包括矿产资源赋存条件、开采方式等。一般矿产资源埋藏越深，地表剥离范围越大。露天开采由于其作业的需要，必须直接剥离大量的地表岩土及生长的大量植被，对土地的破坏是毁灭性的、颠覆性的（陈俊杰 等，2007）。

2）土地塌陷

土地塌陷指因地下开采导致地表沉降、变形，造成土地原有功能部分或全部丧失的过程。依据沉陷地破坏的特征，井工开采的沉陷对地表破坏形式可分为地表下沉盆地、裂缝及台阶、塌陷坑三种。我国矿山开采中，地下开采约占70%以上。采矿塌陷不仅破坏耕地，影响农业生产的发展，也破坏地表地下水系，形成大面积的低洼区或沼泽地；对公路、铁路、桥梁、堤坝及城市基础设施也构成威胁。地下开采打破了地下水原有的自然平衡，改变了原有的补、径、排条件，造成地表干旱（孟凡生 等，2007）。据调查，每采 1 t 煤，耗费和损失 2.5 t 地下水，加剧地面土地的破碎和深层岩石的裸露风化和剥蚀，降低地表岩土体的抗剪切能力，尤其当开采地区存在滑坡条件或有古老滑坡时，很容易诱发滑坡或引起新的滑坡。

3）土地压占

土地压占指因堆放剥离物、废石、矿渣、粉煤灰、表土、施工材料等，造成土地原有功能丧失的过程。据统计，露天矿正常生产时每采 1 万 t 煤，排土场平均压占 0.16 hm^2 土地。据此推算，我国煤炭地下开采历年塌陷土地总量约 66 万 hm^2，露天开采挖损与压占土地总量为 4.5 万 hm^2 左右（卞正富，2005）。我国因采矿累计压占土地约 586 万 hm^2，破坏土地约 157 万 hm^2，且每年仍以 4 万 hm^2 速度递增。采煤排放大量煤矸石，煤矸石排出量为原煤总量的 15%～20%。据统计，全国工业固体废弃物最多为煤矸石，历年累计工业固体废弃物约 60 亿 t，其中煤矸石约 12 亿 t，每年全国工业的固体废物排放 5 亿～6 亿 t，其中煤矸石约有 1 亿多吨，其中 800 多座矸石山占地约 6000 hm^2（周连碧，2007）。

4）土地污染

土地污染指因生产建设过程中排放的污染物，造成土壤原有理化性状恶化、土地原有功能部分或全部丧失的过程。矿区的挖损、塌陷和压占，都是对土地的直接破坏，而污染是挖损、压占过程中次生的水污染、粉尘污染、水土流失、噪声污染及土地退化等。如煤矿矸石山，在干旱地区或旱季会排放大量粉尘，雨季矸石风化产生酸性物质被雨水淋溶，造成水体和周围土壤的酸污染和 Pb、Cd、Hg、As、Cr 等重金属污染，导致严重土壤污染并影响农业生产。有些重金属污染还能沿着食物链传递，最终进入人体，危害人类健康。矿区废弃物是持久而且严重的污染源，根据一些模型推算表明，一些伴硫矿物矿石堆的酸性排水及重金属污染可持续 500 年之久，其尾矿的污染也会持续百年以上。

2. 矿区土地修复的理论与标准

矿区土地修复，主要包含土地复垦与生态修复全过程。由于土地修复的周期与生产建设项目服务年限差异，造成矿区土地复垦与生态修复具有明显的阶段性。因为建设活动如交通、水利等基础设施建设造成损毁土地的复垦与生态修复，时空尺度相对单一。

而生产活动（矿产资源采选活动）周期相对较长，尤其是大中型矿山，短则十几年，长则几十年甚至上百年，加之功能恢复比形态恢复所需的时间更长。通过大量实践，白中科等（2018）提出矿区“地貌重塑、土壤重构、植被重建、景观重现、生物多样性重组与保护”的土地复垦与生态修复五段论，如图2.1所示。

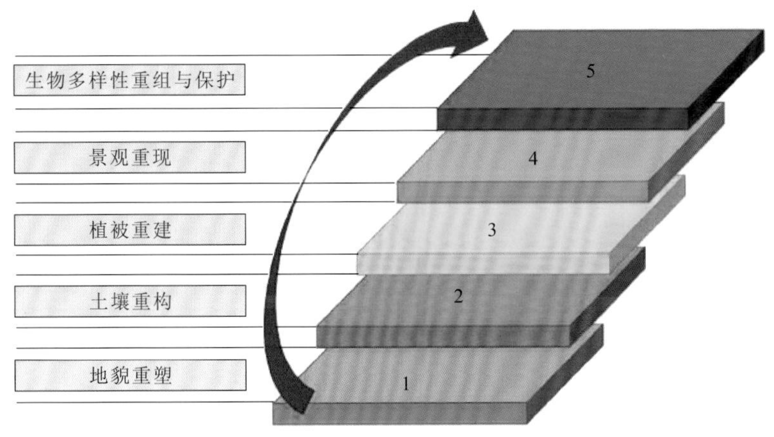

图2.1 土地复垦与生态修复阶段论（白中科 等，2018）

1）矿区土地修复的再造土壤用途

矿山的矿物类型不同，如金属矿山和非金属矿山，其开采和加工等过程中对土地的破坏和污染的类型也不同。因此，在矿区的土地修复过程中技术侧重点也就不同。以排土场工程扰动土的再造为例，其重点就是工程再造与生物再造。

工程再造主要是采用工程措施（同时使用相应的物理措施和化学措施），根据当地再造条件，按照再造土地的利用方向，对沉陷破坏土地进行的剥离、回填、挖垫、覆土与平整等处理。工程再造一般应用于土壤再造的初始阶段。生物再造是工程再造结束后或与工程再造同时进行的再造“土壤”培肥改良与种植措施，目的是加速再造“土壤”剖面发育，逐步恢复再造“土壤”肥力，提高再造“土壤”生产力。生物再造是一项长期的任务，决定了土壤再造的长期性。

土壤再造根据目的和用途可分为农业土壤再造、林业土壤再造和草业土壤再造，其中农业土壤再造的标准最高。农业土壤再造是将恢复后的土地用于作物种植，是沉陷区土壤再造的重点研究目标，它要求再造土地平整、土壤特性较好、具备一定的水利条件。工程再造结束后应及时进行有效的生物再造，进一步改良培肥土壤（陈俊杰 等，2007）。

林业土壤再造是将再造后的土壤用于乔灌种植，是构造物料特性较差时的主要再造方式，它对再造土壤层的标准要求较低，地形要求亦不是很严，允许地表存在一定的坡度。林业再造应该侧重其环境与生态效益，在此基础上才能谈到经济效益。所选再造树种应该对特定恶劣立地条件有较强的适应性。对用有害废弃物重构的土地，可栽植能吸收降解有害元素的抗性树种，达到减少污染和净化再造土壤的目的。

草业土壤再造国内研究较少，西方发达国家相关研究较多，可与乔灌措施相结合使用。

目前，我国土地行业已经颁布了《土地复垦方案编制规程》（TD/T 1031.1—2011）、《土地复垦质量控制标准》（TD/T 1036—2013）、《生产项目土地复垦验收规程》（TD/T 1044—2014）等 10 项标准，对于我国东北山丘平原区、黄淮海平原区、长江中下游平原区、西南山地丘陵区、中部山地丘陵区、东南沿海山地丘陵区、西北干旱区、黄土高原区、北方草原区、青藏高原区 10 个不同地区的矿区土地复垦做出了质量控制标准。但就目前的情况而言，鲜有煤矿企业投入精力、物力、财力因地制宜地制定更加详尽、具有可操作性、符合自身区域及企业特点的土地复垦质量标准，难以针对不同生物气候带、不同矿山类型、不同采矿工艺、不同复垦目标的土地复垦，做出指标约束与质量控制。

2）矿区土地修复的质量控制标准

严禁煤矸石及煤泥排在地表（包括平台和边坡）。废弃的煤矸石、煤泥应排在内排土场，并应排在距地表深度 30 m 以下处，以防止其氧化自燃。严禁石块、含有料浆的黄红土母质排在平台地表，保证平台土地的可耕性；已排在地表的应在种植过程中拣去料浆石。边坡应覆土，局部可允许石砾出现。不含料浆的黄绵土应尽量排在地表，严禁排在底部。遇到特殊情况可在排土场设置黄绵土的临时堆放场并进行重点管护，排土结束后将黄绵土覆盖在表层。复垦为耕地的有效土层厚度应大于 80 cm，复垦为林地、草地厚度应分别大于 30 cm 和 40 cm。覆盖土壤 pH 应控制在 7.5～8.0，有机质质量分数应不小于 0.5%；复垦为耕地、林地和草地的土壤容重应分别小于 1.4 g/cm^3、1.45 g/cm^3 和 1.5 g/cm^3，砾石质量分数应分别低于 5%、10%和 25%。土壤侵蚀模数应控制在黄土高原微度侵蚀的 1 000 t/(km^2·年)以下，小于原地貌的土壤侵蚀模数 5 000～8 000 t/(km^2·年)。应根据排土场的地形，分耕地、园地、林地、草地等不同复垦方向，依据《滑坡防治工程设计与施工技术规范》(DZ/T 0240—2004)，按照大型松散堆积体非均匀性沉降的技术要求，分区整地。复垦土壤环境质量应满足《土壤环境质量　农用地土壤污染风险管控标准（试行）》（GB 15618—2018）规定的 II 类土壤环境质量标准和《绿色食品产地环境质量》（NY/T 391—2013）要求。5 年后复垦区单位面积产量，应达到周边地区同土地利用类型中等产量水平，粮食及作物中有害成分含量符合《食品安全国家标准　粮食》（GB 2715—2016）。

2.2.2 矿区土壤修复

1. 土壤退化和土壤污染问题

土壤是人类赖以生存的主要自然资源之一，也是人类生态环境的重要组成。从学科角度来看，土壤是指陆地表面具有肥力、能够生长植物的疏松表层，其厚度一般在 2 m 左右。土壤不但为植物生长提供机械支撑能力，并能为植物生长发育提供所需要的水、肥、气、热等肥力要素。

由于人口急剧增长，工业迅猛发展，固体废弃物不断向土壤表面堆放和倾倒，有害废水不断向土壤中渗透，大气中有害气体及飘尘也不断随雨水降落在土壤中，土壤受到污染，土壤功能表现退化。

凡是妨碍土壤正常功能，降低作物产量和质量，还通过粮食、蔬菜、水果等间接影响人体健康的物质，都叫土壤污染物。根据污染物性质，一般将土壤污染物分为 4 种。①化学污染物，包括无机污染物和有机污染物。无机污染物主要是 Hg、Cd、Pb、Cr、As 等重金属，再就是农田过量的氮肥、磷肥等植物营养元素及氧化物和硫化物等，如各种化学农药、石油及其裂解产物，以及其他各类有机合成产物等。②物理污染物，主要是指来自工厂、矿山的固体废弃物如尾矿、废石、粉煤灰和工业垃圾等，造成土壤结构破坏，并长期演变成土壤物理-化学-生物等系列的破坏。③生物污染物，主要是指带有各种病菌的城市垃圾和由卫生设施（包括医院）排出的废水、废物及厩肥等。④放射性污染物，主要存在于核原料开采和大气层核爆炸地区，以 Sr、Cs（铯）等在土壤中生存期长的放射性元素为主。

2. 矿区土壤修复的主要类型

根据矿区土壤破坏的类型，矿区土壤修复的主要类型可分为两类：退化土壤改良和污染土壤治理。

1）退化土壤改良

退化土壤是一个内涵广泛的概念，也是一个非常复杂的问题。土壤退化主要是指土壤肥力衰退导致生产力下降的过程。引起其退化的原因包括自然因素和人为因素，因此，土壤退化即是在自然环境的基础上，因人类开发利用不当而加速土壤质量和生产力下降的现象和过程。土壤退化仍然服从于成土因素理论。人为活动直接导致天然土地被占用等，更重要的是人类在开发利用土、水、气、生物等资源中，如矿山开采和加工中外排土壤和废弃矿物等，在自然作用下原有土壤被扰动和破坏，进而造成土壤环境和土壤理化性状恶化，其中，有机质下降是土壤退化的主要标志。有机质含量下降，营养元素减少造成土壤肥力低下，土壤侵蚀和土层变浅，土体板结造成土壤盐化、酸化，以及土壤沙化等。

在矿区的矿物开采、矿区加工和矿物利用等环节中，产生各类退化土壤，主要包括采矿、工业和建设活动挖损、塌陷、压占（生活垃圾和建筑废料压占）、污染及自然灾害毁损等造成的废弃地土壤，如露天矿区排土场复垦地的土壤基质，由于基质组成不均匀，以及覆盖土壤为生土或半生土，土壤结构性差，水肥保持能力低下，土壤结构亟须改良和提升，是矿区土壤改良和生态修复的主要研究课题之一。在土地科学中，学者又称其为土壤重构（soil reconstruction）（胡振琪 等，2005），并定义为以工矿区破坏土地的土壤恢复或重建为目的，采取适当的采矿和重构技术工艺，应用工程措施及物理、化学、生物、生态措施，重新构建一个适宜的土壤结构和土壤肥力的环境系统，在较短的时间内恢复和提高重构土壤的生产力，并改善重构土壤的环境质量。

2）污染土壤治理

污染土壤治理是指针对重金属、有机污染物等矿区土壤污染的修复。土壤污染是指因人为因素导致某种物质进入陆地表层土壤，引起土壤化学、物理、生物等方面特性的改变，影响土壤功能和有效利用、危害公众健康或者破坏生态环境的现象。

土壤重金属污染是矿区土壤污染的重要类型，土壤重金属污染主要是 As、Cd、Co、Cr、Cu、Hg、Mn、Ni、Pb、Zn 等污染，一般为多种重金属的复合污染。土壤重金属污染影响农作物产量和品质，并通过食物链危害人体健康，亦可导致大气、水环境质量恶化。

在矿区采矿过程中产生大量的固体废弃物，包括被剥离的废土、废石和尾矿等。尾矿废弃物通常含有混合的土壤、不同粒径的砂砾、尾矿废物及其风化产物等，与正常的土壤有很大的区别。不同矿区尾矿中有害重金属的种类和浓度不同，其覆盖土壤中有机质、氮、磷的含量均很低，大概只有正常植被覆盖土壤平均背景值的 20%～30%。这些废弃物简单堆放在陆地表面，给周边地区带来严重的环境污染，如江西德兴铜矿区、广东韶关和乐昌的铅锌矿区等。它们往往非常不稳定，除直接造成土壤重金属污染以外，还将引起其他的环境问题：直接影响包括耕地、森林或牧地的损失，对土壤有机质分解和氮矿化过程的抑制，对植物生长的毒害，以及土地生产力的下降；间接影响包括空气污染、水污染和河道淤塞等。

2.3 矿区退化土壤改良技术

2.3.1 我国土壤退化类型与现状

1. 土壤退化类型

对农业生产和矿区生态修复，土壤退化标志是土壤肥力和生产力的下降，对环境来说，是土壤质量的下降。土壤退化既要注意量的变化（即土壤面积变化），更要注意质的变化（肥力与质量问题）。

土壤退化自古有之，但土壤退化科学研究一直比较薄弱。联合国粮食及农业组织 1971 年才编写《土壤退化》，我国 20 世纪 80 年代才开始研究土壤退化分类。目前还无统一的土壤退化分类体系，仅有一些研究成果。中国科学院南京土壤研究所借鉴了国外分类，结合我国实际，对我国土壤退化进行二级分类。一类将我国土壤退化分为土壤侵蚀、土壤沙化、土壤盐化、土壤污染、土壤性质恶化和耕地的非农业占用六大类，二级分类如表 2.1 所示。

表 2.1 中国土壤（地）退化二级分类体系

一级		二级	
A	土壤侵蚀	A1	水蚀
		A2	冻融侵蚀
		A3	重力侵蚀

续表

一级		二级	
B	土壤沙化	B1	悬移风蚀
		B2	推移风蚀
C	土壤盐化	C1	盐渍化和次生盐渍化
		C2	碱化
D	土壤污染	D1	无机物（包括重金属和盐碱类）污染
		D2	农药污染
		D3	有机废物（工业及生物废弃物中生物易降解有机毒物）污染
		D4	化学肥料污染
		D5	污泥、矿渣和粉煤灰污染
		D6	放射性物质污染
		D7	寄生虫、病原菌和病毒污染
E	土壤性质恶化	E1	土壤板结
		E2	土壤潜育化和次生潜育化
		E3	土壤酸化
		E4	土壤养分亏缺
F	耕地的非农业占用		

综合我国土壤退化现状的特点，可归纳为以下两个主要方面。

1）土壤退化的面积广、强度大、类型多

据统计，我国土壤退化面积达460万km^2，约占国土总面积的40%，是全球土壤退化总面积的1/4。其中水土流失面积达150万km^2，占国土总面积的近1/6，年均流失土壤50万t，流失土壤养分相当于全国化肥总产量的1/2。沙漠化、荒漠化面积110万km^2，约占国土总面积的11.4%。草地退化面积67.7万km^2，占全国草地面积的21.4%。土壤环境污染日趋严重，20世纪90年代初仅工业“三废”污染农田面积达6万km^2，相当于50个农业大县全部耕地的面积。我国土壤退化发生区域广，全国各地都发生类型不同、程度不等的土壤退化现象。就地区来看，华北地区主要发生盐碱化，西北地区主要是沙漠化，黄土高原地区和长江中上游地区主要是水土流失，西南地区主要发生石质化，东部地区主要表现为土壤肥力衰退和环境污染。总体土壤退化已影响我国60%以上的耕地土壤。

2）土壤退化速度快，影响深远

我国土壤退化速度快，仅耕地占用一项，在20世纪80年代就达到230多万hm^2，近年仍在加快。其中国家和地方建设占地为20%左右，农民建房占地5%～7%。土壤流失的发展速度也十分令人注目，水土流失面积由1949年的150万hm^2发展到90年代中期的 200 万 hm^2。近十余年来土壤酸化问题越来越严重，仅地处长江三角洲地区的宜兴市水稻土表层土壤 pH 平均下降 0.2～0.4，Cu、Zn、Pb 等重金属有效态质量分数升高了 30%～300%。并且有越来越多的证据表明土壤有机污染物积累在加速。

2. 矿区废弃地与土壤退化问题

一是露天采矿会挖损土地，地下开采则容易导致地面沉降、塌陷等，引起地表变形，加速土壤侵蚀。另外，在采矿过程中，矿区表层的土被移走，中下层未风化的土翻起，矿渣或矿石露天堆放，因此矿区废弃地的土壤结构与性质被破坏：经过长时间堆放或机器的压实，土壤板结严重，团粒较大，土壤的保水能力较差，引起作物根部缺氧。

二是采矿活动会破坏土壤的结构，土壤物理结构不良，持水保肥能力差。

三是复垦土壤缺乏，废弃地覆盖的土壤多为生土或者半生土，土壤极端贫瘠，N、P、K 及有机质含量极低。由于废弃稀土矿区土壤质地、结构破坏严重，土壤养分流失殆尽，土地沙化明显，成片荒漠化趋势显著，造成稀土矿区局部微环境极端恶劣，复垦困难。

四是废弃地的土壤重金属含量过高。在我国，最容易受到重金属污染的地方之一就是采矿区周围。采矿区矿业发达，矿产开采、冶炼后产生大量的矿山废水及尾矿，矿山废水是重金属迁移的重要介质之一。重金属一旦进入环境，能够通过物理、化学及生物过程进入食物链中，通过食物链的循环和累积，给人类的健康和生存带来严重威胁。

五是废弃地存在大面积积水，间接导致土壤盐碱化。地下水过度开采，易导致气体和盐分的释放，对蓄水层中盐分分布有不利影响。地下水水位浅、矿化度高，则易于盐分在毛管作用下向上迁移。使地表蒸发不断加强，加速盐分在地表积累，改变地表的水盐平衡。使裸露的盐碱土位移和向外扩张，加剧了开发区的土地盐碱化和荒漠化。因此，在治理和改良盐碱地的过程中，也要采取综合措施，结合生土壤快速熟化，提高土壤肥力，获得盐碱地改良较好效果。

我国在矿区土地复垦和生态修复中，土壤退化的类型基本包括在上述存在的类型中，主要表现为土壤性质恶化，包括土壤肥力下降、土壤盐碱化和土壤重金属污染严重等。

2.3.2　矿区土壤肥力修复

1. 矿区土壤肥力修复的意义

我国煤炭开采大约 96%为井工开采，4%为露天开采。井工开采形成地下采空区，势必造成地面塌陷。目前采煤区地面塌陷造成土地破坏总量超过 400 万 hm^2，并且仍以每年 3.3 万～4.7 万 hm^2 的速度增加。煤矿塌陷地的生态恢复成为矿区复垦的研究热点之一，目前，我国采煤区地面塌陷治理往往采用非充填复垦（包括直接利用法）和充填复垦两大类工程治理方法。充填复垦工程利用煤矸石等矿区废弃物、污泥等充填后再覆土造田种植。

非充填复垦主要借助对塌陷地表混推或剥离表土方式，用就地平整法、挖深垫浅法、梯田修筑法对塌陷破坏的地表进行整地造田。许多研究表明，采煤塌陷地充填和非充填复垦后，表层土壤重新构造，生土裸露，土壤的理化及性状均得到较大的破坏，土壤肥力成为矿区塌陷土地生态重建的主要障碍因素。多数矿区退化土壤缺乏有机质及其营养元素N和P。如果将修复后的土地用于农业生产，首要前提是恢复土壤的肥力及提高土壤生产力；此外，矿区复垦土壤中的微生物数量少、生物活性低，对矿区采煤塌陷地复垦土壤的培肥也是重要的障碍因素。

2. 土壤肥力概念及其分类

土壤肥力是土地生产力的基础，是土壤的基本属性和本质特性，也是土壤物理、化学、生物特性的综合表现。土壤肥力可概括为土壤的水、肥、气、热综合能力，可分为营养因素和环境条件两方面。营养因素是土壤的重要组成部分，包括养分与水分；环境条件包括空气和热量。营养因素和环境条件相互联系为植物提供生长必需的营养，能直接或间接地影响作物的生长，影响农业生产的结构和效益。土壤营养元素种类、组成、数量及演替，以及土壤中的物质转化、植被生长繁育密切相关，是反映土壤性质和土壤肥力的重要标志。土壤肥力提高与发展，是农业生态系统进步的体现，也是推动系统生产力发展的结果。

土壤肥力按形成原因可分为自然肥力和人工肥力。自然肥力是指土壤在自然因素下形成的肥力状况，在母质、地形、气候、生物及时间5个因素的综合作用下发育而成（庞元明，2009），它能表现出土壤的物理、化学、生物特征，是土地拥有基础生产力的表现，能自发地让作物生长，其发展缓慢。人工肥力是指由于人类生产活动带来的肥力，比如施肥、灌溉、耕作等，并随着人类对土壤认识的深化及科技水平的提高而迅速发展。一般农用土壤既有自然肥力，也有人工肥力，只有未受到人类影响的自然土壤才称为自然肥力。

3. 土壤肥力的影响因素

土壤肥力是一个动态变化系统，养分、水分、空气及温度是影响土壤肥力的4个因素，任何作物在生长发育过程中，都需要土壤提供一定数量的水分、养分、热量和空气，才能满足生命活动的要求。土壤肥力受这4个肥力因素共同作用。

1）土壤养分

土壤养分是作物营养的重要来源，是土壤肥力主因素之一，也是土壤管理的重要内容。土壤养分指由土壤供给植物生长发育必需的营养元素，包括大量元素和微量元素。在自然土壤中，养分主要来自土壤矿物质及有机质，还有地下水和大气降水等。农业土壤中养分主要来源于施肥、灌溉、客土及某些残留的农药等。土壤养分中主要组成为土壤有机质、N、P、K和微量元素等。

（1）有机质。有机质是土壤中营养元素的重要来源和重要组成，对提高土壤肥力、保护环境、促进农业可持续发展具有积极的作用与意义。土壤中含碳有机化合物称为土壤有机质，一般是指土壤中所有来源于生命的物质，可分为腐殖质和非腐殖质。腐殖质中有机质一般占土壤的 60%～80%，而腐殖酸又占土壤有机质的 80%以上，所以，提高土壤腐殖质含量是土壤肥力提升的核心。有机质能够促进土壤团粒结构的形成，是土壤团聚体的胶结剂，改善土壤不良性状，增加土壤的保水性能，协调土壤中的水、肥、气、热 4 大因素；同时它本身含有植物需要养分，提供了作物生长发育必需的 N、P、K 等营养元素，可通过矿化作用释放一部分养分；此外，有机质又是土壤微生物的能源物质，为土壤微生物的生存活动提供所需的能量及养分。因此，土壤有机质对土壤物理、化学及生物性质都有深刻的影响，是衡量土壤肥力高低的一个重要指标。不同土壤中有机质含量差异很大，泥炭土和肥沃森林土壤等可高达 10%～30%，半生土、荒漠土和风沙土则不足 1%。

（2）氮素。氮素是构成生物蛋白质和一切生命的重要元素，也是作物生长发育及制造自身需要的营养物质大量元素之一。作物生长和粮食增产，需要通过施肥补充土壤氮素，包括有机态氮和无机态氮，土壤全氮量的多少主要取决于有机质含量，一般土壤中全氮质量分数为 0.05%～0.20%（孙永秀 等，2012）。无机态氮常以硝态氮、铵态氮被作物吸收（陈雅敏 等，2013），对作物的生命活动及产量和品质有着重要的作用。水解性氮（碱解氮）包括无机态氮和部分有机态氮中易分解的氨基酸、酰胺及易水解的蛋白质，代表土壤中有效氮素，是土壤肥力的主要指标之一。在良好的通气条件下，土壤细菌发生硝化反应，将土壤中铵态氮氧化为硝态氮供作物吸收利用，但由于土壤胶体无法吸附硝态氮，会随着水分而流失。在通气不良的条件下，土壤氮素会在反硝化作用下转变为氮气挥发，造成氮素的损失。因此，氮素化肥使用时应采取深施措施，防止铵态氮发生还原反应转化为氮气而挥发。

（3）磷素和钾素。磷和钾是作物生长发育不可缺少的营养元素，土壤全磷和全钾含量只表示土壤中磷和钾总量，不能作为土壤供磷和供钾指标，速效磷和速效钾含量可直接反映土壤供肥能力。土壤全磷含量约占土壤质量的 0.01%～0.20%（310～1 720 mg/kg）。土壤全磷中约有 15%～80%为有机态磷（包括核蛋白、植酸盐和卵磷脂等）；20%～85%为无机态磷。其中磷对作物高产及保持品质优良特性有明显作用，能提高作物抗逆性和适应能力。土壤中磷主要来自矿物质，开垦后则主要来自磷肥。土壤中磷的生物有效性受有机质、pH、微生物、水分及植物根系分泌的质子和有机酸等诸多因素影响，土壤中非有效态磷与速效磷之间的转化也受到土壤性质的影响。作物缺磷会影响光合作用和呼吸作用，造成生长延缓、植株矮小等，但磷过多也会抑制作物生长。

2）土壤水分

土壤水分是作物获得产量、吸收养分、土壤微生物的活动及养分分解转化的基本需要，所以“水利是农业的命脉”。土壤水分制约着土壤中的空气和热量，并影响土壤的结构和性质。土壤水分可分为三类：束缚水、毛管水、重力水。能够紧紧束缚在土粒周围，在土壤中移动缓慢的水称为束缚水，这种水难被作物吸收利用，如果土壤水分仅剩余束缚水，作物便会凋萎或者死亡。束缚水和土粒粒径有关，土粒越细表面吸附的束缚水会越多。毛细管是土粒间小于 0.1 mm 的小孔隙，毛细管中可自由流动的水称为毛管水，是土壤毛细管引力作用下细微土壤孔隙中的水，是最适于作物吸收利用的水分，所以当土壤毛细管水充满时的土壤含水量称为田间持水量。土壤毛管水是影响作物生长发育的主要水分类别。重力水是土壤中超过毛管力作用受重力的影响而渗漏的水，有利于土壤中空气更新，在稻田中是有效水分，在旱田中只能被短期利用。土壤有效含水率主要受到土壤结构、母质及有机质含量的影响。

3）土壤空气

土壤空气是作物根系生长发育和生存呼吸的基础，并影响土壤养分转化及微生物活动。当土壤通气良好时，作物根系较为发达，能更好地吸收水分及养分，土壤中好氧微生物的活性高，更快地分解土壤中的有机质，增加有效养分含量。当土壤通气不良时，土壤中氧气含量低，阻碍了作物根系的生长，降低微生物活性，甚至会增加土壤中的有毒物质，引起作物烂根、死根，影响作物产量及品质。土壤水分和空气占据着土壤的孔隙，二者相互影响，水多则气少，水少则气多，因此，通过调整土壤含水量来改变土壤中空气量，如农业生产中水稻田湿润、浅灌、间歇灌水，以及旱田中耕松土等来改善土壤的通气性。

4）土壤温度

土壤温度是土壤的冷热程度，对作物生长发育及微生物活动等都有很大影响。当土壤处于适宜的温度时，作物种子才会发芽，根系才能生长，如果偏离适宜土壤温度范围，作物便不能正常生长甚至死亡。土壤中有机质的分解转化、化学反应进行、水分运行及微生物活性，都受到土壤温度影响。造成土壤温度变化的原因主要是土壤导热性、吸热散热性、热容量等土壤本身热特性改变。作物的生长发育在不同季节需要不同温度。一般规律是：南坡土壤温度高，北坡土壤温度低；平原地区土壤温度高，地势高地区土壤温度低；低纬度地区土壤温度高，高纬度地区土壤温度低；夏季土壤温度高，冬季土壤温度低。此外，土壤结构、土壤水分含量及腐殖质含量等因素变化也会引起土壤温度改变。

4. 矿区土壤肥力修复的途径和材料

矿区废弃地土壤肥力修复主要用于农业用地、工业用地、建设性用地、景观旅游业用地。以生产性功能为主的耕地利用，土地复垦为耕地重点是控制土壤侵蚀，其次是熟化培肥复垦土壤。因为复垦土壤大多属于较贫瘠或缺少熟化的表土，所以土地的生产力较低。

1）国外土壤肥力修复的进展

欧美国家对矿区土地复垦和植被重建技术基础研究开展较早，促进了对土壤改造、政策法规及现场管理等方面的研究，积累了大量成功经验，形成巨大产业。目前欧美地区常用人工加速熟化、风化的办法，比如用河泥、城市污泥及生活垃圾等有机质作为土壤改良剂，再加以生物复垦技术使土壤熟化和培肥。美国1983年西弗吉尼亚州法规要求采矿工业对破坏土地进行生态修复，采用石灰、化肥、覆土、植树种草等方法改良土壤。

目前美国土壤改良制剂应用成功和较多的是聚丙烯酰胺（polyacrylamide，PAM）和磷酸石膏。以色列利用阴离子型聚丙烯酸胺（polyacrylamide，PAM）和多聚糖（polysaccharide，PSD）混合用于土壤调理剂，增强土壤结构稳定性和改善土壤物理特性，防治土壤侵蚀。德国是世界上采褐煤最多的国家之一，20 世纪 20 年代对露天采褐煤剥离岩地区复垦，其莱茵矿区受破坏土地到 60 年代末已修复 8 133 hm^2，其中 1/2 用于植树造林，1/3 用于农业复垦。

矿区土壤修复的第二环节是复垦土地植被复原和重建技术，植被复原和重建技术主要包括物理技术、化学技术、微生物和植物筛选等生物技术及综合技术等。物理技术重视矿渣、煤矸石等废弃物堆场的覆土及其快速改良，塌陷区采用粉煤灰等废弃物充填后利用；化学技术重视改良剂和修复剂使土壤中重金属形成难溶性盐，进行重金属钝化稳定化处理研究较多，主要有微生物技术和尾矿的多层覆盖技术（寇晓蓉，2017）。

2）土壤快速熟化和培肥地力措施

矿区废弃地的土壤肥力恢复过程中，通常采取措施是土壤基质改良，改良土壤结构；也可添加有机物质提高土壤肥力。

土壤基质改良是露天矿区土地复垦与生态重建的核心内容（荣颖 等，2018）。根据材料特性和来源，土壤基质改良材料分为表土、表土替代材料、复配土和生土改良材料三大类。

获得具有一定肥力的表土，也就是农田“熟土”，是土壤基质改良的首选，但在缺乏土壤资源的矿区又很难适用；表土替代材料是在矿区土地复垦中缺乏表土时，采用矿区固体废弃物的资源化利用或者矿区周边废弃地生土再生利用等，包括矿区的废弃物粉煤灰、煤矸石、砒砂岩和生黄土等，但表土替代材料筛选和配制需在全面调查和分析覆岩石和土壤理化性质的基础上进行；复配土应用具有一定地域性，不同土壤间性质上交互作用是复配成土的前提和关键。所以，表土替代材料及其改良成为许多矿区土地复垦和土壤肥力修复的关键。

表土替代材料在我国应用较多的是生土客用，特别是在北方地区露天开采的煤矿区等矿区，由于原表土剥离存在困难和复垦土壤比表面积加大，表土资源缺乏，只能采取周边废弃地深层土壤，也就是生黄土来替补表土进行排土场、煤矸石等废弃物表层覆盖复垦。按照土壤复垦方法，一般覆盖的生黄土土壤厚度为 50～100 cm 或者更厚，而覆盖的生黄土土壤存在土壤结构性差、密度偏大（一般在 1.6～1.8 g/cm^3）和肥力低下等突出问题，采用传统的土壤改良方式需要恢复土壤结构和土壤肥力的时间较长，一般绿肥培育加有机肥配合等农业措施也需要 3～5 年或者更长时间。

针对矿区土壤修复中替代材料的修复，国内外开展较多研究，取得一定进展。有专家（Wick et al.，2009）对矿区修复土壤研究发现，经过 10～15 年改良，土壤有机质含量基本达到原状土含量，土壤微粒中有机碳和总氮含量随修复时间增加而提高。Baker（2008）通过在煤矸石中（pH＜2）掺入粉煤灰系列燃烧产物和污泥堆肥得到一种“稳定土”，该“稳定土”作为表土替代材料可直接进行种植，不需要再覆盖其他表土。胡振琪等（2013）根据覆岩土层质地及赋存量筛选出黄土和亚黏土原状基质及其风化基质作为可能的表土替代材料，通过对比分析各基质物理、化学、生物和环境特性，最终认为风化的亚黏土基质是较为适宜的表土替代材料，该风化基质与表土特性接近，基本土壤特性好、环境风险低、出苗率高。但该基质直接用作表土替代材料还有一定局限性，其黏粒含量达 95%以上，同时氮素、有机质等相对缺乏，需进一步改良。对此，位蓓蕾等（2013）同时选用蛭石、秸秆和硝基腐殖酸改良剂对亚黏土基质进行改良，通过亚黏土基质的物理性质、化学性质、生物性质及宿主植物的生长性能反映改良剂的改良效果。结果表明，蛭石、秸秆、硝基腐殖酸用量水平分别为 50 g/kg、50 g/kg、0.5 g/kg 时，改良后的表土替代材料性能最佳。梁利宝等（2010）开展不同培肥处理对采煤塌陷地复垦不同年限土壤熟化的影响表明：土壤 N、P 养分相同时，经玉米、小麦轮作后土壤全氮、全磷、过氧化氢酶、磷酸酶变化差异不显著；土壤速效氮、速效磷、有机质、微生物量碳、氮及转化酶、脲酶增加较为明显。与对照相比，化肥＋有机肥＋菌肥处理的培肥效果最为显著，速效氮、速效磷分别增加了 21.8%和 25.5%，有机质增加 14.2%，微生物量碳、氮分别增加 17.2%和 14.8%。培肥处理的效果为：化肥＋有机肥＞有机肥＞化肥＞对照。另一方面，针对土壤质地比较疏松的土壤进行改良，作者在河北涉县纯粉煤灰地农业利用的土壤改良中，针对粉煤灰地土壤水肥保持能力低、水溶盐含量偏高而 pH 呈碱性，粉煤灰中多种重金属元素 Cd、Pb 和 Hg 偏高，通过实验分析，证明采用可添加客土生黄土 20%，之后再添加土壤改良剂 900 kg/亩[①]种植玉米后，土壤容重由原来 0.68 g/cm^3 修复为 1.16 g/cm^3，参照全国第二次土壤普查推荐的《土壤肥力等级标准》确定为适宜级别；＞0.25 mm 土壤大团聚体结构增加 1.48%；土壤重金属降低最明显的处理对 Pb 降低 58%、Hg 降低 92%，对 Cd 可由 0.47 mg/kg 降低至 0.12 mg/kg，降低约 74%。玉米苗期株高可提高 65.38%～200%，干重提高 80.7%～176.92%，取得了良好的土壤修复效果。

3）矿区土壤肥力修复的微生物技术

土壤微生物是农田土壤的重要组成部分，主要进行土壤养分硝化、氨化、固氮、硫化等化学过程，促进土壤中的有机质转化成植物能够直接利用的养分，提高土壤养分含量，与土壤的供肥能力直接相关。此外，土壤中微生物的活动促进土壤团聚体的形成，有助于改善土壤的物理结构。因此，生土改良过程中要重点考虑微生物活性。菌肥也称生物肥，除农作物生长发育所需的营养元素外，还含有大量的功能性微生物。

毕银丽（2006）通过接种菌根真菌与根瘤菌对废弃基质进行生物改良，证明植物根系对基质理化性状有一定的改良与培肥作用，提高了酸化基质的 pH，使之更趋近于植物正常生长的酸碱范围。两种微生物都能够与植物形成较好的共生关系，长期种植豆科植物，有利于基质中 N 的积累双接种根瘤菌和丛枝菌根真菌，促进了植株对煤矿区固体废弃物中难溶性 P 的吸收和利用。李建华等（2009）证明，双接种丛枝菌根和根瘤菌能显著提高菌根侵染率和土壤中孢子密度，促进三叶草干物质的积累和对 N、P 元素的吸收，

---

① 1 亩≈666.67 m^2。

促进三叶草对土壤养分的活化，提高土壤养分利用率，加速矿区生态恢复。

4）露天矿区复垦土地的土壤肥力修复

我国是露天矿开采较多的国家之一，露天矿开采需剥离矿层上方的全部表土和岩层，必然会对土地和生态环境产生直接影响。露天矿区土地复垦与生态重建成为当前关注的热点问题，其中矿区土地复垦中的土壤基质改良，也就是土壤修复是土地复垦中的一个重要研究方向（荣颖 等，2018），如分布在山西平朔和内蒙古锡林郭勒等地的我国北方五大露天煤矿，矿区地处我国西北干旱半干旱地区，雨水较少但大风日数多，地貌缺点是结构松散、稳定性差，易造成滑坡、水土流失等。

山西西北部的平朔矿区，采取“边开采、边复垦”系统作业工艺，在安太堡露天矿和安家岭露天矿进行土地复垦和生态修复工程，取得较好效果。生态复垦主要利用方式是农业和林业应用。通过对矿区复垦土壤生态修复障碍性因素研究表明，矿区土壤容重远高于原地貌土壤，有机质和氮养分缺乏及土壤酶活性严重下降是制约煤矿区复垦土壤生态恢复的关键。通过腐殖酸修复安太堡内排顶部平台 50 亩样地连续三年修复示范表明，腐殖酸+复合肥+苜蓿集成的矿山复垦技术模式，可以显著增加土壤的养分、增加土壤酶活性和提高土壤微生物数量，较短时间内快速提高土壤肥力和改善土壤结构，2017 年矿区试验区复垦的土壤质量较前两年得到极大改善，苜蓿鲜重亩产达 4 500～5 500 kg。腐殖酸应用使土壤的性质和质量得到较大改善，土壤有机质达到五级土壤标准，全氮达到五级土壤标准；碱解氮达到四级土壤标准；脲酶的活性达到相当于林业用地 7 年以上土壤标准。

土壤培肥是指通过人的生产活动，构建良好的土体，培育肥沃耕作层，提高土壤肥力和生产力的过程。土壤腐殖质是土壤有机质的重要组成部分，其含量的多少代表土壤肥力水平的高低。研究表明，近年来我国土壤腐殖质含量随着开垦种植年限的增加而呈逐年降低的趋势，开垦 3 年的白浆土腐殖质平均每年下降 1.81%（邹德乙 等，2009）。腐殖酸是土壤腐殖质中最活跃的部分，是土壤的核心物质，是土壤肥力的基础，始终贯穿于土壤肥力形成之中。腐殖酸对于提升土壤肥力等方面起到了关键性的作用，主要表现在它不仅能提高土壤有机质的储量，还能调节土壤中矿质营养元素的平衡。增加土壤腐殖酸的含量，使土壤保持一定数量的活性有机质，防止土壤有机质老化，对土壤养分供应和调节土壤肥力有着十分重要的作用。

5）矿区土壤肥力修复的配套措施

（1）维护土壤整体结构与环境。正常的土壤结构与好的环境是土壤生物健康生长的基本保障，是养分、水分、空气及热量自然转化调节的必要条件。因此，保持和维护好的土体结构与土壤环境是提高土壤肥力的首要条件，可采取增加地面覆盖，大力发展生态农业，优化耕地管理等方式。

（2）实施合理的施肥制度。施肥对土壤肥力的变化影响非常大，也间接影响土壤中的微生物数量。合理的施肥制度是提高土壤肥力、提高耕地效率的重要保障。单一的化肥会破坏土壤结构，污染土壤环境，因此将有机肥和无机肥配合使用，对土壤肥力的可持续发展起到关键作用，一方面可以补充有机碳源，同时也会改善土壤的物理性状，提高作物的抗旱耐碱能力，增加产量。

（3）合理的耕种制度和种植方式。耕种方式间接改变了土壤微生物数量，保护性耕种措施可以弥补栽培措施对土壤的扰动，提高土壤中的酶活性。例如将大豆、花生等与旱地作物间作或轮作来改善旱地土壤肥力，或是在作物轮作的休闲时期种植豆科绿肥以提高生物的固氮作用。

2.3.3 土壤盐渍化及其防治措施

1. 盐碱地及其危害

土壤盐渍化是指易溶性盐分在土壤表层积累的现象或过程，也称盐碱化。我国盐渍土分布范围广、面积大、类型多，总面积约 1 亿 hm^2，其中耕地盐碱化 760 万 hm^2，占耕地总面积近 1/5，主要分布在干旱、半干旱和半湿润地区。盐碱土的易溶性盐主要包括 Na、K、Ca、Mg 等的硫酸盐、氯化物、碳酸盐和碳酸氢盐。硫酸盐和氯化物一般为中性盐，碳酸盐和碳酸氢盐为碱性盐。土壤表层含易溶性盐分超过 0.6%～2.0%时为盐土，对植物伤害主要表现有以下 4 种。

一是引起植物“生理干旱”。当土壤中易溶性盐含量增加时，土壤溶液的渗透压提高，导致植物根系吸水困难，轻者生长发育受到不同程度的抑制，严重时植物体内的水分会发生“反渗透”，致使植物因缺水而凋萎死亡。

二是盐分对植物的直接毒害作用。当土壤盐分含量增多、某些离子浓度过高时，对一般植物直接产生毒害。特别是碳酸盐和碳酸氢盐等碱性盐类对幼芽、根和纤维组织有很强的腐蚀作用，会产生直接危害。同时，高浓度盐分破坏植物对养分的平衡吸收，造成植物某些养分缺乏而营养紊乱。如过多钠离子，会影响植物对 Ca、Mg、K 的吸收，高浓度 K 又会妨碍对 Fe、Mg 的摄取，结果会导致诱发性的缺 Fe 和缺 Mg 症状。

三是降低土壤养分的生物有效性。盐渍化土壤中碳酸盐和碳酸氢盐等碱性盐在水解时，呈强碱性反应，高 pH 会降低土壤中 P、Fe、Zn、Mn 等营养元素溶解度，从而降低土壤养分对植物的有效性。

四是恶化土壤物理和生物学性质。当土壤中含盐量过高时，特别是钠盐，对土壤胶体具有很强的分散能力，使土壤团聚体发生崩溃，土粒会高度分散，结构完全破坏，导致土壤湿时泥泞，干时板结坚硬，通气透水性不良，耕性变差。同时，不利于微生物活动，影响土壤有机质的分解与转化。

2. 土壤盐渍化的成因

1）土壤中的盐分来源

土壤中盐分包括不同离子，如 Cl^-、SO_4^{2-}、CO_3^{2-}、HCO_3^-、Na^+、K^+、Ca^{2+}、Mg^{2+}等。通常情况下，它们在土壤溶液中作为营养成分。当这些离子的浓度达到对土壤性状和植物生长产生不良影响时就成为盐分。主要来源有：①海洋，如风暴潮、海雾、海水入侵等；②土壤母质，如离子含量高的岩石，火山灰和矿质分解等；③成土运动，如自然条件下土壤离子的变化；④过量施肥，化肥中的一些离子残留在土壤中；⑤动植物分解物，一部分无机离子如不能全部被植物吸收利用，则进入土壤。

2）土壤盐碱化形成与影响因素

通常情况下，土壤地下水与表层土壤水维持一定的动态平衡，地下水位恒定，表层土壤中离子含量相对稳定。气候干旱时，土壤蒸发量增大，土壤中的水分含量下降，引起地下水沿土壤毛细管上移，土壤中的盐分也随着水分同时运动。水分蒸发以后，盐分则在土壤表层积累，盐分离子达到一定的浓度时，就发生土壤盐碱化。因此，绝大部分盐碱土分布在干旱、半干旱地区。

当发生洪涝时，水分较长时间覆盖在土壤上面，土壤毛细管被水分填充，使地下水与表层水连通，地下水位提高。洪水退去时，土壤表层水蒸发，地下水中的盐分会在土壤表层过量积累，引起土壤盐碱化。

不受人为影响、自然发生的土壤盐碱化称为原生盐碱化。由于人类活动引发的土壤盐碱化称为次生盐碱化。发生次生盐碱化的主要原因一为灌溉不当，二为植被破坏，三为海水入侵。在干旱地区，为提高农业产量，灌溉是通常的耕作活动。灌溉方式和用水量适当则不会对土壤地下水位产生影响，只是补足土壤饱和含水量。但大部分地区采用大水漫灌。这样如同发生洪涝，极易引发土壤盐碱化。如果灌溉用水中盐分离子含量过高，长期使用会使盐分离子在土壤中过量积累发生土壤盐碱化。

植被破坏，尤其是砍伐森林会打破土壤与地下水位之间的平衡。森林蒸腾量大，可以使地下水位保持在一定深度。当树木被伐掉，种植农作物或土壤裸露时水分蒸腾量降低，地下水位上升；同时降水进入土壤的比例加大，也会抬升地下水位导致土壤盐碱化。

沿海地区气候干旱时，过量开采地下水，使地下水位下降呈漏斗形分布，打破淡水层与咸（海）水层界线，海（咸）水便会进入淡水区，再提水灌溉时，盐分离子就会进入农田，引起土壤盐碱化。

气候干旱、地势低洼、排水不畅、地下水位高、地下水矿化度大等是盐碱化形成的重要条件，母质、地形、土壤质地层次等对盐碱化的形成也有重要影响。人类活动是引起土壤次生盐碱化的主因。

土壤次生盐碱化发生从内因看，土壤具有潜在盐碱化；从外因看，主要是人类活动所致。归纳起来有：①灌排系统不配套，有灌无排或排水不畅，地下水位上升，导致土壤积盐；②大水漫灌、串灌，土地不平整，灌水量不加节制，大量水分入渗提高了地下水位，带来了次生盐碱化；③渠道渗漏，长期引水后，提升了渠道两侧的地下水位，引起水道两侧的次生盐碱化；④平原蓄水不当，平原水库的水位一般都接近于地面，如在水库周围不修建截渗设施，则由于水库水体的静水压，势必导致水库周围地下水位的升高，使土壤发生次生盐碱化；⑤利用矿化度较大的地面水或地下水进行灌溉所致；⑥不合理的耕种方式，有些灌区水旱插花种植，水田周围又无截渗措施，使四周旱田区的地下水位因稻田灌水而抬高，造成旱田土壤发生次生盐碱化。此外，在灌区耕作粗放、施肥不合理、土地不平整等，都易造成土壤次生盐碱化的加重。

3. 盐碱地土壤改良的措施

盐碱地土壤改良措施包括水利工程措施、物理措施、化学措施及生物措施。

1）水利工程措施

水利工程措施是防治土壤盐碱化的主要措施，我国大规模盐碱地改良工作是从 20 世纪 50 年代开始的，在盐碱地治理上侧重水利工程措施，以排为主，重视灌溉冲洗。60 年代中期，在国家的倡导下，机井排灌降低地下水位成功推广应用，起到显著的作用。70 年代强调多种治理措施相结合，逐步确立了“因地制宜，综合防治”和“水利工程措施必须与农业生物措施紧密结合”的原则和观点。70 年代末，王春娜等（2004）提出在盐碱土区建立“淡化肥沃层”，即在不减少土体盐储量的前提下，通过提高土壤肥力，以肥对土壤盐分进行时空调控，在农作物主要根系活动层，建立良好肥、水、盐生态环境，达到持续高产稳产的目的。80 年代末期在山东禹城市北丘洼采用了“强排强灌”方法改良重盐碱地，在强灌前预先施用磷石膏等含钙物质以便置换出更多钠离子，然后耕翻、耙平，强灌后要加以农业措施维持系统稳定。

2）物理措施

采用客土改良、深松土壤、秸秆覆盖、水旱轮作、上农下渔等物理措施，也可称为耕作管理措施，能不同程度地减轻土壤盐害。谷孝鸿等（2000）在山东禹城应用基塘系统工程措施，使浅层地下水地表化，解决了盐碱化问题，同时在洼地池塘养鱼改碱治水，改变了洼地原有的自然状况。刘虎俊等（2005）在河西走廊将深耕、客土等农艺措施与淡水洗盐相结合，应用地表覆盖、免耕和沟植技术形成了盐碱化土地的工程治理系统，取得了良好的效果。

作物秸秆直接还田改良盐碱地的研究和退管应用近年较多。秸秆覆盖可明显抑制水分蒸发，提高入渗淋盐效果，防止耕层盐化。在裸碱地上扦插和平埋玉米秸秆可明显降低土壤表层盐分、pH，提高土壤有机质质量比，改善植物生长。其中扦插比平埋效果更好（吴泠 等，2001）。同时，扦插秸秆还可截留植物种子，在秸秆分解时又为植物提供生长平台，可达到低成本、快速恢复植被目的（何念鹏 等，2004）。土壤盐碱化程度不同，秸秆覆盖效果也不同，土壤盐分轻者优于重者，并且随着覆盖量的增加，其效果也逐渐增加。土壤质地不同，秸秆覆盖效果也不同，沙壤土效果最好，轻壤土次之（俞仁培 等，1999）。从减少水分蒸发的角度，其他措施也能起到等同的效果。

3）化学措施

化学措施主要是使用盐碱地土壤改良剂，其作用主要包括两个方面：一是改善土壤结构，加速洗盐排碱过程；二是改变可溶性盐基成分，增加盐基代换容量，调节土壤酸碱度。

目前用于改良盐碱地的环境材料主要有两类：一类是加 Ca（代换作用）环境材料，主要有石膏、磷石膏、脱硫石膏、CaO、石灰石、磷石膏和煤矸石等；另一类是加酸（化学作用）环境材料，主要有腐殖酸、糠醛渣、硫磺、黑矾（硫酸亚铁）、粗硫酸、硫酸铝及酸性肥料等。

施用燃煤电厂脱硫石膏改良盐碱土。脱硫石膏主要成分是二水硫酸钙（$CaSO_4 \cdot 2H_2O$），其 Ca^{2+}代换土壤胶体吸附的交换性钠离子，使钠质土变为钙质土。同时，土壤中游离的碳酸氢钠（$NaHCO_3$）和碳酸钠（Na_2CO_3）经代换形成硫酸钠（Na_2SO_4），随灌水洗盐被冲洗掉，土壤中盐碱对作物毒害就会减轻。沈阳市康平县应用脱硫废弃物改良苏打碱化土壤的玉米，效果明显（李焕珍 等，1999）。赵瑞（2006）在内蒙古土默川地区的碱化土壤进行小麦、玉米盆栽试验，提出碱土改良时不必彻底消除交换性钠离子为目标，只要碱化度＜10%就适宜作物生长。

为比较脱硫石膏、腐殖酸和聚丙烯酰胺结合对盐碱地改良效果，作者在山东省滨州市黄河三角洲中等盐碱化土壤（含盐量为 0.4%，pH 为 7.8）进行正交设计的棉花田间试验。结果表明，30 g/kg 脱硫石膏+2 g/kg 腐殖酸+0.01 g/kg 聚丙烯酰胺组合能有效促进盐碱地的棉花生长，棉花株高、叶面积、鲜重及干重比未加环境材料的对照组分别提高33.4%、41.7%、82.2%和 237.8%。土壤分析表明，脱硫石膏可增加土壤 Ca^{2+}含量，增强与 Na^+交换吸附，土壤的钠吸附比强碱性苏打盐碱土中添加硫酸铝（$Al_2(SO_4)_3$）后，土壤溶液的 pH 明显下降，Ca^{2+}、Mg^{2+}、K^+、Na^+离子质量浓度明显升高，土壤持水量和吸水速率、毛管水上升高度和速率明显提高。土壤大粒径团聚体数量明显增多，土壤容重变小，孔隙度增大，钠吸附比（SAR）显著降低。此外，腐殖酸类物质可降低土壤 pH，促进土壤铵态氮和硝态氮的保持，促进速效磷释放，提高土壤中氮肥、磷肥的利用效率。

4）生物措施

生物措施主要是耐盐物种的筛选与布局，这是盐碱地土壤改良中被普遍认为的最有效的改良途径。全世界高等盐生植物约有 5 000～6 000 种，占被子植物的 2%左右。据赵可夫等（2001）调查，中国现有盐生维管植物 423 种，分属 66 科，199 属。耐盐植物能够改良盐碱地的功能主要表现在植物能增加地表覆盖，减缓地表径流，调节小气候、减少水分蒸发、抑制盐分上升、防止土壤返盐；同时，植物的蒸腾作用可降低地下水位，防止盐分向地表积累；植物根系生长可改善土壤物理性状，根系分泌的有机酸及植物残体经微生物分解产生的有机酸还能中和土壤碱性。植物的根、茎、叶返回土壤后又能改善土壤结构，增加有机质，提高土壤肥力。

目前，采用种植绿肥改良盐碱地推广应用较多，其重要的效果是增加土壤有机质含量，改善土壤结构和根际微环境，利于土壤微生物的活动，从而提高土壤肥力，抑制盐分积累。

2.4 矿区土壤修复的重金属污染治理技术

2.4.1 矿区土壤重金属污染的特点

1. 重金属及其土壤重金属污染

重金属是指比重大于 5 的金属（主要包括 Cu、Zn、Cd、Pb、Hg、Cr、As、Ni、Co）

及其化合物，大约54种，对人毒性最大的为Pb、Cd、Cr、As和Hg 5种。土壤重金属污染是指由于人类活动致使土壤中重金属含量明显高于原有含量，并造成土壤环境质量下降和生态环境恶化的现象。矿区土壤重金属污染是指矿山形成过程中，采矿、废弃物排放、复垦等活动中，重金属迁移至矿区自然土壤和重构土壤，引起的矿区土壤质量降低的现象。

土壤重金属污染主要来源有污水灌溉、工业废渣、工业废弃物堆放及大气沉降等，其中采矿及其冶炼加工是矿区土壤重金属污染的主要来源，也是我国土壤重金属污染的主要类型。土壤重金属与其他土壤污染区别的主要特征为：一是污染强度大；二是污染范围广；三是污染隐蔽、危害大；四是治理难度大、费用高。

2. 我国矿区周边土壤重金属的来源

我国是一个矿产大国，矿区环境问题类型较多，矿区重金属污染是我国土壤重金属污染的主要问题。全国90%以上能源和80%左右工业原料都取自矿产资源。已查明全国矿产资源171种，矿产地20多万处分布广泛。其中，煤炭矿区2万多处。煤炭资源与耕地分布复合区域约占我国耕地总面积40%以上，在12个煤炭主产省份中（山西、内蒙古、山东、河南、新疆、陕西、安徽等），其中有7个是粮食主产省份，人口约占全国37%，耕地约占全国38%（郝玉芬 等，2007）。

矿区生态破坏和土壤重金属污染问题与矿山生产活动相伴。矿区土壤重金属主要来源有两个方面。一是金属矿山的井下、选矿和冶炼厂废水，含较多的重金属元素；二是矿产尾矿、矿产废弃地尤其是有色金属矿业废弃地，一般都含有大量的重金属。我国固体采矿、选矿年产尾矿和排放废弃物超过5 000万t，堆放占用和破坏土地2 000 km^2。矿区固体废弃物和酸性矿山废水（acid mine drainage，AMD）是矿区周边土壤中重金属的主要来源，其是在铅锌矿、硫铁矿和有色金属矿的开采过程中，尾矿废石中的Pb、Cd、Zn、Cr、Cu、As等在地表水的冲洗和雨水的淋滤下进入土壤。

煤炭开采中煤矸石一般占煤炭15%左右，目前我国煤矸石总积存量达45亿t以上，形成矸石山1 600多座，占地1.5万hm^2，且排放量逐年增长1.0亿～1.5亿t。煤矸石除含有粉尘、SiO_2、Al、Fe、Mn等外，还含有Pb、As、Cr等重金属元素（张溪 等，2010）。豫西煤矿区耕地调查发现，重金属As、Cr、Hg和Pb的综合污染达到轻度污染以上。另外，在矿石采矿、运输及排土过程中，尘埃也是矿区周边土壤中重金属的一个来源。

3. 我国矿区土壤重金属污染危害

我国受重金属污染土地面积大、分布范围广。2014年环境保护部和国土资源部联合发布的《全国土壤污染状况调查公报》显示，我国耕地土壤污染点位超标率为19.4%，其中重金属超标点位数占全部超标点位数的82.8%。全国约2 500万hm^2土地受到不同程度的重金属污染，占农田总面积的1/5；污染严重的土地超过70万hm^2，其中1.3万hm^2土地因Cd含量超标而被迫弃耕，涉及11个省份的25个地区。土壤重金属污染不仅会造成土壤质量、农作物产量和质量降低，而且土壤重金属容易被作物根系吸收而迁移到籽实（孙在金，2013），通过食物链进入人体，危害人类生命健康和生态系统安全。

在分布上，我国重金属污染主要集中在矿区，特别是湖南和西南地区的广西、云南和贵州等省份的金属矿和有色金属矿分布集中，甘肃白银有镍矿等特种矿的重点分布，是矿区重金属污染最严重的地区之一；而煤炭、石油和天然气主要产地的西北地区，是我国能源重化工基地，其矿区开采中产生的废弃矿渣、煤矸石堆放引起土壤重金属污染非常严重。在重金属污染种类上，以 Pb、Cd 污染较为普遍。我国是世界第一大 Pb 生产国，2006 年前产量占世界 30%，年消费 110 多万 t；Cd（制镍镉电池）2007 年产量占世界 14%，年消费 5 000 多万 t。土壤重金属污染严重影响农产品品质和饮水健康。如 Pb 中毒会影响人的神经系统、造血系统和消化系统等，Cd 中毒则会引起骨痛病。据报道，2008～2010 年全国发生重金属污染事件 31 起。2008 年发生在贵州独山、湖南辰溪、广西河池、云南阳宗海、河南大沙河的 5 起 As 污染事件，2009 年发生了陕西凤翔儿童血 Pb 超标、湖南浏阳 Cd 污染及山东临沂 As 污染事件。重金属污染事件是自然界发出的警示信号，治理重金属污染问题已经迫在眉睫（黄占斌 等，2013）。

2011 年我国提出《重金属污染综合防治“十二五”规划》，将矿区重金属污染土壤的治理列为国家级重大专项工作。2016 年国务院发布《土壤污染防治行动计划》（又称为“土十条”），提出到 2020 年，全国土壤污染加重趋势得到初步遏制，农用地和建设用地土壤环境安全得到基本保障。

2.4.2 我国矿区重金属污染土壤修复技术

重金属污染土地的土壤修复技术发展迅速，其治理途径一是削减土壤重金属总量，二是削减有效态重金属的含量。主要技术措施包括物理措施、化学措施，也包括植物和微生物的生物技术措施。目前研究与应用较多的是生物修复技术和化学固化修复技术（黄占斌 等，2013）。

1. 物理修复技术

物理修复技术是基于物理工程方法，主要包括客土、换土和翻土，电动修复及热处理三种方法，使重金属在土壤中稳定化，降低其对植物和人体的毒性。

1）客土、换土和翻土

客土法是向被重金属污染的土壤中加入大量干净土壤，覆盖在土壤表层或混匀，使重金属含量降低至低于临界危害含量，达到减轻污染的目的。对移动性较差的重金属污染物（如 Pb）采用客土法时，较少客土量也能满足要求，可减少工程量。换土法是指把受重金属污染的土壤移走，代之以干净土壤。该法适用于小面积严重污染区，以迅速地解决问题。换土法要求对换出的污染土壤妥善处理，防止二次污染。翻土法是指深翻土壤，使表层重金属污染物分散到更深的土层，达到减少表层土壤污染物的目的（黄占斌 等，2013）。

2）电动修复

电动修复是指通过对污染土壤施加直流电压，凭借土壤的天然导电性加载电流形成电场梯度，土壤中的污染物质在电场作用下通过电迁移、电渗流或电泳的方式迁移到电极两端从而去除土壤中的重金属。研究结果表明，土壤中的重金属如 Cd、Pb、Zn、Mo、Cu、Ni、铀（U）及有机化合物（如多氯联苯等）都适合电动修复，在低渗透性土壤中去除效果更好，最高去除率可达 90%以上（臧亚君　等，2003）。主要有 Lasagna 技术和电动力生物修复（electrokinetic bioremediation）等技术。

Lasagna 技术：该技术是一种综合的土壤原位修复技术，是在污染土壤中建立近似断面的渗透性区域，通过向里面加入适当物质（吸附剂、催化剂、缓冲剂）将其变成处理区，然后采用电动力学方法使污染物（如重金属）从土壤迁移至处理区，在吸附、固定等作用下将污染物去除。适用于低渗透性土壤或包含低渗透性区域均相土壤。在美国肯塔基州 Paducah 现场应用的成本（50～120 美元/m^3），较土壤化学氧化法的成本（130～200 美元/m^3）低（乔志香　等，2004）。为提高 Lasagna 技术效率，一些研究者将 Lasagna 技术与生物修复技术联合起来处理土壤重金属污染。

电动力学生物修复：该技术是通过特殊的生物电技术向土壤土著微生物中加入营养物质（主要为硝酸盐类），由于微生物对外界供给电化学能量有接收的本性，添加营养物能有效地增加微生物群体活性，促进其生长、繁殖，提高污染物降解能力。其反应过程是将营养物加入电极阱，外加电场使之分散进入土壤中被微生物利用。

3）热处理

热处理是利用高频电压释放电磁波产生的热能对土壤进行加热，使一些易挥发性有毒重金属从土壤颗粒内解吸并分离，从而达到修复的目的，该技术可以修复被 Hg 和 As 等重金属污染的土壤。

物理修复技术有一定效果，但也还存在局限性。客土、换土和翻土花费大，破坏土壤结构，使土壤肥力下降，同时还需要对换土进行堆放或处理；电动修复可控性差，实际运用中受其他因素影响大；热处理对气体 Hg 不易回收。

2. 化学修复技术

1）化学固化修复

化学固化修复技术是向重金属污染土壤中加入化学固化剂，通过对重金属吸附、离子交换、有机络合、氧化还原、拮抗或沉淀作用，降低其生物有效性和迁移性，使重金属固化或钝化后减少向土壤深层和地下水迁移，并降低其生物有效性。

化学固化的关键在于成功地选择一种经济而有效的土壤重金属固化剂。常用固化剂有石灰、$CaCO_3$、沸石、硅酸盐、磷酸盐等矿物材料和有机材料，具有廉价、高效和来源广泛等特点，被用作重金属污染土壤修复材料（曹心德　等，2011）。Kumpiene 等（2008）在灰森林土壤中施用沸石 8～16 t/hm^2 证明，可移动重金属 Pb、Ni 和 Cu 含量明显减少；曾敏等（2004）发现 $CaCO_3$ 施用会显著提高土壤 pH，降低土壤交换态 Cd 含量，减少大豆对 Cd 的吸收。张云龙等（2007）发现，土壤中加入硅肥可降低水稻各部位 Cd 含量，且随硅肥施用量增加水稻各部位的 Cd 含量呈现降低趋势。高分子保水材料是一种新发现的对重金属有固化效果的环境材料。黄占斌等（2016）研究表明，高分子化合物保水剂（super absorbent polymer，SAP）在直接供给作物根系水分、改良土壤结构和养分转化的同时，具有降低重金属对植物污染效应而减少作物对重金属的吸收效果。

化学固化修复技术无法做到永久修复，重金属只是改变其在土壤中的存在形态，仍存留在土壤中。所以，化学固化剂应用效果需要进一步监测评价确定。

2）化学淋洗修复

化学淋洗修复技术是指在重力或外力作用下向污染土壤中加入化学溶剂，使重金属从固相溶解转移至液相，再把有重金属的溶液从土壤中抽提出来再处理。该法开展污染土壤修复时，可原位或异位修复。

化学淋洗修复的关键在淋洗试剂的选择。目前，可用来淋洗土壤重金属的试剂主要有 HCl、硝酸（HNO_4）、磷酸（H_3PO_4）、H_2SO_4、草酸（$C_2H_2O_4$）、氢氧化钠（NaOH）、乙二胺四乙酸（ethylenediaminetetraacetic acid，EDTA）等。张溪（2010）证明，EDTA 是针对重金属污染最有效的提取剂，修复土壤 Cd、Zn、Pb 污染的最佳方法是草酸+10 mol/L EDTA，但其价格昂贵，且对 EDTA 的回收还存在技术问题。有机酸（如柠檬酸、草酸）是天然有机螯合剂，对环境无污染，易被生物降解，对重金属的清除能力也比较稳定。

3. 植物修复技术

植物修复是指将某种特定的植物种在重金属污染的土壤上，而该种植物对土壤中的某污染元素有特殊的吸收和吸附能力，将植物收获并进行妥善处理（如灰化回收）后即可将该种重金属移出土体，达到污染治理与生态修复的目的。根据其作用过程和机理，可分为植物提取、植物挥发和植物稳定三种类型。

1）植物提取

植物提取是指利用超积累植物（hyper accumulative plant）从土壤中富集一种或几种重金属，将其转移并存储至植物根部可收割部位和地上茎叶部位，经收割后进行集中处理。植物提取又可分为两种类型：一种是持续植物提取（continuous plant extraction），它是利用超积累植物来吸收土壤重金属并降低其含量的方法；另一种是诱导植物提取（induced plant extraction），它是利用螯合剂来促进普通植物吸收土壤重金属的方法。从土壤中可提取污染物包括：Pb、Zn、Cd、Cu、Mo、Ni 等重金属及 ^{90}Sr、^{137}Cs、^{239}Pu、^{238}U、^{234}U 等放射性核素。目前已发现有 500 多种植物可以超积累各种重金属，广泛分布于植物界 45 个科，如印度芥菜（*Brassica juncea*）和向日葵（*Helianthus annuus*）可大量积聚 Pb、As、Hg、Cr、U、Ce、Zn 等重金属；香蒲植物、绿肥植物光叶紫花苕子对 Pb 具有超耐性，羊齿类铁角蕨属植物对 Cd 有超耐性；近年来我国科学家陆续发现多种 Cu、As、Cd、Zn 等重金属的超积累植物，如 Mn 超积累植物商陆（*Phytolaccaeae acinosa*）、As 超积累植物蜈蚣草（*Eremochloa ciliaris*）、Cd 超积累植物宝山堇菜（*Viola baoshanensis*）

和伴矿景天（*Sedum plumbizincicola*）、Zn 超积累植物东南景天（*Sedum alfredii*）以及 Cu 超积累植物海州香薷（*Elsholtzia splendens Nakai*）等，但用于多金属复合污染土壤修复的超积累植物尚不多。夏星辉（1997）指出，蕨类植物对 Cd 富集能力很强，杨柳科能大量富集 Cd，十字花科的芸苔（*Brassica rapa var. oleifera*）能富集 Pb 等。蒋先军等（2000）发现，印度芥菜对 Cu、Zn、Pb 污染土壤有良好修复效果，但该植物生长量较小，在实际修复中较难应用。

2）植物挥发

植物挥发是利用植物去除环境中的一些挥发性污染物，即植物将污染物吸收到体内后又将其转化为气态物质逸出土体后再回收处理。目前研究较多的是 Hg 和 Se（硒）。将细菌体内的 Hg 还原酶基因转入拟南芥属（*Arabidopsis*）植物中，所得到的转基因植物比对照植物的耐 Hg 能力提高 10 倍，并可将从土壤中吸收的二价汞还原为 Hg^0 并挥发掉（周国华，2003）。许多植物可从污染土壤中吸收毒性大的化合态硒并将其转化为基本无毒的二甲基硒（$(CH_3)_2Se$）并挥发掉，从而降低硒对土壤生态系统的毒性。植物挥发技术只适用于挥发性污染物，应用范围很小，而且将污染物转移到大气中对人类和生物仍有一定风险，因此其应用受到一定程度的限制。

3）植物稳定

植物稳定是指利用植物根系的吸收能力和巨大的表面积去除被污染土壤中的重金属，以降低其生物有效性，防止其进入地下水和食物链，减少其对环境的污染。利用植物稳定重金属污染土壤最有应用前景的是稳定 Pb 和 Cr。植物还可以通过改变根际环境（如 pH、氧化还原电位）来改变污染物化学形态。如六价铬有较高的毒性，通过转化形成三价铬溶解性很低，基本没有毒性。目前，该技术在矿区大量使用，如废弃矿山的复垦工程，各种尾矿库的植被重建等。值得注意的是，植物稳定并没有将重金属从土壤中彻底清除，当土壤环境发生变化时重金属仍可能重新活化并恢复毒性。

4. 微生物修复技术

微生物修复是利用微生物对重金属的亲和吸附作用将其转化为低毒产物，从而降低污染程度。虽然微生物不能直接降解重金属，但可改变重金属的理化特性，进而影响重金属迁移与转化。其机理包括生物吸附、生物转化、胞外沉淀、生物累积等。通过这些过程，微生物便可降低土壤中重金属生物毒性。

由于细胞表面带有电荷，土壤中的微生物可吸附重金属离子或通过摄取将重金属离子富集在细胞内部。微生物与重金属离子的氧化还原反应可降低重金属的生物毒性，如在好氧或厌氧条件下，异养微生物可将六价铬还原为三价铬，降低其毒性。杜立栋等（2008）从 Pb 污染矿区土壤中筛选出一株青霉菌，对人工培养基中 Pb 的去除率达 96.54%，富集效果较稳定，可应用于 Pb 污染矿区土壤修复。

在微生物修复中，菌根技术在矿区土壤重金属污染治理研究和应用有一定进展。菌根指土壤中真菌菌丝与植物根系形成的联合体，成熟菌根是一个复杂的群体，包括真菌、固氮菌和放线菌，这些菌类通过菌根分泌物改变土壤微环境而对重金属进行价态转变。毕银丽（2017）总结了丛枝菌根真菌在矿区生态恢复中发挥了较好的效应，指出丛枝菌根真菌能够促进宿主植物对矿质元素的吸收，提高植物抗逆性，尤其是对重金属的抗性。通过矿区土地复垦应用试验，发现丛枝菌根真菌能提高矿区复垦土壤的植被的成活率，产生显著的生态效应。

2.4.3　矿区土壤重金属污染修复的发展方向

矿区重金属污染土壤治理是绿色矿山和矿区可持续发展的基础，是建设生态文明矿区的重要工作，其研究和应用前景广阔。根据我国矿区重金属污染背景和修复技术应用中存在的问题，结合国家大政方针，今后我国矿山土壤重金属污染修复发展的方向有以下几个方面。

1. 加强矿区重金属污染土壤治理的政策法规保障

矿区资源开发与环境保护是统一整体，美国、英国、意大利、澳大利亚、巴西等国家针对矿区环境问题开展大量研究，制定和严格执行专门法律体系来保障矿区治理，将矿区废弃地复垦和污染地治理作为矿区运行管理的主要内容之一，复垦治理率达 50%以上。德国两百多年前就对土地复垦进行立法，土地复垦立法较为完善（金丹　等，2009）。在矿区污染治理和复垦中，德国在《联邦采矿法》中对老矿区采取政府全额拨款（政府 75%、州政府 25%）成立矿区复垦公司；对新矿区要求矿主制订矿区复垦计划，预留复垦专项资金，使矿区复垦与污染土壤治理成为国际典范。我国矿区复垦和污染治理率仅 10%左右，制定系统的法律法规及提高其执行力是未来一段时间需要加强的工作。《重金属污染综合防治“十二五”规划》提出“源头预防，过程阻断，清洁生产，末端治理”的全过程防控理念，实行治理与预防应并举，但需要细化技术的配套和执行的相关政策，需要深化《中华人民共和国环境保护法》《土地复垦条例》，制定矿区污染治理法规，突出法律法规的针对性和可操作性。

2. 加强重金属污染土壤修复技术的应用基础研究

矿区重金属污染土壤修复各类技术有一定进展，但应用还有很多问题。如土壤重金属钝化固化技术，存在暂时固定或钝化，当环境条件发生改变时，重金属有可能再度活化而危害地下水及植物；再如超积累植物修复技术，可将重金属不断移出土壤，逐步消除土壤重金属达到土壤安全范围，但是超积累植物大部分植株矮小、生长缓慢，修复时间较长；富集重金属的植物体如何利用也是需要研究的问题。此外，土壤中重金属的迁移转化规律，土壤重金属的污染修复标准等应用基础问题，值得继续研究。目前在污染修复评价中，多以国家土壤环境质量标准为参考，主要包括《土地复垦条例》及国家农业行业标准《绿色食品　产地环境质量》（NY/T 391—2013）中土壤污染含量限值。污染土壤的修复标准与土壤环境质量标准有所区别，污染土壤修复效果的检验与评价已成为检验污染土壤修复工程实际效果的瓶颈。

3. 加快土壤重金属污染修复技术措施集成与应用

国内外经验表明，矿区重金属污染土壤治理技术选择，要根据土壤重金属种类和污染程度，治理区土地、土壤类型和利用途径，以及当地的社会经济发展状况等，选择适宜的技术途径。目前澳大利亚、美国、德国等国对矿区重金属污染治理和修复的技术偏重物理和化学技术，以及化学技术与植物修复技术的结合。国内对矿区重金属污染土壤的治理与修复研究中，对植物和微生物为主的生物修复技术研究较多，对化学修复特别是环境材料的物理化学修复重视不够；对单项技术研究较多，对物理、化学和生物技术联合修复研究较少。因此，重金属污染修复环境材料化学修复与生物修复技术集成组合，甚至与农业栽培和水土工程技术结合，在时间和空间上达到各种技术的优势互补，实现对土壤重金属污染修复的最大效果，这是今后应当倍加重视的研究应用方向。

另外，在矿区重金属污染土壤治理的技术推广应用中，单纯强调重金属污染土壤目标治理较多，与当地的经济目标、社会目标结合的综合治理目标结合不够，而对矿区重金属污染土壤修复评价的研究更少，存在重治理、轻后续效果监测等问题。因此，增强重金属污染土壤修复的综合目标，特别是将重金属污染土壤修复与提高土壤利用的经济目标和社会目标结合起来，是促进重金属污染土壤治理的重要方向，也是拓宽治理资金投资多渠道的一个方向。

第 3 章　矿区土壤改良的环境材料

3.1　矿区存在的主要土壤问题

矿产资源是社会经济持续发展的物质基础，全国 90%以上能源和 80%左右工业原料都取自矿产资源。我国矿产资源丰富，全国已发现的矿产资源 170 多种，其中探明储量矿种 155 种，主要矿产地点 2 万处以上，分布广泛。石油主要分布在东北、华北和西北，煤炭主要分布于西北和华北，铁矿集中于东北、华北和西南，铜矿分布以长江中下游最为集中。西北是我国丰富的矿产资源地区，包括陕西、甘肃、青海、新疆、宁夏 5 省（自治区），面积 304 万 km^2，约占全国土地面积的 1/3，矿产资源丰富，矿业经济已成为西北地区经济发展支柱产业之一。煤炭、石油和天然气资源已探明储量分别为 5 000 亿 t、55 亿 t 和 200 万亿 m^3，分别占全国已探明储量的 51.8%、30.3%和 39.2%，是我国重要的能源重化工基地，也是我国重要的农林牧业生产基地。然而，不合理的开采和管理使矿区生态破坏和环境污染问题严重，采矿创面、废弃物排放场（排土场、煤矸石堆场和金属矿废渣堆场等）和塌陷区等土地复垦中的土壤环境问题，特别是土壤退化和土壤污染问题更为突出。据统计，煤矿平均每开采万吨煤将导致地表塌陷约 0.2 hm^2，露天矿每开采万吨煤要挖损土地约 0.1 hm^2，外排土场压占土地为挖损土地量的 1.5～2.0 倍，露天矿每生产万吨煤平均压占 0.16 hm^2 排土场，据此推算我国煤炭地下开采历年总塌陷土地约 66 万 hm^2，露天开采挖损与压占土地 4.5 万 hm^2 左右。地表塌陷造成我国东部平原矿区土地大面积积水、受淹和盐碱化，使区内耕地面积急剧减少，还加剧人口与土地、煤炭与农业矛盾；西部矿区的地面塌陷加速了水土流失和土地荒漠化，煤矸石旱季排放大量粉尘、雨季风化产生酸性物质被雨水淋溶，造成水体和周围土壤的酸污染和重金属（包括 Hg、Cd、Pb、As、Cu、Ni 等）污染，矿区污水（矿井废水、酸性废水、洗煤水、生活污水）排放、废气等含有大量重金属，排放和沉降到土壤中，直接造成土壤结构疏松、肥力降低、荒漠化等形式的土壤退化和土壤污染，进而引起矿区生态环境不断恶化，区域农林牧业生产水平和环境质量受到极大影响。目前我国露天煤矿的产量约占总产量的 12%。这些露天煤矿大部分分布在我国西北地区，如山西省、内蒙古自治区和陕西省等（Wang et al.，2008）。随着经济和工业的快速发展，这几个省份出现了很多大的露天煤矿区，如平朔安太堡露天煤矿始建于 1985 年，位于山西省西北部的黄土地区。我国西北地区由于常年的煤矿开采，当地及周边生态环境发生了巨大变化，遭到破坏的土壤每年增加超过 6 万 hm^2。采矿活动引起了土壤结构和化学性质的变化，最终破坏植被，形成大面积垃圾堆场。采矿过程中重型机械设备的使用也导致土壤压实度高、容重大、养分缺乏和土壤侵蚀。截至 2014 年，当地无植被覆盖垃圾堆场的土壤侵蚀速率达到 1.5 万 t /（$km^2 \cdot a$），比原始黄土高原自然侵蚀速率约大48.5%，典型的黄土高原土壤自然侵蚀速率为1.01万t/(km^2·a)。

目前，矿区存在以下主要土壤问题。

（1）复垦土地表层生土的物理结构不良，持水保肥能力差。矿区废弃地和尾矿地复垦的表层主要是粗砂土和粉土，包括西北地区的黄土，由于缺乏团粒结构和有机质而被称为生土。如物理性砂粒的质量分数极高，有些表层土达90%以上，这就导致复垦土壤尽管通气透水，植物容易扎根，但保水难，且土温变化大；同时，由于砂粒比表面积小，吸附有效养分能力差，保肥力也差，植物很难正常生长；而在西北和华北地区，复垦所用黄土的密度为1.6～1.8 g/cm^3，土壤结构密实，缺少空隙，水肥保持力差，而一般植物适宜生长的土壤密度为1.0～1.25 g/cm^3；尾矿泥地中粗粉粒含量太高，也会引起土壤松散，表层移动性强，颗粒细小而易发生风扬现象，易被水冲走而发生水蚀现象，调节水、肥、气、热的能力差，可耕性也差。同时，矿山开采过程中重型机械设备的频繁使用，当地土壤结构遭到破坏，如过于紧实、容重增大等。干旱、半干旱等矿区土壤经过长期开采后结皮是一种很常见现象，表层土壤经过雨滴冲溅、径流冲击等作用，土壤大颗粒被击碎，松散的小颗粒填充到矿区土壤的空隙当中，造成土壤封闭。

（2）开矿产生大量贫瘠生土，有机质和养分含量极低。露天开采和道路建设等矿区活动中，大量地表的生土被堆积到排土场；其次，煤矸石等矿渣堆场复垦时，表层覆盖大量的生土。这些土壤质地、结构破坏严重，土壤有机质和养分流失殆尽，土地沙化显著，造成矿区局部微环境极端恶劣，复垦困难。

（3）矿区周边土壤的重金属含量过高。在我国，最容易受到重金属污染的地方之一就是采矿区周围。采矿区矿业发达，矿产开采、冶炼加工后产生大量的矿山废水及尾矿渣等废弃物。矿山废水是重金属迁移的重要介质之一。同时，当矿山堆积的尾矿如煤矸石和铅锌矿尾矿库等，暴露在环境中经过废水或者雨水的冲刷，其中的重金属也会从尾矿中释放到环境中，并发生迁移，对环境造成污染。

（4）矿区采坑和废弃地大面积积水，过度蒸发间接导致土壤盐碱化。

矿山开发建设要占用土地，大量的开采垃圾如煤矸石、粉煤灰等形成了占地面积极大的垃圾堆场，尤其是露天煤矿的开采，首先要剥离地表的植被覆盖层和土壤层，采矿结束后，原有的宜耕、宜种、宜林、宜牧的土壤不复存在，土壤养分严重损失。此外，矿山建设过程中产生的废水、粉尘、重金属等对土壤环境也有很大影响，本章所涉及的土壤是指位于地球陆地表面能生长植物的疏松表层。可见，影响最深刻的是矿区土壤环境。在我国，煤炭占国家能源的比例在60%以上，其优势极为突出。因此，全面掌握煤矿等矿区活动对土壤环境的影响，采取合适的土壤环境修复措施，恢复矿区土壤生产力和生态系统对于矿区农业生产、环境保护、生态建设及区域社会经济可持续发展具有重要的现实意义。

植被重建是矿区生态修复的主要环节，而土壤改良，特别是土壤结构改良和污染防控成为技术关键。土壤是一种宝贵的自然资源，是人类赖以生存的资本，矿区土壤改良是合理利用矿区及其周边土壤、增加农业用地、防治水土流失的一项重要举措。矿山建设很大程度上破坏了原有的地表层，引起水土流失、农田损毁、植被破坏，矿石开采和运输过程产生大量粉尘，这种污染还会扩散到矿区周围，影响附近的农田、林地和居民区。更严重的是矿区塌陷，尾坝塌方、滑坡等影响当地居民生命和财产安全。矿山土壤改良，可以在一定程度上恢复矿区土壤原有功能，消灭污染源，改善矿区生态环境。由于矿区开采占用当地农民的土地，可以通过土壤改良，达到复垦的目的，以高质量的农田归还农民。

此外，近年我国城市规划建设提出“海绵城市”的概念，海绵城市是指城市能够像海绵一样，在适应环境变化和应对自然灾害等方面具有良好的“弹性”，下雨时吸水、蓄水、渗水、净水，需要时将蓄存的水释放并加以利用。土壤是城市绿化植被建造的基础，也是城市水分调控的重要环节。所以，土壤扩蓄增容是增加土壤保水能力的关键技术。另外，在荒漠化、盐碱化地区的煤矿石油等矿区的困难立地下植物建造，土壤改良也是其关键的技术基础。矿区土壤调理剂是利用环境生态材料改良土壤物理结构、化学特性和生物活性，达到减少蒸发和渗漏、提高水土保持能力，降低重金属污染，提高植物成活率和促进植物生长及建造植被的目的。

3.2 矿区土壤改良的环境材料研究进展

农业开发要求土地复垦覆土厚度在 0.5 m 以上，耕作层不少于 0.3 m，覆土层内不含障碍层，耕作层内砾石含量不大于 10%，土壤 pH 5.5～8.5，含盐量不大于 0.3%，有毒有害元素含量符合《土壤环境质量 农用地土壤污染风险管控标准（试行）》（GB 15618—2018）要求。对于不同性质矿区土壤改良所用的环境材料也不相同，可以根据材料对矿区土壤改良功能，土壤改良材料可分为物理改良材料、化学改良材料、复配材料和生物改良材料等类型，其中生物改良材料中包括微生物、动物和植物改良材料。矿区植被恢复效果与地形、土壤养分（如有机质、总氮、碱解氮、有效磷、速效钾等）、pH、土壤容重、土壤颗粒大小及土壤含水量等因素密切相关。研究表明，限制性养分速效磷、速效钾和 pH 对于矿区土壤植被恢复至关重要（常恩福 等，2018）。中国标准出版社出版的《肥料和土壤调理剂国家标准汇编》（上、下册）主要介绍了有机肥料及新型肥料的基本知识、磷矿石的使用制备及测量、与肥料相关的标准及引用标准。

矿区土壤修复中，客土或土壤表层上下翻耕等技术应用普遍，同时在场地污染修复中应用很多，北京首钢二通园区生态修复中，将原二通机械厂设计改造为以包含会展演出、艺术创作、设计服务、特色办公等内容的文化创意产业为核心的，集居住、商业、休闲娱乐为一体的综合园区，在土壤改良中就采用了沙化土壤加入新土和就地翻新的方法。美国帕尔默顿小镇因多年的 Zn 金属冶炼，造成了严重的土壤和地下水污染。新泽西锌业公司多年倾倒的累计超过 3 000 万 t 的矿渣堆积成了占地数百英亩、高达数十米的矿渣山，并因长年雨水冲刷产生了高污染的渗滤液，附近 1 200 多 hm^2 山地也因此几乎寸草不生；在植被恢复和治理水土流失过程中，美国国家环境保护局就批准以客土覆盖为主、植物修复为辅的修复方案，以充足的客土消除雨水渗透造成的地下水污染并降低污染物扩散风险，并以客土中较高的 pH 实现重金属一定程度的稳定化。同样，在美国加利福尼亚州奥运雕塑公园，原址为优尼科石油公司所有，据悉20世纪70年代以前，该地是优尼科石油公司的一个石油输送站，优尼科迁出后，该地土壤中含有有毒物质，被长年废弃。公园位于滨海公路和铁路线中间的空地，修复目标是恢复原有地貌，修复时将大量的客土和污土按一定比例混合，从而降低了土壤中有毒物质含量，并控制污染物进入周围环境，保证场地达到使用标准。还有比较出名的伦敦奥林匹克公园，2012年伦敦奥运会会场设在伦敦东部，其中奥林匹克公园选址在伦敦东部斯特拉特福德的垃圾场和废弃工地上，这块 2.5 km^2 的土地百年来遭受了严重的工业污染。调查显示，这块土地上的工业污染物包括石油、汽油、焦油、氰化物、As、Pb 和一些非常低含量的放射性物质，并且已有大量有毒工业溶剂渗入地下水，一些重金属甚至渗入地下 40 m 的地下水和基岩中，伦敦市政府发布了一项可持续性开发计划，要求重新使用80%被污染的土壤，大部分受污染的土地要改造成奥运场馆、公共用地和住宅的基础。从 2006 年 10 月开始，伦敦市政府对这块土地的污染情况进行了接近 3 000 次的现场调查，制订了详细的生态恢复计划。首先，这块土地上超过220栋建筑被拆除，其中按重量计算98%的材料被回收利用。少量含有低含量放射性物质的泥土被安全填埋。然后，对接近 100 万 m^3 的受污染泥土使用泥土清洗和生物降解等创新技术进行清洁。客土的方法应用案例还有很多，客土法可以快速降低土壤中的污染物质，却很难快速使表层成熟土壤具有良好的理化性质，尽管如此，针对客土快速的改良技术和产品却鲜有见到。北京首钢二通园区生态修复从 2015 年起，至今仍在建设中；帕尔默顿小镇更是修复了三个世纪之久，当然，修复这么久与污染严重有直接关系，但是缺少合理的土壤改良技术和产品也是原因之一。

3.2.1 矿区土壤物理性质的改良

目前我国矿区土壤物理性质的破坏主要表现有两个方面：一是采矿过程中大型机械化操作，使土壤被压实，将土壤中大的团聚体压碎成小的团聚体，填充了土壤中的空隙，土壤孔隙度降低、容重升高，非常不利于土壤水肥保持和植物生长；二是矿区土壤复垦过程中不同填充物对土壤本身造成很大扰动，原有结构遭到破坏，层次复杂，原有耕层下翻，生土上翻。胡振琪（1997）曾提出“分层剥离，交错回填”是一种有效办法。但如果当地缺乏这样大规模的机械设备或者地域受限，无法开展大规模机械工程，就需要在复垦过程中加入物理改良材料。首先，针对矿区表层土受到破坏，产生大量矿坑和塌陷，常用的填充物为粉煤灰和煤矸石。但是粉煤灰自身是一种有毒废弃物，含有 Al、Pb、Cd、Cr、Hg、V、硼（B）等有毒元素；而煤矸石因为其粒径过大，同时自身缺乏成熟土壤的特质，无法有效提高植物生长发育所需的水、肥、气、热等条件，故用粉煤灰和煤矸石作为矿区填充物的时候，往往在其表层覆土 50 cm 左右。其次，针对矿区土壤极端孔隙结构和质地，如煤矿周边土壤由于受到粉煤灰侵入，形成了有机质含量高的粉煤灰土壤。粉煤灰组成比较简单，主要矿物物相为石英、相变矿物 Al_2O_3-SiO_2 二元体系——莫来石。有机组分主要为未燃尽的炭粒，腐殖质和其中的腐殖酸含量非常低，导致对土壤团粒结构和土壤肥力的效应非常差。同时其高含量有机质导致粉煤灰土壤容重多在 0.8 g/cm^3 以下，保水能力极差。所以很多时候需要额外利用客土法或是翻耕来中和表层土壤容重过低、孔隙度过高的问题。限于粉煤灰和煤矸石自身的不足，现在有很多代替粉煤灰的填充材料，如砂岩和泥页岩，也有将粉煤灰和其他材料混合，如将黄土和粉煤灰混合、污泥和粉煤灰混合、尾矿砂和粉煤灰混合等。

当然，也有很多对矿区土壤物理性质有直接改良效果的调理剂，如针对矿区过度压实的土壤，传统的改良剂黑矾（$FeSO_4$）就有很好的效果。利用其 Fe^{2+}转化为 Fe^{3+}过程中释放的二氧化碳（CO_2），体积膨胀，从而疏松土壤，同时，$FeSO_4$在水溶液状态下产生氢氧化铁（$Fe(OH)_3$）胶体，能够促进土壤团聚体形成和结构改良。还有高分子保水剂对过度紧实土壤也有很好的松土改良效果。矿区土壤中最重要的组分之一是黏粒。黏粒有相对大的表面积，在矿区土壤物理和化学变化过程中表现最为活跃。黏粒表明的扩散双电子层结构决定黏粒表面性质。双电子层较厚时，黏粒间的排斥力较大。部分表面活性剂、高分子保水剂和生物炭等大分子材料也可以有效改善土壤的物理结构，可以有效地通过其表面吸附能力凝聚土壤细小颗粒，团簇成大的团聚体，提高土壤孔隙结构，降低容重，使改良后的矿区土壤适宜植物生长。Piccolo 等（1989）等研究发现，非离子材料能增加黏壤土团聚体的稳定性，而阴离子材料则降低其稳定性，在腐殖质分别与这两种材料共存的条件下，黏壤土团聚体的稳定性均有所增加。生物改良剂中常用于改善土壤物理性质的研究应用较多的有丛枝菌根（arbuscular mycorrhiza，AM）。丛枝菌根含有丰富的菌丝体，能增加土壤有机质含量，丛枝菌根真菌（arbuscular mycorrhizal fungi，AMF）根外菌丝能产生一种细胞外糖蛋白，与菌丝网一起利于土壤团粒结构的形成，促进土壤稳定性，增强土壤通透性（李涛　等，2005）。

土壤的水肥保持与土壤质地、孔隙分布、有机质含量、温度及土壤溶液中的溶质成分等因素有关。适宜植物生长的土壤质地密度一般为 1.00～1.25 g/m^3，但在实际中存在两个极端土壤质地问题土壤的例子，就是土壤结构过松或者过紧，如粉煤灰土壤和沙地土壤的孔隙度过大，质地过松，土壤密度一般在 0.8 g/m^3 以下，水肥保持能力差；常被用作客土的黄绵土，其密度常在 1.6 g/m^3 以上，质地过紧和缺乏土壤团粒结构而水肥保持力极差。土壤质地改良常采用土壤改良剂，其核心就是促进土壤团粒结构生成，促进土壤粒子表面张力降低而增强水分和养分移动扩散，如聚丙烯酰胺高分子保水剂针对粉煤灰土壤，它可以利用自身的吸水能力保持土壤水肥在土壤表层，防止水肥下渗过快；针对过度紧实的黄壤土，它可以利用其胶连作用，在黄壤中团簇形成大团聚体，促进土壤水肥保持和植物有效利用。

总体而言，土壤物理性质改良剂对土壤水肥保持作用的影响主要有三个方面。

（1）表面活性剂溶液的黏度和 pH。当较高浓度的改良剂进入土壤后，由于改良剂胶束的大量形成增加了土壤溶液的黏度，从而可能导致土壤的水分下渗能力降低。

（2）改善土壤颗粒表面张力和水肥保持能力。改良剂吸附在土壤颗粒上，可有效改善土壤颗粒表面的张力，促进土壤有效孔隙的减少，从而提高土壤的水分保持能力。

（3）提高土壤有机质含量和土壤团聚体稳定性。改良剂进入土壤后可促进土壤细小颗粒团聚在一起形成较大颗粒，增加土壤中的大孔隙促进土壤水分迁移，如高分子保水剂、腐殖酸和生物炭等。

3.2.2 矿区土壤化学性质的改良

矿区土壤面临的化学问题主要有三个方面：①极端 pH，土壤酸化或者盐碱化，引起土壤退化问题；②过度贫瘠，缺少正常土壤能为植物正常生长所提供的水、肥、气、热能力，引起土壤肥力低下问题；③重金属和有机物污染，造成农产品安全问题。如矿区周边土壤和粉煤灰、矿渣堆场的复垦土壤等，绝大多数土壤的重金属含量超标。

矿区土壤改良的化学改良材料的种类繁多，《肥料和土壤调理剂 分类》（GB/T 32741—2016）中将土壤调理剂依据成分分为无机土壤调理剂、有机/合成有机土壤调理剂、添加了肥料的有机土壤调理剂，具体分类见图 3.1。而根据原料来源，可分为天然改良剂、合成改良剂、天然-合成改良剂和生物改良剂。

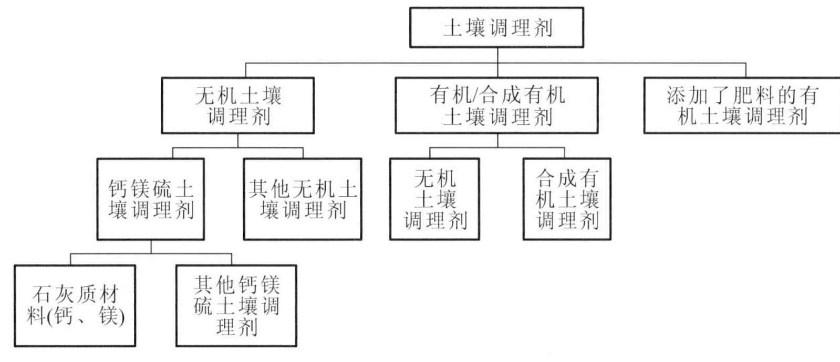

图 3.1 土壤调理剂分类（按成分）

天然改良剂对矿区土壤的改良效应表现在以下三个方面。

（1）提高土壤水肥保持能力。天然改良剂具有很强的吸附能力和很高的阳离子交换量，可促进土壤中养分的释放。关连珠等（1992）研究发现，沸石可吸附 NH_4^+ 和 P，所吸附的 NH_4^+ 和 P 大部分是可解吸的。沸石也可活化土壤难溶性 P（李长洪 等，2000）；沸石还能改善土壤供钾状况（化全县 等，2006）。一般土壤的阳离子代换量（cation exchange capacity，CEC）中，壤土 CEC 为 0.08～0.15 mmol/g，沙土 CEC 为 0.05～0.08 mmol/g，黏土 CEC 为 0.15～0.30 mmol/g，而矿源腐殖酸的 CEC 可以达到 2.40 mmol/g 以上。所以，施用少量矿源腐殖酸，就能大大提高土壤的阳离子代换能力，提高土壤水肥保持能力和供应植物利用的能力。

（2）改良盐碱地土壤，缓冲土壤 pH。土壤中的 Na^+、Cl^- 都可以进入沸石内部被沸石吸附，使土壤中的盐分减少，碱化度降低，并对土壤 pH 起到缓冲作用。膨润土、石膏也能降低土壤的全盐量（邵玉翠 等，2005）。易杰祥等（2006）研究表明，膨润土改良砖红壤后使土壤酸度降低。另外，石灰石、蛭石、石膏等也能调节土壤酸碱度。

（3）吸附钝化土壤重金属。沸石、膨润土和蛭石能吸附土壤中的重金属如 Pb、Ni、Cu、Zn、As、Sb、Cd 等，降低其生物有效性（郝秀珍 等，2000；Garcia et al.，1999）。沸石、膨润土可有效固定放射性物质 Cs（徐寅良 等，2000）。

矿区土壤化学性质改良的天然材料常用的还有粉煤灰和天然高分子化合物，如甲壳素、泥炭等。粉煤灰中 B 含量很高，有研究表明，粉煤灰中 B 的质量分数超过 5 000 mg/kg，富含 B 的粉煤灰加入土壤后可以提高油菜和棉花等需 B 的作物产量和质量。粉煤灰还可以中和矿区酸性土壤，提高 pH 和降低部分重金属迁移能力并抑制植物对其吸收。但是，单独将粉煤灰作为改良剂，对土壤化学性质影响的缺点也很明显，粉煤灰含有 5%～30% 的有毒元素，特别是 Cd、Cu、Pb 可以滤出，造成土壤和地下水污染。腐殖酸、泥炭、生物炭等一类有机质物料，可以直接提高矿区贫瘠土壤的肥力，提高土壤中有机质、全氮、速效氮和速效磷等含量，能带来植物生长所需的常量和微量元素（Ca、Mg、K、Fe 等），也可以降低土壤碱性。有研究表明，利用泥炭可以明显降低辽河北部盐碱化土壤的 pH 和含盐量（陈世检，2000）。同时，有机质物料可以直接吸附矿区土壤中的重金属，降低其生物有效性。

合成的土壤改良剂是模拟天然改良剂人工合成的高分子有机聚合物。国内外研究和应用的人工合成矿区土壤改良剂有聚丙烯酰胺（PAM）、聚乙烯醇树脂、聚乙烯醇、聚乙二醇、脲醛树脂等，其中 PAM 是研究者最为关注的人工合成土壤改良剂。PAM 对土壤的化学性质作用主要表现在对肥料的吸附与释放作用。土壤中施用 PAM 可使土壤有机质、碱解氮、速效磷和速效钾含量增加。PAM 与土壤混合能增加土壤对 NH_4^+、NO_3^-、K^+、PO_4^{2-} 的吸附量，减少其淋溶损失，PAM 施用量越大，作用越大。

目前研究和应用的生物改良剂包括一些商业的生物控制剂、微生物接种菌、菌根、好氧堆肥茶、蚯蚓等。它们对土壤化学性质改良的应用主要表现在能活化土壤中矿质养分，促进植物根系对营养元素尤其是移动性较差的 P、Cu、Zn 等矿质元素的吸收。

矿区土壤中重金属离子在土壤中可发生吸附、沉淀、络合、氧化还原等反应（图 3.2）。另外，金属离子可以通过植物吸收、淋洗和蒸发的形式离开土壤。金属离子在土壤中的形态、活性、毒性及去向等受到土壤特性和外界环境条件的影响。矿区主要金属元素的形态和化学特性详见表 3.1。随着土壤重金属污染的加剧，重金属化学原位钝化技术引起越来越广泛的研究和应用。目前，常用的重金属钝化修复剂主要包括石灰类物质、含硅材料、含磷材料、黏土矿物、金属氧化物、有机物料、生物炭、腐殖酸、高分子保水剂，以及其他新型材料等（宁东峰，2016）。石灰类材料最初应用于改善土壤酸度，后研究发现，石灰、赤泥、粉煤灰、$CaCO_3$ 和氢氧化钙（$Ca(OH)_2$）等石灰类材料可以显著地降低土壤中 Cd、Cu、Zn、Ni、As 等金属元素的活性并降低植物对其吸收和积累。硅（Si）虽然不是植物生长发育必需的营养元素，但是大量研究表明硅可以显著缓解 Cd、Zn、Mn、Al、As 等金属离子对植物的毒害。大量研究证实水溶性磷酸、磷酸盐和非水溶性磷灰石、氟磷灰石、磷矿粉等材料对土壤中重金属都有很好的固定效果。金属氧化物（如铁氧化物、锰氧化物）主要通过专性吸附、非专性吸附、共沉淀及在内部形成配合物等途径实现对土壤重金属的钝化固定。天然金属氧化物、合成金属氧化物颗粒及工业副产

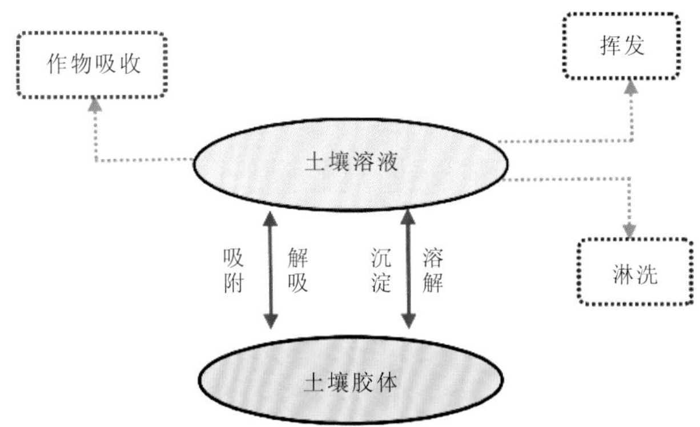

图 3.2　矿区土壤中重金属动态变化（宁东峰，2016）

品等材料被用来研究和应用于土壤重金属钝化修复。有机物料即是优良的土壤肥力改良剂，也可作为土壤重金属吸附、络合剂，被广泛应用于土壤重金属污染修复中。主要的有机物料的来源主要有生物固体、动物粪便等。有机物料中一般含有较高的腐殖化有机物，主要通过增加土壤阳离子交换量和对离子的吸附能力，以及形成难溶性金属有机络合物等方式来降低土壤重金属的生物可利用性。

表 3.1　矿区土壤主要重金属元素的形态和化学特性（宁东峰，2016）

重金属	形态特性
Pb	Pb 有 0 和+2 两个价态，Pb^{2+}是最常见和活跃的形态。与无机离子（Cl^-、CO_3^{2-}、SO_4^{2-}、PO_4^{3-}）或腐殖酸、富里酸、ETDA、氨基酸结合生成溶解性低的化合物
Cr	Cr 在土壤中有 0、+3 和+6 三个价态。Cr^{6+}的毒性和移动性最强，主要以铬酸盐（CrO_4^{2-}）和重铬酸盐（$Cr_2O_7^{2-}$）的形态存在。Cr^{6+}在环境中可以被有机质、S^{2-}、F^{2-}等还原为毒性和移动性弱的 Cr^{3+}。Cr^{6+}淋洗浓度随着 pH 的升高而增加
Cd	Cd 有 0 和+2 两个价态。环境 pH 对 Cd 的活性有很大影响，在酸性条件下（pH4.5～5.5）土壤中 Cd^{2+}的活性较高；在土壤高 pH 条件下，Cd^{2+}与 OH^-、CO_3^{2-}形成沉淀。Cd^{2+}也可与 PO_4^{3-}、AsO_4^{3-}、$Cr_2O_7^{2-}$、S^{2-}形成沉淀
Cu	Cu 有 0、+1 和+2 三个价态，Cu^{2+}的毒性最强。Cu^{2+}的活性对 pH 的依赖很大，提高土壤 pH 其活性降低，碳酸盐、磷酸盐及黏土矿物可通过吸附作用调节 Cu^{2+}的活性
Zn	Zn 有 0 和+2 两个价态。在环境中，Zn^{2+}可与 OH^-、CO_3^{2-}、SO_4^{2-}、PO_4^{3-}等阴离子结合生成沉淀，也可以与有机酸结合成络合物。在还原条件下，Zn 与 Fe/Mn 等水合氧化物生成共沉淀
As	As 有−3、0、+3、+5 四个价态。在有氧条件下，通常以 $As^{5+}(AsO_4^{3-})$存在，在酸性条件下，与铁氢氧化物以共沉淀或吸附的形式结合。在还原条件下，主要以 $As^{3+}(AsO_3^{3-})$存在，移动性和毒性较强
Hg	Hg 有 0、+1 和+2 三个价态。Hg^{2+}在氧化条件下比较稳定。随着 pH 增加，土壤对其吸附能力增强。在一定的 Eh 和 pH 条件下可发生甲基化

我国制定的《土壤环境质量 农用地土壤污染风险管控标准（试行）》（GB 15618—2018）和《土壤环境质量　建设用地土壤污染风险管控标准（试行）》（GB 36600—2018）以土壤中重金属全量浓度为评估标准，但是土壤中重金属全量浓度，并不能充分地说明重金属元

素的化学行为和潜在的环境风险。原位固定修复技术并不改变土壤中重金属总量，因而土壤环境质量标准不适合重金属原位固化效果评价。重金属的环境风险性和生物毒性不仅与总量有关，更多地取决于其在土壤中的存在形态和分布。重金属存在形态受土壤 pH、氧化还原电位（Eh）、阳离子交换量（CEC）、有机质含量、黏粒矿物组成等多因子影响。金属元素的生物有效性是指金属可以被生物吸收并参与其新陈代谢，可以通过化学试剂提取和生物指标测定的方法进行评估。

在干旱半干旱矿区，土壤底层和地下水中所含的盐分因地面强烈的蒸发作用，随着土壤毛细管作用上升到地表层，水分蒸发后使盐分留在土壤表层，聚积而形成盐碱地。此外，开矿过程的机械措施也能使地下水位上升，使易溶盐类在地表层积聚，从而形成次生盐碱化。在这些地区的矿区土壤改良中，盐碱化土壤的改良也必不可少。一般应明确土壤盐碱化过程包括盐化和碱化两个不同的成土过程的原理。盐化过程是指可溶性盐类在土壤中的积累，通常是指氯化钠（$NaCl$）、氯化钙（$CaCl_2$）、Na_2SO_4、硫酸镁（$MgSO_4$）等中性或近中性盐类在表层及土体中的积累过程，使土壤呈中性或碱性反应。在积盐初期，盐类常在土体及表层积聚，当达到一定数量后，足以危害植物生长的程度时即发生盐化。盐碱地的危害主要包括三个方面。①抑制植物根系吸水。作物根系吸收土壤水分和矿物营养靠的是根毛细胞液的渗透压（即与土壤溶液浓度的渗透压之间的差），土壤中盐分含量过高时，土壤溶液浓度随之增大，溶液的渗透压随之升高，如果土壤溶液浓度和渗透压超过植物根毛细胞液浓度的渗透压时，水分就不能被吸收，造成种子发芽困难，而且，植物的根系很难从土壤中得到充足的水分，甚至会导致植物的死亡。②对作物的生理毒害。作物根在吸收水分的同时，还要吸收 N、P、K 及一些微量元素。无论哪种盐分，不管它是有益的还是有害的，作物超过一定限量的吸收都会受到毒害。有的植物体内聚集的盐分过多，原生质遭到破坏，渗透性降低，蛋白质合成受到严重阻碍，从而使含氮中间代谢物积聚，轻则植物生长受到抑制，重则造成植物死亡，同时土壤含盐量过高，影响植物对营养元素的吸收，使植物产生各种营养缺乏的病症。③对土壤结构破坏。碱性盐不仅直接毒害作物，还由于大量钠离子进入土壤胶体，土粒分散，破坏土壤结构，降低土壤的通透性，并且影响微生物的活性。

盐碱化土壤的改良一般通过两方面途径：①通过改良土壤本身，包括农耕、添加改良剂等措施降低土体可溶性盐分和碱化度，为作物创造良好的生长环境条件；②利用生物改良，即选用作物的耐盐品种，挖掘品种自身的忍耐能力，直接种植于盐碱化土壤。在改造矿区盐碱化土壤条件方面，一般是通过物理（水利、农艺）措施和化学改良方法等，这方面在国内外已积累了丰富的经验和成功的应用技术，收到了显著的效果。盐碱化土壤改良技术措施一般包括物理措施、化学措施及生物措施。

物理改良包括排水、冲洗、平整土地、深耕晒垡、松土施肥、铺沙压碱、抬高地形、微区改土。对于分布于排水不畅的低平地区，地下水的高水位促进了水盐向上运行，从而引起土壤积盐和返盐。冲洗是用水灌溉盐碱化土壤，把盐分淋洗至底土层，或者是用水携带把水溶性盐分排出，以淡化和脱去土壤中的水溶性盐分。通过排水可加速水分运动，调节土壤中的水溶性盐含量，措施主要包括明沟排水、竖井排水和暗沟排水。冲洗虽然能降低土层中的水溶性盐分，但不能彻底清洗土壤中的盐。另外，冲洗需要有淡水来源，还应具备完善的排水系统。盐碱化土壤经深耕后，可以疏松表土层，切断毛细管，减少蒸发量，改善土壤结构，增加孔隙度，加速了土壤盐分的淋洗并防止返盐。施有机肥可以通过制约盐碱以减轻对植物的伤害，又可增加土壤有机质，还能补充和平衡土壤中植物所需的阳离子，提高植物抗盐性。

化学改良主要是指在盐碱化土壤上施用化学制剂，原理就是改变土壤胶体吸附性离子的组成，从而改善土壤理化性质，主要包括石膏、磷石膏、过磷酸钙、腐殖酸、泥炭、醋渣等施用。值得注意的是，化学措施应与其他措施相结合，否则很难达到预期的效果和目的。化学改良技术具有易于操作、投资见效快和易于工业化等特点，是近年在盐碱地改良中研究和应用较快的技术。在实际应用中，化学技术往往与生物技术、物理技术和农技技术结合，形成综合技术。

生物改良包括种植树木、水稻、种植耐盐植物及用微生物菌肥等。树木包括沙枣（*flaeagnus angustifolia* L.）、胡杨（*populus euphratica*）等。一方面，树木种植可以调节地表径流，树木根系和枯枝落叶可改善土壤结构，提高土壤肥力，枝繁叶茂的树冠还可以蒸发大量水分，降低地下水位，抑制表面积盐。这些改良技术和方法，既有古老的技术，也有近代改良方法。还有利用生物化学新技术所研制的新型土壤改良剂，以及利用新型材料和先进施工技术所实施的地下暗管排盐工程等。

3.2.3 矿区土壤生物性质的改良

对矿区土壤中生物起促进作用的改良材料，往往与物理和化学材料相配合。粉煤灰单独作为矿区土壤改良剂有很多不足，但粉煤灰、有机物质（如污泥）等材料混合可通过吸附作用降低有毒金属含量，同时通过降低 C/N 值，提供有机化合物，改善土壤酶活性和氮、磷循环来增加微生物的多样性和活性（Lai et al.，1999）；含沥青的粉煤灰改良土壤可增加真菌包括菌根菌和革兰氏阴性细菌的数量（Schutter et al.，2001）；粉煤灰施入土壤还可作为固氮菌和磷细菌的载体（Gaind et al.，2003）；碱性粉煤灰和石灰混合还有杀死病原菌的作用（Wong et al.，2001）。甲壳素能促进土壤中放线菌及其他一些有益微生物如固氮菌、纤维分解菌、乳酸菌、放线菌的生长，还能改良土壤使黑麦草茎重增加，根茎比减小，这可能与来自甲壳素的矿化的氮有关。大分子量的阴离子型线性 PAM 施入土壤后使土壤中的细菌数量增加，同时能作为土壤微生物的氮源，使水解小分子量酰胺的酶活性有所提高或者不发生变化，还能抑制土壤中有害细菌如霉菌、丝状菌的繁殖与生长，防治土传病，如能有效控制棉花黄萎病的发生。丛枝菌根真菌（AMF）能诱导植物对土传病原物产生抗病性，减轻一些土传病原真菌和胞囊线虫、根结线虫等对植物造成的危害。AMF 的根外菌丝的延伸和扩展，增大了植物根系的吸收范围和提高了吸收能力，降低永久凋萎点，提高植物抗旱性和水分利用效率（Larkin，2008）。

3.3　矿区土壤改良的环境材料应用

环境功能材料是20世纪80年代国际高技术新材料研究的一个新领域，其研发在日本、美国、德国等国较为活跃。环境材料有三个主要特点：一是材料的功能性，也称先进性，是指材料本身的优异性能，如水泥，其基本功能为强度，而使用过程中表现抗渗性、抗硫酸盐侵蚀性等其他功能，使其功能性得到扩展。材料的功能性是人们以往主要的追求目标，且材料的功能越多越好，适应范围越宽；二是材料的环境协调性，即材料的环保性，就是材料生产和使用等环节中资源和能源消耗少，工艺流程中的废弃物排放最少，对环境污染的负担最小，这是区别传统材料的重要之处；三是舒适性，亦称经济性，是指材料在使用中舒适美观、经济实用（黄占斌 等，2002）。环境材料可分为天然材料、循环再生材料、高分子材料、低环境负荷材料等，环境材料已广泛应用于工业、环保和农业生产等领域。目前矿区土壤改良剂已得到广泛应用，其改良作用主要体现在4个方面：①改善土壤物理性状、增强土壤的保水保土能力；增强土壤中营养元素的有效性，提高土壤肥力；②提高土壤中有益微生物和酶活性，抑制病原微生物，增强植物的抗性；③改变土壤 pH，降低重金属污染土壤中重金属 Cd、Pb、Zn、Co、Cu、Ni 等的迁移能力，抑制作物对重金属的吸收；④改善土壤盐渍化。同时也存在一些问题有待解决：①天然改良剂改良效果有限，且有持续期短或储量的限制等问题；②人工合成的高分子化合物的高成本及潜在的环境污染风险，限制了它的广泛应用；③单一改良剂存在改良效果不全面或有不同程度的负面影响等不足之处。

因此，近年来越来越多的研究者开始通过一定的化学方法使单体连接到天然高分子化合物上，研制出天然-合成共聚物改良剂。这类改良剂可克服某些天然高分子化合物使用持续期短和合成高分子化合物成本高的不足。目前已有关于天然-合成共聚物改良剂的报道，如以丙烯酰胺和凹凸棒土为原料合成的有机-无机复合体对土壤等物理化学性能有明显的改善效果，其综合性能优于单一聚丙烯酰胺（刘瑞凤 等，2006）。这种天然-合成共聚物改良剂的配方、合成工艺、改良效果和改良机理等方面的研究尚有待进一步开展。以下是几种常见的矿区土壤改良剂。

3.3.1　腐殖酸

在《肥料和土壤调理剂 术语》（GB/T 6274—2016）中，腐殖酸被定义为由腐殖质、泥炭、风化煤和褐煤得到的多种有机酸。腐殖酸是有机大分子两性物质，是动、植物遗骸（主要是植物残体）经过微生物的分解和转化，以及地球化学的一系列过程形成和积累起来的一类有机物质。它是一种形成土壤有机–无机复合体的有机胶体物质，其阳离子交换量大、缓冲能力强，是调节土壤 pH、缓冲土壤酸碱性的有效缓冲剂。

一般认为腐殖酸是复杂的、分子量不均一的羧基苯羧酸的混合物。草炭、褐煤和风化煤的腐殖酸含量较高，是提取腐殖酸的主要来源。腐殖酸的提取率以草炭最高，褐煤次之，风化煤最低（程亮 等，2011）。土壤学把腐殖酸分为胡敏酸、富里酸和胡敏素三个组分，对应将矿源腐殖酸分为棕腐酸、黄腐酸和黑腐酸三类。

腐殖酸对土壤的改良作用首先是增强肥力，因为其本身就含有丰富的有机质，可增加土壤有机质含量，还可减少可溶性磷的固定以提高磷肥利用率，还可与一些难溶性盐存在的微量元素形成络合物，溶于水易被作物吸收。其次是改良土壤结构，包括促进团粒结构的形成，利于土壤中水、肥、气、热状况的调节。再次就是促进微生物的活性。对于植物，腐殖酸可促进种子萌发及根系和营养体的生长，调节植物体新陈代谢，刺激作物生长，改善农产品品质。

腐殖酸改良土壤作用与其自身特性紧密相关。腐殖酸是带有负电荷、呈弱酸性的胶体，但腐殖酸边棱是带正电荷的，土壤中黏土晶体表面带有负电荷，所以土壤能够吸附腐殖酸胶体。由于大部分金属离子带有正电荷，腐殖酸与土壤胶体结合，能够增强对土壤中重金属的吸附。腐殖酸具有很大的比表面积，约为 2 000 m^2/g，比黏土和金属氧化物的比表面积都大。腐殖质与金属离子的作用有：离子相互作用、疏水作用、电子供体-受体相互作用。一般碱金属离子和碱土金属离子与表面带负电荷的有机质形成离子键。腐殖酸的元素组成与煤相似，即主要由 C、H、O、N、S 等元素组成；它的分子是由几个相似的结构单元组成的一个大分子。每个结构单元又由芳核、桥键和活性基团三个主要部分组成。腐殖酸芳核多由 5～6 个芳环或杂环组成，如由苯、萘、蒽、蒽醌、吡咯、呋喃、噻吩、吡啶等环结合组成。尽管腐殖酸不存在一种固定的结构，但很多研究者倾向于一种典型的分子，由聚合性胶包组成，其基础结构是由二或三羟基酚类型的芳香环，由—O—，—CH_2—，—N═，—NH—，—S—和其他基团桥接，并含有游离离子和醌的双键。腐殖酸的芳核都带有若干活性基团，主要有酚羟基、醇羟基、羧基、甲氧基等。由于这些基团的存在决定了腐殖酸具有酸性、亲水性、阳离子交换性能、络合金属离子等特性。腐殖酸是大多数土壤中的重要有机部分。目前我国土壤质量整体偏低，土壤退化现象较严重，不仅已退化面积较大，而且水土流失、土壤沙化、酸化和盐渍化等现象还在继续扩展。随着工业、城市污染的加剧，土壤重金属污染和有机物污染也日益严重。腐殖酸多来源于风化煤，一般风化后的烟煤都含有大量再生腐殖酸（HA）和多种含氧活性官能团，如羧基、酚羟基、醌基、醇羟基等，将风化煤应用于土壤改良，不仅可以变废为宝，而且能有效改善土壤退化与污染状况，目前该方向的研究取得了很大进展。

腐殖酸对土壤的改良作用体现在 4 个方面。①促进土壤中水、肥、气、热状况的调节。腐殖酸能够促进土壤团粒结构形成。腐殖酸中的羟基、羧基易与土壤中的 Ca^{2+}发生凝聚反应，再通过植物根系的生理作用就形成了土壤的团粒结构。当土壤的团粒结构变好时，其容重降低、孔隙度增大，从而具备良好的通透性。又因腐殖酸颜色深，有利于对太阳热能的吸收。当腐殖酸受到微生物的作用分解时放出热量，尤其是早春季节作物幼苗刚出土时，能提高地温而起到抗春寒作用。有学者发现，风化煤和玉米秸秆等配比后直接施用可改善土壤的结构性状，特别是对于土壤 0.25～1.00 mm 粒径的团粒结构形成有着显著的促进作用。②改造贫瘠土壤及盐碱地土壤。由于腐殖酸是一种大分子的酸性物质，可以通过酸碱中和和交换作用降低盐碱土的 pH，减少交换性钠离子，达到治理盐碱地的效果。实验研究证明，碱性土壤中施用占土壤质量 10%的酸性风化煤原煤粉可使土壤 pH 由 9.0 降到 8.0。直接施用风化煤可显著改善风沙土的理化性质。木合塔尔 •吐尔洪等（2008）研究发现，康苏风化煤的施入对改良盐渍土壤的理化性质具有明显的效果。表现为随着康苏风化煤腐殖酸施入量的增加，土壤 pH 下降，有机质含量提高，全氮、速效氮、速效磷不断增加。③促进土壤微生物和酶的活性。党建友等（2008）研究表明风化煤复合包裹型控释肥能为冬小麦生长发育提供有机活性物质，为土壤微生物提供有机能源，改善根际微环境，不同程度激活土壤酶活性，更有利于小麦对土壤养分的吸收与运转，使肥料利用率提高。④提高磷肥利用率，促使土壤微量元素的活化。风化煤腐殖酸作为胶结包膜材料的缓释复合肥在碱性土壤中对 P 有缓释效果，在酸性土壤中对 N 有缓释效果，而对于 K，无论是碱性土壤还是酸性土壤，均有缓释效果。另外，腐殖酸可使一些以难溶盐形态存在的生命微量元素如 Fe、Al、Cu、Mg、Zn 等形成络合物并溶于水而被作物吸收。所以腐殖酸可以作为源广价廉的天然螯合剂与微量元素螯合。不同地区的风化煤腐殖酸能不同程度地活化土壤中的有效铁。

腐殖酸对重金属污染土壤的缓冲和净化机制主要有三个方面。①将重金属离子还原，形成螯合物，从而钝化重金属离子（黄占斌，2017）。②通过离子交换及络合反应，形成土壤有机-无机复合体，将土壤中重金属离子吸附固定，防止其进入生物循环。通常认为范德瓦尔斯力、氢键、静电吸附、阳离子键桥等是土壤有机-无机复合体键合的主要机理。③稳定土壤结构，为土壤微生物活动提供基质和能源，从而间接地影响土壤重金属离子的活动能力。腐殖酸能显著地降低 Cd、Zn 对海藻的毒性。添加 5 mg/L 腐殖酸时，海藻中 Cd、Zn 的含量明显降低，Cd 的毒性降低了 1/2，Zn 的毒性降低到 1/10。另外，腐殖酸质量浓度为 1 mg/L 时，大约有 25%的金属可以被腐殖酸胶团吸附，腐殖酸质量浓度增加到 5 mg/L，被吸附的金属量增加两倍。由于腐殖酸组成不同，对金属离子络合能力有很大差异。胡敏酸与金属离子形成的络合物是难溶的，从而可降低土壤中金属离子的生物有效性。富里酸和金属离子形成易溶络合物，将金属离子淋洗出土壤的根层，从而降低金属离子对食物链的危害。pH 也影响腐殖酸作为洗脱剂修复重金属污染土壤的效果，在 pH 为 4～7 时，腐殖酸通过吸附作用可较好地去除土壤中的 Ni^{2+}。Giannis 等（2007）认为，腐殖酸可作为表面活性剂去除污染土壤中的 Cd，使用 1 mmol/L 乙酸作为萃洗液，不同浓度的腐殖酸作为洗脱剂去除 Cd。在酸性条件下，腐殖酸可与 Cd 形成弱配合物，这种配合能力随 pH 的降低而降低，Cd 的去除率最高可达 90%。

3.3.2　高分子保水剂

高分子保水剂是一种交联密度很低、不溶于水、高水膨胀性，且吸水力强的高分子聚合物，也是土壤良好胶结剂，能够改善土壤结构，促进团粒形成，有植物“微型水库”之称；它能迅速吸收并保持自身重量数百倍乃至数千倍的水分，达到蓄水保墒效果，当土壤干旱缺水时，又可迅速释放出水分供作物吸收利用，且可提高肥料利用率，达到作物增产的目的。保水剂具有调节土壤水、热、气状况，提高土壤肥力和保持水土等功能（黄占斌 等，2016）。高分子保水剂的吸水倍率随着其合成方法不同也会有所不同，影响保水剂吸水倍率的外因主要有两个方面。一是被吸液的性质。聚丙烯酸盐系保水剂，当被吸液为去离子水时，吸水倍率为 300～500 倍；当被吸液为自来水时，吸水倍率为 150～300 倍；当被吸液为生理食盐水时，吸水倍率为 50～80 倍；而其吸水倍率在海水中仅为 30～40 倍。这是因为在自来水、生理食盐水和海水中有大量的电解质存在。二是吸附液的 pH。水中酸、碱存在，均会影响保水剂大分子的离解，进而影响它的吸水倍率。

高分子保水剂吸水动力来自亲分子扩张膨胀力、离子排斥力和网状结构的回缩的阻力。高分子保水剂具有三维网状的结构，所含的羧基、羟基和铵盐类等亲水性的官能团通过吸水和溶胀等方式吸水，保水剂内部的电解质的离子之间存在相斥作用，因此水分进入高分子而使其扩张，但因为交联作用的存在而使水凝胶产生一定的强度，当交联作用和水凝胶强度达到平衡时，保水剂吸收水分达到饱和。而当凝胶中水分全部释放后，只要分子链没有被破坏，保水剂的吸水能力仍然可以得到恢复。

高分子保水剂所吸收的水分能有效为植物所利用。高分子保水剂所吸收的水分，大部分保持在低吸力段，80%以上能够为作物吸收利用。研究表明，土壤加入 2%浓度的保水剂时，保水剂吸水饱和后其所吸持水分至少有 90%能被植物吸收与利用，但因保水剂类型的不同，表现的结果不一。杨永辉（2010）等研究表明，在土壤水吸力相同的条件下，土壤含水率随保水剂的用量增加而提高；而在相同含水率条件下，随保水剂用量的增加，土壤水吸力增大。同时，保水剂可有效改善作物根际水环境，通过其保存的水分直接提供给作物，并能改善土壤结构，有利于土壤团粒结构的形成，特别是直径大于 0.25 mm 的团聚体颗粒的比例增长迅速。同时，保水剂能够增强入渗性能，增加土壤毛管孔隙度、提高土壤总孔隙度，减缓地温波动，减少氮肥流失，降低土壤容重，提高土壤持水能力及土壤含水量，抑制表土结皮和土面蒸发等。作者研究发现，土壤饱和后蒸发到恒重所需要的时间，用保水剂处理的为 7 d，比对照推迟 4 d，说明保水剂具有较好的保水与供水效果。因此施用保水剂能显著提高土壤有效水含量，表现出明显的抗旱成苗、稳产、增产效应。高分子保水剂能够促进植物生长和提高植物抗逆能力。研究表明，施用保水剂可以增加土壤含水量，扩大根系的吸收面积，增强根系的吸收能力和叶绿素含量，增加叶长、叶宽和叶面积，调节植株叶片气孔开闭状态、调节蒸腾作用，维持植物体内水分平衡，提高出苗率和移栽成活率，取得显著的增产效果。同时，当植物受到干旱的胁迫时，保水剂直接吸收的水分可以将水分缓慢释放到土壤中，促进根系周围水分提高，维持植株体内的水分平衡，调节植物的生理生化反应。保水剂还可以通过改良土壤结构提高土壤水肥保持能力，促进根系活力和提高根系的吸收水肥能力，提高其抗旱性。祁桂林等（2005）通过研究盆栽狼尾草表明，适量保水剂能够在干旱胁迫下使幼苗叶片保持较高的相对含水量，且相对含水量随着保水剂用量的增加而增高。任建宏等（2003）研究表明，保水剂可使荷兰菊在干旱条件下受到水分胁迫的时间明显推迟。宋晴晴等（2002）研究认为，保水剂能够降低干旱胁迫所产生的自由基对叶绿素及光合电子传递系统的伤害，从而提高了叶片的光合速率。同时，保水剂对作物气体交换参数的变化有一定的影响，且与其使用方法和土壤水分等因素密切相关。研究表明，保水剂可以提高作物的水分利用效率，因为保水剂不仅可以减少干旱条件下土壤水分无效蒸发，而且能够调节叶片气孔导度，促进光合速率的提高。高分子保水剂还能促进土壤重金属离子的钝化效应。高分子保水剂相互交联的高分子链上含有羟基、羧基、磺酸基和酰胺基等基团，与土壤溶液中重金属离子发生吸附和螯合作用，进而表现对重金属离子的钝化效应。

高分子保水剂在矿区土壤的应用方法主要包括 5 个方面。①种子发芽中应用。该法实际上等于给种子穿上一种有特殊功能的“外衣”。这种“外衣”能供给幼苗生长需要的水分，缓和昼夜温度激烈变化，降低土壤病菌危害，起到保护种子和幼苗的作用。②拌种应用。针对矿区周边土地种植粮食作物中玉米、小麦拌种施用的报道较多。施用的一般方法是先使保水剂吸水至饱和状态，再用水将饱和凝胶液稀释数倍，然后将作物种子倒入稀释液中，一边倒一边搅拌至均匀。再静置数小时，直至种子无粘连时播种，并浇水至土壤饱和。③土壤改良中应用。土壤混施应用是指将保水剂直接和土壤按照一定的比例混合均匀供作物利用的一种方法。按照施用方法的不同又可细分为干施法、湿施法和棒状施用法。干施法简单明了，很多矿区土壤复垦中多用该方法。湿施法是指将凝胶状的保水剂直接施入造林坑内的方法，它的使用范围较为广泛，适用于各种季节的矿区绿化造林和大苗移植。棒状施用法，又叫胶凝网袋法。将充分吸水饱和后的保水剂凝胶液装入由网织带或者无纺布等材料做成的圆柱状网袋当中，再将网袋埋入栽植苗木的根系周围。④苗木种植的蘸根应用。苗木蘸根是林业上提高造林苗木成活率和保存率最常见的一种方法。一般的方法是将保水剂充分吸水后制成水凝胶溶液，将树苗的根系浸泡其中后取出，采用塑料薄膜或者草席等将苗木根系包裹，以备运输需要。苗木蘸根处理后本身根部就形成了一层保护膜，加之塑料薄膜等保水措施，不仅可以防止水分的蒸发，延长植物耐旱时间，而且防止根系的机械损伤，保护幼苗。⑤作物种植中应用。农业上大田作物施用方法主要包括地表喷洒、沟施和穴施三种。

3.3.3　脱硫石膏

脱硫石膏在欧洲的定义是指来自燃煤电厂中烟气脱硫工业的石膏，是经过细分的湿态晶体，是高品位的 $CaSO_4 \cdot 2H_2O$，主要由含两个结晶水的 $CaSO_4$ 组成。目前我国燃煤发电年产脱硫石膏 2 000 万 t 以上。除部分用于制砖等建筑材料外，大部分脱硫石膏被当作废弃物进行填埋处理，造成资源极大浪费和产生环境二次污染的风险。因此脱硫石膏用作盐碱化土壤改良的潜力巨大，国内也开展大量相关的研究，国家在宁夏和内蒙古等地设计多项研究项目的试验示范，宁夏提出地方标准《脱硫石膏改良碱化土壤（旱作）施用技术规程》。

脱硫石膏的产生过程是：石灰石经过破碎、研磨成粉、调配制成浆液进入烟气吸收塔，在吸收塔内煤炭燃烧产生烟气中的二氧化硫首先被浆液中的水吸收，然后与浆液中的 $CaCO_3$ 发生反应生成 $CaSO_3$，$CaSO_3$ 氧化后经旋流分离、洗涤和真空脱水，最终生成石膏晶体 $CaSO_4 \cdot 2H_2O$。反应式如下：

$$SO_2 + H_2O \longrightarrow H^+ + HSO_3^-$$

$$CaCO_3 + 2H^+ \longrightarrow Ca^{2+} + H_2O + CO_2\uparrow$$

$$2HSO^{3-} + O_2 \longrightarrow 2H^+ + 2SO_4^{2-}$$
$$Ca^{2+} + SO_4^{2-} + 2H_2O \longrightarrow CaSO_4 \cdot 2H_2O$$

脱硫石膏的成分与天然石膏大致相同，为晶体 $CaSO_4 \cdot 2H_2O$，呈粉末状。当石灰石的纯度较高时，脱硫石膏的纯度一般能达到 90%，甚至到 95%。由于对作为烟气脱硫吸收剂的石灰石粉或石灰粉的细度有较高的要求，故脱硫石膏较天然石膏细，颗粒直径主要集中在 30～50 mm，纯度高、含碱量低、有害杂质少，这些颗粒特征有利于在实际应用中更好地发挥其性能效应。脱硫石膏呈湿粉状，脱硫装置正常运行时产生的脱硫石膏近乎白色，有时因含有 $CaCO_3$、$MgCO_3$ 等杂质而呈淡黄色和灰褐色；当除尘器运行不稳定，带进较多飞灰等杂质时，则颜色发灰。脱硫石膏的含水率一般为 10%～15%，含较多的水溶性盐。由于其含水率高，又具有较高的黏性，易黏附在装卸、提升、运输设备上。此外，脱硫石膏不含对人体有害的环芳香烃和二噁英物质，Hg 的质量分数低于 0.000 1%。

石膏改良盐碱化土壤，理论研究早于生产实践。19 世纪末 20 世纪初，先后由美国学者黑尔格德和俄国学者盖德洛依茨建立了苏打碱化土壤改良的三个化学方程式：

$$Na_2CO_3+CaSO_4 \longrightarrow CaCO_3+Na_2SO_4$$
$$2NaHCO_3+ CaSO_4 \longrightarrow Ca(HCO_3)_2+Na_2SO_4$$
$$2Na^++ CaSO_4 \longrightarrow Ca^{2+}+Na_2SO_4$$

以上三个化学方程式，奠定了石膏改良碱土的理论基础，成为后人利用石膏改良碱化土壤的理论基础和定量施用石膏的依据。大量的田间试验也证明了上述理论的正确性。在保证灌溉的条件下，改良效果较好，如果同时能满足排水的条件，改良效果会更好。

施用脱硫石膏之所以能改碱，主要是由于 $CaSO_4$ 中 Ca^{2+}的作用，Ca^{2+}和土壤中游离的 $NaHCO_3$ 和 Na_2CO_3 作用，生成 $CaCO_3$、$CaHCO_3$ 和 Na_2SO_4，Na_2SO_4 可以通过灌水洗盐而冲洗掉，减少土壤中的钠离子，降低土壤碱性，消除 Na_2CO_3 和碳酸氢钠对作物的毒害。同时，土层中掺入脱硫石膏后，因 Ca^{2+}比 Na^+对土壤中胶体粒的吸附能力强，原已吸附的 Na^+会和土壤溶液中的 Ca^{2+}发生离子交换，因此代换土壤胶体上的代换性钠离子，使钠质土变为钙质土。

国际上应用石膏改良苏打盐化与碱化土壤已有 100 多年的历史，但在国内外的文献中，关于应用脱硫石膏改良土壤的研究则相对较少。用含石膏的脱硫副产物改造盐碱化土壤还是近些年的事情，而且仍处于研究阶段。国外利用脱硫石膏改良土壤的研究始于 20 世纪 90 年代，Clark 等（1997）最早研究了烟气脱硫废弃物对美国酸性土壤上种植的饲料作物或玉米的影响，研究结果表明脱硫废弃物能够增加作物的产量，还进一步分析了温室条件下不同成分的脱硫废弃物对土壤和作物的影响；Wendell 等（2018）利用脱硫废弃物改良美国阿巴拉契亚地区的酸性土壤，通过研究施加前后植物中各种金属元素含量的变化，探讨了施用燃煤脱硫废弃物对酸性土壤的改良效果；Stout 等（2019）研究了在田间实验条件下，脱硫废弃物对种植牧草的美国宾夕法尼亚州酸性土壤的改良作用；Crews 等（1998）研究燃煤烟气脱硫废弃物对种植橡树的酸性森林土壤的改良情况；Chen 等（2001）研究了利用烟气脱硫废弃物改良酸性土壤的效果，种植作物为紫花苜蓿，改良后的土壤增加了紫花苜蓿的产量。利用脱硫废弃物改良盐碱化土壤是由日本东京大学教授松本聪和定方正毅（2018）提出的，研究还处于初级阶段。经过初步试验研究后，即与沈阳市科学技术局在我国东北沈阳市的康平县进行了脱硫石膏改良田间试验，之后清华大学等单位利用脱硫石膏在基本没有任何植物存活的碱化土壤上进行大面积试验，土壤 pH、水溶性 Na^{+}和土壤碱化度大大减少，改良效果良好，极力证明了在改良盐碱化土壤方面脱硫石膏有着巨大潜力。之后，清华大学煤清洁燃烧技术国家重点实验室分别与内蒙古农业大学和中国农业大学合作进行了大量的脱硫石膏对盐碱化土壤改良试验，实现了农业上的大规模应用，均取得良好效果。

研究结果表明，脱硫石膏改良盐碱化土壤主要有以下优点：首先，改善土壤理化性质。随着脱硫石膏用量的增加，砂性或黏性土几乎转变为纯的沃土，同时能改善某些土壤的质地和排灌特性；调节土壤 pH、全盐量、碱化度和钠吸附比，改善阳离子交换容量。其次，提供植物所需的有益微量元素，解决了日益严重的土壤缺硫问题，这是许多传统的改良剂或化肥所不能提供的。同时，能提高作物抗逆性，提升作物产量和品质。美国爱荷华州立大学研究表明（Hilgen et al.，1995），土壤中钙源的施加，可提高辣椒的质量和抗病性，延长果实采收后的储存寿命。有研究证实脱硫废弃物还可明显提高紫花苜蓿的生理机能。Rahmat 等（2016）分别以不同施用量的脱硫石膏应用到水稻、小麦轮作系统土壤中，施用量为 2 t 的处理使产量提高 13.8%，同时所有与产量相关的性状如千粒重、穗长、单位面积株丛数等都显著增加。再者，一般产生的脱硫石膏颗粒直径在 1～100 μm，而农用石膏一般磨细到小于 100 目（149 μm），完全满足农业生产应用的需要。另外，脱硫副产物不需氧化完全就能利用，还能达到农用脱硫副产物的纯度要求。

利用脱硫石膏改良盐碱地，在土壤理化性质、微生物活性、酶活性及耐盐植物反应等方面具有显著效果；但在技术应用上，还需与盐碱地改良的水利、物理、化学及生物 4 类方法相结合，以期利用最低的改良成本获得最佳的改良效果和经济效益。在研究中应注意两方面问题。①加强脱硫石膏改良盐碱地的技术模式研究，如脱硫石膏＋改良剂＋灌水模式。脱硫石膏改良盐碱地是通过先交换后淋洗的原理进行改良，灌水可使土壤盐分离子离开土体，而过量使用脱硫石膏和改良剂，会使土壤中可溶性盐分含量增加，影响植物生长，因此灌水成为盐碱土改良的关键因子。研究脱硫石膏施用量与灌溉的互作效应对提升改良效果、降低改良成本有重要意义。②加强脱硫石膏中有益矿质元素利用研究。不同的矿质成分和烟气脱硫技术，生产出的脱硫石膏成分可能各有不同。脱硫石膏中含有的金属元素成分丰富，不仅需对有益矿质元素利用进行研究，还需对有害元素进行监测。目前关于脱硫废弃物中重金属（Fe、Ni、Cu、Zn、Pb 和 Cd）的研究还很少，也没有研究表明其对土壤和植物造成的破坏。盐碱地生态环境十分脆弱，恢复过程是很漫长的，应该加强脱硫废弃物的长效监测或定位监测。

施用脱硫石膏可改造我国大面积的矿区盐碱化土壤，改善土壤的理化性质，改变目前大量的盐碱化土壤不能种植农作物和影响农作物生长等问题。除此之外，脱硫石膏改良盐碱化土壤可以解决每年数以百万吨的脱硫副产物的处置问题，在土地资源和生态环境的保护上均有很大贡献。脱硫副产物出路的解决，会大大促进燃煤烟气脱硫技术的推广及应用，促进大气污染防治事业的开展，从而在更大的范围、更高的层次上解决我国的环境问题。总之，利用脱硫石膏改良矿区盐碱化土壤，是一个在不长时间内就有显著成效的“双赢”项目。

3.3.4　生物质炭

生物质炭是一个较新词汇，其根源来自传统的居住在亚马孙河周边的印第安人将有机废弃物在一个深坑里加热，得到富含 C 的“亚马孙黑土”。作为世界上最肥沃的土壤之一，这种黑土被证明百年之后依然稳定。生物质炭主要由高度芳香化结构组成，还伴有脂肪类和氧化态碳结构化合物。生物质炭的发达孔隙结构和巨大的比表面积，同时在其表面分布着丰富的官能团，为环境微生物提供了很好的生存空间，也为重金属、农药、激素、抗生素等污染物提供了吸附位点。

生物质炭的主要构成元素有 C、O、H 等，其中大部分含 C 量更是在 60%～80%，在其灰分中含有丰富的 N、P、K、Ca、Mg，能够给植物生长提供充足的养分。生物质炭改良土壤有以下效果。

（1）对土壤化学性质的影响。生物质炭自身具有高 pH（＞7），因此添加生物质炭的土壤 pH 会有明显提高。酸性土壤中添加生物质炭可以有效降低土壤中的铝毒性，给植物提供一个更好的生长环境。但是，土壤 pH 的增加也会引起微量营养元素的减少，导致植物生长受到影响，所以添加生物质炭改善土壤必须谨慎。生物质炭高比表面积和发达的孔隙结构能给土壤中阳离子代换量（CEC）提供更多的交换位点，使土壤中的 CEC 大量增加。在较高的热解温度下，生物质氧化生成生物质炭并不断老化，其表面产生大量阴离子，以便诱使土壤产生大量阳离子，进一步提高土壤 CEC。

（2）对土壤物理性质的影响。由于生物质炭自身的发达孔隙结构，加入土壤后会影响它们的结构特征，比如改变土壤的孔隙结构、比表面积和团聚体的形成。生物质炭较轻的特质和多孔性会使热解过程中原生物质中不稳定的易挥发物质散去。这样就会使生物质炭颗粒直径发生变化，正常情况下，生物质炭的直径为 0.60～4.75 mm。较大的生物质炭孔径和粒径可以降低土壤的密度，从而改善土壤的通气性、土体力度和土壤中的水流过程。土壤团聚体的稳定可以有效地达到碳储存的稳定和土壤结构的稳定目的（冯丹 等，2017）。在结构上为土壤中空气、水和微生物提供了更多的活动空间，这也是土壤密度会下降的原因之一。有不少研究已经发现了土壤中添加生物质炭可以改善团聚体的形成，但其机理目前仍然没有定论。有推测说可能是添加生物质炭后的土壤给土壤中的生物群提供了更舒适的生存环境，刺激了细菌和真菌的活动，使它们产生大量的黏性液体，使更大的团聚体更容易聚积。也有文章指出生物质炭自身高度芳香化的结构，也有可能是土壤更容易产生团聚体的原因。

（3）对土壤水力学性质的影响。生物质炭强大的孔隙率和巨大的比表面积使得它被加入土壤后能够改变土壤有限的结构和改善土壤较低的持水量。加入生物质炭的土壤会增加其中的毛细孔，这会为土壤中水运动和储存提供更多的场所，也就导致了土壤密度的下降；土壤比表面积的增大也归结于生物质炭的高比孔隙率，这样更有利于土壤对水的吸附。当然，导致土壤加入生物质炭后吸附水能力增强的另一个原因是生物质炭表面的大量亲水性官能团（如羧基、羟基、甲氧基等），即使生物质炭最初是一个疏水的物质。生物质炭也会影响水在土壤中的渗透和传导能力，量化土壤中水渗透能力的方式有测定其饱和导水率，土壤的饱和水分特征曲线也能间接地反映土壤中水的饱和传导能力。

（4）对土壤微生物的影响。了解生物质炭对土壤中微生物的影响对于生物质炭的大规模应用非常重要。生物质炭对土壤的理化性质影响方面很多，反过来，这些改变的土壤理化性质也必将影响土壤中微生物的生长和繁殖。已经有很多实验对添加生物质炭的土壤中的细菌、真菌、酵母菌的反应进行了评估。真菌菌丝清晰地在向生物质炭的孔隙中延伸，大量的细菌也聚集在生物质炭的表面。此外，通过显微镜观察、层析法、光谱研究表明植物根毛有些延伸到了生物质炭的充水大孔隙中，有些则黏附在生物质炭表面。在这些地方土壤微生物能够充分吸收植物根部释放出的有机物质，也能产生植物生长发育所需要的营养。

大量的研究证实，生物质炭是一种较为理想的吸附材料，采用生物质炭修复重金属污染的水体或土壤，具有非常广阔的应用发展前景。对重金属有较强的吸附能力和很高的吸附容量并且生物质炭也能促进酸性土壤对 Cu 等重金属的吸附。研究表明添加稻草炭可以使土壤对重金属的吸附量增加，且随稻草炭添加量的增加，重金属的吸附量的增幅加大。Venegas 等（2016）的研究发现以污泥堆肥、绿色废弃物、树皮和葡萄藤制备的生物质炭对土壤中 Pb、Zn、Cd、Ni 和 Cu 具有良好的吸附效果。低温条件下裂解的水稻秸秆生物质炭可有效地吸附固定重金属，因为 300 ℃和 400 ℃条件下制备的生物质炭可提供更多的活性吸附位点。

3.3.5 沸石

1765 年瑞典矿物科学家 Baron 在玄武岩石中发现了沸石矿物，并且发现这种矿物在受热的过程中，当中的水分会发生膨胀放出大量气泡，此类矿物由此得名。产地和种类不同也会在沸石成分上有所差异，但不同的沸石材料其主要成分均为 SiO_2，其主要包含的金属离子包括 Na^+、Al^{3+}和 Ca^{2+}，并包括少量的 Ba^{2+}、Mg^{2+}和 K^+等金属离子。沸石作为常见的吸附材料，除了本身优异的吸附性，还具有良好的离子交换功能，因此沸石初期多用于处理水污染。后来通过大量研究发现沸石对农田养分利用率的提高、土壤质量的改善非常有效，所以现如今沸石也被大量用于土壤改良中。沸石可以改善土壤结构，提高土壤渗透性，提高离子交换容量，吸收较多的植物营养元素，延长化肥的作用期限，具有保水、保氨和保钾的作用，使土壤中的无效磷转化为有效磷，防治土壤营养贫缺障碍，防治土壤酸化、干旱与沙化，提高土壤的 pH，提高土壤水分的滞留能力，具有“储运”水分的良好功能。

矿区土壤由于机械压实，采矿垃圾堆场等问题容易引起土壤板结和由养分渗滤所引发的面源污染。沸石内部有较多孔隙，使得沸石比表面积变大，从而能吸附更多的水分子，增加土壤的保水性。同时，沸石能够与土壤中其他的阳离子发生交换吸附。由于沸石颗粒密度小、孔隙度较大，将天然沸石掺入土壤，可以疏松土壤，增加土壤孔隙度和透气性，改善土壤物理性状。理想的团粒结构对于土地肥力的保持、农作物的生长具有重要意义，土壤团聚体主要通过某一质点吸附土壤颗粒周围进而通过胶结形成。沸石能够增加土壤中团聚体的数量，显著增加粒径大于 2 mm 团聚体的比例，孔隙度增大、容重降低。施用碱性沸石在土壤中能够有效降低土壤容重和土壤硬度，有利于农作物增产，研究还表明沸石材料对于质地黏重的土壤改良效果更加优异。孔宪清等（2005）的研究指出，土壤中加入沸石后，在水量充沛的时候沸石可将水分固定在其孔隙结构中，干旱季节再将孔隙中的水分释放，从而增强土壤的持水力，提高不同土壤的耐旱能力，添加沸石增加的孔隙促进了气体的扩散，能够加快土壤的呼吸作用。矿区土壤中施入沸石后，可使砂质土壤增加持水能力，而黏质土壤也可以增加通气性，从而表现出良好的耕作性能。

沸石的基本单元有两种，分别是硅氧四面体和铝氧四面体结构，如图 3.3 所示，沸石材料中所有的基本单元的中心原子为硅原子或者铝原子，每个原子分别连接着 4 个氧原子，并形成一个基本的四面体单元结构，而单体与单体之间的连接则是通过另外的铝或硅原子与氧结合连接在一起。沸石的基本单元中的硅氧四面体和铝氧四面体带有一个单位负电荷，因此具有吸附阳离子的能力（马克拉韦，2019）。沸石材料和一般的吸附材料（活性炭、生物炭和硅胶等）不同，具有选择吸附性和对极性较大的分子具有亲和力：①选择性指的是，沸石材料空穴和通道中的水分子在 350 ℃以上进行加热时，会发生脱水，当沸石材料和污染物接触时，尺寸足够小的粒子能够被固定在空穴中，而分子尺寸比孔径较大的分子则无法进入，从而起到了筛分的作用；②由于沸石的基本结构决定了沸石材料本身具有负电性，对极性分子有良好的吸附性能，比如二氯甲烷（CH_2Cl_2）、乙醇（CH_3CH_2OH）、NH_4Cl 等，沸石经过改性能增强其对此类极性分子的吸附能力。由于沸石材料本身具有不平衡的电荷，在发生离子交换作用之后，会引入新的阳离子，而硅铝含量较高的沸石材料，则会引入较少的负电荷。在众多的沸石材料中，天然沸石等沸石材料具有很高的阳离子交换容量，加入矿区土壤可以有效增加矿区土壤的阳离子含量，活化植物生长所需的营养元素。所以沸石对 N 、K 、P 有良好的吸附和选择交换性，利用其改良土壤和控制肥料养分的释放，能够起到较好的保肥控肥作用。例如，把沸石与化肥混合施用，或用其制成复混肥、包膜肥料直接施入矿区土壤中，能在一定程度上达到防止或减少养分和有效营养元素流失的目的，并能改良土壤性能。

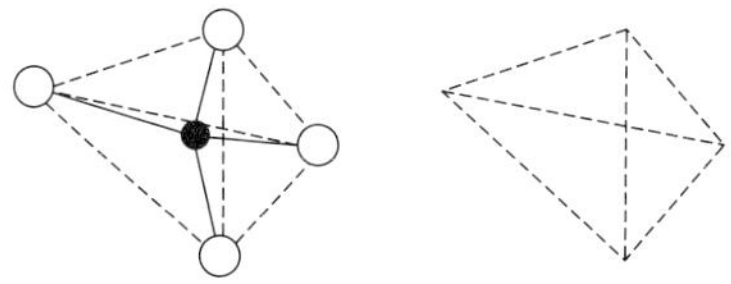

图 3.3　沸石结构单元示意图（马克拉韦，2019）

在矿区盐碱化土壤中施用沸石材料能够有效地改善其盐碱化，在沸石材料进入盐碱地土壤后，疏松多孔的材料提高了盐碱地的透气性与排水性能。沸石材料能够有效通过离子交换固定盐碱地中的金属离子，如钾离子和钠离子，通常只有尺寸比材料直径小的离子才能通过有效的交换固定住。又如氯离子和钠离子含量较高的土壤中，沸石材料能够有效地通过离子交换作用进行固定，降低土壤溶液的渗透压，从而减缓土壤盐碱化程度，同时对土壤 pH 具有良好的缓冲作用。针对矿区土壤的重金属污染问题，沸石也能起到很好的作用。如天然或人工沸石材料能够固定土壤中的污染物，减少交换态和碳酸盐态金属含量，降低作物对重金属的吸收，减缓其生物毒性（祁娜 等，2011）。

沸石具有高的吸附容量和离子交换能力，随着人们对沸石在土壤改良中的功效认识的深入，沸石的应用越来越受到科研人员和农技推广人员的重视。沸石来源广泛，成本低廉，且无毒无害，在实际应用中显示出了较好的土壤改良效果，是一种适用易得的新型土壤改良剂。因此需要在原有工作的基础上，进一步加强沸石在改善土壤养分状况、盐碱地改良、土壤物理性状改善方面的应用研究。但是在实际运用中仍然存在许多理论与技术问题。例如，虽然沸石具有较好的保氮效果，不过要减少 NH_4^+ 淋失，沸石的用量要相当高，所以选择一个经济有效的用量，适宜的施用方式（直接施入、与肥料混施和进行处理后施用等）及施用时间和不同土壤的选择等问题都需要进一步的探讨。另外，近年来一些将沸石用于土壤修复方面的研究工作已经陆续展开。应用沸石进行污染土壤的化学修复不需要将污染土壤移去，可就地进行，费用低廉，并且可以通过形成稳定的含有重金属的矿物或沉淀物质而提供一种长期的修复方法，从而减少重金属在土壤中的溶解性和移动性，降低重金属向水体和植（作）物转移的风险，从而达到控制和治理的目的。尽管沸石已经显示出了较好的应用效果，但是目前亟须对沸石在污染土壤修复方面的应用前景进行进一步的研究和科学评价。

3.3.6 海泡石、膨润土和凹凸棒石

黏土矿物是一类环境中分布广泛的天然非金属矿产，主要包括海泡石、凹凸棒石、蛭石、沸石、蒙脱石、膨润土、硅藻土、高岭土等。膨润土是以蒙脱石为主的黏土岩，凹凸棒石为含水镁铝硅酸岩矿物；海泡石是一种富镁的纤维状黏土，属链状硅酸岩。这三种同属黏土矿物，在矿区土壤改良中功能比较相似。

海泡石是一种纤维状镁硅酸盐黏土矿物，理论结构式为 $Si_{12}Mg_8O_{30}(OH)_4(H_2O)_4 \cdot 8H_2O$。在其结构单元中，硅氧四面体和镁氧八面体相互交替，具层状和链状的过渡型特征，海泡石表面存在 Si—O—Si 断键及四面体中 Al^{3+}、Fe^{3+}替代 Si^{4+}造成的负电位，是一极性表面，对极性分子有很强的吸附性，可以吸附矿区土壤中的污染物。正是由于这种独特的结构，海泡石的比表面积大、孔隙率大，具有良好的吸附性、流变性和催化性，应用前景十分广阔。海泡石加入矿区土壤后使其网状孔径变大的同时，其表面更多的酸性羟基暴露。这些羟基和土壤中水分子可与重金属离子络合，并且这些重金属离子还可与海泡石中的金属离子发生离子交换反应。同时，海泡石还可以增加植物对重金属的耐受性（李丽君 等，2012）。海泡石利用其自身巨大的比表面积和良好的吸附性能，使矿区土壤颗粒吸附于矿物材料上，从而结成块状或者颗粒状，形成大团聚体，块状或颗粒状土

壤的形成有助于提高土壤的孔隙率，进而强化土壤保水保肥能力。矿区土壤改良中粒径多在 0.01 mm 以下，可以用于填充类似粉煤灰土壤的孔隙，提高其容重。

膨润土（bentonite），俗称观音土，是一种以蒙脱石（montmorillonite）为主要成分的矿物性黏土，属硅酸盐类的天然物质，具有较高的阳离子交换量，而且其独特的 2∶1 晶体结构具有很好的保水蓄水能力。其平均晶片厚度＜25 nm，被称为改良剂中的"万能材料"（图 3.4）。当水滴在膨润土表面时，水分迅速被吸收在黏粒的层间区域，然后开始膨胀，膨胀是黏粒运动的一部分，达到它们的最大的平衡分散状态。膨润土能吸收自身体积 8～15 倍的水分，吸水率高达 100%～240%，在吸水的同时也有利于养分的保蓄，所以添加膨润土不仅能提高蓄水能力，还能提高土壤肥力。

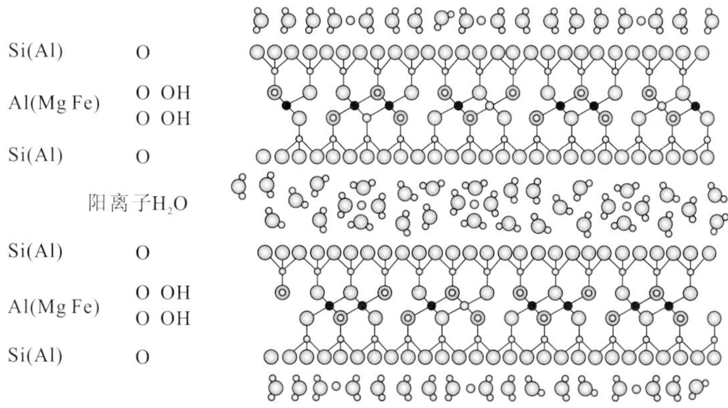

图 3.4　膨润土片状结构（Nasse et al.，2016）

1976 年，我国在江苏发现了凹凸棒石矿，我国凹凸棒石储量居世界前列，占全球总储量的 50%以上。凹凸棒晶体有棒状和纤维状等，表面凹凸布满沟槽，比表面积非常大，阳离子、水分子和一些有机分子可被吸附于孔道中。凹凸棒石作为一种稀有的非矿质资源，其本身含有很多对作物生长有利的中微量元素，可以有效地提高土壤中 Fe、Ca、Mg 和 Cu 等的含量，它还具有良好的保水性，吸水后膨胀伸缩对土壤团聚体有良好的促进作用。凹凸棒石可以改善土壤的性质比如土壤板结等问题，还可以改善土壤本身的理化性质，可以很好地提高农业生产中水分和肥料的利用率，减少其养分的流失。凹凸棒石用在作物的根系周围，可以很好地吸收雨水和肥料的有效成分，在吸收雨水的过程中膨胀，很好地挤压土壤改善土壤的团粒结构，使土壤的水分含量和通透性增加，让作物的根系更加容易吸收水分和养分。

3.3.7　粉煤灰、矿渣和煤矸石

矿区土壤表层多被破坏，产生许多矿坑等低洼地形，占用大量空地的矿区废弃物粉煤灰、矿渣和煤矸石常常被用作填充物。但是这三种材料单独使用作用很小，甚至过量的粉煤灰使用会对土壤物理结构和化学性质造成严重影响，不利于植物生长，前文已经有介绍粉煤灰单独使用的缺点，在此不再赘述。所以煤灰、矿渣和煤矸石常常辅以客土

和其他改良剂共同使用，来改良矿区土壤。

粉煤灰颗粒形状规则不一，容重较低，密度为 2.1～2.4 g/cm^3，粒级在 10～1 000 μm 区间约占 85%以上，渗透速度比土壤快。粉煤灰粒径都在微米级别，与沙壤土相似，施加适量的粉煤灰可以改变黏土、砂土的质地，达到适合作物生长的质地条件。同时，粉煤灰的添加改变了土壤结构，随着施用粉煤灰比例增加，土壤的容重逐渐增大，孔隙度逐步减小，较小粒径的灰粒渗入孔隙大的颗粒中，土粒增多。粉煤灰改良的方法明显改善了沙质土的质地特性，土壤中有效含水量增加，土壤中水分利用效率得到提高。粉煤灰是复杂的富含多种矿物的混合物料，其中含有植物所需的大量营养元素及有机物和黏土矿物。具有较高活性，其微观形态常见有蛋壳状球形、椭球形，内部存在大量的孔隙，有利于保持土壤湿度和改善土壤结构。粉煤灰成分中含有较多的有机质，从而在量上增加了土壤有机质含量，使土壤结构得到改善，增加了土壤中 N、P、K 的含量，增强土壤的综合肥力。牟俊山等（2007）利用粉煤灰进行改良土壤，通过大田种植玉米的试验研究得出，灰分低、含有有害元素少量的粉煤灰，可以补充土壤微量元素，增加土壤营养成分，并且达到农作物增产的效果。

不同金属矿矿渣的金属成分有所不同，同时由于矿渣自身含有超标的重金属，因此，矿渣在农用土壤改良中的应用并不多见，但是，在矿区土壤绿化中，还是有着不错的发展前景。既能解决矿渣堆场占地问题，又能达到矿区土壤绿化的目的。如 20 cm 的矿渣再覆土 60 cm 后，可以促进吸持一定量的降雨量，避免了磷矿渣随地表径流污染江河湖泊，也防止了磷矿渣的雨水淋溶物下渗污染地下水，同时也能达到玉米在矿区正常生长效果（陈涛，2008）。将矿渣和泥炭土混合堆肥一段时间后再种植植物发现，植物中重金属含量降低，所受毒害作用减少，土壤有机质增加，肥力提高，植物生长状态越好（李建彬，2019）。

煤矸石是煤炭生产和加工过程中产生的伴生资源，约占煤炭生产量的 10%，全国煤矿山共有 2 800 多座，占地超过 6.5 万 hm^2。煤矸石中微量有害元素含量普遍都相当高，在雨水淋溶作用下可能污染地表水、地下水及附近土壤资源。所以煤矸石作为填充物时一定会辅以客土和其他改良剂。矿区土壤利用煤矸石填充复垦后同时覆土 50～80 cm，加入一定量的富含有机质的改良剂和有机肥料，再加入一定的保水材料，能够有效促进植物生长，抑制煤矸石有毒物质随淋溶污染地下水。

第 4 章　矿区土壤重金属污染治理的环境材料

4.1　矿区土壤污染类型与防治

矿产资源是人类生产和生活的基本源泉之一，但矿产资源的开发在对国民经济发展起重要推动作用的同时，也带来了比较严峻的环境问题。采矿活动导致矿区（表层土壤、地表水、地下水）重金属污染、土地退化、农作物减产和品质下降，直接危及人体健康和矿产业的可持续发展。我国金属矿产资源丰富，共有大中型矿山 9 000 多座，小型矿山约 26 万座，因采矿侵占土地面积已接近 4 万 km^2，由此每年废弃土地面积达 330 km^2。在粤北地区，有 10%的耕地都因当地矿业活动导致不同程度的重金属污染。发达国家矿业废弃地复垦率已高达 50%以上，且复垦的质量很高，而我国治理率却很低。矿业开发所造成的土壤污染量大、面广，是我国污染土壤治理不可忽视的问题，而矿区污染土壤在产生机制、污染物迁移规律、治理的目标等方面，与一般的污染土壤有一定的区别。因此研究矿区重金属污染土壤的修复技术就有其必要性、特殊性和紧迫性。

4.1.1　矿区土壤重金属来源及污染特点

矿区土壤重金属来源主要包括两个方面：①金属矿山的井下废水、选矿废水、冶炼废水、矿坑水等，含有大量重金属及有毒物质，如 Cu、Pb、Zn、As、Cd、Cr^{6+}、Hg 和氰化物；②矿业废弃地尤其是有色金属矿业废弃地，一般都含有大量的重金属，其中又以尾矿和废弃的低品位矿石的重金属含量最高。一般来说，生产 1 t 有色金属可产生上百吨甚至几百吨固体废弃物。我国有色金属业固体废弃物年排放量为 6590 万 t，占全国固体废弃物总排放量的 10.6%，利用率很低，约为 8%（梁学峰 等，2015）。这些重金属含量很高的废弃物露天堆放后，会迅速风化，并通过降雨、酸化等作用向周边地区扩散从而导致重金属污染问题。

矿区土壤中重金属污染特点：金属矿区含重金属废弃物种类繁多，对环境的危害方式和污染程度都不一样，污染的范围一般以废弃堆为中心向四周扩散，其重金属的含量明显高于矿区的土壤背景值。如一般的有色金属矿区附近的土壤中，Pb 含量为正常土壤中 Pb 含量的 10～40 倍，Cu 含量为正常土壤中的 5～20 倍，Zn 含量为正常土壤中的 5～10 倍。

4.1.2　土壤重金属污染的危害

大多数重金属性质相对稳定、迁移能力弱，易被土壤颗粒吸附，不能被微生物降解而从环境中彻底消除；但能通过植物蓄积在食物链中形成富集，对土壤、农作物、水体及人类健康等产生不良影响。当土壤重金属蓄积到一定程度时就会对植物产生毒害作用，导致植物代谢紊乱，抑制生长发育，作物产量、质量降低，甚至死亡；土壤重金属污染还会影响土壤微生物生长，降低土壤微生物的活性，改变土壤微生物群落结构，最终影响土壤生态结构和功能的稳定性。

土壤重金属污染不仅表现在对农作物、农产品和地下水等方面的损害，而且还会通过食物链进入人体，引发各种疾病，危害人体健康。1955～1972 年日本富山县神通川流域的“骨痛病”，就是由于铅锌冶炼厂等排放的含 Cd 废水污染了神通川水体，两岸居民利用河水灌溉农田后，使稻米和饮用水含 Cd 而引发的严重中毒事件。世界卫生组织（World Health Organization，WHO）1972 年发布专委会建议，人每日由食物摄取 Cd 耐受量为 1 mg/kg。我国食品 Cd 限量为≤0.2 mg/kg，将 Cd 含量严重超标大米称为“镉米”。1975 年中国沈阳镉污染联合调查组对张士灌区的土壤、稻米、灌溉水、人体健康等进行调查，发现灌溉水中 Cd 含量高达 30～143 μg/L。

土壤重金属危害人体健康的生理机制主要是重金属与人体内蛋白质及各种酶发生作用并使其失活，从而使代谢途径与生理机能发生改变。在人体的某些器官中富集超过人体所能耐受限度，会造成人体急性中毒、亚急性中毒、慢性中毒等。以下为几种典型的土壤重金属污染对人体造成伤害的途径及症状：①Hg，被食入后直接沉入肝脏，对大脑、神经、视力破坏极大。20 世纪 50～60 年代，日本的“水俣病”是因土壤受到重金属 Hg 的污染而导致的中毒事件。天然水含 0.01 mg/L 的 Hg 就会导致人中毒。②Cd，导致高血压，引起心脑血管疾病；破坏骨骼和肝肾，引起肾衰竭和骨痛症。③Pb，是重金属污染中毒性较大的一种，进入人体将很难排除，形成典型的“血铅症”，直接伤害人的脑细胞，特别是胎儿的神经系统，可造成胎儿先天智力低下。④As，是砒霜的成分之一，剧毒，会致人迅速死亡。长期接触少量砷，会导致慢性中毒。另外，砷还有致癌性。

4.1.3　矿区周边土壤污染类型

1. 按污染物的属性划分

1）化学型污染

化学型污染包括有机物污染和无机物污染。有机物污染主要指农药（如有机氯类、有机磷类、苯氧羧酸和苯酰胺类）、酚、氰化物、3,4-苯并芘、石油、有机洗涤剂、塑料薄膜等物质的污染；无机物污染包括重金属、酸碱和盐类等物质的污染。

2）放射性污染

放射性污染指人类活动排放出的放射性污染物使土壤放射性水平高于自然本底值。如核爆炸产生的沉降、放射性废水排放、放射性固体废物的土地处理、核电站或其他核设施的核泄漏等，都有可能造成后果严重的土壤放射性污染。

3）生物型污染

生物型污染指外源性有害物种侵入土壤环境，并大量繁殖，使土壤的生态平衡遭受破坏，对生态系统和人体健康造成不良影响的污染。例如，施用未经处理的粪便、垃圾、城市污水和污泥等都有可能造成土壤生物污染。有些病原体可长期存活于土壤中危害植物，影响植物产品的产量和质量。

2. 土壤污染的四大类型

从污染源、污染特征、保护目标和受体、修复模式及涉及管理部门等方面，土壤污染可分为四大主要类型：农田耕地土壤污染、企业生产厂址土壤污染、矿山开采土壤污染、石油开采土壤污染。

（1）农田耕地土壤污染，主要为污水灌溉和企业周边排放大气中的污染物沉降，污染物类型有重金属类和有机物类。农田耕地土壤污染面积一般较大，污染物的浓度一般不高，且污染的程度通常较浅。农田土壤污染治理的保护目标为农产品与土壤生态系统，其修复模式包括阻止土壤中的污染物进入农产品或减少土壤中污染物的含量两种方式。修复技术包括物理化学和生物技术，涉及的管理部门有生态环境部门和农业部门。

（2）企业生产厂址土壤污染，主要是企业生产中的土壤污染和关停并转企业遗留厂址的土壤污染，其污染来源主要为原厂址上的企业运行过程中跑、冒、滴、漏及排放的“三废”。污染物的类型通常有重金属类和有机物类。企业生产厂址的土壤污染一般面积不大，但污染较为集中，污染物的浓度可能非常高，污染深度通常较深。企业生产厂址土壤污染治理的保护目标通常为人体健康，修复模式以降低土壤中污染物的含量或降低土壤中污染物的污染迁移性为主，修复技术以物理化学修复为主，涉及的管理部门主要为生态环境部门。

（3）矿山开采土壤污染，主要是矿山开采过程中“三废”污染排放，污染物类型主要为重金属类。污染面积一般较大，且区域背景值较高，污染物浓度不一定很高。矿山开采土壤污染治理的保护目标通常为地表水、地下水和生态环境系统。修复模式通常以切断暴露途径，减少土壤中污染物迁移至环境介质为主，修复技术以生物方法为主，涉及的管理部门有生态环境部门和自然资源部门。

（4）石油开采土壤污染，主要为石油勘探、抽取、输送和存储等环节中石油跑、冒、滴、漏及排放的“三废”污染。污染物以有机物类为主，污染面积一般很大，污染物的浓度分布不均匀，污染物的深度通常不深。石油开采土壤污染治理的保护目标主要为地表水、地下水和生态环境系统，其修复模式为减少土壤中污染物的含量，修复技术以生物修复为主，涉及的管理部门有生态环境部门和自然资源部门。

4.2　矿区土壤重金属污染修复的方法及修复机制

4.2.1　矿区土壤重金属污染修复的方法

在对矿区周边土壤重金属污染进行修复时，现阶段应用较为普遍的修复方法有三种。①隔离方法，主要是指结合实际情况，利用有效的方式将污染的土壤与未污染的土壤进行有效隔离，避免污染物扩散，降低二次污染产生的概率。但该种方法需要技术水平要求较高，并且使用的隔离材料较为特殊。②物理方法、化学方法及生物方法，利用有效的措施将土壤中的重金属物质进行有效的清除，降低土壤中重金属的总含量，是现阶段较为理想的方法，但需要投入较大的成本。③土壤原位钝化修复方法，主要是指利用化学试剂自身的作用与化学性质，对土壤中的重金属进行有效的吸附，通过合理的沉淀、吸附等将重金属固定在土壤中，同时降低重金属的迁移性，满足实际的需求。该方法投入资金较少、修复能力较强且操作简单便捷，被广泛应用。原位化学钝化技术主要在于选择最佳的钝化剂，目前常用的土壤重金属固定剂如表 4.1 所示。

表 4.1　土壤重金属修复钝化剂（李剑睿 等，2014）

分类	名称	重金属
黏土矿物类	海泡石、凹凸棒石、蒙脱石、蛭石、高岭土、膨润土、硅藻土等	Cu、Zn、Cd、Hg、Pb
碱性材料类	石灰、石灰石、粉煤灰、赤泥等	Cd、Pb、Cr、Ni、Zn
磷酸盐类	磷灰石、羟基磷灰石、磷酸氢二铵等	Cu、Zn、Cd、Pb
金属及金属氧化物类	零价铁、氧化铁、硫酸铁、氧化锰、氧化铝、氢氧化铝等	Cr、Zn、As、Cd、Pb
有机物料类	生物炭、堆肥、家禽粪肥、腐殖质、秸秆、农林废弃物等	Cr、Ni、Cu、Zn、As、Cd、Pb
无机有机复配类	碱性材料＋黏土矿物、 碱性材料类＋磷酸盐等 黏土矿物＋堆肥/粪肥、粉煤灰＋农林废弃物等	Ni、Cu、Zn、As、Cd、Pb

4.2.2　矿区土壤重金属钝化的修复机制

1. 离子交换吸附

含有各种反应点的氧化物表面的物理化学性质使化学反应发生，从而使各种化学无机物和有机物从水溶液中吸附。有关研究表明，施加海泡石可以显著提高土壤 pH 和降低土壤 TCLP（毒性浸出方法）提取态 Pb、Cd 的质量分数，主要是通过物理化学吸附和提高土壤 pH 生成矿物沉淀等作用。

2. 化学沉淀

除吸附反应外，新次生氧化物的形成及其与靶金属的共沉淀是处理土壤中重金属的另一个重要的稳定机制。有外国学者研究发现（Kumpiene et al.，2011）采用磷酸氢二铵[$(NH_4)_2HPO_4$]可钝化土壤中 Cd、Pb 和 Zn。活度比图表明，磷酸氢二铵通过形成低溶解度产物的金属磷酸盐沉淀，降低了 Cd、Pb 和 Zn 的溶解。关于磷矿与金属 Pb、Cu、Zn 的固液界面反应的研究表明，磷矿对 Pb 的最强稳定是形成不溶性的 $Pb_{10}(PO_4)_6F_2$ 沉淀。

3. 氧化还原

Cr、As 不同价态的生物毒性不一样，铬主要是还原成 Cr^{3+}，As 主要是氧化成 As^{5+}。Kumpiene 等（2011）通过化学、生化和生物毒性试验，研究了 Fe^0 对 Cr、Cu、As 和 Zn 在铬化砷酸铜污染土壤中的迁移率和生物利用度的影响。研究表明，Fe^0 通过与有机质和含铁矿物的反应，将 Cr^{6+} 转化为 Cr^{3+}。

4. 有机络合

有机物表面含有丰富的活性功能基团。Karlsson 等（2007）研究了土壤中 Cd 与土壤有机质结合强度随反应时间、pH 和 Cd 浓度的变化规律。研究表明，Cd 主要与表面的巯基和羧基形成络合物来降低 Cd 的生物利用度和迁移率。

4.3　矿区土壤重金属污染治理钝化材料的分类与特点

原位化学钝化修复技术是将不同的钝化材料加入土壤中，改变土壤基本理化性质或与重金属发生反应，从而将重金属离子在土壤中存在的形态改变，降低其生物可利用性和迁移性。土壤重金属钝化修复是近年来土壤重金属污染修复的主要手段之一。

土壤重金属钝化的研究，主要是重金属钝化剂的研发。目前国内外对土壤重金属钝化剂研发进展较快，按照钝化剂的性质和作用机理，一般将土壤重金属钝化剂分为无机物料、有机物料和氧化还原类等类别。

4.3.1　无机物料

无机物料重金属钝化剂主要包括硅钙类材料（石灰、赤泥、粉煤灰、硅粉等）、黏土矿物材料（海泡石、沸石、膨润土、高岭土等）、含磷材料（过磷酸钙、磷矿粉、钙镁磷肥、羟基磷灰石、磷酸盐等）等。

1. 硅钙类材料

其原理主要是提高土壤 pH，增加土壤表面负电荷，促进对重金属阳离子吸附，或形成重金属碳酸盐、硅酸盐沉淀，降低土壤重金属迁移性和生物有效性。同时，Si、Ca 能促进多种植物正常生长，可增产优质、增强作物抗逆能力（Gray et al.，2006）。常见石灰、赤泥、粉煤灰、$CaCO_3$ 和 $Ca(OH)_2$ 等石灰类材料可以显著地降低土壤中 Cd、Cu、Zn、Ni、As 等金属元素活性和生物有效性。Lombi 等（2010）用石灰处理污染土壤后，发现土壤中可交换态的 Zn 和 Cd 显著降低，碳酸盐结合态 Zn 和 Cd 分别增加 2.8 倍和 2.1 倍。田间试验表明（Naidu et al.，1988），当土壤石灰施用量为 750 kg/hm^2 时，土壤有效 Cd 减少 15%。但长期施用石灰会引起土壤过度石灰化，致使土壤重金属离子含量增大和作物减产。研究表明，钢渣和粉煤灰等富硅物质施用于 Cu、Zn、Cd 和 Pb 复合污染的酸性水稻土，可以有效减轻水稻中重金属积累（Gu et al.，2011）。Rizwan 等（2012）

发现无定形 SiO_2 施用于土壤可显著降低土壤中 Cd 活性，阻止 Cd 从小麦根系向地上部运输，降低地上部分 Cd 含量 。

2. 黏土矿物材料

黏土矿物主要是由粒径<2 μm 层状硅酸盐矿物组成，其来源广、种类多、价格低、易操作。主要包括海泡石、凹凸棒石、沸石、蛭石、蒙脱土、硅藻土、高岭土、膨润土等。该类物质多为碱性多孔铝硅酸盐类矿物，比表面积较大，结构层带电荷，主要通过吸附、配位和共沉淀反应等作用，减少土壤溶液中重金属离子含量和活性并达到固化修复（Shi et al.，2009）。Liang 等（2011）证明海泡石和凹凸棒石等天然水合硅酸镁矿物施用后，可促进土壤中交换态 Cd 向碳酸盐结合态和残渣态转移，降低 Cd 生物有效性和对 Cd 的吸收。孙约兵等（2014）以海泡石、膨润土、磷灰石等黏土矿物为固化剂对重金属 Cd 污染进行的水稻盆栽实验表明，固化剂处理后土壤中 Cd 有效态含量降低，水溶态和可交换态 Cd 较对照组降低 13.2%～69.2%；水稻的根、茎、叶及稻米中 Cd 含量分别减少 16.2%～54.5%、16.6%～42.8%、19.6%～59.6%和 5.0%～68.2%；同时改善土壤环境质量。黏土矿物的固化修复可有效固化土壤中重金属 Cd，降低植物对 Cd 吸收和迁移转化。

凹凸棒石是一种黏土矿物，其特殊的晶体结构使其对重金属具有较强的吸附能力，可作为土壤重金属钝化剂。凹凸棒石带有结构电荷和表面电荷，其中 Si^{4+}可少量被 Fe^{3+}、Al^{3+}离子替代，Mg^{2+}可少量被 Fe^{2+}、Fe^{3+}、Al^{3+}离子替代，各种离子替代综合结果使凹凸棒石常带少量负电荷，因而可吸收部分金属阳离子，与土壤中 Cu^{2+}发生离子交换吸附和表面络合吸附作用，降低铜对植物毒害和促进植株生长。凹凸棒石对 Cd^{2+}有很好的吸附作用，在 Cd 污染土壤中加少量凹凸棒石可使玉米 Cd 中毒程度降低，促进玉米生长（杨秀敏，2016）。

土壤天然黏土矿物应用也存在一些缺陷，主要是种类复杂、含有杂质，影响效果，因此使用前一般需要改性，提高其表面吸附能力和阳离子交换能力。孙约兵等（2014）发现，海泡石表面改性后可显著增加对 Pb^{2+}和 Cd^{2+}吸附能力，含巯基官能团的海泡石可更好修复土壤中重金属污染。

3. 含磷材料

含磷材料对土壤重金属的钝化稳定化作用机理主要包括三个方面：磷酸盐诱导重金属吸附、磷酸盐和重金属生成沉淀、矿物和磷酸盐表面吸附。含磷材料主要包括磷酸、磷酸盐、磷矿粉、钙镁磷肥、羟基磷灰石等。曹心德（2011）系统总结含磷材料对不同重金属钝化稳定化机理，研究最多的重金属元素是 Pb、Cd、Zn、Cu。在 Pb 钝化方面，含磷材料的作用有吸附、沉淀和共沉淀等，但主要是沉淀作用，含磷材料与 Pb 可生成不溶性磷氯铅矿类矿物。他研究发现磷酸盐极大地降低有效态 Pb，使其残渣态增加 11%～55%，其作用中，形成氟磷铅矿沉淀（$Pb_5(PO_4)_3F$）占 78.3%，表面吸附或络合作用仅占 21.7%。另一实验发现，残渣态 Pb 增加 53%，但 Cu 和 Zn 残渣态仅增加 13%和

15%。在 Cd 钝化方面，含磷材料，如羟基磷灰石（$Ca_{10}(PO_4)_6(OH)_2$）固定 Cd 主要通过表面络合和共沉淀作用。实验证明，土壤中添加 10 g/kg 的$(NH_4)_2HPO_4$，可使矿区土壤 Pb、Zn、Cd 有效浓度下降 98.9%、95.8%和 94.6%；含磷材料对 Cu、Zn 污染钝化效果不显著。CaO 研究磷灰石矿粉对重金属 Cu、Zn 钝化效果，发现 74.5%的 Cu 和 95.7%的 Zn 由表面吸附或络合作用固定。

需要注意的是过量施用含磷材料会造成磷积聚引发环境风险，如磷流失造成水体富营养化，引起营养失衡造成作物缺乏必需微量和中量元素，影响作物产量。含磷材料含有其他重金属（如过磷酸钙等）较多，造成新的重金属污染，所以使用前应对其重金属含量分析，谨慎选择磷肥种类和用量。

4.3.2　有机物料

有机物料可作为土壤肥力改良剂，也是有效的土壤重金属钝化修复剂，被广泛应用土壤重金属污染修复。其原理是通过有机物料提升土壤 pH、增加土壤阳离子交换量、形成难溶性金属有机络合物等方式来降低土壤重金属生物可利用性。

有机物料研发和应用较多的是生物炭和腐殖酸类材料。生物炭是生物质在缺氧或无氧条件下热裂解得到的一类含炭高度芳香化的多孔结构固态物质，结构如图 4.1 所示，其原料来源广泛，包括农业废物秸秆、木材及城市生活垃圾、污泥等。Gomez-Eyles 等（2018）认为木材制备的生物炭主要通过离子交换作用固定土壤中重金属。

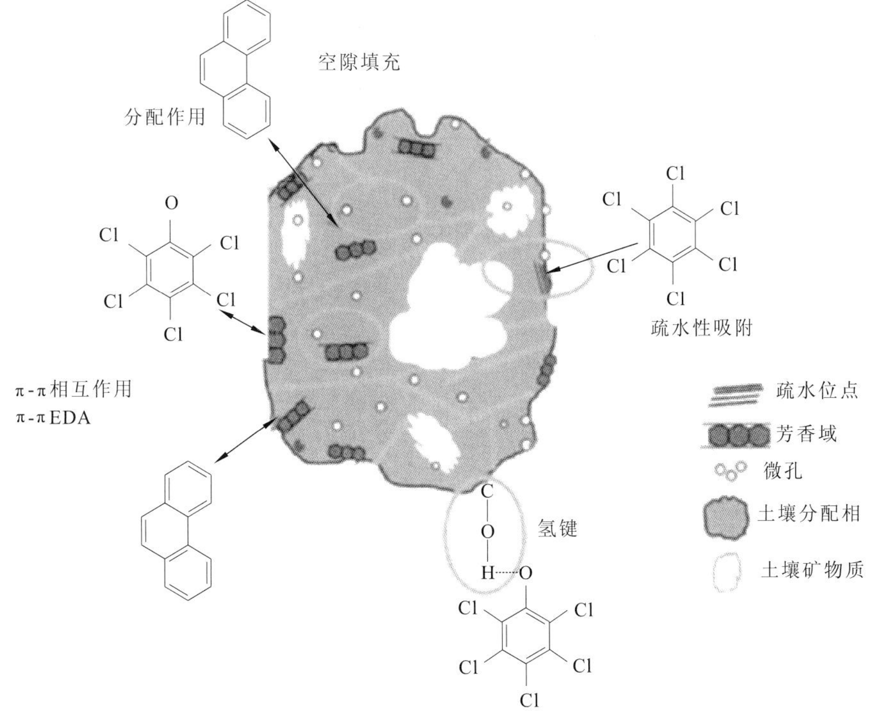

图 4.1 生物炭的结构（Gomez-Eyles et al.，2018）

风化煤、褐煤和泥炭可产生腐殖酸，也是腐殖酸的主要生产原料，我国相关资源有 2 100 亿 t。风化褐煤是一种含有多价酚型芳香族化合物与氮化合物的缩聚物，与一般无烟煤有巨大差异。腐殖酸与金属离子的作用有：离子相互作用、疏水作用、电子供体-受体相互作用，一般碱金属离子和碱土金属离子与表面带负电荷的有机质形成离子键。

腐殖酸是土壤有机质的主要成分，呈弱酸性，且含有多种功能基团，能够与土壤溶液中的重金属离子发生离子交换反应，降低土壤溶液中重金属离子的浓度。腐殖酸能将土壤中重金属离子还原，形成稳定的螯合物。参与反应的腐殖酸基本单元主要是醌类物质，还原过程为：氧化态的腐殖酸结合来自电子供体的电子，转化为还原态的羟醌，而后通过电子转移使金属离子还原，还原后的腐殖酸又重新转化为氧化态，这样重复循环，形成对金属离子持续的还原转化。李纯等（2001）认为，腐殖酸对土壤重金属污染的效应主要包括配合植物、促进重金属的吸附，配合物理修复、保证土壤肥力，配合化学修复、减少二次污染和节能降耗等。

有机物料对土壤改良的作用主要表现在改善土壤物理性质、改善土壤生化特性、降低重金属的生物活性、提高土壤生态肥力，提高整个土壤生态系统功能。泥炭作为一种富含有机质的碱性改良剂在修复重金属污染农田土壤方面具有很好的潜力。

4.3.3 氧化还原类材料

氧化还原类材料主要是金属及金属氧化物，含量低、粒径小、溶解度低，在土壤化学过程中起到重要作用。氢氧化物、水合氧化物和羟基氧化物主要以晶体态、胶膜态等形式存在。金属氧化物通过表面吸附、共沉淀途径钝化固定土壤中重金属。土壤中有机、无机配位体（胡敏酸、富里酸、磷酸盐）及与重金属的复合反应影响着其在氧化物表面的吸附。当有机配体与重金属形成难溶复合物时，促进了氧化物对重金属的吸附，当形成可溶复合物时，抑制重金属在氧化物上的吸附。土壤 pH、Eh、温度、共沉淀金属性质是影响转化过程的关键因素，在修复效果的长期稳定性评价中必须考虑。

Fe^0、$FeSO_4$ 是常用的两种含铁物质。$FeSO_4$ 对 As 污染土壤固定效果明显。As^{3+}随土壤 pH 升高在氧化物上吸附增加，As^{5+}随 pH 降低在氧化物上吸附增加，但含铁物质的施用会降低土壤作物营养，如磷的有效性，通常将含铁物质和肥料配合使用（曾敏 等，2004）。$FeSO_4$ 可能会使土壤中被固定的 Cd、Cu、Zn 等重新释放出来，所以必须通过施用石灰控制土壤 pH 变化。与 $FeSO_4$ 相比，Fe^0 在土壤中转化成氧化物的过程较慢，但生成氧化物的量较多，所以从修复效果长期稳定性看，Fe^0 更可取，也不会引起土壤酸化。

Fe、Mn 是最活跃、也是最重要的地球化学元素。地表中土壤、沉积物和水体中存在多种铁氧化物和锰氧化物。在土壤中，铁和锰会形成氧化物而沉淀，土壤中铁和锰氧化物的形成受土壤 pH、氧化电位和可溶络合物等因素影响，常以氧化铁与氧化锰的混合物存在，参与土壤中许多化学反应，包括离子交换吸附、专性吸附、络合反应、共沉淀、氧化还原反应等，土壤中锰氧化物呈细小颗粒状晶体、比表面积大，层状结构或大隧道结构使得内表面也较大，比铁氧化物对重金属具有更强的专性吸附力和亲和力，能富集和去除重金属离子。研究发现，在不同介质条件下，天然铁锰氧化物及氢氧化物表现出对 Cr^{6+}、Pb^{2+}、Hg^{2+}、Cd^{2+}、As^{3+}、Cu^{2+}、Zn^{2+}、Ni^{2+}等重金属离子有吸附作用，对 NO_3^-、PO_4^{3-}、F^-、S^{2-}等阴离子有吸附作用与氧化作用。

4.4 矿区土壤重金属污染治理的复合环境材料

将环境材料施用于受重金属污染的土壤中，可降低重金属的水溶性、扩散性和生物有效性，从而减轻对生态环境的危害。环境材料作为治理环境污染和改良土壤的重要途径之一，能稳定土壤中的重金属，减少重金属在作物中的积累，是一种可行的土壤污染治理方法，近年来国内外对其研究越来越多。余贵芬等（2006）研究了腐殖质类材料对红壤中 Pb、Cd 赋存形态及活性的影响，高跃等（2008）研究了腐殖酸对土壤 Pb 赋存形态的影响，胡振琪等（2006）对黏土矿物与菌根稳定化修复重金属污染土壤进行了研究，朱林等（2006）针对缓释型高分子材料对土壤物理性状作用及油菜增产效果进行了研究。这些研究极大地促进了环境材料治理重金属污染土壤的进展，但对环境材料治理土壤重金属污染的系统性研究目标不够明确，对不同材料的选择及其组合对土壤性能及对植物生长，特别是植物品质影响的研究不足。

在重金属污染土壤修复实际应用中，单独施加一种钝化剂对土壤中重金属钝化效果有时并不明显。尤其对多种重金属复合污染的土壤来说，单独施加一种钝化剂很难达到修复标准，且多种环境材料之间的功能互补、经济互补未能充分利用，所以两种或者多种重金属钝化剂配施或者联合制备一种具有多种作用机制的复合型钝化剂成为研究热点。利用膨润土和猪粪制备出一种复合型钝化剂，褐土中可提取态 Cu 含量在施用 1.5%该复合型钝化剂后降低了 31.64%，同时黑麦草地上部分的生物量比空白处理增加了 76.5%（成杰民 等，2011）。曾东梅（2015）以电石渣、过磷酸钙及菌渣作为原料通过一定配比制备出一种有机-无机复合钝化剂。与三种钝化剂分别单独施用相比，这种有机-无机复合钝化剂的固定容量虽然不如单独的一种钝化剂高，却能将三种钝化剂的钝化稳定机制共同融合，提升了 Zn、Cu、Pb 和 Cd 的稳定效率，分别达到了 99.38%、99.94%、99.98%和 96.87%，同时使土壤 pH 提升了 3.26，优于电石渣、过磷酸钙和菌渣三种材料单独施用时的效果。

目前，土壤重金属的环境材料修复重金属污染土壤，主要偏重稳定钝化或钝化修复材料。除化学修复中介绍的有黏土矿物、磷酸盐、沸石、无机矿物、有机堆肥外，高分子保水材料是新近发现的重金属污染修复环境材料。高分子化合物在直接供给作物根系水分、改良土壤结构和养分转化的同时，具有降低重金属对植物污染效应而减少作物对重金属的吸收效果。黄震等（2012）研究了几种环境材料及其复合材料对作物生长及其土壤重金属 Pb、Cd 吸收的影响表明，单个及复合材料处理较对照能明显减少作物对土壤重金属 Pb、Cd 吸收，并促进作物生长。高分子保水材料（SAP）及其复合材料使玉米对土壤重金属 Pb 吸收降低 50%以上、Cd 吸收量降低 80%以上；可使大豆对土壤重金属 Pb 吸收降低 69%以上，Cd 吸收量降低 33%以上。研究还表明，高分子保水材料及其复合材料对重金属 Pb、Cd 效应与改良土壤 pH、EC、土壤有机质、速效氮磷养分及土壤脲酶、磷酸酶活性等关系密切。

彭丽成等（2011）研究了腐殖质类材料、高分子材料、煤基复合材料及粉质矿物材料及其复合处理对 Pb-Cd 复合污染土壤中玉米生长、品质及根系土壤环境的影响。结果显示，环境材料的添加在一定程度上有助于土壤基本理化性质的改善，促进土壤改良，同时环境材料对阻止土壤重金属向植物体迁移有一定作用。作者研究团队曾研究单个环境材料（煤基营养材料、高分子保水材料、煤基复合材料和吸附性矿物材料）及复合材料对作物（玉米、大豆）生长及其对土壤重金属 Pb、Cd 吸收的影响，并探讨了相关的土壤理化性能变化机理。结果表明，单个环境材料及复合材料处理较对照能明显减少作物对重金属 Pb、Cd 的吸收量，并促进作物生长。除个别处理外，大部分处理下玉米地上部分的重金属 Pb、Cd 吸收量较对照减少 51%～71%和 66%～84%；所有处理下大豆地上部分的重金属 Pb、Cd 吸收量较对照减少 54%～76%和 33%～58%。实验还证明，所有环境材料对重金属 Pb、Cd 有一定的改良效应，并对土壤 pH、EC、土壤有机质、速效氮磷养分及土壤脲酶、磷酸酶活性等有一定的调节作用。相较而言，高分子保水材料及其复合材料（煤基复合材料+高分子保水剂+煤基营养材料，吸附性矿物材料+高分子保水剂+煤基营养材料）能明显降低玉米和大豆对土壤重金属 Pb、Cd 的吸收量，具有作为重金属污染土壤治理修复剂的可能性。

4.5 矿区土壤重金属污染治理的效果评估

目前我国还没有评价土壤重金属钝化稳定化的标准，一般项目和研究多采用《土壤环境质量 农用地土壤污染风险管控标准（试行）》（GB 15618—2018），以土壤重金属全量浓度为评估标准，但其并不能充分说明重金属元素的化学行为和潜在环境风险。原位固定修复技术不改变土壤重金属总量，故土壤环境质量标准不适宜该技术的重金属稳定化效果评价。

钝化稳定化主要是通过发生化学反应改变重金属的形态，形成迁移性更低、更稳定和不易被生物吸收的化合物。稳定化是目前我国重金属污染场地土壤修复最主要的技术。据不完全统计，2005 年至今，全国范围内实施的污染场地土壤稳定化修复工程已超过 100 项，典型的稳定化修复工程包括世博会场地、铬盐厂场地、福建某电化老厂区、武汉某染料厂等。

由于稳定化修复技术不是污染削减技术，而是一种风险控制技术，污染土壤经稳定化修复后，重金属的长期稳定性会影响对该技术的认可与接受程度。作为典型的污染源控制技术，稳定化仅能通过改变重金属的赋存形态从而降低生物有效性和迁移性，但总量并未改变，因此修复过程中利益相关方会更加关注稳定化修复后污染土壤的去向及其效果的评估。目前在稳定化修复后的重金属污染土壤常采用浸出毒性评估方法，这种方法不能完全模拟处置后污染物向环境中释放的不同情境，也很难表征复杂多变环境下的长期风险，这种修复后评估体系的缺乏也影响到稳定化修复技术的选择和安全应用，建立科学系统的重金属污染土壤稳定化修复后的评估方法体系尤为迫切，我们可借鉴美国国家环境保护局已有的评估技术，构建稳定化修复后评估体系系统思路，为污染土壤稳定化修复技术的安全应用提供科学依据。

4.5.1　浸出评估方法及标准

经稳定化修复后的土壤需评估重金属在环境中的释放能力，以及对环境中物种、水体和其他环境介质造成的风险。目前国内修复工程的评估和验收常采用浸出评估方法来评价重金属的释放能力。常用的浸出方法有两种：①以保护地下水为目标的《固体废物 浸出毒性浸出方法 醋酸缓冲溶液法》（HJ/T 300—2007）的浸出方法，该方法类似于美国国家环境保护局提出的 TCLP（toxicity characteristic leaching procedure，Method 1311）毒性浸出方法，是模拟工业固体废物进入填埋场后，其中有害组分在垃圾渗滤液的影响下对地下水的危害；②以保护地表水和地下水为目标的《固体废物 浸出毒性浸出方法 硫酸硝酸法》（HJ/T 299—2007）浸出方法，该方法类似于美国国家环境保护局提出的 SPLP（synthetic precipitation leaching procedure，Method 1312）浸出方法，模拟酸雨沉降对重金属污染土壤浸出毒性的影响。这两种浸出方法在不同的技术规范和标准中对应不同的限值，如表 4.2 所示。

表 4.2　不同浸出标准方法在应用情境中所规定的典型重金属限值（桂宸鑫 等，2018）

重金属	《生活垃圾填埋污染控制标准》（GB 16889—2008）	《危险废物鉴别标准 浸出毒性鉴别》（GB 5085. 3—2007）	《重金属污染土壤填埋场建设与运行 技术规范》（DB 11/T810—2011）	《危险废物填埋污染控制标准》（GB 18598—2001）
汞	0.05	0.10	0.10	0.25
铜	40	100	100	75
锌	100	100	100	75
铅	0.25	5.00	5.00	5.00
镉	0.15	1.00	1.00	0.50
铍	0.02	0.02	—	0.20
钡	25	100	100	150
镍	0.50	5.00	5.00	150
砷	0.30	5.00	5.00	2.5
总铬	4.50	15	15	12
六价铬	1.50	5.00	5.00	2.5
硒	0.10	1.00	1.00	—

4.5.2　国外浸出评估方法概述

目前国外专门针对污染土壤稳定化修复的浸出评价方法有很多，如美国、荷兰、日本、英国等国都有相应的浸出毒性评估方法，在浸提剂的类型和浸提条件设置等方面也体现了各自的差异。在众多浸出评估方法中，美国国家环境保护局发布的标准浸出方法多且应用广泛，这些代表性浸出评估方法的优缺点可作为我国稳定化修复污染土壤后评估方法体系构建的重要参考。

1. 典型浸出评估方法

美国国家环境保护局发布的模拟填埋场渗滤液的 TCLP 毒性浸出方法、模拟酸雨淋溶的 SPLP 浸出方法和模拟填埋场经多次酸雨冲蚀的 MEP（multiple extraction procedure，Method 1320）多级浸出方法是稳定化效果评估中常用的浸出方法（图 4.2）。

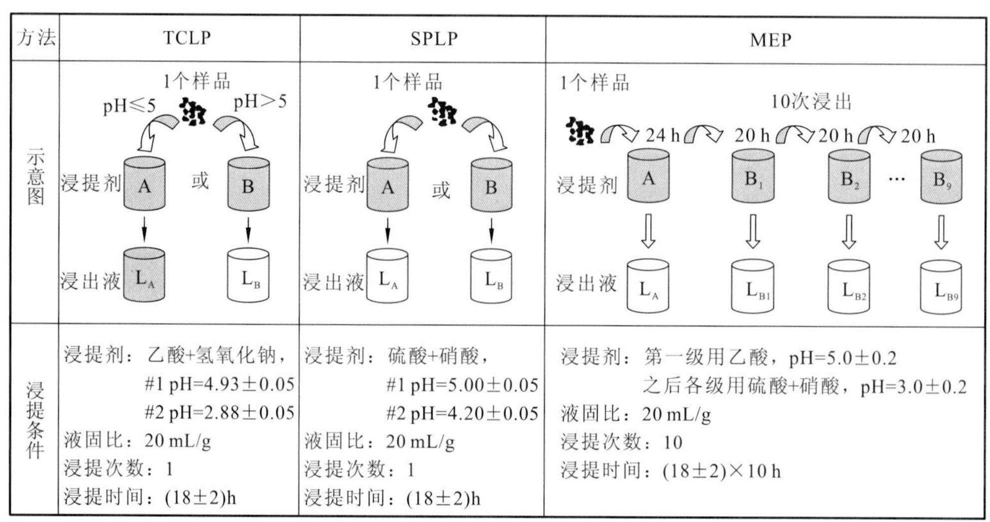

图 4.2　典型浸出评估方法（US EPA，1986）

TCLP 方法（Method 1311）于 1984 年制定，用来执行美国资源保护和回收法（Resources Conservation Recovery Act，RCRA）对危险废物和固体废物管理，也是美国国家环境保护局指定的重金属释放效应评估方法，在污染土壤稳定化修复效果评估的研究中应用最为广泛。TCLP 针对工业固体废物在城市生活垃圾填埋场与腐烂分解的垃圾组分共处置的情景而设计，在共处置环境下，渗透的雨水与固体废物经生物降解后产生的水溶性混合物作为浸提剂。选择乙酸作为浸提剂是因为乙酸是生活垃圾渗滤液的代表性组分，通过该毒性浸出程序，可评估危险废物或污染土壤是否达到填埋场入场要求。该方法以地下水为保护目标，当浸提液中某种金属元素含量大于或等于美国联邦法规（40 CFR 261.24）规定的限值，则该废物不能达到填埋场的入场要求，并可能对地下水造成影响。

SPLP 方法（Method 1312）由美国国家环境保护局于 1988 年发布，该方法以

HNO_3/H_2SO_4 为浸提剂模拟酸雨对固体废物或土壤中重金属元素溶出的影响。其应用范围包括无机废物在简单填埋场的处置和废物堆积等。该方法以地表水和地下水为保护目标，对由降水而导致的重金属浸出可以给出更为实际的评估。

MEP 方法（Method 1320）可模拟简易卫生填埋场经多次酸雨冲蚀后废物的浸出状况，通过连续 10 次、长达 7 d 的重复提取得出填埋场废物可浸出组分的最高浓度。MEP 试验也可用于废物的长期浸出性测试。

上述浸出方法以填埋作为对应的处置情景，主要模拟了垃圾渗滤液和酸雨浸出两种主要污染物释放过程，这些方法应用频次虽高，但对于稳定化土壤的其他处置情景，如原位回填、工程填土、路基用土、景观绿化用土等，浸出评估方法还需进一步优化，以符合特定用途风险控制的后评估需求。

2. 新型浸出评估方法体系

TCLP 是模拟工业固体废物和市政固体废物共处置时管理不当情景下的毒性浸出，这种不利情景的模拟对于分类管理是有利的，但其浸出结果只限于填埋特定情境下的使用。美国国家环境保护局和固体废物管理局等部门为便于对固体废物的统一管理，2008 年提出要进一步完善固体废物浸出方法，形成一个能适用于大范围废物类型和释放情景的统一方法体系。在此基础上，美国范德堡大学联合荷兰能源研究中心等单位提出了新的浸出评估方法体系（leaching environmental assessment framework，LEAF），并在 2013 年得到美国国家环境保护局的认可。

LEAF 由 4 个浸出测试方法组成，包括多 pH 平行浸出方法（liquid-solid partitioning as a function of extract pH using a parallel batch extraction procedure，Method 1313）、上流式渗滤柱浸出方法（liquid-solid partitioning as a function of liquid-solid ratio for constituents in solid materials using an up-flow percolation column procedure，Method 1314）、半动态槽浸出方法（mass transfer rates of constituents in monolithic or compacted granular materials using a semi-dynamic tank leaching procedure，Method 1315）和不同液固比平行浸出方法（liquid-solid partitioning as a function of liquid-to-solid ratio in solid materials using a parallel batch procedure，Method 1316）（图 4.3）。这 4 个方法可单独或联合使用，该方法体系最初主要是用于燃煤残渣浸出特性评估，现在也被扩展到固体废物处置、再利用及处理效果评估等领域，尤其是对污染土壤稳定化修复效果评价。

多 pH 平行浸出方法（Method 1313）属于液-固分配测试的一种，主要考虑短期内不同 pH（分别为 2、4、5.5、7、8、9、10.5、12、13）条件对浸出效果的影响；该方法可更敏感识别微小 pH 变化对浸出量变化的影响，也可以用于酸中和能力计算，同时可用于地球化学物质模拟等；该方法可用于表征所有类型固体废物（包括黏土、沉积物等低渗透性物质）在不同酸碱胁迫条件下的浸出测试。

上流式渗滤柱浸出方法（Method 1314）主要采用上流式填充柱浸出方法，探寻在高水力传导条件下，不同液固比（分别为 0.2 mL/g、0.5 mL/g、1.0 mL/g、1.5 mL/g、2.0 mL/g、4.5 mL/g、5.0 mL/g、9.5 mL/g、10 mL/g）对最终固液分配的影响；该方法主要反映固体

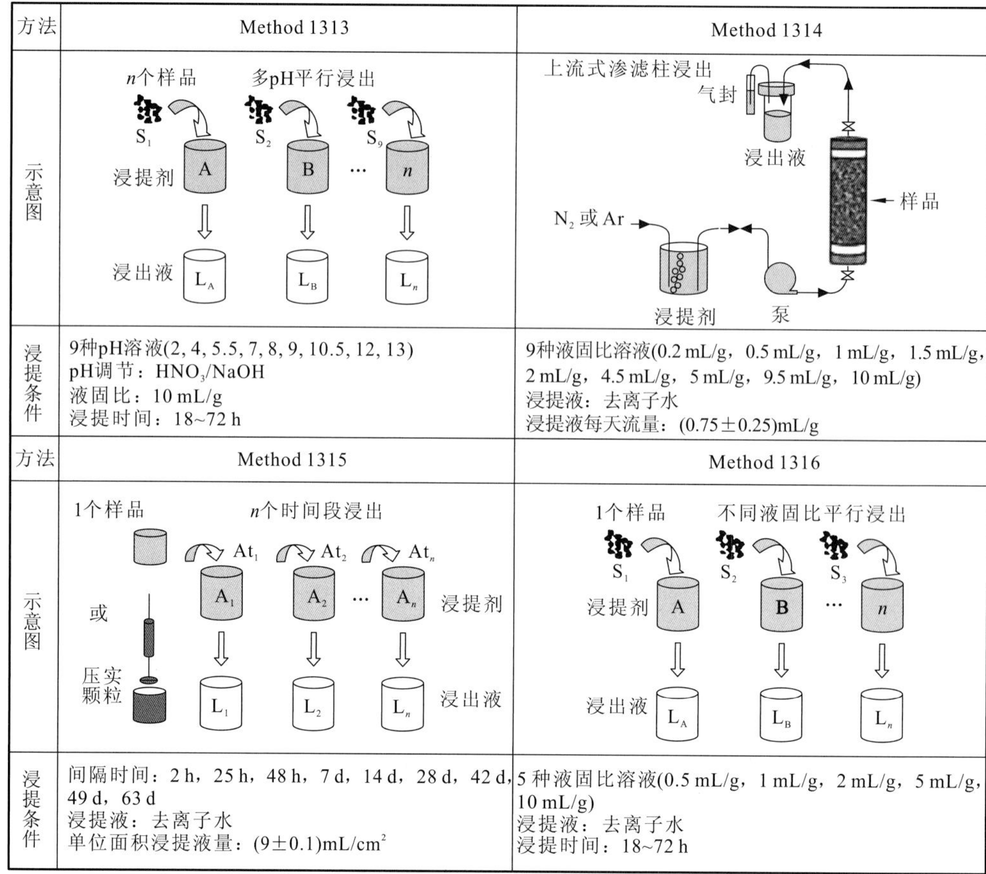

方法
Method 1313
Method 1314
示意图
n个样品
多pH平行浸出
S1
S2
S9
浸提剂
A
B
n
浸出液
LA
LB
Ln
上流式渗滤柱浸出
气封
浸出液
样品
N2 或 Ar
浸提剂
泵
浸提条件
9种pH溶液(2, 4, 5.5, 7, 8, 9, 10.5, 12, 13)
pH调节：HNO3/NaOH
液固比：10 mL/g
浸提时间：18~72 h
9种液固比溶液(0.2 mL/g，0.5 mL/g，1 mL/g，1.5 mL/g，2 mL/g，4.5 mL/g，5 mL/g，9.5 mL/g，10 mL/g)
浸提液：去离子水
浸提液每天流量：(0.75±0.25)mL/g
方法
Method 1315
Method 1316
示意图
1个样品
n个时间段浸出
At1
At2
Atn
或
A1
A2
An
浸提剂
压实颗粒
L1
L2
Ln
浸出液
1个样品
不同液固比平行浸出
S1
S2
S3
浸提剂
A
B
n
浸出液
LA
LB
Ln
浸提条件
间隔时间：2 h，25 h，48 h，7 d，14 d，28 d，42 d，49 d，63 d
浸提液：去离子水
单位面积浸提液量：(9±0.1)mL/cm2
5种液固比溶液(0.5 mL/g，1 mL/g，2 mL/g，5 mL/g，10 mL/g)
浸提液：去离子水
浸提时间：18~72 h

图 4.3　LEAF 浸出方法（US EPA，2013）

物质的动态浸出性能，通常更接近于实际情形的长期浸出性能模拟， 在较低的液固比条件下，浸出液的浓度基本上可以反映土壤中孔隙水浓度。上流式渗滤柱浸出适用于渗透性较强的固体废物浸出评估，在低渗透性固体废物（如黏土等）的浸出测试方面存在一定局限性。

半动态槽浸出方法（Method 1315）中，测试样品通过浇筑或挤压形成标准尺寸的圆柱体，在半动态流通槽中分别在 2 h、25 h 和 48 h，7 d、14 d、28 d、42 d、49 d 及 63 d 进行浸出性能测试， 计算长期浸出速率和累计浸出量。浸出数据可以反映块状体通过表面释放至浸出液中的速率和累计量，该方法更适合于低渗透性物质的浸出测试，因为对于低渗透性物质通常发生表面绕流。

不同液固比平行浸出方法（Method 1316）属于液-固分配测试的另一种方法，主要采用土壤颗粒与不同液固比（0.5 mL/g、1 mL/g、2 mL/g、5 mL/g、10 mL/g）的水进行短期混合翻转振荡测试，通过最终浸出液的 pH、电导率和污染物浓度测试，判断液固比对动态平衡和浸出率的影响。

LEAF 方法体系与传统的浸出方法相比，优点在于不限于特定的处置情景，而是考虑大范围的处置和污染释放情景，尽可能考虑实际管理过程中遇到的各种环境条件。缺点是：一方面对填埋等释放情景较少的处置情况的评估，采用LEAF方法体系会显得比较烦琐；另一方面LEAF方法体系虽然考虑了大范围的污染释放情景，但并没有考虑实际过程中可能存在的碳化、冻融等长期环境影响的浸出情况。

通过对上述国内外评估方法的梳理可以发现，国内的浸出方法及美国传统的浸出方法主要模拟了垃圾渗滤液和酸雨浸出两种情景下的污染物释放过程，对稳定化后土壤在其他用途下的污染物释放情景考虑不甚周全，如原位回填、工程填土、路基用土、景观绿化用土等；美国新型LEAF方法体系建立的出发点在于不限于特定用途，尽可能考虑各种用途下的污染物释放，但该方法体系对于一些外界环境的长期作用并未考虑，如碳化和冻融等环境影响，而且对于填埋等暴露情景较为简单的处置，该方法体系会显得过于烦琐。不同去向稳定化土壤的暴露情景及污染物的释放差别较大，产生的风险也不同，在特定用途下构建源、受体和暴露途径之间的相关关系，形成基于用途和风险的评估体系，能更好地指导重金属污染土壤稳定化的推广和应用。

4.5.3　基于土壤修复后用途的检测评估指标体系

1. 稳定化修复后土壤可能的用途和去向

稳定化修复后的污染土壤可根据土壤污染程度及场地周边的实际条件进行不同的处置和再利用：轻度污染土壤可用于治理区域范围内生态绿化或河岸护坡用土，这些用土上层覆盖一定深度的干净土壤，以避免对人体、动物和植物的直接影响；经稳定化修复后的中低浓度污染土可替代水泥窑硅质原料用于烧制水泥或作为部分原料制备烧结砖；经稳定化修复后的中度污染土壤可用于治理区域范围内的市政道路路基用土、工业用地场地平整施工和商服用地的工程填土，处理后的土壤作为路基材料需将土壤颗粒压实，而且上层有沥青等浇筑的防水覆盖层，防止地表降水或侧面流过的地下水进入土壤后造成污染物溶出；经稳定化修复后的高浓度污染土壤可进行安全填埋，填埋场需满足底层和侧壁防渗、顶部防淋等要求。总体来讲，稳定化修复后的重金属污染土壤可能的去向包括原位封存工程填土、填埋、非农业耕地（园林绿化）、路基用土、河岸护坡用土、建筑材料等。

2. 基于用途的浸出标准体系的构建

稳定化土壤在不同用途条件下的污染源基本相同，浸出风险的差异主要表现在所受外界胁迫条件的不同，导致污染物在释放、迁移和转化过程中产生差别，其潜在风险可通过模拟不同释放情景的浸出方法进行评估，同时需要确定可能受体的标准限值（表4.3）。需根据不同用途可能产生的污染物的释放情景选择相应的浸出方法，如稳定化后的土壤若进行填埋处置，渗滤液的浸泡或入渗可能会使土壤中的重金属迁移污染地下水，可选用《固体废物　浸出毒性浸出方法　醋酸缓冲溶液法》（HJ/T 300—2007）浸出方法模拟填埋处置情景下垃圾渗滤液对重金属的浸出能力；若作为路基用土，随着道路使用年限的增加，自然和人为原因会使路基面破坏产生裂隙，地表降水的不断入渗会使压实的土壤颗粒产生裂隙，浸出液会在较小的块状固体表面产生绕流或经优势孔隙快速流过，则可选用 Method 1315 半动态的块状浸出试验进行评估。其他用途选用的浸出方法见表 4.3。

表 4.3　基于不同用途的稳定化重金属污染土壤浸出评估（刘锋，2008）

不同处置/去向	环境胁迫	测试方法	环境/生态受体	浸出限值
原位封存	降水等过程会导致污染物溶出	HJ/T 299—2007	地下水	《地下水质量标准》（GB/T 14848—2017）
	地下水位埋深较浅地区，雨季地下水位上升对污染土壤进行上流式渗透	Method 1314	地下水	
	干湿及冻融循环对土壤物理结构产生破坏，影响污染物在土壤溶液中的迁移通道，造成污染物的浸出	模拟冻融及干湿循环的浸出方法	地下水	
	二氧化碳的长期渗入引起的碳化作用，会导致土壤酸化，影响重金属的浸出	碳化模拟浸出方法	地下水	
填埋场填埋	运行年限较长的填埋场防渗措施遭到破坏后渗滤液向下迁移	HJXT 300—2007	地下水	《地下水质量标准》（GB/T 14848—2017）
绿化用土	土壤翻耕及其他扰动将污染土壤带至表层，降水或灌溉过程导致污染物浸出	HJ/T 299—2007 Method 1316	地表水、地下水	《地下水质量标准》（GB/ T 14848—2017）、《生活饮用水卫生标准》（GB 5749—2006）、《地表水环境质量标准》（GB 3838—2002）
	地下水位埋深较浅地区，雨季地下水位上升对污染土壤进行上流式渗透	Method 1314	地下水	
	植物对重金属的吸收	典型植物毒性影响浸出方法	植物	—
路基用土	路基破坏产生裂隙，降水不断入渗使压实的土壤颗粒产生裂隙，产生一定的淋溶浸出	Method 1315	地下水	《地下水环境质量标准》（GB/ T 14848—93）
河岸护坡用土	表面防护层产生裂隙，甚至脱落，河水与土壤直接接触，导致污染物的溶出	Method 1315、Method 1316	地表水、地下水	《地下水环境质量标准》（GB/ T 14848—93）、《地表水环境质量标准》（GB 3838—2002）
建筑骨料	自然或人为原因使建筑材料产生裂隙，降水过程会导致污染物的溶出	Method 1315	地表水、地下水	

第5章　保水剂在土壤改良中的应用

保水剂又称高吸水性树脂，是近年来开发的新型高分子产品，能够吸收自身质量几百甚至几千倍的水形成水凝胶，且不因物理挤压而析出，大大减缓了水分蒸发。除直接提供植物水分供应外，保水剂还可通过改善植物根际土壤结构而促进土壤保水，间接为植物生长发育提供水分。因此保水剂的研发和应用在节水农业和环境治理领域中，特别是土壤改良方面发展较快。

5.1　保水剂类型及其制备技术

发展低成本、多功能的复合保水剂是我国保水剂研究和生产发展的重要方向，其中按照合成材料可大致分为有机单体聚合类（聚丙烯酸钠）、淀粉与有机单体聚合（淀粉接枝丙烯酸钠）、有机-无机复合（凹凸棒土/聚丙烯酸钠）、有机单体与功能性成分聚合或复合（腐殖酸/聚丙烯酸钠）等类型（黄占斌 等，2007），其中淀粉与有机单体聚合类和有机单体与功能性成分聚合或复合类又可归于天然高分子改性类。由于各类保水剂的合成材料、工艺不同，其理化性能差异较大，在实际应用中对作物的生长效应也有一定区别。

5.1.1　有机单体聚合保水剂

有机单体聚合保水剂，也可称为合成聚合类保水剂，是目前发展最迅速、品种最多、工业化产量最大的一类高吸水性材料。主要包括聚丙烯酰胺类、聚乙烯醇类、聚丙烯酸盐类及聚丙烯腈类等。此类保水剂的特点是使用期和寿命较长，能长时间在土壤中发挥作用，但其吸水能力随时间的推移而逐渐降低。

制备有机单体聚合保水剂以溶液共聚法和反相悬浮聚合法为主。水溶液聚合法存在热难散失、易爆聚、出料难等缺点，但由于其合成过程简便、成本低且环境负荷小，因此水溶液聚合法是制备有机单体聚合保水剂最常用的方法。反相悬浮聚合法弥补了溶液共聚法的缺陷，聚合过程稳定，反应热易排除，不需经过粉碎过程直接得到粒状产品，综合性能较高。

5.1.2　天然高分子改性类保水剂

天然高分子改性类保水剂通过对原料进行处理改性，以天然高分子材料为主链接枝丙烯酸、丙烯酰胺等。由于原料来源广、价格低廉且本身具有一定吸水能力，天然高分子改性类保水剂种类繁多，如淀粉类、纤维素类、腐殖酸类、木质素改性类、海藻、亚麻屑、壳聚糖等，目前研究较多的是淀粉类、纤维素类和腐殖酸类。

1. 淀粉类保水剂

淀粉广泛存在于生物界中，其来源广泛、价格低廉，因此开发前景广阔。初期的淀粉类高吸水树脂一般采用丙烯腈接枝淀粉再皂化水解的方法，后因水解困难且丙烯腈有毒，而被淘汰。目前的淀粉类高吸水树脂主要是通过在淀粉主链上接枝丙烯酸盐、丙烯酰胺或烯丙基磺酸盐等单体制得。因为接枝单体上含有吸水基团，同时接枝共聚后可形成三维网络结构，所以有利于提高产物的吸水和保水能力。淀粉类高吸水树脂的制备关键步骤是活化与接枝。活化的方式主要有糊化、机械活化、热处理、酸处理、微波辐射等。活化的目的是增加淀粉主链的比表面积及其反应可及性与活性，提高接枝效率。但有研究也对于活化的积极效果持不同意见，认为淀粉糊化需要消耗能源、增加成本，且降低了产品的稳定性。接枝效率不仅受到活化方式的影响，还与淀粉的种类、聚合方式、引发体系有关。此外，在研究淀粉类高吸水树脂的红外光谱时发现，不同品种淀粉的基团基本相同，但对树脂的吸水性有不同的影响。随着支链淀粉含量的增加，树脂的吸水倍率、保水性能和吸水速率均有提高。

2. 纤维素类保水剂

纤维素是地球上最丰富的天然有机物，如何有效利用纤维素资源已经成为众多科学工作者竞相开展的研究课题。纤维素本身结构复杂，晶区和非晶区聚集交联（Zugenmaier，2001），而且分子间还有大量氢键，使其难溶于普通的有机或无机溶剂，不能直接工业化应用。但其主链上含有大量的羟基，可以提供许多不同的接枝位点，因而可以通过物理、化学、生物的方法改性制备各种特殊用途的功能材料。纤维素类保水剂就是其中新兴起的一类。

纤维素类保水剂与淀粉类相似，也是通过在其主链上接枝亲水性基团制得。目前常见的方法有两种：一种是通过纤维素改性后的衍生物进一步改性制备高吸水材料。邹新禧（1991）在羧甲基纤维素上接枝丙烯酸，采用反相乳液聚合法制得了吸水倍率高达 1 200～2 000 g/g 的产物，该法反应简单、产物纯度高、容易分离，但提纯成本偏高。另一种方法就是利用天然的纤维素原材料，如稻草、棉、麻等，经过简单的预处理直接合成高吸水材料，该法既不需要制备衍生物，可以大幅降低成本，还可以解决部分纤维素不能被利用、造成环境污染的问题。左广玲等（2010）分别以大豆和玉米秸秆为原料接枝丙烯酸单体制备了高吸水材料。但通过这种方法制备高吸水树脂需要对纤维素进行粗提取，一般采用碱煮法。碱煮法可以除去干扰接枝聚合的杂质，碱煮后的液体即造纸黑液，对环境污染很大。林健（2010）以造纸废水为原料提取木质素磺酸钙，再接枝丙烯酸盐和丙烯酰胺，得到了吸水能力比聚丙烯酸盐和丙烯酰胺树脂高出 15%的高吸水树脂，很好地弥补了这一缺陷。

3. 腐殖酸类保水剂

腐殖酸是存在于自然界中的结构复杂的大分子有机化合物，是在农、林、牧、渔、工业、环保和医药领域非常有用的物质。腐殖酸具有改良土壤、提高肥料利用率、刺激作物生长、调节植物新陈代谢、增强植物抗逆性等优点，同时具有良好的化学活性，以其作为原料制备腐殖酸类保水剂结合了腐殖酸和保水剂两者的优势，对我国现代化节水农业的发展和生态修复具有重要意义。腐殖酸类保水剂的制备方法主要有两种：一种是将腐殖酸与丙烯酸等单体混合后，在引发剂和交联剂存在下，直接进行自由基溶液聚合。黎关超等（2010）以新疆哈密褐煤为原料提取腐殖酸，以丙烯酸和丙烯酰胺为单体，采用溶液聚合法，合成了一种加粉煤灰和腐殖酸的高吸水树脂。该树脂有较好的保水性和吸水性，能促进植物的生长，改善土壤的理化性质，同时合成成本较低，有较高的经济和利用价值。另一种是先采用自由基溶液聚合法合成保水剂，再通过表面交联反应将腐殖酸与保水剂复合，制得表面交联型腐殖酸类保水剂。

5.1.3　有机-无机复合类保水剂

黏土矿物因其具有表面羟基、可交换阳离子、分散性和亲水性等特性，能够与聚合物复合从而得到吸水能力强、价格低廉的高吸水材料，对于高效开发天然矿物资源、提高矿物的利用价值具有重要意义，常用的材料主要有高岭土、膨润土、凹凸棒土及硅藻土等。

有机-无机复合类保水剂一般采用溶液聚合法，通过矿物与单体接枝交联便可直接得到产品。以蒙脱石和丙烯酸为原料，采用溶液聚合法合成具有超强吸水性的蒙脱石/丙烯酸钠复合材料，该材料具有吸水倍率高、抗盐性好、凝胶强度大、成本低等优点，可广泛应用于农林园艺、生态环境治理等领域。

5.2　保水剂对氮磷肥的吸附增效效应

5.2.1　保水剂吸附氮磷肥的作用原理

作为一种高吸水性树脂，保水剂可以迅速吸收比自身重百倍甚至千倍的纯水，这主要是因为保水剂的分子链结构——具有一定交联度的三维网状结构，在这种结构上含有很多羧基、羟基、磺酸基等亲水性基团，遇到水分子时，这些基团可电离，与其结合形成氢键。研究表明，保水剂吸水倍率和溶胀力与溶液中盐离子浓度有关，在高浓度盐溶液中吸水倍率比在纯水中的吸水倍率低。

保水剂除水分保持功能外，还具有改良土壤结构，增加土壤水稳性团聚体含量，降低土壤容重，改善透气性等作用（黄占斌 等，2005）。当保水剂分子遇水膨胀时，可将分散的土壤颗粒结成团块状，同时能够增强土壤持水能力，减少水分和土壤养分的流失，从而提高水肥利用效率。陈宝玉（2008）研究表明，保水剂可明显提高土壤孔隙度，提高土壤膨胀性能，并且团聚体量随保水剂用量增加而增加。

保水剂还有保肥的功效，主要是因为保水剂吸水膨胀后，肥料中离子或小分子可与保水剂上的离子或小分子交换或络合，进入保水剂分子内部，减少肥料淋失。但研究表明吸附电解质离子，会降低保水剂的保水持肥能力，且与离子类型和离子浓度相关，如Zn^{2+}、Mg^{2+}等易使保水剂失去亲水性，所以保水剂可与尿素等混施，但尽量避免与电解质肥料混施。

5.2.2　保水剂吸附氮磷肥的研究现状

研究表明，保水剂具有肥料增效的作用。苟春林等（2006）进行了保水剂与氮肥的相互影响及节水保肥效果的研究，其结果表明：在大量吸水的同时，保水剂可吸持溶液中肥料分子或离子，且吸持量与肥料浓度、保水剂种类和肥料品种相关，但基本随肥料浓度的增加而增加。有研究人员将保水剂添加到废水和动物粪便溶液中，发现其中的 N、P、K 等元素均能被保水剂吸附。杜建军等（2007）的静态吸附实验结果表明保水剂施入土壤后，尿素氨挥发量显著降低。车明超等（2010）的研究表明不同类型的保水剂，如聚丙烯酸钠型、腐殖酸型、有机-无机复合型保水剂，均可有效减小氮素淋溶，提高氮肥利用率。在土壤中添加保水剂可使脲酶活性增强，尿素更易转化为铵态氮，使氮素作用周期延长，氮肥利用率提高，车明超等（2010）、黄占斌等（2010）的研究证明了这一点。

保水剂不仅对氮肥起到保持效果，其与磷肥相互作用也可提高其肥效。杜建军等（2007）的淋溶实验结果表明 SAP 能减少 N、P、K 养分的损失，其中 N、K 的淋溶损失量随 SAP 用量的增加而减少，但 P 淋溶损失量并不存在这种规律。黄占斌等（2010）同样通过土壤淋溶实验，添加不同环境材料进行土壤磷肥淋溶的相关研究，结果表明磷肥的淋溶效果与一同添加的氮肥种类有关，且不同类型保水剂对磷肥淋溶效应不同，在氮肥为尿素情况下，腐殖酸型材料促进磷素淋溶的效果显著。华南农业大学的新肥料资源研究中心将保水剂 PR3005S 与膨润土按不同比例混合制成复合保水剂，并模拟其水肥调控，研究表明保水剂的添加使各处理磷素累计淋出量较对照最多减少了 26.25%，说明保水剂抑制了磷酸根离子的淋溶（李世坤　等，2007）。韩瑞（2012）合成了载磷保水剂，并通过盆栽实验证明了它的磷肥缓释效果良好。

保水剂表面含有多种官能团，在土壤环境中发生吸附和离子交换反应。氮磷肥在土壤中与保水剂发生离子交换或络合反应，在植物根系的作用下缓慢释放，提高氮磷肥利用率。

保水剂分子表面的亲水性基团可与土壤中无机离子和养分进行交换和化学作用，对氮素养分具有缓释调节作用。宫辛玲等（2008）研究表明，保水剂对氮素的吸附量大小与保水剂类型有关，不同保水剂对铵根离子和硝酸根离子吸附明显，但同一种保水剂对铵根离子的吸附量要远大于对硝酸根离子的吸附量。添加保水剂能减少 N、P、K 养分的损失，其中 N、K 的吸附量随 SAP 用量的增加而增加，但磷素吸附量并不存在这种规律。通过保水剂对土壤磷肥吸附解吸进行的相关研究，结果表明保水剂对磷肥的吸附效果与一同添加的氮肥种类有关，且不同类型保水剂对磷肥吸附效应不同。保水剂对某些养分的吸附解吸情况，说明保水剂增强磷的有效性，虽然保水剂对土壤吸附磷能力的影响不大，但可削弱对磷有较强固定作用的土壤对磷的固定作用，即增强了土壤对磷的解吸。

5.2.3　保水剂对氮磷肥的吸附增效

目前，对保水剂等环境材料的研究主要集中在材料对土壤物理性状、化学性质的影响方面，如土壤团聚体变化、水分常数变化等，在肥料保持方面，研究多集中于对氮肥的效应，而对磷肥活化或保持的研究相对较少，且缺乏多种环境材料配合施用时对肥料的保持效应研究（刘璐涵，2015）。

本小节以保水剂为主体，结合腐殖酸、沸石等环境材料，通过淋溶实验，分析三种环境材料对水分保持效果、氮肥保持效应和磷肥活化效应，确定三种材料对水分保持有较好效果且使氮素、磷素同步增效的最佳组合，并探讨其淋溶效应机制及土壤学机制，期望能增强土壤的持水保肥能力，提高氮肥、磷肥利用率，提高水分利用效率，从根本上减少氮肥、磷肥的淋失，提高肥料利用率，控制并减少面源污染，同时为开发新型高效肥料添加剂提供依据，为环境材料的推广应用打下基础。

实验所需土壤取自北京市通州区农田表土，风干，碾碎后过 2 mm 筛备用。土壤碱解氮质量分数 15.75 mg/kg，速效磷 54.40 mg/kg，有机质 10.45 g/kg，CEC 为 6.19 cmol/kg，电导率 0.33 μs/cm，含水量 7.63%，孔隙度 50.50%，pH 为 7.49。所用肥料为尿素（H_2NCONH_2）和过磷酸钙（$Ca(H_2PO_4)_2 \cdot H_2O$）。

1. 氮磷肥增效的淋溶效应实验设计

通过三因素三水平正交实验，采用土柱淋溶模拟方法，确定出环境材料对水分保持、氮磷肥增效的最佳配比。实验三因素为保水剂（A）用量、腐殖酸（B）用量、沸石（C）用量，在以往研究基础上，确定 A 与 B 用量的三个水平均为土壤干重的 0.05%、0.10%、0.15%[即 0.5 g/kg(土)、1.0 g/kg(土)、1.5 g/kg(土)]，沸石按照土壤干重的 0.3 %、0.6 %、0.9 %[即 3 g/kg(土)，6 g/kg(土)，9 g/kg(土)]添加，见表 5.1。肥料尿素按照 1 gN/kg(土)，过磷酸钙按照 750 mgP_2O_5/kg(土)添加（氮磷肥按照 1∶0.75 的比例添加），共 9 组实验，设三个重复，共 27 个处理，如表 5.2 所示。

表 5.1　正交实验设计——因素和水平

用量	A	B	C
	保水剂/%	腐殖酸/%	沸石/%
1	0.05	0.05	0.30
2	0.10	0.10	0.90
3	0.15	0.15	0.60

表 5.2　正交表

处理	A 保水剂	B 腐殖酸	C 沸石
1	A_1（0.05%）	B_1（0.05%）	C_1（0.30%）
2	A_1（0.05%）	B_2（0.10%）	C_2（0.90%）
3	A_1（0.05%）	B_3（0.15%）	C_3（0.60%）
4	A_2（0.10%）	B_1（0.05%）	C_2（0.90%）
5	A_2（0.10%）	B_2（0.10%）	C_3（0.60%）
6	A_2（0.10%）	B_3（0.15%）	C_1（0.30%）
7	A_3（0.15%）	B_1（0.05%）	C_3（0.60%）
8	A_3（0.15%）	B_2（0.10%）	C_1（0.30%）
9	A_3（0.15%）	B_3（0.15%）	C_2（0.90%）

土柱淋溶实验装置：淋溶装置主体是定制的有机玻璃柱和有机玻璃土柱架，见图 5.1。有机玻璃柱的内径、外径和高分别为 5 cm、6 cm 和 35 cm。在淋溶柱底部放置两块制有小孔的有机玻璃滤板，滤板之间夹一层 200 目的滤网。每柱中装入 500 g 过 2 mm 筛后的风干土壤的土肥混合物，表面覆盖少量（约 40 g，厚 0.5 cm）纯净石英砂，加水时可起到缓冲作用，以防扰乱土层。

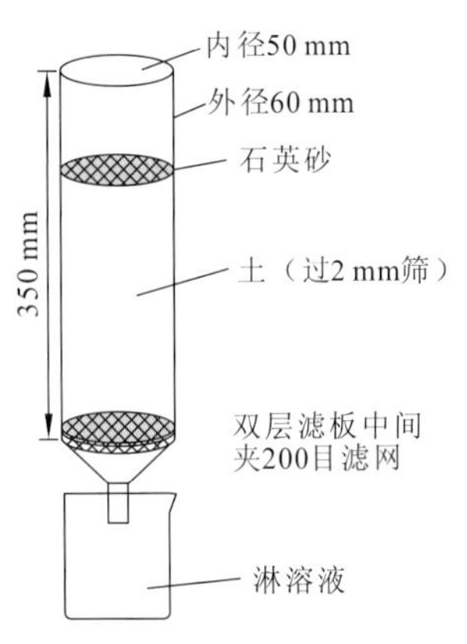

图 5.1　土柱淋溶模拟实验装置

水分处理方法：淋溶前，加入 250 mL 水使土壤水分接近持水量。室温下放置一天，使土肥充分混合。首次淋溶加入 250 mL 水，收集 24 h 淋溶液。将淋溶柱仍放置在室温条件下，自然蒸发，约 6 d 后称重，至土壤含水率降到约 50%时，进行第二次淋溶，每次淋溶过程相同，约在培养第 2 d、8 d、14 d、20 d 时进行淋溶，连续四次。

2. 氮磷肥增效机制的淋溶效应实验设计

本部分实验采用单因素优选法，分析三种材料对氮磷肥的增效机制。每组处理分别添加一种环境材料，每种材料选取 5 个添加水平，保水剂（A）与腐殖酸（B）选取水平相同，分别为土壤干重的 0.025%、0.05%、0.10%、0.15%、0.20%[即 0.25 g/kg(土)、0.5 g/kg(土)、1.0 g/kg(土)、1.5 g/kg(土)、2.0 g/kg(土)]，沸石选取 5 个水平分别为土壤干重的 0.15%、0.30%、0.60%、0.90%、1.20%[即 1.5 g/kg(土)、3 g/kg(土)、6 g/kg(土)、9 g/kg(土)、12 g/kg(土)]，另设对照处理，不添加任何环境材料，只添加肥料（表 5.3）。每组实验处理的肥料添加量均按照尿素 1.0 gN/kg(土)，过磷酸钙 750 mg/kg(土)添加。三组实验分别为保水剂组、腐殖酸组、沸石组，共 16 个处理，设 3 个重复。

表 5.3　实验设计

材料类型	空白	水平 1	水平 2	水平 3	水平 4	水平 5
保水剂	0	0.025%	0.05%	0.10%	0.15%	0.20%
腐殖酸	0	0.025%	0.05%	0.10%	0.15%	0.20%
沸石	0	0.15%	0.30%	0.60%	0.90%	1.20%

1）不同处理对土壤氮素含量的影响

农田氮肥损失是造成面源污染的主要原因之一，其主要途径有硝化和反硝化、挥发、淋洗、径流、冲刷等，其中淋洗损失是造成氮素流失的重要原因之一。

表 5.4 表示不同处理在各次淋溶过程中氮素淋出量的变化。与 CK 组氮素累积淋出总量相比，添加了环境材料的 9 组实验组淋溶后的氮素淋出量都有所减少，可见添加环境材料有助于减少氮素的流失。在四次淋溶过程中，各组氮素淋出量均在首次淋溶时出现最大值，而且约占四次淋溶淋出总量的 64.99%～76.01%，第二次占淋出总量的 10.09%～15.19%，第三次占 8.04%～12.90%，第四次占 3.55%～7.33%，可见，氮素的淋出主要发生在前两次淋溶过程中。观察首次淋溶的氮素淋出量可知，六组实验组的氮素淋出量都大于 CK 组，造成这一现象的原因可能是三种材料的添加增大了土壤孔隙，且第一次淋溶时材料与土壤未能良好地结合，尤其保水剂吸水后体积增大，会使周围的土粒结构发生一定变化，氮素更容易随水在增大了的土壤孔隙中流失。第二次淋溶中组 8 的氮素淋出量最少，比 CK 组少 27.30 mg，占第二次淋溶中 CK 组氮素淋出量的 35.14%；第三次淋溶中氮素淋出量最小的组为组 6，比 CK 组少 25.80 mg，占第三次淋溶中 CK 组氮素淋出量的 40.38%；第四次淋溶中氮素淋出量最少的组(组 6)比 CK 组少 21.00 mg，占第四次淋溶中 CK 组氮素淋出量的 56.00%。在第二、三、四次淋溶后，氮素淋出量都随淋溶次数的增加而减少，加入材料的实验组也表现出比 CK 组更好的氮素保持效果。

表 5.4　不同处理氮素淋出量的变化　　单位：mg

处理	第一次淋溶液氮素淋出量	第二次淋溶液氮素淋出量	第三次淋溶液氮素淋出量	第四次淋溶液氮素淋出量	总和
1	341.0	63.0	49.1	23.3	476.4
2	351.4	56.7	45.3	22.6	476.0
3	304.2	58.6	57.1	22.6	442.5
4	347.4	67.4	42.6	30.6	488.0
5	326.3	66.6	40.1	22.9	455.9
6	344.4	65.5	38.1	16.5	464.5
7	369.6	72.3	40.6	22.6	505.1
8	379.8	50.4	46.4	23.1	499.7
9	327.9	53.7	38.7	29.5	449.8
CK	332.4	77.7	63.9	37.5	511.5

表 5.5 对不同实验处理四次淋溶过程中氮素累积淋出量做了分析，可知保水剂对氮素保持的最优水平为 A_1，腐殖酸的最优水平为 B_3，沸石的最优水平为 C_2，三种环境材料对氮素保持效果最好的最优组合为 $A_1B_3C_2$，即最优添加量分别为 0.50 g/kg、1.5 g/kg、9.0 g/kg。在 9 组不同实验处理中，效果最好的组合为 $A_1B_3C_3$ 组，氮素流失量比 CK 组减少 13.5%。通过极差分析可知，三种环境材料对淋溶液含氮量影响的主次顺序为 B（腐殖酸）＞A（保水剂）＞C（沸石）。其中，腐殖酸对土壤脲酶活性有一定抑制作用，降低尿素分解和硝化、反硝化的速度，直接或间接地增加了氮肥利用率；对于保水剂，一方面水土流失减少的同时，溶解的氮素也减少流失，另一方面，保水剂分子上的亲水性基团可吸收氮肥中的离子和极性基团、有机物和有机高分子肥料。而沸石具有特殊分子筛，NH_4^+ 可通过溶液很快进入其孔径，同时将 K^+、Na^+、Ca^{2+}等平衡离子交换出来，而硝化细菌因大于分子筛孔径而被排除在外，无法与孔径内的 NH_4^+ 接触，从而使硝化作用得到阻止。

表 5.5　不同处理氮素累积淋出量的正交分析

组合编号	保水剂	腐殖酸	沸石	氮素累积淋出量/mg
1	A_1（0.05%）	B_1（0.05%）	C_1（0.30%）	476.4
2	A_1（0.05%）	B_2（0.10%）	C_2（0.90%）	476.0
3	A_1（0.05%）	B_3（0.15%）	C_3（0.60%）	442.5
4	A_2（0.10%）	B_1（0.05%）	C_2（0.90%）	488.0
5	A_2（0.10%）	B_2（0.10%）	C_3（0.60%）	455.9
6	A_2（0.10%）	B_3（0.15%）	C_1（0.30%）	464.5
7	A_3（0.15%）	B_1（0.05%）	C_3（0.60%）	505.1
8	A_3（0.15%）	B_2（0.10%）	C_1（0.30%）	499.7
9	A_3（0.15%）	B_3（0.15%）	C_2（0.90%）	449.8
CK	0	0	0	511.5
K_1	1394.98	1469.48	1440.84	
K_2	1408.27	1431.74	1413.59	
K_3	1454.71	1356.74	1403.53	
k_1	464.99	489.83	480.28	
k_2	469.42	477.25	467.84	
k_3	484.90	452.25	471.20	
极差 R	19.91	37.58	12.43	
主次顺序		B＞A＞C		
优水平	A_1	B_3	C_2	

2）不同处理对土壤磷素的活化效应

施入土壤的磷肥多以不能被植物吸收利用的难溶性有机磷和无机磷形式存在，极易沉积于土壤中或通过地表径流或地下水流失，只有将磷素存在形式转化为可溶性磷，才有可能被植物所利用。本实验通过土柱淋溶模拟实验，测定土壤淋溶液中总磷的变化，研究三种环境材料对磷肥的活化效果。

由表 5.6 可知，9 组添加环境材料的实验处理的磷素淋出量均比 CK 组高，可见环境材料在一定程度上可促进磷素活化。在四次淋溶过程中，第一次总磷淋出量约占四次淋出总量的 18.73%～23.69%，第二次淋出量占淋出总量的 23.53%～29.21%，第三次占 26.34%～32.52%，第四次占 20.29%～27.11%，可见磷素的淋出并不像氮素的淋失那样主要发生在前两次，而是每次淋出相对均匀的量，这可能是由于环境材料对磷素的活化需要一定时间，且材料的作用比较持久。另外，各组磷素淋出量呈现先升高再降低的趋势，各组处理的磷素淋出量均是在第三次淋溶时达到最大，第一次淋溶时磷素淋出量最多的为处理 4，比 CK 组淋出量多 64.7%；第二次淋溶时磷素淋出量最多的是处理 2，比 CK 组淋出量多 89.1%；第三次淋溶时磷素淋出量最多的是处理 9，比 CK 组淋出量多 80.6%；第四次淋溶磷素淋出量最多的同样为处理 9，比 CK 组多 62.2%，可见，第一次淋溶时环境材料对磷素的活化作用较小，随着时间的延长，淋溶次数的增加，活化效果越发明显，后期效果有变弱的趋势。

表 5.6　不同处理磷素淋出量的变化　单位：μg

处理	第一次淋溶液总磷淋出量	第二次淋溶液总磷淋出量	第三次淋溶液总磷淋出量	第四次淋溶液总磷淋出量	淋溶液总磷累积淋出量
1	282.4	321.1	345.3	291.4	1 240.2
2	385.8	540.5	514.9	409.2	1 850.4
3	301.9	374.5	352.0	290.7	1 319.1
4	421.2	495.8	540.4	370.9	1 828.3
5	350.8	388.7	392.8	348.8	1 481.1
6	295.3	351.1	365.8	376.5	1 388.7
7	359.8	469.4	471.2	389.9	1 690.3
8	273.7	338.8	468.4	359.2	1 440.1
9	355.7	503.9	559.1	479.9	1 898.6
CK	255.8	285.8	309.5	295.9	1 147.0

表 5.7　不同处理磷素累积淋出量的正交分析

组合编号	保水剂	腐殖酸	沸石	淋溶液总磷累积淋出量/μg
1	A_1(0.05%)	B_1(0.05%)	C_1(0.30%)	1 240.2
2	A_1(0.05%)	B_2(0.10%)	C_2(0.90%)	1 850.4
3	A_1(0.05%)	B_3(0.15%)	C_3(0.60%)	1 319.1
4	A_2(0.10%)	B_1(0.05%)	C_2(0.90%)	1 828.3
5	A_2(0.10%)	B_2(0.10%)	C_3(0.60%)	1 481.1
6	A_2(0.10%)	B_3(0.15%)	C_1(0.30%)	1 388.7
7	A_3(0.15%)	B_1(0.05%)	C_3(0.60%)	1 690.3
8	A_3(0.15%)	B_2(0.10%)	C_1(0.30%)	1 440.1
9	A_3(0.15%)	B_3(0.15%)	C_2(0.90%)	1 898.6
CK	0	0	0	1 147.0
K_1	4 409.78	4 758.73	4 068.98	
K_2	4 698.05	4 771.58	5 577.30	
K_3	5 028.83	4 606.35	4 490.38	
k_1	1 469.93	1 586.24	1 356.33	
k_2	1 566.02	1 590.53	1 859.10	
k_3	1 676.28	1 535.45	1 496.79	
极差 R	206.35	55.08	502.77	
主次顺序		C＞A＞B		
优水平	A_3	B_2	C_2	

从表 5.7 中可知，与 CK 组相比，9 组实验处理的总磷淋出量均有不同程度的增加，可见三种环境材料对磷素淋出量有一定影响。通过对 k 值比较，保水剂、腐殖酸、沸石三种材料对促进磷素淋溶的最优水平分别为 A_3、B_2、C_2，即最优组合为 $A_3B_2C_2$，其次水平为 A_2、B_1、C_3。在 9 组实验处理中，组合 $A_3B_3C_2$ 促进磷素淋出的效果最佳，总磷淋出量比 CK 组高出 65.53%；其次是 $A_2B_1C_2$ 组，总磷淋出量比 CK 组高出 59.40%。由极差分析可知，三种材料对磷肥活化影响大小的顺序为 C（沸石）＞A（保水剂）＞B（腐殖酸），且沸石产生的影响要远高于保水剂和腐殖酸，原因可能是沸石可与土壤中的 Ca^{2+} 等阳离子交换，释放难溶性磷，有力提高了土壤中可溶性磷含量，并且在一定范围内，随着沸石添加量的增加，磷素淋出量增加。

3）土壤氮、磷肥同步增效的优化组合分析

综合分析后可知，三种环境材料对于氮素保持和磷素活化影响顺序为沸石＞保水剂＞腐殖酸，各因素的最优水平组合分别为：对于氮素，优水平组合为 $B_3A_1C_2$；对于磷素，

优水平组合为 $C_2A_3B_2$。对于因素 C，即沸石添加量的最优水平均为 C_2，故 C_2 为综合考虑后的最优水平。对于因素 A，综合考虑选择 A_3 水平作为最优水平。因素 B，即腐殖酸添加水平，综合考虑选择 B_3 作为最优水平。

综上所述，对于氮素保持、磷素活化效果最好的组合为 $A_3B_3C_2$，即保水剂、腐殖酸和沸石的添加量分别为 1.5 g/kg(土)、1.5 g/kg(土)、9.0 g/kg(土)，相比于未添加环境材料的处理而言，氮素淋出量减少 12.1%，磷素淋出量增多 65.5%。

5.3　保水剂对土壤的水肥保持效应

5.3.1　保水剂对土壤水肥保持的影响

1. 保水剂特性研究现状

保水节水、抗旱增效，是农用高吸水性树脂开发的最初目的。SAP 在土壤中的应用，尤其是在干旱地区，以其增大土壤持水量的能力成为改善作物品质的最显著方法（Bakass et al.，2002），SAP 对水分高效利用的研究，一直是相关领域的重点。SAP 颗粒可以当作土壤中的“微型水库”。当作物的根系需要水分时，便可通过渗透差从这些“水库”中提取水分。当前市场上存在多种 SAP 材料，研究和了解各种材料的吸水保水效果及特性是 SAP 合理应用和推广的基础。

由于农用 SAP 材料均为聚合电解质凝胶，通常由丙烯酰胺、丙烯酸和聚丙烯酸钾等组成，在有单价盐存在的环境中，其吸水能力或多或少会受到影响，而高分子结构甚至可能在多价离子存在的情况下受到破坏。这与溶解性电解质的存在而产生的静电作用有关。这些离子可能天然地存在于土壤中，也可能通过肥料及杀虫剂等的使用而产生（Liu，2007）。其对 SAP 性能的影响取决于土壤成分、盐碱度、所用肥料等。但即使在盐介质中，SAP 材料的吸水能力仍可高达 30～60 g/g（3 000%～6 000%）。黄麟等（2007）分析了 6 种 SAP 材料在不同浓度和类型的电解质溶液以及不同 pH 蒸馏水中的吸水保水性能，发现随电解质盐溶液浓度的升高，SAP 吸水倍数呈下降趋势，在 pH 为 6～8 的蒸馏水中 SAP 能保持较好的吸水性能，且对酸性水溶液更敏感，同时，不同 SAP 材料类型的保水和抑制土壤水分蒸发速率也存在明显差异。张建刚等（2009）、汪亚峰等（2005）、陈宝玉等（2004）分别对 10 种、20 种和 3 种 SAP 材料的基本特性进行对比研究，也发现不同类型 SAP 的保水能力及在不同环境条件下的保水特性有所不同。在绝大多数研究中，SAP 的施用在改良土壤结构，保持土壤水分，增加植物可利用水，提高作物产量和品质等方面都起到积极作用，但上述研究较多停留在对特定 SAP 类型的保水特性进行研究，而较少涉及各类型 SAP 特性的系统研究。

2. 在氮肥保持方面的研究现状

SAP 与肥料互作效应方向的研究论文，其在 SAP 论文中的比例由 2000 年前的 0 增长到 2004 年的 2.07%，2005～2009 年这一比例达到 6.31%，可见，与肥料相结合，提高肥料利用率，是 SAP 应用研究的又一新热点。较多研究已经证明 SAP 在大幅提高土壤持水量的同时还能够提高肥料的利用率。当前，肥料与 SAP 复合一体化施用已逐渐成为水肥调控的重要技术。

美国西北土壤科学实验室的研究者发现，土壤微生物活动在施入 SAP 情况下更为活跃，从而提高土壤养分利用率（Sojka et al.，2006）。李长荣等（1989）的研究发现电解质类肥料，如 NH_4Cl、$Zn(NO_3)_2$ 等，会降低 SAP 的溶胀度，而尿素属于非电解质类肥料，将 SAP 与尿素同时施用，其保水保肥作用都能得到充分发挥，是水肥耦合的最佳选择。黄占斌等（2002）的田间试验、杜建军等（2007）的室内模拟试验、黄震等（2010）的室内淋溶试验等也证实了这一结论。不少学者（车明超 等，2010；黄震 等，2010；李世坤 等，2007；员学锋 等，2005）采用室内人工土柱模拟实验，研究模拟耕层土壤中施加 SAP 后，土壤氮素的淋失情况。试验结果均表明，处理后的土壤淋洗初期淋溶液中氮素浓度均低于对照，且淋溶液中的氮累积量有随淋溶次数逐渐增大的趋势，甚至在后期高于对照，表明 SAP 能够提高氮肥的利用率，并对氮肥有缓释效能。苟春林等（2006）的研究也发现肥料品种不同，SAP 的保肥性能存在差异，除尿素外，SAP 对肥料的吸持率随肥料浓度的增加而降低，最高浓度下，吸持率按硝酸铵（NH_4NO_3）、碳酸氢铵（NH_4HCO_3）、NH_4Cl、硫酸铵（$(NH_4)_2SO_4$）、尿素依次增大。

早期关于 SAP 的研究大多集中在对单一 SAP 产品的相关性能、保水保肥效能等方面，而到 2005 年之后，开始出现了 SAP 与其他材料混合应用相关研究，成为 SAP 发展的新方向。SAP 与增效剂的开发应用在土壤水分及肥力保持方面发挥着巨大作用，具有良好的市场前景。近年来，相关研究已取得丰硕成果。

但一直以来，SAP 及其相关产品并未能在我国大面积推广应用，除成本等因素外，仍存在以下几个方面的研究问题：①缺乏不同类型 SAP 水肥保持性能的对比。当前，市场上 SAP 产品种类繁多。不同类型的 SAP 由于分子结构、添加物等的差异而表现出显著不同的功能。但目前研究对各类 SAP 特性及其对不同环境条件和营养元素类型的适应性及作用研究不足，使 SAP 的合理选择及与肥料的合理配施等受到很大程度的限制。②SAP 与增效剂的配施效果及配比参数不确定。目前对 SAP 的应用仍大多为单一型，而将环境材料作为增效剂与 SAP 相结合以开发复合、多功能 SAP 的相关应用研究仍较少，从而无法充分发挥 SAP 在土壤保水及氮素保持方面的作用。同时，对于 SAP 与增效剂配施效果的研究结果不尽相同。

5.3.2　保水剂对水肥保持原理

按照吸水机理，吸水材料主要分为两大类，化学吸水材料和物理吸水材料。化学吸水材料通过化学反应吸持水分，在反应过程中，材料自身整体性质发生变化（如金属氢化物）。物理吸水材料通过 4 种主要机理吸水：①材料晶体结构的可逆变化（如硅胶和脱水无机盐）；②通过毛细管力物理诱捕水分子进入材料多孔结构（如海绵）；③机理②和功能团水合作用的复合作用（如卫生纸）；④机理②和③的复合作用及材料本质上的溶解和高分子链在交联限制下的热力学扩张。SAP 材料属于后者范畴。

在去离子水中，SAP 吸水率可达 1 000%～100 000%（即 10～1 000 g/g），而普通水凝

胶的吸水能力则不大于 100%(1 g/g)。图 5.2 显示了一种典型 SAP 颗粒吸水后的结构变化。

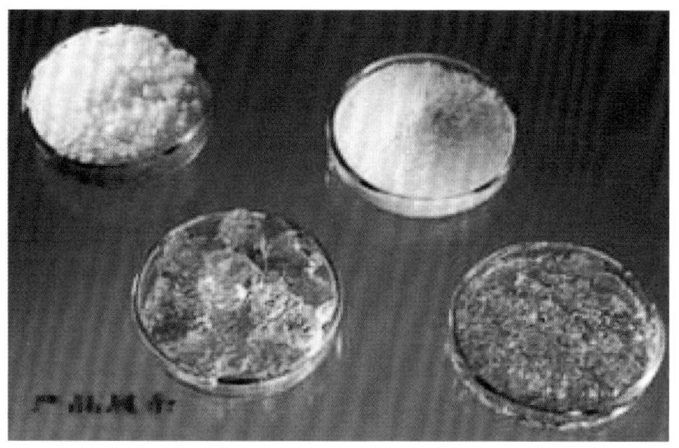

(a) SAP材料吸水前（上）后（下）变化实物图

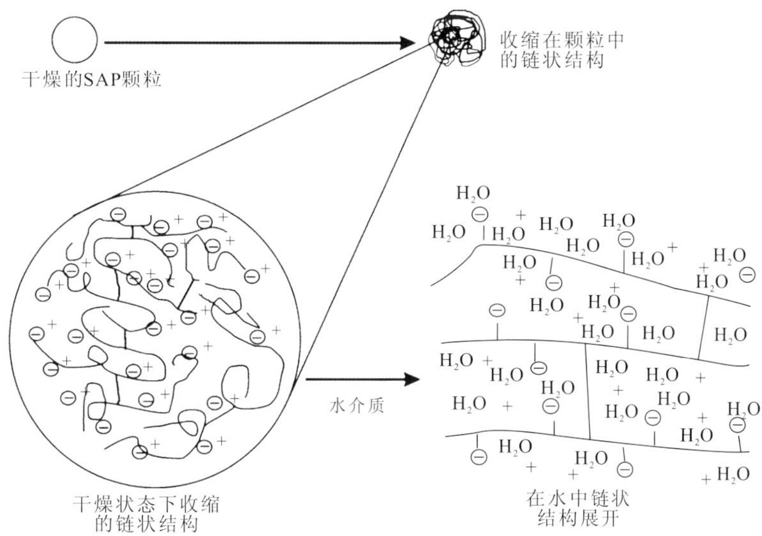

(b) SAP吸水前后内部结构变化示意图

图 5.2　典型丙烯酸基阴离子 SAP 材料示意图

高分子的聚集态，同时具有线性和体型两种结构，由于链与链之间的轻度交联，线性部分可自由伸缩，而其溶胀较强足以保持其体型结构（颗粒、纤维、膜状等）而不能无限制地伸缩。因此，SAP 在水中只膨胀形成凝胶而不溶解。当凝胶中的水分释放殆尽后，只要分子链未被破坏，其吸水能力仍可恢复，这也是区分 SAP 与其他水凝胶的一个主要应用特性。

5.3.3　保水剂对土壤水分及氮肥的保持效应

土壤的吸附作用可以含蓄水分并阻滞和延缓氮素的进一步迁移和转化，是水、肥环境行为中的重要环节，但有限的土壤吸附容量无法完全吸附足够的水分和高浓度的氮进而防止水分流失和氮污染。近年来，寻求合适的外源添加物作为土壤改良剂以增强土壤保持水肥性能的研究日益增多。其中，利用化学制剂促进土壤水分和氮肥利用率，控制水分消耗和氮素转化是提高水肥利用效率、优化水肥耦合的重要方面。本小节实验研究主要参考李嘉竹（2012）的论文研究。

保水剂（SAP）又称高吸水性树脂、高吸水剂、超强吸水树脂，是利用强吸水性树脂或者淀粉等材料制成的一种超高吸水保水能力的高分子聚合物。它能迅速吸收比自身重数百倍甚至上千倍的纯水，吸水膨胀后形成的水凝胶可以缓慢释放水分以供作物吸收利用。高吸水性树脂与土壤混合后，在有氮肥施用的情况下，能提高土壤对氮肥的吸附力，从而有效减少氮肥的无效淋失，在生产和环境意义上具有重要的理论和应用价值。

将增效剂与高吸水性树脂合理配施，能够促进高吸水性树脂功能的改进及完善，从而为高吸水性树脂的应用研究拓宽了思路。当前，已有一些研究初步尝试将不同环境材料作为增效剂与SAP进行混合施用，探讨高吸水性树脂与增效剂之间的互作效应，但所得配施效果的结果不尽相同。

1. 高吸水性树脂与增效剂的最优组合筛选

将根据对SAP保水和保肥性能分析筛选出的最优SAP类型与两种增效剂进行单一材料、两种材料及三种材料的全组合，测定材料及材料组合对不同形态的氮（铵态氮、硝态氮和酰铵态氮）的吸附-解吸能力，考察筛选对氮素保持效果最优的材料或组合类型。

在现有研究的基础上，综合考察材料理化性能、材料易得性、成本等因素，结合研究内容和目标，选择吸附性材料沸石（zeolite，ZL）和煤基营养材料腐殖酸（HA）为供试增效剂。所选吸附性材料沸石为一类天然矿物，由于具有三维格架的晶体结构，比表面积大，具有较强的吸附和离子交换性能；煤基营养材料腐殖酸为自然界中广泛存在的一类大分子有机物质，弱酸性，具有溶解和胶体性质，施入土壤后可对难溶性的微量元素起到增容的作用，从而增加土壤中无机养分的含量。实验结果见图5.3。

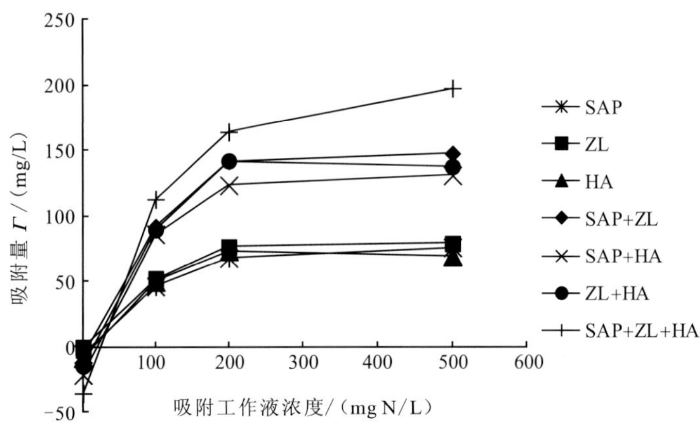

图5.3　SAP与增效剂的不同组合对铵态氮的等温吸附曲线

图5.3显示了SAP和两种增效剂及各类型组合对铵态氮的等温吸附。由图5.3可知，各组合类型对NH_4^+的吸附量同SAP在NH_4^+溶液中的吸附趋势相同，总体呈现随吸附工作

液浓度增加而增大，且吸附量增加速率先快后慢，最终趋于平衡的整体趋势。三种材料的全组合在吸附工作液浓度>0 后，对铵态氮的吸附量大于其他材料或组合。结合表 5.8 列出的各材料组合对铵态氮的等温吸附 Langmuir 方程拟合参数也可以发现，虽然三种材料的全组合对铵态氮的吸附量应用 Langmuir 方程拟合的结果未达到显著水平（P>0.05），但也可以看出其平衡吸附量远大于其他组合。两种材料的组合（SAP+ZL、SAP+HA、ZL+HA）对铵态氮的吸附能力相近（图 5.3），对铵态氮的等温吸附过程复合 Langmuir 方程，最大吸附量在 120.06～135.02 mg/g（表 5.8）。而与三种材料的全组合和材料间的两两组合相比，单一材料对铵态氮的吸附能力则相对较弱（图 5.3），根据应用 Langmuir 方程的拟合结果，三种材料的最大吸附量相近，在 68.86～81.85 mg/g，但其中对铵态氮吸附能力最强的吸附性材料沸石的平衡吸附量（81.85 mg/g）也只有三种材料全组合平衡吸附量（163.40 mg/g）的 1/2，两种材料组合平衡吸附量的 61%～68%。

表 5.8　不同材料及组合对铵态氮（NH_4^+）和酰胺态氮（—$CONH_2$）等温吸附的 Langmuir 方程拟合参数

组合类型	NH_4^+				（—$CONH_2$）			
	Γ_m/（mg/g）	k	r^2	P	Γ_m/（mg/g）	k	r^2	P
SAP	76.83	0.06	0.97	0.013	50.54	0.05	0.98	0.012
ZL	81.85	0.05	0.99	0.005	49.00	0.05	0.99	0.004
HA	68.86	−1.15	0.99	0.006	42.51	0.26	0.99	0.003
SAP+ZL	135.02	−0.04	0.95	0.027	93.01	−0.14	0.95	0.024
SAP+HA	120.06	−0.04	0.95	0.026	77.01	−0.05	0.98	0.010
ZL+HA	125.97	−0.04	0.95	0.024	83.41	−0.05	0.98	0.011
SAP+ZL+HA	163.40	−0.02	0.78	0.116	114.57	−0.02	0.90	0.053

注：Langmuir 方程为 $C/\Gamma=1/(k\cdot\Gamma_\infty)+C/\Gamma_\infty$

不同材料及组合对硝态氮的等温吸附未表现出如对铵态氮般随吸附工作液浓度增大而吸附量增加的规律，而呈现随吸附工作液浓度增大的不规则变化（图 5.4）。整体而言，单一材料 ZL 和三种材料的全组合 SAP+ZL+HA 对 NO_3^--N 的吸附能力略强，但其吸附量也未表现与吸附工作液间的 Langmuir 方程关系或线性相关关系。

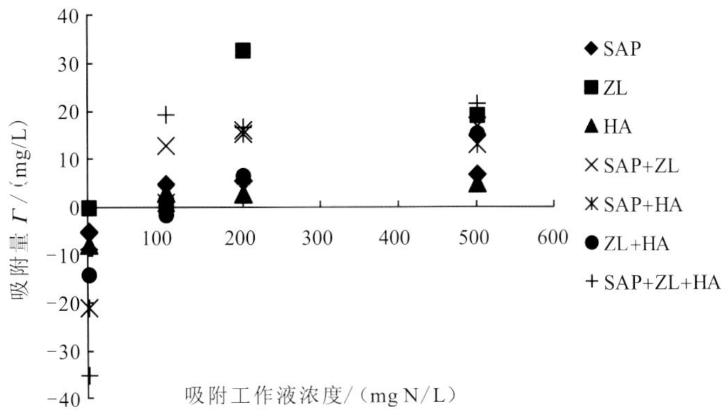

图 5.4　SAP 与增效剂的不同组合对硝态氮的等温吸附

由图 5.4 可知，在吸附工作液浓度为 0 时，即在去离子水中，各材料及组合的吸附量均为负，也就是说，材料在纯水中释放出了一定量的氮，且释氮量 SAP+ZL+HA＞SAP+HA＞HA＞HA+ZL＞SAP＞SAP+ZL＞ZL。由此可以看出，各类型材料在氮的吸附过程中存在相互影响。吸附材料 ZL 本身并未释放氮素，但添加了 ZL 后，SAP 和煤基营养材料 HA 的释氮量均有所减少，而当 SAP 与 HA 混合时，对彼此的释氮量则无明显干扰。

各组合类型对酰胺态氮（—$CONH_2$），即尿素态氮的吸附量随吸附工作液浓度的增大而增大，最终达到平衡（图 5.5）。各类型材料组合对尿素态氮吸附量的变化趋势符合 Langmuir 方程（表 5.8，P＜0.05）。其中，三种材料的组合 SAP+HA+ZL 吸附量与工作液浓度间的 Langmuir 拟合关系未达到显著水平（P=0.053），但仍能从整体上看出其吸附量随吸附工作液浓度先快速增大，后缓慢增加直至达到平衡的趋势。

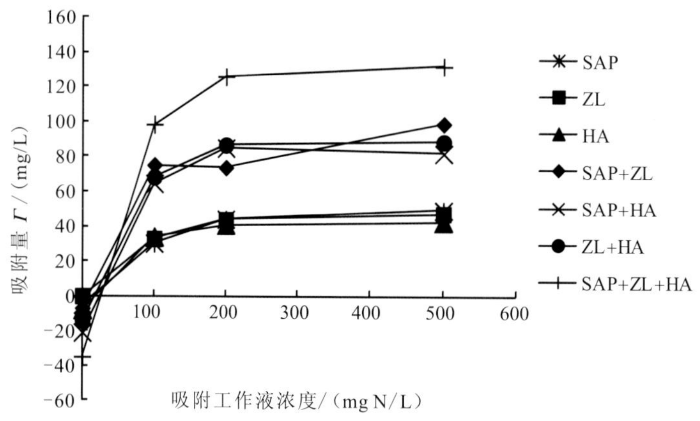

图 5.5　SAP 与增效剂的不同组合对酰胺态氮的等温吸附曲线

与材料对铵态氮的吸附情况类似，三种材料的全组合在吸附工作液浓度＞0 后，对尿素态氮的吸附量大于其他材料和组合。根据表 5.8 列出的各材料组合对尿素态氮的 Langmuir 方程拟合参数也可以看出，三种材料的组合对尿素态氮的吸附量应用 Langmuir 方程拟合的结果接近显著水平（P=0.053），其平衡吸附量（114.57 mg/g）大于其他组合。两种材料的组合（SAP+ZL、SAP+HA、ZL+HA）对铵态氮的吸附能力相近（图 5.5），对尿素态氮的等温吸附过程符合 Langmuir 方程，最大吸附量在 77.01～93.01 mg/g（表 5.8）。而与三种材料的全组合和材料间的两两组合相比，单一材料对尿素态氮的吸附能力则相对较弱(图 5.5)，根据应用 Langmuir 方程的拟合结果，三种材料的最大吸附量相近，在 42.51～50.54 mg/g，其中对尿素态氮吸附能力最强的保水剂，其最大吸附量（50.54 mg/g）也只有三种材料组合最大吸附量（114.57 mg/g）的不到 1/2（表 5.8）。

根据对高吸水性树脂、吸附性材料、煤基营养材料及各材料的组合进行吸附试验，分析其对不同形态的氮的吸持能力，结果发现对于铵态氮和酰胺态氮（—$CONH_2$），三种材料的组合的吸附能力最强，明显优于其他组合；对于硝态氮，各材料组合对其的吸附均无明显规律和趋势，但总体而言三种材料的组合和吸附材料在各浓度吸附工作液中对其吸附作用较强。因此，综合分析后可以得出，三种材料组合，即高吸水性树脂+吸附材料+煤基营养材料，具有对水肥最优的吸持性能，为高吸水性树脂与增效剂的最优组合。

2. 高吸水性树脂与增效剂的配比关系确定

根据前期吸附试验，已得到功能材料保肥效果的最优组合方式，即高吸水性树脂+吸附性材料+煤基营养材料。对此最优组合采用正交试验的方法，设置组合中材料间的不同配比关系，通过淋溶试验，分析功能材料组合及肥料在不同配比状态下对水肥的保持及淋溶效应，应用层次分析法对结果进行讨论，从而确定高吸水性树脂与增效剂间的最优配比关系。

为确定组合中各材料的最优配比关系，进行多因素多水平试验，开展正交试验设计，并对正交试验的结果进行综合评价。根据前面研究优选出的高吸水性树脂与增效剂的最优组合方式，本试验设计选取高吸水性树脂保水剂（SAP）、吸附性材料沸石（ZL）、煤基营养材料腐殖酸（HA）作为三个分析因素，每个因素设置三个水平（L），分别为高吸水性树脂：LSAP1=0.14 g、LSAP2=0.7 g、LSAP 3=1.4 g，吸附性材料：LZL1=1.4 g、LZL2=7 g、LZL3=14 g，煤基营养材料：LHA1=0.14 g、LHA2=0.7 g、LHA3=1.4 g，组成一个三因素三水平[L9（33）]的正交试验。在正交试验设计的基础上，设计无任何功能材料添加的处理作为对照。其氮素添加水平与其他处理相同，亦选用尿素和硝酸铵两种氮肥，水平为 200 mg N/kg · 土。正交试验表如表 5.9 所示。

表 5.9　正交试验设计表

编号	高吸水性树脂	吸附性材料	煤基营养材料
1	1	1	1
2	1	2	2
3	1	3	3
4	2	1	2
5	2	2	3
6	2	3	1
7	3	1	1
8	3	2	3
9	3	3	2
10	0	0	0

根据上述正交试验设计开展土柱淋溶试验，试验结果如表 5.10 和表 5.11 所示。

表 5.10　以硝酸铵为肥料的淋溶试验结果

因素	SAP/g	ZL/g	HA/g	第一次淋溶液			第二次淋溶液			第三次淋溶液			第四次淋溶液		
				体积/mL	铵态氮质量浓度/(mg/L)	硝态氮质量浓度/(mg/L)	体积/mL	铵态氮质量浓度/(mg/L)	硝态氮质量浓度/(mg/L)	体积/mL	铵态氮质量浓度/(mg/L)	硝态氮质量浓度/(mg/L)	体积/mL	铵态氮质量浓度/(mg/L)	硝态氮质量浓度/(mg/L)
1	0.14	1.40	0.14	440.0	32.60	395.38	325.0	5.42	16.68	360.0	2.66	17.76	365.0	0.94	4.21
2	0.14	7.00	0.70	455.0	46.27	461.33	330.0	8.97	13.23	335.0	4.03	9.14	357.0	2.91	4.15
3	0.14	14.00	1.40	440.0	32.06	1146.19	355.0	6.65	1.34	325.0	5.08	6.73	368.0	3.79	4.38
4	0.70	1.40	0.70	425.0	20.03	395.38	365.0	3.64	28.57	315.0	1.46	10.10	390.0	0.79	2.10
5	0.70	7.00	1.40	440.0	33.70	532.35	345.0	5.69	8.89	355.0	3.79	6.32	377.0	2.73	2.98
6	0.70	14.00	0.14	415.0	59.39	1176.62	335.0	12.52	5.80	365.0	8.01	3.72	375.0	6.10	2.71
7	1.40	1.40	1.40	400.0	29.87	354.80	340.0	4.73	26.78	350.0	2.40	11.43	367.0	1.05	0.89
8	1.40	7.00	0.14	390.0	39.16	552.65	320.0	8.70	11.56	360.0	4.98	5.95	378.0	3.43	3.78
9	1.40	14.00	0.70	385.0	51.74	446.11	325.0	9.24	13.07	340.0	3.73	18.47	363.0	1.92	5.65

表 5.11 以尿素为肥料的淋溶试验结果

因素	SAP /g	ZL /g	HA /g	第一次淋溶液		第二次淋溶液		第三次淋溶液		第四次淋溶液	
				体积/mL	总氮质量浓度 /(mg/L)	体积/mL	总氮质量浓度 /(mg/L)	体积/mL	总氮质量浓度 /(mg/L)	体积/mL	总氮质量浓度 /(mg/L)
1	0.14	1.40	0.14	450.0	527.53	370.0	39.70	335.0	40.96	375.0	32.69
2	0.14	7.00	0.70	465.0	542.83	340.0	26.69	345.0	27.06	367.0	23.73
3	0.14	14.00	1.40	450.0	575.97	365.0	30.00	335.0	33.60	378.0	30.32
4	0.70	1.40	0.70	435.0	601.47	375.0	35.00	325.0	34.61	400.0	23.40
5	0.70	7.00	1.40	450.0	514.78	355.0	31.80	365.0	26.05	387.0	19.66
6	0.70	14.00	0.14	425.0	384.73	345.0	38.00	375.0	24.35	385.0	18.10
7	1.40	1.40	1.40	410.0	680.52	350.0	32.00	360.0	22.46	377.0	20.51
8	1.40	7.00	0.14	400.0	614.22	330.0	38.00	370.0	30.50	388.0	22.93
9	1.40	14.00	0.70	395.0	550.47	335.0	34.20	350.0	26.24	373.0	23.69

根据上述结果，对正交试验进行分析，筛选组合材料中各材料组分的最佳配比关系，结果如表 5.12 和表 5.13 所示。

根据表 5.12，吸附性材料、高吸水性树脂、煤基营养材料对水分和氮素的保持及其经济性综合性评价中均具有良好的作用，其中吸附性材料和高吸水性树脂是影响综合评价的最重要的因素，总体而言，三种材料均采用最小量，可获得综合最佳的效果，高吸水性树脂、吸附性材料、煤基营养材料配比关系为 0.14∶1.4∶0.14 时，综合效果最好。

表 5.12　材料不同配比方式综合性能的极差分析

组合编号	SAP /g	ZL /g	HA /g	综合评价结果
1	0.14	1.40	0.14	0.54
2	0.14	7.00	0.70	0.41
3	0.14	14.00	1.40	0.44
4	0.70	1.40	0.70	0.47
5	0.70	7.00	1.40	0.26
6	0.70	14.00	0.14	0.40
7	1.40	1.40	1.40	0.35
8	1.40	7.00	0.14	0.35
9	1.40	14.00	0.70	0.39
K_1	1.39	1.36	1.29	
K_2	1.13	1.02	1.27	
K_3	1.09	1.23	1.05	
k_1	0.46	0.45	0.43	
k_2	0.38	0.34	0.42	
k_3	0.36	0.41	0.35	
极差	0.10	0.11	0.08	
最优方案	1.00	1.00	1.00	

对此最佳配比的保水、保氮效果与未添加材料的空白对照的效果进行对比分析，结果列于表 5.13。

根据表 5.13，对于各次淋溶累积保水量，最优配比材料组合在第二次淋溶时的累积保水量略小于未添加材料的空白对照（0.92），这与土壤自身胶体常带负电荷，易于结合 NH_4^+ 有关，但其余三次淋溶最优配比材料组合累计保水量均大于空白对照，最好的保水效果是未添加材料的空白对照的 1.22 倍；最优配比材料组合最差的铵态氮保持效果也达空白对照的 1.02 倍，而最好的铵态氮保持效果是空白对照的 1.17 倍；最优配比材料组合对硝态氮的保持效果优势明显，最差的硝态氮保持效果是空白对照的 2.98 倍，最好的硝

表 5.13　材料最优配比方式对水分和氮素的保持效果

评价指标	第一次淋溶液				第二次淋溶液				第三次淋溶液				第四次淋溶液			
	累积保水体积/mL	铵态氮累积量/mg	硝态氮累积量/mg	酰铵态氮累积量/mg	累积保水体积/mL	铵态氮累积量/mg	硝态氮累积量/mg	酰铵态氮累积量/mg	累积保水体积/mL	铵态氮累积量/mg	硝态氮累积量/mg	酰铵态氮累积量/mg	累积保水体积/mL	铵态氮累积量/mg	硝态氮累积量/mg	酰铵态氮累积量/mg
最优组合	55.0	11.85	133.73	275.18	190.0	12.90	136.49	293.91	360.0	13.40	137.49	311.99	490.0	13.63	138.70	327.97
空白对照	45.0	10.11	32.42	234.75	207.5	12.06	38.43	249.24	336.0	13.05	45.09	262.76	461.0	13.39	46.60	274.85
效果对比	1.22	1.17	4.12	1.17	0.92	1.07	3.55	1.18	1.07	1.03	3.05	1.19	1.06	1.02	2.98	1.19

注：表中效果对比为最优组合与空白对照相应指标的比值

态氮保持效果达空白对照的4.12倍；对于尿素，最优配比材料组合最差的酰铵态氮保持效果是空白对照的1.17倍，而最好的酰铵态氮保持效果是空白对照的1.19倍。因此使用该配比方式下的组合材料将获得很好的保水、保氮效果。

以吸附试验和土柱淋溶试验为基础，采用层次分析-模糊综合评价，从高吸水性树脂及其与增效剂组合的节水性、保肥性和经济性等角度进行分析，并对综合指标进行评价，提出了高吸水性树脂与增效剂的最优组合方式及配比关系。

开展最优高吸水性树脂（SAP）类型与两种增效剂的全组合吸附试验，结果如下。

（1）单一材料对铵态氮的吸附能力则相对较弱，三种材料的最大吸附量相近，在68.80～81.85 mg/g，但其中对铵态氮吸附能力最强的吸附性材料 ZL 的平衡吸附量（81.85 mg/g）也只有三种材料全组合平衡吸附量（163.40 mg/g）的1/2，两种材料组合平衡吸附量的61%～68%。

（2）不同材料及组合对硝态氮的等温吸附未表现出如对铵态氮般，呈现随吸附工作液浓度增大的不规则变化。整体而言，单一材料 ZL 和三种材料的全组合 SAP+ZL+HA 对硝态氮的吸附能力略强。

（3）单一材料对酰铵态氮的吸附能力则相对较弱，三种材料的最大吸附量相近，在42.51～50.54 mg/g，其中对酰铵态氮吸附能力最强的 SAP，其最大吸附量（50.54 mg/g）也只有三种材料组合最大吸附量（114.57 mg/g）的不到1/2。两种材料的组合（SAP+ZL、SAP+HA、ZL+HA）对铵态氮的吸附能力相近，最大吸附量在77.01～93.01 mg/g。三种材料的全组合在吸附工作液浓度＞0后，对酰铵态氮的吸附量大于其他材料和组合。

（4）对于铵态氮和酰胺态氮，三种材料的组合的吸附能力最强，明显优于其他组合，为高吸水性树脂与增效剂的最优组合。

开展正交试验设计，并对正交试验的结果进行综合评价，结果如下。

（1）高吸水性树脂是影响组合材料保水性能的最重要因素。总体而言，高吸水性树脂的用量越大，保水效果越好，第9个组合处理，高吸水性树脂∶吸附性材料∶煤基营养材料=1.4 g∶14 g∶0.7 g的保水效果最好。

（2）煤基营养材料 HA 和高吸水性树脂 SAP 对铵态氮的保持作用稍大，吸附性材料和煤基营养材料都是用量越大效果越好，而 SAP 用量则适中比较好，SAP∶ZL∶HA=0.7 g∶14 g∶1.4 g的配比方式对铵态氮的保持效果最好。

（3）吸附性材料 ZL 是影响材料对硝态氮保持能力的最重要的因素，总体而言，吸附性材料的用量不是越大越好，而是在低用量时对硝态氮的保持效果较好，同时高吸水性树脂和煤基营养材料也是在低施用量时的硝态氮保持效果较好。保水剂∶沸石∶腐殖酸=0.14 g∶1.4 g∶0.7 g对硝态氮的保持效果最好。

（4）三种环境功能材料对酰铵态氮的保持都具有较好的效果，总体上来讲，吸附性材料 ZL 对酰铵态氮的保持作用稍大，用量越大效果越好，高吸水性树脂的用量适中比较好，而煤基营养材料的用量较小时效果较好。材料配比关系为 SAP∶ZL∶HA=0.7 g∶14 g∶0.14 g 时对酰铵态氮的保持效果最好。

（5）吸附性材料和高吸水性树脂是影响综合氮素保持效能的最主要因素，总体而言，吸附性材料的施用量越少、高吸水性树脂施用量适中时，对氮素的综合保持效果越好。各材料组分配比关系为高吸水性树脂∶吸附性材料∶煤基营养材料=0.7 g∶1.4 g∶0.14 g时的综合保氮效果最好。

（6）吸附性材料、高吸水性树脂、煤基营养材料对水分和氮素的保持及其经济性综合评价中均具有良好的作用，其中吸附性材料和高吸水性树脂是影响综合评价的最重要的因素，总体而言，三种材料均采用最少量，可获得综合最佳的效果，高吸水性树脂、吸附性材料、煤基营养材料配比关系为 0.14∶1.4∶0.14 时，综合效果最好。最好的保水效果是未添加材料的空白对照的 1.22 倍；最优配比材料组合最差的铵态氮保持效果也达空白对照 1.02 倍，而最好的铵态氮保持效果是空白对照的 1.17 倍；最优配比材料组合对硝态氮的保持效果优势明显，最差的硝态氮保持效果是空白对照的 2.98 倍，最好的硝态氮保持效果达空白对照的 4.12 倍；对于尿素，最优配比材料组合最差的酰铵态氮保持效果是空白对照的 1.17 倍，而最好的酰铵态氮保持效果是空白对照的 1.19 倍。

室内实验虽然模拟、筛选了高吸水性树脂及增效剂的最优组合及配比方式，但该结果在实际生产中的可行性如何，又会带来怎样的效应，仍需要田间试验的验证。本小节所得的配比方式可作为田间试验材料施加的依据。

5.3.4　保水剂及增效剂的保水保氮原理

1. 保水机理研究

根据 5.3.3 小节的研究结果，三种材料中对保水起主导作用的是高吸水性树脂。其对水分作用的实质是物理诱捕水分子进入材料多孔结构及物理诱捕和功能团水合作用复合作用的共同作用。

由于亲水性水合作用而吸附在高吸水性树脂中亲水基团周围的水分子层厚度，相当于 2～3 个水分子的厚度，第一层水分子是由亲水性基团与水分子形成了配位键或氢键的水合水；第二、三层则是水分子与水合水形成的氢键结合层。再往外，亲水性基团对水分子的作用力已很微弱，水分子不再受到束缚。亲水性基团吸附的水分子，易于摆脱氢键的作用而成为自由水分子，这就为网格的扩张和向网格内部的渗透创造了条件，并促使水分子向网状结构内部的渗透，分子中大量的羧基、羟基和酰氧基团与水分子之间的强烈范德瓦尔斯力吸收水分子，并有网状结构的橡胶弹性作用将水分子束缚在高分子的网状结构内，不易重新从网格中逸出，因此，具有良好的保水性。

在植物需水时，由于根系对水分子的作用力大于高吸水性树脂对水分的束缚力，因而水分子又可以脱离高吸水性树脂结构，补给作物所需。

2. 保氮机理研究

高吸水性树脂 SAP 一般为含羧酸基的阴离子高分子，为提高吸水能力，必须进行皂化，即碱（通常为强碱）和酯反应生产出醇和羧酸盐的过程，从而使大部分羧酸基团转变为羧酸盐基团。但通常树脂的水解度只有 70%左右，另有约 30%的羧酸基团保留下来，使树脂呈现一定的弱酸性。这种弱酸性使它们对氨一类的碱性物质有强烈的吸收作用。

针对高吸水性树脂、吸附性材料、煤基营养材料三类环境功能材料的化学键-官能团、使用环境功能材料前后淋溶土壤结构、氮素变化、使用环境功能材料前后土壤特性、使用环境功能材料前后土壤生物特性分析的基础上，推断环境功能材料保水、保氮机理，得出如下主要结论。

1）三类环境功能材料中起主导保水作用的是高吸水性树脂 SAP

高吸水性树脂高分子电解质的离子排斥所引起的分子扩张和网状结构引起阻碍分子的扩张相互作用，使 SAP 具有很强的吸水能力。同时，化合物分子之间呈复杂的三维网状结构，使其具有一定的交联度。当 SAP 与水接触时，由于在交联的网状结构上含有大量羧基(—COOH)、羟基（—OH）等强亲水基团，分子表面的亲水基团电离并与水分子结合成氢键，通过这种方式 SAP 能够吸持大量的水分。同时，亲水基团与水分子之间的强烈范德瓦尔斯力吸收水分子，并有网状结构的橡胶弹性作用将水分子束缚在高分子的网状结构内，不易重新从网格中逸出，因此，高吸水性树脂具有良好的吸水性和保水性。

2）氮素的保持是环境功能材料协同作用的结果

（1）铵态氮的保持：高吸水性树脂 SAP 一般含羧酸基，使树脂呈现一定的弱酸性。这种弱酸性使它们能够对氨这种的碱性物质进行吸收；吸附性材料 ZL 具有大量可用于交换的阳离子，当阳离子（NH_4^+）通过“分子筛”进入孔穴通道时，很容易把平衡的阳离子交换出来；煤基营养材料 HA 是一个复杂的有机物，带有很多的羧基，使它们能够对氨这种的碱性物质进行吸收；对于利用三种材料协同保持氨氮，吸附性材料 ZL 和煤基营养材料 HA 都是用量越大越好，高吸水性树脂 SAP 用量适中比较合适，分析原因为吸附性材料 ZL 和煤基营养材料 HA 的用量大，则可用来吸附的基团就多，但是在高吸水性树脂 SAP 的使用上，要有一个平衡点，否则过多的高吸水性树脂 SAP，将释放出大量的杂质阳离子，就会占据大量的吸附位置，造成氨氮保持效果的下降。

（2）硝态氮的保持：吸附性材料 ZL 是影响硝氮保持的最重要的因素。由 Zeta 电位可知，吸附性材料 ZL 比土壤具有更负的电位，可以更快地吸附阳离子，阳离子的特性吸附可能使吸附性材料 ZL 表面 Zeta 电位持续升高，甚至带正电而有利于后续硝酸根的接近和吸附，同时由于吸附性材料 ZL 具有很大的比表面积，从而具有较大的吸附量，起到一定的保持硝氮的作用。吸附性材料 ZL 的用量不是越大越好，而是小用量的硝氮保持效果较好。分析原因是较小的吸附性材料 ZL 用量能够较快地吸附阳离子，使 Zeta 电位持续升高，甚至带正电而有利于后续硝酸根的接近和吸附。

（3）酰铵态氮的保持：酰铵态氮在土壤中易被脲酶分解成铵态氮的形式，从而通过高吸水性树脂 SAP 没有水解的含羧酸基，得以吸收。酰铵态氮在土壤中易被脲酶分解成铵态氮，是因为吸附性材料 ZL 具有大量可用于交换的阳离子。当阳离子（NH_4^+）通过“分子筛”进入孔穴通道时，很容易把平衡的阳离子交换出来。煤基营养材料 HA 会和尿素形成络合反应，起到保持酰铵态氮的作用(陈振华 等，2005)。对于利用三种材料协同保持尿素氮，吸附性材料 ZL 是用量越大越好，高吸水性树脂 SAP 用量适中比较合适，煤基营养材料 HA 是用量较小比较合适，分析原因为吸附性材料 ZL 的用量大，则可用来吸附的基团就多，但是在高吸水性树脂 SAP 使用上，要有一个平衡点，否则过多的高吸水性树脂 SAP，将释放出大量的杂质阳离子，就会占据大量的吸附位置，造成酰铵态氮保持效果的下降。若煤基营养材料 HA 用量过大，则吸附在上面的大量尿素会形成络合反应，抑制酰铵态氮的分解，影响植物对氮的吸收，从而影响植物的生长。因此，煤基营养材料 HA 的用量不能过大，否则会造成对酰铵态氮的过分抑制，影响植物的生长。

（4）氮素的缓释：开始阶段高吸水性树脂 SAP、煤基营养材料 HA 堵塞了土壤脲酶对尿素水解的活性位置，使脲酶活性降低。另外高吸水性树脂 SAP 是分子中含有亲水性基团和疏水性基团的交联型高分子，其疏水性物质作为脲酶抑制剂，可以降低尿素的水溶性，降低尿素的水解速率。在多次淋溶后，经过长期的生物作用使脲酶的抑制减弱，脲酶的活性提高，尿素的水解速率加快。上述缓释作用可有效地减少植物生产前期氮肥的过多转化而造成的损失，同时在植物生长后期大量需要氮肥的时候释放出氮肥，供给植物生长。

三种环境功能材料有各自的保氮特点和类型，合理的配施将能更好地发挥材料间的协同作用；但如果加入高吸水性树脂和煤基营养材料的量过大，将产生材料间的拮抗作用，这可能是因为高吸水性树脂和煤基营养材料的官能团中含有一定量的矿物质离子，使用量越大，水中电离溶解出的阳离子就越多，而由于这些阳离子在吸附性材料上有优先吸附特性，大大减少了吸附性材料的保氮能力。因此，对三种材料的量进行合理配施，才能取得最佳保氮效果。

5.3.5　不同类型保水剂的特性对比分析

高吸水性树脂由于与传统吸水材料相比具有超高的吸水能力、可重复利用、能改良土壤理化性质，并被证明具有很高的安全性等优势，而得到越来越多的关注。在高吸水性树脂的推广应用过程中，由于市场产品种类繁多，而不同类型的树脂其性能和适用环境又存在差异，高吸水性树脂的施用效果不明显或不稳定、与肥料配施不尽合理，进而使高吸水性树脂产品的推广受到限制，其提高水肥利用效率的作用难以得到发挥。本小节选择当前市场上常见的 5 种类型高吸水性树脂材料为研究对象，分析各类型高吸水性树脂材料的溶胀倍率、溶胀速率和持水能力。

1. 不同类型保水剂的保水特性

当前市场上的高吸水性树脂种类较多。由于具有不同的高分子结构，不同类型的 SAP 表现不同的性能。同时，由于工艺要求等的差异，不同的 SAP 产品在生产造粒过程后会呈现不同的颗粒形态，而粒径的差异已被证实会对高吸水性树脂的性能造成影响，小粒径材料通常具有更高的吸持水能力。基于此，本小节根据高吸水性树脂类型，选择了市场上应用较广、粒径相近（小颗粒）的 5 种 SAP 材料为对象进行对比分析：SAP A 为腐殖酸-聚丙烯酸盐型、SAP B 为聚丙烯酸-无机矿物复合型、SAP C 为聚丙烯酰胺-无机矿物复合型、SAP D 为聚丙烯酸盐型、SAP E 为淀粉-聚丙烯酸盐型。

1）SAP 溶胀倍率的测定

高吸水性树脂的吸水量是衡量 SAP 产品性能最直接和最重要的指标之一。自由吸水（液）量是指树脂在无负载情况下的吸水（液）能力（free-absorbent capacity）。本小节以最为便捷的得到普遍应用的“筛网法”（Mahdavinia et al.，2006；Kabiri et al.，2005；Mahdavinia et al.，2004）为基础，测定 SAP 样品吸水（液）量。这种方法通常适用于较小样品量（0.1～0.5 g）的测定，方法的精确度约为±3.5%。应用单位质量的 SAP 在溶液中充分吸水饱和时所吸收的溶液质量与自身质量的比值表征 SAP 的吸水量，具体方法如下：

准确称取 0.500 g 高吸水性树脂样品于 1 000 mL 烧杯中，分别加入 500 mL 去离子水或供试盐溶液或氮肥溶液。静置 1 h，使 SAP 颗粒达到溶胀平衡，将烧杯中形成的凝胶倒入 0.18 mm 的标准筛中，水平放置标准筛 15 min，再倾斜标准筛 45°静置 15 min。反复此静置过程直至无液体滴出、每分钟内质量的减少在 1 g 之内，否则，继续倾斜静置。静置过滤后称重水凝胶质量，根据式（5.1）和式（5.2）计算各类高吸水性树脂的溶胀倍率和相对溶胀倍率：

$$Q=(M_2-M_1)/M_1 \tag{5.1}$$

$$Q'=Q/Q_{CK}\times 100\% \tag{5.2}$$

式中：Q 为高吸水性树脂的溶胀倍率，g/g；M_1 为高吸水性树脂初始质量，g；M_2 为高吸水性树脂吸水后形成的水凝胶的质量，g；Q' 为高吸水性树脂的相对溶胀倍率，%；Q_{CK} 为相应高吸水性树脂在去离子水中的溶胀倍率。

2）SAP 溶胀速率的测定

高吸水性树脂的溶胀速率通常根据在一个连续的时间段内测定样品吸水（液）所需的液体绘制溶胀-时间剖面图来表示。按照上述 SAP 吸水倍率的测定方法，依次测定各类型 SAP 材料在去离子水中，于 10 s、20 s、30 s、60 s、120 s、240 s、480 s、960 s、1 440 s、1 920 s、2 400 s、2 880 s 时的吸水倍率，根据时间区间内 SAP 吸水倍率随时间的变化测定其溶胀速率。

3）SAP 保水能力的测定

称取 250.00 g 充分吸胀后的 SAP 凝胶于 500 mL 的烧杯中，将烧杯放置于烘箱中，定温 35 ℃，定时（每 12 h）称重，直至样品质量不再发生变化，完全失水。

各项指标测定结果如下，并在吸附试验的基础上对各类型高吸水性树脂对不同类型氮素的吸持能力进行探讨，从而筛选综合性能最优的树脂类型。

I. 不同类型保水剂的溶胀倍率

（1）不同类型 SAP 在去离子水中的溶胀倍率

表 5.14 中显示了不同类型 SAP 材料在纯水中的溶胀倍率及其对比结果。根据表 5.14，

各类型供试 SAP 材料均表现出很强的吸水能力，吸水量达到自身重量的 237.4（SAP D）～552（SAP B）倍。其中，SAP B 的吸水能力最强，其溶胀倍率（552 g/g）是吸水能力相对最弱的 SAP D 的 2.3 倍，与仅次于 SAP B 的 SAP C 和 SAP E 而言，溶胀倍率也为后两者（304.7 g/g 和 323.9 g/g）的 1.7 倍。SAP A 和 SAP D 的溶胀倍率则相对最低，为 262.9 g/g 和 237.4 g/g。

表 5.14 各类型 SAP 在纯水中的溶胀倍率

类型	溶胀倍率	差异显著性		方差分析					
		5%	1%	变异来源	平方和	自由度	均方	F 值	P 值
SAP A	262.9±9	d	C	处理间	38 536.6	4	17 134.2	1 115.7	0.000 1
SAP B	552.0±1	a	A	处理内	422.5	10	42.2		
SAP C	304.7±11	c	B	总变异	38 959.1	14			
SAP D	237.4±2	e	D						
SAP E	323.9±3	b	B						

注：表中数据方差分析结果用 Tukey 法进行多重比较。差异显著性分析中，同列标有不同小写字母者表示组间显著（$\alpha = 95\%$），同列标有不同大写字母者表示组间差异极显著（$\alpha = 99\%$），标有相同大写字母者表示 α=99%水平下组间差异不显著，且字母的顺序表示了溶胀倍率从大到小的顺序

根据表 5.14，不同类型 SAP 的溶胀倍率均存在显著差异（$\alpha = 95\%$），而在极显著水平下，则认为 SAP C 和 SAP E 的溶胀倍率无差异，次于 SAP B，而 SAP A 和 SAP D 的溶胀倍率最低，极显著小于其他三种类型 SAP 材料。

（2）SAP 在不同离子溶液中的溶胀倍率

由图 5.6 和表 5.15 可以看出，各类型 SAP 在不同类型、不同浓度水平阳离子溶液中的溶胀倍率明显小于其在去离子水中的溶胀程度（图 5.6），且差异显著性分析结果表明，随着离子浓度增大，SAP 材料的溶胀倍率显著减小（$P<0.05$，表 5.15），离子浓度均在 85%以上（85%～99%）解释了树脂吸水能力的变化（表 5.15，r^2）。

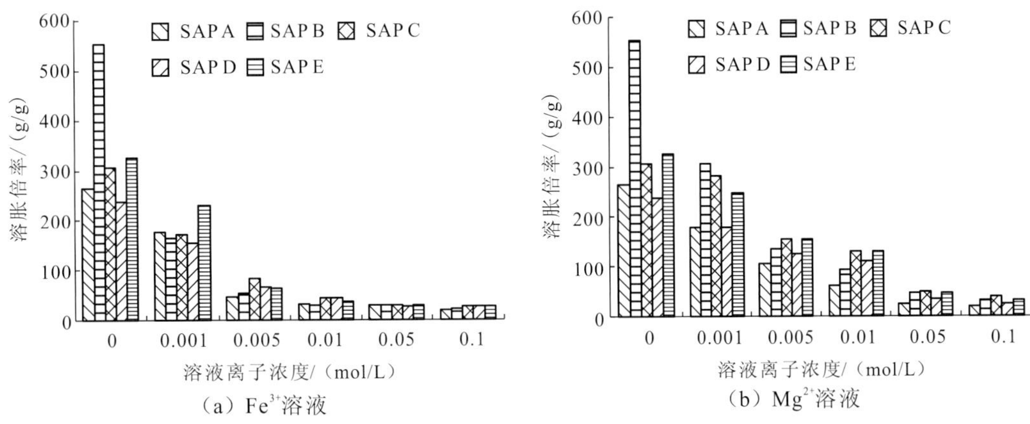

（a）Fe^{3+}溶液 （b）Mg^{2+}溶液

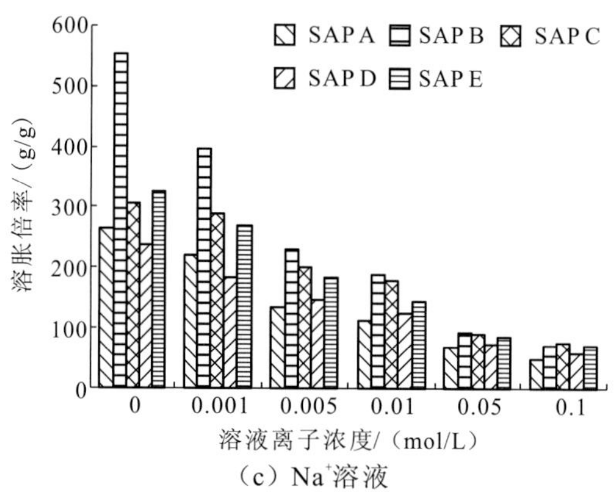

（c）Na^{+}溶液

图 5.6 高吸水性树脂在不同浓度阳离子溶液中的溶胀倍率

表 5.15 各类型 SAP 在不同类型阳离子溶液中溶胀倍率的差异显著性分析及相对溶胀倍率与离子浓度的幂函数关系

溶液离子类型	类型	溶液离子浓度/ (mol/L)						离子浓度与相对溶胀倍率的拟合关系参数		
		0	0.001	0.005	0.01	0.05	0.1	a	b	r^2
Fe^{3+}	SAP A	263.9 a	175.6 b	44.2 c	31.0 d	27.0 d	19.2 d	2.34	−0.43	0.85
	SAP B	552.0 a	163.2 b	53.0 c	28.6 d	27.8 d	20.8 e	1.25	−0.41	0.85
	SAP C	304.7 a	171.0 b	82.0 c	43.9 d	29.2 e	25.3 e	2.76	−0.42	0.95
	SAP D	237.4 a	153.7 b	63.8 c	42.0 d	26.8 e	25.6 e	3.66	−0.39	0.94
	SAP E	323.9 a	229.0 b	61.6 c	36.2 d	28.4 e	24.8 e	2.09	−0.46	0.87
Mg^{2+}	SAP A	263.9 a	177.2 b	105.2 c	61.2 d	23.2 e	17.6 e	1.98	−0.53	0.98
	SAP B	552.0 a	304.8 b	132.6 c	92.6 d	45.0 e	30.2 f	1.78	−0.50	0.99
	SAP C	304.7 a	279.7 b	153.8 c	129.8 d	48.5 e	37.7 e	4.50	−0.45	0.98
	SAP D	237.4 a	178.6 b	124.8 c	109.6 d	32.6 e	22.4 f	3.65	−0.48	0.93
	SAP E	323.9 a	246.8 b	152.4 c	127.6 d	45.6 e	30.4 f	3.61	−0.47	0.96
Na^{+}	SAP A	263.9 a	219.7 b	133.1 c	111.4 d	67.4 e	48.8 f	9.37	−0.32	0.99
	SAP B	552.0 a	396.4 b	227.8 c	188.4 d	91.0 e	69.9 f	5.40	−0.38	0.99
	SAP C	304.7 a	286.9 b	198.5 c	176.7 d	90.4 e	74.0 e	12.53	−0.30	0.98
	SAPD	237.4 a	183.1 b	145.1 c	124.9 d	71.5 e	58.5 f	14.37	−0.26	0.96
	SAP E	323.9 a	268.1 b	181.4 c	143.0 d	84.2 e	69.7 f	10.87	−0.30	0.99

注：表中不同小写字母表明组间差异显著（α=95%）；溶液离子浓度与相对吸水倍率的关系采用幂函数进行拟合，$Q'=a\,Cb$，其中，Q' 为 SAP 相对溶胀倍率，C 为溶液离子浓度

在不同浓度的 Fe^{3+}溶液中，与其他类型 SAP 相比，SAP C 和 SAP E 的溶胀倍率较大，一直保持在前三位；SAP A 和 SAP D 在各浓度 Fe^{3+}溶液中的溶胀倍率则均相对较小；而对于 SAP B，虽然其在离子浓度为 0 时，即在纯水中，溶胀倍率显著高于其他类型树脂，

但其随离子浓度升高而降低的程度也较大，因而在 Fe^{3+}浓度＞0.001 mol/L 之后，其吸水能力便未表现出优势，甚至略低于其他类型树脂。根据溶液离子浓度与 SAP 相对溶胀倍率的幂函数拟合结果（表 5.15），指数 b 的大小显示了离子浓度对树脂相对吸水倍率的影响程度：指数越小，离子浓度对树脂溶胀倍率影响越大，即该树脂的相对吸水倍率对于盐浓度的敏感性越高。根据表 5.15，SAP A、SAP E 的 b 值最小（分别为−0.43 和−0.46），表明这两类树脂的溶胀度较易受到溶液离子浓度的干扰，而 SAP B、SAP C 的 b 值则相对较大（分别为−0.41、−0.42），表明 SAP B、SAP C 受 Fe^{3+}浓度的影响较小，而 SAP D，虽然其溶胀倍率在各浓度 Fe^{3+}溶液中均相对较小，但其 b 值最高（−0.39），表明其溶胀倍率受 Fe^{3+}离子浓度的干扰程度最弱。

同理考察图 5.6 和表 5.15 中五种类型 SAP 材料对 Mg^{2+}和 Na^{+}的响应可以发现，SAP B、SAP C、SAP E 的溶胀倍率在各浓度 Mg^{2+}和 Na^{+}溶液中几乎均处于前三位，SAP A 和 SAP D 在各浓度离子溶液中的溶胀倍率则相对较小。根据溶液离子浓度与 SAP 相对溶胀倍率的幂函数拟合结果（表 5.16），SAP A（−0.53 和−0.50）、SAP B（−0.32 和−0.38）的 b 值最小，表明其溶胀性能较易受到溶液 Mg^{2+}和 Na^{+}的影响，而 SAP C、SAP D、SAP E 的溶胀性能在 Mg^{2+}和 Na^{+}溶液中的抗离子性则相对较强。

对比 SAP 在三种不同价态阳离子溶液中的表现可以发现，在相同的离子浓度下，SAP 材料在 Fe^{3+}溶液中的溶胀倍率小于其在 Mg^{2+}溶液中的表现，而在 Na^{+}溶液中，树脂的溶胀倍率最大。在相同浓度梯度的 Fe^{3+}、Mg^{2+}和 Na^{+}溶液中，SAP 材料的平均溶胀倍率由在纯水中的 336 g/g 分别减小了 15 倍、12 倍和 5 倍，减至在 0.1 mol/L 溶液中的 23 g/g、28 g/g 和 64 g/g（表 5.15）。根据溶液离子浓度与 SAP 相对溶胀倍率的幂函数关系也可以看出，在 Fe^{3+}溶液中，五种 SAP 材料的 b 值为−0.46～−0.39，在 Mg^{2+}溶液中为−0.50～−0.45，在 Na^{+}溶液中为−0.38～−0.26，表明 Na^{+}浓度对树脂溶胀性能的影响最小。

根据图 5.7 和表 5.16，各类型 SAP 在不同类型、不同浓度水平阴离子溶液中的溶胀倍率的变化与其在阳离子溶液中的表现相似，均明显小于其在去离子水中的溶胀程度（图 5.7），且随着离子浓度增大，SAP 的溶胀倍率显著减小（P＜0.05，表 5.16，差异显著性分析结果），离子浓度均在 95%以上（96%～99%）解释了树脂吸水能力的变化（表 5.16，r^2）。

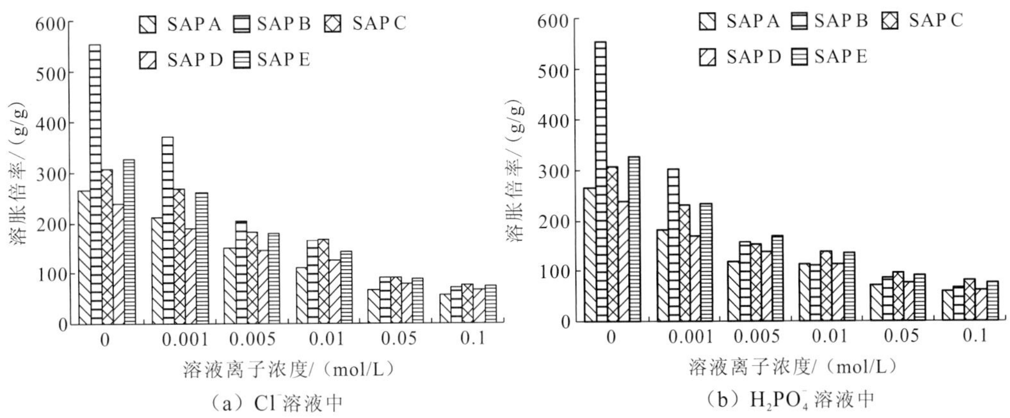

（a）Cl^-溶液中　　（b）$H_2PO_4^-$溶液中

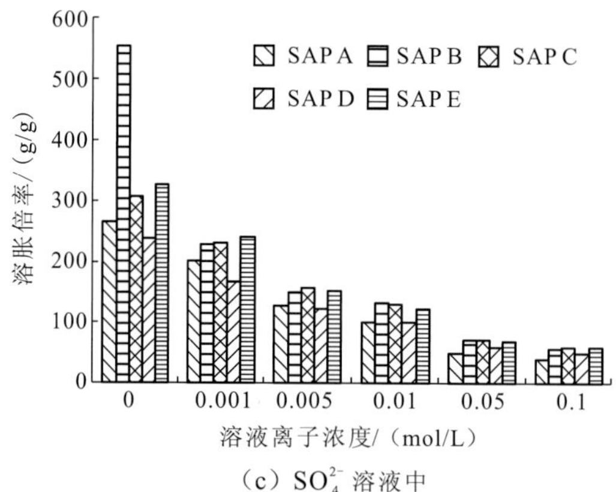

（c）SO_4^{2-} 溶液中

图 5.7　高吸水性树脂在不同浓度阴离子溶液中的溶胀倍率

表 5.16　各类型 SAP 在不同类型阴离子溶液中溶胀倍率的差异显著性分析及相对溶胀倍率与离子浓度的幂函数关系

溶液离子类型	类型	溶液离子浓度/（mol/L）						离子浓度与相对溶胀倍率的拟合关系参数		
		0	0.001	0.005	0.01	0.05	0.1	a	b	r^2
Cl^-	SAP A	263.9 a	208.6 b	148.3 c	109.3 d	65.7 e	55.2 e	10.48	−0.30	0.99
	SAP B	552.0 a	368.4 b	201.7 c	162.0 d	88.3 e	70.0 e	5.48	−0.36	0.99
	SAP C	304.7 a	266.3 b	181.2 c	164.6 d	89.0 e	75.0 f	13.11	−0.28	0.98
	SAP D	237.4 a	187.8 b	143.9 c	123.2 d	76.3 e	65.7 f	16.36	−0.23	0.98
	SAP E	323.9 a	257.9 b	178.5 c	140.5 d	87.6 e	72.1 f	11.77	−0.28	0.99
$H_2PO_4^-$	SAP A	263.9 a	180.6 b	117.4 c	111.6 c	69.0 d	57.2 e	12.51	−0.25	0.99
	SAP B	552.0 a	299.0 b	156.4 c	108.3 d	84.2 e	65.2 f	5.47	−0.32	0.96
	SAP C	304.7 a	228.7 b	150.2 c	136.5 d	94.0 e	80.1 e	15.67	−0.22	0.99
	SAP D	237.4 a	167.6 b	135.6 c	112.2 d	73.6 e	60.8 f	15.86	−0.22	0.98
	SAP E	323.9 a	231.2 b	166.8 c	134.6 d	90.2 e	75.4 f	13.35	−0.25	0.99
SO_4^{2-}	SAP A	263.9 a	200.0 b	126.4 c	98.8 d	47.2 e	37.4 e	6.09	−0.38	0.99
	SAP B	552.0 a	226.8 b	148.6 c	131.8 d	70.5 e	55.2 f	5.12	−0.31	0.99
	SAP C	304.7 a	229.3 b	155.6 c	129.0 d	70.8 e	57.7 f	9.55	−0.31	0.99
	SAP D	237.4 a	166.0 b	121.4 c	100.2 d	56.6 e	47.8 e	10.74	−0.28	0.98
	SAP E	323.9 a	238.6 b	150.8 c	121.6 d	68.6 e	56.8 f	8.42	−0.32	0.99

注：表中不同小写字母表明组间差异显著（α=95%）；溶液离子浓度与相对吸水倍率的关系采用幂函数进行拟合：$Q'=a\,Cb$，其中，Q' 为 SAP 相对溶胀倍率，C 为溶液离子浓度

在不同浓度的阴离子溶液中，对比五种类型 SAP 产品，SAP B、SAP C 和 SAP E 的溶

胀倍率相对较大，一直保持在前三位；SAP A 和 SAP D 的溶胀倍率则均相对较小。根据溶液离子浓度与 SAP 相对溶胀倍率的幂函数拟合结果（表 5.16），在 Cl^-溶液中，SAP D 的 *b* 值最大（−0.23），SAP C、SAP E 的 *b* 值次之，均为−0.28，而 SAP B 的 *b* 值最小，为−0.36，表明 SAP B 的溶胀度最易受到 Cl^-离子浓度的干扰，而 SAP C、SAP D、SAP E 的抗 Cl^-性则相对最强。在 $H_2PO_4^-$溶液中，SAP C、SAP D 的 *b* 值相同，均为最大（−0.22），SAP A、SAP E 的 *b* 值次之，均为−0.25，而 SAP B 的 *b* 值最小，为−0.32，表明 SAP B 的溶胀度最易受到 $H_2PO_4^-$离子浓度的干扰，而 SAP C、SAP D 的抗 $H_2PO_4^-$性最强。在 SO_4^{2-}溶液中，SAP D 的 *b* 值最大，为−0.28，SAP B、SAP C 的 *b* 值次之，均为−0.31，而 SAP A 的 *b* 值最小，为−0.38，表明 SAP A 的溶胀度最易受到 SO_4^{2-}离子浓度的干扰，而 SAP B、SAP C、SAP D 的抗 SO_4^{2-}性最强。

对比五种 SAP 在三种不同阴离子溶液中的表现，在相同的离子浓度下，SAP 材料在 SO_4^{2-}溶液中的溶胀倍率小于其在 Cl^-和 $H_2PO_4^-$溶液中的表现，特别是在离子浓度大于 0.005 mol/L 后，差异更加明显。在相同浓度梯度的 Cl^-、$H_2PO_4^-$和 SO_4^{2-}溶液中，五种 SAP 材料的平均溶胀倍率由在纯水中的 336 g/g 分别减至在 0.1 mol/L 溶液中的 67.6 g/g、67.7 g/g 和 50.9 g/g（表 5.15）。根据溶液离子浓度与 SAP 相对溶胀倍率的幂函数关系也可以看出，五种 SAP 材料在 Cl^-和 $H_2PO_4^-$溶液中的 *b* 值相当，而在 SO_4^{2-}溶液中各类型树脂的 *b* 值则均分别小于其在 Cl^-和 $H_2PO_4^-$溶液中的 *b* 值，表明同价位的 Cl^-和 $H_2PO_4^-$对 SAP 溶胀倍率的影响相近，而二价的 SO_4^{2-}离子浓度对树脂溶胀性能的影响较大。

铵态氮和硝态氮是生产中常用的电解质类氮肥。根据图 5.8 和表 5.17，不同类型的高吸水性树脂在各 N 浓度水平溶液中的溶胀倍率均显著小于其在去离子水中的表现（表 5.17，α=95%），且随着 N 浓度的增大，其溶胀倍率也随之呈现显著减小趋势（表 5.17，α=95%）。将溶液浓度与 SAP 的相对溶胀倍率应用幂函数拟合，结果也表明对于不同类型的高吸水性树脂，N 浓度均能在 93%以上解释其吸水能力（表 5.17，r^2）。

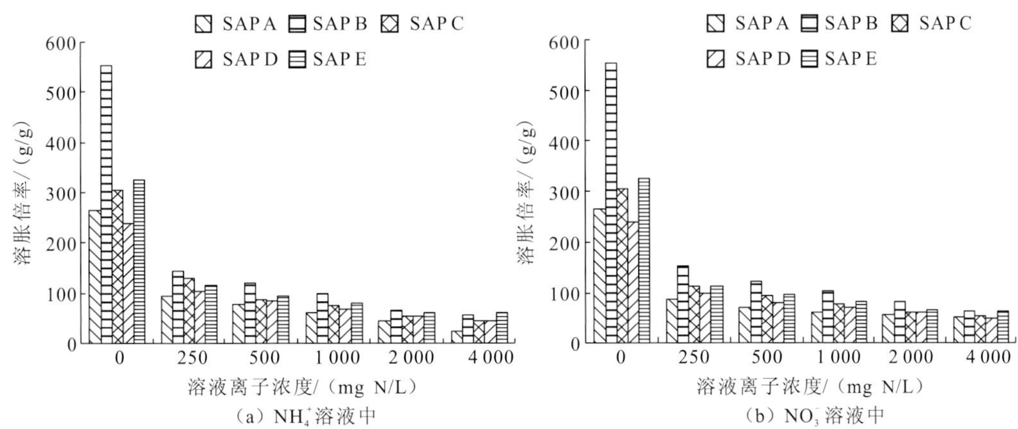

图 5.8　五种 SAP 在不同浓度氮溶液中的溶胀倍率

表 5.17　不同高吸水性树脂在 NH_4^+ 和 NO_3^- 梯度浓度下溶胀倍率的显著性差异分析及其相对溶胀倍率与 NH_4^+ 和 NO_3^- 浓度的幂函数关系

SAP 类型	溶液类型	离子浓度/（mg N/L）						N 浓度与相对溶胀倍率的拟合关系参数		
		0	0.2	0.4	0.8	1.6	3.2	a	b	r^2
SAP A	NH_4^+	262.9 a	92.7 b	76.20 c	61.40 d	43.80 e	22.80 f	574.5	−0.48	0.93
SAP B		552.0 a	144.1 b	119.80 c	99.20 d	65.60 e	55.00 f	204.5	−0.37	0.98
SAP C		304.7 a	128.8 b	86.00 c	75.40 d	53.60 e	43.40 f	331.2	−0.38	0.98
SAP D		237.4 a	102.4 b	82.80 c	66.60 d	52.20 e	44.40 f	235.0	−0.31	0.99
SAP E		323.9 a	115.1 b	92.20 c	78.00 d	60.60 e	59.80 e	135.9	−0.25	0.95
SAPA	NO_3^-	263.9 a	86.13 b	70.4 c	60.4 d	55.8 d	51.6 d	84.6	−0.18	0.95
SAP B		552.0 a	150.8 b	121.8 c	101.6 d	81.6 e	62.0 f	157.0	−0.31	0.99
SAP C		304.7 a	111.2 b	94.2c	77.6 d	60.8 e	54.2 e	163.4	−0.27	0.99
SAP D		237.4 a	98.0 b	78.4 c	70.8 d	60.8 e	49.4 f	148.0	−0.23	0.99
SAP E		323.9 a	112.8 b	95.2 c	82.0 d	66.0 e	63.8 e	113.6	−0.22	0.97

注：表中不同小写字母表明组间差异显著（α=95%）；溶液离子浓度与相对吸水倍率的关系采用幂函数进行拟合：$Q'=a\,Cb$，其中，Q' 为 SAP 相对溶胀倍率，C 为溶液离子浓度

在 NH_4^+ 溶液中，SAP B 在各水平 NH_4Cl 浓度中的溶胀倍率均相对较高，SAP C 和 SAP E 次之，而树脂 SAP A 和 SAP D 则相对较低（图 5.8，表 5.17）。根据 NH_4Cl 浓度与相对吸水倍率的拟合关系式，SAP A 的 b 值最小（−0.48），即其溶胀倍率最易受到 NH_4^+ 离子浓度的影响；SAP E 的 b 值最大（−0.25），表明其溶胀倍率对 NH_4^+ 离子浓度变化的耐受性最强。

在不同浓度的 NO_3^- 溶液中，SAP B 仍表现出最大的溶胀倍率（图 5.8，表 5.17），但其溶胀倍率受离子浓度的影响也最为明显（b= −0.31，表 5.17）；SAP C、SAP E 的溶胀倍率相当，小于 SAP B，但其受离子浓度影响的程度也略小（b= −0.27，b= −0.22）。SAP A 的溶胀倍率在各浓度 NO_3^- 溶液中最小，但其溶胀倍率受离子浓度的影响也最小（b= −0.18）。

尿素（$CO(NH_2)_2$）是目前含氮量最高的一种固体氮肥，被广泛应用于农业生产中。测定五种 SAP 在高浓度尿素溶液中（47 000～235 000 mg N/L）的溶胀倍率发现，随尿素溶液浓度增大，树脂的溶胀倍率有所减小，但溶液浓度的变化并未使树脂的溶胀倍率持续发生显著性变化（表 5.18，α=95%）。同时，SAP 在高浓度尿素溶液中的溶胀倍率显著大于其在其他类型离子溶液中溶胀倍率的表现（图 5.6～图 5.9）。且从树脂相对溶胀倍率与离子浓度的幂函数拟合结果来看，相对溶胀倍率与尿素态氮浓度拟合的 b 值（表 5.18，−0.13～−0.04）远小于在其他离子溶液中的值（−0.53～−0.18），表明尿素态氮浓度对 SAP 溶胀倍率的影响较小。

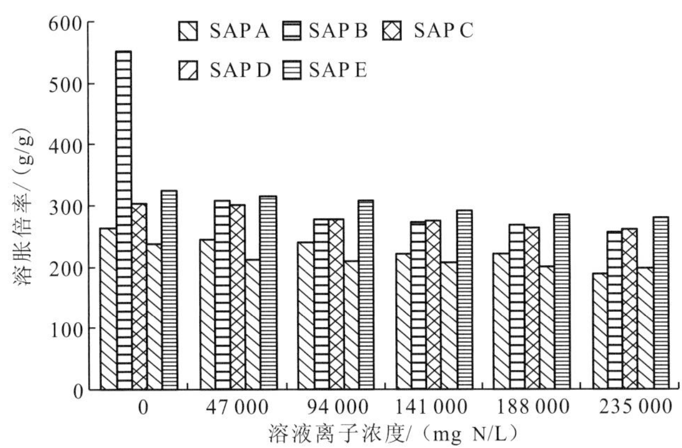

图 5.9　五种 SAP 在不同浓度尿素溶液中的溶胀倍率

表 5.18　各类型高吸水性树脂在不同浓度尿素溶液中溶胀倍率的显著性差异分析及其相对溶胀倍率与尿素态氮浓度的幂函数关系

类型	尿素溶液离子浓度/（mg N/L）						尿素浓度与相对溶胀倍率的拟合关系参数		
	0	47 000	94 000	141 000	188 000	235 000	*a*	*b*	r^2
SAP A	262.9 a	245.4 b	240.6 b	222.8 c	221.4 c	189.6 d	418.9	−0.13	0.73
SAP B	552.0 a	308.4 b	278.6 c	274.0 d	267.8 e	256.0 f	174.0	−0.10	0.96
SAP C	304.7 a	301.8 a	279.2 b	276.6 b	264.2 c	262.2 c	251.3	−0.09	0.97
SAP D	237.4 a	212.4 b	210.4 b	208.2 b	200.2 c	199.6 c	140.3	−0.04	0.82
SAP E	323.9 a	315.4 b	307.4 c	292.4 d	286.0 e	280.6 f	221.5	−0.08	0.96

注：显著性差异及拟合关系均为 α=95%水平下的分析结果；溶液离子浓度与相对吸水倍率的关系采用幂函数进行拟合：$Q'=aCb$，其中，Q' 为 SAP 相对溶胀倍率，C 为溶液离子浓度

根据表 5.18，在不同浓度尿素溶液中，在尿素浓度>0 之后，SAP B、SAP C、SAP E 的溶胀倍率相近，大于 SAP A、SAP D 溶胀倍率，表明在尿素溶液中 SAP B、SAP C、SAP E 的溶胀性能优于 SAP A、SAP D。

对于高吸水性树脂，其吸水过程最初主要是亲水基团的离子化过程。亲水基团的表层通过配位键或氢键与水分子结合形成水合水层，外层分子又通过氢键与内层水形成结合水层。这样，随着高分子电解质的离子化，相邻的负离子间同性相斥，同时，大量的自由水在渗透压作用下很快进入高分子空间网络结构，从而发生高分子材料颗粒的吸水和溶胀形变。在材料宏观变形时，其内部分子及原子间发生相对位移，产生分子间及原子间对抗外力的附加内力。当方向相反的附加内力与外力大小相等时，溶胀达到平衡。

Flory（1954）综合考虑聚合物中固定离子对吸水能力的作用，从聚合物凝胶内外离子浓度差产生的渗透压角度，推导出高吸水性树脂溶胀平衡时的最大吸水度，成为目前通常采用的描述高分子的吸水（液）行为的理论模型：

$$Q^{5/3}=\left[\left(\frac{i}{2V_uS^{1/2}}\right)^2+\frac{\frac{1}{2}-X_1}{V_1}\right]\Big/\left(V_e/V_o\right) \tag{5.3}$$

其中：Q 为溶胀倍率；i 为每个单元结构所具有的电荷数；V_u 为重复单元的摩尔体积；S 为外部溶液的离子强度；X_1 为高吸水性树脂与水作用的哈金斯参数；V_1 为水的摩尔体积；V_e/V_o 为聚合物的交联密度。

根据式（5.3），第一项 $\left(\frac{i}{2V_uS^{1/2}}\right)^2$ 可以表征渗透压，第二项 $\frac{1/2-X_1}{V_1}$ 表征聚合物对水的亲和力。两项之和决定树脂的吸水能力。根据弹性理论，如果交联密度（V_e/V_o）降低，树脂的溶胀倍率便会增大。对于非离子型聚合物而言，式中的第一项为 0，吸水能力较小，但受外界电解质浓度的影响也较小；而离子型材料的第一项较大，因此离子型树脂材料通常具有较大的吸水能力。从而，高吸水性树脂的溶胀能力主要受到聚合物自身的结构和外部电解质溶液离子强度两个方面的影响。

本小节中所涉及的 SAP 类型均属于离子型树脂，但其在去离子水中表现出的溶胀倍率存在明显差异（表 5.15）。这与聚合物自身的结构有关。单纯以丙烯酸为原料合成的 SAP 通常容易吸潮，而诸多学者通过接枝腐殖酸、交联环氧氯丙烷等对聚丙烯酸树脂进行改性，提高树脂的防潮性能和吸水能力。在本小节中，添加或接枝其他材料合成的 SAP A、SAP B、SAP E 表现出较 SAP D 更高的溶胀倍率。

已有研究证明，电解质离子的存在会在不同程度上影响高吸水性树脂性能的表现（Liu et al.，2007））。这些离子可能是天然存在于土壤中的或通过施肥、施加农药等途径进入土壤。根据式（5.3），溶液中离子的存在会降低 SAP 的渗透压，从而使 SAP 的吸水（液）能力降低，且显然，离子强度（S）越大，渗透压越小，对 SAP 吸水（液）能力的影响也就越大。本小节结果显示，在电解质离子溶液中，各类型 SAP 溶胀倍率均显著降低，但由于高价离子对溶液总离子强度的贡献大于低价离子，不同价位的阳离子对 SAP 溶胀倍率的影响程度为三价（Fe^{3+}）＞二价（Mg^{2+}）＞一价（Na^{+}）。同样，不同价位的阴离子对 SAP 溶胀倍率的影响程度也是高价位离子（SO_4^{2-}）＞低价位离子（Cl^-，$H_2PO_4^-$），而同价态的离子（Cl^-，$H_2PO_4^-$）由于溶液离子强度的影响程度相近，对树脂性能的影响程度也相近。

对于三种氮素类型，SAP 溶胀倍率受 NH_4^+ 和 NO_3^- 浓度的影响较大，溶胀倍率减小至其在纯水中的 10%～20%，而在高浓度尿素溶液中（47 000～235 000 mg N/L），SAP 的溶胀倍率仍相对降低较少。这主要是由于尿素为非电解质肥料，对 SAP 渗透压的影响较小，从而对其吸水能力的干扰程度较低。

在五种供试 SAP 材料中，SAP A、SAP D 在不同溶液的各浓度水平下均表现较弱的溶胀倍率，而 SAP B、SAP C、SAP E 则表现较强，这可能是由于 SAP B、SAP E 在改性聚丙烯酸盐树脂后，增强了其耐盐性，而 SAP C 中由于含有属于非离子型的聚丙烯酰胺，提高了其抗离子性，从而表现出在离子溶液中良好的吸水能力。

II. SAP 的溶胀速率

考察图 5.10 可以发现，五种 SAP 在去离子水中的溶胀倍率随时间均表现出先快速增大后缓慢增长，最后趋于平衡的变化规律。

聚合物的形变与时间有关，但不呈线性关系，两者的关系介乎理想弹性体和理想黏性体之间，聚合物的这种性能称为黏弹性，其实质上是聚合物的力学松弛行为。在一定温度、恒定应力的作用下，材料的形变随时间的延长而增加的现象称为蠕变，即五种类型 SAP 溶胀倍率随时间的增大（图 5.10）。高聚物的蠕变性能反映了材料的尺寸稳定性和长期负荷能力。对于线性聚合物，形变能够无限发展且不能完全恢复，而对于交联聚合物，正如图 5.10 中所示，形变可达到一个平衡值。这主要是当聚合物受到外力作用发生变形时，分子链段会沿着外力方向伸展以与外力相适应，因而在材料内部产生内应力。但是链段的热运动又可以使某些链缠结散开，以至于分子链之间可以产生小的相对滑移；同时链段运动也会调整构象使分子链逐渐地恢复到原来的蜷曲状态，从而使内应力逐渐地消除掉，进而表现在恒温下保持一定的恒定应变时，材料的应力随时间呈指数关系衰减的现象，即应力松弛。这是由于交联聚合物不能产生质心位移，应力只能松弛到平衡值，是高分子链的构象重排和分子链滑移的结果。

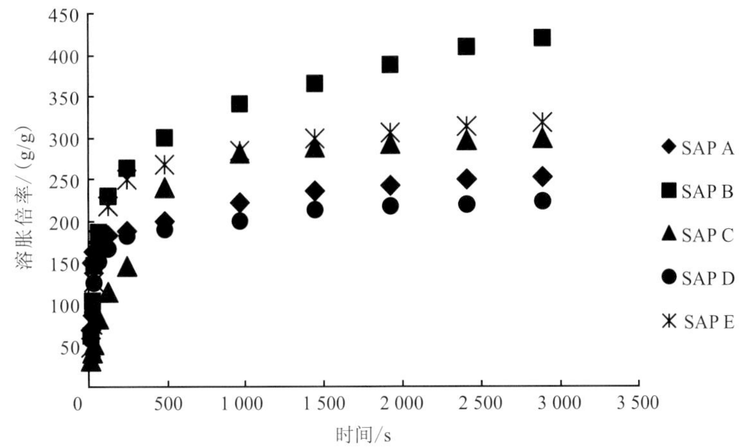

图 5.10 不同类型 SAP 在去离子水中的溶胀倍率随时间的变化

温度、交联度等都是影响 SAP 蠕变的主要因素。在本小节中，各材料的实验温度相同，因而，不同材料溶胀倍率随时间的变化不同主要与材料自身结构、交联程度等有关。

对于高吸水性树脂的溶胀行为，通常采用基于 Voigt 黏弹模型的二次动力学方程来描述：

$$\frac{t}{Q}=\frac{1}{k_s\cdot Q_\infty^2}+t\cdot\frac{1}{Q_\infty} \tag{5.4}$$

式中：t 为溶胀时间，s；Q 为某一时刻的溶胀倍率，g/g；k_s 为溶胀速率常数，g/(g·s)；Q_∞ 为最大溶胀倍率，即平衡溶胀度，g/g。

图 5.11 显示了五种 SAP 在去离子水中的 t/Q-t 关系曲线。根据式（5.4），通过曲线拟合方程的斜率和截距可以计算出树脂最大溶胀度 Q_∞(g/g)和溶胀速率常数 k_s(表 5.19)。对式（5.6）求导，还可得到树脂的初始溶胀速率[$(dQ/dt)_0$]（表 5.19）。

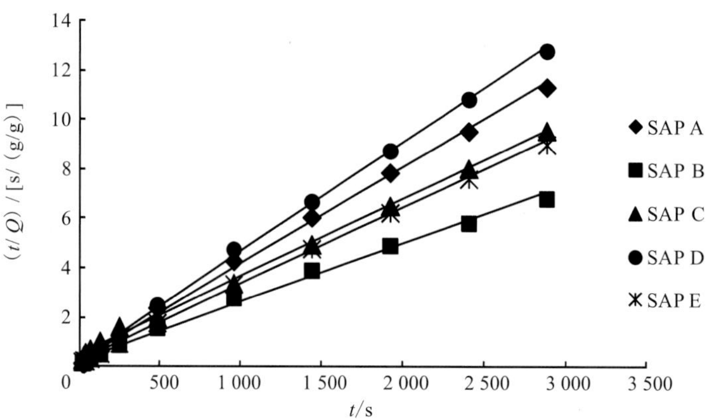

图 5.11　不同类型 SAP 溶胀度-时间曲线

表 5.19　不同类型 SAP 在去离子水中的溶胀速率参数

类型	k_s/[g/(g·s)]	Q_∞/(g/g)	$(dQ/dt)_0$/[g/(g·s)]	r^2	SR/[g/(g·s)]
SAP A	0.000 067	256.4	4.42	0.99*	0.55
SAP B	0.000 021	416.7	3.67	0.99*	0.83
SAP C	0.000 019	322.6	1.97	0.99*	0.59
SAP D	0.000 089	227.3	4.62	0.99*	0.61
SAP E	0.000 045	322.6	4.64	0.99*	0.85

注：*拟合结果均为 P<0.000 1 极显著水平下结果

由图 5.11 可知，SAP D 斜率最大，表明其平衡溶胀度最小，SAP B 斜率最小，表明其平衡溶胀度最大，在去离子水中的吸水能力最强。考察表 5.19 也可发现，各 SAP 材料根据式(5.6)得到的理论平衡溶胀倍率（Q_∞）与各 SAP 实测最大溶胀倍率（表 5.14）基本一致。在五种 SAP 中，SAP D、SAP E 的初始溶胀速率[$(dQ/dt)_0$]最大，分别为 4.62 g/（g·s）和 4.64 g/（g·s），表明这两种 SAP 在接触水后能最快地吸收水分。SAP C 的初始溶胀速率则最小，只有 SAP D、SAP E 的不到 50%。绘制五种 SAP 在去离子水中的 Q/t-t 关系曲线（图 5.12），发现对于

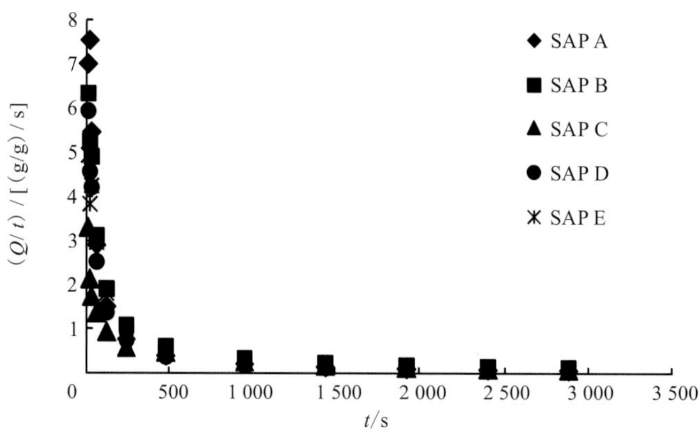

图 5.12　不同类型 SAP 溶胀速率曲线

各类型 SAP，溶胀速率最大时刻均为初始时刻，然后，溶胀倍率迅速降低，并随着时间推移，SAP 溶胀速率迅速减小。这反映了前述高分子聚合物的应力松弛过程。在接触水的瞬间，高分子内部发生形变，随之链段开始热运动，构象调整，由于内应力的产生和存在，分子结构形变速率变缓，特别是到后期，形变微小，并最终达到应力平衡，形变速率为 0，此时，高分子材料达到平衡溶胀。

Q/t-t 曲线（图 5.12）斜率即为各类型树脂的平均溶胀速率（swelling rate，SR）。对于式（5.4），令 $A=\frac{1}{k_s \cdot Q_\infty^2}$，$B=\frac{1}{Q_\infty}$，则式（5.4）可写作

$$t/Q=A+Bt \tag{5.5}$$

对式（5.5）进行求导，可以得到

$$\mathrm{SR}=[\mathrm{d}Q/\mathrm{d}t]_\infty=\int[(1-B\cdot Q)/(A+B)\cdot t] \tag{5.6}$$

由式(5.6)求得各类型树脂的 SR(表 5.19)。可以看出，初始溶胀速率最大[4.64 g/(g·s)]的 SAP E，其平均溶胀速率[0.85 g/(g·s)]也为五种 SAP 中最大；SAP C 的初始溶胀速率[1.97 g/(g·s)]明显小于其他类型树脂，平均溶胀速率小于 SAP B、SAP E，与 SAP D 相近，表明其接触水后保持相对较大的吸水速率；而 SAP A，虽然其初始溶胀速率较大[4.42 g/(g·s)]，但是平均溶胀速率最小[0.55 g/(g·s)]。

据前所述，高分子聚合物在吸水过程中的表现取决于其内部分子结构，与其力学松弛行为（即黏弹性）有关，反映了其尺寸的稳定性及长期负荷能力。SAP 材料的溶胀速率及平衡时间，体现了其内部分子结构构象调整及内应力的表现。根据表 5.19 的结果，SAP B 应力平衡时，其高分子链的键长、键角变化引起的形变最大，因而平衡溶胀倍率最大；SAP E 的瞬时弹性形变最大，从而具有最大的初始溶胀速率。

（3）SAP 的保水能力

应用加热法对五种类型的 SAP 产品进行保水能力的考察。由图 5.13 可以看出，各类型 SAP 水凝胶的质量均随加热时间的延长而减小，但变化程度不同。SAP 水凝胶质量与加热时间拟合曲线的斜率反映了凝胶质量随加热时间变化的速率。由表 5.20 可以看出，

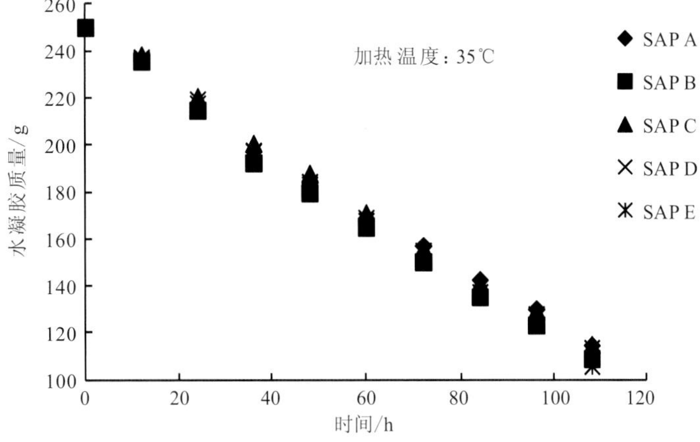

图 5.13　各类型 SAP 水凝胶质量随加热时间的变化

表 5.20　不同类型 SAP 水凝胶质量与加热时间的拟合关系

拟合参数	SAP 类型				
	A	B	C	D	E
a	−1.28	−1.31	−1.27	−1.28	−1.33
b	248.00	246.24	249.91	248.00	249.76
r^2	0.99	0.99	0.99	0.99	0.99

注：①水凝胶质量与加热时间用公式 $M = at + b$ 进行拟合，其中，M 为 SAP 水凝胶质量，g，t 为加热时间，h；②拟合结果为极显著性水平 $P<0.000\,1$ 下的结果；加热温度为 35 ℃

SAP 的斜率最大，表明其在加热条件下失水的速度最慢，即对水分的保持能力最强；SAP A、SAP D 的速率仅次于 SAP C（−1.28），而 SAP B 和 SAP E 的斜率最小（−1.31 和−1.33），表明其保水能力相对较弱。根据表 5.21 中列出的各类型 SAP 保水率随时间变化的差异显著性也可以看出，不同类型 SAP 水凝胶质量随加热时间的变化存在差别。SAP A 和 SAP C 的水凝胶质量随加热时间延长而减小，但相邻两次的称量值差异不显著（α=95%），表明其凝胶质量的变化程度较小；SAP B 和 SAP E 水凝胶质量随加热时间的延长而显著性减小（α=95%），而 SAP D 水凝胶质量随加热时间的变化大于 SAP A、SAP D，但小于 SAP B、SAP E。从而再次证明了在加热条件下，SAP B 和 SAP E 的保水能力相对较差，而 SAP C 的保水能力较强。

但各类型 SAP 的保水能力虽有所差异，但供试五种 SAP 产品均具有较强的保水能力。在加热 108 h 后，其保水率仍保持在 40%以上（表 5.21）。其中，SAP C 的保水率最高，为 46%，比保水率最低的 SAP E 高出约 4 个百分点。同时，各类型 SAP 水凝胶在加热条件下失水的速率均匀，与时间呈极显著线性相关（$P<0.0001$，r^2=0.99）（表 5.20）。

表 5.21　不同类型 SAP 保水率随时间的变化

类型	时间/ h									
	0	12	24	36	48	60	72	84	96	108
SAP A	100 a	94.4 ab	86.4 bc	79.0 cd	73.6 de	67.5 ef	62.9 fg	57.1 gh	52.1 hi	45.9 i
SAP B	100 a	94.3 b	85.9 c	76.9 d	71.8 e	66.0 f	60.1 g	54.1 h	49.3 i	43.6 j
SAP C	100 a	95.3 ab	88.3 bc	80.3 cd	75.1 de	68.5 ef	62.5 fg	56.6 gh	51.8 hi	46.0 i
SAP D	100 a	94.6 a	87.8 b	78.9 c	73.3 c	67.1 d	61.7 d	55.8 e	51.2 ef	45.4 f
SAP E	100 a	94.9 b	87.1 c	79.1 d	73.7 e	67.6 f	62.0 g	55.0 h	49.3 i	42.4 j

注：① 表中各类型 SAP 的保水率用加热蒸发至某时刻后 SAP 水凝胶的质量与饱和吸水未蒸发前水凝胶质量之比(%)；② 表中差异显著性分析为 α=95%水平下的分析结果

高吸水性树脂的保水能力是指吸水溶胀后的水凝胶保持其吸附的水溶液不离析的能力，是反映所获溶液是否能被充分利用并长期得以应用的一项重要指标，与高分子材料的官能团及性能有关。对于五种供试 SAP 类型，SAP C 在加热条件下的保水能力最强，这可能与聚丙烯酰胺-无机矿物复合型树脂内部结构中含有线型结构有关。

2. 不同类型保水剂的保肥特性

SAP 水凝胶在吸收水分的同时，还能吸持一些营养元素，从而延缓它们的溶解，进而达到控释的作用。继而，植物能够获得更多肥料，得以促进增长（Liu et al.，2007）。氮肥施加能够补给土壤氮素，是当前维持土地生产力的主要措施。但由于适用于农田的氮素常存在难以被土壤吸附，或易于挥发、溶解性大等原因，造成严重的水土氮污染。因此 SAP 作为重要的新型土壤外源添加剂，其对氮素的保持效能是本小节考察 SAP 的重要指标之一。因此在吸附试验的基础上，考察五种类型 SAP 对氮素的吸附能力。与非电解质离子相比，电解质盐离子对 SAP 吸水性能的影响较大，现有较多研究已支持了这一观点（黄震 等，2010；杜建军 等，2007；黄占斌 等，2002；李长荣 等，1989），本小节的结果也对此予以了证实，而电解质离子对 SAP 吸水量的影响也是干扰其吸附氮素的重要原因，因此仅对五种供试 SAP 对电解质氮素类型，即 NH_4^+ 和 NO_3^- 的吸附进行探讨。

对五种类型的 SAP 对铵态氮和硝态氮的吸附性能进行考察。图 5.14 显示了各类型 SAP 对铵态氮和硝态氮的等温吸附曲线。根据图 5.14，各类型树脂对铵态氮和硝态氮的吸附量均呈现随吸附工作液浓度增加而增大的整体趋势，但变化速率有所变化：在吸附工作液浓度较低时，铵态氮和硝态氮的吸附量受浓度变化的影响较大，而在吸附工作液浓度较高时，其影响相对较小。本试验中 SAP 对铵态氮和硝态氮的等温吸附可大致分为两个阶段：平衡液浓度＜100 mg/L 时为第一阶段，此时 SAP 对铵态氮和硝态氮的吸附量随初始浓度的增大而迅速增大，即在此阶段，等温吸附曲线的斜率较大，为 SAP 对铵态氮和硝态氮的快速吸附阶段；平衡液浓度＞100 mg/L 时为第二阶段，此时 SAP 对铵态氮和硝态氮的吸附量随初始浓度增大得较为缓慢，即在此阶段，等温吸附曲线的斜率较小，为 SAP 对铵态氮和硝态氮的慢速吸附阶段。在此阶段后，SAP 对铵态氮和硝态氮的吸附趋于平衡。

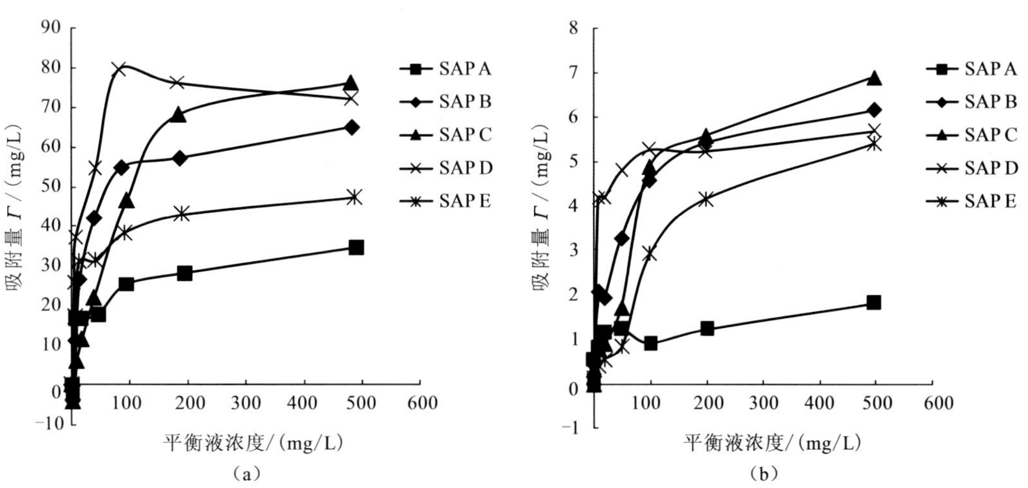

图 5.14　不同类型高吸水性树脂对铵态氮（a）和硝态氮（b）的等温吸附曲线

无论是对于铵态氮还是硝态氮溶液，各类型树脂吸附工作液浓度为 0 时，其吸附量均为不同程度的负值，表明这 3 种树脂在不同浓度 NH_4Cl 和 KNO_3 溶液中没有吸附 NH_4^+ 或 NO_3^-，反而释放出一定量的 NH_4^+ 或 NO_3^-，且释放出的 NH_4^+ 远大于 NO_3^- 的量。这主要是与高吸水性树脂制备过程中考虑土壤对养分的需求，向其中加入一定的养分有关；而 SAP C 在浓度为 0 的工作液中释放出的 NH_4^+ 的量大于其他类型 SAP，可能与聚丙烯酰胺类 SAP 的酰胺基在水中水解产生 NH_4^+ 有关。

对铵态氮的吸附[图 5.14（a）]，在低浓度铵态氮吸附工作液中（＜100 mg N/L），SAP D 和 SAP B 具有最大的吸附速率和吸附量，SAP A 和 SAP D 次之。SAP C 在吸附工作液质量浓度为 0～50 mg/L 时，吸附速率小于其他类型 SAP，但在吸附工作液质量浓度为 100 mg/L 时，其他类型 SAP 的吸附速率均开始减小，而 SAP C 仍保持相对较大的吸附速率，随着吸附工作液浓度的增大，其吸附量逐渐超过其他类型 SAP，并在吸附工作液质量浓度为 500 mg/L 时，吸附量达到最高。结合 SAP 在电解质氮肥溶液中保水性能的分析（表 5.17），SAP C 具有较强的吸水能力和耐盐性，在盐溶液浓度较高时仍能发挥其性能。

对硝态氮的吸附[图 5.14（b）]，吸附工作液质量浓度在 0～50 mg/L 时，SAP B 和 SAP E 吸附量随工作液浓度增大的变化速度最快，其余三种类型 SAP 的变化则相似；SAP A 在吸附工作液质量浓度为 50 mg/L 时的吸附量已趋于平衡，SAP C 在吸附工作液质量浓度为 50 mg/L 时吸附量表现更大的增长速率，在吸附工作液质量浓度＞100 mg/L 时，其吸附量大于其他类型 SAP。

Langmuir 方程是吸附理论的重要基本公式，其数学公式简单，参数物理意义明确，是描述等温吸附最常采用的方程：

$$\Gamma = \frac{C \times k \times \Gamma_\infty}{1 + C \cdot k} \tag{5.7}$$

式中：Γ 为吸附量，mg/g；C 为平衡液浓度，mg/L；Γ_∞ 为平衡吸附量，或称最大吸附量，mg/g；k 为平衡常数。

将式（5.7）变形，可得

$$\frac{C}{\Gamma} = \frac{1}{k \cdot \Gamma_\infty} + \frac{C}{\Gamma_\infty} \tag{5.8}$$

从而，以 C/Γ-C 作图得直线。由截距和斜率可计算最大吸附量 Γ_∞ 和平衡常数 k。

将各类型 SAP 对铵态氮和硝态氮的吸附情况分别应用 Langmuir 方程和线性方程进行拟合，结果列于表 5.22。辅以表 5.22 分析可知，五种类型的 SAP 对铵态氮和硝态氮的等温吸附符合 Langmuir 模型，在极显著水平下，决定系数大于 0.90。Γ_∞ 为 SAP 的最大吸附能力。根据表 5.22，SAP C 对铵态氮的平衡吸附量最大（87.72 mg/g），比第二位的 SAP D（70.42 mg/g）多出近 20 mg/g，是最小的 SAP A 平衡吸附量（34.48 mg/g）的约 2.5 倍。对于硝态氮的吸附，SAPC 也表现出最大的平衡吸附量（8.39 mg/g），SAP E 次之，为 7.41，远大于平衡吸附量最小的 SAP A（1.82 mg/g）。对比各类型 SAP 对铵态氮和硝态氮吸附的最大吸附量可以发现，对于每一种 SAP，其对铵态氮的吸附能力均大于对硝态氮。平衡常数 k 能够在一定程度上反映材料吸附溶质的能级，k 值越大，表明反应自发程度越强（夏瑶　等，2002）。根据五种 SAP 对铵态氮和硝态氮吸附的 k 值也可看出，SAP 对铵态氮吸附时的 k 值大于对硝态氮吸附时的 k 值，也表明五种 SAP 材料对铵态氮的吸附能力强于对硝态氮的吸附。

表 5.22　不同类型高吸水性树脂对 NH_4^+ 和 NO_3^- 等温吸附方程的拟合参数

氮素类型	SAP类型	Langmuir 方程参数 $C/\Gamma=1/(k\cdot\Gamma_\infty)+C/\Gamma_\infty$			Linear 方程参数 $\Gamma=aC+b$		
		Γ_m/（mg/g）	k	r^2	a	b	r^2
铵态氮	SAP A	34.48	0.06	0.98***	0.06	10.71	0.57*
	SAP B	65.79	0.08	0.98***	0.11	18.61	0.56*
	SAP C	87.72	0.02	0.90***	0.16	10.61	0.76***
	SAP D	70.42	−0.11	0.98***	0.12	29.44	0.40ns
	SAP E	46.95	0.17	0.98***	0.08	17.22	0.48ns
硝态氮	SAP A	1.82	0.03	0.95***	0.002	0.70	0.57*
	SAP B	6.51	0.03	0.99***	0.010	1.80	0.66*
	SAP C	8.39	0.01	0.91***	0.014	1.12	0.76***
	SAP D	5.82	0.07	0.99***	0.007	2.87	0.31ns
	SAP E	7.41	0.01	0.72*	0.011	0.63	0.85***

注：***代表极显著水平，$P<0.005$；　**代表很显著水平，$P<0.01$；*代表显著水平，$P<0.05$；ns 代表不显著

Langmuir 方程由于其中两个常数（Γ_∞，k）的物理意义明确而较多地被应用在土壤、材料的吸附研究中，并取得较好结果。较多研究在材料或土壤对营养元素钾、磷等的吸附过程的研究中，发现其等温吸附过程符合 Langmuir 方程。邓丽莉等（2009）对聚丙烯酰胺和几种强化剂对土壤氮素的吸持作用进行了等温吸附试验，除得到材料对氮素吸附量和吸持率随溶液浓度变化的类似趋势外，也发现材料对氮素的吸附量与氮溶液浓度间符合 Langmuir 曲线关系（$r^2>0.95$，$P<0.05$）。土壤胶体常带负电荷，易于吸附固定铵态氮，而对硝态氮的吸附能力极弱，这也是硝态氮在土壤中较铵态氮更易流失，从而造成面源污染和地下水污染的主要原因。虽然本试验处理中未添加土壤，且本小节研究未应用紫色土，但管中窥豹，高吸水性树脂材料对铵态氮和硝态氮的吸附能力远大于土壤本身，虽然对硝态氮的吸附量也相对较小，但也显著高于土壤自身吸附能力。

将 SAP 对铵态氮和硝态氮的吸附量与吸附工作液浓度进行线性拟合，发现 SAP D、SAP E 对铵态氮及 SAP D 对硝态氮的吸附规律不符合线性方程（$P>0.05$），其余 SAP 类型对铵态氮和硝态氮的吸附量与吸附工作液浓度呈显著线性关系（$P<0.05$），但决定系数（r^2）小于应用 Langmuir 方程拟合的结果。虽然 SAP 对氮素的吸附量与吸附工作液总体呈正比例关系，但根据线性拟合方程参数可以发现，a 值只有 0.002～0.160，即吸附工作液浓度变化 1 mg/L，SAP 对氮素的吸附只增加 0.002～0.160 mg/g。由图 5.14 可以看出，在初始阶段，SAP 对氮素的吸附速率较快，而后期则逐渐缓慢，直至达到平衡，虽然对氮的吸附量呈增大趋势，但吸附量所占吸附工作液中氮素含量的比率，即吸持率，

却不断降低。现有一些研究（Bai et al. 2008；苟春林 等，2006）也针对特定高吸水性树脂，设定氮肥浓度值，考察了高吸水性树脂对氮肥的吸附。虽然未进行与本小节同样的等温吸附试验，发现高吸水性树脂在氮肥溶液中随氮肥浓度的升高，氮的吸持量增大，但吸持率却降低。这与本小节所得趋势相同。

5.4　保水剂对土壤结构改良的效应

SAP 自身有多种官能团，能与周边土壤发生各种物理化学反应而促进土壤结构改变，增加土壤的团聚体数量。黄占斌等（2002）采用室内模拟试验和田间试验，通过分析结果表明了保水剂的施用可以促进土壤团粒结构的形成，而且对不同粒径土壤的团粒结构形成所起的效果不同。实验表明，SAP 对 0.5～5.0 mm 土壤粒径的大团粒形成效应明显，经过比较发现，SAP 添加量 0.005%～0.01%使土壤团聚体增加效果最明显。根据 SAP 在土壤溶液中吸水倍数降低 60%左右的结果反推（黄占斌 等，2005），SAP 直接作用土壤水分的效应为 40%，其余效应为其提高土壤吸水能力，增加土壤含水量，SAP 改良土壤结构的效应则占其效应力的 60%。正是该效应使土壤的容重下降、孔隙度增加，土壤的水、肥、气、热得到协调而促进作物生长。研究证明，土壤加入 0.1%保水剂在 15%坡度模拟降雨条件下，土壤第一次降雨的水分入渗率达到 11 mm/h，较无保水剂土壤对照处理高 43%，土壤径流量和土壤流失量分别较对照降低 1% 和 34%；第二次降雨时的水分入渗率、水分和土壤流失量分别较对照高 44%、5%和 9.4%（黄占斌 等，2002）。本节有关保水剂对土壤结构方面的改良效应主要参考李嘉竹（2012）和刘陆涵（2015）的论文研究。

5.4.1　土壤结构表征

对使用保水剂前后的淋溶土壤分别进行了扫描电镜（scanning electron microscope，SEM）和能谱（energy dispersive spectrometry，EDS）分析，对其结构变化进行了表征。

1. 使用环境功能材料前后土壤的比表面积变化

采用氮吸附法比表面积测定仪，通过对使用环境功能材料前后的比表面积进行测定，结果见表 5.23。

表 5.23　功能材料使用后的比表面积变化

种类	未加环境功能材料的土壤	吸附性材料	煤基营养材料	添加三种环境功能材料后的土壤
比表面积/(m^2/g)	9.44	12.25	11.27	10.02

从表 5.23 可以看出，与未加环境功能材料的土壤相比，添加三种环境功能材料的土壤具有更大的比表面积。因此，添加三种环境功能材料的土壤具有更好的吸附能力。

2. 扫描电镜表面土壤结构分析

图 5.15 为在扫描电镜下放大 2 000 倍的使用环境功能材料前后的淋溶土壤结构变化。

从图 5.15 中可以看出，未加环境功能材料的淋溶土壤颗粒较小，且比较松散。而添加三种环境功能材料后的淋溶土壤，形成土壤团聚体，改善了土壤的物理结构，有利于土壤自身对水肥的保持并为植物根系的良好生长提供条件。

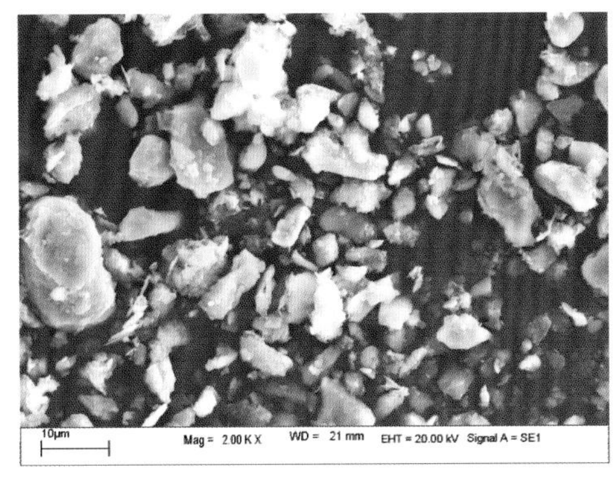

（a）未添加任何材料的淋溶土壤

（b）添加三种环境功能材料的淋溶土壤

图 5.15　使用环境功能材料前后的淋溶土壤结构

用氮吸附法对施加材料前后土壤及吸附性材料、煤基营养材料的比表面积进行了测定；采用电泳仪测定施用不同材料组合后土壤的表面 Zeta 电位。

3. 使用环境功能材料前后土壤的 Zeta 电位变化

固体在溶液中的荷电性质影响固体表面性质和界面区的电荷转移反应及其进行的速度。一般情况下，固体物质在溶液中能选择性地吸附某种离子，若静电引力越强，则越易生成配位键等化学键。因而比较使用环境功能材料前后土壤的 Zeta 电位，对于说明各种环境功能材料的添加对保氮效果的差异很有帮助。

采用测土壤表面物质微粒电动电位的方法测定土壤表面 Zeta 电位。分别将施有环境功能材料前后的土壤（过 1 mm 筛）倒入装有去离子水的 1 L 烧杯中，搅拌 5 min，静置沉淀 10 min，将少量悬浊液倒入调节完 pH、$NaNO_3$ 离子强度约为 0.01 m 的溶液中，混合均匀。取部分混合液置入电泳仪，测定电泳迁移度，计算悬浮物颗粒电动电位，即为土壤表面 Zeta 电位。

从表 5.24 可以看出，与未加环境功能材料的土壤相比，添加三种环境功能材料后的土壤的 Zeta 电位变得带负电更多，从而更易于吸附阳离子。

表 5.24　功能材料使用的 Zeta 电位变化

种类	未加环境功能材料的土壤	高吸水性树脂 SAP	吸附性材料 ZL	煤基营养材料 HA	添加三种环境功能材料后的土壤
Zeta 电位/mV	−32.69	−30.48	−39.68	−32.85	−35.82

4. 环境功能材料前后土壤 pH 的变化

分别对使用不同环境功能材料，在硝酸铵和尿素两种氮肥条件下的多次淋溶后的土壤 pH 进行分析，结果见图 5.16 和图 5.17。

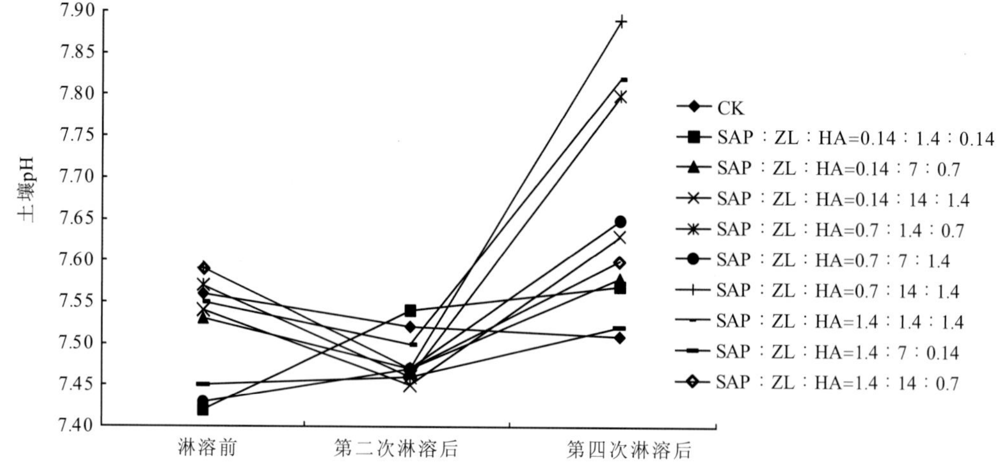

图 5.16　不同环境功能材料在硝酸铵氮肥条件下的多次淋溶后的土壤 pH 变化

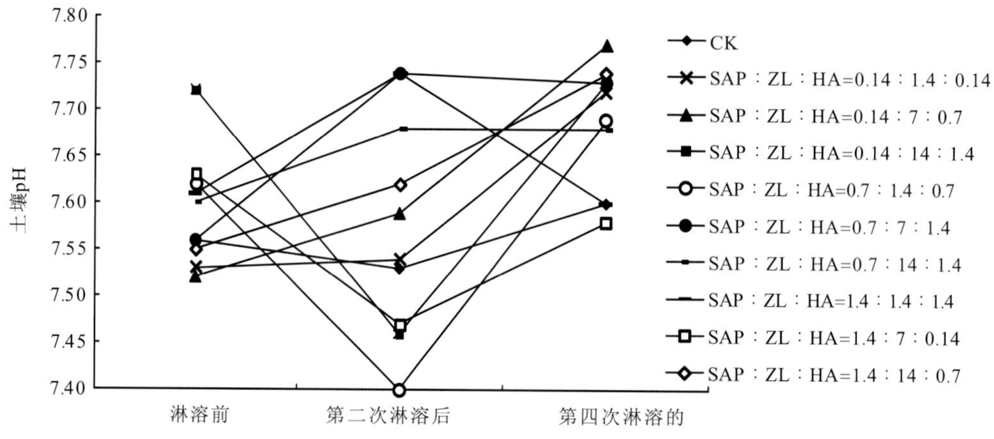

图 5.17　不同环境功能材料在尿素氮肥条件下的多次淋溶后的土壤 pH 变化

由图 5.16 和图 5.17 可知，土壤 pH 大都有先降低后升高的趋势，分析原因是氮肥中的氨氮等碱性物质吸附在土壤和功能材料上，转变了形态，造成了土壤碱性降低的现象。在多次淋溶后经过生物的作用，吸附在土壤上面的碱性物质重新释放，造成了土壤碱性升高。与土壤 pH 相比，添加环境功能材料后的土壤 pH 升高，但升高程度有限，仍接近于中性，不会造成氮肥挥发等对氮肥保持不利的影响。

5.4.2　不同保水剂对土壤结构的影响

选三种不同类型：保水剂 A 为高分子聚丙烯酸盐类保水剂；保水剂 B 为有机-无机复合类保水剂；保水剂 C 为多功能类保水剂。经过 8 次浇水淋溶，保水剂对土壤水分都具有保持作用，但三种类型保水剂的效果存在差异，不论是根据土壤含水率变化还是淋溶液的变化，都可以看出这一点（黄震 等，2010）。

1. 不同类型保水剂对含尿素土壤的水分保持

在施用尿素肥料的情况下，A、B 两种保水剂对土壤含水率的影响相当，但显著高于对照；C 处理土壤含水率较对照稍有提高（图 5.18）。第一次淋溶后，A、B、C 保水剂处理比对照的土壤含水率分别提高 6.5%、6.3%、2.8%；第七次淋溶后，A、B、C 保水剂处理比对照的土壤含水率分别提高 4.2%、4.2%、2.8%。比较可得，A、B 两种保水剂在施用尿素肥料和 0.2%保水剂土壤下，提高土壤含水率 4.2%～6.5%，保水剂 C 提高土壤含水率 2.8%左右。

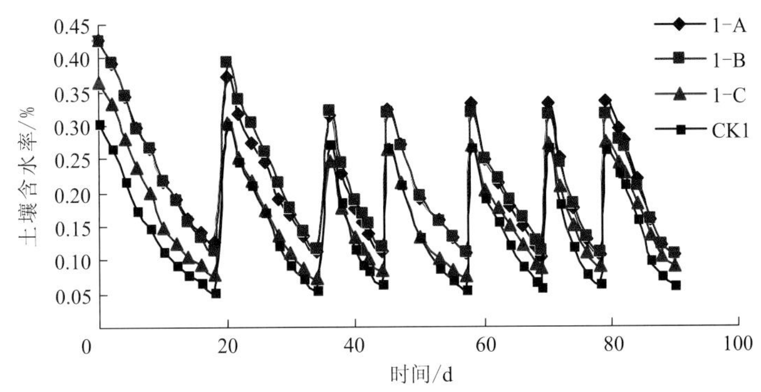

图 5.18　施加尿素组 8 次淋溶土壤含水率的变化

2. 不同类型保水剂对含硝酸铵土壤的水分保持

在施用硝酸铵肥料情况下，三种保水剂对土壤含水率的影响都显著高于对照（图 5.19）。前三次浇水的保水剂 B 处理土壤含水率最高，后五次浇水的保水剂 A、B 处理土壤含水率相当，保水剂 C 处理的土壤含水率较对照有一定提高。第一次淋溶后，保水剂 A、B、C 处理比对照的土壤含水率分别提高 3.3%、5.3%、2.3%；第七次淋溶后，A、B、C 处理比对照的土壤含水率分别提高 3.2%、4.1%、1.9%。可以得到，与对照相比，施用硝酸铵肥料下，保水剂 A、B、C 提高土壤含水率较尿素条件下都有所降低，其原因可能与硝酸铵肥料的离子效应有关，但提高土壤含水率的顺序没有变化。

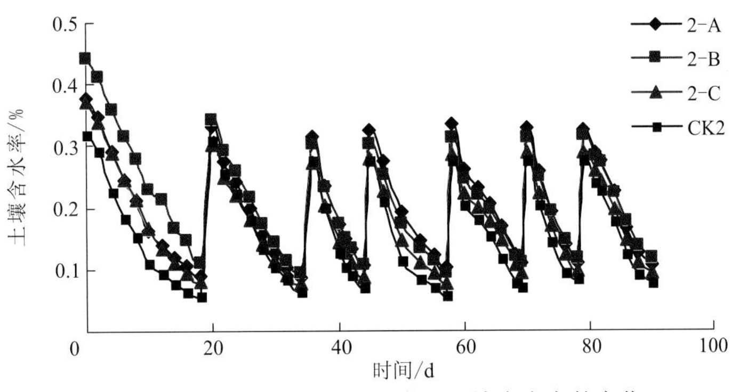

图 5.19　施加硝酸铵组 8 次淋溶土壤含水率的变化

5.5 保水剂及其复合肥对植物的生长效应

5.5.1 保水剂对植物生长的作用原理

保水剂植物效应与保水剂的应用方法相关，保水剂处理种子是为种子提供相对湿润的小环境，促进植物种子发芽；土壤穴施或沟施应用保水剂，主要是改善植物根际水土环境，形成干湿交替或植物部分根系受旱，受旱根系产生 ABA（脱落酸）信号，随植物茎秆运输到叶片部分调节气孔，减少蒸腾作用，从而调控植物生理节水。实验证明作物在其生长发育过程中具有适应土壤干湿交替环境的能力，即作物在受到一定程度的水分胁迫时，能够通过补偿效应来弥补产量减少或减少损伤。当保水剂应用于土壤中时，随着土壤水分蒸发，作物根系就会出现部分处于高水势和其他部分处于低水势的状况，处于低水势的根系中，脱落酸含量增加，经木质素导管运输到作物地上部分，作物叶片根据 ABA 强度，调节气孔开度，减少蒸腾。同时，根系经过一定程度的水分胁迫复水后，水分传导速率高于未胁迫对照的根系。这两方面作用使作物根系表现出补偿效应，提高植物抗旱能力。

目前保水剂已经在林业生产和大田中进行了大规模的示范应用，示范作物达 60 多种，年推广面积达到 300 万亩以上。我国政府在“十五”“十二五”期间都专门设立了保水剂系列产品的研制与产业化开发的相关课题，力求把保水剂的研究、生产和推广提升到一个更高的档次。保水剂已经被业内专家称为是继化肥、农药、地膜之后的第四种最有希望被农民接受的新型农用制品，但对不同气候、地区、土壤、作物的保水剂施用方式和最佳使用量，以及保水剂与其他环境材料的混合施用对土壤及农作物的影响是需要进一步研究的问题。接下来关于保水剂及其复合肥对植物生长效应的影响主要参考陈威（2012）的论文研究。

5.5.2 保水剂对植物生长效应的影响

本小节针对保水剂的作用机理和保水剂与其他材料的协同作用，从土壤学和生态学相结合的角度出发，将不同的环境材料进行组合与氮肥混施到土壤中，采用室内土柱淋溶模拟实验方法和盆栽实验方法，通过不同环境材料对土壤水分、氮肥的淋溶效应变化和对植物生长的效应变化，揭示保水剂及其复合肥对土壤水分、土壤肥力及植物生长变化的规律，为揭示其作用机理，提高氮肥利用率、减少氮素污染提供借鉴。

采用室内模拟实验，选用玉米为实验材料，研究环境材料单一和复合处理下土壤环境质量因素 pH、电导率、氮素含量及植物生长情况的变化，揭示环境材料组合对土壤理化特性效应和植物生长效应的影响。玉米每盆种 4 穴，每穴种 2 粒，成苗后留 3 株；实验处理如下：

（1）土壤不施保水剂但施肥料，编号为 CK；

（2）土壤施用保水剂与肥料，编号为 A；

（3）土壤施用腐殖酸与肥料，编号为 D；

（4）土壤施用沸石与肥料，编号为 F；

（5）土壤施用保水剂、腐殖酸与肥料，编号为 AD；

（6）土壤施用腐殖酸、沸石与肥料，编号为 DF

（7）土壤施用保水剂、沸石与肥料，编号为 AF；

（8）土壤施用保水剂、腐殖酸、沸石与肥料，编号分别为 ADF；

编号 A 为保水剂，D 为腐殖酸，F 为沸石，肥料为尿素；样品数为 8 处理×3 个重复=24 盆；使用 PVC 塑料花盆，每盆装土 7 kg，预先拌肥及添加环境材料种植管理；水分控制在田间最大持水量，准确记录每次浇水量。玉米取样选在苗期、拔节期和成熟期，取样时每盆取一株进行测定。植物的生长指标和土壤的理化指标的测定选在苗期、拔节期、开花期和成熟期，比较不同处理下植物的生长、生物量和水分利用率，同时测定植物在不同生长阶段对干旱缺水的抵御能力变化；分析不同改良剂及其组合对植物直接效应的机理和长期作用效果。

1. 对玉米株高及叶面积的影响

株高是衡量作物生长状况的基本指标，和光能利用也有密切关系。植株的高矮直接影响光能的利用率，植株过高，水平方向上的投影过大将不利于光能的作用，但如果植株过矮则导致叶片间距小也会导致相互间遮光严重。叶面积也是衡量作物生长状况的重要指标，反映了光合有效面积的大小和光能截获的多少，影响植物光合、蒸腾作用和干物质的积累。

由图 5.20 可知，在苗期，单一环境材料保水剂 A 和沸石 F 的株高比对照 CK 要高，分别增加了 15.85%和 2.44%。功能材料腐殖酸 D 处理的株高要低于对照 CK。与对照 CK 相比，复合环境材料处理都促进了作物苗期的株高，AF、ADF 处理对玉米株高的促进较大，分别增加了 16.34%和 18.90%，ADF 处理对玉米的株高促进最大。

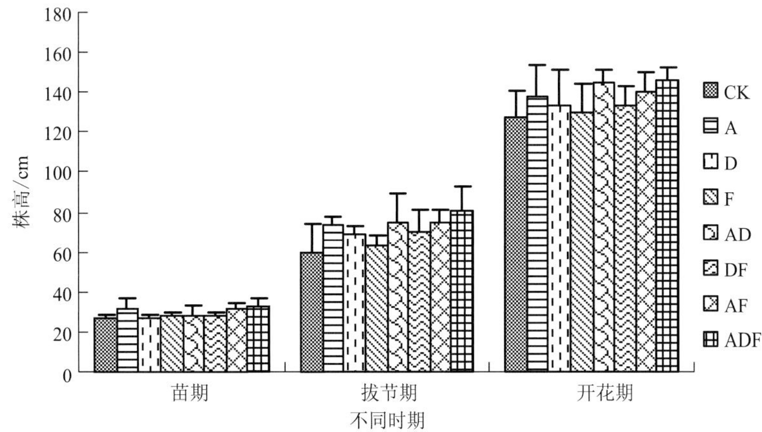

图 5.20 不同处理对玉米株高的影响

在拔节期，与对照 CK 相比，单一环境材料处理和复合环境材料处理增大了玉米的株高，其中单一环境材料保水剂 A 和腐殖酸 D 对株高的影响较大，分别比对照 CK 的株高增加了 27.58%和 20.03%，沸石 F 仅增加了 10.69%，可以看出复合环境材料处理对株高的影响较大，复合环境材料组合 AD、DF、AF、ADF 处理与对照 CK 相比都使作物的株高有所提高，分别增加了 30.07%、21.43%、29.32%和 40.46%，可以看出复合环境材料组合中 ADF 处理对作物株高的影响最大，其次为 AD 和 AF 处理。

在开花期，与对照 CK 相比，单一环境材料和复合环境材料组合都促进了作物的株高，其中单一环境材料保水剂 A 和腐殖酸 D 对植株的影响较大，分别比对照 CK 增加了 8.38%和 4.19%，而沸石 F 对作物的株高已无太大影响。复合环境材料组合当中 AD、AF、ADF 处理都使玉米的株高有所增加，分别增加了 13.62%、10.21%和 14.92%，其中 ADF 处理对作物株高的增加幅度最大。

综上所述，除苗期腐殖酸 D 处理下玉米的株高低于对照 CK 外，不同处理在不同时期均增加了玉米的株高，苗期、拔节期和成熟期对玉米株高影响最大的均为 ADF 处理。

由图 5.21 可知，在苗期阶段，单一环境材料保水剂 A、腐殖酸 D 和沸石 F 处理的作物的叶面积都比对照 CK 大，分别增加了 38.34%、2.46%和 12.54%。与对照 CK 相比，复合环境材料处理也都促进了作物苗期的叶面积增加，复合环境材料组合 AD、DF、AF 处理分别增加了 60.54%、57.30%和 69.53%，ADF 处理对作物叶面积的影响最大，增加了 109.83%。

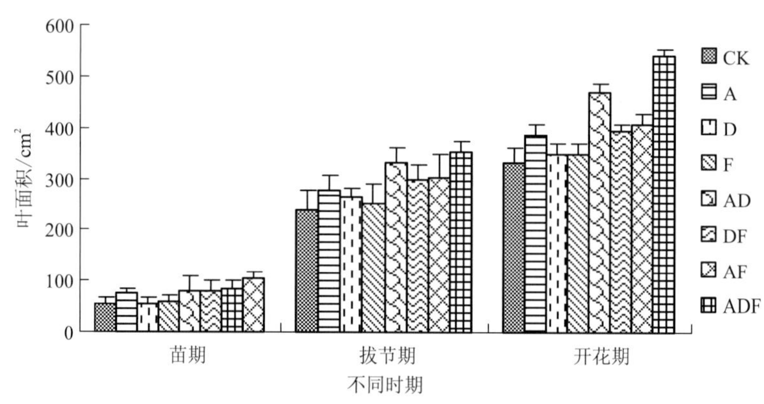

图 5.21 不同处理对不同时期玉米叶面积的影响

在拔节期，与对照 CK 相比，其中单一环境材料处理对叶面积的影响较大，分别比对照 CK 的叶面积增加了 14.96%、9.51%和 5.82%，其中单一环境材料中保水剂 A 对作物叶面积的影响最大。复合环境材料处理对叶面积的影响较大，复合环境材料组合 AD、DF、AF、ADF 处理与对照 CK 相比都使作物的叶面积有所增加，分别增加了 37.95%、25.05%、26.22%和 47.52%，可以看出复合环境材料组合中 ADF 处理对植物叶面积的影响最大，其次为 AD 处理。

在开花期，与对照 CK 相比，单一环境材料和复合环境材料组合都促进了作物的叶面积增加，其中单一环境材料保水剂 A 对作物叶面积的影响较大，比对照 CK 增加了 16.00%，而腐殖酸 D 和沸石 F 对作物的叶面积已无太大影响。复合环境材料组合当中 AD、DF、AF、ADF 处理都使作物的叶面积有所增加，分别增加了 41.77%、18.90%、

21.74%和 63.28%，其中 ADF 处理对作物的叶面积的增加幅度最大。

综上所述，在三个时期复合环境材料组合对玉米叶面积的影响均高于单一环境材料处理，其中单一环境材料处理中保水剂 A 对玉米叶面积的影响最大，三个时期均增加了玉米的叶面积，复合环境材料组合中 ADF 处理对玉米叶面积的增加幅度最大，AD 处理次之。

2. 玉米鲜重和干重的影响

鲜重是作物生长的一种表示方式，其中包括一定水分和干物质。鲜重的测定表示了植物在测定时所含的水分及干物质量，是表征植物生长状况的重要指标。玉米干物质产量的 90%以上来自叶片光合作用所制造的有机物质，产量形成表现为干物质的累积及在各个器官的分配，实际上更反映了玉米器官在各个生育时期的发生、发展和形成的动态过程，各生育期的生长中心、从属关系和它们之间的转移。

从图 5.22（a）可以看出，与对照 CK 相比，苗期单一环境材料中保水剂 A 处理和腐殖酸 D 处理都增加了玉米的鲜重，分别增加了 31.22%和 14.55%，沸石 F 处理无太大

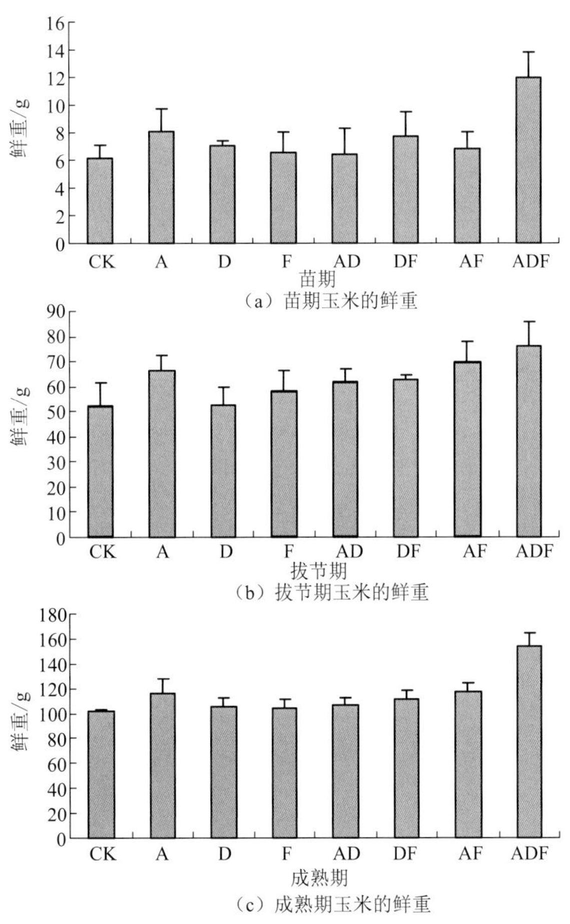

（a）苗期玉米的鲜重

（b）拔节期玉米的鲜重

（c）成熟期玉米的鲜重

图 5.22　不同处理对玉米鲜重的影响

影响。复合环境材料组合中 AD 和 AF 处理与对照 CK 之间无太大差别，DF 和 ADF 处理与对照 CK 相比明显增加了玉米的鲜重，分别增加了 25.41%和 94.10%。说明单一环境材料中保水剂 A 和复合环境材料组合中 ADF 处理对玉米苗期的鲜重影响最大。

从图 5.22（b）可以看出，与对照 CK 相比，拔节期单一环境材料保水剂 A 和沸石 F 处理增加了玉米的鲜重，分别增加了 27.47%和 11.95%，与苗期相比腐殖酸 D 对玉米鲜重的作用下降，无太大影响。拔节期复合环境材料组合下的玉米鲜重均比对照 CK 大，AD、DF、AF、ADF 组合分别增加了 18.59%、20.89%、33.32%和 45.76%。可以看出 AD 和 AF 组合在拔节期对玉米鲜重的作用开始增加，而 DF 和 ADF 组合则有所下降，但 ADF 组合仍对玉米鲜重的影响最大。

从图 5.22（c）可以看出，与对照 CK 相比，成熟期单一环境材料保水剂 A 处理下玉米的鲜重仍显著增加，增加了 13.93%，腐殖酸 D 和沸石 F 对玉米的鲜重已无显著作用。成熟期复合环境材料组合与对照 CK 相比都增加了玉米的鲜重，其中 AD、DF、AF 组合对玉米鲜重的增加幅度相比拔节期有所降低，分别为 5.08%、9.33%和 15.42%，ADF 组合对玉米的鲜重影响最大，增加了 50.78%，相比拔节期也有所增大。

综上所述，在三个时期，单一环境材料中保水剂 A 对玉米鲜重的影响较大，不同时期都增加了玉米的鲜重。与对照 CK 相比，所有处理当中复合环境功能 ADF 组合对玉米鲜重的增加效果最明显，三个时期分别增加了 94.10%、45.76%和 50.78%。不同处理在不同时期对玉米鲜重的影响效果不同。

如图 5.23（a）所示，与对照 CK 相比，苗期单一环境材料处理都增加了玉米的干重，保水剂 A、腐殖酸 D、沸石 F 处理分别增加了 79.33%、71.39%和 29.81%，单一环境材

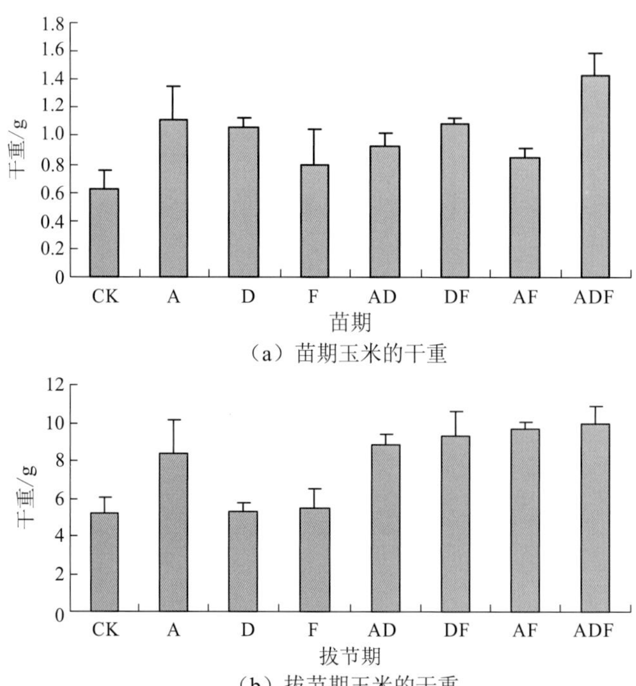

（a）苗期玉米的干重

（b）拔节期玉米的干重

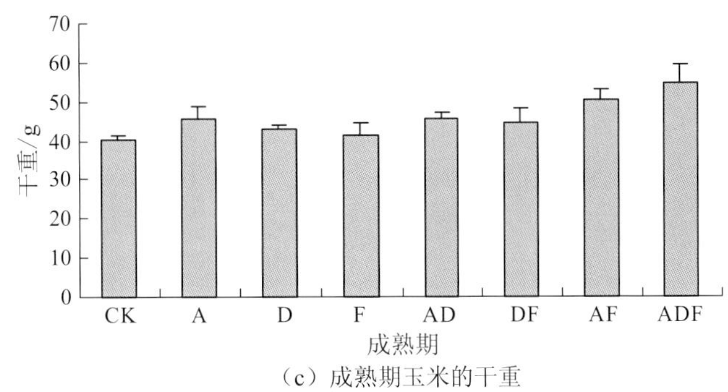

(c) 成熟期玉米的干重

图 5.23 不同处理对玉米干重的影响

料中沸石 F 在苗期对玉米干重的影响最小。复合环境材料组合处理下玉米的干重都高于对照 CK，分别增加了 51.11%、76.85%、36.38%和 132.95%。说明复合环境材料组合 ADF 处理对玉米苗期的干重影响最大。

从图 5.23（b）可以看出，与对照 CK 相比，拔节期单一环境材料保水剂 A 处理增加了玉米的干重，增加了 61.48%。与苗期相比腐殖酸 D 和沸石 F 对玉米干重的作用下降，已无太大影响。拔节期复合环境材料组合下的玉米干重均比对照 CK 大，AD、DF、AF、ADF 组合分别增加了 70.52%、78.77%、86.43%和 90.62%。可以看出 AD 和 AF 组合在拔节期对玉米干重的作用开始增加，而 ADF 组合则有所下降，但 ADF 组合仍对玉米干重的影响最大。

从图 5.23（c）可以看出，与对照 CK 相比，成熟期单一环境材料保水剂 A 处理下玉米的干重仍显著增加，增加了 13.38%，腐殖酸 D 和沸石 F 对玉米干重已无太大影响。成熟期复合环境材料组合与对照 CK 相比都增加了玉米的干重，其中 AD、DF、AF 组合对玉米干重的增加幅度相比拔节期有所降低，分别增加了 13.57%、10.96%和 25.44%，ADF 组合对玉米的干重影响最大，增加了 36.33%。

综上所述，在三个时期，单一环境材料中保水剂 A 对玉米干重的影响较大，不同时期都显著增加了玉米的干重。与对照 CK 相比，所有处理当中复合环境功能 ADF 组合对玉米干重的增加效果最明显，三个时期分别增加了 132.95%、90.62%和 36.33%。不同处理在不同时期对玉米干重的影响效果不同，如单一环境材料保水剂 A 和复合环境材料 ADF 处理在苗期、拔节期和成熟期与对照 CK 相比增加的幅度都呈下降趋势。

3. 对玉米叶片光合作用性能的影响

光合作用是绿色植物在光照作用下将水分和 CO_2 形成碳水化合物和放出氧气的过程，光合效率是光合作用蓄积的能量与所吸收的光能的比值。提高光合速率能够提高光能利用率和单位面积农作物的产量。阳光、温度、水分、矿质元素和 CO_2 等都可以影响绿叶单位面积的光合作用效率。高粱、玉米、甘蔗等 C_4 植物利用 CO_2 效率较高，光合作用效率也较高。蒸腾速率是指植物在一定时间单位叶面积蒸腾的水分，光合、蒸腾一般呈正相关，如果光合速率过高，则必然会使气孔变大，气孔导度增加，获得更多的 CO_2

才能进行细胞同化，然而气孔导度的增大必然会增加植物的蒸腾量，从而增大蒸腾速率。因而对于不同处理对于植物水分的影响直接导致了光合速率、蒸腾速率及气孔导度之间的变化。

由图 5.24（a）可以看出，在拔节期，与对照 CK 相比，单一环境材料中保水剂 A 增加了玉米的光合速率，增加了 20.82%，腐殖酸 D 和沸石 F 处理对玉米拔节期的光合

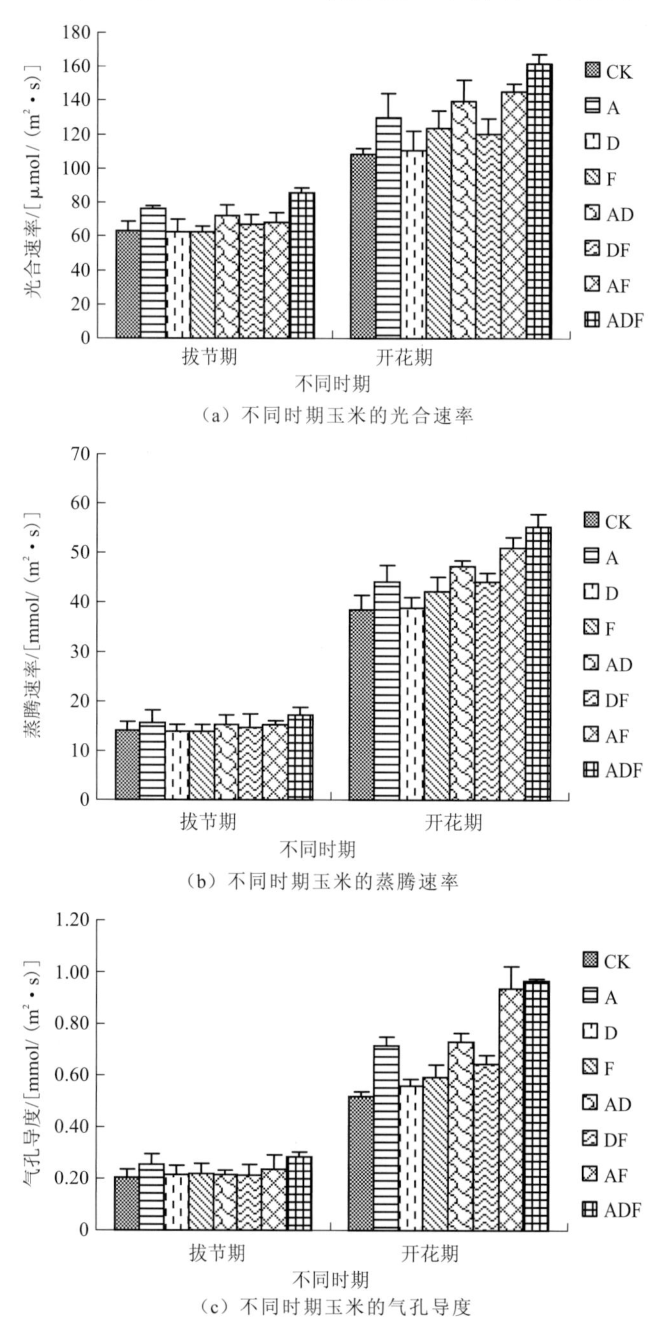

（a）不同时期玉米的光合速率

（b）不同时期玉米的蒸腾速率

（c）不同时期玉米的气孔导度

图 5.24　不同处理对玉米光合性能的影响

作用无太大影响，复合环境材料均增加了玉米的光合速率，分别增加了 14.61%、6.20%、8.70%和 36.60%，其中可以看出保水剂 A 处理和复合环境材料组合 AD 和 ADF 处理对玉米拔节期光合速率的影响较大。在开花期，与对照 CK 相比，除腐殖酸 D 处理对玉米的光合速率无较大影响外，其他处理均增加了玉米的光合速率。单一环境材料中保水剂 A 处理增加了 19.78%，和苗期的增加速率持平，沸石 F 处理有所提高，为 13.81%。复合环境材料组合在拔节期对玉米光合速率的影响均比苗期有所增加，分别增加了 28.85%、10.87%、33.71%和 49.03%。其中 ADF 组合在两个时期均对玉米的光合速率影响最大。

由图 5.24（b）可以看出，在拔节期，单一环境材料中除保水剂 A 比对照 CK 的蒸腾速率大，为 11.81%，腐殖酸 D 和沸石 F 处理均低于对照 CK，复合环境材料组合中 AD、AF、ADF 组合均比对照 CK 的蒸腾速率大，分别增加了 9.98%、4.66%和 12.36%，DF 组合在拔节期的蒸腾速率要低于对照 CK。在开花期，单一环境材料保水剂 A 处理和沸石 F 处理下玉米的蒸腾速率均比拔节期有所提高，分别为 15.11%和 8.34%，腐殖酸 D 处理仍低于对照 CK。与对照 CK 相比，复合环境材料组合 AD 和 ADF 处理在开花期玉米的光合速率比拔节期均有所下降，增加幅度分别下降为 11.93%和 8.39%，AF 处理相比较有所增加，为 15.75%，而 DF 处理仍低于对照 CK。

由图 5.24（c）可以看出，与对照 CK 相比，拔节期各处理中保水剂 A 和复合环境材料组合 ADF 处理对玉米的气孔导度影响较大，分别增加了 26.23%和 39.34%，而其他处理在拔节期对玉米的气孔导度影响较小。在开花期，单一环境材料保水剂 A 和沸石 F 处理下的玉米的气孔导度均高于对照 CK，分别增加了 37.18%和 14.10%，复合环境材料组合均有所提高，AD、DF、AF、ADF 与对照 CK 相比分别增加了 40.38%、23.71%、80.13%和 85.90%。与拔节期相比复合环境材料组合 AD、AF、ADF 处理的变化较大。

综上所述，拔节期 ADF 组合对玉米的光合速率和蒸腾速率影响均为最大，单一环境材料 A 和复合环境材料组合 AD 处理对玉米的光合速率和蒸腾速率影响也比较显著，其中气孔导度与蒸腾速率呈正相关，可能是玉米在水分充足条件下产生的适应性反应，导致叶片的气孔导度增加，从而导致了叶片蒸腾速率的增加。

4. 对玉米水分利用效率的影响

水分利用效率（water use efficiency，WUE）是指植物消耗单位水量所产出的同化量，反映了植物生长过程当中的能量转化效率。它对植物的初级生产力非常关键，当植物的供水出现紧张和叶温越来越高时显得尤为重要。作物水分利用效率的表达方式有多种，群体和个体 WUE 常以干物质或者产量与蒸腾蒸发量的比值来表示，单叶 WUE 以叶片光合速率与蒸腾速率的比值表示，WUE 有时也以籽粒产量与生育期内消耗的总水分的比值来表示。

由图 5.25（a）可以看出，在拔节期，与对照 CK 相比，单一环境材料保水剂 A 处理明显增大了叶片的水分利用效率，增大了 8.05%，腐殖酸 D 和沸石 F 处理对拔节期叶片的水分利用效率无显著影响。与对照 CK 相比，复合环境材料组合中 AD 和 ADF 处理

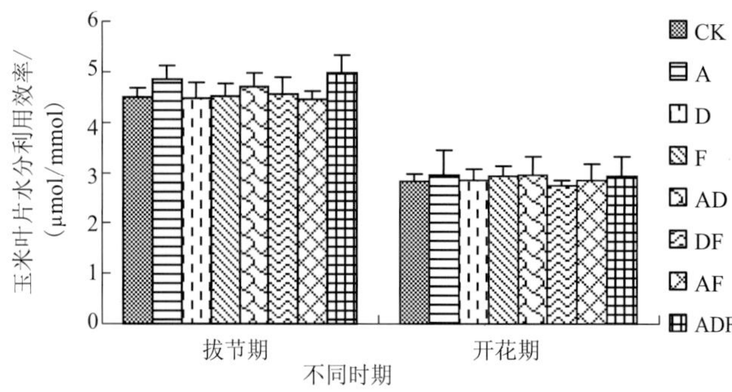

(a) 不同处理对不同时期玉米叶片水分利用效率的影响

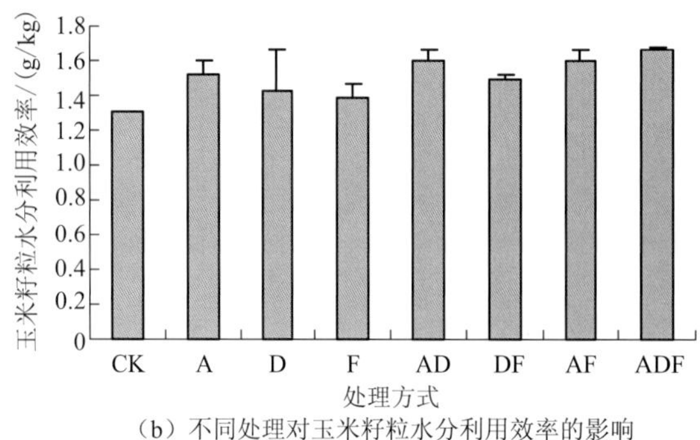

(b) 不同处理对玉米籽粒水分利用效率的影响

图 5.25　不同处理对玉米水分利用效率的影响

对拔节期叶片的水分利用效率有显著性影响，分别增大了 4.98%和 10.88%，而 DF 和 AF 处理对拔节期玉米的叶片水分利用效率无显著性影响。由开花期可以看出，相比拔节期各处理下叶片的水分利用效率都有所降低，其中单一环境材料中保水剂 A 处理和沸石 F 处理比对照 CK 分别增大了 4.05%和 3.64%，复合环境材料组合中 AD 和 ADF 处理比对照 CK 分别增大了 4.67%和 3.46%。其他组合在开花期对叶片水分的利用效率无显著性影响。

由图 5.25（b）可以看出，不同处理对玉米籽粒的水分利用效率不同，与对照 CK 相比，单一环境材料均增大了籽粒的水分利用效率，但增大的幅度不同，其中保水剂 A>腐殖酸 D>沸石 F，分别增大了 16.76%、9.98%和 6.32%。复合环境材料组合均增大了玉米籽粒的水分利用效率，其中 ADF>AD>AF>DF 处理，分别比对照 CK 增大了 28.20%、23.22%、22.40%和 14.88%。

综上所述，不同处理对玉米叶片的水分利用效率和玉米籽粒的水分利用效率的影响程度不同，可能是叶片水分利用效率主要跟叶片的光合效率有关，而阳光、温度、水分、矿质元素和 CO_2 等都可以影响叶片的光合作用效率。但是通过讨论可以看出单一环境材料保水剂 A、复合环境材料组合 AD 和 ADF 对玉米的叶片水分利用效率和籽粒水分利用效率均有显著影响，其中 ADF 处理的影响效果极为显著。

5. 对玉米百粒重的影响

百粒重是体现种子大小与充实程度的一项重要指标，通常用于大粒种子如玉米、大豆、花生、棉花等。

由图 5.26 可以看出，其中，与对照 CK 相比，单一环境材料均增大了玉米的百粒重，但增大的幅度不同，其中保水剂 A＞腐殖酸 D＞沸石 F，分别增大了 8.26%、7.49%和 3.99%。复合环境材料组合中除 DF 组合对玉米百粒重无显著性影响外，AD、AF、ADF 组合均比对照 CK 有所增加，分别增加了 10.81%、8.63%和 10.86%。可以看出 AD 和 ADF 组合对玉米百粒重的影响效果最明显。

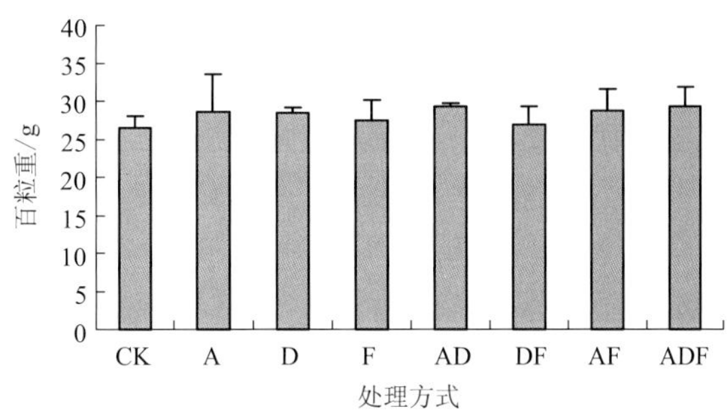

图 5.26　不同处理对玉米百粒重的影响

综上所述，除 DF 组合对玉米的百粒重无显著性影响外，其他处理均增加了玉米的百粒重，其中 AD 和 ADF 处理对玉米百粒重的影响最为显著。

6. 对玉米籽粒产量的影响

由图 5.27 看出，与对照 CK 相比，加入环境材料的单一和复合处理均增加了玉米的籽粒产量，其中单一环境材料处理中保水剂 A 对玉米籽粒产量的影响最大，增加了 16.76%，腐殖酸 D 和沸石 F 分别增加了 9.98%和 6.32%。复合环境材料中 AD 和 ADF 处理对玉米籽粒产量的影响较大，分别增加了 23.22%和 28.20%，而 DF 和 AF 组合分别增加了 6.55%和 14.88%。从玉米产量分析，加入环境材料对玉米产量能起到增产的效果，其中单一环境材料保水剂 A 对玉米产量的影响最大，复合环境材料组合 AD 和 ADF 处理的增产效果最好。

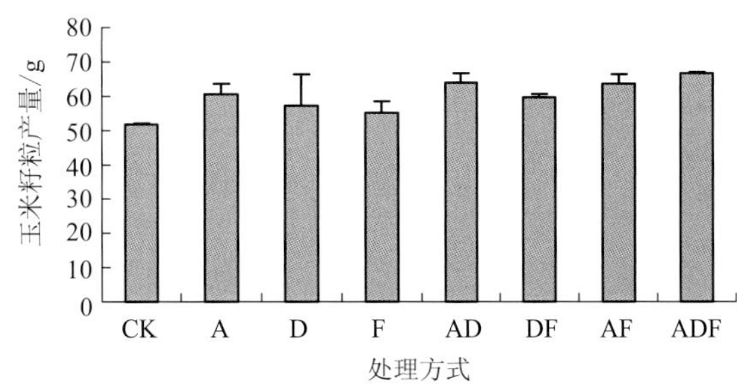

图 5.27　不同处理对玉米籽粒产量的影响

5.6　保水剂及其复合肥对土壤微生物和酶活性影响

5.6.1　研究进展

1. 土壤肥力与微生物的研究进展

土壤微生物与土壤肥力存在密切的相关性，尤其是土壤放线菌和真菌，与土壤有机质、全氮、速效氮和 pH 有显著的相关性，土壤细菌则明显地受土壤有效氮和速效磷的影响。土壤微生物在土壤形成与发育、物质转化与能量传递等过程中发挥着重要的作用。其在土壤肥力形成的过程中也起着非常重要的作用，包括碳、氮的循环及土壤腐殖质的形成和无机元素转化的过程。土壤肥力受到土壤微生物改善土壤理化性质的影响，所以土壤微生物的数量和土壤理化性质存在密切的关系。通常，如果土壤中的微生物的数量不断增加，土壤容重越小，孔隙度越大，土壤的结构性就越好，土壤的通气透水能力也会较强。所以，测定土壤中微生物的数量，就可以了解土壤肥力的状况。对此，研究生车明超（2010）、张小明（2012）和张莹（2014）进行了研究。

近年来，土壤微生物作为土壤肥力的指标的相关实验越来越多。王海英等（2005）研究表明，土壤肥力和土壤微生物数量之间存在显著相关性；焦志华等（2010）的研究表明，土壤放线菌数量和有机质及有效磷存在显著相关。目前，已经在红壤、红黄壤、紫色土等土壤中对土壤肥力的生物指标土壤微生物量的研究较多，但有关矿区土壤方面的研究却鲜有报道。王帅等（2012）针对不同培肥方式的盐碱土壤肥力改良效果研究中发现，所有处理均能够提高土壤肥力，而且添加的有机肥能够明显地提高土壤有机质、全氮、全磷、碱解氮、速效磷和速效钾的含量。葛生珍等（2013）在通过添加不同氮量分析土壤理化性质及微生物的影响中发现，施氮水平在 155.6 kg/hm^2 使土壤中有机质、速效钾、速效磷的含量增加，同时也使土壤中细菌、硝化细菌、放线菌的数量增加，因此有助于烟株的生长发育和土壤中各种微生物的生长。

由于不同的因素对微生物的影响较大，在土壤微生物方面的研究，特别是针对矿区土壤改良微生物种群变化方面的相关研究有待发展。但是，很多方面也都说明，土壤微生物在评价土壤肥力指标上起着不可替代的作用。

2. 土壤肥力与土壤酶的研究进展

土壤酶的活性也是评价土壤肥力的重要指标。它是土壤组成的一部分，也是一种生物的催化剂，土壤酶也与土壤中的各种生化过程，包括土壤生物活性的高低、土壤营养成分转化的快慢、土壤肥力的状况等，都与土壤酶有着密切的关系。土壤酶中的脲酶、磷酸酶、蔗糖酶等活性不仅是表征土壤碳、氮、磷等营养物质的循环状况，而且还是提高植物生长所需要养分含量的重要指标。添加肥料能增加土壤营养元素、调节土壤养分元素的比例、提高土壤养分循环。合理地添加氮、磷、钾等元素会对土壤酶有一定的激活效应，并且增加土壤酶活性。

土壤酶被广泛应用于评价土壤肥力，并且能分辨土壤的类型及土壤熟化程度，同时还可以评价各种农业措施和肥料的效果，这是苏联土壤学家哈兹耶夫在《土壤酶活性》中所提到的。李慧杰等（2012）研究发现，连续四年的氮磷钾复合施肥处理使土壤脲酶、磷酸酶、过氧化氢酶和蔗糖酶的活性明显增加，并且增加了土壤有机质、全氮、速效氮、速效磷和速效钾的含量。因此，土壤酶活性可以作为评价土壤肥力的指标。叶协锋等（2013）对植烟研究的结果表明，施肥后各处理的土壤脲酶、酸性磷酸酶、蔗糖酶、过氧化氢酶、土壤有机质、全氮、碱解氮、有效磷、速效钾活性显著增加。典型相关分析结果反映了土壤酶活性对土壤综合肥力水平的影响。陈文婷等（2013）对于长时间施肥的不同有机质含量农田黑土的酶活性及土壤肥力的研究中，相关分析结果显示，土壤脲酶、磷酸酶、蛋白酶、蔗糖酶和土壤有机质、全氮、全磷、碱解氮有着显著的相关性，土壤脲酶、蔗糖酶还可以通过农田黑土添加肥料后观察其土壤质量变化的趋势反映出不同的有机质含量。因此，添加肥料可在不同程度上提高农田黑土的养分含量和土壤酶的活性，其中土壤脲酶和蔗糖酶活性评价农田黑土土壤肥力的综合指标为优。

有关土壤酶活性作为评价土壤肥力指标的研究报道很多，并且研究比较全面。但是在矿区土壤肥力与土壤酶活性相关性的研究报道相对较少。

3. 保水剂对微生物及酶活性效应的研究进展

高分子保水剂是一种高分子聚合物。其具有强吸性树脂制成的超高吸水保水能力，并且能快速吸收比自身重百倍甚至上千倍的去离子水，数十倍至近百倍的含盐水分，吸水后膨胀成为水凝胶，可以缓慢释放水分为作物所吸收并利用，从而提高土壤持水性能，改善土壤结构，防止土壤中水分和营养成分的流失，从而加强水分的利用率。

Sojka 等（2006）的研究发现，在添加量高的保水剂条件下，微生物的生物量比对照无添加任何材料条件下小得多。其原因可能是保水剂的添加抑制了微生物的增长并且使微生物与土壤颗粒结合紧密。此研究还表明，长期连续添加保水剂与每一年的用量和总用量有关。在添加量高的保水剂条件下，微生物之间的生物量差别并不是很显著。这可能与添加过量的保水剂会减少土壤孔隙有关。

崔娜等（2010）对番茄幼苗根际的微生物数量和土壤酶活性进行研究，结果表明：粒径不同的高分子保水剂降低了番茄根际的土壤细菌数量，但是使土壤真菌的数量增加，其中大粒和中粒的高分子保水剂的处理提高了土壤放线菌的数量。同时发现粒径不同的高分子保水剂处理降低了过氧化氢酶的活性，粒径中等的高分子保水剂可以增加土壤脲酶活性。综合分析看来，粒径中等的高分子保水剂使脲酶活性上升，有助于 N、C 元素的循环及转化，减少土壤有毒有害物质的侵害，但是土壤过氧化氢酶活性因添加的保水剂而下降，就会导致土壤降解过氧化物的能力的衰退。

任岩岩（2009）添加不同用量的高分子保水剂研究对小麦根际微生物的影响。结果表明：添加高分子保水剂使土壤细菌、真菌和放线菌数量在不同小麦生育期都有不同程度的增加。从在两年内添加的高分子保水剂的情况来看，如果连续地添加保水剂，土壤微生物总量没有显著的变化，在各个时期下的细菌、真菌和放线菌的处理没有一定规律的变化。因此，添加的高分子保水剂会因时间的变化对土壤微生物有显著的影响。

当前对高分子保水剂在土壤微生物和土壤酶活性影响方面的研究较少。针对高分子保水剂对土壤微生物和酶方面，一方面为了使研究的结果准确，就要考虑采取多种研究的手段，另一方面就是要把作物生理的特性和土壤性质等结合到一起，这样既能给高分子保水剂做一个全面的评价，也可从整体上发现规律，为高分子保水剂的合理应用提供理论基础。关于保水剂及其复合肥对微生物和酶活性的影响研究内容主要参考张莹（2014）的论文实验。

5.6.2　保水剂及其复合肥对土壤微生物和酶活性影响的实验设计

采用室内盆栽实验，选用禾本科作物（玉米）为实验材料，以及选用高分子保水剂、煤基营养物质腐殖酸、吸附性矿物材料沸石、土壤肥料、有机肥等环境材料组合作用下，测定矿区土壤改良肥力对土壤微生物菌落数量及土壤酶活性的变化，分析环境材料对矿区土壤修复的效果和机理，为废弃矿生态恢复的土壤改良提供技术参考。

采用盆栽实验的形式，对栽种玉米的矿区土壤加入不同环境材料及其组合，设置一个五因素四水平的正交实验，五因素分别为高分子保水剂、煤基营养物质腐殖酸、吸附性矿物材料沸石、土壤肥料、有机肥。环境材料设为四个梯度，按正交表 L16(45)条件设计为实验正交表共 16 个处理，最终测定矿区土壤肥力改良中植物生长不同阶段（苗期到成熟期）的土壤微生物指标（细菌、放线菌、真菌数量），分析环境材料对矿区土壤肥力改良的效应和机理。

同样采用上述盆栽实验的实验思路。测定不同环境材料及其组合对测定矿区土壤肥力改良中植物生长不同阶段（苗期到成熟期）的土壤酶活性指标（脲酶、碱性磷酸酶、过氧化氢酶），分析环境材料对矿区土壤肥力改良的效应，同时研究其作用机理。

正交实验设计的特点是高效率、快速及经济。本次盆栽实验的目的是以筛选最佳材料配比组合，测定土壤微生物数量和酶活性的指标与作物生长和土壤肥力的影响，共有 5 个影响因子和 4 个不同的层次分布，故设计了一个五因素四水平的正交实验，L16(45)，设计组合见表 5.25。

表 5.25　盆栽实验设计　　单位：g/kg

处理	A 高分子保水剂	B 煤基营养材料腐殖酸	C 吸附性矿物材料沸石	D 土壤肥料（N、P）	E 有机肥
CK	1（0）	1（0）	1（0）	1（0）	1（0）
1	1（0）	2（0.5）	2（5）	2（0.4+0.467）	2（6）
2	1（0）	3（1.0）	3（10）	3（0.8+0.934）	3（8）
3	1（0）	4（1.5）	4（15）	4（1.2+1.401）	4（10）
4	2（1）	1（0）	2（5）	3（0.8+0.934）	4（10）
5	2（1）	2（0.5）	1（0）	4（1.2+1.401）	3（8）
6	2（1）	3（1.0）	4（15）	1（0）	2（6）

续表

处理	A高分子保水剂	B煤基营养材料腐殖酸	C吸附性矿物材料沸石	D土壤肥料（N、P）	E有机肥
7	2（1）	4（1.5）	3（10）	2（0.4+0.467）	1（0）
8	3（2）	1（0）	3（10）	4（1.2+1.401）	2（6）
9	3（2）	2（0.5）	4（15）	3（0.8+0.934）	1（0）
10	3（2）	3（1.0）	1（0）	2（0.4+0.467）	4（10）
11	3（2）	4（1.5）	2（5）	1（0）	3（8）
12	4（3）	1（0）	4（15）	2（0.4+0.467）	3（8）
13	4（3）	2（0.5）	3（10）	1（0）	4（10）
14	4（3）	3（1.0）	2（5）	4（1.2+1.401）	1（0）
15	4（3）	4（1.5）	1（0）	3（0.8+0.934）	2（6）

5.6.3 对根系土壤微生物的影响

土壤微生物与植物的根系组成一个稳定的动态系统，他们之间相互作用，相互影响。土壤微生物的养分由植物的根系提供，然而土壤微生物也能促进植物的根系发育。土壤微生物是土壤中一切肉眼看不见或看不清楚的微小生物的总称，是土壤生态系统的重要组成部分之一，所有的土壤代谢过程都是直接或间接地与土壤微生物有关。本实验主要研究的是细菌、放线菌、真菌。影响土壤微生物种群数量的因素主要有土壤温度、湿度、pH等方面，添加了环境材料能够改善土壤结构、保水通气。

1. 玉米不同生长时期根际土壤细菌数量的影响

由图5.28可以得知，玉米在苗期添加不同环境材料，土壤细菌表现出了不同的菌落生长情况。与CK空白对比，处理4下的土壤细菌数量是CK的7.18倍，具有显著的差

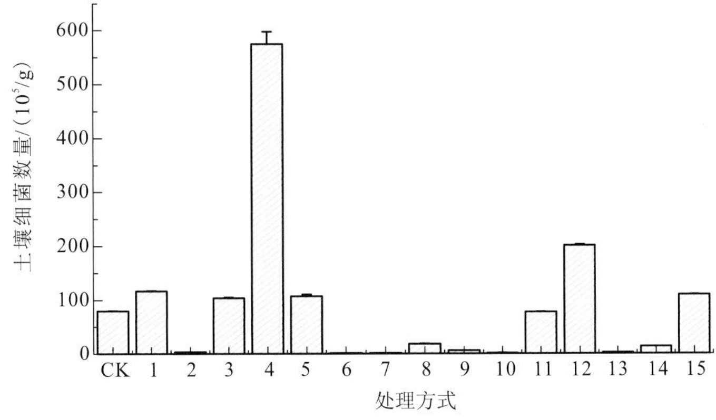

图5.28 不同处理下玉米植株苗期根际土壤细菌数量

异。可从表 5.25 得知，处理 4 下有机肥的添加量较大从而导致了土壤细菌的数量明显增加，这是因为添加有机肥之后可直接补充土壤养分并且满足微生物的生长，改善微生物群落的生存空间，使土壤中细菌数量增多。处理 1、3、5、11 和 15 的土壤细菌数量与 CK 相比差异较小，细菌总数大致相同。但是其他处理的细菌总数较少，可能是玉米在生长初期受到土壤中各种养分物质的相互作用，使土壤细菌在此苗期的情况下受到暂时的抑制，这也正好与彭丽成等（2011）研究的成果相符合。

另外，从环境材料对土壤细菌的影响结果分析（表 5.26）可以看出：在玉米苗期，环境材料对土壤细菌的影响大小为 C（吸附性矿物材料沸石）＞E（有机肥）＞D（土壤肥料）＞B（煤基营养物质腐殖酸）＞A（高分子保水剂），其优化组合为 $A_2B_2C_2D_1E_4$。结合表 5.25，即高分子保水剂 1 g/kg、煤基营养物质腐殖酸 0.5 g/kg、吸附性矿物材料沸石 5 g/kg、土壤肥料 0、有机肥 10 g/kg。因此在玉米苗期对土壤细菌菌落影响最为显著的是吸附性矿物材料沸石。

表 5.26　玉米苗期环境材料对土壤细菌的影响结果分析　　单位：g/kg

组别	A 高分子保水剂	B 煤基营养物质腐殖酸	C 吸附性矿物材料沸石	D 土壤肥料	E 有机肥
K1	303.55	872.13	298.05	1 634.43	100.13
K2	682.96	1 103.83	2 568.91	319.79	245.40
K3	102.40	18.89	145.21	692.55	734.13
K4	325.93	292.12	928.78	241.80	2 469.34
k1	75.89	218.03	74.51	408.61	25.03
k2	170.74	275.96	642.23	79.95	61.35
k3	25.60	4.72	36.30	173.14	183.53
k4	81.48	73.03	232.20	60.45	617.34
极差 R	145.14	271.23	605.92	348.16	592.30
主次顺序	C＞E＞D＞B＞A				
优水平	A_2	B_2	C_2	D_1	E_4
优组合	$A_2B_2C_2D_1E_4$				

由图 5.29 可以得知，在玉米根际拔节期添加不同的环境材料处理，土壤中细菌总数相对于苗期有所增长。除了处理 9 和 10，其他处理添加的环境材料均比 CK 多，说明玉米在一段时间的生长后，处理 2 和 6 的细菌含量较其他处理显著增强，对照表 5.26 发现主要是有机肥和沸石用量增加，其中沸石所吸附的养分存留土壤中的比例较多从而刺激了微生物数量的大幅度增加，而有机肥可直接导致土壤肥力增加，也有效地增加土壤细菌菌数，促进土壤有机质的分解，以及促进植物对土壤养分的吸收与利用，这同以往研究结论所证明的有机肥能有效促进土壤细菌增加的结论相一致。

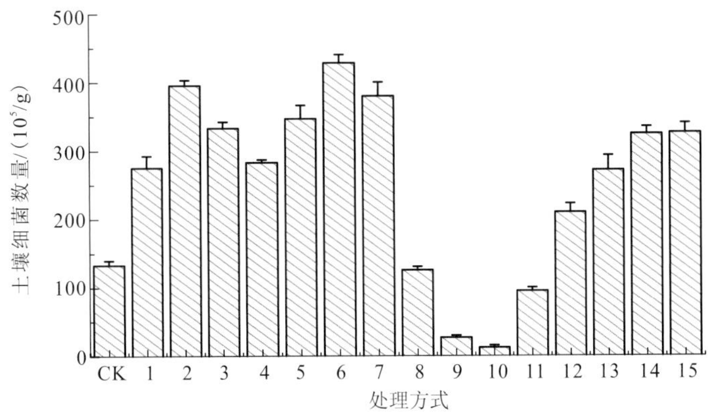

图 5.29　不同处理下玉米植株拔节期根际土壤细菌数量

从对土壤细菌的影响结果分析（表 5.27）可以看出：在玉米拔节期，环境材料对土壤细菌的影响大小为 E（有机肥）＞C（吸附性矿物材料沸石）＞D（土壤肥料）＞A（高分子保水剂）＞B（煤基营养物质腐殖酸）。其优化组合为 $A_2B_2C_2D_1E_4$。结合表 5.25，即高分子保水剂 1 g/kg、煤基营养物质腐殖酸 0.5 g/kg、吸附性矿物材料沸石 5 g/kg、土壤肥料 0 有机肥 10 g/kg。因此在玉米拔节期对土壤细菌菌落影响最为显著的是有机肥。

表 5.27　玉米拔节期环境材料对土壤细菌的影响结果分析　　单位：g/kg

组别	A 高分子保水剂	B 煤基营养物质腐殖酸	C 吸附性矿物材料沸石	D 土壤肥料	E 有机肥
K1	1 136.51	751.63	818.70	3 634.91	864.84
K2	1 438.30	1 671.34	4 087.04	877.19	1155.34
K3	259.65	1 161.09	2 593.68	1 031.29	3 067.86
K4	1 132.86	1 134.88	3 266.01	1 130.75	7 563.95
k1	284.13	187.91	204.67	908.73	216.21
k2	359.57	417.84	1 021.76	219.30	288.84
k3	64.91	290.27	648.42	257.82	766.96
k4	283.21	283.72	816.50	282.69	1 890.99
极差 *R*	294.66	229.93	817.08	689.43	1 674.78
主次顺序			E＞C＞D＞A＞B		
优水平	A_2	B_2	C_2	D_1	E_4
优组合			$A_2B_2C_2D_1E_4$		

由图 5.30 可知，大部分处理与前期玉米生长相比均有所增长。其中处理 11 增加得最为明显，是其 CK 的 3 倍多。其次处理 10 和 12 土壤细菌数量分别是 CK 的 3.1 倍和

2.4 倍。对照表 5.27 发现，其中高分子保水剂用量处于较高水平，同时有机肥的用量也较高，因此土壤细菌数量较多，主要原因是在玉米成熟期玉米生长缓慢，养分吸收量减小，而添加保水剂可增大土壤孔隙，并且提高水分利用率，细菌数量有增加的趋势，有机肥在提高土壤养分的同时还能改善土壤理化性质，平衡养分，有培肥土壤的作用；相应于整个时期的处理 4，苗期的土壤细菌数量最多，其养分在前期存留的土壤较多，比成熟期存留的土壤养分相对较小，所以在成熟期土壤细菌数量最少。

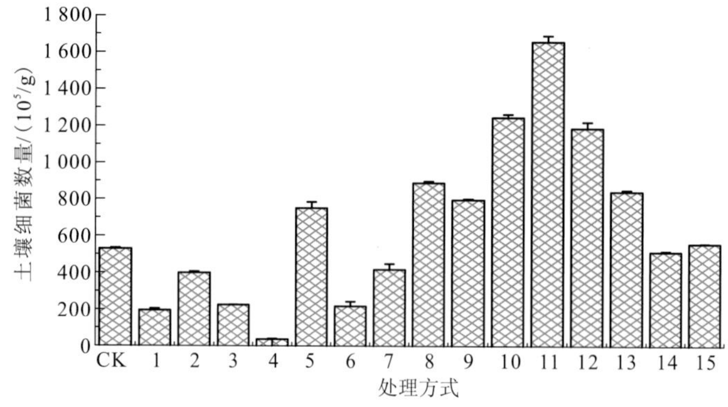

图 5.30　不同处理下玉米植株成熟期根际土壤细菌数量

从影响结果分析（表 5.28）可以看出：在玉米成熟期，环境材料对土壤细菌的影响大小为 E（有机肥）＞D（土壤肥料）＞C（吸附性矿物材料沸石）＞A（高分子保水剂）＞B（煤基营养物质腐殖酸）。其优化组合为 $A_3B_2C_3D_1E_4$，结合表 5.25，即高分子保水材料 2 g/kg、煤基营养材料 0.5 g/kg、吸附性矿物材料 10 g/kg、土壤肥料 0、有机肥 10 g/kg。因此在玉米成熟期对土壤细菌影响最为显著的是有机肥。

表 5.28　玉米成熟期环境材料对土壤细菌的影响结果分析　　单位：g/kg

组别	A 高分子保水剂	B 煤基营养物质腐殖酸	C 吸附性矿物材料沸石	D 土壤肥料	E 有机肥
K1	1 350.41	2 641.44	3 084.16	10 321.65	2 256.73
K2	1 423.08	5 226.60	9 053.29	3 046.83	1 860.03
K3	4 587.02	2 376.48	9 509.01	1 789.62	8 111.89
K4	3 099.36	2 856.79	8 382.74	2 377.79	19 064.67
k1	337.60	660.36	771.04	2 580.41	564.18
k2	355.77	1 306.65	2 263.32	761.71	465.01
k3	1 146.76	594.12	2 377.25	447.40	2 027.97
k4	774.84	714.20	2 095.68	594.45	4 766.17
极差 *R*	809.15	712.53	1 606.21	2 133.01	4 301.16
主次顺序			E＞D＞C＞A＞B		
优水平	A_3	B_2	C_3	D_1	E_4
优组合			$A_3B_2C_3D_1E_4$		

2. 玉米不同生长时期根际土壤放线菌数量的影响

由图 5.31 可以得知，添加不同的环境材料，玉米苗期的土壤放线菌数量基本都高于 CK，处理 5 为最显著，是 CK 的 8 倍多。其次处理 10 是 CK 的 6.3 倍。这说明所有处理添加的环境材料组合在玉米苗期对土壤放线菌都有一定的促进作用。

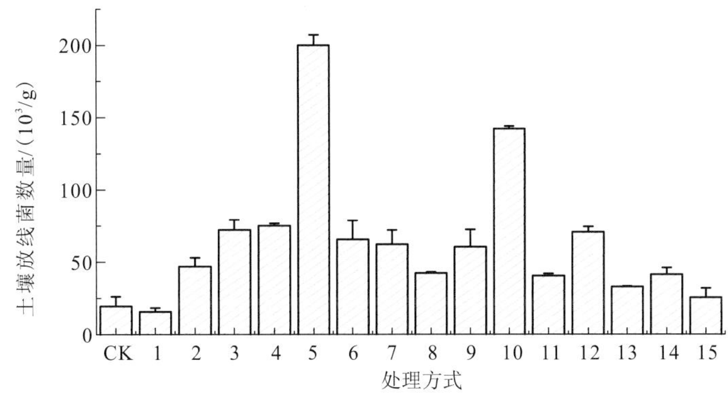

图 5.31　不同处理下玉米植株苗期根际土壤放线菌数量

另外，从环境材料对土壤放线菌的影响结果分析（表 5.29）可以看出：在玉米苗期，环境材料对土壤放线菌的影响大小为 E（有机肥）＞C（吸附性矿物材料沸石）＞D（土壤肥料）＞B（煤基营养物质腐殖酸）＞A（高分子保水剂），其优化组合为 $A_2B_2C_2D_1E_4$。结合表 5.25，即高分子保水剂 1 g/kg、煤基营养物质腐殖酸 0.5 g/kg、吸附性矿物材料沸石 5 g/kg、土壤肥料 0、有机肥 10 g/kg。因此在玉米苗期对土壤放线菌影响最为显著的是有机肥。

表 5.29　玉米苗期环境材料对土壤放线菌的影响结果分析　　单位：g/kg

组别	A 高分子保水剂	B 煤基营养物质腐殖酸	C 吸附性矿物材料沸石	D 土壤肥料	E 有机肥
K1	154.21	207.43	386.95	906.88	183.29
K2	402.68	516.23	1 091.39	290.57	148.88
K3	285.15	295.85	765.20	207.69	690.01
K4	170.22	200.18	639.03	355.70	1 687.38
k1	38.55	51.86	96.74	226.72	45.82
k2	100.67	129.06	272.85	72.64	37.22
k3	71.29	73.96	191.30	51.92	172.50
k4	42.56	50.04	159.76	88.93	421.85
极差 *R*	58.11	79.01	176.11	174.80	384.62
主次顺序			E＞C＞D＞B＞A		
优水平	A_2	B_2	C_2	D_1	E_4
优组合			$A_2B_2C_2D_1E_4$		

由图 5.32 可知，在玉米拔节期添加不同的环境材料，其土壤放线菌数量均比 CK 低，处理 7 是 CK 的 83.58%。这种环境材料对放线菌菌落增长的效果较弱，可能在玉米拔节期，土壤有机质中的养分含量低，微生物生长在此环境下发生变化，从而导致添加的环境材料对放线菌影响较小。但是此时期的放线菌菌落总数比玉米苗期时的数量多，是其 10.78 倍。这也说明随着植物生长，环境材料的添加对土壤微生物种群仍有一定的改善效果。

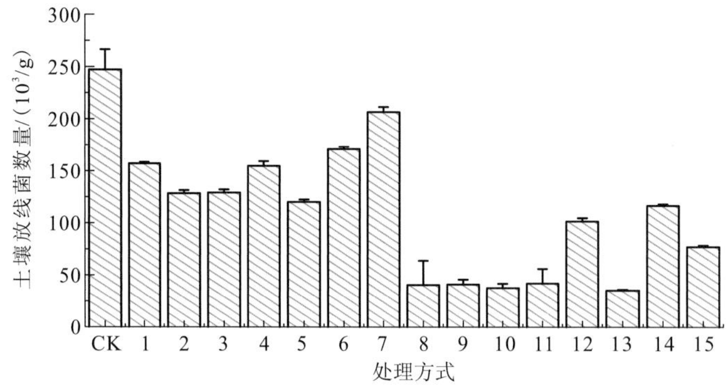

图 5.32　不同处理下玉米植株拔节期根际土壤放线菌数量

再从影响结果分析（表 5.30）看出：在玉米拔节期，环境材料对土壤放线菌的影响大小为 E（有机肥）>D（土壤肥料）>C（吸附性矿物材料沸石）>A（高分子保水剂）>B（煤基营养物质腐殖酸），其优化组合为 $A_1B_2C_2D_1E_4$。结合表 5.25，即高分子保水剂 0、煤基营养物质腐殖酸 0.5 g/kg、吸附性矿物材料沸石 5 g/kg、土壤肥料 0、有机肥 10 g/kg。因此在玉米拔节期对土壤放线菌影响最为显著的是有机肥。

表 5.30　玉米拔节期环境材料对土壤放线菌的影响结果分析　　单位：g/kg

组别	A 高分子保水剂	B 煤基营养物质腐殖酸	C 吸附性矿物材料沸石	D 土壤肥料	E 有机肥
K1	661.41	543.84	482.07	2 182.68	611.19
K2	652.26	897.36	2 019.86	502.73	445.44
K3	161.42	453.45	1 025.70	401.16	1 448.78
K4	330.45	454.72	1 227.55	406.26	2 775.72
k1	165.35	135.96	120.52	545.67	152.80
k2	163.06	224.34	504.96	125.68	111.36
k3	40.35	113.36	256.43	100.29	362.20
k4	82.61	113.68	306.89	101.57	693.93
极差 *R*	125.00	110.98	384.45	445.38	582.57
主次顺序	E>D>C>A>B				
优水平	A_1	B_2	C_2	D_1	E_4
优组合	$A_1B_2C_2D_1E_4$				

由图 5.33 可知，在玉米根际成熟期，各个处理添加的环境材料使放线菌菌落总数比前两期数量增多。总之，土壤放线菌的增长促进土壤有机物的分解，并形成腐殖质中的有机化合物，因此，放线菌数量的增加对土壤肥力改善起到一定的作用。

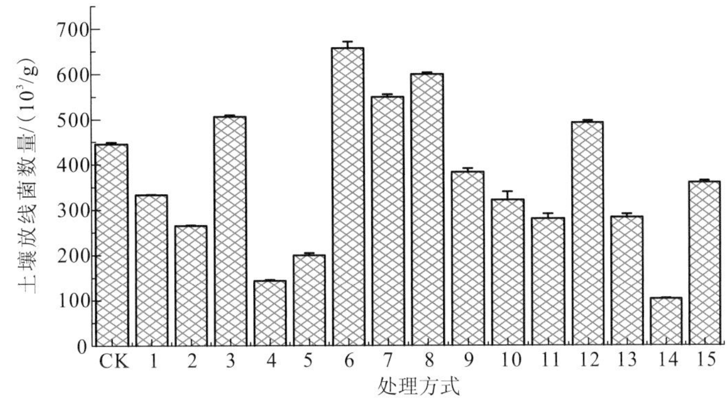

图 5.33　不同处理下玉米植株成熟期根际土壤放线菌数量

从对土壤放线菌的影响结果分析（表 5.31）看出：在玉米成熟期，环境材料对土壤放线菌的影响大小为 D（土壤肥料）＞E（有机肥）＞B（煤基营养物质腐殖酸）＞C（吸附性矿物材料沸石）＞A（高分子保水剂），其优化组合为 $A_3B_4C_4D_4E_1$。结合表 5.25，即高分子保水剂 2 g/kg、煤基营养物质腐殖酸 1.5 g/kg、吸附性矿物材料沸石 15 g/kg、土壤肥料（1.2+1.401）g/kg、有机肥 0。因此在玉米成熟期对土壤放线菌影响最为显著的是土壤肥料。

表 5.31　玉米成熟期环境材料对土壤放线菌的影响结果分析　单位：g/kg

组别	A 高分子保水剂	B 煤基营养物质腐殖酸	C 吸附性矿物材料沸石	D 土壤肥料	E 有机肥
K1	1 549.64	2 172.88	1 325.88	1 947.76	8 476.09
K2	1 549.02	1 198.36	859.38	5 302.90	1 948.96
K3	1 583.40	1 345.94	1 696.06	5 632.61	1 236.51
K4	1 237.53	6 411.94	2 038.27	11 095.52	1 254.19
k1	387.41	543.22	331.47	486.94	2 119.02
k2	387.26	299.59	214.84	1 325.72	487.24
k3	395.85	336.49	424.02	1 408.15	309.13
k4	309.38	1 602.99	509.57	2 773.88	313.55
极差 *R*	86.47	1 303.39	294.72	2 286.94	1 805.47
主次顺序			D＞E＞B＞C＞A		
优水平	A_3	B_4	C_4	D_4	E_1
优组合			$A_3B_4C_4D_4E_1$		

3. 玉米不同生长时期根际土壤真菌数量的影响

由图 5.34 可知，在玉米苗期，添加不同的环境材料除了处理 7 和 9，其他处理与 CK 相比真菌数量相差不大，则说明环境材料的添加在玉米苗期对土壤真菌的影响并不大。但是处理 7 和 9 中的真菌数量分别是 CK 的 15.77 倍和 29.49 倍，较其他处理增加比较明显，从表 5.25 查出，在这两个处理中添加的两种环境材料（吸附性矿物材料沸石、土壤肥料）量较大，其中因沸石所吸附的养分存留在土壤中的比例较大，形成养分较多可刺激微生物的增长，而真菌数量的增加又有助于土壤生态系统趋稳发展，因此添加这两种环境材料能够明显提高土壤质量，其影响就较大。

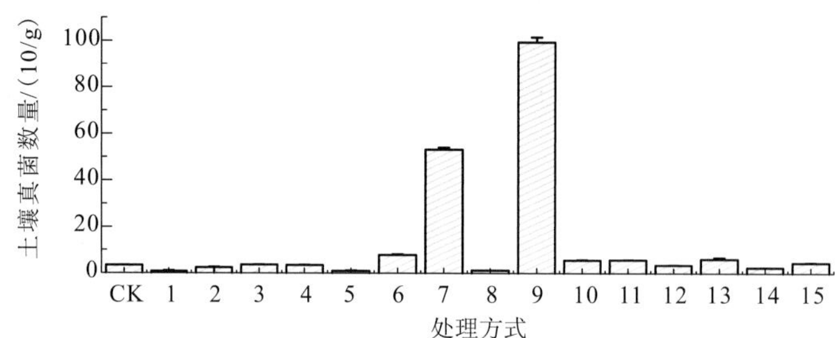

图 5.34　不同处理下玉米植株苗期根际土壤真菌数量

另外，从环境材料对土壤真菌影响结果分析（表 5.32）看出：在玉米苗期，环境材料对土壤真菌的影响大小为 E（有机肥）＞C（吸附性矿物材料沸石）＞B（煤基营养物质腐殖酸）＞D（土壤肥料）＞A（高分子保水剂），其优化组合为 $A_3B_2C_4D_3E_4$。结合表 5.25，即高分子保水剂 2 g/kg、煤基营养物质腐殖酸 0.5 g/kg、吸附性矿物材料沸石 15 g/kg、土壤肥料（0.8+0.934）g/kg、有机肥 10 g/kg。因此在玉米苗期对土壤真菌影响最为显著的是有机肥。

表 5.32　玉米苗期环境材料对土壤真菌的影响结果分析　　单位：g/kg

组别	A 高分子保水剂	B 煤基营养物质腐殖酸	C 吸附性矿物材料沸石	D 土壤肥料	E 有机肥
K1	10.20	11.40	14.32	58.75	158.40
K2	65.30	118.62	196.16	63.03	14.25
K3	111.80	18.13	192.75	109.73	185.14
K4	16.35	66.91	197.55	8.06	307.39
k1	2.55	2.85	3.58	14.69	39.60
k2	16.33	29.65	49.04	15.76	3.56
k3	27.95	4.53	48.19	27.43	46.28
k4	4.09	16.73	49.39	2.01	76.85
极差 *R*	25.40	26.81	45.81	25.42	73.29
主次顺序	E＞C＞B＞D＞A				
优水平	A_3	B_2	C_4	D_3	E_4
优组合	$A_3B_2C_4D_3E_4$				

由图 5.35 可知，添加不同环境材料除了处理 5，其他处理的土壤真菌数量都低于 CK，可能是因环境材料和土壤中有机质抑制了土壤真菌生长所需的营养。但从整体看，土壤真菌总数比苗期大幅提高，可能是因为添加的环境材料在改良土壤结构的同时也提高了土壤通透性及土壤基础呼吸强度，这些都有利于真菌的生长。因此实现了土壤肥力的有效利用，给作物生长提供了充足的养分。

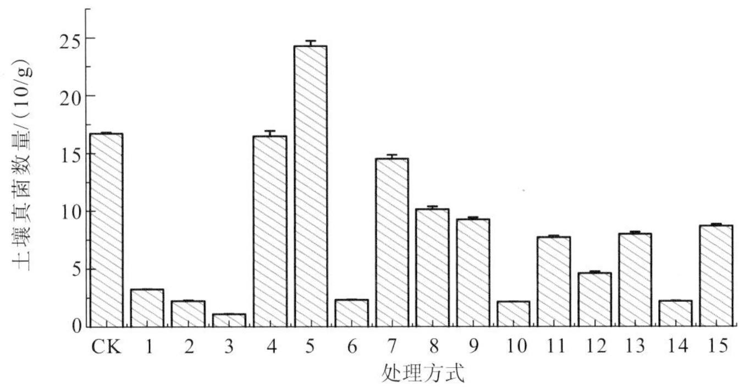

图 5.35　不同处理下玉米植株拔节期根际土壤真菌数量

再从对土壤真菌的影响结果分析（表 5.33）看出：在玉米拔节期，环境材料对土壤真菌的影响大小为 E（有机肥）＞D（土壤肥料）＞C（吸附性矿物材料沸石）＞B（煤基营养物质腐殖酸）＞A（高分子保水剂），其优化组合为 $A_2B_2C_2D_1E_4$。结合表 5.25，即高分子保水剂 1 g/kg、煤基营养物质腐殖酸 0.5 g/kg、吸附性矿物材料沸石 5 g/kg、土壤肥料 0、有机肥 10 g/kg。因此在玉米拔节期对土壤真菌影响最为显著的是有机肥。

表 5.33　玉米拔节期环境材料对土壤真菌的影响结果分析　　单位：g/kg

组别	A 高分子保水剂	B 煤基营养物质腐殖酸	C 吸附性矿物材料沸石	D 土壤肥料	E 有机肥
K1	23.28	47.89	51.79	157.65	42.67
K2	57.54	92.63	179.77	24.50	24.36
K3	29.23	8.87	72.95	36.62	105.83
K4	23.47	32.01	72.74	37.68	193.58
k1	5.82	11.97	12.95	39.41	10.67
k2	14.38	23.16	44.94	6.13	6.09
k3	7.31	2.22	18.24	9.16	26.46
k4	5.87	8.00	18.19	9.42	48.40
极差 R	7.08	20.94	32.00	33.29	42.30
主次顺序			E＞D＞C＞B＞A		
优水平	A_2	B_2	C_2	D_1	E_4
优组合			$A_2B_2C_2D_1E_4$		

由图 5.36 可以看出，与玉米生长的整个时期相比，土壤真菌总数呈现先增长后降低的趋势。在玉米成熟期由于土壤中营养物质含量的降低，抑制了土壤真菌的生长，使真菌总数明显低于玉米拔节期。这说明，在玉米前期添加不同的环境材料改变了土壤状态，大幅度提高了作物对土壤养分的吸收，使在玉米成熟期中土壤的养分含量不足，抑制了土壤真菌的生长，从而真菌数量所有降低。

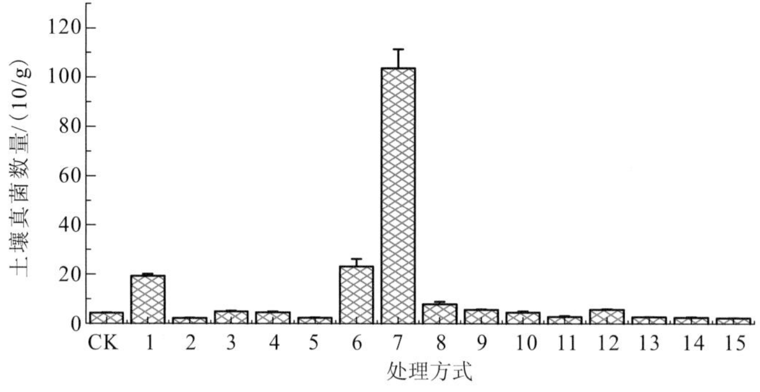

图 5.36　不同处理下玉米植株成熟期根际土壤真菌数量

另外，从环境材料对土壤真菌影响结果分析（表 5.34）看出：在玉米成熟期，环境材料对土壤真菌的影响大小为 E（有机肥）＞A（高分子保水剂）＞D（土壤肥料）＞C（吸附性矿物材料沸石）＞B（煤基营养物质腐殖酸），其优化组合为 $A_2B_4C_3D_2E_2$。结合表 5.25，即高分子保水剂 1 g/kg、煤基营养物质腐殖酸 1.5 g/kg、吸附性矿物材料沸石 10 g/kg、土壤肥料（0.4+0.467）g/kg、有机肥 6 g/kg。因此在玉米成熟期对土壤真菌影响最为显著的是有机肥。

表 5.34　玉米成熟期环境材料对土壤真菌的影响结果分析　　单位：g/kg

组别	A 高分子保水剂	B 煤基营养物质腐殖酸	C 吸附性矿物材料沸石	D 土壤肥料	E 有机肥
K1	30.67	22.47	13.41	32.92	116.07
K2	133.68	29.87	29.12	133.20	378.47
K3	20.80	84.75	116.47	14.61	12.99
K4	13.17	113.58	39.32	17.59	200.33
k1	7.67	5.62	3.35	8.23	29.02
k2	33.42	7.47	7.28	33.30	94.62
k3	5.20	21.19	29.12	3.65	3.25
k4	3.29	28.39	9.83	4.40	50.08
极差 *R*	30.13	22.78	25.77	29.65	91.37
主次顺序	E＞A＞D＞C＞B				
优水平	A_2	B_4	C_3	D_2	E_2
优组合	$A_2B_4C_3D_2E_2$				

4. 玉米根际土壤微生物变化与植物生长相关分析

土壤微生物能够促进植物的生长发育，同时植物的根际也为土壤微生物提供着养分。因此，土壤微生物数量的多少在一定程度上可反映出土壤质量状况，促进植物的生长。下面将土壤微生物数量与植物生长各指标进行相关分析，如表 5.35 所示。

表 5.35　玉米指标与微生物数量的相关系数

	土壤细菌	土壤放线菌	土壤真菌	玉米干物质量	玉米株高	玉米叶面积
土壤细菌	1	0.080	−0.229	0.247	0.195	−0.115
		0.768	0.393	0.357	0.468	0.672
土壤放线菌		1	−0.025	0.065	−0.040	−0.280
			0.928	0.812	0.884	0.294
土壤真菌			1	−0.080	−0.613*	−0.161
				0.770	0.012	0.551
玉米干物质量				1	−0.182	−0.483
					0.500	0.058
玉米株高					1	0.044
						0.872
玉米叶面积						1

注：在 0.05 水平（双侧）上显著相关

从表 5.35 中看出，土壤真菌与玉米株高呈负相关，这说明在玉米在不断生长过程中土壤中的有机质抑制了土壤真菌生长所需的营养。其他微生物虽然没有表现出显著相关性，但是与真菌一样都可促进植物生长并且反映土壤的质量状况，以及提高土壤肥力的有效利用，同时作物也给它们提供足够的养分。这就说明土壤微生物在促进作物生长方面的作用有所不同，也是构成土壤肥力的重要因素。

5.6.4　对玉米根际土壤酶活性的影响

土壤酶活性是衡量土壤生物学和土壤生产力的指标，也是评价土壤肥力高低、生态环境质量优劣的一个重要生物指标（李勇　等，2009）。其活性可以反映出土壤微生物活性的高低，还能表征土壤的养分转化和运移能力的强弱，其是土壤肥力的重要参数之一（李秀英　等，2005）。本小节主要研究的酶有脲酶、磷酸酶和过氧化氢酶。

1. 对脲酶的影响

脲酶可以加速潜在土壤中养分的有效性，并且分解有机物质，促进 NH_3 和 CO_2 的水解，其最适 pH 为 7.0。生成的植物根系可吸收利用的氨，对土壤中的尿素的转化和肥效起着关键的作用。其中土壤脲酶是一种参与尿素形态转化的酰胺酶，其活性通常与微生物数量相关。有研究表明，土壤脲酶活性与土壤中有机质含量、氮含量、磷含量和微生物数量呈正相关。因此，土壤脲酶活性可以反映土壤的供氮能力。

由图 5.37 可以看出，从玉米生长的各个时期各处理 CK 之间的土壤脲酶活性呈增长趋势，这说明，土壤脲酶活性随着玉米的生长也逐渐增加。在玉米苗期，添加不同环境材料处理下的土壤脲酶活性均高于 CK，其中处理 10 最为明显是 CK 的 6.2 倍，其次是处理 13 是 CK 的 5.55 倍，处理 14 和 12 是 CK 的 4.62 倍。在玉米拔节期，则出现多数

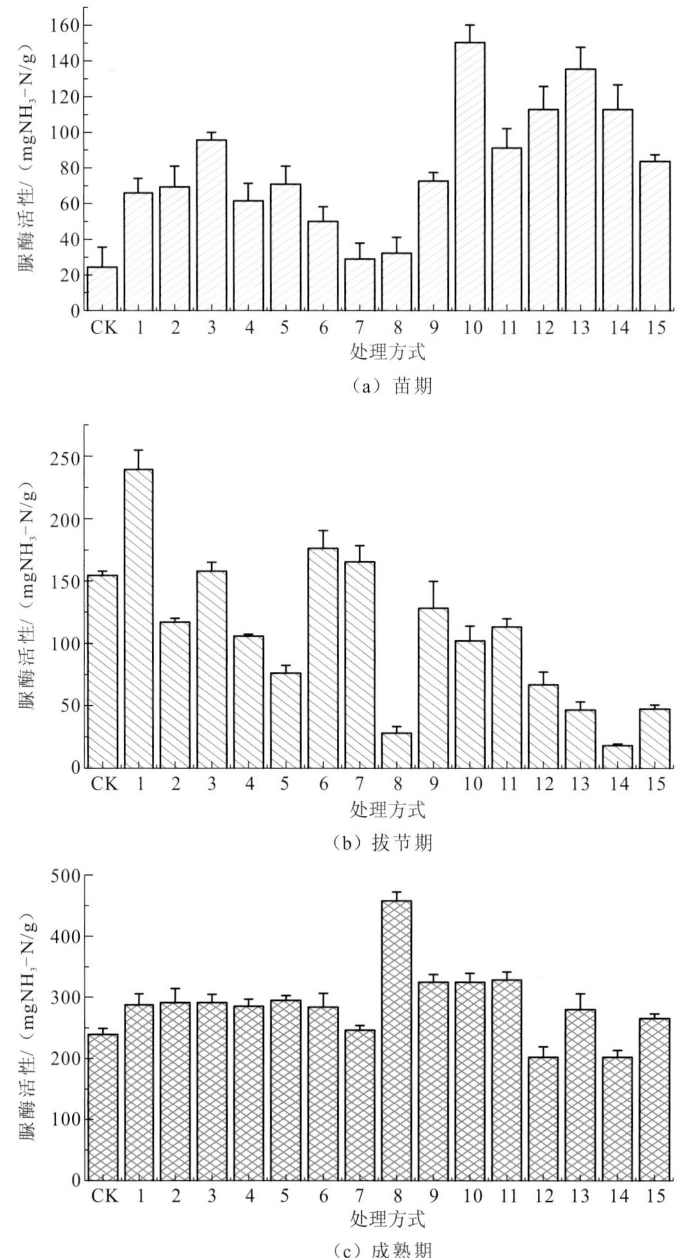

图 5.37　不同处理对玉米生长各时期土壤脲酶活性的影响

处理的脲酶活性小于 CK 的状况，其处理 14 最为显著是 CK 的 11.75%，这可能与此环境材料中添加的高分子保水剂的量较大有关，其有对土壤水肥起到缓释作用，从而对土壤脲酶活性起到抑制的作用。但是其处理 1 在玉米拔节期表现效果最好，是其 CK 的 1.55 倍，是因为在处理 1 中没有添加高分子保水剂，而其他环境材料的组合有能够提高脲酶活性的作用。在玉米成熟期，经过植物的根系作用，土壤中微生物的数量大幅提高，土壤脲酶活性比前两期整体升高，其中大部分处理的脲酶活性趋于一致。说明在作物生长的后期，土壤中各有机物质仍然较多，脲酶活性受到环境材料添加的影响，同时为土壤有效肥力的转化起到相当重要的作用。

从环境材料对土壤脲酶活性影响结果分析（表 5.36～表 5.38）看出：在玉米苗期，环境材料对土壤脲酶活性的影响大小为 E（有机肥）＞D（土壤肥料）＞C（吸附性矿物材料沸石）＞B（煤基营养物质腐殖酸）＞A（高分子保水剂），其优化组合为 $A_4B_2C_2D_1E_4$。结合表 5.25，即高分子保水剂 3 g/kg、煤基营养物质腐殖酸 0.5 g/kg、吸附性矿物材料沸石 5 g/kg、土壤肥料 0、有机肥 10 g/kg。因此在玉米苗期对土壤脲酶活性影响最为显著的是有机肥；在玉米拔节期，环境材料对土壤脲酶活性的影响大小为 E（有机肥）＞D（土壤肥料）＞C（吸附性矿物材料沸石）＞A（高分子保水剂）＞B（煤基营养物质腐殖酸），其优化组合为 $A_1B_2C_2D_1E_4$。结合（表 2.1）即高分子保水剂 0、煤基营养物质腐殖酸 0.5 g/kg、吸附性矿物材料沸石 5 g/kg、土壤肥料 0、有机肥 10 g/kg。因此在玉米拔节期对土壤脲酶活性影响最为显著的是有机肥；在玉米成熟期，环境材料对土壤脲酶活性的影响大小为 E（有机肥）＞D（土壤肥料）＞C（吸附性矿物材料沸石）＞B（煤基营养物质腐殖酸）＞A（高分子保水剂），其优化组合为 $A_3B_2C_2D_1E_4$。结合表 5.25，即高分子保水剂 2 g/kg、煤基营养物质腐殖酸 0.5 g/kg、吸附性矿物材料沸石 5 g/kg、土壤肥料 0、有机肥 10 g/kg。因此在玉米成熟期对土壤脲酶活性影响最为显著的是有机肥。

表 5.36　玉米苗期环境材料对土壤脲酶活性的影响结果分析　单位：g/kg

组别	A 高分子保水剂	B 煤基营养物质腐殖酸	C 吸附性矿物材料沸石	D 土壤肥料	E 有机肥
K1	255.19	231.11	329.37	1 116.78	239.04
K2	211.37	576.04	1 118.89	358.30	231.85
K3	346.30	382.60	994.97	287.04	815.07
K4	445.19	299.40	1 075.70	311.59	2 574.84
k1	63.80	57.78	82.34	279.19	59.76
k2	52.84	144.01	279.72	89.58	57.96
k3	86.57	95.65	248.74	71.76	203.77
k4	111.30	74.85	268.92	77.90	643.71
极差 R	58.45	86.23	197.38	207.43	585.75
主次顺序			E＞D＞C＞B＞A		
优水平	A_4	B_2	C_2	D_1	E_4
优组合			$A_4B_2C_2D_1E_4$		

表 5.37　玉米拔节期环境材料对土壤脲酶活性的影响结果分析　单位：g/kg

组别	A 高分子保水剂	B 煤基营养物质腐殖酸	C 吸附性矿物材料沸石	D 土壤肥料	E 有机肥
K1	668.52	355.56	380.37	1 895.19	465.93
K2	523.71	845.93	1 846.31	573.71	491.11
K3	371.85	413.71	1 142.60	398.52	1 330.74
K4	179.26	483.70	1 192.23	280.38	2 548.17
k1	167.13	88.89	95.09	473.80	116.48
k2	130.93	211.48	461.58	143.43	122.78
k3	92.96	103.43	285.65	99.63	332.69
k4	44.82	120.93	298.06	70.10	637.04
极差 R	122.31	122.59	366.48	403.70	520.56
主次顺序	E>D>C>A>B				
优水平	A_1	B_2	C_2	D_1	E_4
优组合	$A_1B_2C_2D_1E_4$				

表 5.38　玉米成熟期环境材料对土壤脲酶活性的影响结果分析　单位：g/kg

组别	A 高分子保水剂	B 煤基营养物质腐殖酸	C 吸附性矿物材料沸石	D 土壤肥料	E 有机肥
K1	1 108.89	1 184.63	1 123.70	4 548.34	1 012.22
K2	1 110.18	2 371.30	4 584.63	1 060.37	1 294.07
K3	1 434.82	1 101.48	3 811.49	1 166.11	3 422.59
K4	949.63	1 130.74	3 181.85	1 245.92	7 689.06
k1	277.22	296.16	280.92	1 137.08	253.06
k2	277.55	592.82	1 146.16	265.09	323.52
k3	358.70	275.37	952.87	291.53	855.65
k4	237.41	282.69	795.46	311.48	1 922.26
极差 R	121.30	317.45	865.23	871.99	1 669.21
主次顺序	E>D>C>B>A				
优水平	A_3	B_2	C_2	D_1	E_4
优组合	$A_3B_2C_2D_1E_4$				

2. 对碱性磷酸酶的影响

土壤磷酸酶能够促进土壤中有机磷的分解转化及其生物有效性。其活性的高低与土壤中有机物质的含量及其供养条件有关。

从图 5.38 可知，从玉米生长整个时期来看，土壤碱性磷酸酶活性变化不大，这可能与土壤中有机磷含量较低有关。在玉米苗期，处理 15 优于其他环境材料组合是 CK 的 1.32 倍，处理 10 和 11 下土壤碱性磷酸酶活性也有较为明显的提高，分别是 CK 的 1.28 倍和 1.25 倍。在玉米生长过程中，由于本实验在设置中未再向土壤中加入磷素，所以

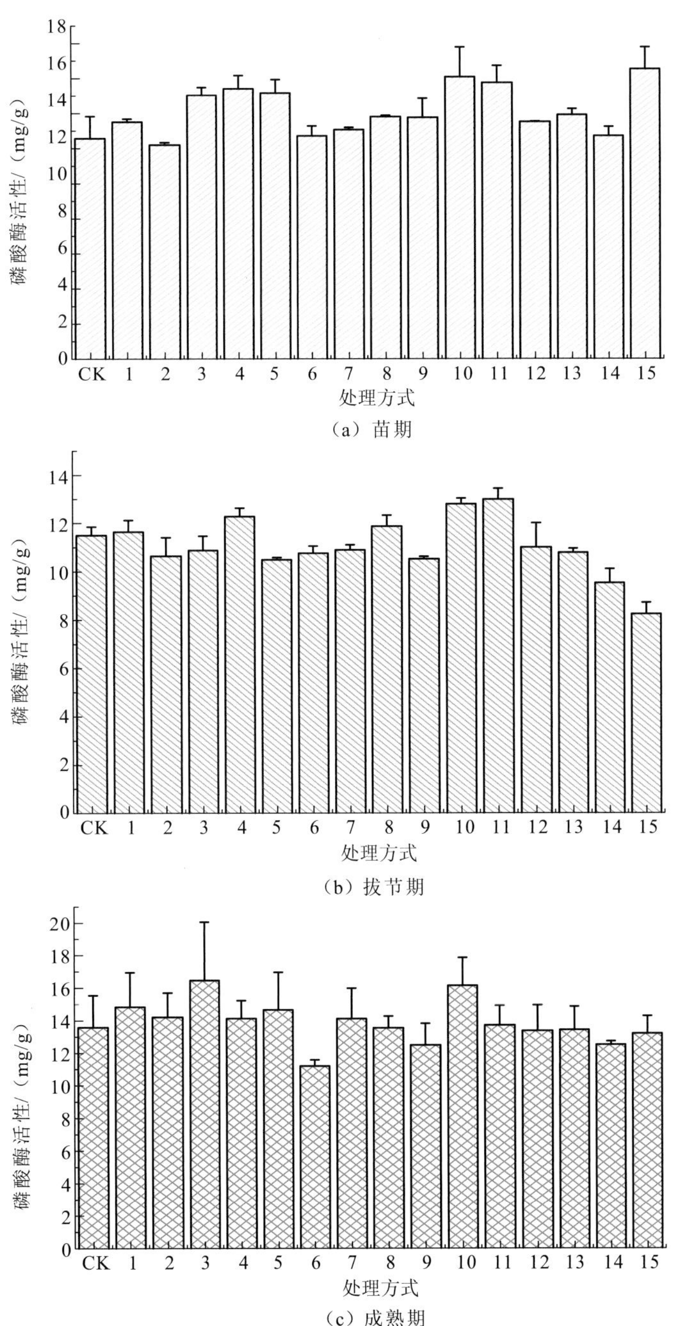

（a）苗期

（b）拔节期

（c）成熟期

图 5.38　不同处理对玉米生长各时期土壤磷酸酶活性的影响

在玉米拔节期 CK 的碱性磷酸酶活性较苗期有所下降，但是在添加环境材料的作用下，土壤碱性磷酸酶活性仍保持着相对稳定的水平，土壤碱性磷酸酶活性较苗期整体增幅约虽然差异较小，但说明加入环境材料在一定程度上使土壤碱性磷酸酶活性趋于增长。在玉米成熟期，不同处理间较 3 和 10 差异较大，分别是 CK 的 1.21 倍和 1.19 倍。整体水平也比前两个时期有所增加，这与土壤脲酶活性变化趋势保持一致。可能是因为作物在这个时期对土壤的养分需求较高，而在环境材料的作用下正好提高了土壤中营养物质即有机磷等物质的有效性。

从环境材料对土壤磷酸酶活性影响结果分析（表 5.39～表 5.41）看出：在玉米苗期，环境材料对土壤磷酸酶活性的影响大小为 E（有机肥）>D（土壤肥料）>C（吸附性矿物材料沸石）>B（煤基营养物质腐殖酸）>A（高分子保水剂），其优化组合为 $A_3B_2C_2D_1E_4$。结合表 5.25，即高分子保水剂 2 g/kg、煤基营养物质腐殖酸 0.5 g/kg、吸附性矿物材料沸石 5 g/kg、土壤肥料 0、有机肥 10 g/kg。因此在玉米苗期对土壤磷酸酶活性影响最为显著的是有机肥；在玉米拔节期，环境材料对土壤磷酸酶活性的影响大小为 E（有机肥）>D（土壤肥料）>C（吸附性矿物材料沸石）>B（煤基营养物质腐殖酸）>A（高分子保水剂），其优化组合为 $A_3B_2C_2D_1E_4$。结合表 5.25，即高分子保水剂 2 g/kg、煤基营养物质腐殖酸 0.5 g/kg、吸附性矿物材料沸石 5 g/kg、土壤肥料 0、有机肥 10 g/kg。因此在玉米拔节期对土壤磷酸酶活性影响最为显著的是有机肥；在玉米成熟期，环境材料对土壤磷酸酶活性的影响大小为 E（有机肥）>D（土壤肥料）>C（吸附性矿物材料沸石）>B（煤基营养物质腐殖酸）>A（高分子保水剂），其优化组合为 $A_1B_2C_2D_1E_4$。结合表 5.25，即高分子保水剂 0、煤基营养物质腐殖酸 0.5 g/kg、吸附性矿物材料沸石 5 g/kg、土壤肥料 0、有机肥 10 g/kg。因此在玉米成熟期对土壤磷酸酶酶活性影响最为显著的是有机肥。

表 5.39　玉米苗期环境材料对土壤磷酸酶活性的影响结果分析　　单位：g/kg

组别	A 高分子保水剂	B 煤基营养物质腐殖酸	C 吸附性矿物材料沸石	D 土壤肥料	E 有机肥
K1	53.31	55.28	60.34	223.85	52.09
K2	56.33	111.61	225.31	56.16	56.54
K3	59.38	53.69	166.02	57.89	165.24
K4	56.65	60.37	172.02	56.69	406.14
k1	13.33	13.82	15.09	55.96	13.02
k2	14.08	27.90	56.33	14.04	14.14
k3	14.84	13.42	41.50	14.47	41.31
k4	14.16	15.09	43.00	14.17	101.54
极差 R	1.52	14.48	41.24	41.92	88.51
主次顺序	E>D>C>B>A				
优水平	A_3	B_2	C_2	D_1	E_4
优组合	$A_3B_2C_2D_1E_4$				

表 5.40　玉米拔节期环境材料对土壤磷酸酶活性的影响结果分析　单位：g/kg

组别	A 高分子保水剂	B 煤基营养物质腐殖酸	C 吸附性矿物材料沸石	D 土壤肥料	E 有机肥
K1	44.64	46.63	43.03	180.33	42.44
K2	44.40	90.06	180.90	46.33	42.52
K3	48.18	43.72	136.08	41.67	130.06
K4	39.55	43.00	125.70	42.75	297.72
k1	11.16	11.66	10.76	45.08	10.61
k2	11.10	22.52	45.22	11.58	10.63
k3	12.05	10.93	34.02	10.42	32.52
k4	9.89	10.75	31.42	10.69	74.43
极差 R	2.16	11.76	34.47	34.67	63.82
主次顺序			E>D>C>B>A		
优水平	A_3	B_2	C_2	D_1	E_4
优组合			$A_3B_2C_2D_1E_4$		

表 5.41　玉米成熟期环境材料对土壤磷酸酶活性的影响结果分析　单位：g/kg

组别	A 高分子保水剂	B 煤基营养物质腐殖酸	C 吸附性矿物材料沸石	D 土壤肥料	E 有机肥
K1	59.09	54.63	57.59	223.24	52.71
K2	54.09	110.06	219.33	58.46	52.79
K3	55.89	54.06	165.26	54.04	161.45
K4	52.54	57.49	163.56	57.19	390.94
k1	14.77	13.66	14.40	55.81	13.18
k2	13.52	27.51	54.83	14.61	13.20
k3	13.97	13.52	41.31	13.51	40.36
k4	13.13	14.37	40.89	14.30	97.73
极差 R	1.64	14.00	40.44	42.30	84.56
主次顺序			E>D>C>B>A		
优水平	A_1	B_2	C_2	D_1	E_4
优组合			$A_1B_2C_2D_1E_4$		

3. 对过氧化氢酶的影响

在有机质氧化和腐殖质形成过程中过氧化氢酶起着非常重要的作用。过氧化氢酶不仅可以促进土壤中多种化合物的氧化，而且还能防止过氧化氢过多的积累导致对生物体的毒害。过氧化氢酶是土壤中的氧化还原酶类，其活性可以表征土壤腐殖质化强度大小和有机质转化速率，而且还与土壤中微生物生物量及土壤中各种营养成分如 N、P 和 K

的有效利用有关。

从图 5.39 可以看出，在玉米生长的各个时期土壤过氧化氢酶活性的高低呈先升后降的趋势，是由于作物根系的生长促进了土壤中营养物质的转化和分解。在玉米苗期，除处理 15 外，其他处理间过氧化氢酶活性差异不大，其中处理 7、8、12 和 13 较为明显，分别约为 CK 的 1.02 倍、1.03 倍、1.04 倍、1.02 倍，增幅较小，说明在玉米苗期添加环

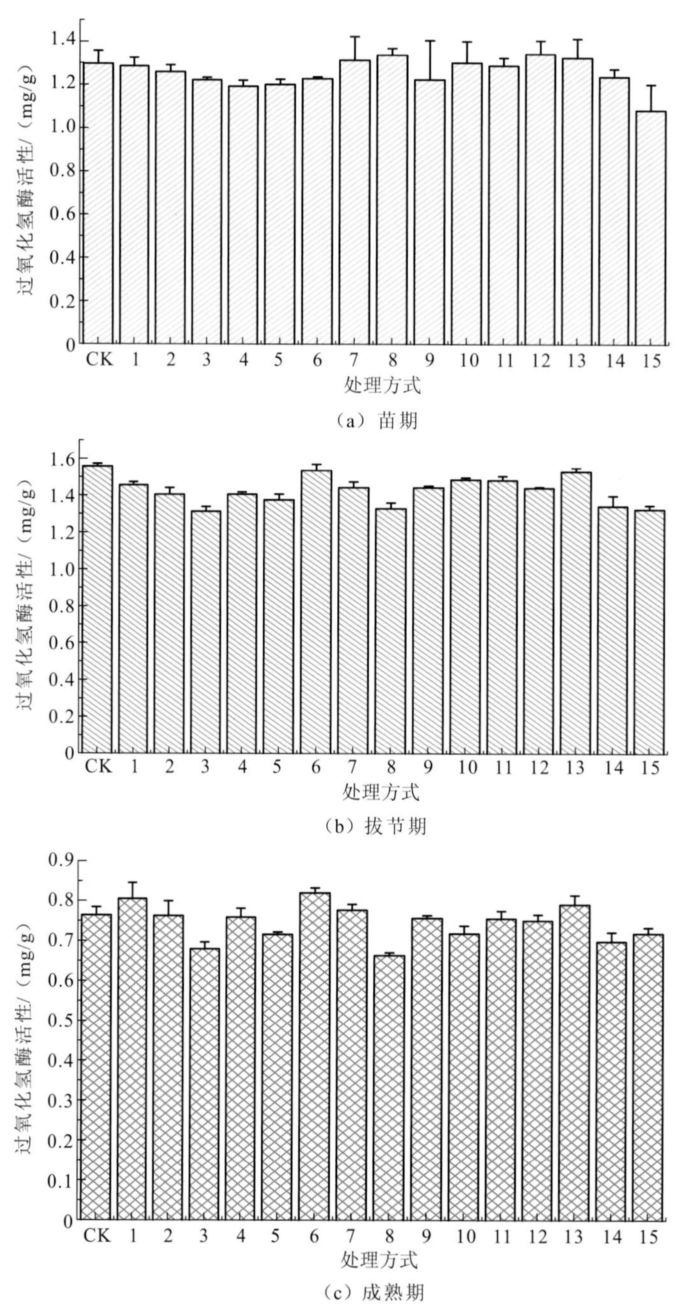

图 5.39　不同处理对玉米生长各时期土壤过氧化氢酶活性的影响

境材料对土壤过氧化氢酶影响不大，并且对土壤改良作用也不大。但处理 15 中由于土壤过氧化氢酶活性的降低，可能降低了对过氧化物的降解能力。在玉米拔节期，添加环境材料使各处理间土壤过氧化氢酶活性差异明显，与 CK 相比，处理 6 和 13 分别是 CK 的 98.57%和 98.18%。但土壤过氧化氢酶整体活性比苗期增长 13.53%，这说明环境材料使土壤过氧化氢酶活性提高，对土壤的作用也较为明显。在玉米成熟期，过氧化氢酶活性有所下降，主要是在作物生长后期，土壤中的营养成分含量降低，多数处理呈下降趋势，但是在环境材料的作用下，处理 1、6 和 13 的土壤过氧化氢酶活性较为明显，同时为土壤中 N、P 等元素进行了有效的吸收，为植物生长所需的养分提供了有效的保障。

另外，从环境材料对土壤过氧化氢酶活性的影响结果分析（表 5.42～表 5.44）可以看出：在玉米苗期，环境材料对土壤过氧化氢酶活性的影响大小为 E（有机肥）＞D（土壤肥料）＞C（吸附性矿物材料沸石）＞B（煤基营养物质腐殖酸）＞A（高分子保水剂），其优化组合为 $A_3B_2C_2D_1E_4$。结合表 5.25，即高分子保水剂 2 g/kg、煤基营养物质腐殖酸 0.5 g/kg、吸附性矿物材料沸石 5 g/kg、土壤肥料 0、有机肥 10 g/kg。因此在玉米苗期对土壤过氧化氢酶活性影响最为显著的是有机肥；在玉米拔节期，环境材料对土壤磷酸酶活性的影响大小为 E（有机肥）＞D（土壤肥料）＞C（吸附性矿物材料沸石）＞B（煤基营养物质腐殖酸）＞A（高分子保水剂），其优化组合为 $A_2B_2C_2D_1E_4$。结合表 5.25，即高分子保水剂 1 g/kg、煤基营养物质腐殖酸 0.5 g/kg、吸附性矿物材料沸石 5 g/kg、土壤肥料 0、有机肥 10 g/kg。因此在玉米拔节期对土壤过氧化氢酶活性影响最为显著的是有机肥；在玉米成熟期，环境材料对土壤过氧化氢酶活性的影响大小为 E（有机肥）＞D（土壤肥料）＞C（吸附性矿物材料沸石）＞B（煤基营养物质腐殖酸）＞A（高分子保水剂），其优化组合为 $A_2B_2C_2D_1E_4$。结合表 5.25，即高分子保水剂 1 g/kg、煤基营养物质腐殖酸 0.5 g/kg、吸附性矿物材料沸石 5 g/kg、土壤肥料 0、有机肥 10 g/kg。因此在玉米成熟期对土壤过氧化氢酶活性影响最为显著的是有机肥。

表 5.42 玉米苗期环境材料对土壤过氧化氢酶活性的影响结果分析 单位：g/kg

组别	A 高分子保水剂	B 煤基营养物质腐殖酸	C 吸附性矿物材料沸石	D 土壤肥料	E 有机肥
K1	5.06	5.17	4.88	20.26	5.07
K2	4.94	10.21	20.15	5.24	4.94
K3	5.15	5.03	15.42	4.76	15.10
K4	4.99	4.91	14.91	5.00	34.85
k1	1.27	1.29	1.22	5.06	1.27
k2	1.23	2.55	5.04	1.31	1.23
k3	1.29	1.26	3.85	1.19	3.77
k4	1.25	1.23	3.73	1.25	8.71
极差 R	0.05	1.33	3.82	3.87	7.48
主次顺序	E＞D＞C＞B＞A				
优水平	A_3	B_2	C_2	D_1	E_4
优组合	$A_3B_2C_2D_1E_4$				

表 5.43　玉米拔节期环境材料对土壤过氧化氢酶活性的影响结果分析　　单位：g/kg

组别	A 高分子保水剂	B 煤基营养物质腐殖酸	C 吸附性矿物材料沸石	D 土壤肥料	E 有机肥
K1	5.73	5.73	5.74	23.31	5.78
K2	5.76	11.54	22.98	5.82	5.64
K3	5.74	5.77	17.21	5.58	17.13
K4	5.64	5.56	16.93	5.36	39.22
k1	1.43	1.43	1.44	5.83	1.45
k2	1.44	2.88	5.75	1.46	1.41
k3	1.43	1.44	4.30	1.39	4.28
k4	1.41	1.39	4.23	1.34	9.81
极差 *R*	0.03	1.49	4.31	4.49	8.39
主次顺序			E>D>C>B>A		
优水平	A_2	B_2	C_2	D_1	E_4
优组合			$A_2B_2C_2D_1E_4$		

表 5.44　玉米成熟期环境材料对土壤过氧化氢酶活性的影响结果分析　　单位：g/kg

组别	A 高分子保水剂	B 煤基营养物质腐殖酸	C 吸附性矿物材料沸石	D 土壤肥料	E 有机肥
K1	3.01	2.94	2.92	12.00	3.00
K2	3.07	6.01	12.10	3.05	3.01
K3	2.89	3.00	8.89	3.00	8.99
K4	2.96	2.93	8.90	2.76	20.49
k1	0.75	0.73	0.73	3.00	0.75
k2	0.77	1.50	3.02	0.76	0.75
k3	0.72	0.75	2.22	0.75	2.25
k4	0.74	0.73	2.22	0.69	5.12
极差 *R*	0.04	0.77	2.29	2.31	4.37
主次顺序			E>D>C>B>A		
优水平	A_2	B_2	C_2	D_1	E_4
优组合			$A_2B_2C_2D_1E_4$		

4. 玉米根际酶活性变化与植物生长相关分析

从表 5.45 可以看出，土壤酶活性在玉米苗期中，土壤碱性磷酸酶活性与玉米株高具有正相关性。由图 5.38 的苗期，土壤碱性磷酸酶的活性比 CK 较高，因为土壤磷酸酶活性是指示土壤磷素状况的灵敏指标，其高低与土壤有机物质的含量有关。而磷能促进早期根系的形成和生长，提高植物适应外界环境条件的能力。因此，说明土壤碱性磷酸酶对玉米生长发育的作用较为明显。

表 5.45　玉米指标与土壤酶活性的相关系数

	脲酶活性	磷酸酶活性	过氧化氢酶活性	玉米干物质量	玉米株高	玉米叶面积
脲酶活性	1	0.394	0.047	0.009	0.473	0.201
磷酸酶活性		1	−0.438	0.054	0.501*	−0.133
过氧化氢酶活性			1	0.004	−0.317	0.287
玉米干物质量				1	−0.182	−0.483
玉米株高					1	0.044
玉米叶面积						1

注：*在 0.05 水平（双侧）上显著相关

第 6 章　保水剂在土壤重金属治理中的应用

6.1　保水剂对重金属的吸附效应

保水剂（SAP）在土壤水肥保持和促进植物抗旱增产等方面表现出较好效果，在农林生产方面应用广泛。同时，由于保水剂能提高土壤 pH、土壤的保水能力及阳离子交换量，也能吸附固定土壤中二价和三价的重金属离子，在重金属钝化等方面也表现出较好的环境污染治理的应用前景。

保水剂对金属离子的吸附，与其吸水膨胀的机理和影响因素有关。保水剂在吸水后可膨胀并形成凝胶，其可以保持相当于自身重量 20～1 000 倍的水分。其链状结构上有大量的羧基等亲水基团而吸水，同时由于负电荷之间的静电排斥和被吸附离子的渗透势造成膨胀。保水剂吸水能力主要受到 4 个方面的制约：①保水剂吸附的有效水的数量；②可溶性阳离子；③土壤对保水剂的压力；④保水剂在土壤中的稳定性。有研究表明，使用聚丙烯酸钠保水剂可以提高土壤 pH，这可能是钠离子与 H^{+}的相互交换造成的，在酸性土壤中，聚丙烯酸钠提高土壤 pH 的效果比聚丙烯酸钾要好。在非污染土壤上，使用聚丙烯酸盐可以通过提高土壤的保水能力和养分供应而使植物生长得到改善。即使在重金属污染的土地使用，这种效应也是改善植物生长的因素之一。

保水剂与各种物质混合制造出多功能复合材料，其特点在于投资少、效果明显，已得到环保领域的广泛关注。凹凸棒土主要用来合成复合型保水剂。研究表明，在丙烯酸与 N-丙烯酰吗啉聚合的化学反应中添加适量的凹凸棒土，能够显著改良保水剂的吸水性能、耐酸碱度、耐热性等（Qi et al.，2009）。

为了明确保水剂对重金属离子的吸附效果及影响因素，首先需要揭示在水相条件下，高分子保水剂对重金属 Pb^{2+}、Cd^{2+}溶液的吸附过程，分析保水剂添加量、重金属离子浓度、pH、吸附时间以及解吸液 pH、解吸时间等因素对保水剂吸附重金属 Pb^{2+}、Cd^{2+}过程的影响。刘伟华（2017）开展了相关实验，研究了两种不同类型保水剂——聚丙烯酸钠盐类保水剂（SAP-A）和有机无机复合类保水剂（SAP-B）对重金属 Pb^{2+}和 Cd^{2+}吸附-解吸的影响。

6.1.1　不同类型保水剂吸附铅镉的影响

在 Pb^{2+}浓度为 400 mg/L 条件下，两种保水剂的添加浓度为 1.25～3.75 g/L，保持 pH 为 7.5，在 25℃下以 180 r/min 转速振荡 120 min，结果如图 6.1 所示。结果表明两种保水剂对 Pb^{2+}的吸附率随着保水剂添加量的增加而迅速增大，当添加量为 2.5 g/L 时，SAP-A

对 Pb^{2+}的吸附率达到 90.76%，继续增加添加量，吸附率虽然有所增加，但是增加趋势不大；而当添加量为 2.5 g/L 时，SAP-B 对 Pb^{2+}的吸附率达到 97.79%，再增加添加量，吸附率变化非常小。

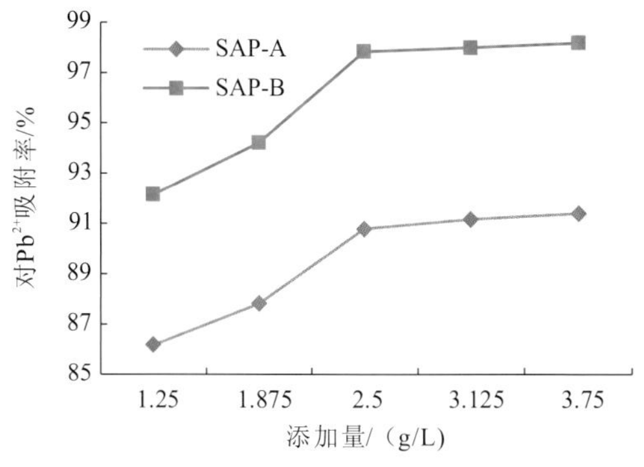

图 6.1 保水剂添加量对 Pb^{2+}吸附率的影响

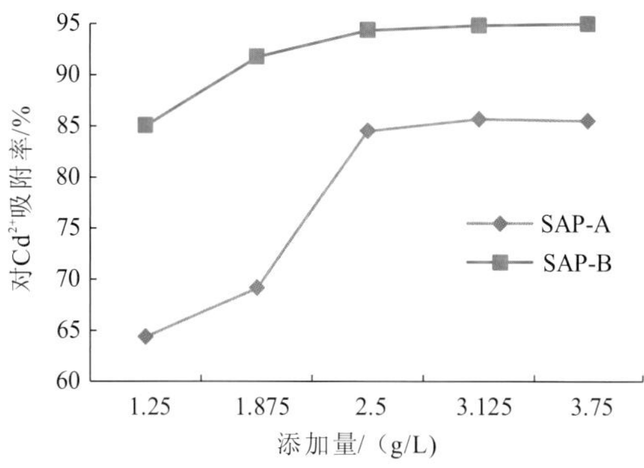

图 6.2 保水剂添加量对 Cd^{2+}吸附率的影响

在 Cd^{2+}浓度为 50 mg/L 条件下，两种保水剂的添加浓度为 1.25～3.75 g/L，保持 pH 为 7.5，在 25℃下以 180 r/min 转速振荡 120 min，结果如图 6.2 所示。结果表明两种保水剂对 Cd^{2+}的吸附率随着保水剂添加量的增加而迅速增大，当添加量为 2.5 g/L 时，SAP-A 对 Cd^{2+}的吸附率达到 84.44%，继续增加添加量，吸附率虽然有所增加，但是增加趋势不大；而当添加量为 2.5 g/L 时，SAP-B 对 Cd^{2+}的吸附率达到 94.22%，再增加添加量，吸附率变化非常小。因此最佳添加量为 2.5 g/L。

6.1.2 吸附时间对保水剂吸附铅镉的影响

在 Pb^{2+}浓度为 400 mg/L 的条件下，各加入 2.5 g/L 的保水剂，调节 pH 为 7.5，在 25℃下以 180 r/min 转速振荡，分别反应 5 min、15 min、30 min、60 min、90 min、120 min、240 min 时取出，研究结果如图 6.3、图 6.4 所示。由图 6.3 可知，在溶液初始浓度和保水剂用量一定的前提下，随着吸附时间的延长，SAP-A 对 Pb^{2+}吸附率及吸附负载量随之增加。60 min 时，吸附率已经达到 92.84%，吸附负载量达到 148.55 mg/g。当吸附时间达到 120 min 时，吸附率为 92.92%，吸附负载量为 148.66 mg/g，继续延长吸附时间，吸附率和吸附负载量虽有所浮动，但是变化不明显，即在 120 min 时吸附达到动态平衡。

由图 6.4 可知，与 SAP-A 类似，SAP-B 吸附 Pb^{2+}的吸附率及吸附负载量随着吸附时间的延长而逐渐增加，Pb^{2+}的吸附率由 89.59%增加到 97.76%，Pb^{2+}的吸附负载量由 143.34 mg/g 增加到 156.41 mg/g，当吸附时间达到 120 min 时，继续延长吸附时间，吸附率和吸附负载量虽有所波动，但是变化不明显，即在 120 min 时吸附达到动态平衡。

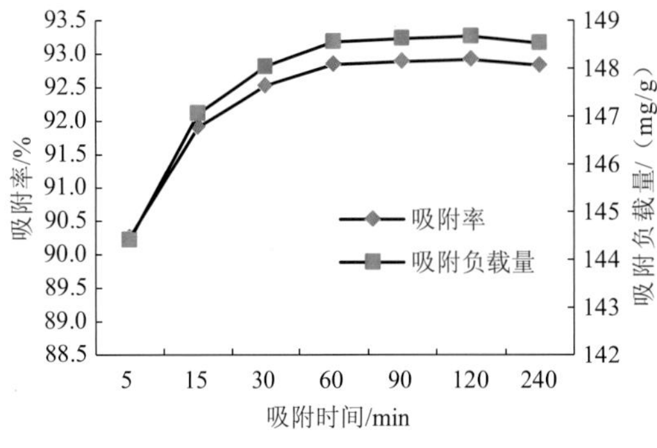

图 6.3　吸附时间对 SAP-A 吸附 Pb^{2+}的影响

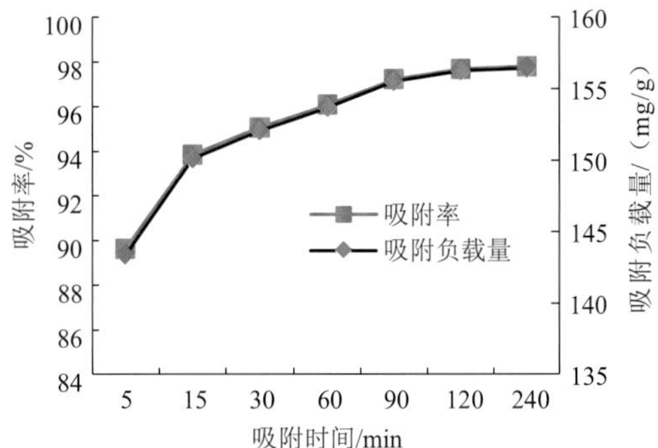

图 6.4　吸附时间对 SAP-B 吸附 Pb^{2+}的影响

在 Cd^{2+}浓度为 50 mg/L 的条件下，各加入 2.5 g/L 的保水剂，调节 pH 为 7.5，在 25 ℃下以 180 r/min 转速振荡，分别反应 5 min、15 min、30 min、60 min、90 min、120 min、240 min 时取出，研究结果如图 6.5、图 6.6 所示。由图 6.5 可知，在溶液初始浓度和保水剂用量一定的前提下，随着吸附时间的延长，Cd^{2+}吸附率及吸附负载量随之增加。90 min 时，吸附率已经达到 75.12%，吸附负载量达到 15.02 mg/g。当吸附时间延长到 120 min 时，吸附率为 76.49%，吸附负载量为 15.29 mg/g，继续增大吸附时间，吸附率和吸附负载量虽有所浮动，但是变化不明显，即在 120 min 时吸附达到动态平衡。

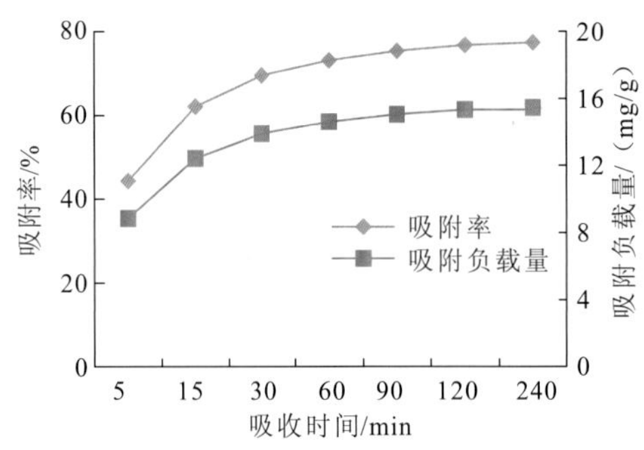

图 6.5　吸附时间对 SAP-A 吸附 Cd^{2+}的影响

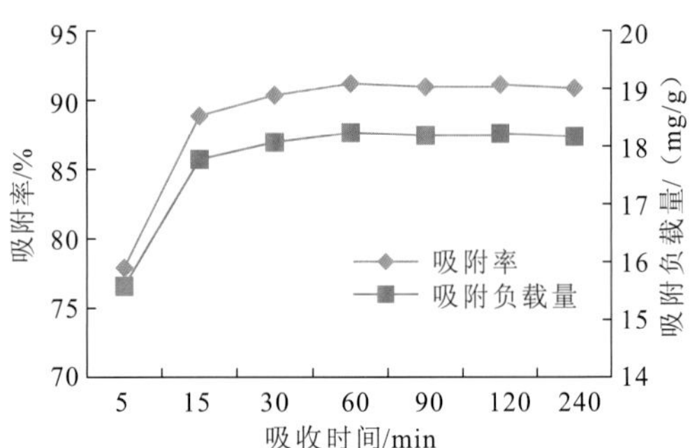

图 6.6　吸附时间对 SAP-B 吸附 Cd^{2+}的影响

由图 6.6 可知，与 SAP-A 类似，SAP-B 吸附 Cd^{2+}的吸附率及吸附负载量随着吸附时间的增加而逐渐增大，Cd^{2+}的吸附率由 77.83%增加到 91.12%，Cd^{2+}的吸附负载量由 15.56 mg/g 增加到 18.22 mg/g，当吸附时间为 60 min 时，吸附率为 91.12%，吸附负载量为 18.22 mg/g，继续增加吸附时间，吸附率和吸附负载量虽有所浮动，但是变化不明显，即在 120 min 时吸附达到动态平衡。

6.1.3　pH 对保水剂吸附铅镉的影响

取 40 mLPb^{2+}初始浓度为 400 mg/L 的溶液分别加入 150 mL 具塞锥形瓶中，再各加入 2.5 g/L 的保水剂，调节 pH 为 2.5、3.5、4.5、5.5、6.5、7.5、8.5，在 25℃下 180 r/min

振荡 120 min 时分别取样，研究结果如图 6.7、图 6.8 所示。

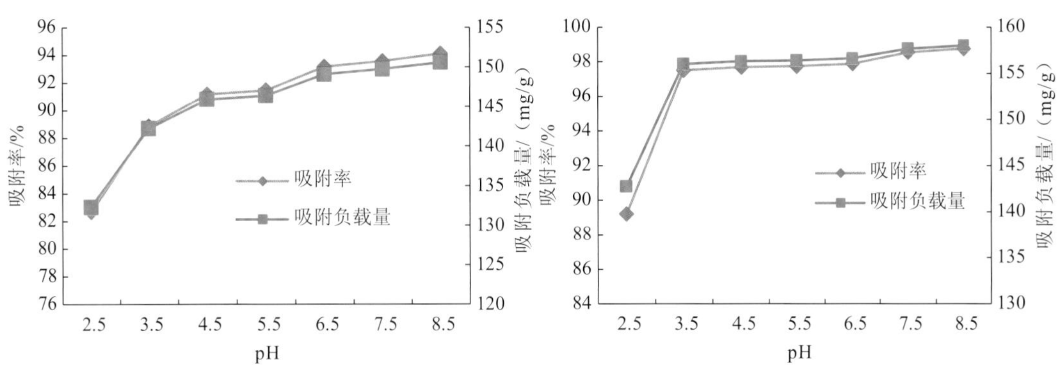

图 6.7　溶液 pH 对 SAP-A 吸附 Pb^{2+}的影响　　图 6.8　溶液 pH 对 SAP-B 吸附 Pb^{2+}的影响

由图 6.7 可知，在 SAP-A 添加量、Pb^{2+}初始浓度一定的条件下，pH 由 2.5 增大到 8.5 时，吸附率由 82.72%增加至 94.15%，吸附负载量由 132.34 mg/g 增加至 150.64 mg/g；当溶液 pH 为 2.5～6.5 时，SAP-A 对 Pb^{2+}的吸附率随溶液 pH 的增大而迅速增加，pH=6.5 时，吸附率已经达到了 93.21%，吸附负载量达到了 149.13 mg/g；继续增大溶液的 pH，吸附率和吸附负载量随 pH 变化不明显。

由图 6.8 可知，pH 由 2.5 增大到 8.5 时，SAP-B 对 Pb^{2+}吸附率由 89.24%增加至 98.79%，吸附负载量由 142.78 mg/g 增加至 158.07 mg/g；当溶液 pH 较低时，SAP-A 对 Pb^{2+}的吸附率随溶液 pH 的增大而迅速增加，pH=3.5 时，吸附率已经高达 97.54%，吸附负载量达到了 156.07 mg/g；继续增大溶液的 pH，吸附率和吸附负载量随溶液 pH 增大有所增加，但是趋势不明显。

取 40 mLCd^{2+}浓度为 50 mg/L 的溶液分别加入 150 mL 具塞锥形瓶中，各加入 2.5 g/L 的保水剂，调节 pH 为 2.5、3.5、4.5、5.5、6.5、7.5、8.5，在 25℃下 180 r/min 振荡 120 min 时分别取上清液，研究结果如图 6.9、图 6.10 所示。

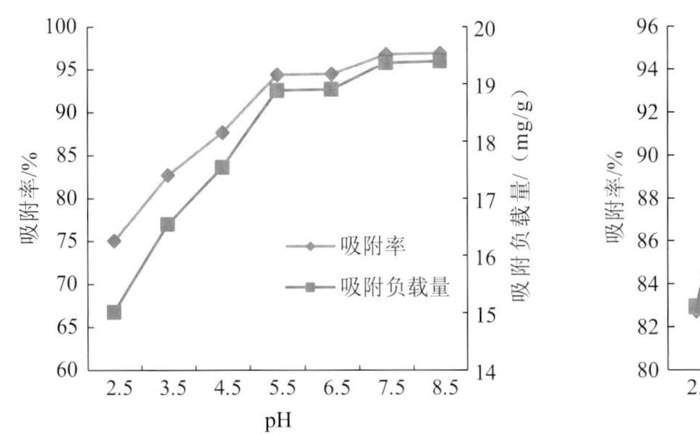

图 6.9　溶液 pH 对 SAP-A 吸附 Cd^{2+}的影响

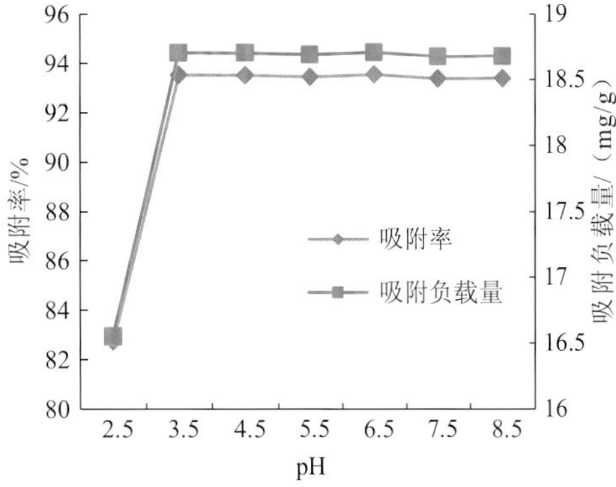

图 6.10　溶液 pH 对 SAP-B 吸附 Cd^{2+}的影响

图 6.9 为不同溶液 pH 对 SAP-A 吸附 Cd^{2+}效果的影响。由图 6.9 可知，在 SAP-A 添加量、Cd^{2+}初始浓度一定的条件下，pH 由 2.5 增加到 8.5 时，SAP-A 对 Cd^{2+}吸附率由 75.11%

增加至 97.01%，吸附负载量由 15.02 mg/g 增加至 19.40 mg/g；当溶液 pH 为 2.5～5.5 时，SAP-A 对 Cd^{2+}的吸附率随溶液 pH 的增大而迅速增加，pH=5.5 时，吸附率已经达到了 94.45%，吸附负载量达到了 18.89 mg/g；继续增大溶液的 pH，吸附率和吸附负载量随 pH 变化不明显。

图 6.10 为不同溶液 pH 对 SAP-B 吸附 Cd^{2+}效果的影响。研究显示，在 SAP-B 添加量、Cd^{2+}初始浓度一定的条件下，pH 由 2.5 增加到 8.5 时，SAP-B 对 Cd^{2+}吸附率由 82.78%增加至 93.57%，吸附负载量由 16.56 mg/g 增加至 18.71 mg/g；当溶液 pH 较低时，SAP-B 对 Cd^{2+}的吸附率随溶液 pH 的增大而迅速提升，pH=3.5 时，吸附率已经达到 93.55%，吸附负载量达到 18.71 mg/g；继续增大溶液的 pH，吸附率和吸附负载量随 pH 的变化不明显。

6.1.4 初始浓度对保水剂吸附铅镉的影响

取初始浓度为 50 mg/L、100 mg/L、150 mg/L、200 mg/L、300 mg/L、400 mg/L、600 mg/L、800 mg/L、1 000 mg/L 的 Pb^{2+}溶液 40 mL 分别加入 150 mL 具塞锥形瓶中，各加入 2.5 g/L 的保水剂，调节 pH 为 7.5，在 25℃下 180 r/min 振荡 120 min 时分别取上清液，研究结果如图 6.11、图 6.12 所示。图 6.11 研究显示，当 Pb^{2+}浓度≤800 mg/L 时，SAP-A 对 Pb^{2+}吸附率相对很高，基本在 96%左右，虽有上下浮动，但趋势基本不变；当 Pb^{2+}浓度＞800 mg/L 时，吸附率随着 Pb^{2+}浓度的提升而逐渐降低，当 Pb^{2+}浓度达到 1 000 mg/L 时，吸附率已经下降为 78.8%；并进行推测，在 SAP-A 添加量不变的情况下，继续增大 Pb^{2+}浓度，吸附率会继续降低。而由吸附负载量曲线可以得出，在 SAP-A 未达到吸附饱和之前，吸附负载量随着 Pb^{2+}浓度的增加而增大。当 Pb^{2+}浓度由 50 mg/L 增加至 1 000 mg/L 时，Pb^{2+}吸附负载量由 9.41 mg/g 增加至 315.21 mg/g。

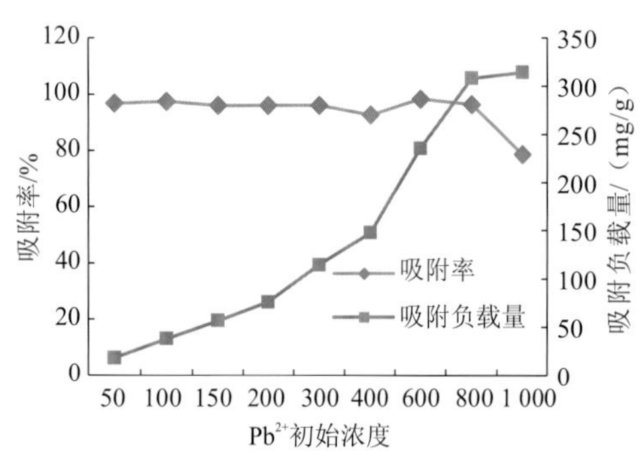

图 6.11　溶液初始浓度对 SAP-A 吸附 Pb^{2+}的影响

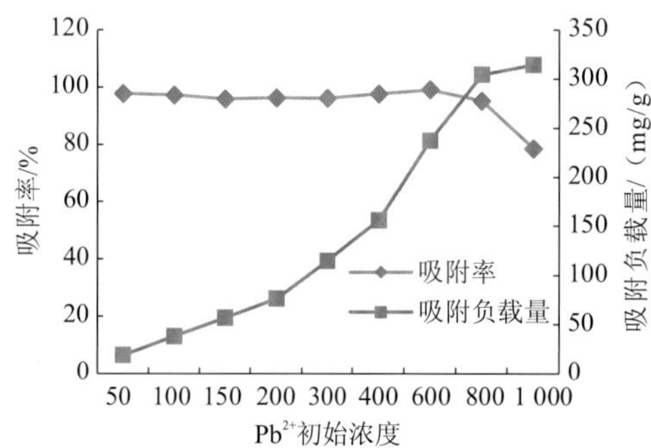

图 6.12　溶液初始浓度对 SAP-B 吸附 Pb^{2+}的影响

由图 6.12 可知，SAP-B 吸附 Pb^{2+}的趋势与 SAP-A 类似；当 Pb^{2+}浓度≤800 mg/L 时，SAP-B 对 Pb^{2+}吸附率相对很高，在 98%左右浮动；当 Pb^{2+}浓度＞800 mg/L 时，吸附率随着 Pb^{2+}浓度的提升而逐渐降低，当 Pb^{2+}浓度达到 1 000 mg/L 时，吸附率已经下降为 78.84%；并进行推测，在 SAP-B 添加量不变的情况下，继续提升 Pb^{2+}浓度，吸附率会持续降低。而当 Pb^{2+}浓度由 50 mg/L 提升到 1 000 mg/L 时，Pb^{2+}吸附负载量由 19.61 mg/g 增加至 315.35 mg/g。

取浓度为 10 mg/L、20 mg/L、30 mg/L、50 mg/L、100 mg/L、150 mg/L、200 mg/L、250 mg/L、300 mg/L、400 mg/L、500 mg/L 的 Cd^{2+}溶液 40 mL 分别加入不同的 150 mL 具塞锥形瓶中，各加入 2.5 g/L 的保水剂，调节 pH 为 7.5，在 25 ℃下 180 r/min 振荡 120 min 时分别取样，研究结果如图 6.13、图 6.14 所示。

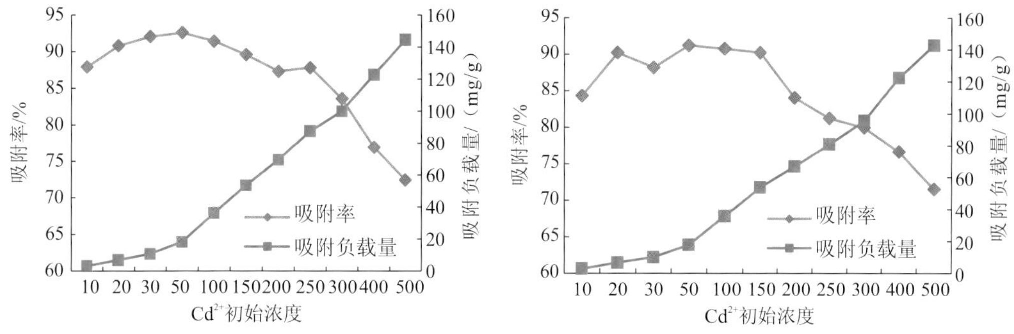

图 6.13　溶液初始浓度对 SAP-A 吸附 Cd^{2+}的影响　　图 6.14　溶液初始浓度对 SAP-B 吸附 Cd^{2+}的影响

由图 6.13 可知，当 Cd^{2+}浓度≤150 mg/L 时，SAP-A 对 Cd^{2+}吸附率相对很高，在 90%左右浮动；当 Cd^{2+}浓度＞150 mg/L 时，吸附率随着 Cd^{2+}初始浓度的提升而逐渐减小，当 Cd^{2+}浓度达到 500 mg/L 时，吸附率已经下降为 71.57%；并进行推测，在 SAP-A 添加量不变的情况下，继续提升 Cd^{2+}初始浓度，吸附率会持续降低。而由吸附负载量曲线可以得出，在 SAP-A 未达到吸附饱和之前，吸附负载量随着 Cd^{2+}浓度的增加而增大。当 Cd^{2+}初始浓度由 10 mg/L 增加至 500 mg/L 时，Cd^{2+}吸附负载量由 3.37 mg/g 增加至 143.14 mg/g。

由图 6.14 可知，当 Cd^{2+}浓度≤50 mg/L 时，SAP-B 对 Cd^{2+}吸附率随着 Cd^{2+}浓度的提升吸附率逐渐增大，在 50 mg/L 达到最大吸附率 92.66%；当 Cd^{2+}浓度＞50 mg/L 时，吸附率随着 Cd^{2+}浓度的提升吸附率逐渐减小，当 Cd^{2+}浓度达到 500 mg/L 时，吸附率已经下降为 72.48%；并进行推测，在 SAP-B 添加量不变的情况下，继续提升 Cd^{2+}初始浓度，吸附率会持续减小。而由吸附负载量曲线可以得出，吸附负载量随着 Cd^{2+}初始浓度的增加而增大。当 Cd^{2+}初始浓度由 10 mg/L 增加至 500 mg/L 时，Cd^{2+}吸附负载量由 3.52 mg/g 增加至 144.96 mg/g。

6.1.5　等温吸附实验

等温吸附实验可以研究不同温度条件下，环境材料对不同浓度的 Pb^{2+}、Cd^{2+}的吸附效果，提供吸附材料最大饱和吸附量、吸附类型等信息。等温吸附模型包括 Langmuir 模型、Freundlich 模型、Kelvin 模型、微孔填充理论 DR 模型等，但 Langmuir 模型和 Freundlich 模型是描述固-液等温吸附曲线最常用的两个模型。本实验采用 Langmuir 方程和 Freundlich 方程模拟两种保水剂对 Pb^{2+}、Cd^{2+}的等温吸附过程。

图 6.15、图 6.16 为两种保水剂对 Pb^{2+}等温吸附曲线的 Langmuir 和 Freundlich 拟合情况。拟合参数如表 6.1、表 6.2 所示。

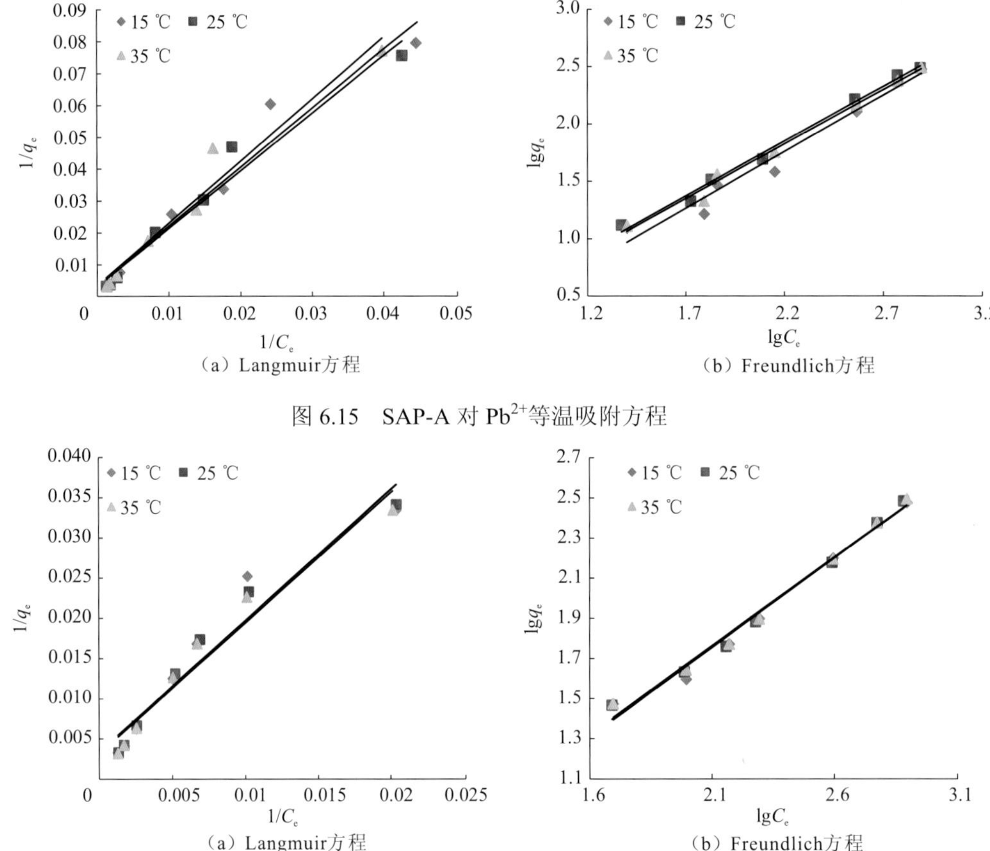

图 6.15　SAP-A 对 Pb^{2+}等温吸附方程

图 6.16　SAP-B 对 Pb^{2+}等温吸附方程

q_e 为吸附平衡时 SAP 对 Cd^{2+}的单位吸附量（mg/g），C_e 为吸附平衡时 Cd^{2+}浓度（mg/L）

表 6.1　两种保水剂对 Pb^{2+}等温吸附线模型的 Langmuir 拟合参数

材料	温度/℃	Langmuir 方程	R^2	K_L/（l/mg）	q_m/(mg/g)
SAP-A	15	$y = 1.852\,9x + 0.003\,6$	0.959 4	0.001 943	277.78
	25	$y = 1.804\,9x + 0.003\,4$	0.968 5	0.001 785	294.12
	35	$y = 1.957\,1x + 0.003\,1$	0.960 0	0.001 584	322.60
SAP-B	15	$y = 1.630\,7x + 0.003\,4$	0.929 7	0.002 085	294.12
	25	$y = 1.634\,9x + 0.003\,3$	0.955 4	0.002 019	303.03
	35	$y = 1.620\,9x + 0.003\,2$	0.956 3	0.001 974	312.5

注：K_L、q_m 分别为不同温度下的吸附系数和最大吸附量，后同

表 6.2　两种保水剂对 Pb^{2+} 等温吸附线模型的 Freundlich 拟合参数

材料	温度/℃	Freundlich 方程	R^2	K_F/（mg/g）	$1/n$
SAP-A	15	$y = 0.984\,3x - 0.407\,8$	0.968 7	0.39	0.984 3
	25	$y = 0.951\,8x - 0.243\,9$	0.992 4	0.57	0.951 8
	35	$y = 0.947\,8x - 0.261\,6$	0.989 3	0.55	0.947 8
SAP-B	15	$y = 0.889\,8x - 0.115\,0$	0.984 3	0.77	0.889 8
	25	$y = 0.882\,9x - 0.095\,5$	0.987 3	0.80	0.882 9
	35	$y = 0.882\,3x - 0.089\,4$	0.987 6	0.81	0.882 3

注：K_F 为 Freundlich 吸附等温常数，$1/n$ 为吸附强度，后同

由表 6.1 研究结果可知，就 SAP-A 吸附 Pb^{2+} 而言，15 ℃时，相关系数 R^2=0.959 4，对 Pb^{2+} 吸附负载量为 277.78 mg/g；25 ℃时，相关系数 R^2=0.968 5，对 Pb^{2+} 吸附负载量为 294.12 mg/g；35 ℃时，相关系数 R^2=0.9600，对 Pb^{2+} 离子吸附负载量为 322.60 mg/g。而就 SAP-B 吸附 Pb^{2+} 而言，15 ℃时，相关系数 R^2=0.929 7，对 Pb^{2+} 吸附负载量为 294.12 mg/g；25 ℃时，相关系数 R^2=0.955 4，对 Pb^{2+} 吸附负载量为 303.03 mg/g；35℃时，相关系数 R^2=0.956 3，对 Pb^{2+} 吸附负载量为 312.50 mg/g。

由表 6.2 研究结果可知，就 SAP-A 吸附 Pb^{2+} 而言，15 ℃时，相关系数 R^2=0.968 7，K_F=0.39 mg/g；25 ℃时，相关系数 R^2=0.992 4，K_F=0.57 mg/g；35 ℃时，相关系数 R^2=0.989 3，K_F=0.55 mg/g。而对于 SAP-B 吸附 Pb^{2+} 而言，15 ℃时，相关系数 R^2=0.984 3，K_F=0.77 mg/g；25 ℃时，相关系数 R^2=0.987 3，K_F=0.80 mg/g；35 ℃时，相关系数 R^2=0.987 6，K_F=0.81 mg/g。

图 6.17、图 6.18 为两种保水剂对 Cd^{2+} 等温吸附曲线的 Langmuir 和 Freundlich 拟合情况。拟合参数如表 6.3、表 6.4 所示。

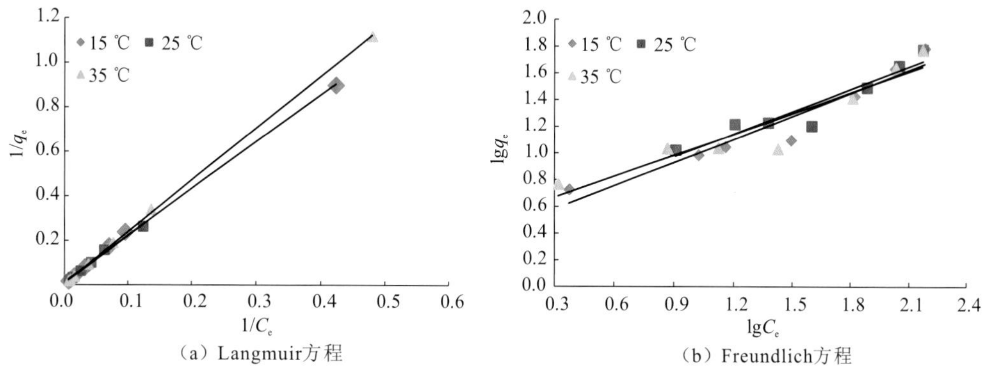

（a）Langmuir方程　（b）Freundlich方程

图 6.17　SAP-A 对 Cd^{2+} 等温吸附方程

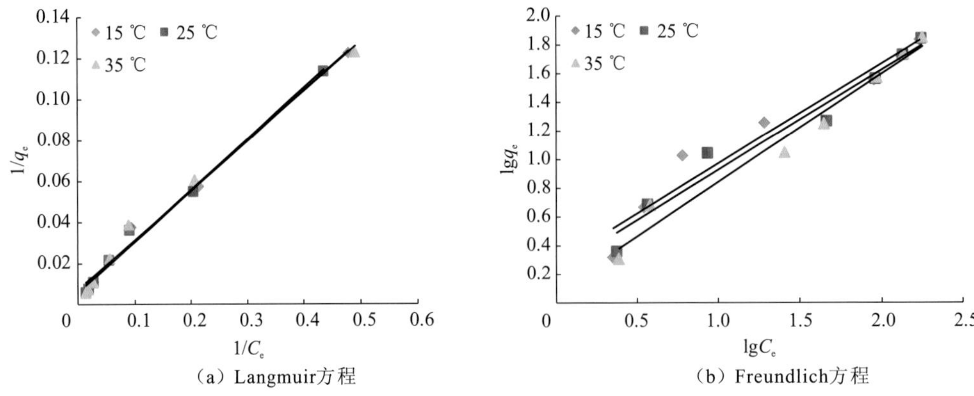

（a）Langmuir方程　（b）Freundlich方程

图 6.18　SAP-B 对 Cd^{2+}等温吸附方程

表 6.3　两种保水剂对 Cd^{2+}等温吸附线模型的 Langmuir 拟合参数

材料	温度/℃	Langmuir 方程	R^2	K_L/(l/mg)	q_m/(mg/g)
SAP-A	15	$y = 2.104\,9x + 0.013\,9$	0.998 2	0.029 260	71.94
	25	$y = 2.137\,5x + 0.007\,9$	0.990 5	0.016 890	126.58
	35	$y = 2.325\,5x + 0.007\,3$	0.999 5	0.016 980	136.99
SAP-B	15	$y = 0.245\,2x + 0.006\,1$	0.989 7	0.001 496	163.93
	25	$y = 0.249\,6x + 0.005\,6$	0.989 3	0.001 398	178.57
	35	$y = 0.241\,9x + 0.007\,2$	0.983 2	0.001 742	138.89

表 6.4　两种保水剂对 Cd^{2+}等温吸附线模型的 Freundlich 拟合参数

材料	温度/℃	Freundlich 方程	R^2	$K_{F/}$（mg/g）	1/n
SAP-A	15	$y = 0.578\,1x + 0.408\,1$	0.932 3	2.56	0.578 1
	25	$y = 0.562\,7x + 0.467\,0$	0.903 2	2.93	0.562 7
	35	$y = 0.522\,7x + 0.511\,9$	0.891 1	3.31	0.522 7
SAP-B	15	$y = 0.696\,1x + 0.275\,8$	0.948 1	1.89	0.696 1
	25	$y = 0.699\,4x + 0.227\,6$	0.963 6	1.69	0.699 4
	35	$y = 0.756\,4x + 0.085\,8$	0.972 9	1.22	0.756 4

由表 6.3、表 6.4 可知，Langmuir 方程的 R^2 相比 Freundlich 方程的 R^2 较好，说明两种保水剂对 Cd^{2+}的吸附更符合 Langmuir 模型。进一步说明两种保水剂对 Cd^{2+}的吸附是以均匀空隙或者表面为主要吸附位的单层吸附。就 SAP-A 吸附 Cd^{2+}而言，15 ℃时，对 Cd^{2+}吸附负载量为 71.94 mg/g；25 ℃时，对 Cd^{2+}吸附负载量为 126.58 mg/g；35 ℃时，对 Cd^{2+}吸附负载量为 136.99 mg/g。而就 SAP-B 吸附 Cd^{2+}而言，15℃时，对 Cd^{2+}吸附负载量为 163.93 mg/g；25 ℃时，对 Cd^{2+}吸附负载量为 178.57 mg/g；35 ℃时，对 Cd^{2+}吸附负载量为 138.89 mg/g。

6.1.6　解吸液 pH 对解吸的影响

将吸附 Pb^{2+}后的解吸保水剂加入 150 mL 锥形瓶中，再分别用移液管加 0.01 mol/L 的 KNO_3 溶液 40 mL，调节溶液 pH 分别为 2.5、3.5、4.5、5.5、6.5、7.5、8.5，在 25 ℃下 180 r/min 振荡 120 min 时分离上清液，解吸结果如图 6.19 所示。结果表明，两种保水剂都是随着解吸液 pH 的升高，Pb^{2+}解吸率逐渐下降。当 pH 从 2.5 增至 8.5 时，SAP-A 解吸率由 7.53%下降到 2.42%，且当 pH≤4.5 时，解吸率减小趋势明显，当 pH＞4.5 时，解吸率减小趋势不明显。SAP-B 解吸率由 9.94%下降到 3.27%，当 pH≤5.5 时，解吸率减小趋势明显，当 pH＞5.5 时，解吸率减小趋势不明显。

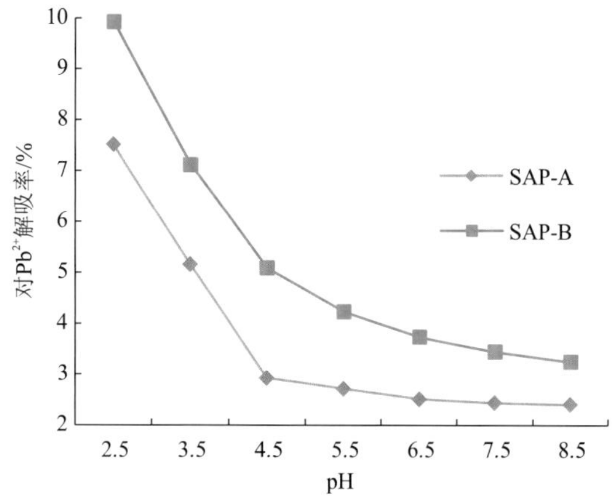

图 6.19　解吸液 pH 对 Pb^{2+}解吸率影响

将吸附 Cd^{2+}后的解吸保水剂加入 150 mL 锥形瓶中，再分别用移液管加 0.01 mol/L 的 KCl 溶液 40 mL，调节溶液 pH 分别为 2.5、3.5、4.5、5.5、6.5、7.5、8.5，在 25℃下 180 r/min 振荡 120 min 时分离上清液，解吸结果如图 6.20 所示。结果表明，两种保水剂都是随着解吸液 pH 的升高，Cd^{2+}解吸率逐渐下降。当 pH 从 2.5 增至 8.5 时，SAP-A 解吸率由 14.53%下降到 6.95%，且当 pH≤6.5 时，解吸率减小趋势显著，当 pH＞6.5 时，解吸率减小趋势不明显。SAP-B 解吸率由 12.79%下降到 5.26%，当 pH≤6.5 时，解吸率减小趋势显著，当 pH＞6.5 时，解吸率减小趋势不明显。

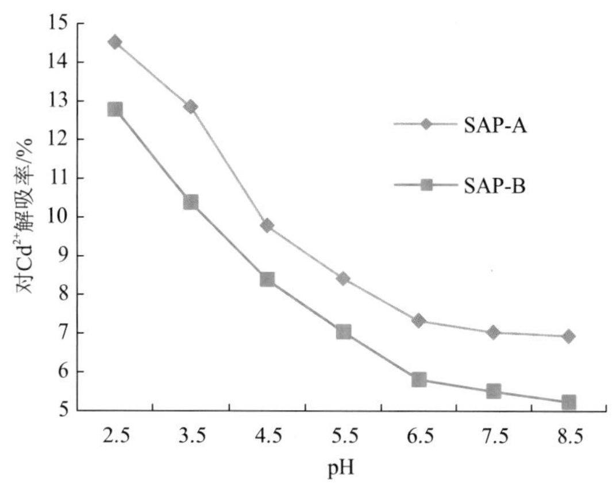

图 6.20　解吸液 pH 对 Cd^{2+}解吸率影响

6.1.7　解吸时间对解吸的影响

将吸附 Pb^{2+}后的解吸保水剂加入 150 mL 锥形瓶中，再分别用移液管加 0.01 mol/L 的 KNO_3溶液 40 mL，调节溶液 pH 为 7.5，在 25℃下 180 r/min 分别振荡 5 min、15 min、30 min、60 min、90 min、120 min、240 min 时分离上清液，解吸结果如图 6.21 所示。结果表明，随着解吸时间的增加，两种保水剂对 Pb^{2+}的解吸率逐渐增大，120 min 左右达到最大，随后基本平稳。120 min 时，SAP-A 对 Pb^{2+}的解吸率为 2.25%，SAP-B 对 Pb^{2+}的解吸率为 3.58%。

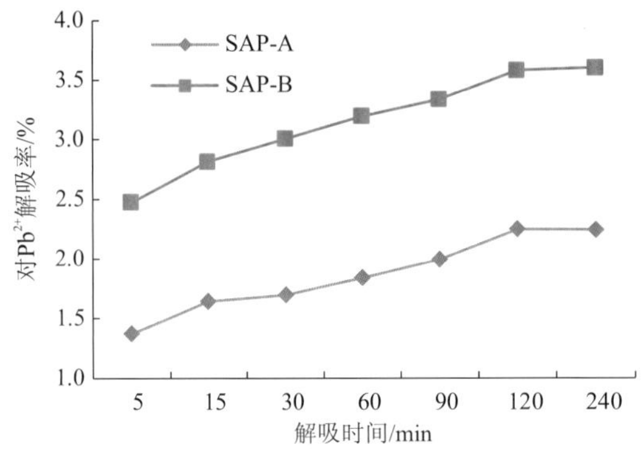

图 6.21　保水剂解吸时间对 Pb^{2+}解吸率影响

将吸附 Cd^{2+}后的解吸保水剂加入 150 mL 锥形瓶中，再分别用移液管加 0.01 mol/L 的 KCl 溶液 40 mL，调节溶液 pH 为 7.5，在 25 ℃下 180 r/min 分别振荡 5 min、15 min、30 min、60 min、90 min、120 min、240 min 时分离上清液，解吸结果如图 6.22 所示。结果表明，随着解吸时间的增加，两种保水剂对 Cd^{2+}的解吸率逐渐增大，120 min 左右达到最大，随后基本平稳。120 min 时，SAP-A 对 Cd^{2+}的解吸率为 9.26%，SAP-B 对 Cd^{2+}的解吸率为 9.04%。

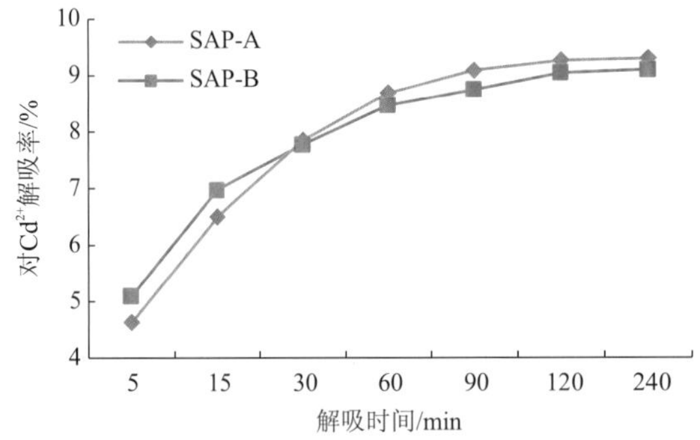

图 6.22　保水剂解吸时间对 Cd^{2+}解吸率影响

6.1.8　表征分析

把 0.1 g 保水剂加入 40 mL Pb 浓度为 1 000 mg/L（Cd 浓度为 200 mg/L）的溶液中，调节 pH 为 7.5，在 25 ℃下 180 r/min 振荡 120 min，以 6 000 r/min 离心 10 min 后，滤去

上清液，反复多次，收集样品吸附后材料，在室温条件下晾干、研磨后，与原吸附材料分别进行扫描电镜分析、红外光谱分析。

1. 两种保水剂扫描电镜分析

为了更直观地观察保水剂吸附重金属 Pb^{2+}、Cd^{2+}前后的形貌特征，本小节实验分别对两种保水剂吸附重金属 Pb^{2+}、Cd^{2+}前后做了扫描电镜，如图 6.23 和图 6.24 所示。由图 6.23 可以看出，SAP-A 和 SAP-B 在吸附 Pb、Cd 之前表面较平滑，孔隙度较小，而 SAP-A 表面褶皱比 SAP-B 多。

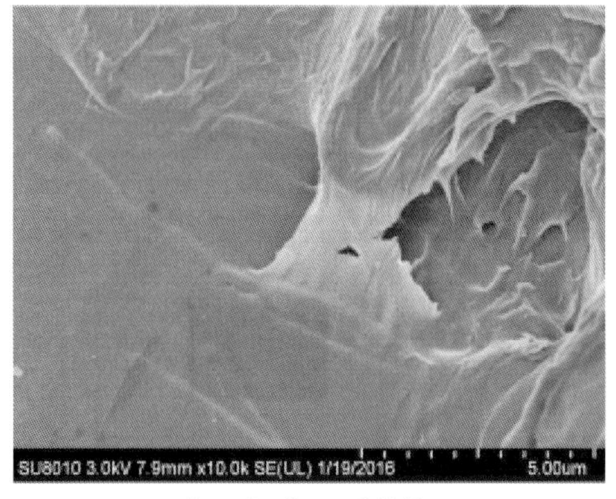

（a）未吸附Pb^{2+}、Cd^{2+}前的SAP-A

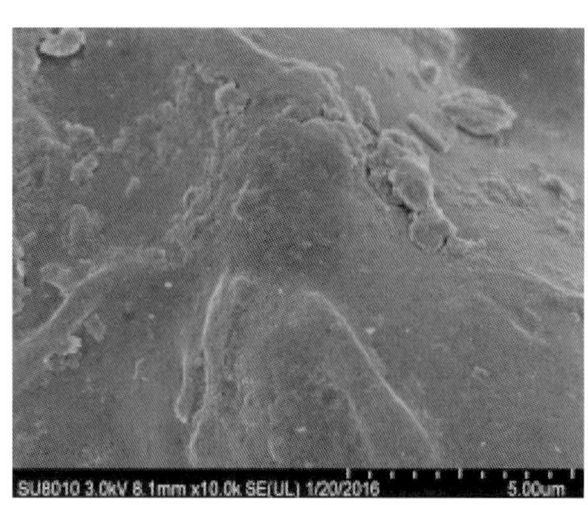

（b）未吸附Pb^{2+}、Cd^{2+}前的SAP-B

图 6.23　吸附前扫描电镜图片

（a）吸附Pb^{2+}后的SAP-A

（b）吸附Cd^{2+}后的SAP-A

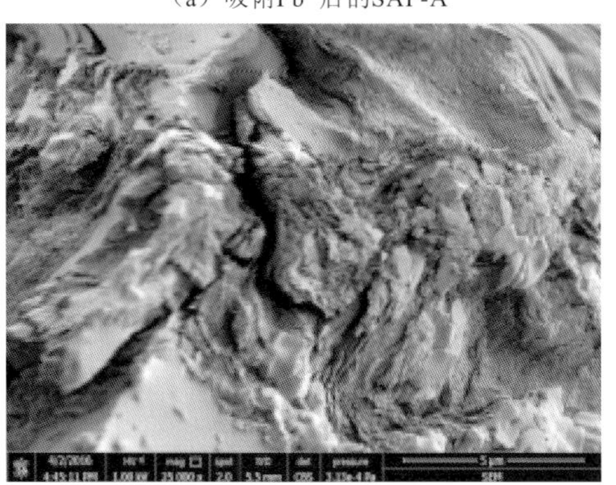

（c）吸附Pb^{2+}后的SAP-B

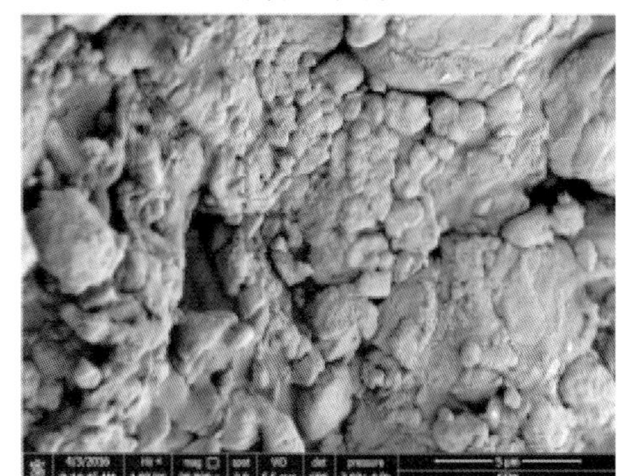

（d）吸附Cd^{2+}后的SAP-B

图 6.24　吸附后扫描电镜图片

由图 6.24 可以看出，SAP-A 吸附 Pb^{2+}、Cd^{2+}后，其平滑的表面消失，变成不规则的凹凸面，成松散的团状结构。而 SAP-B 吸附 Pb^{2+}、Cd^{2+}后，其表面卷曲，结构不规则，呈比较密集的团状结构。这可能是因为 SAP-B 吸附 Pb^{2+}、Cd^{2+}效果好于 SAP-A。

2. 两种保水剂红外光谱分析

图 6.25 为 SAP-A 的红外光谱图，研究显示，在 3 435 cm^{-1}附近有分子间氢键 O—H 伸缩振动；在 2 921 cm^{-1}和 1 632 cm^{-1}附近分别有 C—H 和 C═C 伸缩振动；在 1 769 cm^{-1}附近有 C═O 伸缩振动吸收，在 1 238 cm^{-1}附近有 C—O 伸缩振动。图 6.26、图 6.27 与图 6.25 比较，我们发现 1 000～1 600 cm^{-1}的峰位发生变化，可能是 SAP-A 与 Pb^{2+}、Cd^{2+}反应导致的。

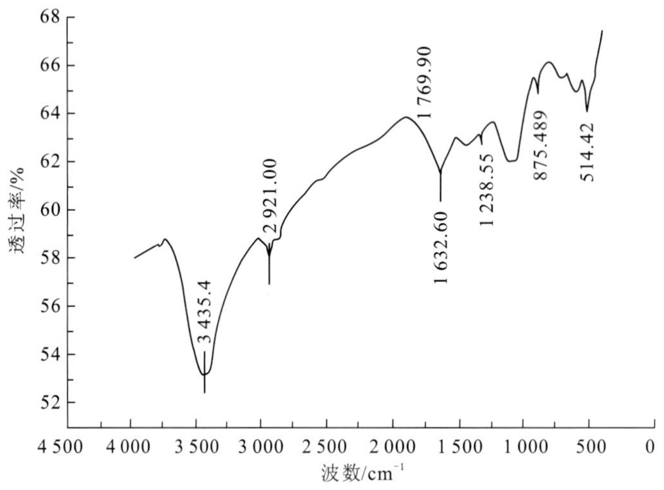

图 6.25　SAP-A 的红外光谱图

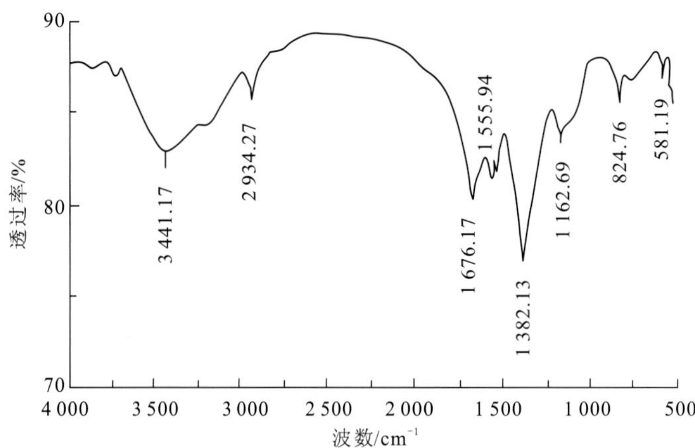

图 6.26　SAP-A 吸附 Pb^{2+}后的红外光谱图

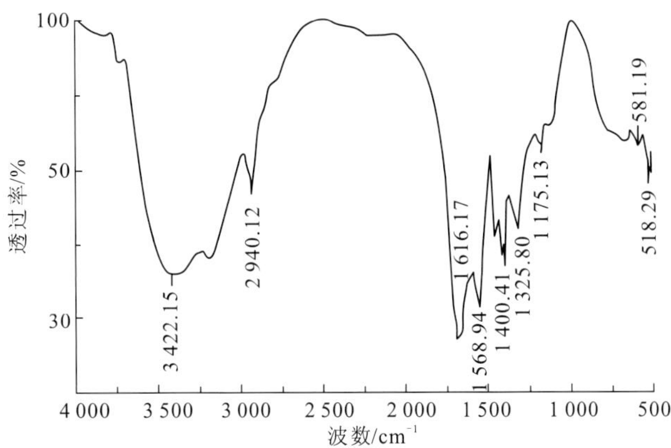

图 6.27　SAP-A 吸附 Cd^{2+}后的红外光谱图

图 6.28 为 SAP-B 的红外光谱图，研究显示，在 3 430 cm^{-1} 附近有 N—H 伸缩振动；在 2 920 cm^{-1} 和 1 636 cm^{-1} 附近分别有 C—H 和 C＝C 伸缩振动；在 2 849 cm^{-1} 附近有醛基 C—H 伸缩。在 547 cm^{-1} 附近还有一个吸收峰，为 Si—O—Al 的弯曲振动峰。图 6.29、图 6.30 与图 6.34 比较，我们发现 900～1 700 cm^{-1} 的峰位发生变化，可能是 SAP-B 与 Pb、Cd 反应导致的。

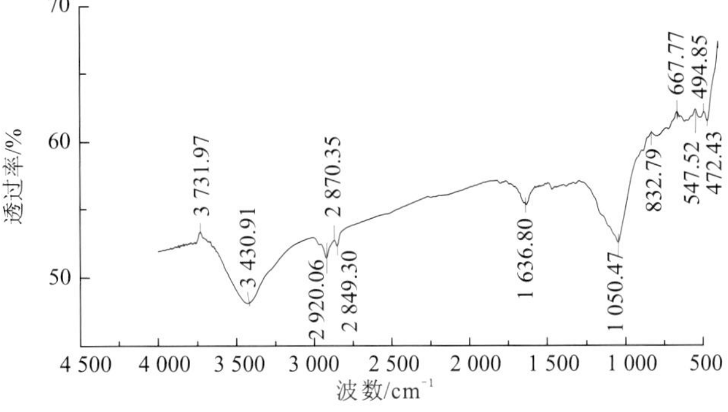

图 6.28　SAP-B 的红外光谱图

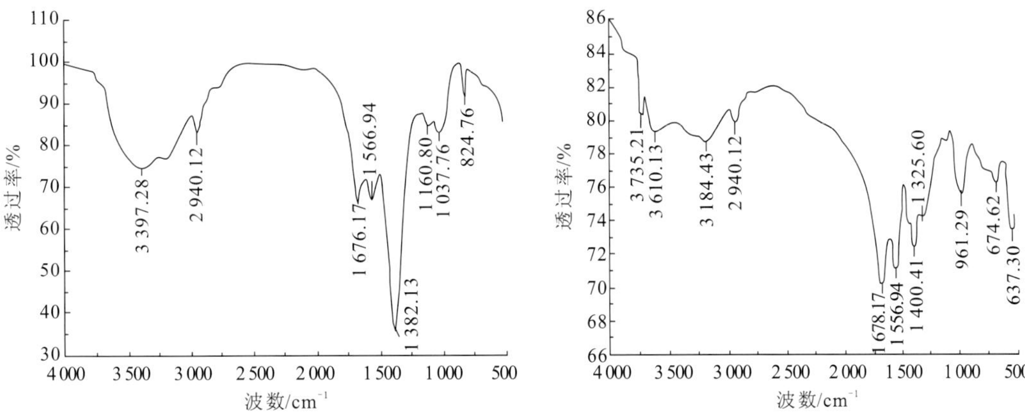

图 6.29　SAP-B 吸附 Pb 后的红外光谱图

图 6.30　SAP-B 吸附 Cd 后的红外光谱图

6.2　保水剂对土壤重金属的钝化效应

保水剂对土壤重金属离子的钝化效应是分析效应机理的重要环节。为此，设计土柱淋溶试验，通过在土壤重金属 Pb、Cd 单一及复合污染的土壤中添加不同梯度保水剂，分析在土壤淋溶过程中对重金属的固化情况；向重金属 Pb、Cd 污染土壤中添加一定量保水剂，在不同施氮水平和 pH 条件下淋溶，分析在土壤淋溶过程中保水剂对重金属的固化效果。柯超（2018）和钟健等（2018）分别对此开展实验研究。

以 Pb、Cd 污染土壤为例，通过土柱淋溶实验，探究保水剂对土壤 Pb、Cd 的固化情况，试供土壤 Pb、Cd 本底值分别为 1.16 mg/kg、0.021 mg/kg，pH 为 7.50。配制污染土壤 Pb、Cd 质量分数分别为 600 mg/kg、10 mg/kg。设置 4 个保水剂添加梯度（SAP1 为 0.5 g，SAP2 为 1 g，SAP3 为 2 g，SAP4 为 4 g），以不添加重金属组为对照组（CK），每个实验组设 3 次重复，探究保水剂对土壤 Pb、Cd 的固化情况。

6.2.1　保水剂对污染土壤 Pb 的淋溶效应

1. 保水剂对 Pb 污染土壤淋溶液电导率（EC）的影响

电导率（EC）能反映溶液中离子交换量的大小，土壤 EC 受土壤溶液中离子种类与数量影响。各处理组组内对比发现（图 6.31），第二次淋溶的溶液 EC 与第一次淋溶相比显著降低，第三次、第四次淋溶的溶液 EC 略微降低。各处理组组间对比发现，随着保水剂添加量的增加，各处理组 EC 越来越大，均高于 CK，SAP4 增加显著，综合第一次淋溶的各处理淋溶液 EC 可以看出，SAP1、SAP2、SAP3、SAP4 淋溶液 EC 分别为 CK 的 1.04 倍、1.06 倍、1.08 倍、1.23 倍，增加保水剂量可以显著增加土壤中可溶性离子。这可能是因为保水剂有很强的吸水性能，能吸附土壤中的水分，同时增加土壤中可交换离子，所以保水剂添加越多，土壤中阳离子交换量越大，EC 越大。

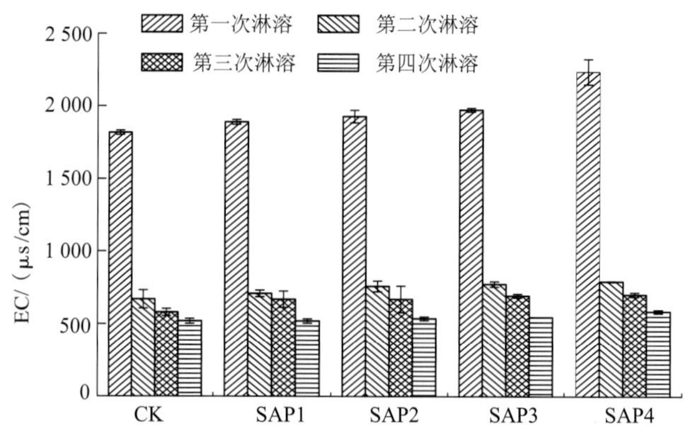

图 6.31　Pb 污染土壤淋溶液电导率

2. 保水剂对单一 Pb 污染土壤淋溶液 pH 的影响

土壤酸碱度对土壤中各种重金属元素的存在形式产生重要的影响，如图 6.32 所示，五组处理四次淋溶得到的淋溶液均呈现弱碱性。组内对比发现，五组处理淋溶液 pH 均先升高后降低，第三次淋溶的淋溶液在四次淋溶中呈现出最大 pH。组间对比发现，各处理每次淋溶得到的淋溶液的 pH 极差小于 0.5，说明保水剂对 Pb 污染土壤的淋溶液 pH 影响不显著。

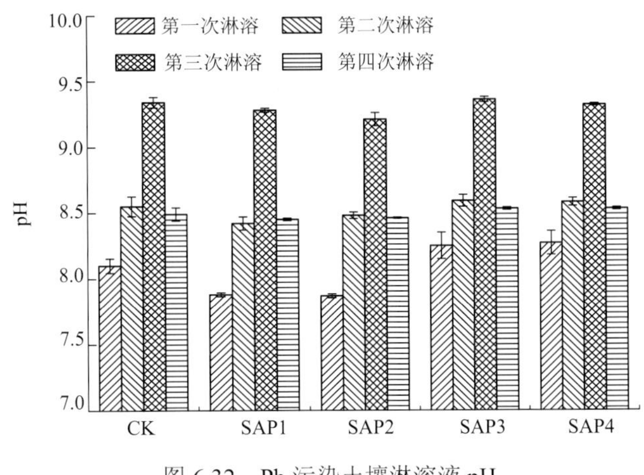

图 6.32　Pb 污染土壤淋溶液 pH

3. 保水剂对单一 Pb 污染土壤淋溶液 Pb 浓度的影响

由表 6.5 可知，第一次淋溶的淋溶液中 Pb 浓度较高，均高于后三次淋溶液 Pb 浓度。各处理在第三次淋溶时淋溶液中 Pb 浓度最低，这可能是因为第三次淋溶液 pH 最高，pH 越高，越有利于 Pb 的固化。从总量分析，四组处理 Pb 淋溶总量均低于对照组，四组处理分别为对照组的 95.34%、92.68%、85.43%、88.24%。第三次、第四次淋溶液的 Pb 浓度最少且趋于稳定，可能是保水剂吸附 Pb 接近饱和。

表 6.5　Pb 污染土壤淋溶液 Pb 浓度　单位：mg/L

处理号	第一次淋溶	第二次淋溶	第三次淋溶	第四次淋溶	总量
CK	28.372±2.288a	18.919±0.726c	12.649±0.481a	15.066±0.564a	75.006
SAP1	24.923±0.666b	20.198±1.162b	11.833±0.386b	14.555±0.503a	71.509
SAP2	24.960±0.892b	20.387±0.385b	10.560±0.168c	13.605±0.230b	69.512
SAP3	23.260±0.755b	20.070±0.353bc	9.229±0.379d	11.515±0.247c	64.074
SAP4	25.167±0.519b	22.143±0.541a	8.857±0.245d	10.016±0.214d	66.183

注：同列不同小写字母表示显著性差异，后同

从四组实验组可以看出，保水剂对土壤重金属 Pb 的固化效果显著。这可能是因为

保水剂有多种官能团，其中羧基可以与 Pb^{2+} 结合，减少土壤中 Pb 的迁移（曲贵伟，2011），降低了淋溶液中的 Pb 浓度。从淋溶总量可以看出，SAP3、SAP4 处理组的重金属 Pb 淋溶量较小，说明对土壤重金属 Pb 的固化效果较为显著。随着保水剂用量的增加，淋溶液中 Pb 浓度呈下降趋势，但是当保水剂达到一定量时，该下降趋势发生改变。这可能是因为保水剂对重金属的固化达到其最优效果，即便保水剂的用量增加也不会对固化重金属 Pb 产生更好的效果。

6.2.2　保水剂对土壤单一重金属污染的淋溶效应

1. 保水剂对单一 Cd 污染土壤淋溶液电导率（EC）的影响

电导率的大小反映土壤中可溶性离子的溶出量，能说明溶液中电解质的数量。其中，弱酸与弱碱的电导率最小，强酸弱碱盐与强碱弱酸盐次之，强酸最大（彭丽成 等，2011）。林义成等（2005）研究发现，土壤 EC 与土壤含水量有良好的线性关系，含水量越大，EC 越大。保水剂是有很好的保水性能，能吸收自身重量数百上千倍的水，常被用于干旱地区的水土保持。本实验表明，各处理组加入保水剂量越多，土壤淋溶液 EC 越高。

由图 6.33 可知，Cd 污染土壤的各处理组四次淋溶的淋溶液 EC 逐渐减小，且第一次淋溶液 EC 与其余三次淋溶液 EC 差别显著，后三次淋溶 EC 变化相对较小。这可能是因为随着淋溶次数的增加，土壤中溶解性离子减少。各处理组对比发现，随着保水剂添加量的增加，各处理组 EC 越来越大，均高于 CK，SAP4 增加显著，综合第一次淋溶的各处理淋溶液 EC 可以看出，SAP1、SAP2、SAP3、SAP4 淋溶液 EC 分别为对照组的 1.03 倍、1.04 倍、1.04 倍、1.18 倍，说明保水剂的增加可以显著增加土壤中可溶性离子。

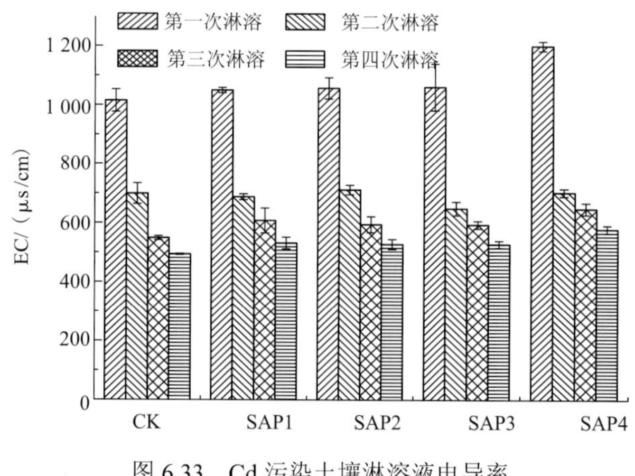

图 6.33　Cd 污染土壤淋溶液电导率

2. 保水剂对单一 Cd 污染土壤淋溶液 pH 的影响

pH 是影响土壤中重金属固化的重要因素之一，因此研究土壤淋溶液 pH 随保水剂添加量的改变是非常有必要的。五组处理 pH 的变化不显著，说明保水剂固化重金属主要不是通过改变土壤的 pH 达到的。

由图 6.34 可知，五组处理四次淋溶得到的淋溶液均呈现弱碱性。组内对比发现，五组处理淋溶液 pH 均先升高后降低，第三次淋溶的淋溶液在四次淋溶中呈现出最大 pH。组间对比发现，各处理组每次淋溶得到的淋溶液的 pH 极差小于 0.5，说明保水剂对 Cd 污染土壤的淋溶液 pH 影响不显著。

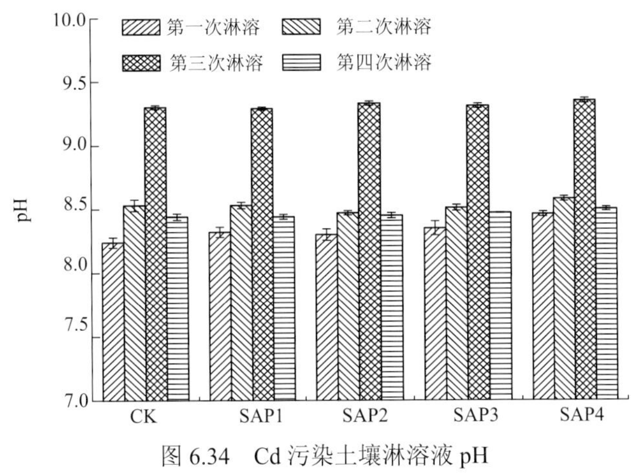

图 6.34　Cd 污染土壤淋溶液 pH

3. 保水剂对单一 Cd 污染土壤淋溶液 Cd 浓度的影响

由表 6.6 可知，四次淋溶后，五组处理淋溶液 Cd 浓度均先减少后略微增加，其中第一次淋溶液中 Cd 浓度最多，第三次淋溶液中 Cd 浓度最少。这可能是由于第三次淋溶液 pH 最高，pH 越高，越有利于 Cd 的固化。从总量分析，各实验组淋溶总量均低于 CK，分别为 CK 的 85.86%、95.99%、75.21%、84.18%。实验结果表明，保水剂能固化土壤中重金属 Cd，这可能是因为保水剂有多种官能团，其中羧基可以与 Cd^{2+}结合，减少土壤中 Cd 的迁移（李宇庆 等，2004），降低了淋溶液中的 Cd 浓度。从淋溶总量可以看出，SAP3 处理组的重金属 Cd 淋溶量较小，说明保水剂添加量为 2 g 时对土壤重金属 Cd 的固化效果较为显著。

表 6.6　Cd 污染土壤淋溶液 Cd 浓度　单位：mg/L

处理号	第一次淋溶	第二次淋溶	第三次淋溶	第四次淋溶	总量
CK	5.221±0.823a	2.936±0.408a	1.463±0.041b	1.599±0.046c	11.219
SAP1	3.305±0.350b	2.777±0.187ab	1.749±0.018a	1.802±0.023a	9.633
SAP2	5.271±0.507a	2.739±0.319ab	1.329±0.015c	1.430±0.015d	10.769
SAP3	3.475±0.429b	2.408±0.148b	1.233±0.052d	1.322±0.031e	8.438
SAP4	3.960±0.370b	2.365±0.220b	1.455±0.027b	1.664±0.034b	9.444

注：同列不同字母表示显著性差异

6.2.3　保水剂对土壤铅镉复合污染的淋溶效应

1. 保水剂对 Pb、Cd 污染土壤淋溶液电导率（EC）的影响

土壤 EC 与土壤 CEC 密切相关，土壤 EC 的大小受土壤溶液中游离离子的数量和种类影响。由图 6.35 可知，四次淋溶中，各处理淋溶液的 EC 均呈现下降趋势，且第一次淋溶液 EC 与第二次淋溶液 EC 差别显著，后三次淋溶 EC 变化不显著。四次淋溶进行组间对比，SAP4 处理组淋溶液 EC 与 CK 组差别显著，四次淋溶液 EC 分别为 CK 组的 1.03 倍、1.06 倍、1.08 倍、1.15 倍，其他三个处理组与 CK 组差别不显著，但都略高于 CK 组。

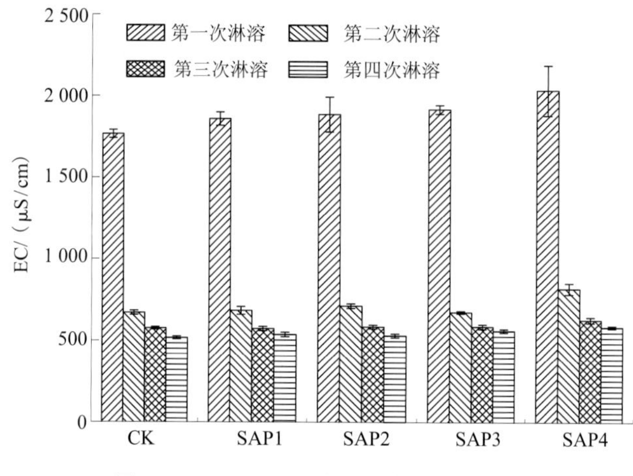

图 6.35　Pb、Cd 污染土壤淋溶液电导率

2. 保水剂对 Pb、Cd 污染土壤淋溶液 pH 的影响

土壤酸碱度影响土壤元素活性，pH 升高时土壤中 H^+含量降低，重金属阳离子易于固化；pH 降低导致土壤重金属元素活化。

由图 6.36 可知，Pb、Cd 复合污染土壤四次淋溶的淋溶液均呈现弱碱性。对于相同

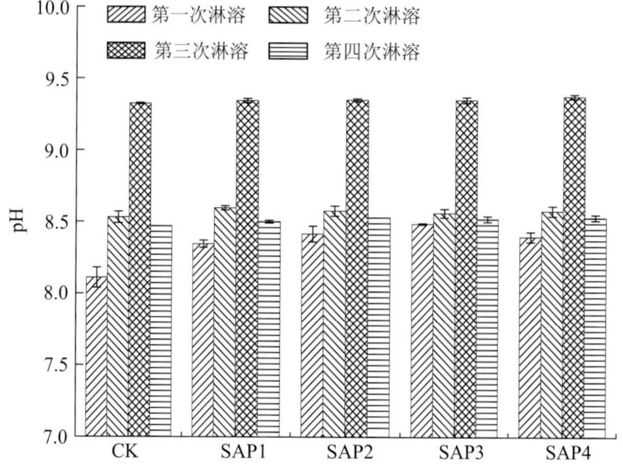

图 6.36　Pb、Cd 污染土壤淋溶液 pH

保水剂处理的同一组而言，四次淋溶液的 pH 呈现先增加再减小的趋势，第三次淋溶的 pH 最大。针对每一次淋溶，不同保水剂处理组的淋溶液 pH 差值范围在 0.5 之内，各实验组的 pH 略大于 CK 组，说明施加不同量保水剂对土壤在淋溶时的酸碱度无明显改变，这与前两组实验结果一致。

3. 保水剂对 Pb、Cd 污染土壤淋溶液 Cd 浓度的影响

由表 6.7 可知，四次淋溶，五组处理淋溶液重金属浓度均先减少后增加，其中第一次淋溶液中 Cd 浓度最多，第三次淋溶出的 Cd 最少。这可能是由于第三次淋溶液 pH 最高，pH 越高，越有利于 Cd 的固化。添加保水剂的四组处理四次淋溶总量均低于对照组 CK，分别为对照组 CK 的 89.66%、77.95%、93.17%、91.25%。这说明，添加保水剂能固化土壤中重金属 Cd，这可能是因为保水剂的梭基基团可以与 Cd^{2+}结合，从而固化了土壤中可迁移的 Cd，降低了淋溶液中的 Cd 浓度。从四次淋溶可以看出，SAP2 处理组的重金属 Cd 淋溶量较小，说明此量下保水剂对土壤重金属 Cd 的固化效果较为显著。

表 6.7　Pb、Cd 污染土壤淋溶液 Cd 浓度　　单位：mg/L

处理号	第一次淋溶	第二次淋溶	第三次淋溶	第四次淋溶	总量
CK	6.735±0.433a	3.770±0.234b	1.786±0.054b	3.006±0.040a	15.297
SAP1	5.430±0.054b	4.643±0.262a	1.485±0.020c	2.157±0.154d	13.715
SAP2	5.347±0.329b	3.887±0.166b	0.872±0.020e	1.818±0.036e	11.924
SAP3	6.542±0.161a	3.993±0.142b	1.078±0.011d	2.639±0.034b	14.252
SAP4	4.816±0.045c	4.694±0.084a	1.993±0.043a	2.455±0.025c	13.958

综合对比 Pb、Cd 污染与单一 Cd 污染土壤淋溶液中的 Cd 浓度发现，复合污染中 CK、SAP1、SAP2、SAP3、SAP4 的 Cd 浓度分别是单一 Cd 污染中 Cd 浓度的 1.36 倍、1.42 倍、1.11 倍、1.69 倍、1.48 倍。这可能是重金属 Pb 与 Cd 同时与保水剂结合产生竞争作用，抑制了保水剂对 Cd 的固化作用。

4. 保水剂对 Pb、Cd 污染土壤淋溶液 Pb 浓度的影响

由表 6.8 可知，四次淋溶，五组处理淋溶液重金属浓度均先减少后增加，其中第一次淋溶液中 Pb 浓度最多，第三次淋溶出的 Pb 最少。这可能是由于第三次淋溶液 pH 最高，pH 越高，越有利于 Pb 的固化。添加保水剂的四组处理四次淋溶总量均低于对照组 CK，分别为对照组 CK 的 87.05%、84.80%、91.76%、98.18%。这说明，添加保水剂能固化土壤中重金属 Pb，这可能是因为保水剂的梭基基团可以与 Pb^{2+}结合，从而固化了土壤中可迁移的 Pb，降低了淋溶液中的 Pb 浓度。从四次淋溶可以看出，SAP2 处理组的重

金属 Pb 淋溶量较小，说明此量下保水剂对土壤重金属 Pb 的固化效果较为显著，与对土壤重金属 Cd 一致。

表 6.8　Pb、Cd 污染土壤淋溶液 Pb 浓度　　单位：mg/L

处理号	第一次淋溶	第二次淋溶	第三次淋溶	第四次淋溶	总量
CK	122.20±5.32b	97.38±4.24c	71.23±4.68a	75.66±5.48a	366.47
SAP1	102.22±4.68c	92.07±2.16c	59.33±3.62b	65.40±4.10b	319.02
SAP2	98.62±4.50c	87.90±4.90cd	57.99±4.450b	66.26±4.80b	310.77
SAP3	121.75±7.61a	98.26±6.62bc	54.62±4.66b	61.66±4.36b	336.29
SAP4	116.12±4.03a	116.82±7.27a	60.55±2.78b	66.30±4.01b	359.79

综合对比 Pb、Cd 污染与单一 Pb 污染土壤淋溶液中的 Pb 浓度发现，复合污染中 CK、SAP1、SAP2、SAP3、SAP4 的 Pb 含量分别是单一 Pb 污染中 Pb 含量的 4.89 倍、4.46 倍、4.47 倍、5.25 倍、5.44 倍。这可能是重金属 Cd 与 Pb 同时与保水剂结合产生竞争作用，抑制了保水剂对 Pb 的固化作用。

SAP2 处理是保水剂固化污染土壤 Pb、Cd 的最优处理，当保水剂添加量达到一定程度时，不利于保水剂对重金属 Pb、Cd 的固化，可能是由于保水剂吸水膨胀破坏了淋溶土柱的土壤结构，使土壤胶体与重金属结合被破坏，并导致保水剂自身与重金属 Pb、Cd 的结合概率降低，不利于土壤对重金属 Pb、Cd 的固化。

6.2.4　保水剂在不同施氮水平下对铅镉污染土壤的淋溶效应

1. 保水剂在不同施氮水平下对 Pb、Cd 污染土壤淋溶液电导率（EC）影响

由图 6.37 可知，Pb、Cd 污染土壤的各不同氮肥处理组（N1、N2、N3、N4 和 N5

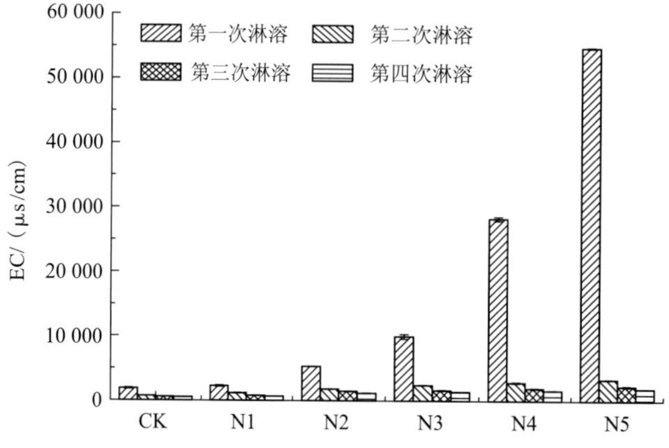

图 6.37　不同施氮水平下 Pb、Cd 污染土壤淋溶液电导率

分别为 0.1 g/kg、0.5 g/kg、1.0 g/kg、2.0 g/kg 和 4.0 g/kg 土尿素处理，CK 为不加尿素的对照）随着淋溶次数的增加，淋溶液的电导率逐渐降低，且第一次淋溶 EC 与其余三次淋溶 EC 差别显著，后三次淋溶间 EC 变化相对较小。这可能是由于，随着淋溶的次数增加，土壤中可溶性离子越来越少。随着氮肥添加量的增加，各处理组的电导率显著增加，且都高于对照组。这可能是由于氮肥自身特性，能在土壤中经过硝化作用转化为硝酸根，土壤阴离子数显著增加，导致土壤阳离子交换量增加，电导率增加。综合四次淋溶液电导率可以看出，N1、N2、N3、N4、N5 分别为对照组的 1.2 倍、2.8 倍、5.3 倍、15.1 倍、29.2 倍，说明氮肥的增加可以显著增加土壤中可溶性离子。

2. 保水剂在不同施氮水平下对 Pb、Cd 污染土壤淋溶液 pH 的影响

由图 6.38 可知，Pb、Cd 复合污染土壤四次淋溶中，淋溶液均呈现弱碱性。第一次淋溶，随着氮肥施加量增加，淋溶液 pH 逐渐增大。除 N1 外，其他四组处理 pH 随着淋溶次数逐渐减少，添加液 pH 越大，第一次与第二次降低越显著，N4、N5 后三次淋溶趋于平衡。这可能是由于第一次淋溶时，土壤受氮肥影响后理化性质趋于稳定，后三次淋溶变化不明显。

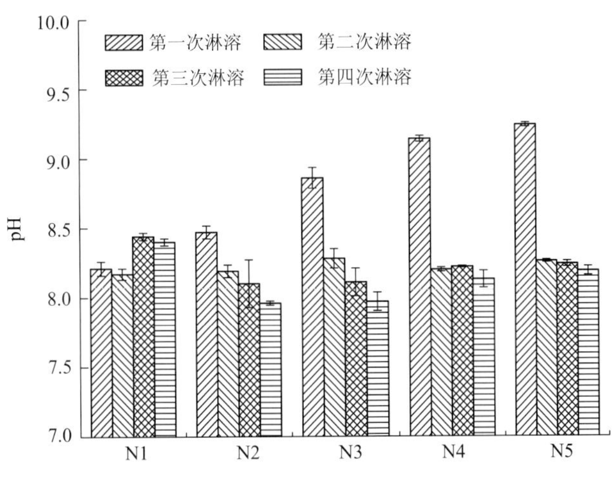

图 6.38　不同施氮水平下 Pb、Cd 污染土壤淋溶液 pH

3. 保水剂在不同施氮水平下对 Pb、Cd 污染土壤淋溶液中 N 浓度影响

由表 6.9 可知，六组处理淋溶液氮浓度随着淋溶次数的增加而减少，其中第一次淋溶液中氮浓度最高，第三次淋溶与第四次淋溶差别不大，趋于稳定。对比每一次淋溶均可发现，添加氮肥的五组处理四次淋溶均高于对照组 CK，随着氮肥用量的增加，淋溶液中氮浓度增加，且增加幅度与氮肥添加量接近，随着氮肥用量的增加，淋溶液中氮浓度增加幅度趋于稳定。这可能是由于氮肥在土壤中易迁移，尿素经过硝化作用转化为硝酸根，硝酸根具有较强迁移性。

表 6.9　不同施氮水平下 Pb、Cd 污染土壤淋溶液 N 浓度　　单位：mg/L

处理号	第一次淋溶	第二次淋溶	第三次淋溶	第四次淋溶	总量
CK	3.867±0.023e	0.921±0.007f	0.710±0.032d	0.695±0.025f	6.193
N1	5.264±0.060e	3.916±0.126e	1.755±0.035d	1.309±0.044e	12.244
N2	21.693±0.939d	9.866±0.398d	8.629±0.091c	7.882±0.039d	48.070
N3	62.607±2.065c	20.551±1.076c	16.250±0.205b	15.111±0.179c	114.519
N4	160.824±1.594b	36.144±1.771b	29.177±2.108a	20.694±0.665b	246.839
N5	181.684±1.395a	45.582±0.784a	30.850±1.032a	24.673±0.380a	282.789

4. 保水剂在不同施氮水平下对 Pb、Cd 污染土壤淋溶液 Cd 浓度的影响

由表 6.10 可知，五组处理淋溶液重金属浓度随着淋溶次数的增加而减少，最后趋于稳定。添加氮肥的五组处理四次淋溶总量均高于对照组 CK，分别为对照组 CK 的 1.15 倍、1.35 倍、1.57 倍、1.85 倍、1.97 倍。这说明，添加氮肥能抑制保水剂对土壤中重金属 Cd 的固化，这可能是由于氮肥在土壤中转化成硝酸根，增加土壤阴离子浓度，提高阳离子交换量，从而抑制了保水剂的固化作用。

表 6.10　不同施氮水平下 Pb、Cd 污染土壤淋溶液 Cd 浓度　　单位：mg/L

处理号	第一次淋溶	第二次淋溶	第三次淋溶	第四次淋溶	总量
CK	5.347±0.329b	3.887±0.166b	0.872±0.020e	1.818±0.036e	11.924
N1	5.750±0.313d	3.687±0.202d	2.507±0.032c	1.751±0.022d	13.695
N2	6.242±0.333d	4.372±0.310c	3.574±0.039b	1.963±0.020d	16.151
N3	7.044±0.329c	4.959±0.268b	3.837±0.337ab	2.858±0.056c	18.698
N4	9.087±0.422b	5.404±0.212ab	4.178±0.207a	3.431±0.061b	22.100
N5	9.882±0.553a	5.671±0.378a	4.274±0.495a	3.646±0.244a	23.473

5. 保水剂在不同施氮水平下对 Pb、Cd 复合污染土壤淋溶液 Pb 浓度的影响

由表 6.11 可知，五组处理淋溶液重金属 Pb 浓度随着淋溶次数的增加而减少，最后趋于稳定。添加氮肥的五组处理四次淋溶总量均高于对照组 CK，分别为对照组 CK 的 1.05 倍、1.15 倍、1.27 倍、1.33 倍、1.38 倍。这说明，添加氮肥能促进土壤中重金属 Pb 的活化，与表 6.10 相比，淋溶液中 Pb 浓度增加没有 Cd 显著，说明氮肥对于 Cd 的抑制优于对 Pb 的抑制。

表 6.11　不同施氮水平下 Pb、Cd 复合污染土壤淋溶液 Pb 浓度　单位：mg/L

处理号	第一次淋溶	第二次淋溶	第三次淋溶	第四次淋溶	总量
CK	98.62±4.50c	87.90±4.90cd	57.99±4.50b	66.26±4.80b	310.77
N1	117.92±7.89c	91.74±8.37c	68.97±5.82c	47.72±1.82c	326.35
N2	130.06±7.54bc	101.04±8.50bc	77.14±4.94bc	50.58±4.78c	358.82
N3	143.01±9.51ab	113.84±11.60ab	82.27±4.30ab	55.51±1.60bc	394.63
N4	148.74±13.83a	117.02±6.05ab	86.49±5.90ab	62.54±5.10ab	414.79
N5	152.39±8.96a	118.56±8.57a	88.32±5.51a	69.97±6.88a	429.24

6.2.5　保水剂在不同 pH 下对铅镉复合污染土壤的淋溶效应

1. 保水剂在不同 pH 下对 Pb、Cd 污染土壤的淋溶液电导率（EC）的影响

由图 6.39 可知，Pb、Cd 污染土壤的各不同 pH 处理组随着淋溶次数的增加，淋溶液的电导率逐渐降低，且第一次淋溶 EC 与其余三次淋溶 EC 差别显著，后三次淋溶间 EC 变化相对较小。这可能是因为，随着淋溶次数的增加，土壤中溶解性离子减少。随着添加液 pH 的增加，各处理组的电导率逐渐减小。这可能是由于 pH 增大，H^+减少，土壤中可交换的阳离子变少，电导率降低。综合四次淋溶液电导率可以看出，添加液 pH 的增加可以减少土壤中可溶性离子。

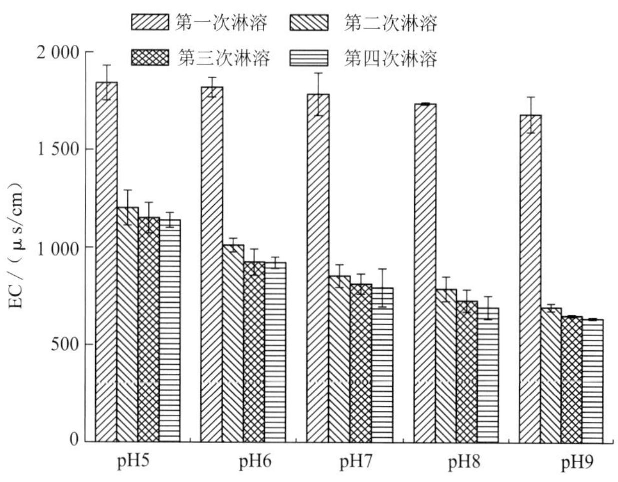

图 6.39　不同 pH 下 Pb、Cd 复合污染土壤淋溶液电导率

2. 保水剂在不同 pH 下对 Pb、Cd 污染土壤淋溶液 pH 的影响

由图 6.40 可知，不同添加液 pH 下 Pb、Cd 复合污染土壤四次淋溶中，淋溶液均呈现弱碱性。第一次淋溶液 pH 随着添加液 pH 的增加而升高，而后三次淋溶并没有这种规

律，这可能是由于添加液第一次对土壤理化性质产生了影响后趋于稳定，之后淋洗影响并不明显。不同添加液 pH 处理组的淋溶液 pH 差值范围在 0.5 之内，说明施加不同添加液 pH 对土壤酸碱度无明显改变。

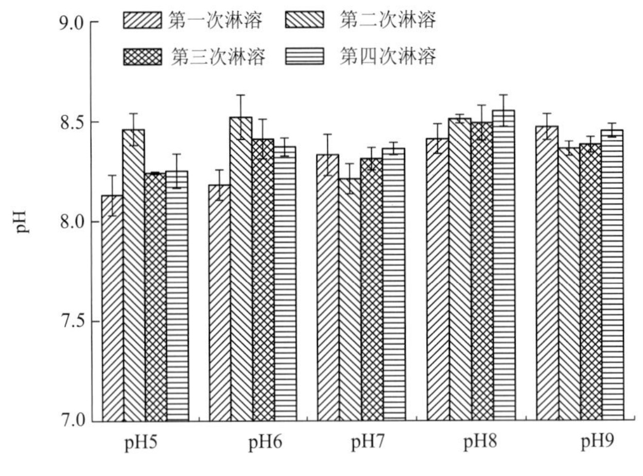

图 6.40　不同 pH 下 Pb、Cd 复合污染土壤淋溶液 pH

3. 保水剂在不同 pH 下对 Pb、Cd 复合污染土壤淋溶液 Cd 浓度的影响

表 6.12 表明，五组处理淋溶液重金属含量随着淋溶次数的增加而减少，最后趋于稳定。随着添加液 pH 的增大，淋溶液中 Cd 浓度减少，pH6、pH7、pH8、pH9 分别为 pH5 的 97.68%、93.75%、71.47%、55.10%，pH8、pH9 减少显著，说明增大添加液 pH 有利于保水剂对重金属 Cd 的固化。这可能是由于添加液变成碱性后，使土壤 pH 增大，pH 越大，重金属 Cd 越容易被固化。

表 6.12　不同 pH 下 Pb、Cd 复合污染土壤淋溶液 Cd 浓度　　单位：mg/L

处理号	第一次淋溶	第二次淋溶	第三次淋溶	第四次淋溶	总量
pH5	4.841±0.254ab	2.929±0.093b	2.471±0.092b	2.4771±0.049a	12.718
pH6	4.489±0.319b	2.864±0.091b	2.610±0.054a	2.460±0.035a	12.423
pH7	5.347±0.384a	3.887±0.060a	1.472±0.039d	1.217±0.029b	11.923
pH8	4.596±0.253b	2.252±0.230c	1.175±0.027c	1.067±0.034c	9.090
pH9	3.802±0.195c	2.106±0.149c	0.466±0.026e	0.6326±0.024d	7.007

4. 保水剂在不同 pH 下对 Pb、Cd 复合污染土壤淋溶液 Pb 浓度的影响

表 6.13 表明，五组处理淋溶液重金属含量随着淋溶次数的增加而减少，最后趋于稳定。随着添加液 pH 的增大，淋溶液中 Pb 浓度减少，pH6、pH7、pH8、pH9 分别为 pH5 的 96.66%、95.85%、82.92%、75.25%，pH8、pH9 减少显著，说明增大添加液 pH 有利

于保水剂对重金属 Pb 的固化。这可能是由于添加液变成碱性后，使土壤 pH 增大，pH 越大，重金属 Pb 越容易被固化。与表 6.12 相比，淋溶液中 Pb 浓度减少没有 Cd 显著，说明 pH 对于 Cd 的固化优于对 Pb 的固化。

表 6.13　不同 pH 下 Pb、Cd 复合污染土壤淋溶液 Pb 浓度　单位：mg/L

处理号	第一次淋溶	第二次淋溶	第三次淋溶	第四次淋溶	总量
pH5	102.306±5.373a	85.674±5.608c	64.337±1.737a	51.055±4.264b	303.372
pH6	97.640±9.726a	90.114±4.736a	63.373±6.231a	42.113±4.214c	293.240
pH7	98.624±5.687a	87.904±4.896b	46.992±2.434b	57.256±3.714a	290.776
pH8	97.708±10.077a	84.085±5.999d	44.938±5.472b	24.818±2.092d	251.549
pH9	91.602±7.693a	79.848±6.235a	35.401±2.922c	21.439±1.162d	228.290

6.3　保水剂及其复合对土壤重金属的钝化效应

6.3.1　保水剂及其复合对铅镉污染土壤钝化作用

景生鹏(2016)以 Pb、Cd 污染土壤为例（浓度分别为 500 mg/L、20 mg/L），通过土柱淋溶实验，探究保水剂、粉煤灰、腐殖酸、沸石等单一材料和复合材料对土壤 Pb、Cd 的固化情况。实验所采用的土壤取自北京市水科所通州永乐店节水试验站田间的表土，其理化性能见表 6.14。按照表 6.15 的比例加入化学改良材料（表 6.16）。以不添加重金属组为对照组（CK），每个实验组设 3 次重复。

表 6.14　实验用土壤理化性质

理化指标	黏粒占比/%	粉粒占比/%	沙粒占比/%	pH	EC/(μs/cm)	有机质质量分数%	Pb 质量分数/(mg/kg)	Cd 质量分数/(mg/kg)
母土	16.23	59.37	24.50	7.50	0.281	0.573	19.115	0.063

表 6.15　实验材料

材料	粉煤灰	腐殖酸	保水剂	沸石
占土壤比重/%	5	0.005	0.1	1

表 6.16　实验材料设计

处理	F1	F2	F3	F4	F5	F6	F7	F8(CK)
材料	粉煤灰 + 保水剂 + 腐殖酸 + 沸石	沸石+腐殖酸+保水剂	粉煤灰 + 保水剂 + 腐殖酸	腐殖酸	保水剂	粉煤灰	沸石	无

1. 对重金属 Pb、Cd 单一处理的影响

由图 6.41 可见，保水剂对减少重金属对 Pb、Cd 的淋失有很大的作用。本小节实验所用的材料为合成高分子的保水剂。该保水剂分子中含有羧基、羟基、酰胺基、磺酸基等亲水基团，对水分有强烈的缔合作用。通过实验可得出：保水剂具有较强的吸附能力、表面络合能力和离子交换能力，这些由其自身的结构决定。不论是重金属 Pb 还是 Cd，加入保水剂后土壤淋出的重金属量明显低于对照的 F8，对重金属 Cd 的淋出效果尤为明显，说明保水剂对土壤中的重金属有一定的固化效果，且保水剂的持续作用效果明显。在进行的第四次淋溶结果中，保水剂对重金属的持续固化作用明显。

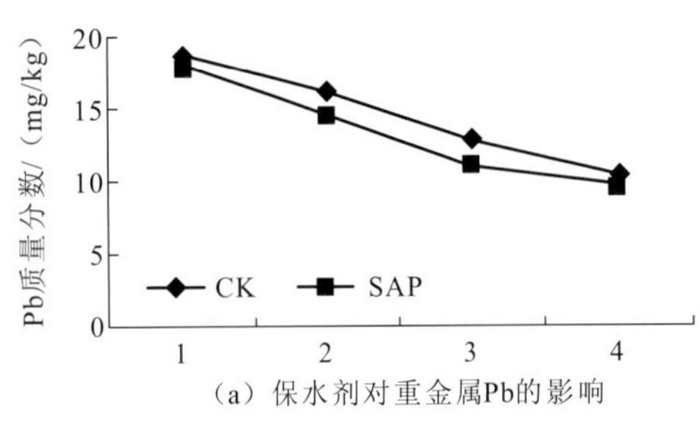

（a）保水剂对重金属Pb的影响

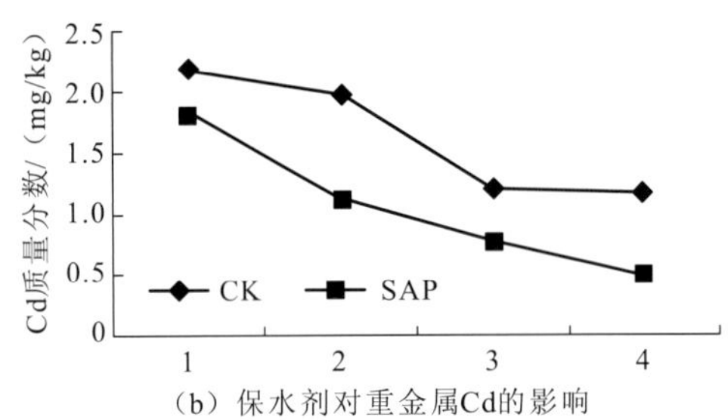

（b）保水剂对重金属Cd的影响

图 6.41　保水剂对重金属 Pb、Cd 的影响

在淋溶试验中有腐殖酸材料的土壤中（F4）Pb 含量均低于对照，其中在第二次淋溶时效果显著，表现出腐殖酸对重金属具有强的络合和吸附能力；在 Cd 淋溶液中，效果则不明显，初次淋溶和第三次淋溶液中 Cd 浓度均高于对照，可能是由于土壤中加入重金属 Cd 含量较少（20 mg /kg），实验误差相对较大造成的，但在第二次和第四次淋溶液中 Cd 含量略低于对照。总体来看，腐殖酸对重金属 Pb、Cd 的固化效果较明显。

在第一次淋溶时加入粉煤灰的土壤淋溶液中，重金属 Pb、Cd 浓度均高于对照，说明粉煤灰对重金属的固化效果不强，主要原因可能是粉煤灰使土质变疏松，不能与土壤形成吸附能力更强的胶体粒子。但在第四次淋溶时，加入粉煤灰的土壤淋溶液中的重金属浓度减少，低于 CK，原因可能是前三次重金属的淋出量较多，在第四次剩余的重金属量小于对照而淋溶结果低于对照，或者可能是粉煤灰内部的多孔结构和大的比表面积对重金属产生的吸附量少，在重金属量减少时变得更为明显。

总体看来，粉煤灰对重金属的固化效果不佳，主要是由于粉煤灰的结构比较特殊，在其结构组成中 91%是粉砂粒，只有 9%的黏粒。因此，粉煤灰施入土壤中能改善土壤的通透性，使土壤疏松，不利于土壤胶体对重金属的吸附，土质疏松使重金属离子在淋溶中更容易散失。

沸石独特的结晶构造使其内部表面积很大，从理论上说，沸石对重金属具有很强的交换吸附功能，能使土壤中的重金属得到固化，不易被淋洗或被植物吸收。经过四次淋溶以后发现，每次加入沸石的土壤淋溶液中重金属 Pb、Cd 的浓度均小于对照，对重金属 Pb 的固化效率平均比对照高 21.3%，对 Cd 的固化率更是比对照高 25.2%。由此可见，沸石在重金属固化方面的效果尤其明显，是一种良好的重金属固化材料。

复合材料 F1 是四种化学改良材料按照一定的比例（表 6.15）组合而成，即是粉煤灰、沸石、腐殖酸和保水剂的混合体。复合材料 F1 兼有各单材料的各种理化特性，同时也可以产生不同材料间理化特性的相互促进或排斥。根据实验结果（图 6.41）表明，复合材料 F1 对土壤中重金 Pb、Cd 的固化效果较明显，对重金属 Pb、Cd 的固化效果分别比对照提高了 31.4%、22.8%，总体效果优于单材料对重金属 Pb、Cd 的固化效果。这主要是由于沸石、腐殖酸、保水剂的吸附、离子交换和络合等共同作用的结果，本实验得出其效果优于单材料的结果。

复合材料 F2 是三种单材料沸石、腐殖酸和保水剂按一定比例（表 6.15）混合而成。复合材料 F2 不同于 F1，主要是 F2 中未加入粉煤灰。由于粉煤灰所占比例远大于其他各种材料（表 6.15），这会对土壤的通透性产生一定的影响。相比 F1，由图 6.42 可见，F2 处理土壤中的 EC 值均低于 F1，说明加入复合材料 F2 的土壤中离子交换量低于加入复合材料 F1 的土壤，这对加入沸石等材料对重金属离子的交换吸附有不利影响。

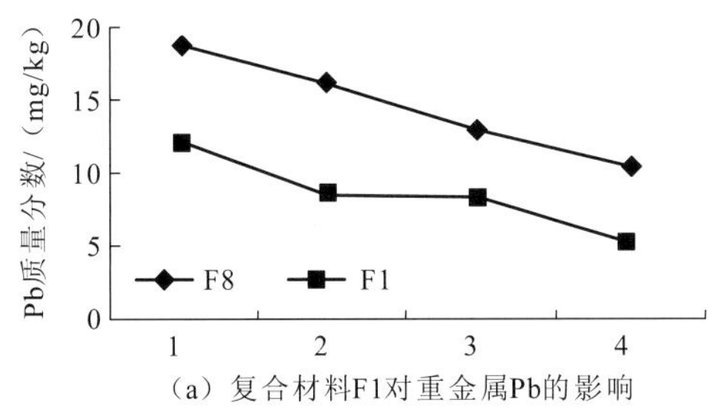

（a）复合材料F1对重金属Pb的影响

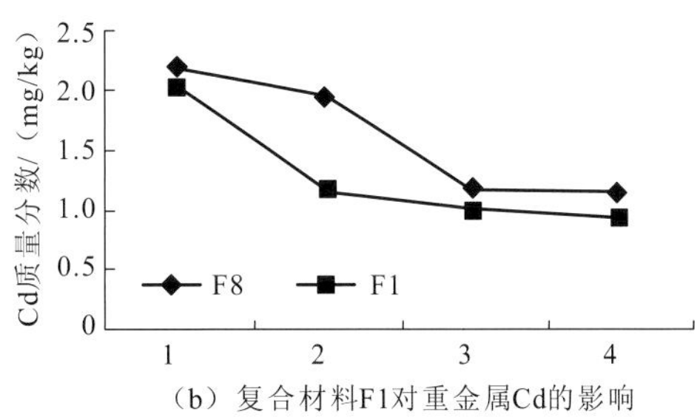

（b）复合材料F1对重金属Cd的影响

图 6.42　复合材料合 F1 对重金属 Pb、Cd 的影响

通过实验（图 6.43）可见，总体上加入复合材料 F2 后，土壤淋溶液中重金属浓度均低于对照。在第一次淋溶时效果不明显。主要是由于缺少粉煤灰的缘故。但在以后的三次淋溶实验中，它对重金属的固化效果逐渐明显，主要是由于在不断淋溶的情况下，土壤不断被淋洗，使土壤中离子交换量增大，更有利于复合材料的吸附和络合，因此固化效果明显。

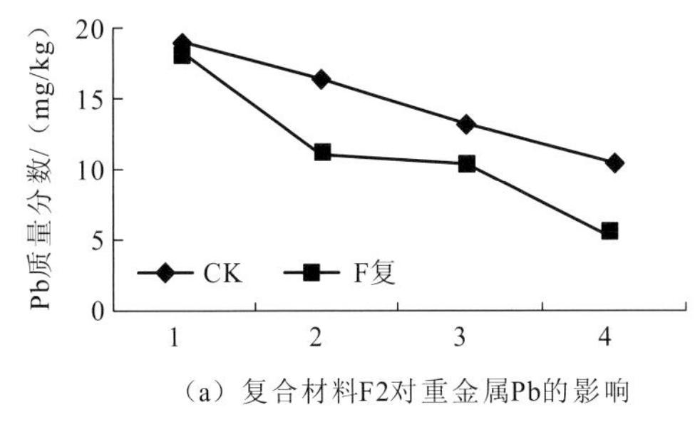

（a）复合材料F2对重金属Pb的影响

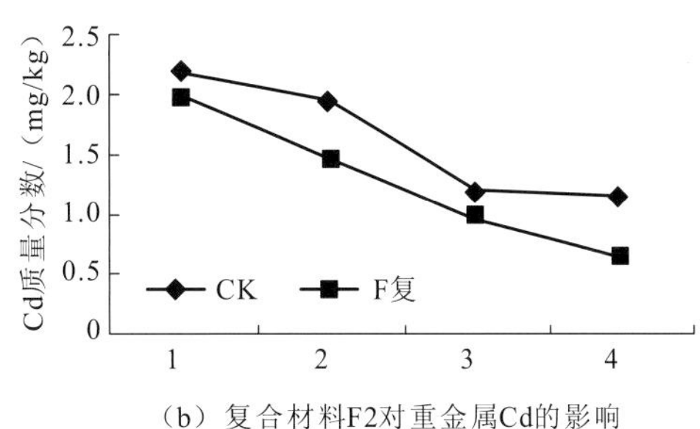

（b）复合材料F2对重金属Cd的影响

图 6.43　复合材料 F2 对重金属 Pb、Cd 的影响

复合材料 F3 是粉煤灰、腐殖酸和保水剂按照一定的比例混合而成。通过以上的实验结果可见，单材料对土壤中重金属的固化效果最好，其次为保水剂、腐殖酸，粉煤灰

对土壤中重金属的固化效果相对较差（复合材料 F3 中缺少沸石）。

通过实验（图 6.44）可见，加入复合材料 F3 的土壤淋溶液中重金属 Pb 的浓度均高于对照，到第三次淋溶、第四次淋溶时逐渐与对照持平；加入复合材料 F3 的土壤淋溶液中重金属 Cd 浓度在第一次淋溶液中明显高于对照，而在随后的三次淋溶中重金属 Cd 的浓度逐渐减少且均低于对照。其主要原因可能是：加入粉煤灰使土壤胶粒对重金属离子的吸附效应减弱，且未添加沸石，使土壤中的重金属离子被吸附和络合的效率降低。对土壤重金属 Cd 的影响中，淋溶液中 Cd 浓度在四次淋溶过程中与对照相比，由高于对照到逐渐低于对照，这可能是该复合材料对重金属 Cd 的固化效果优于对重金属 Pb 的固化效果，但是具体的原因有待做进一步的实验证明。

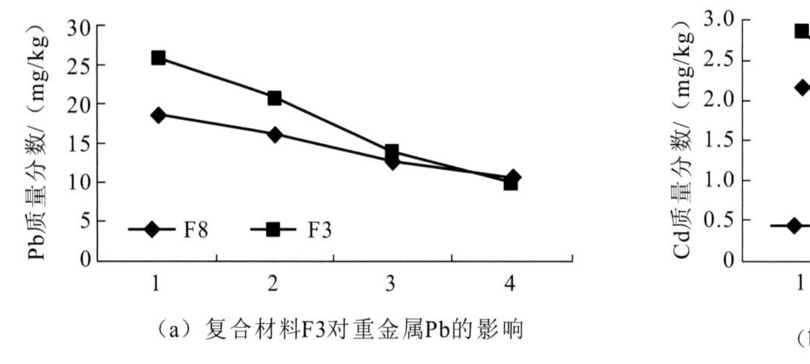

（a）复合材料F3对重金属Pb的影响

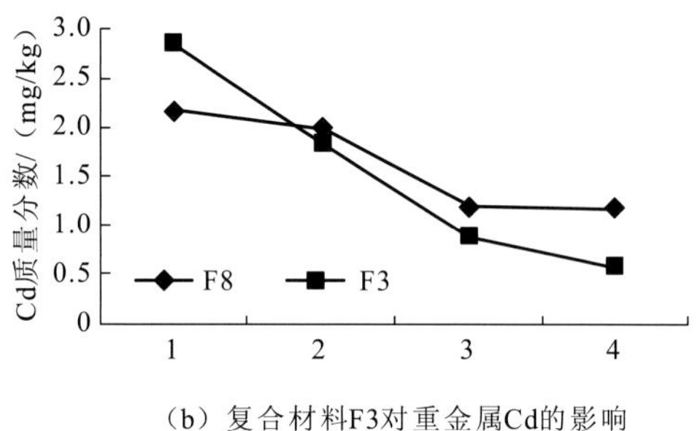

（b）复合材料F3对重金属Cd的影响

图 6.44　复合材料 F3 对重金属 Pb、Cd 的影响

2. 对重金属 Pb、Cd 复合处理的影响

随着经济的迅速发展，越来越多的污染物进入土壤环境，对土壤造成污染，甚至通过污染地下水和污染物的迁移，对人类赖以生存的生态环境在多个层面上造成不良胁迫与危害，其中以重金属污染最为严重，而且以一种金属的复合污染居多。

本研究以加化学改良材料的土壤和不加任何改良材料的土壤进行对照比较，模拟重金属 Pb、Cd 复合混入土壤，采用土壤反复淋溶的方法测定淋溶液中的重金属浓度。通过比较研究化学改良材料对 Pb、Cd 复合污染土壤中重金属 Pb、Cd 的固化效果，观察试验结果与以上对 Pb、Cd 单一处理的实验结果的一致性，进一步证明化学改良材料对土壤中重金属的固化效果。化学改良剂对土壤中重金属 Pb、Cd 复合的影响，其方法、步骤均与单一处理相同。

由表 6.17 可见，在 Pb、Cd 复合处理淋溶试验中，单材料 F6（粉煤灰）、复合材料 F3（粉煤灰、腐殖酸和保水剂的混合体）效果差，在第一次淋溶液中重金属 Pb 的浓度明显高于对照 F8，与以上 Pb、Cd 单一处理淋溶时的结果一致，再次说明加入粉煤灰对土壤中重金属固化的效果不佳。而单材料在 Pb、Cd 复合处理中效果最优的是 F4（腐殖酸），其次为 F7（沸石）；复合材料效果最优的是 F2（腐殖酸、沸石和保水剂的混合体），这与前面的 Pb、Cd 单一处理的结果基本一致，说明单材料腐殖酸、沸石，复合材料 F2 在防止土壤重金属淋失方面的效果明显。在 Pb、Cd 复合处理淋溶试验中，说明单材料腐殖酸、沸石，复合材料 F2 在防止土壤重金属淋失方面的效果明显。

表 6.17　化学改良剂对 Pb、Cd 复合处理中 Pb 的影响　　单位：mg/L

处理	第一次淋溶 Pb 质量浓度	第二次淋溶 Pb 质量浓度	第三次淋溶 Pb 质量浓度	第四次淋溶 Pb 质量浓度
F8	15.27±1.21	14.45±1.16	12.80±1.90	10.65±1.17
F7	14.37±0.98	12.60±1.10	10.55±1.53	8.61±1.03
F6	21.83±2.23	14.07±1.25	12.21±1.50	8.47±1.41
F5	15.06±1.37	13.31±1.53	11.07±1.72	9.28±1.55
F4	9.40±1.10	4.87±1.22	4.41±1.15	2.90±0.73
F3	16.73±2.25	14.17±1.15	11.40±1.30	9.54±1.87
F2	12.16±1.43	10.36±0.95	9.85±0.88	8.68±0.95
F1	15.03±1.72	12.45±1.35	0.24±1.62	8.60±1.20

由表 6.18 结果可见，对土壤中重金属 Cd 的固化效果最明显的单材料是 F5（保水剂），其次为 F4（腐殖酸）和 F7（沸石），这三种材料在每次淋溶液中的 Cd 浓度均低于对照 F8。复合材料合中仍是 F2（腐殖酸、沸石和保水剂的混合体）的效果最好。单材料 F6（粉煤灰）、复合材料 F3（粉煤灰、腐殖酸和保水剂的混合体）的效果不佳，在第一次淋溶时淋溶液中 Cd 浓度明显高于对照 F8。该实验结果与表 6.17 中分析的结果一致，与以上 Pb、Cd 单一处理的结果基本一致，说明单材料保水剂、沸石和腐殖酸对重金属 Cd 的固化效果好，复合材料 F2 相比较其他复合材料对土壤中重金属 Cd 的固化效果更优，同时也优于单材料。

表 6.18　化学改良剂对 Pb、Cd 复合处理中 Cd 的影响　　单位：mg/L

处理	第一次淋溶 Cd 质量浓度	第二次淋溶 Cd 质量浓度	第三次淋溶 Cd 质量浓度	第四次淋溶 Cd 质量浓度
F8	4.58±0.76	2.22±0.56	1.52±0.70	1.32±0.65
F7	4.27±0.60	1.62±0.83	1.51±0.31	1.17±0.50
F6	5.33±0.92	3.63±0.43	2.81±0.74	1.31±0.32
F5	3.49±0.28	1.01±0.15	0.90±0.11	0.86±0.18
F4	3.79±0.61	1.40±0.26	1.31±0.30	0.88±0.09
F3	6.70±1.17	5.13±1.01	2.23±0.41	1.01±0.07
F2	1.28±0.05	1.26±0.11	1.18±0.08	1.06±0.10
F1	4.13±0.32	2.17±0.21	1.12±0.11	0.90±0.08

6.3.2　氮肥对保水剂及其复合钝化剂作用土壤铅镉效果

针对自制的一种重金属钝化剂（将富镁硅酸盐矿物材料沸石，天然有机高分子材料腐殖酸和高分子保水材料按一定比例搅拌均匀，加入淀粉溶液做黏合剂，在造粒机上制成颗粒状重金属钝化剂干燥备用）。王璐（2018）通过土柱淋溶实验研究不同种类氮肥对钝化剂作用重金属 Pb、Cd 污染土壤效果的影响，探究三种不同状态的氮肥和钝化剂对土壤 pH、EC、重金属淋出量及重金属赋存状态的影响，得到对钝化剂钝化作用影响最小的氮肥种类。

王璐（2018）实验以 Pb、Cd 污染土壤为例，试供土壤选取通州污灌区农田表层土壤，配制污染土壤 Pb、Cd 浓度分别为 300 mg/kg、5 mg/kg。向重金属 Pb、Cd 污染的土壤中加入三个梯度的重金属钝化剂，添加相等含氮量的氮肥进行淋溶实验。以不加 Pb、Cd 的土柱作为对照 CK。通过分析重金属钝化剂用量、不同氮肥种类及用量等因素对土壤重金属 Pb、Cd 的淋溶效果的影响。分析土壤淋溶液体积及其重金属含量等指标，研究重金属钝化剂对土壤重金属 Pb、Cd 的稳定化效应和最优用量，以及与不同氮肥共同使用的最佳效果；通过分析土壤施用重金属钝化剂后的理化性质和土壤表征的变化，探讨其效应机理。

1. 氮肥和钝化剂作用对淋溶液 pH 的影响

钝化剂钝化土壤中重金属离子的部分作用是由其提高了土壤的 pH 而产生的。钝化剂中所含有的硅酸盐材料中的部分 CaO 和改性腐殖酸中的羟基和酚羟基等碱性基团会提高土壤的 pH，使土壤中的一些基团表面携带更多的负电荷，增大了土壤对重金属离子的吸附作用。而氮肥的使用则是会导致土壤酸化的一个趋势。铵态氮、硝态氮和尿素的使用均对钝化剂升高土壤 pH 有负面的作用。

如图 6.45 所示，实验组 1 为不加氮肥的对照组，2、3、4 组为添加硝态氮肥组，5、6、7 组为添加铵态氮肥组，8、9、10 组为添加尿素组。不添加任何氮肥时，钝化剂对土壤 pH 的升高效果最好，相比原土的 pH，只添加钝化剂，不添加任何氮肥的对照组土壤 pH 有所升高。其中添加铵态氮肥的三组实验组 pH 下降最多，铵态氮肥与硝态氮肥在第一次淋溶过程中，pH 较对照组均有比较明显的下降，添加尿素的实验组则与对照组相差最小，相同用量的重金属钝化剂与不同氮肥作用，土壤 pH 较对照组分别降低 6.86%、8.77%、3.18%。其原因可能是铵根离子在被吸收的过程中，土壤中的有机质释放出 H^+，使土壤 pH 降低，硝酸盐部分水解也会使土壤淋溶液 pH 降低，尿素会部分分解成 NH_4HCO_3

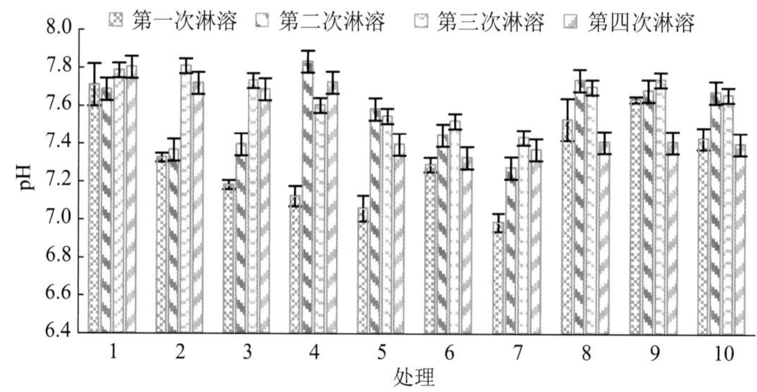

图 6.45　四次淋溶土壤 pH 的变化

产生的 NH_4^+ 也会造成 pH 下降。不同用量的重金属钝化剂与硝态氮肥对比时发现，对实验组对比对照组土壤 pH 分别降低了 6.86%、6.10%、5.46%。说明重金属钝化剂可以提高土壤 pH，且在一定范围内用量越大，pH 升高越大。

2. 钝化剂与不同氮肥对土壤 EC 影响

如图 6.46 所示，从淋溶液 EC 来看，随着淋溶次数的增加，淋溶液 EC 总体呈现下降趋势，且第一次淋溶下降幅度最大。其原因可能是第一次淋溶土柱中可溶解的离子较多，随淋溶液一起溶出，造成第一次淋溶液离子浓度相对较高。后三次淋溶液离子浓度大幅降低。其中添加硝态氮肥和铵态氮肥的实验组，第一次淋溶液 EC 均较对照组和添加尿素组高，其原因是 KNO_3 与 NH_4Cl 均易溶于水中，分别以 NO_3^-，NH_4^+形式存在，随淋溶液一起从土壤中洗脱出来。对照组中只添加钝化剂与重金属，其部分重金属离子被钝化剂固定，另一部分溶解在水中与土壤中的一些盐离子随水分淋出。尿素是有机物，其溶解在水中大部分是不带电荷的，只有少量分解成 NH_4HCO_3，淋溶液 EC 略有增加，因此，尿素对溶液的 EC 影响最小，所以出现与对照组相似的结果。铵态氮、硝态氮、有机氮处理组与对照组相比 EC 增加了 1.16 倍、1.35 倍、6.65%。

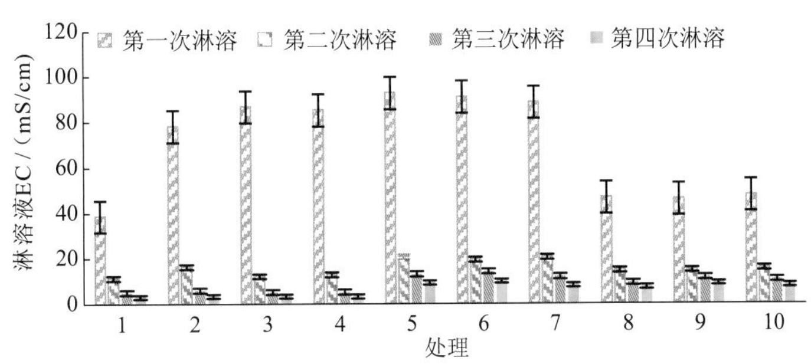

图 6.46　土壤淋溶 EC

3. 氮肥和钝化剂作用对淋溶液 Pb、Cd 含量的影响

在对土壤重金属-植物系统污染的相关研究中，重金属元素在土壤环境中吸附及解吸的研究是一个重要的方面。土壤pH是影响在土壤中吸附-解吸重金属的重要因素之一，土壤 pH 的降低会增加重金属在土壤中的溶解度，使重金属向有效态转变。当土壤发生专性吸附时，重金属离子进入吸附位点，释放出 H^+。而氮肥施入土壤后首先会降低土壤 pH，随着土壤 pH 的降低，土壤溶液 EC 增大，离子强度增强。有研究指出（胡文，2008），NH_4NO_3 施入土壤后，NH_4^+ 发生硝化反应，在短期内能使土壤 pH 有显著的降低，从而增加 Cd 在土壤中的活性。也有研究表明（宋正国　等，2011），NH_4Cl、$(NH_4)_2SO_4$、$(NH_4)_2HPO_4$、$(NH_4)HCO_3$ 在浓度相对较低时对重金属 Pb 溶出具有抑制作用，抑制作用会随着氮肥浓度的增大而逐渐减弱，但 NH_4NO_3 浓度变化对 Pb 的溶出影响很小，可能是铵盐的阴离子和 Pb 形成难溶或络合物有关；$(NH_4)_2SO_4$、$(NH_4)_2HPO_4$、$(NH_4)HCO_3$ 对土壤 Zn 的溶出有较大的促进作用，且随着盐浓度的增加，溶出量也增加。NH_4Cl 对重

金属 Cd 的溶出有明显的促进作用，其原因是 Cd 能与 Cl^- 形成稳定的络合物有关。

图 6.47 中实验组 1 为对照组，不添加任何形式的氮肥，2、3、4 组为添加 KNO_3 的实验组，4、5、6 组为添加氯化铵的实验组，8、9、10 组为添加尿素的实验组。实验结果表明与上述研究结果相同。添加氯化铵的实验组重金属 Pb 的淋出量最高，高于其他三组，KNO_3 同样对土壤中 Pb 的淋出量有明显的促进作用。而尿素对重金属 Pb 的淋出量与对照组相近，表明尿素对土壤重金属的淋出无明显的促进作用。研究表明，Cl^- 与 Pb^{2+} 会生成沉淀，将土壤中的重金属 Pb 固定。因此三种氮肥中硝态氮（KNO_3）对钝化剂固化 Pb^{2+} 作用的负面影响最大。

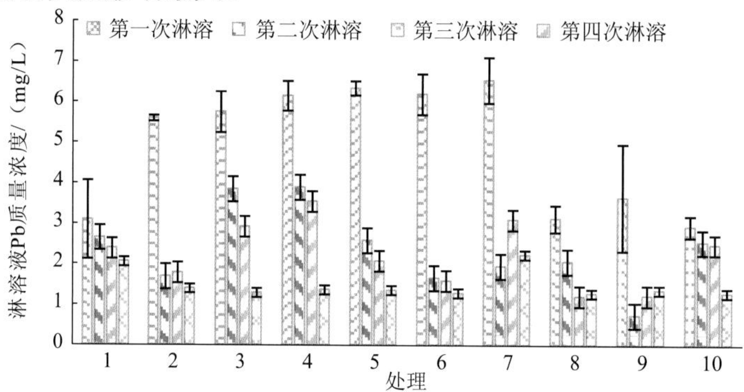

图 6.47 淋溶液 Pb 的浓度

图 6.48 中对土壤重金属 Cd 的淋出量影响实验结果与 Pb 相似，同样是 NH_4Cl 对土壤重金属 Cd 的淋出量促进最大，KNO_3 和尿素的促进作用依次减小。值得注意的是，KNO_3 对重金属 Cd 的淋出量影响比对重金属 Pb 的淋出量影响作用要小得多。而尿素则对重金属 Pb、Cd 的影响基本相同。

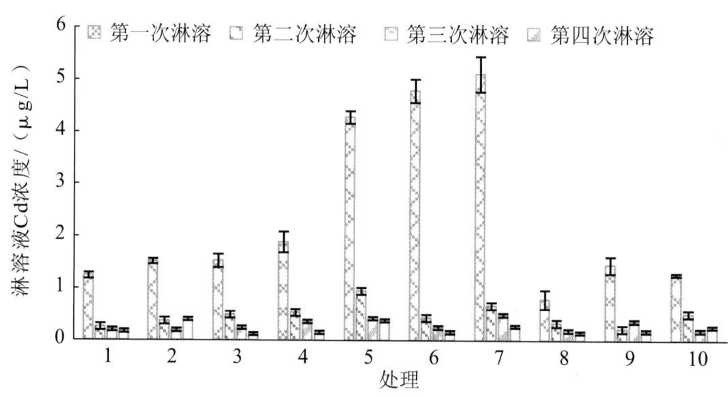

图 6.48 淋溶液重金属 Cd 浓度

铵态氮（氯化铵）进入土壤后会水解使周围环境 pH 降低，Cd^{2+} 溶解度增大，随淋溶液一起被淋出。铵态氮肥与硝态氮肥会增加重金属的活性，这是由于铵态氮与硝态氮均能降低土壤 pH，氯化铵水解时，会释放出氢离子，使土壤酸化，并溶解部分重金属碱性沉淀。Chen（2018）等用生物质与含重金属铬污染的土壤堆肥发现，土壤中铬不可利用态的含量增加，可利用态含量减少，研究还发现土壤中总有机碳含量的增加会减小重金属的活性。

4. 钝化剂与氮肥作用对土壤重金属 Pb 五态的影响

五步连续提取法将土壤中的重金属分为五种形态，即可交换态、碳酸盐结合态、铁锰氧化态、有机结合态及残渣态。以土壤物理化学观点来看，土壤中的重金属离子不同的赋存形态处于不同的能量状态，在一定的环境条件下，其不同的状态可以相互转化。土壤中对生物有毒害作用的是部分活化的离子态重金属，大部分的诸如残渣态的重金属会以稳定的形态存在。因此，土壤中的重金属离子的总量并不能表示重金属的环境行为和其生态效应，其各个形态的含量和比例才是评价重金属的生物有效性的关键。Rattan 等（2005）研究表明，可交换态的重金属活性最大，对环境变化最敏感，也最易被植物吸收。碳酸盐结合态的重金属对土壤 pH 变化敏感，当土壤 pH 降低时，碳酸盐结合态的重金属易被活化释放到土壤环境中。铁锰氧化态与有机结合态相对稳定不易被释放，其只有在强氧化性的环境中才会被分解释放。根据这五种形态的性质，有研究者将其归类为三种，即有效态（包括可交换态与碳酸盐结合态）、潜在有效态（铁锰氧化态与有机结合态）和不可利用态（残渣态）。土壤性质如土壤 pH、电导率、有机质含量和氧化还原电位等因素对土壤中重金属形态影响较大（Kendir et al.，2015）。

化肥和重金属钝化剂中的部分阴阳离子通过改变土壤理化性质和土壤中重金属形态影响土壤中的迁移性和对植物及微生物的生物有效性。施入土壤中的重金属钝化剂通过一系列吸附、离子交换、沉淀、络合和氧化还原等作用，使可交换态重金属转化为残渣态等降低重金属污染物的有效态和潜在有效态，增大不可利用态的比例，从而降低重金属离子的生物毒性。N、P、K 肥施入土壤后一方面改变土壤 pH 和电导率间接影响重金属在土壤中的吸附-解吸行为；另一方面与土壤中重金属之间的交互作用直接影响土壤中重金属的行为。

淋溶土壤中添加的重金属 Pb 的量为 300 mg/kg 土。由表 6.19、表 6.20 可知，土壤中 Pb 形态的直观分布。结果表明 Pb 主要以残渣态赋存于土壤中，各处理均改变土壤 Pb 的形态分布。土壤中 Pb 形态分布为残渣态＞铁锰氧化物结合态＞有机结合态＞碳酸盐结合态和可交换态，重金属 Pb 可交换态、潜在可利用的碳酸盐结合态及有机结合态的比例均较低。在同一种氮肥条件下，土壤重金属 Pb 的有效态随着重金属钝化剂量的增加而减小，硝态氮和铵态氮肥实验组有效态含量比对照组 CK（只添加重金属）平均减小约 0.2%，残渣态的含量随钝化剂的添加量增加而增加。当钝化剂用量相同的条件下，对比三种氮肥对重金属的效果，尿素对重金属钝化剂固化重金属影响最小，硝态氮次之，铵态氮对重金属钝化剂的效果影响最大。三种氮肥虽然均对重金属钝化剂有影响，但添加钝化剂后，土壤重金属 Pb 的残渣态含量均比对照组有所增加，有效态的 Pb 含量均有所减少。因此说明此钝化剂对土壤重金属 Pb 在不同氮肥施用时均有效。

表 6.19　重金属 Pb 的五态含量　　单位：μg/kg 土

组别	可交换态	碳酸盐结合态	铁锰氧化态	有机结合态	残渣态
1	2 190.44	4 045.43	28 484.12	9 034.77	256 245.24
2	2 255.43	2 897.48	29 756.13	11 238.27	253 852.69
3	2 036.58	2 109.01	25 468.58	8 653.15	261 732.68
4	2 226.42	4 088.93	30 046.65	12 855.33	250 782.68
5	2 436.88	1294.38	27 793.41	9 554.8	258 920.53
6	1 453.73	2 073.42	24 318.76	10 158.03	261 996.06
7	1 809.37	1 528.98	28 065.3	7 363.91	261 232.45
8	1 710.63	1 402.9	26 272.39	8 896.3	261 717.78
9	1 560.78	1 633.4	27 067.17	6 313.77	263 424.89
CK	2 316.95	2 988.23	26 929.38	11 676.73	256 088.72

表 6.20　重金属 Pb 的五态占比　　单位：%

组别	可交换态	碳酸盐结合态	铁锰氧化态	有机结合态	残渣态
1	0.73	1.35	9.49	3.01	85.42
2	0.75	0.97	9.92	3.75	84.62
3	0.68	0.70	8.49	2.88	87.24
4	0.75	1.36	10.02	4.29	83.59
5	0.81	0.43	9.26	3.18	86.31
6	0.68	0.69	8.11	3.39	87.33
7	0.60	0.51	9.36	2.45	87.08
8	0.57	0.47	8.76	2.97	87.24
9	0.52	0.54	9.02	2.10	87.81
CK	0.77	1.09	8.98	3.89	85.36

5. 钝化剂与氮肥作用对土壤重金属 Cd 五态的影响

重金属钝化剂与三种氮肥共同施用对重金属 Cd 在土壤中的作用效果略有不同（表 6.21、表 6.22）。在钝化剂用量相同时，施用硝态氮实验组比对照组，可交换态分别增加 2.99%、3.39%、2.80%，残渣态分别减少 4.57%、4.71%、4.51%。铵态氮肥组比对照组 CK，可交换态分别增加 2.24%、3.41%、3.21%，残渣态分别降低 3.58%，3.49%、3.77%。

仅有施用氮肥为尿素的实验组对重金属 Cd 的固化正向相关，在施用尿素组，重金属 Cd 的可交换态比对照组 CK 分别降低 2.08%、2.36%、1.94%，残渣态分别增加了 0.73%、0.02%、1.34%。

表 6.21　重金属 Cd 的五态含量　　单位：μg/kg 土

组别	可交换态	碳酸盐结合态	铁锰氧化态	有机结合态	残渣态
1	668.98	159.15	180.98	38.43	3 952.46
2	689.22	127.01	191.21	46.87	3 945.69
3	659.46	146.5	202	36.67	3 955.37
4	631.29	140.43	176.51	49.61	4 002.17
5	689.78	80.06	182.78	41.12	4 006.26
6	679.93	110.11	173.6	43.73	3 992.62
7	415.74	149.06	173.96	43.58	4 217.66
8	401.35	199.64	185.93	45.9	4 267.18
9	422.47	133.87	312.65	33.24	4 297.76
CK	519.44	96.38	158.42	44.7	4 181.05

表 6.22　重金属 Cd 五态占比　　单位：%

组别	可交换态	碳酸盐结合态	铁锰氧化态	有机结合态	残渣态
1	13.38	3.18	3.62	0.77	79.05
2	13.78	2.54	3.82	0.94	78.91
3	13.19	2.93	4.04	0.73	79.11
4	12.63	2.81	3.53	0.99	80.04
5	13.80	1.60	3.66	0.82	80.13
6	13.60	2.20	3.47	0.87	79.85
7	8.31	2.98	3.48	0.87	84.35
8	8.03	3.99	3.72	0.92	85.34
9	8.45	2.68	3.25	0.66	84.96
CK	10.39	1.93	3.17	0.89	83.62

6.4 保水剂及其复合对植物生长和品质影响

6.4.1 保水剂添加肥对柑橘树产量和品质影响

研究保水剂添加肥在肥料减量中的可行性，为保水剂添加肥的农业应用、推广提供参考，为改善肥料对土壤环境的效应评价提供支持。柯超等（2018）在长江三峡库区的重庆市万州区龙沙镇龙安村的柑橘园进行小区实验。小区主要土壤类型为山地黄壤，pH5.5～7.0。在柑橘园样地中设置 6 个施纳米碳梯度。实验以当地常规复合肥为对照（KC1），以单位面积纯养分量相同的保水剂添加肥（纳米碳+腐殖酸+保水剂；CSF）为基础（KC2），设置 CSF 减量 10%、20%、30%和 40%处理，分别为 KC3、KC4、KC5 和 KC6。

1. 保水剂添加肥对柑橘树产量影响

由表 6.23 可以看出，KC2、KC3、KC5 与 KC1 相比产量略多，KC4 与 KC1 基本持平，仅 KC6 略低于 KC1，这说明在保水剂添加肥使用情况下，复合肥的减量 30%并不会影响柑橘产量，反而有一定的增产效果，复合肥减量 40%时，会导致减产。实验组单果重较对照组 KC1 均有增加，说明施加保水剂添加肥后，对单果重的增加有促进作用，其中 KC5、KC6 效果最好。

表 6.23　柑橘产量

处理号	产量/（kg/棵）	单果重/g
KC1	4.82±0.17b	178.51±10.15f
KC2	4.90±0.25b	185.71±5.41c
KC3	4.90±0.24b	182.63±3.74d
KC4	4.81±0.18b	180.90±3.33e
KC5	5.04±0.30a	186.93±7.30b
KC6	4.62±0.36a	187.90±7.43a

2. 保水剂添加肥对柑橘可食率的影响

由表 6.24 可以看出，KC3 与 KC1 相比可食率略大，KC2、KC5 与 KC1 基本持平，KC4、KC6 略小于 KC1，但与 CK 相比，可食率变化率在 5%以内，这说明在保水剂添加肥使用情况下，复合肥的减量基本不会影响柑橘可食率。

表 6.24　柑橘可食率

处理号	可食率/%
KC1	77.9±0.8c
KC2	77.9±1.2d
KC3	79.3±2.0ae
KC4	76.3±2.0e
KC5	78.0±1.1b
KC6	74.8±1.3abcd

3. 保水剂添加肥对柑橘果形指数的影响

由表 6.25 可以看出，各处理组间随着复合肥减量越多，果形指数先变大后减小，其中 KC5 最大。各处理组果形指数均低于 KC1 组，KC5 比 KC1 组低 0.9%，其余组比 KC1 组低 2%～5%，这说明在保水剂添加肥使用情况下，复合肥的减量基本不会影响柑橘果形指数，其中复合肥减量 30%时影响最小。

表 6.25　柑橘果形指数

处理号	果形指数
KC1	0.975±0.017a
KC2	0.933±0.022e
KC3	0.932±0.027f
KC4	0.949±0.064c
KC5	0.966±0.024b
KC6	0.936±0.017d

4. 保水剂添加肥对柑橘可滴定酸的影响

由表 6.26 可以看出，KC2、KC3、KC5 与 KC1 相比可滴定酸略多，KC4 与 KC6 略低于 KC1，这说明在保水剂添加肥使用情况下，复合肥的减量会影响柑橘可滴定酸含量，不减量时可滴定酸增加最多，减量 40%时可滴定酸减少最多。

表 6.26　柑橘可滴定酸

处理号	可滴定酸质量分数/%
KC1	0.52±0.01d
KC2	0.60±0.03a
KC3	0.56±0.07b
KC4	0.49±0.08ae
KC5	0.56±0.19cde
KC6	0.46±0.05ac

5. 保水剂添加肥对柑橘固形物的影响

由表 6.27 可以看出，各处理组间随着复合肥减量越多，固形物先变小后增大，其中 KC4 最小。各处理组固形物均少于 KC1 组，KC2 比 KC1 组低 0.4%，KC3、KC6 分别比 KC1 组低 3.4%、4.1%，这说明在保水剂添加肥使用情况下，复合肥的减量会影响柑橘固形物含量，其中复合肥不减量时影响最小，减量 10%、40%时影响较小。

表 6.27 柑橘固形物

处理号	固形物质量分数/%
KC1	13.42±0.28ae
KC2	13.37±0.29be
KC3	12.96±0.12c
KC4	12.03±0.68abcd
KC5	12.33±0.25e
KC6	12.87±0.72d

6.4.2 保水剂添加肥对柑橘生长及其产量的影响

为研究保水剂与环境功能材料纳米碳、腐殖酸搭配使用的田间应用效果，并得出保水剂添加肥对柑橘增产、氮磷肥保持增效及固化重金属等多目标优化的最佳配方产品。钟建（2017）在长江三峡库区的重庆市万州区龙沙镇龙安村的柑橘园进行小区试验。为研究保水剂添加肥对柑橘生长的影响，结合当地施肥习惯及施肥强度，在柑橘样地中设置施肥的正交实验（表 6.28），以纳米碳、腐殖酸保水剂和专用复合肥三因素三水平正交实验设计 9 个实验小区，分别为 ZJ2、ZJ3、ZJ4、ZJ5、ZJ6、ZJ7、ZJ8、ZJ9、ZJ10，其中每个小区施用纳米碳 10～30 g、腐殖酸保水剂 1.2～2.4 kg、专用复合肥 16～12 kg 递减，具体见表 6.29，同时设置对照区 ZJ1（当地常规专用复合肥 100%用量），共 10 个小区处理。

表 6.28 正交实验及结果

因素水平	A	B	C
	纳米碳	腐殖酸保水剂	专用复合肥
一	A1	B1	C1（减量 20%）
二	A2	B2	C2（减量 30%）
三	A3	B3	C3（减量 40%）

注： A1、A2、A3 的用量分别是 10 g/小区、20 g/小区、30 g/小区；B1、B2、B3 的用量分别是 1.2 kg/小区、1.8 kg/小区、2.4 kg/小区；C1、C2、C3 的用量分别是 16 kg/小区、14 kg/小区、12 kg/小区

表 6.29　三因素三水平正交表

实验小区	A	B	C
ZJ2	A1 (10)	B1 (1.2)	C1 (16)
ZJ3	A1 (10)	B2 (1.8)	C2 (14)
ZJ4	A1 (10)	B3 (2.4)	C3 (12)
ZJ5	A2 (20)	B1 (1.2)	C2 (14)
ZJ6	A2 (20)	B2 (1.8)	C3 (12)
ZJ7	A2 (20)	B3 (2.4)	C1 (16)
ZJ8	A3 (30)	B1 (1.2)	C3 (12)
ZJ9	A3 (30)	B2 (1.8)	C1 (16)
ZJ10	A3 (30)	B3 (2.4)	C2 (14)

1. 保水剂添加肥对柑橘生长的影响

由表 6.30 可知，施肥后不同小区柑橘树的新枝均快速生长，其中以小区 ZJ2、ZJ7 柑橘树的新枝生长最好，相比对照 ZJ1 分别长 52.8%、34.9%，小区 ZJ5、ZJ8、ZJ9、ZJ10 柑橘树的新枝生长长度比 ZJ1 要短，由此可见，即使柑橘专用复合肥减量 20%甚至 30%，保水剂添加肥的施用有利于柑橘树新枝的生长，但在柑橘专用复合肥减量达到 40%的情况下，新枝的生长受到严重抑制。

表 6.30　不同小区施肥前后柑橘树的新枝长度　单位：cm

实验小区	ZJ1	ZJ2	ZJ3	ZJ4	ZJ5	ZJ6	ZJ7	ZJ8	ZJ9	ZJ10
施肥前	3.5	3.6	3.5	4.5	3.7	3.2	3.0	2.6	3.6	3.7
施肥后	45.0	67.0	47.0	49.0	40.0	46.0	59.0	35.0	43.0	40.0
差值	41.5	63.4	43.5	44.5	36.3	42.8	56.0	32.4	39.4	36.3

由表 6.31 可知，小区 ZJ2、ZJ6、ZJ9、ZJ10 柑橘树叶的叶绿素增加量相比对照 ZJ1 要高，以小区 ZJ6 柑橘树叶的叶绿素增加量最多。

表 6.31　不同小区施肥前后柑橘树叶的叶绿素含量　单位：SPAD

实验小区	ZJ1	ZJ2	ZJ3	ZJ4	ZJ5	ZJ6	ZJ7	ZJ8	ZJ9	ZJ10
施肥前	40.9	39.5	41.3	41.5	49.0	36.7	47.6	46.7	40.7	39.2
施肥后	81.1	82.6	70.1	80.1	82.5	80.8	84.4	82.3	81.1	80.1
差值	40.2	43.1	28.8	38.6	33.5	44.1	36.8	35.6	40.4	40.9

柑橘品质是衡量柑橘能满足消费者程度高低的一个重要参数，也是区分柑橘性质“等级”优劣程度及衡量商品性能的总称。表 6.32 表明，不同施肥处理小区的柑橘品质

存在差异，尤其以单果重、可溶性固形物、可滴定酸含量差别较为明显。单果重的比较中，各小区柑橘差别较大，以小区 ZJ2、ZJ3、ZJ5、ZJ7、ZJ10 相比对照 ZJ1 的柑橘单果重更大；正交处理小区的柑橘果形指数均小于 ZJ1；ZJ7、ZJ9、ZJ10 的柑橘可食率较 ZJ1 要高，均达到 77%以上；各小区柑橘的可溶性固形物质量分数集中在 11.0～12.6%，以 ZJ4、ZJ6 的柑橘最高；小区 ZJ4 柑橘的可滴定酸质量分数最高，达到 0.604%。总体来说，保水剂添加肥的施用对柑橘单果重、柑橘横径的增大、柑橘果实可食率具有一定的促进作用。

表 6.32　不同小区柑橘的品质性状

实验小区	单果重形/g	果形指数	可食率/%	可溶性固形物质量分数/%	可滴定酸质量分数/%
ZJ1	166.5	1.000	76.8	12.2	0.438
ZJ2	170.2	0.990	75.9	11.2	0.363
ZJ3	168.7	0.958	74.1	12.1	0.482
ZJ4	165.4	0.957	76.1	12.6	0.604
ZJ5	172.1	0.965	75.2	12.3	0.568
ZJ6	127.3	0.990	71.3	12.6	0.521
ZJ7	175.2	0.952	77.2	12.0	0.384
ZJ8	153.5	0.974	75.7	11.7	0.450
ZJ9	161.7	0.976	77.3	11.9	0.309
ZJ10	201.8	0.987	77.0	11.0	0.406

2. 正交实验确定柑橘产量的施肥最优组合

结果见表 6.33 和表 6.34。由极差值 R 与方差分析可见，影响柑橘产量因素的主次顺序为 C＞A＞B，且每一个因素均对柑橘产量的影响具有显著意义（$P<0.05$）。实验结果确定柑橘产量的最佳施肥组合为 $A_2B_1C_2$。据报道，纳米碳在萝卜、白菜、甘蓝、马铃薯等蔬菜作物上产生了明显的增产效果（薛照文，2015）。谢凤鸾等（2010）研究发现喷施腐殖酸可促进柑橘增产、增收。在本实验中，通过优化施用保水剂添加肥比例发现柑橘产量的最佳施肥组合为 $A_2B_1C_2$，可显著提高柑橘产量。由此可表明，合理使用化肥、保水剂和腐殖酸等环境材料可显著促进柑橘的生长，进而有利于提高柑橘产量。

表 6.33　正交实验不同处理的柑橘产量

实验号	因素			柑橘产量/(kg/棵)
	A	B	C	
ZJ2	A1	B1	C1	4.17
ZJ3	A1	B2	C2	4.18
ZJ4	A1	B3	C3	4.47

续表

实验号	因素			柑橘产量/(kg/棵)
	A	B	C	
ZJ5	A2	B1	C2	4.68
ZJ6	A2	B2	C3	4.38
ZJ7	A2	B3	C1	4.12
ZJ8	A3	B1	C3	4.20
ZJ9	A3	B2	C1	3.72
ZJ10	A3	B3	C2	4.22
k_1	4.27	4.35	4.00	
k_2	4.39	4.09	4.36	
k_3	4.05	4.27	4.35	
R	0.34	0.26	0.36	
主次顺序			C＞A＞B	
优水平	A_2	B_1	C_2	
优组合			$A_2B_1C_2$	

表 6.34　正交实验柑橘产量的方差分析

方差来源	离差平方和	自由度	均差	F 值	$F_{0.05}$（2，2）
A	0.18	2	0.09	3	19
B	0.10	2	0.15	1.67	
C	0.25	2	0.03	4.33	
误差	0.03		0.015		

6.5　保水剂及其复合对土壤微生物和酶活性影响

土壤微生物是土壤生态系统的重要组分之一，几乎所有的土壤代谢过程都直接或间接地与土壤微生物有关，尤其是在土壤质量转变过程中，土壤微生物具有相对较高的营养转化能力，可作为灵敏的指示指标，较早地预测土壤有机物的变化过程。研究表明，在低浓度下，重金属对微生物数量一般有刺激作用，而在高浓度下则有抑制作用；不同类群微生物的敏感性不同，其敏感性大小通常是放线菌＞细菌＞真菌。Feng（2005）发现土壤微生物数量会影响到土壤的生物化学活性，且土壤微生物活动可降低重金属的活性和可利用性，并减少植物体内的金属含量。

土壤微生物与土壤质量关系密切。土壤微生物是分解者，在降解植物残体、形成腐殖质及参与土壤营养成分的转化和循环等方面都起着重大作用。土壤微生物主要分为土壤细菌、土壤真菌和土壤放线菌。其中土壤细菌和放线菌是原核单细胞微生物，在土壤中数量较多。真菌是一类真核单细胞或多细胞微生物，其在土壤中数量相对稍少，但生物量大且可分解植物残体的木质素、果胶、纤维素等难解成分，对重金属的解毒也有着重大的贡献。很多研究表明植物干物质量等指标均与根际土壤细菌、真菌数量呈正相关性，也就是说土壤微生物数量的增多在一定程度上反映出土壤质量状况，促进植物的生长。

19 世纪 80 年代末以来，土壤酶活性作为衡量土壤质量的生物活性指标之一，一直是土壤酶学的研究重点。土壤中的一切物质转化都不能缺少酶，土壤酶大部分来自土壤微生物。因此，土壤酶与土壤微生物有着密切联系，土壤微生物的影响因素也会影响到土壤酶活性。简而言之，土壤微生物的数量及生长状况和酶活性的大小会直接或间接地影响到土壤质量，土壤微生物及其酶活性常被作为农业生态系统中土壤胁迫过程或生态恢复过程的早期敏感性指标。由于酶是一种特殊的蛋白质，重金属元素可钝化其活性，土壤的酶活性对重金属污染十分敏感。另外，研究表明，土壤重金属污染会导致酶合成速率降低，因此，土壤酶活性可以作为评价重金属污染土壤修复的一个重要生物活性指标。在众多的土壤酶中，土壤脲酶、土壤碱性磷酸酶、土壤蛋白酶和土壤脱氢酶对重金属离子最为敏感。

土壤脲酶在土壤氮素循环中起着非常大的作用，是土壤中最重要的酶之一。磷酸酶是一种促有机磷化合物的水解酶，它的活性是评价土壤肥力状况的其中一个很重要的生物指标。

6.5.1 保水剂对土壤细菌群落结构的影响

为了研究纳米碳保水肥使用对土壤细菌多样性、群落结构的影响，柯超等（2018）基于 Hiseq 2500 高通量测序技术，对土壤细菌群落结构进行了分析。

试验处理小区的土壤选取重庆市万州区龙沙镇龙安村的柑橘园的黄壤，具体设计见 6.4.1 小节。取样方法采用随机选取，在距离柑橘树根外围 30 cm 处三角形三点，用取样铲开挖直径 5～8 cm 圆形小洞，取得土壤表层（0～10 cm）土样，三点合一混合均匀为一个土壤样本（约 50 g），每处理取 3 个小区样品，自封袋装后分别编号并置于 4 ℃保鲜箱保存，运回实验室后取出冻干，过 150 目筛后提取土壤基因组 DNA（Fang et al.，2012）。

1. 测序和数据分析

试验采用细菌 16S rRNA 基因的 V4-V5 区通用引物 338F-806R，该引物具有较广的种类覆盖度和良好的多样性深度，可较为准确地反映细菌群落结构的差异。25 μL PCR 反应体系如下：DNA 模板 1 μL，10 μmol/L 的正反向引物 1 μL，dNTPs（2.5 μmol/L）2 μL，10×Pyrobest Buffer 2.5 μL，Pyrobest DNA Polymerase（2.5 U/μL）0.15 μL，ddH 2 O 18.85 μL。扩增程序如下：94 ℃预变性 5 min，94 ℃变性 30 s，55 ℃退火 30 s，72 ℃延伸 1 min，共

设 28 个循环。PCR 产物混匀后用 0.8%的琼脂糖凝胶电泳检测，再用 AxyPrep DNA 凝胶回收试剂盒（AXYGEN，USA）切胶回收。将回收的 PCR 产物用 Qubit（Life Technology，USA）进行定量化和均一化，用 Illumina 建库试剂盒进行文库构建，并用 Agilent 2100（Agilent，USA）检测文库片段分布，将构建好的合格文库上机送至诺和致源的 PE250 Hiseq 2500 测序平台测序分析。

将原始数据进行质控，删除含有连续>5 bp 的 Q 值<15 的低质量碱基及含有接头序列的测序数据。提取每个样品序列数据，用软件 Mothur（version1.36.1）进行数据清洗及操作分类单元（operational taxonomic unit，OTU）划分，OTU 序列相似度设为 97%。通过数据库 Silva（Release115 http://www.arb-silva.de）采用 UPGMA 算法对 97%阈值的 OTU 代表序列进行物种注释。

2. 不同施肥处理对土壤微生物丰富度和多样性的影响

对 6 个土壤样品进行 Illumina 高通量测序，均一化后得到 1 条、84 条、854 条序列，稀释曲线代表每个样品的取样深度。图 6.57 表示相似度在 97%条件下样本的稀释曲线，从图 6.49 看出，当 6 个样本的细菌 OTU 数量达到 2 500 个左右时，曲线开始趋于平缓，说明样品的取样深度足够，测序数据合理，可覆盖绝大多数的细菌类群，较为真实地反映土壤样本的细菌群落。

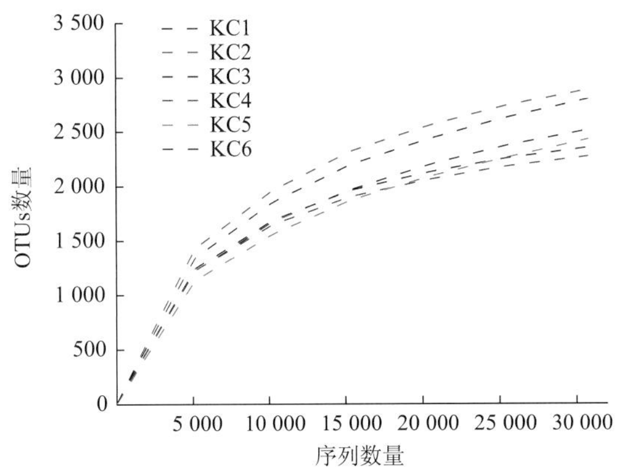

图 6.49 相似度为 97%条件下各土壤样品的稀释曲线

如表 6.35 所示，观测到种类数（observed species）、香农指数（Shannon index）、Chao1 指数可用来表征土壤细菌群落的多样性。从表 6.35 看出，观察到的种类数最多的是 KC2，最少的为 KC4，说明纳米碳腐殖酸保水肥（CSF）较常规肥料可增加土壤种群多样性，但随着 CSF 减量，土壤微生物群落呈现先减少后增加的趋势，当减量 40%时，微生物群落较 CSF 全量处理 KC1 肥增加了约 11%，仅比 KC2 减少 3%；KC6 的 Shannon 指数较 KC1 增加了 4%，KC6 的 Shannon 指数仅比 KC2 少了 2%，基本持平；同时，发现 KC6 的 Chao1 指数最高，达到 3543，比 KC1 增加 11%，并略高于 KC2 添加水平；KC6 的 PD_whole_tree 比常规施肥 KC1 处理增加 11%，与 KC2 基本持平。可以看出，CSF 全量及其减量 40%处理的 OTUs 最多，Shannon、Chao1、PD_whole_tree 指数也显示出较高优势。表明减量施用 CSF 可有效提高土壤微生物多样性（徐阳春 等，2002）。

表 6.35　不同施肥处理的土壤处理的微生物丰富度和多样性指数

处理号	观测到 OTUs	Shannon 指数	Simpson 指数	Chao1 指数	PD_whole_tree
KC1	2 512	9.178	0.994	3 187.313	156.053
KC2	2 882	9.709	0.996	3 459.996	175.212
KC3	2 348	9.291	0.995	2 588.767	150.438
KC4	2 267	9.258	0.995	2 523.250	144.546
KC5	2 426	8.792	0.991	3 398.627	151.559
KC6	2 794	9.511	0.996	3 543.229	173.716

3. 不同施肥处理对土壤细菌相对丰度影响

经过比对，其中有约 95.5%的序列归为细菌，各处理土壤细菌的群落组成见图 6.50。由图 6.50 可知，在门的水平上，柑橘田细菌主要分布在变形菌门（Proteobacteria）、拟杆菌门（Bacteroidetes）、放线菌门（Actinobacteria）、醋酸菌门（Acidobacteria）、厚壁菌门（Firmicutes）、绿弯菌门（Chloroflexi）、浮霉菌门（Planctomycetes）、芽单胞菌门（Gemmatimonadetes）、硝化螺旋菌门（Nitrospirae）8 个门，约占总细菌的 97%以上。其中，发现在减量 30%条件下，变形菌门与放线菌门量最多，为 57.69%和 13.92%，而 KC1 变形菌门为 48.75%与 13.93%，KC2 为 46.61%与 8.52%，KC3 为 43.50%和 5.13%，另外在发现加入 CSF 后，厚壁菌门的量为 8.70%，与其他组相比，明显增加，另外，在 KC3 时，醋酸菌门的量为 13.07%，与对照仅为 10%。

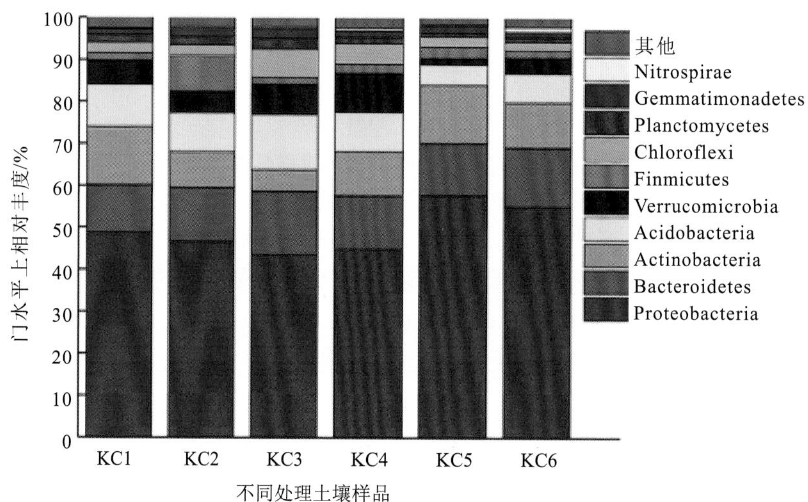

图 6.50　门水平上土壤细菌群落主要分布

比对发现，土壤约 95.5%的序列归为细菌，各处理土壤细菌的群落组成见图 6.51。在分类层次的科水平上，主要由黄色单胞菌科（Xanthomonadaceae）、鞘脂单胞菌科（Sphingomonadaceae）、拟杆菌科（Chitinophagaceae）、醋酸菌科（Acidobacteriaceae）、DA101_soil，伯克氏菌科（Burkholderiaceae）、亚硝化单胞菌科（Nitrosomonadaceae）、假单胞菌科（Pseudomonadaceae）、从毛单胞菌科（Comamonadaceae）和热孢菌科（Thermosporotrichaceae）组成，但相对丰度不同，如在 KC5 中，黄色单胞菌科（Xanthomonadaceae）丰度最高，为 14%，KC2 为 7%，而 KC1 中仅为 5%，但与 KC1 相比，KC3、KC4、KC6 中的黄色单胞菌科（Xanthomonadaceae）均明显降低；在 N 的循环中起着重要作用的亚硝化单胞菌科（Nitrosomonadaceae）在 KC6 处理中较其他处理明显提高，约为 4%，比 KC1 提高约为 1%。另外，有极强的分解有机物能力的假单胞菌科（Pseudomonadaceae）在 KC5 处理较 KC1 升高明显，其他实验处理中有所提高，推测可能纳米碳腐殖酸保水肥刺激了假单胞菌的繁殖。

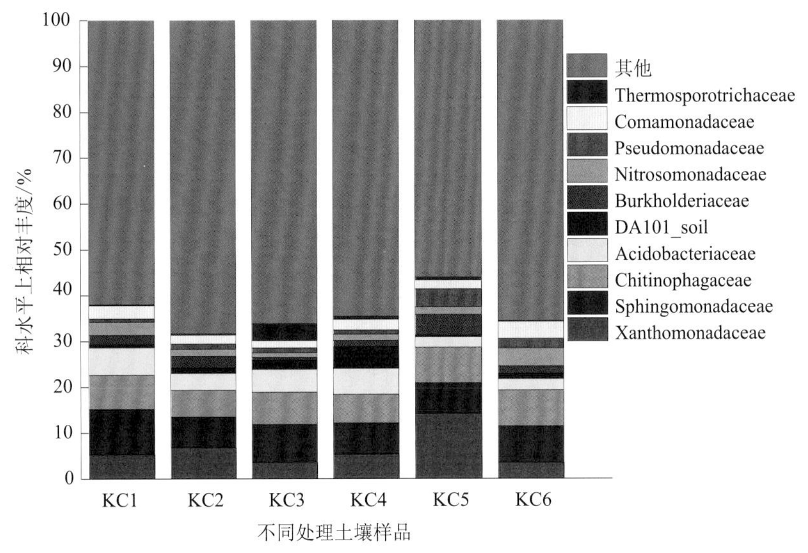

图 6.51　科水平上土壤细菌群落主要分布

由图 6.52 可知，在属的水平上，柑橘田土壤细菌主要由鞘脂单胞菌属（Sphingomonas）、水恒杆菌属（Mizugakiibacter）、罗丹杆菌（Rhodanobacter）、伯克氏菌属（Burkholderia）、假单胞菌属（Pseudomonas）、乳酸菌（Lactobacillus）、稻瘟病菌（Blastocatella）、赭黄嗜盐菌属（Haliangium）组成，但是丰度不同，如在 KC1 中，鞘脂单胞菌属（Sphingomonas）为 9.13%，而在 KC5 时，鞘脂单胞菌属（Sphingomonas）仅为 5.71%。KC5 时 Mizugakiibacter 为 5.56%，KC1 为 0.46%，KC6 为 0.29%，KC5 的伯克氏菌属（Burkholderia）为 4%，KC1 仅为 1%，提高了 3 倍，KC5、KC6 中假单胞菌属（Pseudomonas）分别为 4%、2%，较 KC1 的 0.7%明显提高。

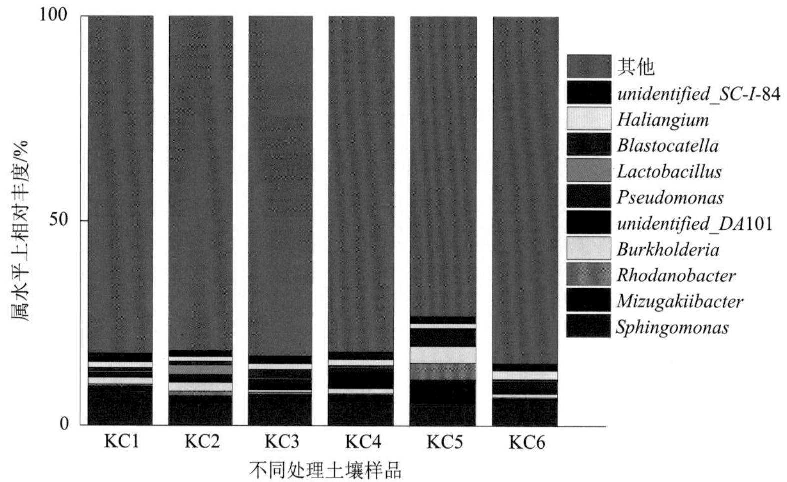

图 6.52　属水平上土壤细菌群落主要分布

4. 基于 UniFrac 的聚类比较分析

对不同处理施肥土壤进行聚类分析，可以清晰直观地反映各施肥处理间的远近关系。基于 weighted-unifrac 算法聚类分析 6 个处理的细菌群落总体结构，对比分析处理间菌群多样性相似度。图 6.53 中显示，所有枝条间节点表示各处理间相似性较小，说明不同施肥处理的土壤细菌群落结构发生改变。以门水平上细菌群落为例，柑橘田土壤细菌主要分布在变形菌门（Proteobacteria）、拟杆菌门（Bacteroidetes）、放线菌门（Actinobacteria）、醋酸菌门（Acidobacteria）、厚壁菌门（Firmicutes）、绿弯菌门（Chloroflexi）、浮霉菌门（Planctomycetes）、芽单胞菌门（Gemmatimonadetes）、硝化螺旋菌门（Nitrospirae）8 个门，共占总细菌的 97%以上。其中，发现在 KC5 处理条件下，变形菌门与放线菌门量最多，为 57.69%和 13.92%，而在 KC1 处理条件下，变形菌门为 48.75%与 13.93%，KC2 处理条件下为 46.61%与 8.52%，KC3 处理条件下为 43.50%和 5.13%。另外发现，KC2 处理的土壤厚壁菌门的量为 8.70%，明显高于其他处理；KC3 处理的醋酸菌门量为 13.07%，较 KC1 增加约 3%。

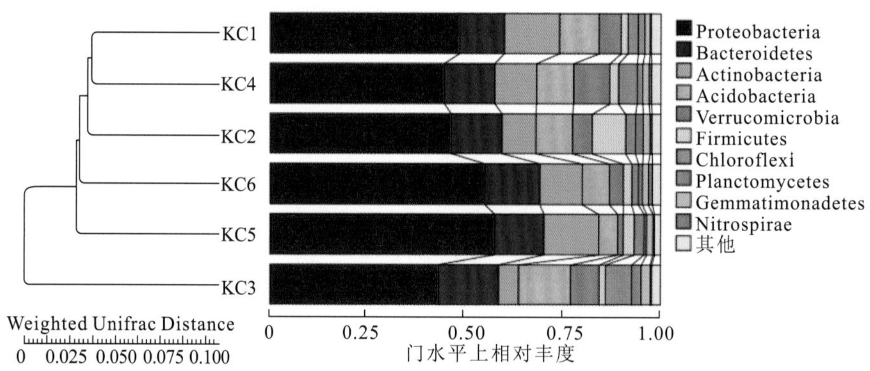

图 6.53　不同施肥处理细菌的聚类分析图

6.5.2　保水剂及其复合对铅镉污染土壤微生物种群及酶活性的影响

为了测定不同环境材料及其组合对重金属 Pb、Cd 胁迫下的植物生长不同阶段（播种到收获期）的根际土壤微生物指标（细菌、真菌、放线菌）及根际土壤土壤酶活性指标（脲酶、碱性磷酸酶、过氧化氢酶），沈枕（2012）开展了不同环境材料及组合对 Pb、Cd 复合污染下的土壤微生物数量的影响及土壤酶活性的影响的研究，筛选对改良情况较好的环境材料组合，为治理 Pb、Cd 复合污染提供参考。

供试土壤取自北京市房山区农田表土（0～20 cm）。土壤颗粒组成为黏粒 17.48%，粉粒 58.93%，沙粒 23.59%；土壤总碳 1.36%，土壤容重 1.41 g/cm，最大田间持水量为 40.1%。土壤 pH 7.80，土壤电导率（EC）290 μS/cm。有机质质量分数为 4.8 g/kg，Pb 本底质量分数为 18.658 g/kg，Cd 本底质量分数为 0.157 g/kg^3，试验中土壤添加重金属 Pb、Cd 质量分数分别为 500 mg/kg^3、10 mg/kg^3。本试验设置了三种环境材料及其组合成 7 个处理，及 2 个对照，具体设计见表 6.36。

表 6.36　试验设计（沈枕，2012）　单位：g/kg

编号	处理	SAP	FS	HA
CK1	CK1			
CK2	CK2			
A	HA			0.25
B	SAP	2		
C	FS		10	
N1	HA+FS		10	0.25
N2	HA+SAP	2		0.25
N3	SAP+FS	2	10	
H	HA+SAP+FS	2	10	0.25

注：CK1 为未加重金属和环境材料的空白对照；CK2 为加重金属但未加环境材料的对照

供试作物玉米品种为“纪元 1#”（河北新纪元种业有限公司育成）。腐殖质类材料 A（新疆双龙腐殖酸有限公司提供）、高分子材料 B（唐山博亚科技集团有限公司提供，粒度 100 目）、矿物材料 C（河南信阳淮业矿物有限公司提供，粒度 100 目）。

1. 环境材料对重金属污染下玉米根系土壤微生物数量的影响

细菌、真菌、放线菌是土壤微生物中的主要组成部分，也在土壤-植物体系循环中起到了不可或缺的作用。土壤微生物种群数量的影响因素主要有土壤温度、湿度、pH 等，环境材料的添加具有能够改善土壤结构、保水通气等作用。

沈枕（2012）研究发现在玉米成熟期，添加重金属 Pb、Cd 的土壤，根系土壤细菌、真菌、放线菌的数量降低，分别为无重金属的空白对照 CK1 的 40.3%、84.7%、80.5%。

添加环境材料处理中，N3 能促进土壤细菌数量；B、C 和复合材料 N3 处理能促进土壤真菌数量；B、C 和复合材料 N2、N 处理可使土壤放线菌的数量增长。

表 6.37 表明，N3 处理的土壤细菌数量增加明显，分别为 CK1 对照的 247.2%和 CK2 对照的 893.2%，达显著性差异。C、N1、N2 处理增加土壤放线菌数量，分别较 CK2 对照提高 7.5%、15.8%、24.2%。B 和 N3 处理的土壤真菌数量明显提升，分别较 CK1 对照提高 32.9%、15.4%，较对照 CK2 增加 56.7%和 36.2%。比较而言，N3 处理可显著提高土壤中细菌、真菌的种群数量，相对有重金属污染而无环境材料的对照 CK2 增加 514.1%和 36.2%，相对无重金属污染且无环境材料的空白对照 CK2 增加 147.2%和 15.4%。土壤真菌数量的增加代表了土壤系统对重金属抗性的增加，有利于重金属在土壤中的固定和植物的生长。

表 6.37　玉米成熟期各处理土壤的微生物组成及数量

处理号	玉米成熟期根系土壤		
	细菌/（10000 个/kg 土）	真菌/（100 个/kg 土）	放线菌/（10000 个/kg 土）
CK1	159.00+3.00ae	196.67+62.68ad	149.50+4.95ab
CK2	64+36.66b	166.67+63.09a	120.33+10.50ab
A	39.00+4.36bc	132.00+26.85a	116.33+27.32ab
B	43.00+2.00bc	261.33+223.75b	124.67+9.50ab
C	51.00+15.13bc	190.67+21.22cef	129.33+12.50ab
N1	54.00+13.75bc	58.00+14.73d	112.67+4.50a
N2	32.00+13.74c	66.67+24.00d	149.00+36.86b
N3	393.00+14.80d	227.00+75.08ef	113.67+16.26a
N	51.00+14.00e	67.00+16.70f	139.67+19.01c

注：数据采用平均数和标准差，数字后字母代表差异性，相同字母表示无显著性差异，不同字母表示有显著性差异

相关分析显示（图 6.54），玉米植株干物质量与根系土壤真菌数量呈正相关。土壤

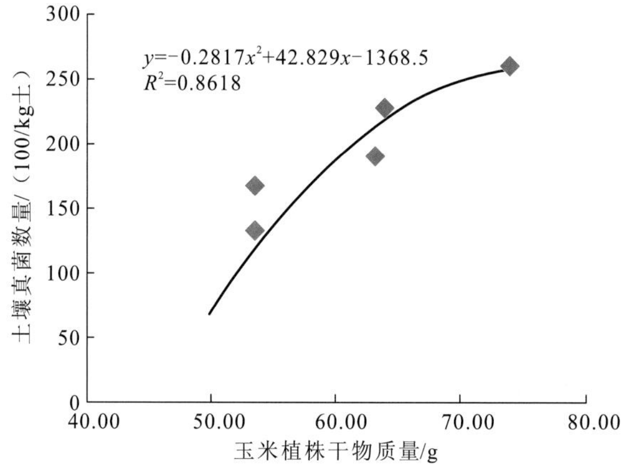

图 6.54　玉米成熟期土壤真菌数量与干物质量关系

真菌属于好氧型微生物，其数量的多少也可以说明土壤呼吸和土壤通透性的好坏，在环境材料处理下真菌数量多也可以说明环境材料在改良土壤结构、增加土壤孔隙度和通透度等方面有一定效果。

2. 环境材料对玉米根际土壤脲酶活性的影响

土壤酶的作用类似催化剂，其中脲酶是一种可以催化尿素水解，产物为氨、二氧化碳和水的酰胺酶，能促进酶键的水解，具有绝对的专一性，其最适 pH 为 7.0。根际土壤的脲酶活性相对较高，在中性土壤中的脲酶活性高于偏碱性和偏酸性土壤。在土壤学、植物学和生态学中，人们常用土壤脲酶活性表征土壤的 N 素状况。

由图 6.55 可知，从玉米生长的各个时期可以看出来，CK1 处理下的脲酶活性明显高于 CK2 处理，也就是说在土壤中所添加的重金属抑制了根际土壤的脲酶活性。玉米根际土壤的脲酶活性也是随着玉米的生长逐渐增高的。

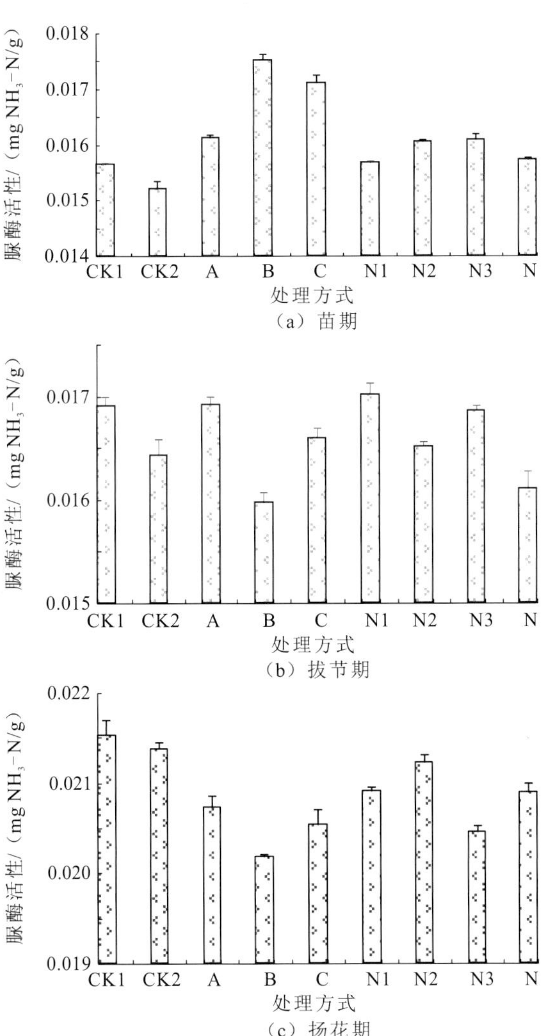

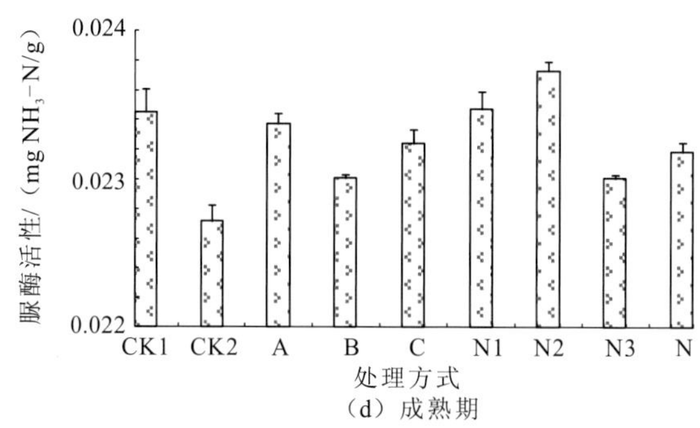

图 6.55　不同处理下玉米植株各个时期根际土壤脲酶活性

在玉米苗期，空白对照 CK1 的根际土壤脲酶活性为 0.015 mg NH_3-N/g，CK2 处理下的根际土壤脲酶活性为其活性的 97.1%，环境材料添加下的各个处理根际土壤脲酶活性均高于 CK1，其中处理 B、C 处理活性较高，分别为对照 CK1 的 1.12 倍、1.10 倍，CK2 的 1.16 倍、1.13 倍。在玉米拔节期，B 处理的根际土壤脲酶活性较低，分别为处理 CK1 的 94.3%和 CK2 的 97.1%，这可能与 B（SAP）材料的自身性质有关，它可对土壤中的水肥起到缓释的作用，也可能对脲酶活性起到抑制的作用。

从以上组图中可看出，在玉米的扬花期和成熟期，B、C、N3、N 处理的根际土壤脲酶活性均低于其他处理。相关研究表明，土壤酶活性的大小与土壤重金属污染程度呈负相关性（滕应 等，2004），但是脲酶的促产物为 NH_4^+，而作物在对 NH_4^+ 的吸收过程中会释放 H^+，导致土壤 pH 降低、H^+浓度增大。由于重金属离子进入吸附点位时土壤也会释放 H^+，H^+浓度增大会使原来的吸附平衡发生变化，不利于土壤对重金属离子的吸附，从而增加重金属在土壤中的迁移性。

3. 环境材料对玉米根际土壤碱性磷酸酶活性的影响

磷酸酶的作用过程是通过水解磷酸单酯，将底物分子上的磷酸基团除去，并生成磷酸根离子和自由羟基，是一种能够将对应底物去磷酸化的专一酶，而此类脱去磷酸基团的过程被称为脱磷酸化或去磷酸化。碱性磷酸酶是磷酸酶的一种，它在生物体内和土壤中广泛存在，但它不是一种单一的酶，而是一组同工酶。

由图 6.56 可知，玉米各个时期之间土壤碱性磷酸酶活性是逐渐增高的，在每个生长期内，其中处理 CK1 的玉米根际土壤碱性磷酸酶活性都较高，在玉米苗期，CK1 处理的根际土壤碱性磷酸酶活性为 0.010 1 mg/g，是 CK2 处理的 1.05 倍；玉米拔节期，CK1 处理的根际土壤碱性磷酸酶活性为 0.008 8 mg/g，是 CK2 处理的 1.19 倍；玉米扬花期，CK1 处理的根际土壤碱性磷酸酶活性为 0.037 4 mg/g，是 CK2 处理的 1.17 倍；玉米成熟期，CK1 处理的根际土壤碱性磷酸酶活性为 0.0351 mg/g，是 CK2 处理的 1.19 倍。

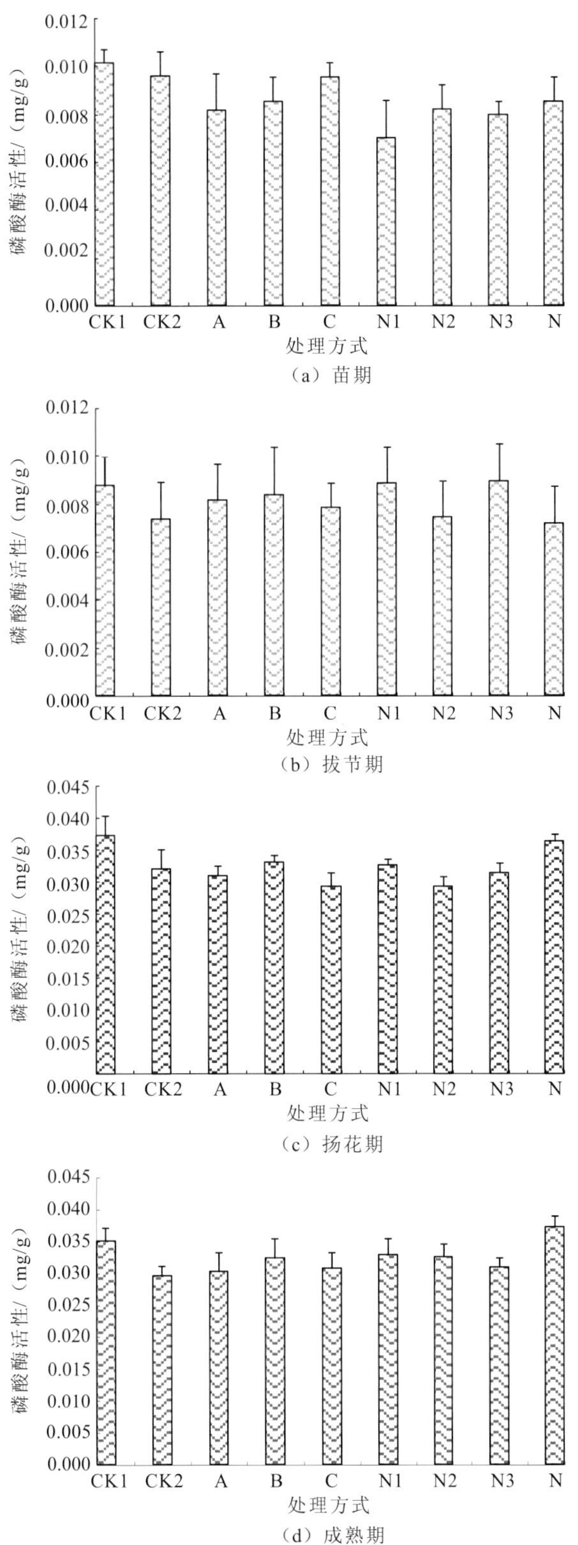

（a）苗期

（b）拔节期

（c）扬花期

（d）成熟期

图 6.56　不同处理下玉米植株各个时期根际土壤磷酸酶活性

与土壤脲酶活性类似，玉米根际土壤碱性磷酸酶活性也是在扬花期和成熟期时增长较快。在玉米扬花期，B 处理下根际土壤碱性磷酸酶活性是对照 CK1 的 88.7%，CK2 的 1.03 倍；N1、N 处理下的磷酸酶活性是 CK1 的 87.3%、97.6%。玉米成熟期，B 处理下根际土壤碱性磷酸酶活性是处理 CK1 的 92.3%，CK2 的 1.09 倍；N1、N 处理下的碱性磷酸酶活性分别是 CK1 的 93.7%、1.06 倍，CK2 的 1.11 倍、1.26 倍。相比较而言其中单一材料处理 B 和组合材料处理 N1、N 的效果较好，在其处理下磷酸酶活性较高，即说明其土壤肥力较高，通透性好，也就是说环境材料的添加具备其必要性。另外，磷酸酶活性高可以加速土壤中的有机磷转化，而磷酸根离子脱去后会被土壤吸附，增加其表面负电荷，使重金属离子以异性相吸的静电原理吸附在土壤中，增大土壤对重金属的吸附强度。

4. 环境材料对玉米根际土壤过氧化氢酶活性的影响

H_2O_2 是代谢过程中的废物，为避免此损害，H_2O_2 必须被快速地转化为毒性较小或无害的物质。过氧化氢酶细胞过氧化物体内催化 H_2O_2 分解成 O_2 和 H_2O 的专一酶，清除体内的 H_2O_2，是一种酶类清除剂。过氧化氢酶普遍存在于具有呼吸作用的生物体内，包括植物的叶绿体、内质网、线粒体，以及动物的肝和红细胞中，其酶活性为机体提供了抗氧化防御机理。

如图 6.57 所示，在玉米各个生长期内，CK1 处理下的玉米根际土壤过氧化氢酶活性相对 CK2 较低，这说明添加重金属在一定程度上刺激了过氧化氢酶的活性。

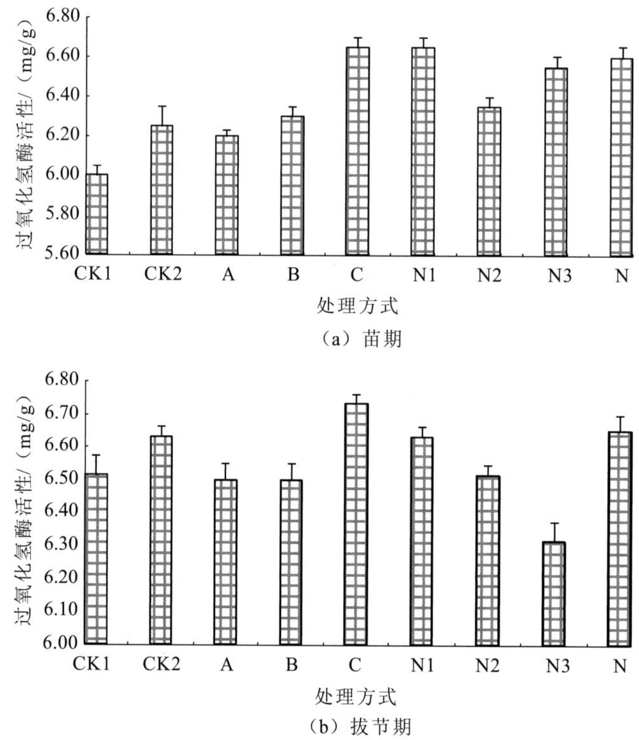

（a）苗期

（b）拔节期

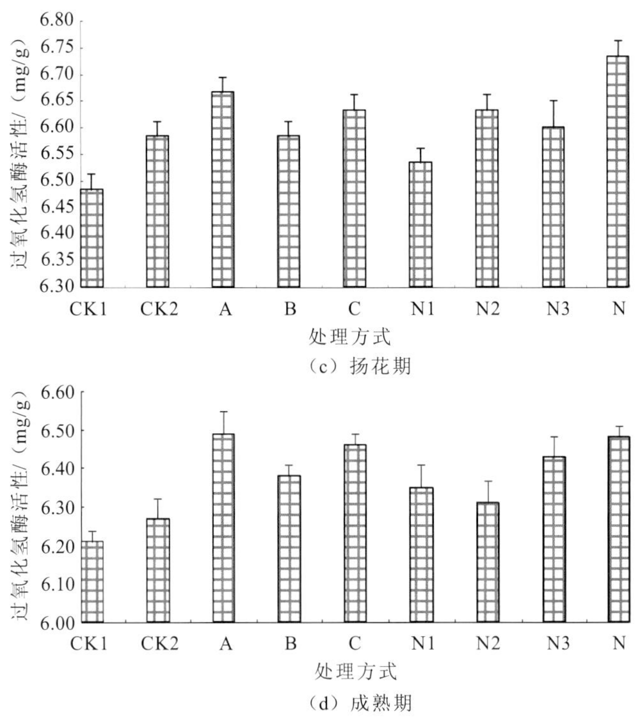

图 6.57　不同处理下玉米植株各个时期根际土壤过氧化氢酶活性

在玉米苗期，由图 6.65 可看出，C、N1、N3、N 处理下的玉米根际土壤过氧化氢酶活性较高，分别为 CK1 的 1.11 倍、1.11 倍、1.09 倍、1.10 倍。玉米拔节期，C、N1、N 处理下的土壤过氧化氢酶活性较高，分别为 CK1 的 1.03 倍、1.02 倍、1.02 倍。而到了玉米扬花期和成熟期，各处理的根际土壤过氧化氢酶活性普遍下降，其中处理 A、N 下过氧化氢酶活性较高。

第 7 章　腐殖酸在土壤改良中的应用

土壤是农业发展的基础。工业的发展对人类赖以生存的土壤环境造成严重的影响，导致土壤养分流失，土壤盐渍化、酸化、沙化现象及土壤重金属污染等，危害人类健康。而腐殖酸作为新生代生态文明建设的“美丽因子”，不仅能为植物提供营养物质，还能改善土壤的微环境，提高土壤肥力，减缓盐渍化等。因此腐殖酸在治理环境污染和改良土壤方面具有广阔的发展空间。

本章首先分析腐殖酸对氮磷肥的吸附特征和土壤中氮磷肥的保持效应(刘丹，2017)，通过腐殖酸对氮磷肥的吸附特征试验，分析吸附动力学及吸附等温线、pH 和吸附时间及肥料浓度对吸附的影响，结合吸附前后的腐殖酸表面和土壤表面的表征变化，揭示腐殖酸吸附氮磷肥的机理；利用土柱淋溶实验，分析腐殖酸对土壤淋溶液 pH、电导率及氮磷肥的淋溶量变化，结合扫描电镜、红外光谱，揭示腐殖酸提高土壤氮磷肥利用率的相应机理。

然后分析腐殖酸及其复合物对盐碱地土壤改良和植物生长效应（孙在金，2013；孙华杰，2012），通过土柱淋溶和田间小区正交试验，分析腐殖酸、脱硫石膏和聚丙烯酰胺对滨海盐碱化土壤改良效应；通过玉米和棉花植物生长试验，研发出品海盐碱地改良腐殖酸复合材料。

最后开展腐殖酸在土地复垦和退化地的半生土土壤改良和植物生长效应研究（李昉泽，2019）。通过设计正交试验，分析腐殖酸及与生物炭、保水剂等复合对土壤水稳定团粒结构和水肥保持能力，以及对植物生长的影响，并开发出半生土快速改良的复合材料。

7.1　腐殖酸对氮磷肥的吸附特征

7.1.1　腐殖酸对氮磷肥增效的研究进展

1. 土壤中氮磷的来源及流失途径

我国化肥单位面积用量过大，造成土壤结构退化、肥料效率低下和肥料流失，引起水体富营养化等环境污染问题。我国化肥主要为氮、磷、钾三大元素，其中氮肥、磷肥是化肥的主体，土壤中氮磷肥主要来源于人工施肥和灌溉，也包括雨水和微生物固定等自然来源。

土壤中氮素有无机态和有机态，氮素(尿素)进入土壤首先要经过脲酶转化铵化(NH_4^+)，铵离子经过亚硝酸还原酶和硝酸还原酶等转化成硝酸根离子（NO_3^-）。氮素在土壤中的主要去向有：以铵离子和硝酸根离子形式被作物吸收利用（20%～50%)，或在土壤中被微生物转化为有机氮和固定态铵残留土壤（25%～35%），或者在厌氧条件下氨挥发、硝化-反硝化，以及通过土壤淋溶和地表径流等方式损失（30%～70%）。由于氮素在植物利用时很容易流失，控制氮肥转化或控制氮肥反硝化就成为提高氮肥利用效率的关键，其主要措施是添加脲酶抑制剂、铵离子吸附剂、反硝化抑制剂等。

土壤中磷素也有无机态（PO_4^{3-}、HPO_4^{2-} 和 $H_2PO_4^-$ 及其结合物）和有机态（蛋白、植酸盐和卵磷脂等），土壤中磷素一般以无机磷为主（50%～90%），也有一定量有机磷（10%～50%）。可被植物利用的水溶性和弱酸溶性磷等速效磷量约为 0.1～228.8 mg/kg。土壤无机磷中绝大部分是植物很难利用的难溶性无机磷化合物（磷灰石、磷酸钙、磷酸镁等存在于中碱性土壤，磷酸铝、磷酸铁、磷铝石和磷铁矿等存在于酸性土壤）。由于磷肥容易在土壤中与离子结合形成化合物难被植物利用，促进土壤中磷素释放是磷肥利用效率提高的关键，其主要措施是添加磷素活化剂或酶制剂、活化磷细菌等。

2. 腐殖酸对氮磷肥的增效作用

腐殖酸对氮肥的增效作用主要表现为 4 个方面。①脲酶抑制作用。腐殖酸中的醌基及腐殖酸铁盐、钠盐也表现出明显的脲酶抑制效果。相关研究表明，腐殖酸的脲酶抑制作用能将尿素的肥效期延长近 100 d，提高氮素利用率，达到氮素缓释的效果，更能适应作物的生长。②硝化抑制作用。腐殖酸能降低尿素水解率，还能抑制硝化细菌的活性。③氨稳定作用。腐殖酸中的伯胺和仲胺都是比较理想的氨稳定剂，能够有效减少土壤氨的挥发损失。腐殖酸的内表面积大，吸附能力强，能够吸附 NH_3、NH_4^+，还能与其发生氨化反应生成相对稳定的腐殖酸铵盐。④腐殖酸对氮肥的增效机制还包括：胶体作用、吸附作用、凝聚与胶溶等。

腐殖酸促进磷矿石分解，活化土壤中的难溶磷，还能增强土壤中磷酸酶和磷细菌的活性。目前腐殖酸与磷的作用机理主要有络合效应、复分解学说、酸效应机制和代换吸附学说三种理论。①腐殖酸中含有的酚羟基、羧基、甲氧基等活性官能团能够与多种金属离子发生络合反应。在 Fe^{3+}、Al^{3+}等金属离子存在下，腐殖酸能与磷形成稳定络合物，形成的这种 HA-M-P 络合物既能防止土壤对磷的固定，又易被作物吸收，磷肥肥效可相对提高 10%～20%。②腐殖酸与磷酸盐之间能发生复分解反应，腐殖酸中含有的羟基还能与磷酸-铵通过阳离子桥接发生复合反应，这些复合反应促进土壤中被固定的磷释放，生成水溶性磷素，活化土壤磷素，提高磷素利用率。③酸效应机制和代换吸附学说，腐殖酸本身具有弱酸性，其溶解在水中电离出少量 H^+与磷矿作用，使磷酸钙一部分变为磷酸氢钙而溶解。

刘丹（2017）通过腐殖酸对氮磷的直接吸附效应的基础研究，揭示腐殖酸吸附氮、磷肥的机理，为研发新型高效氮磷肥添加剂提供参考。

7.1.2　腐殖酸对氮磷肥吸附的实验设计

1. 吸附实验

田间通常用氮量（N）约为 200 mg N/kg 土、磷量（P）约为 150 mg P/kg 土，每公顷地表土质量约 1.5×10^5 kg，则按照田间常规灌溉量约 1 500 m^3/hm^2，即 N 素质量浓度约为 200 mg/L、P 素质量浓度约为 150 mg/L。本实验采用的氮肥为尿素，磷肥为磷酸二氢钙（$Ca(H_2PO_4)_2$），每次实验设三组平行。研究 pH、时间、底物初始浓度及温度对吸附过程的影响，依据吸附前后溶液中 N、P 的浓度差，计算单位吸附量（Q，mg/g）：

$$Q=\frac{(C_0-C_1)\times V}{m} \tag{7.1}$$

$$\gamma=\frac{C_0-C_1}{C_0}\times100\% \tag{7.2}$$

式中：C_0 为吸附起始 N、P 质量浓度，mg/ L；C_1 为吸附后溶液中剩余 N、P 质量浓度，mg/L；V 为溶液体积，L；m 为腐殖酸添加量，g；γ 为吸附率，%。

2. 溶液 pH 对吸附容量的影响

向 50 mL 离心管中分别加入浓度 200 mg N/ L 尿素溶液 30 mL、浓度 150 mg P/L 磷酸二氢钾（KH_2PO_4）溶液 30 mL，再用 H_2SO_4 和 NaOH 调节 pH 为 3、5、7、9、11 成不同处理，再向离心管内加入 0.5 g 风化煤腐殖酸，为防止微生物活动对实验结果造成影响，向离心管中加入氯仿 2 滴，加塞。将离心管放置于恒温振荡器中，使之在（298±1）K[（25±1）℃]、180 r/min 的转速下振荡 24 h。震荡吸附完成后在 6 000 r/min 下离心 10 min，利用注射器吸取上清液，并用 0.45 μm×13 mm 的滤器过滤至 10 mL 离心管中，每次实验设三组平行。测定吸附前后溶液中总氮、总磷的浓度变化，计算在不同的 pH 条件下单位质量的腐殖酸的吸附容量，根据吸附量挑选出最适 pH。

3. 吸附过程动力学研究

向 50 mL 离心管中依次加入 200 mg N/ L 尿素溶液 30 mL（150 mg P/L KH_2PO_4 溶液 30 mL）、0.5 g 风化煤腐殖酸、氯仿 2 滴，加塞。将离心管放置于恒温振荡器中，以 180 r/min 的转速、（298±1）K[（25±1）℃]的温度下振荡 0、0.5 h、1 h、2 h、5 h、8 h、15 h、24 h、48 h。震荡吸附完成后在 6 000 r/min 下离心 10 min，利用注射器吸取上清液并用 0.45 μm×13 mm 的滤器过滤至 10 mL 离心管中，每次实验设三组平行。测定吸附前后溶液中总氮、总磷的浓度变化，计算腐殖酸对氮磷的吸附率及吸附容量，绘制腐殖酸对总氮、总磷的吸附动力学曲线。吸附动力学能够对吸附速率进行说明，常用的模型有伪一级动力学模型、伪二级动力学模型、叶洛维奇（Elovich）动力学模型、W-M（The Weber and Morris）模型。根据绘制的吸附动力学曲线及吸附动力学方程的相关系数 R^2 选择适合的吸附动力学模型。

4. 吸附过程热力学研究

由于氮磷肥普遍存在利用率较低、施用量较大，当前农田表层土氮素质量浓度甚至达到 400 mg N/L。同时，由于施肥方法不同，局部土壤的含氮量可能出现较高浓度。本实验设置的最高 N 素质量浓度为 1 600 mg N/L，最高 P 素质量浓度为 1 200 mg P/L。向 50 mL 离心管中加入浓度分别为 0、40 mg N/L、120 mg N/L、200 mg N/L、400 mg N/L、800 mg N/L、1 600 mg N/ L 的尿素溶液 30 mL（0、30 mg P/L、90 mg P/L、150 mg P/L、300 mg P/L、600 mg P/L、1 200 mg P/L KH_2PO_4 溶液 30 mL），再依次加入 0.5 g 风化煤腐殖酸、氯仿 2 滴，加塞。将离心管放置于恒温振荡器中，使之分别在(288±1)K[(15±1)℃]、(298±1) K[（25±1）℃]、(308±1) K[（35±1）℃]、(318±1) K[（45±1）℃]4 个不同温度下，以 180 r/min 的转速下振荡 24 h。震荡吸附完成后在 6 000 r/min 下离心 10 min，利用注射器吸取上清液并用 0.45 μm×13 mm 的滤器过滤至 10 mL 离心管中，每次实验设三组平行。测定吸附前后溶液中总氮、总磷的浓度变化，计算不同初始浓度总氮、总磷的平衡吸附量，绘制吸附等温线。常用吸附等温模型有 Langmuir、Freundlich、Tempkin 等，通过数据计算与模型拟合，选择能够对吸附过程进行描述的等温吸附模型。每种模型对应不同的吸附机理，Langmuir 对应单层吸附，Freundlich 对应多层吸附，Tempkin 则假设吸附热下降是与温度变化相关的一个函数。

7.1.3 腐殖酸对氮磷肥的吸附效应分析

1. pH 对腐殖酸吸附 N、P 效果的影响

溶液的 pH 对腐殖酸吸附 N、P 的过程具有重要的影响，能影响腐殖酸表面的电荷、化合物的离解度、吸附质的溶解度、吸附质在溶液中存在的形态及质子化程度等，进而影响腐殖酸对 N、P 的吸附，但是 N、P 的吸附量与溶液的 pH 并不是单纯的线性关系，因此，选择腐殖酸吸附 N、P 最佳的 pH 具有重要的应用价值。

不同 pH 条件下，温度为（298±1）K[（25±1）℃]时，腐殖酸对 N 的等温吸附表明（图 7.1（a）），随着溶液 pH 从 3 逐渐增加到 11 时，风化煤腐殖酸吸附总氮的单位吸附速率有逐渐增加而后降低的趋势。根据曲线拟合 $y = -0.030\,4x^2 + 0.633\,6x + 5.809\,1$，求得最适 pH 约为 10.4，当溶液 pH 从 3 上升至 10 时，风化煤腐殖酸对 N 的单位吸附量逐渐增加，超过最适 pH 后随着 pH 继续增加，风化煤腐殖酸对 N 的单位吸附速率呈现出降低的趋势。在最适 pH 下单位腐殖酸的 N 吸附量达到最大值 9.11 mg N/g 腐殖酸，此时腐殖酸对溶液中 N 的吸附率达 75.93%。

这与张树清等（2007）关于腐殖酸对 N、P、K 的吸附-解吸特性研究的结果一致，表明在 pH 较低的条件下，腐殖酸对 N 的吸附量较低。这主要有两个原因：①由于 pH 较低时，腐殖酸处于酸性介质中，溶液中的 H^+与 NH_4^+ 发生了竞争吸附，导致 N 的吸附量降低；②由于腐殖酸在酸性溶液中主要以纤维和纤维素大分子状存在，减少了腐殖酸表面积，从而降低了表面的吸附位点。

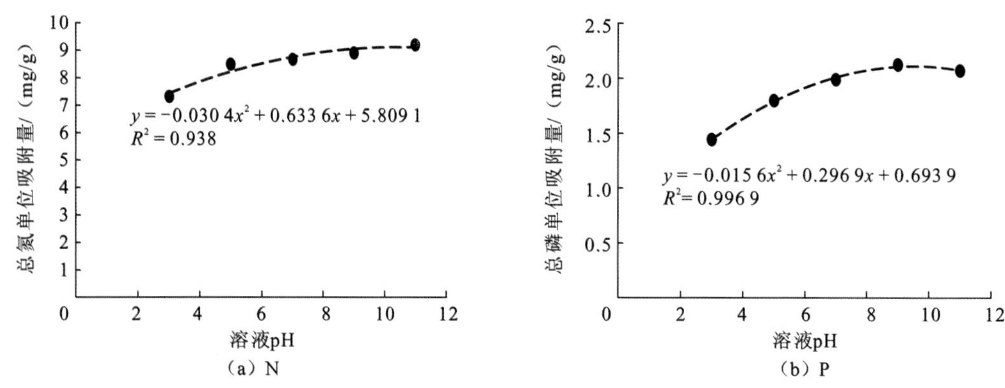

图 7.1　溶液 pH 对腐殖酸吸附 N、P 的影响

腐殖酸主要通过分解与复分解、络合、代换吸附等作用与 P 素相互作用。在不同 pH 条件下，温度为（298±1）K[（25±1）℃]时，腐殖酸对 P 的等温吸附如图 7.1（b）所示，与腐殖酸对 N 的吸附相比，不同 pH 下，总 P 的单位吸附量的吸附曲线趋势与 N 的相同。随着溶液 pH 从 3 增至 11 时，风化煤腐殖酸吸附总 P 的单位吸附速率也呈现先增加后下降的趋势。根据曲线拟合 $y = -0.015\,6x^2 + 0.296\,9x + 0.693\,9$，求得最适 pH 约为 9.5，当溶液 pH 从 3 上升至 10 时，风化煤腐殖酸对 P 的单位吸附量随 pH 逐渐增加，超过最适 pH 后，风化煤腐殖酸对 P 的单位吸附速率随着 pH 继续增加呈现出降低的趋势。在最适 pH 下单位腐殖酸的 P 吸附量达到最大值 2.10 mg N/g 腐殖酸，此时腐殖酸对溶液中 P 的吸附率达 25.35%。

根据以上分析可知，腐殖酸吸附 N、P 的最适 pH 都在碱性条件下，而且在碱性条件下对 N、P 的吸附效果均比酸性条件下好。

2. 吸附时间对腐殖酸吸附 N、P 效果的影响

吸附时间是影响腐殖酸吸附 N、P 效果的重要因素之一。吸附时间及吸附效率是影响吸附效果的重要因素。根据实验结果，以吸附时间 t 为横坐标，风化煤腐殖酸对 N、P 的单位吸附量 q 为纵坐标作图。分析吸附量随时间的变化趋势，拟合吸附动力学模型，计算动力学模型拟合参数，根据参数选择适宜的吸附动力学模型。按照选择的动力学模型估算动力学吸附速率，进而推测反应机理。

1）吸附时间对吸附的影响

由图 7.2（a）可知，风化煤腐殖酸对 N 的吸附较快，在 0.5 h 时，单位吸附量 q 达 5.69 mg/g，吸附率达 74.36%。随着时间的增加单位吸附量出现略微下降的趋势而后又上升。当吸附时间达 2 h 时，单位吸附量达到一个波峰，此时单位吸附量 q 达 6.17 mg/g，吸附率达 74.5%。2～10 h 时随着时间的增加单位吸附量出现下降的趋势，在 10 h 时呈现一个波谷，10 h 后随着时间的增加单位吸附量出现回升的趋势，24 h 后吸附逐渐达到平衡，继续延长吸附时间，单位吸附量虽仍有所浮动但变化不明显。

由图 7.2（b）可知，风化煤腐殖酸对 P 的吸附随时间的延长而增加，在 9 h 时出现一个拐点，吸附时间在 5 h 之前吸附速率较快，5 h 之后曲线明显变得平缓，吸附速率降低。随着时间的延长，风化煤腐殖酸对 P 的单位吸附量从 0.38 mg/g 增至 1.96 mg/g，吸附率从 4.24%增加到 21.79%。

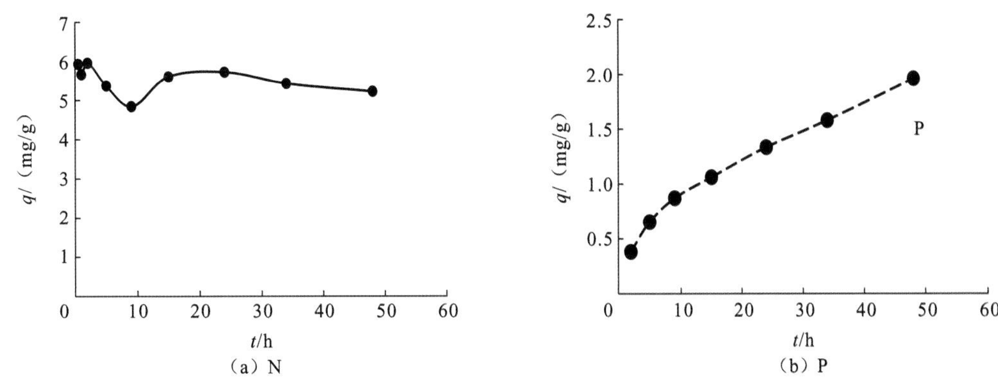

图 7.2　吸附时间对腐殖酸吸附 N、P 的影响

2）吸附动力学分析

吸附动力学分析是研究吸附过程和吸附机制的重要手段，通过对实验数据的拟合和分析，能够建立适宜的吸附动力学模型对腐殖酸吸附 N、P 的过程进行描述，根据模型能够推导出吸附速率表达式，从而估算出动力学吸附速率，根据模型拟合计算获得的动力学参数对研究吸附也具有重要的意义。吸附速率能够决定吸附过程到达平衡的时间，还可以反映出腐殖酸对 N、P 的结合能力和吸附效率。常用的吸附动力学模型主要包括伪一级动力学模型、伪二级动力学模型、叶洛维奇动力学模型、W-M 动力学模型。

（1）伪一级动力学模型。拉格尔格伦（Lagergren）提出的伪一级动力学模型是最为常见的吸附动力学模型，广泛应用于拟合液相的吸附动力学数据中。其数学表达式为

$$\frac{\mathrm{d}q_{\mathrm{t}}}{\mathrm{d}t}=k_1(q_{\mathrm{e}}-q_{\mathrm{t}}) \tag{7.3}$$

令

$$t=0,\ q_{\mathrm{t}}=0;\ t=t,\ q_{\mathrm{t}}=q_{\mathrm{e}}$$

可得

$$\ln(q_{\mathrm{e}}-q_{\mathrm{t}})=\ln q_{\mathrm{e}}-k_1 t \tag{7.4}$$

式中：q_{e}为吸附平衡时腐殖酸对 N、P 的单位吸附量，mg/g；q_{t}为 t 时刻腐殖酸对 N、P 的单位吸附量，mg/g；k_1为伪一级吸附速率常数，h^{-1}。根据式（7.4）可知$\ln(q_{\mathrm{e}}-q_{\mathrm{t}})$与 t 呈线性关系。对图 7.2 的实验数据进行伪一级动力学模型拟合，以时间 t 为横坐标、$\ln(q_{\mathrm{e}}-q_{\mathrm{t}})$为纵坐标作图，结果见图 7.3（a）和表 7.1。

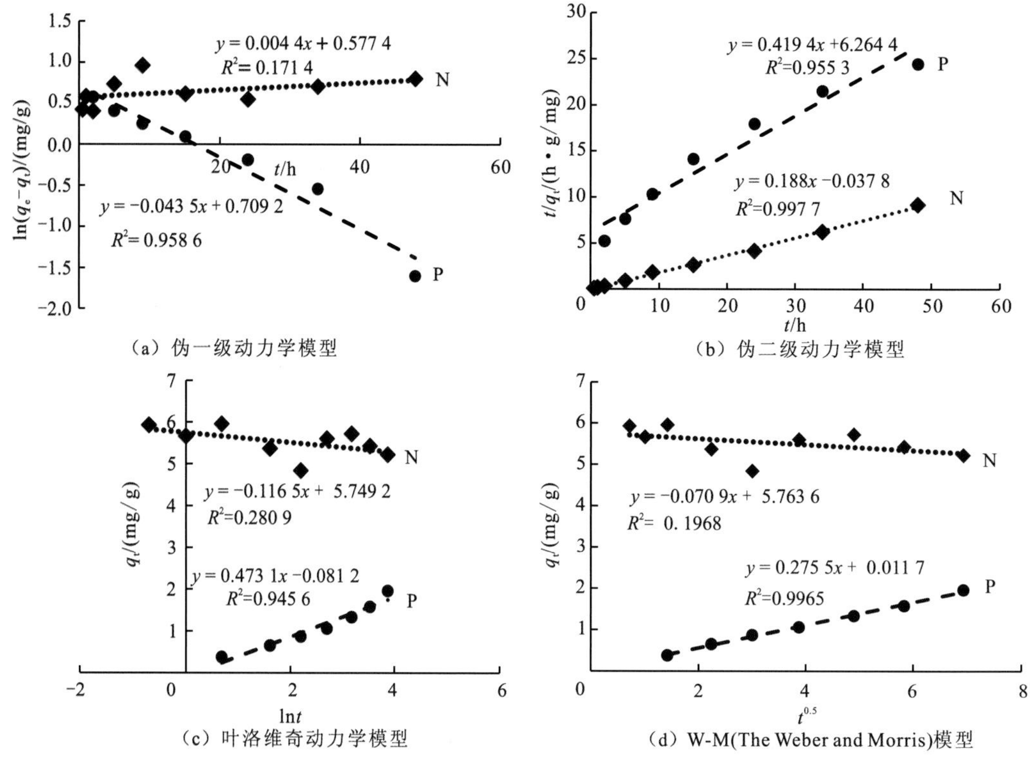

（a）伪一级动力学模型 （b）伪二级动力学模型

（c）叶洛维奇动力学模型 （d）W-M(The Weber and Morris)模型

图 7.3　吸附动力学模型的线性拟合

表 7.1　根据实验数据计算所得的伪一级及伪二级动力学模型的相关参数

吸附质	伪一级动力学模型				伪二级动力学模型			
	$q_{e\cdot exp}$ /(mg/g)	k_1 /h^{-1}	$q_{e\cdot cal}$ /(mg/g)	R^2	$q_{e\cdot exp}$ /(mg/g)	k_2 /[g/(mg•h)]	$q_{e\cdot cal}$ /(mg/g)	R^2
N	7.46	0.004 4	1.78	0.171	7.46	0.000 9	5.32	0.998
P	2.16	0.043 5	2.02	0.959	2.16	0.935 0	2.38	0.955

（2）伪二级动力学模型。伪二级动力学模型假定吸附速率受化学吸附机理控制，满足伪二级动力学模型的吸附过程涉及吸附剂和吸附质间的电子共用或转移，其数学表达式为（肖凯明，2013）：

$$\frac{\mathrm{d}q_t}{\mathrm{d}t}=k_1(q_e-q_t)^2 \tag{7.5}$$

令

$$t=0,\ \ q_t=0;\ \ t=t,\ \ q_t=q_e$$

可得

$$\frac{1}{q_e-q_t}=\frac{1}{q_e}+k_2t \tag{7.6}$$

式中：k_2为伪二级吸附速率常数，g/（mg · h）。将式（7.6）变形得

$$\frac{t}{q_t}=\frac{1}{k_2 q_e^{\ 2}}+\frac{t}{q_e} \tag{7.7}$$

由式（7.7）可知 $\frac{t}{q_t}$ 与 t 呈线性关系，对图 7.2 的实验数据进行伪二级动力学模型拟合，以 t 为横坐标、$\frac{t}{q_t}$ 为纵坐标作图，结果见图 7.3(b)和表 7.1。

（3）叶洛维奇动力学模型。叶洛维奇动力学模型常用于描述化学吸附过程，其数学表达式为

$$q_t=\frac{1}{\beta}\ln(\alpha\beta)+\frac{1}{\beta}\ln t \tag{7.8}$$

式中：α 为初始的吸附速率，g/（mg·h）；β 为解吸常数，g/mg；参数 α 和 β 与吸附质对吸附剂表面的覆盖程度及化学吸附的活化能有关。q_t 与 $\ln t$ 呈线性关系，对图 7.2 的实验数据进行叶洛维奇动力学模型拟合，以 $\ln t$ 为横坐标、q_t 为纵坐标作图，结果见图 7.3（c）。根据图 7.3（c）可计算得到参数 α 和 β 的值，结果见表 7.2。

表 7.2　根据实验数据计算所得的 Elovich 及 W-M 动力学模型的相关参数

吸附质	Elovich 动力学模型			W-M 动力学模型		
	α/[g/（mg·h）]	β/(g/mg)	R^2	C/(mg/g)	k_p/[mg/（g·h$^{0.5}$）]	R^2
N	3.15×10^{20}	2.114	0.281	0.011 7	0.070 9	0.197
P	0.398 5	8.584	0.946	5.763 6	0.275 5	0.997

（4）W-M 动力学模型（内扩散模型）。当吸附剂为多孔状材料时，吸附过程的控制因素可能粒子内扩散。W-M 动力学模型（内扩散模型）假设：①扩散方向随机；②内扩散系数为常数；③液膜扩散阻力忽略不计或者只在吸附初始阶段的很短时间内起作用。W-M 模型能够用于分析吸附过程中的控制步骤。其数学表达式为

$$q_t=k_p t^{0.5}+C \tag{7.9}$$

式中：k_p 是粒子内扩散速率常数，mg/（g·h$^{0.5}$）；C 是涉及边界层和厚度的常数，mg/g，若 C 为 0 即直线通过原点则表明该吸附过程受粒子内扩散控制，反之，若 C 不为 0 即直线不通过原点则表示除颗粒内扩散外仍有其他的控制步骤参与。由式（7.9）可知，q_t 与 $t^{0.5}$ 呈线性关系，若对图 7.2 的实验数据进行内扩散模型拟合，以 $t^{0.5}$ 为横坐标、q_t 为纵坐标作图，结果见图 7.3（d）和表 7.2。k_p 与颗粒内扩散系数 D 的关系可表达为

$$k_p=\frac{6q_e}{R}\sqrt{\frac{D}{\pi}} \tag{7.10}$$

式中：R 为颗粒直径，cm。

由图 7.3 中拟合直线的线性关系可以看出以上 4 种模型中只有伪二级动力学模型对 N 的吸附数据拟合得较好，其他三种模型的拟合线性相关系数都很低。通过表 7.1 和表 7.2 对 4 个模型的相关速率系数的计算和比较可以看出，伪二级动力学模型对 N 的数据拟合

不仅线性相关性好，线性相关系数 R^2 大于 0.99，且计算出的平衡单位吸附量 $q_{e·cal}$ 与实验值 $q_{e·exp}$ 之间的差异也相对较小。由此可判断伪二级动力学模型能够较好地描述腐殖酸吸附水中 N 的动力学过程，这表明初始浓度对吸附速率的影响较大，化学吸附在吸附过程中的固液表面瞬间的反应、表面反应及整个吸附过程中控制着各反应阶段进程，且处于支配地位。该吸附过程主要是由腐殖酸与各种形态的 N 素间通过电子共享或者电子交换引起的，与腐殖酸的功能基团与各种形态的 N 素间的离子反应机制一致。伪二级动力学模型能够描述外部液膜扩散、表面吸附及颗粒内扩散等所有吸附过程，可见伪二级动力学模型能比较全面地反映腐殖酸吸附 N 的动力学机制。腐殖酸分子属于芳香族羧酸离子，带负电性，而尿素溶液中的铵态氮带正电。这些都能够推断腐殖酸对 N 的吸附主要为离子交换。

然而由图 7.3 中拟合直线的线性关系可以看出 P 对 4 种模型的线性拟合都较好，线性相关系数 R^2 均大于 0.9，其中 W-M 模型对 P 的数据线性拟合得最好，线性相关系数 R^2 大于 0.99。如果将 P 素从溶液扩散到腐殖酸周围的过程忽略，腐殖酸对 P 的吸附过程可分为三个阶段：①含 P 离子或分子通过膜扩散或外表层扩散进入腐殖酸边界层；②含 P 离子或分子从腐殖酸外表面通过颗粒内扩散或孔隙扩散进入风化煤腐殖酸颗粒内部孔隙；③含 P 离子或分子在腐殖酸活性位点上进行表面扩散。图 7.2 中最初腐殖酸对 P 的单位吸附量由于膜扩散机制随时间延长而迅速上升；第二阶段缓慢上升主要是因为颗粒内扩散的参与；最终平衡阶段是由于颗粒内扩散速率减缓。其他三种模型的线性相关性大小依次为伪一级动力学模型＞伪二级动力学模型＞叶洛维奇动力学模型。且伪一级动力学模型及伪二级动力学模型计算出的平衡单位吸附量 $q_{e•cal}$ 与实验值 $q_{e•exp}$ 之间的差异也不大。又由于 W-M 模型（内扩散模型）经拟合后，并未通过原点，可以判断粒子内扩散并非吸附过程中唯一的速控步骤，吸附过程中有其他机制的参与。

3. 吸附热力学（等温吸附）

吸附量的大小与溶液中吸附质初始浓度和温度均有关系。为了研究吸附剂与吸附质之间平衡吸附的机制，通常采用吸附等温线来对实验数据进行拟合分析，并以 N、P 初始浓度 c 为横坐标，腐殖酸对 N、P 的单位吸附量 q 为纵坐标作（288±1）K［（15±1）℃］、（298±1）K［（25±1）℃］、（308±1）K［（35±1）℃］、（318±1）K［（45±1）℃］4 个不同温度下的吸附等温线。描述吸附量随 N、P 初始浓度的变化趋势，分析温度对吸附过程的影响，拟合吸附热力学模型，分析吸附过程所能达到的程度及吸附过程的驱动力。

1）初始浓度和温度对腐殖酸吸附 N、P 效果的影响

由图 7.4（a）可知，在实验设置的 N 素浓度范围（0、40 mgN/L、120 mgN/L、200 mgN/L、400 mg N/L、800 mgN/L、1 600 mgN/L）内，腐殖酸对 N 素的吸附量随着 N 素浓度的增加而持续增加。且（288±1）K［（15±1）℃］、（298±1）K［（25±1）℃］、（308±1）K［（35±1）℃］、（318±1）K［（45±1）℃］4 个不同温度均表现出腐殖酸随 N 素浓度增加而增加的趋势，在

这 4 个温度范围内表现为温度越高吸附效果越好，可见升温有利于吸附过程的进行。由图 7.4（b）可知，实验设置的 P 素浓度范围（0、30 mgP/L、90 mgP/L、150 mgP/L、300 mgP/L、600 mgP/L、1 200 mgP/L）内，吸附量随着 P 素初始浓度的增加而迅速增加，然后增加的幅度降低，不过 4 个不同温度下随浓度变化而变化的趋势相同。在 15 ℃的条件下吸附效果明显不如其他三个温度，但是就其他三个温度而言，虽然也表现为温度越高吸附效果越好，但相同初始浓度的情况下，三个温度各自的单位吸附量差异不明显。这可能是因为液相吸附的吸附热较小，所以溶液温度对腐殖酸吸附 N、P 的影响不太大，造成三个温度下吸附量差别不大。

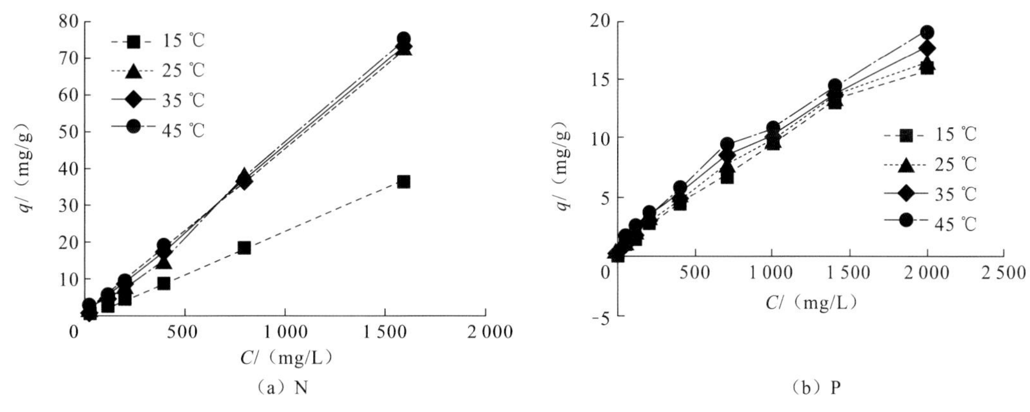

图 7.4　浓度对风化煤腐殖酸吸附 N 和 P 的影响

2）等温吸附试验

通过吸附热力学分析，可以了解吸附过程的驱动力及吸附平衡可以达到的程度，还能够深入分析吸附质结构、溶液性质、外部条件等因素对吸附效果的影响。使用的吸附热力学模型有 Langmuir 等温模型、Freundlich 等温模型及 Temkin 等温模型。

（1）Langmuir 等温模型。Langmuir 等温模型假设条件为：①吸附是单层吸附，即吸附只发生在吸附剂的外表面；②吸附剂表面均匀且吸附质间没有相互作用。其数学表达式为

$$q_{\mathrm{e}}=\frac{q_{\mathrm{m}}k_{\mathrm{L}}c_{\mathrm{e}}}{1+k_{\mathrm{L}}c_{\mathrm{e}}} \tag{7.11}$$

式中：q_{e} 为饱和吸附量，mg/g；q_{m} 为单位吸附剂单分子层最大的吸附量，mg/g；c_{e} 为吸附平衡时溶液浓度，mg/L；k_{L} 为 Langmuir 等温吸附平衡常数，L/mg，与吸附自由能有关。

由式（7.11）易得 Langmuir 模型的线性数学表达式为

$$\frac{c_{\mathrm{e}}}{q_{\mathrm{e}}}=\frac{c_{\mathrm{e}}}{q_{\mathrm{m}}}+\frac{1}{k_{\mathrm{L}}q_{\mathrm{m}}} \tag{7.12}$$

由式（7.12）可以看出，$\frac{c_{\mathrm{e}}}{q_{\mathrm{e}}}$ 与 c_{e} 呈线性关系。对图 7.4 中 25℃下的实验数据进行 Langmuir

等温吸附方程拟合，以 c_e 为横坐标、$\frac{c_e}{q_e}$ 为纵坐标作图，结果见图 7.5（a）和表 7.3。通过计算拟合直线的斜率和截距可求 k_L 和 q_m。

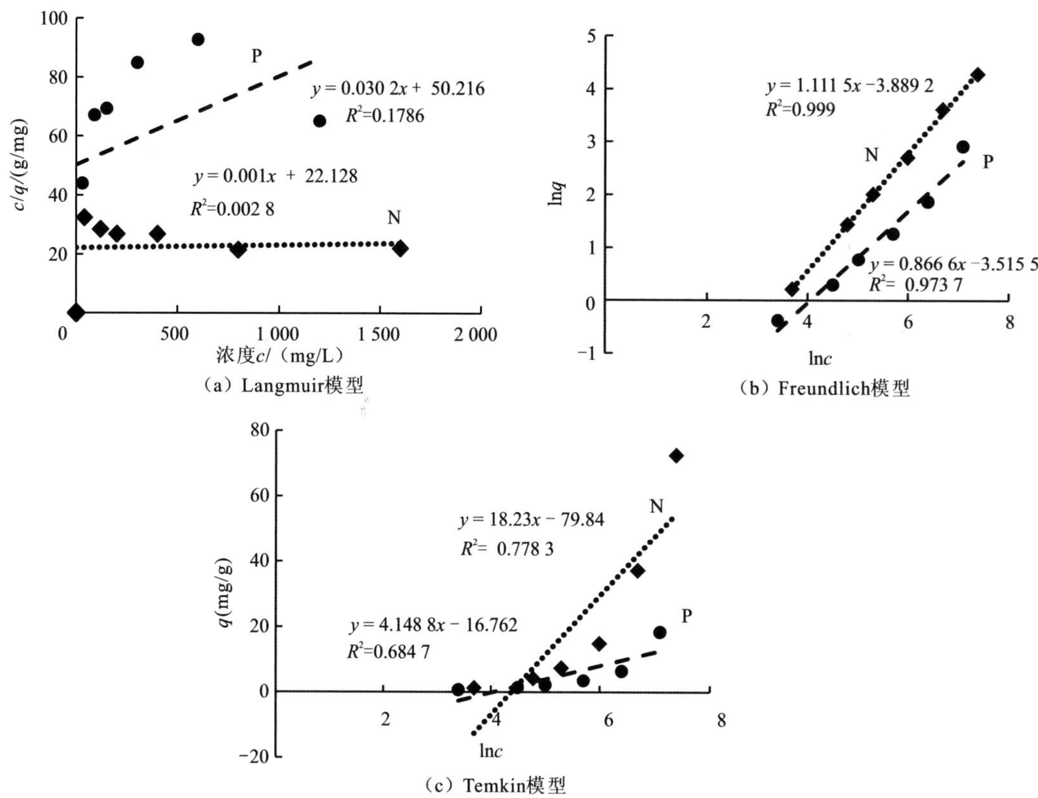

图 7.5　吸附热力学模型的线性拟合 Langmuir 模型、Freundlich 模型和 Temkin 模型

表 7.3　根据实验数据计算所得 Langmuir、Freundlich 及 Temkin 等温吸附模型的相关参数

吸附质	Langmuir 模型			Freundlich 模型			Temkin 模型		
	q_m	k_L	R^2	k_F	$1/n$	R^2	A	B	R^2
N	1 000	0.000 05	0.179	0.02	1.115	0.999	0.000 9	5.32	0.778
P	33.11	0.000 6	0.003	0.03	0.867	0.974	0.935 0	2.38	0.685

（2）Freundlich 等温模型。Freundlich 等温模型假定多相吸附表面或表面支撑的活性位点具有不同表面能。Freundlich 吸附模型可以对单层吸附、不均匀表面的吸附及低浓度的吸附情况进行描述。但 Freundlich 吸附方程不能得出最大吸附量，无法估算参数浓度范围以外的吸附作用。Freundlich 吸附方程可表达为

$$q_e = k_F c_e^{1/n} \tag{7.13}$$

式中：k_F 为 Freundlich 吸附等温常数，(mg/g) $(1/mg)^{1/n}$ ，k_F 的值越高则说明吸附剂的吸附容量越大；$1/n$ 为吸附强度，n 可以描述吸附剂的吸附性能，$n<1$ 说明吸附为多层吸附，$n>1$ 表示单层吸附。

由式（7.13）易得 Freundlich 等温吸附模型的线性表达式为

$$\ln q_e = \ln k_F + \frac{1}{n}\ln c_e \tag{7.14}$$

由式（7.14）可以看出，$\ln q_e$ 与 $\ln c_e$ 呈线性关系。对图 7.4 中 25 ℃下的实验数据进行 Freundlich 等温吸附方程拟合，以 $\ln c_e$ 为横坐标、$\ln q_e$ 为纵坐标作图，结果见图 7.5（b）和表 7.3，根据拟合直线的斜率和截距求 Freundlich 吸附等温常数 k_F 和吸附强度 $1/n$。

（3）Temkin 等温模型。Temkin 等温模型考虑了吸附质相互作用对吸附等温线的影响，同 Freundlich 模型一样也适用于不均匀表面的吸附。Temkin 等温模型假设：①吸附能量均匀分配在吸附剂表面；②表面分子的吸附热由于吸附质间的相互作用逐步减小。Temkin 等温模型的线性表达式为

$$q_e = B\ln A + B\ln c_e \tag{7.15}$$

由式（7.15）可以看出，q_e 与 $\ln c_e$ 呈线性关系，B 和 A 是 Temkin 等温常数。对图 7.4 中 25 ℃下的实验数据进行 Temkin 等温吸附方程拟合，以 $\ln c_e$ 为横坐标、q_e 为纵坐标作图，结果见图 7.5（c）和表 7.3。根据拟合直线的斜率和截距求参数 A 和 B。

由图 7.5 和表 7.3 对腐殖酸吸附 N、P 的实验数据进行三种等温吸附模型拟合。可以看出，Freundlich 等温吸附模型对腐殖酸吸附 N 的实验数据拟合最好，相关系数 R^2 大于 0.99，其次是 Temkin 模型，Langmuir 模型拟合效果最差。腐殖酸吸附 P 也是 Freundlich 模型拟合效果最好，其次是 Temkin 模型，Langmuir 模型最差。表 7.3 展示腐殖酸在 298 K（25 ℃）下，用 Langmuir 模型、Freundlich 模型及 Temkin 模型三种等温吸附模型拟合所得的各相关参数及相关系数 R^2。虽然腐殖酸吸附 N、P 的实验数据都是 Freundlich 模型的相关性较好，但是 $1/n$ 都较大，P 对应 0.867，N 对应 1.115，k_F 较小相当于单位浓度下 N 的吸附量小。由以上分析可知，腐殖酸对 N、P 的吸附效果整体不是很好，吸附性能都较差。

3）热力学分析

随着温度的升高腐殖酸对 N、P 的吸附量也呈增加的趋势。由于热力学参数也能对描述吸附过程起到十分重要的作用，为进一步研究温度对吸附的影响，对（288±1）K[（15±1）℃]、（298±1）K[（25±1）℃]、（308±1）K[（35±1）℃]、（318±1）K[（45±1）℃] 4 个不同温度下腐殖酸对 N、P 的吸附效果进行热力学计算和分析。自由能变化（ΔG）计算公式如下：

$$\Delta G = -RT\ln K \tag{7.16}$$

$$\Delta G = \Delta H - T\Delta S \tag{7.17}$$

式中：R 为理想气体常数，8.314 J/(mol·K)；T 为绝对温度，K；K 为平衡常数，$K = \frac{C_{Ae}}{C_F}$，

C_{Ae} 为吸附前 N、P 的初始浓度，mg/L；C_e 为吸附后溶液中的 N、P 浓度，mg/L。由式（7.16）和式（7.17）得

$$\ln K = \frac{\Delta S}{R} - \frac{\Delta H}{RT} \tag{7.18}$$

由式（7.18）可知，ln *K* 与 1/*T* 呈线性关系，根据式（7.16）可以求得不同温度下的自由能变化 Δ*G*（kJ/mol）。根据实验数据以 ln *K* 为横坐标、1/*T* 为纵坐标作图（图 7.6），根据线性拟合得到的斜率和截距能够计算出焓变 Δ*H*（kJ/mol）及熵变 Δ*S*[kJ/（mol·K）]。

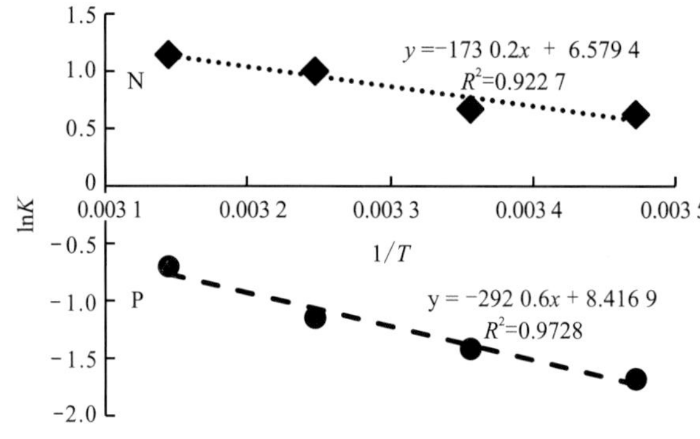

图 7.6　氮磷吸附的热力学曲线图

计算自由能变化 Δ*G*（kJ/mol）、焓变 Δ*H*（kJ/mol）及熵变 Δ*S*[kJ/（mol·K）]如表 7.4 所示。根据表 7.5 数据可知，腐殖酸吸附 N 的过程自由能变化 Δ*G* 均为负值且随温度的升高而减小，表明腐殖酸吸附 N 能够自发进行，而且（288±1）K[（15±1）℃]、（298±1）K[（25±1）℃]、（308±1）K[（35±1）℃]、（318±1）K[（45±1）℃]4 个温度下 Δ*G* 的值均在−20 kJ/mol 与 0 kJ/mol 之间，说明该吸附过程主要表现为物理吸附；Δ*H* 为正值，说明腐殖酸吸附 N 的过程吸热，升温能够促进吸附的进行；Δ*S* 为正值表明该吸附过程是一个熵增的过程，吸附过后固-液界面的混乱度增加。然而腐殖酸吸附 P 的过程自由能变化 Δ*G* 虽然和 N 一样随温度的升高而减小却均为正值；Δ*H* 为正值，说明腐殖酸吸附 P 也是吸热的过程，温度升高可以促进吸附的进行；Δ*S* 为正值，腐殖酸吸附 P 也能自发进行，且是一个熵增的过程，P 被吸附到腐殖酸上后固-液界面的混乱度增加。

表 7.4　热力学参数分析（自国丽，2014）

值	Δ*G* /（kJ/mol）	Δ*H* /（kJ/mol）	Δ*S* /[kJ•(mol/K)]
<0	自发进行	放热	混乱度减少
>0	—	吸热	混乱度增加

表 7.5　腐殖酸对 N、P 吸附的热力学参数分析

吸附质	温度/K	ΔG/（kJ/mol）	ΔH/（kJ/mol）	ΔS/[kJ/(mol•K)]
	288	−1.369	14.385	54.701
	298	−1.916		
N	308	−2.463		
	318	−3.010		
	288	4.128		
	298	3.428	24.282	69.978
P	308	2.729		
	318	2.029		

7.1.4　腐殖酸对吸附氮磷肥的表征影响

1. 电镜扫描分析

在扫描电镜下放大 20 000 倍的风化煤腐殖酸吸附 N、P 前后的结构变化如图 7.7 所示。腐殖酸在吸附 N、P 前表面较为光滑，在吸附 N、P 后都表现出锐度明显增加，表面变粗糙。有可能因为 N、P 吸附在腐殖酸表面使形态发生变化。根据图 7.8 还可以得到，腐殖酸在吸附后相对吸附前分散性变差，团聚性能增强，呈较紧凑的团状结构。

（a）吸附前　（b）吸附N后

（c）吸附P后　（d）吸附N、P后

图 7.7　吸附前后的腐殖酸结构

2. 红外光谱分析

图 7.8 为吸附 N 前腐殖酸的红外光谱图，图 7.9 为吸附 N 后腐殖酸的红外光谱图，与图 7.8 相比，光谱 1 500～1 800 cm^{-1} 处都有含氧官能团的振动，但吸收峰有一定差异，这极有可能是腐殖酸中的羧基在吸附过程中发生了改变造成的。3 200～3 650 cm^{-1} 处 O—H 的伸缩振动也发生了些许改变，说明吸附过程羟基也可能发生了反应，1 160 cm^{-1} 处的酚羟基的吸收峰消失，说明吸附过程酚羟基发生了反应。

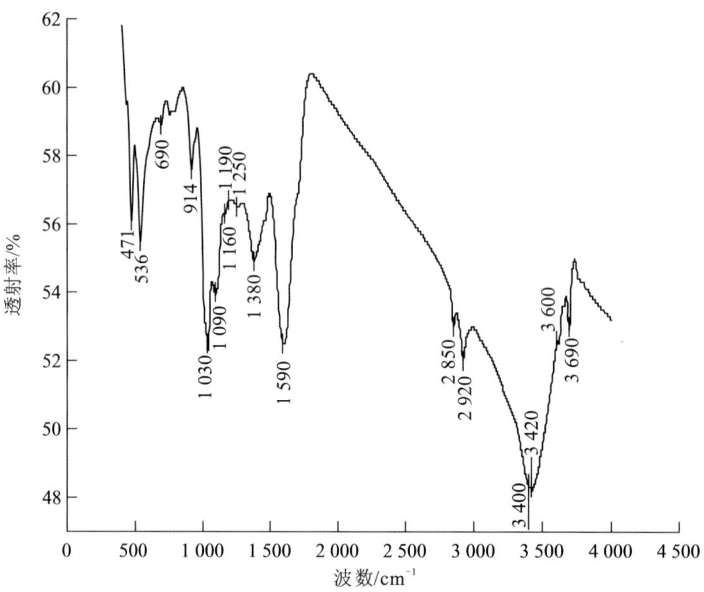

图 7.8　吸附 N 前腐殖酸的红外光谱图

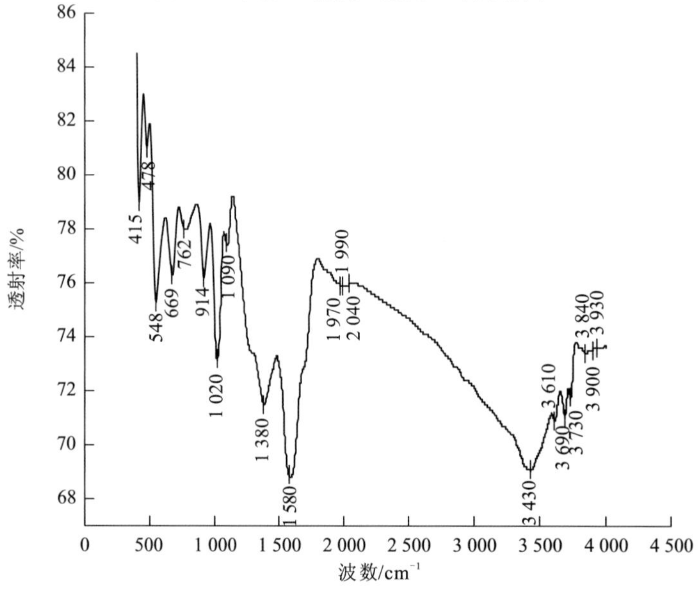

图 7.9　吸附 N 后腐殖酸的红外光谱图

图 7.10 与图 7.8 对比可知，吸附 P 后酚羟基的吸收峰消失，说明吸附过程中酚羟基发生了反应。与上面的 N 素吸附不同，腐殖酸吸附 P 后光谱 1 500～1 800 cm^{-1} 含氧官能团的吸收峰没有改变，说明羧基应该没有参与 P 素的吸附过程。图 7.11 与图 7.8 进行对比可知，腐殖酸吸附 N、P 后，不仅其酚羟基、羧基、羟基等都发生了变化，吸附前在 690 cm^{-1} 的吸收峰消失，出现了 685 cm^{-1}、783 cm^{-1}、650～700 cm^{-1} 仲酰胺的谱带。

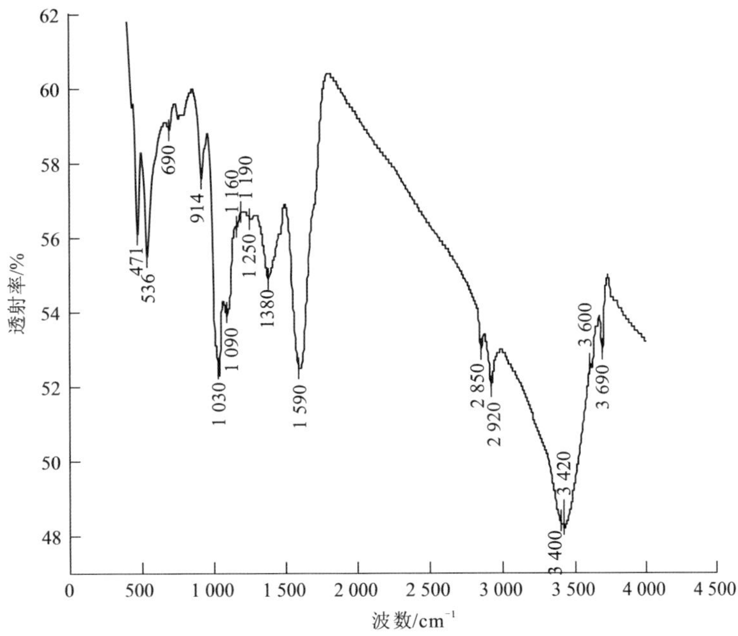

图 7.10　吸附 P 前腐殖酸的红外光谱图

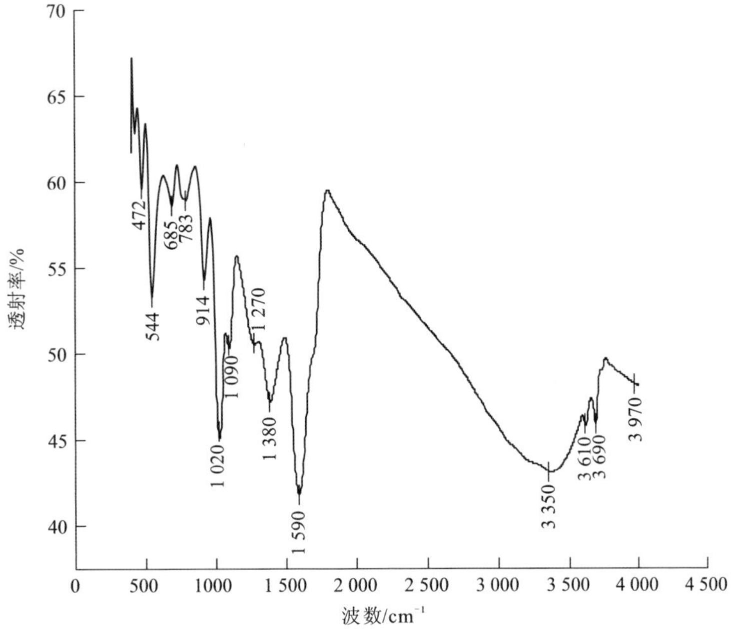

图 7.11　吸附 P 后腐殖酸的红外光谱图

通过腐殖酸对溶液中 N、P 吸附实验，分析吸附时间、溶液 pH、温度、腐殖酸添加量、N 及 P 初始浓度对吸附的影响，证明腐殖酸吸附 N 的最佳 pH 是 10.4，吸附 P 的最佳 pH 是 9.5，碱性条件较酸性条件更有利于吸附过程的进行。腐殖酸吸附 N、P 的过程均能自发进行，表现为吸热，而且是一个熵增的过程，腐殖酸吸附 N、P 后固-液界面的无序度增加。腐殖酸吸附 N 的过程能够采用伪二级动力学模型及 Freundlich 等温吸附模型进行描述。腐殖酸吸附 P 的过程能够采用 W-M 模型（内扩散模型）及 Freundlich 等温吸附模型进行描述，判断粒子内扩散并非腐殖酸吸附 P 过程中唯一的速控步骤，吸附过程中有其他机制的参与。

7.2 腐殖酸对土壤中氮磷肥的保持效应

为了揭示腐殖酸在土壤中对 N、P 肥的保持效应，刘丹（2014）以北京市通州区农田表土为例，采用土柱淋溶实验，实验装置见图 5.1，分析腐殖酸在不同用量水平下对土壤 N 肥的缓释效应和 P 肥的活化效应。试验设置了 0、0.05%、0.10%、0.20%、0.40%、0.80% 5 种腐殖酸不同用量水平下 6 个处理，加入磷肥（KH_2PO_4）750 mg P_2O_5/kg 土及氮肥（尿素）1 gN/kg 的淋溶效果，每个处理 3 次重复，用去离子水淋溶 4 次，收集淋溶液。测定淋溶液的体积、总氮浓度和总磷浓度，研究腐殖酸添加量对土壤 N、P 流失量、pH 和电导率的影响；测定第二次及第四次淋溶土壤的 FDA 水解酶、脲酶、磷酸酶活性，分析腐殖酸对淋溶土壤酶活性的影响。

7.2.1 腐殖酸对土壤氮磷肥的淋溶效应

1. 腐殖酸对 N 素淋溶的影响

图 7.12 是腐殖酸不同添加量条件下 4 次土柱淋溶的单次 N 素淋溶量和累计淋失量。随淋洗次数增加，各处理 N 素淋溶量呈降低趋势，第一次的 N 素淋溶损失量最大。因此可以得出，施肥后降雨量会对 N 素流失产生较大影响，对刚施肥土壤进行灌溉容易造成 N 素大量流失。不同腐殖酸添加量的单次 N 素淋失量差异不显著，但 4 次的 N 素淋失累计量出现差异，且随腐殖酸添加量的增加有减小趋势。腐殖酸添加量为 0.8%时，N 素累计淋失量较空白组减少 15.76%，因此可以得出添加腐殖酸能够减少 N 素淋溶损失。

车明超等（2010）在腐殖酸保水剂对尿素淋溶的研究中发现，腐殖酸型的保水剂能够降低土壤尿素淋失，起到保肥固 N 的作用，这与上述结果一致。说明腐殖酸对 N 素有一定的保持效果，能够抑制 N 素从土壤中流失，延长 N 素在土壤中的保持时间，增加 N 素在土壤中被利用的机会，从而提高 N 素利用率。

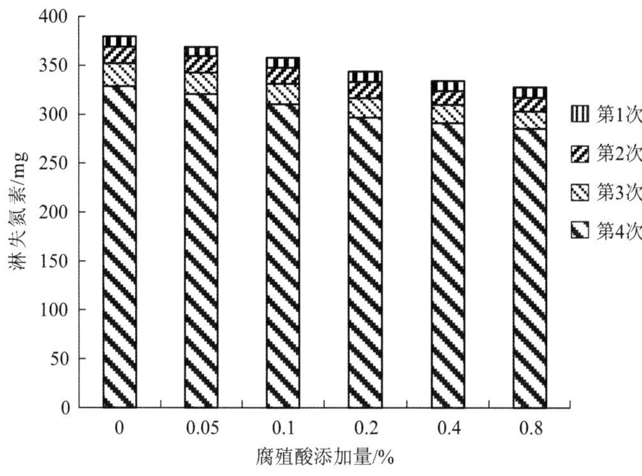

图 7.12　腐殖酸对土壤 N 素淋失量的影响

2. 腐殖酸对 P 素淋溶的影响

水溶性 P 可以直接被植物吸收利用，是土壤速效 P 的重要组成部分，通过淋溶作用研究水溶性 P 能够准确反映土壤中 P 的有效性。由图 7.13 可知，P 素的淋失趋势与 N 素不同，在一定的淋溶次数内，水溶性 P 的淋出量随淋溶次数的增加而增加，这主要是由于土壤对 P 素有一定的固定效果，其释放速度与 N 素相比较为缓慢；腐殖酸添加量为 0.8%时的水溶性 P 的累计淋失量比空白组增加 29.78%。由于土壤对 P 的固定作用使 P 元素大量无机化，不能被作物充分利用，导致 P 素利用率降低，造成 P 肥的流失。P 肥过量施用于土壤后还会造成土壤板结，透气性降低，孔隙度减少，影响作物的土壤环境；随着土壤腐殖酸添加量的增加，P 的淋出量有上升的趋势，说明腐殖酸对土壤释放 P 素有一定促进作用。

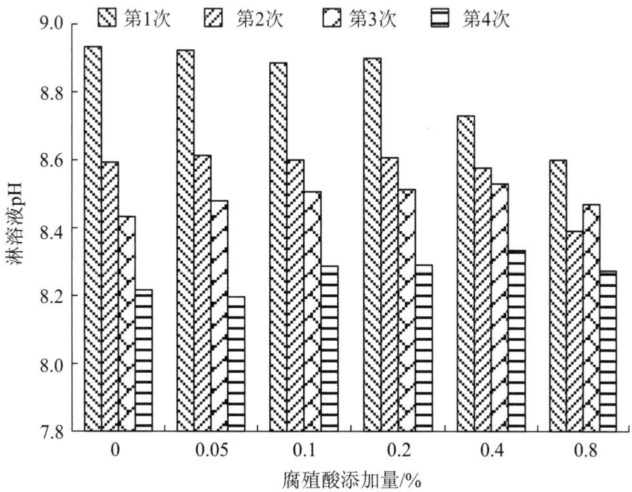

图 7.13　腐殖酸对土壤 P 素淋失量的影响

王平等（2018）在腐殖酸不同添加量对 P 素淋溶的实验中发现，添加腐殖酸能够增加水溶性 P 的淋失，这与上述研究结果一致，说明添加腐殖酸能够减少 P 素的固定，增加土壤中水溶性 P 含量，以供作物更好地利用磷肥，提高磷肥利用率，还能够避免过量磷肥进入土壤造成的土壤板结、土壤透气性能降低。腐殖酸含有羧基等酸性官能团，具有弱酸性，能够电离出少量 H^+使 $CaPO_4$ 部分转变为 $Ca(HPO_4)$而使 P 得到活化和释放。

3. 腐殖酸对淋溶液 pH 的影响

根据图 7.14 可得，土壤淋溶液的 pH 随着腐殖酸添加量的增加而降低，说明腐殖酸能够减低土壤的碱性，从而可以帮助改善碱性土壤。这可能是由于腐殖酸自身含有的羧基能够中和土壤中的 OH^-使土壤 pH 降低，使淋溶液的 pH 降低。随着淋溶次数的增加，土壤淋溶液的 pH 有明显的降低趋势，6 个不同腐殖酸添加量的 pH 之间的差距变小，而且随着腐殖酸添加量的增加 pH 降低的趋势逐渐变小，甚至第 4 次淋溶液 pH 呈现出添加了腐殖酸的实验组微高于空白组。出现这一现象的原因可能是腐殖酸带负电荷能吸收 NH_4-N，当外环境的 NH_4-N 降低时，土壤其他的阳离子又能将其置换出来。由此可知，腐殖酸在降水量较低的情况下更能表现出对碱性土壤的改善作用。

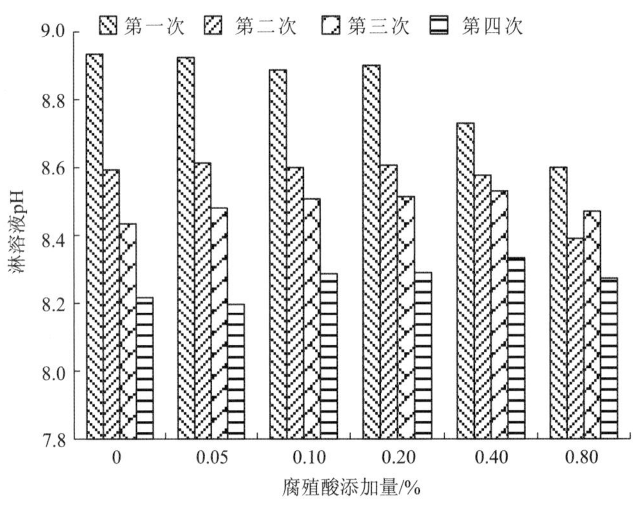

图 7.14　腐殖酸对淋溶液 pH 的影响

4. 腐殖酸对淋溶液电导率的影响

淋溶液电导率表示土壤中可溶性离子的溶出量，它能反映出淋溶液中电解质的含量。由图 7.15 可知，土壤淋溶液的电导率随着淋溶次数的增加而降低，第一次的淋溶液电导率明显高于之后的三次。在实验设置的 6 个不同腐殖酸添加量下，土壤淋溶液的电导率最初随着腐殖酸添加量的增加而增加，而后随着腐殖酸添加量增加而降低，腐殖酸添加量为 0.2%时淋溶液电导率最高。整体而言添加了腐殖酸的实验组的淋溶液电导率均比空白组的高，可见腐殖酸能增加土壤中电解质含量。

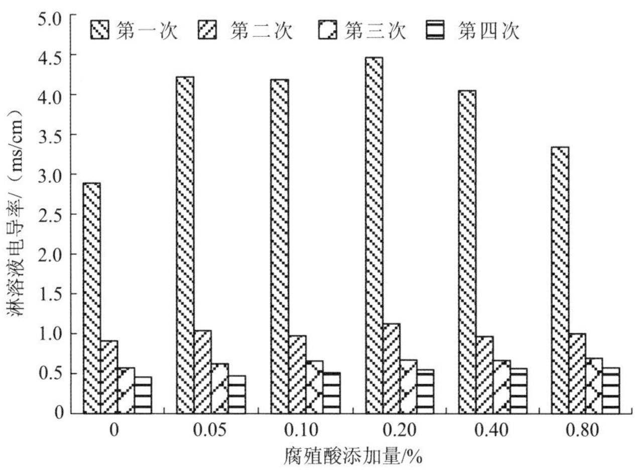

图 7.15　腐殖酸对淋溶液电导率的影响

7.2.2　腐殖酸对淋溶土壤理化性质及酶活性的影响

1. 腐殖酸对土壤含水率的影响

由图 7.16 可知，在相同浇水量的条件下，土壤含水率随腐殖酸添加量的增加而增加，腐殖酸添加量为 0.8%时含水率较空白组高 59.95%。实验数据还能比较好地拟合线性方程，线性相关性系数 R^2 大于 0.9。根据拟合直线求得，在不添加腐殖酸下土壤 pH 为 11.9，这与实际测得的空白实验组土壤 pH 12.4 相差较小，说明线性方程 $y = 9.792x + 11.901$ 能够较好描述土壤含水率随腐殖酸添加量变化趋势。腐殖酸对土壤水分保持有良好促进作用，在相同条件下能够减少土壤水分流失。

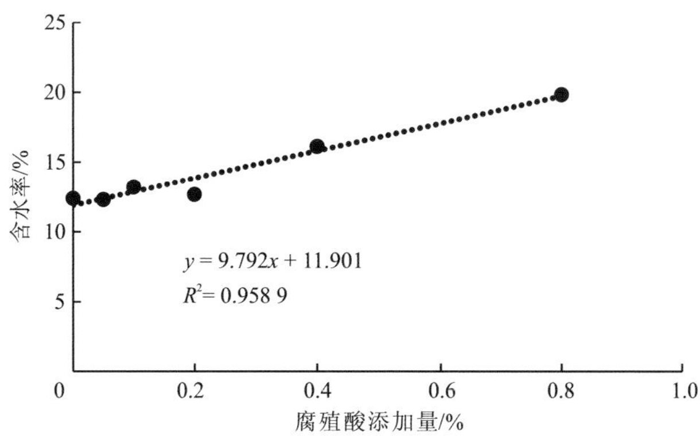

图 7.16　腐殖酸对土壤水分保持的影响

2. 腐殖酸对土壤 pH 的影响

由图 7.17 可知，土壤腐殖酸添加量与土壤 pH 拟合线性方程 $y = -0.550\ 1x + 7.876$。方程斜率为负数，说明土壤 pH 随土壤中腐殖酸添加量增加而降低，线性相关系数 R^2 大于 0.9，说明相关性较好。在不同腐殖酸添加量中，0.8%添加量对土壤 pH 影响最大，此时土壤 pH 为 7.42，与空白实验组 7.85 相差较明显，可见腐殖酸对土壤 pH 影响显著。由此可知，腐殖酸能够改善土壤 pH，尤其是碱性土壤，腐殖酸含有羧基等基团能够中和土壤中 OH^-，使土壤 pH 降低。

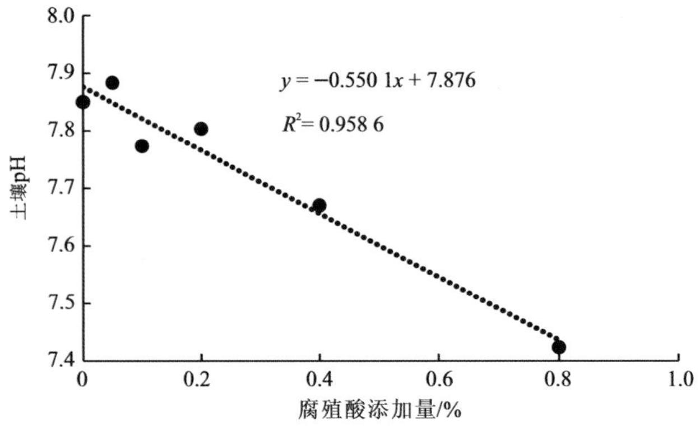

图 7.17　腐殖酸对土壤 pH 的影响

3. 腐殖酸对土壤 FDA 水解酶活性的影响

FDA 水解酶能良好地反映有机质的转化、土壤质量和土壤微生物活性的变化，还与土壤总碳、总氮、总磷等指标密切相关，因此在土壤质量评价中被广泛应用。测定 30 d 后第二次、第四次淋溶及无淋溶土壤 FDA 水解酶活性，并以土壤腐殖酸添加量为横坐标、FDA 水解酶活性为纵坐标作图。其中 FDA 水解酶活性以每分钟 1 g 风干土壤中的荧光素量计算。

由图 7.18 可知，第二次和第四次淋溶后土壤 FDA 水解酶活性相差不大，但第二次淋溶时 FDA 水解酶活性相对较大。进行线性拟合可得到线性方程 $y = 0.785x + 2.303\ 1$，相关性 R^2 均大于 0.87，能较好地描述第二次淋溶时 FDA 水解酶活性与腐殖酸添加量的关系；第四次淋溶时 FDA 活性与腐殖酸添加量关系为 $y = 0.519x + 2.375\ 5$，无淋溶 30 d 用 $y = 1.639x + 2.784\ 9$ 描述。由三方程式斜率可知，无淋溶 30 d 的土壤 FDA 活性腐殖酸添加量增加的幅度最大，其次是第二次淋溶，最后是第四次淋溶。根据斜率和截距小可

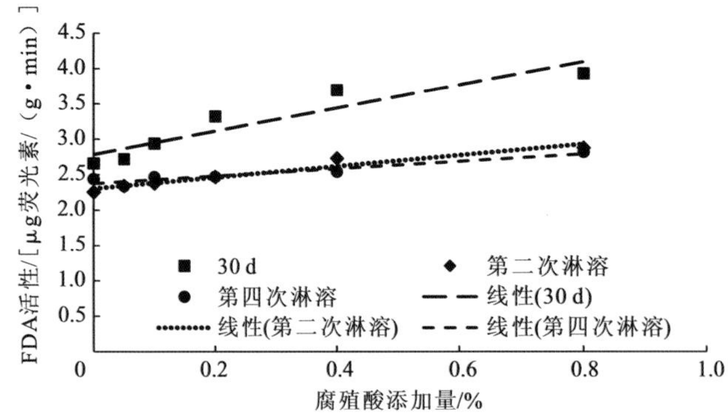

图 7.18　腐殖酸对淋溶土壤 FDA 水解酶活性的影响

以判断出无淋溶 30 d 的土壤 FDA 水解酶活性明显高于经过淋溶的土壤，说明淋溶过程会降低 FDA 水解酶活性，种植植物有利于提高土壤 FDA 水解酶活性。

4. 腐殖酸对淋溶土壤脲酶活性的影响

脲酶能够将土壤中的尿素水解成氨、二氧化碳和水，具有较高的专一性。脲酶是影响土壤氮素的主要水解酶之一，对尿素的水解和 N 素的利用都有重要作用。测定 30 d 后第二次、第四次淋溶及无淋溶土壤脲酶活性。用 24 h 后 1 g 土壤中铵态氮的质量衡量脲酶活性，并以土壤腐殖酸添加量为横坐标、铵态氮质量为纵坐标作图。

由图 7.19 可知，脲酶的活性随着腐殖酸添加量的增加有先降后升趋势。脲酶活性开始随腐殖酸添加量增加而减少，其原因可能是腐殖酸中的醌基抑制脲酶，腐殖酸铁盐、钠盐也有明显脲酶抑制作用。其后随腐殖酸添加量增加而上升，其原因可能是腐殖酸有保肥固氮作用，使腐殖酸添加量较高的脲酶催化反应的底物浓度相对较高，呈现出脲酶活性随腐殖酸添加量的增加而增高趋势。

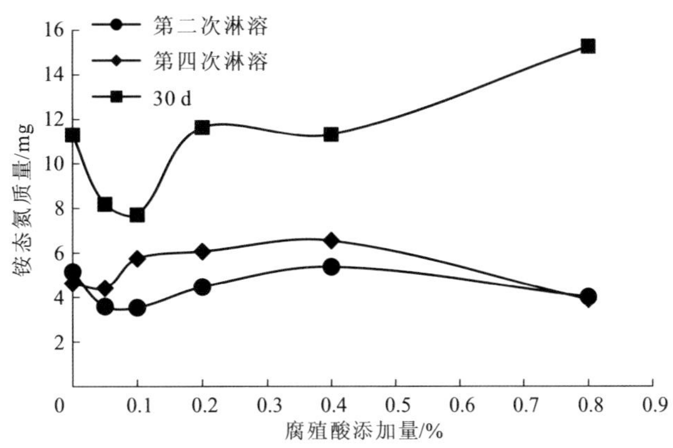

图 7.19　腐殖酸对淋溶土壤脲酶活性的影响

5. 腐殖酸对淋溶土壤磷酸酶活性的影响

磷酸酶能够催化土壤中磷酸酐、磷酸酯类等有机磷化合物水解为被作物吸收的无机磷。磷酸酶活性直接影响土壤有机磷的分解和生物有效性。测定第二次、第四次淋溶及无淋溶 30 d 后土壤磷酸酶活性。磷酸酶活性用 24 h 后 1 g 土壤中酚质量表示，并以土壤中腐殖酸添加量为横坐标、酶质量为纵坐标作图。

由图 7.20 可知，在相同培养时间下，随土壤腐殖酸添加量增加土壤酶质量增加，即磷酸酶活性随着土壤腐殖酸添加量增加而上升。腐殖酸添加量 0.2%时有一个拐点，腐殖酸添加量小于 0.2%曲线陡峭说明随土壤腐殖酸添加量增加磷酸酶活性提高，大于 0.2%后曲线虽呈上升趋势但逐渐变得平缓，说明磷酸酶活性仍随腐殖酸添加量增加而增加，但增加趋势变缓。分析可知，腐殖酸通过提高磷酸酶活性从而提高土壤磷素生物有效性，提高土壤磷肥利用率。

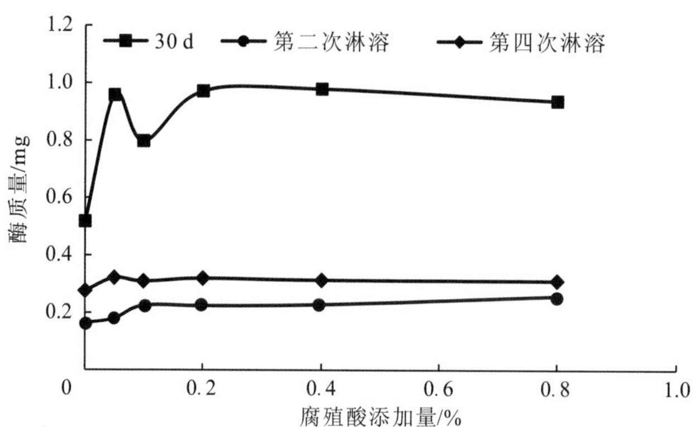

图 7.20　腐殖酸对淋溶土壤磷酸酶活性的影响

7.2.3　淋溶前后土壤的表征

1. 扫描电镜

由扫描电镜下放大 20 000 倍的不同处理的土壤结构变化（图 7.21）可知，土壤在淋溶前表面较光滑，在淋溶后锐度都明显增加，表面变粗糙。经过四次淋溶处理后，无腐殖酸添加的土壤板结严重，相对而言，添加腐殖酸的土壤明显较未添加腐殖酸的有更高的土壤孔隙度，表现出团聚性能更好，即添加腐殖酸能够增加土壤透气性。还可以看出，没经过淋溶的土壤结构明显比四次淋溶的土壤有更大孔隙率，土壤通气性和透水性更好。

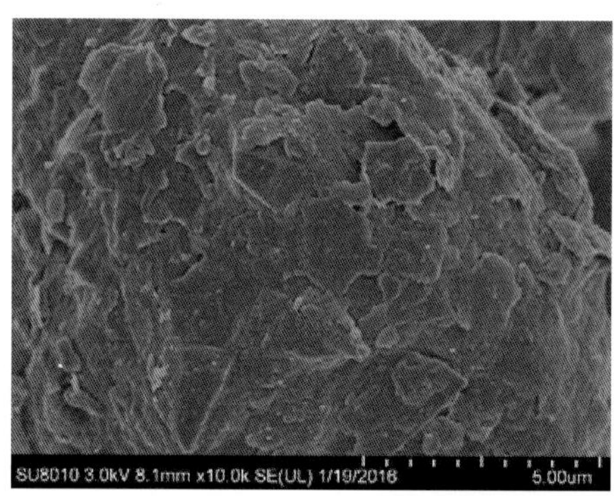

（a）淋溶前土壤

（b）空白组淋溶后

（c）添加腐殖酸组淋溶后

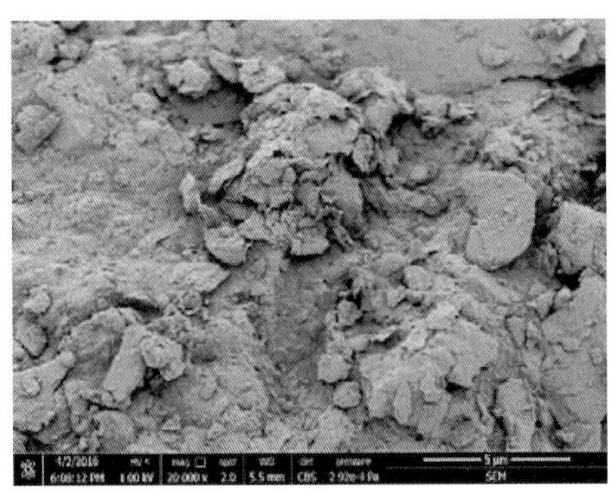

（d）空白无淋溶30 d后

（e）添加腐殖酸组无淋溶30 d后

图 7.21　淋溶前后的土壤结构

其原因可能是无腐殖酸添加的土壤有机质含量偏低，土壤结构变差而影响土壤团粒结构形成，造成土壤的板结。由此可得，土壤中添加腐殖酸能够有效地增加土壤中有机质，增强土壤团聚性，有效抑制土壤板结。

2. 红外光谱

由图 7.22 可知，未经处理的土壤红外光谱图在 3 770 cm^{-1} 处有特征吸收峰，是羟基伸缩振动吸收峰。3 431 cm^{-1} 附近的红外吸收带是黏土矿物层间吸附水的伸缩振动频率，1 633 cm^{-1} 处可能为黏土矿物层间吸附水的变形振动频率或者羧酸的收缩振动。2 920 cm^{-1} 可能是土壤有机质的特征吸收峰，2 856 cm^{-1} 为 CH_2 的对称振动收缩，1 432 cm^{-1}、1 043 cm^{-1} 为硅酸盐矿物质的伸缩振动，1 375 cm^{-1} 可能是土壤中硝酸盐的振动频率，769 cm^{-1} 处的双峰是石英风化结晶不同氧化硅的特征吸收峰。

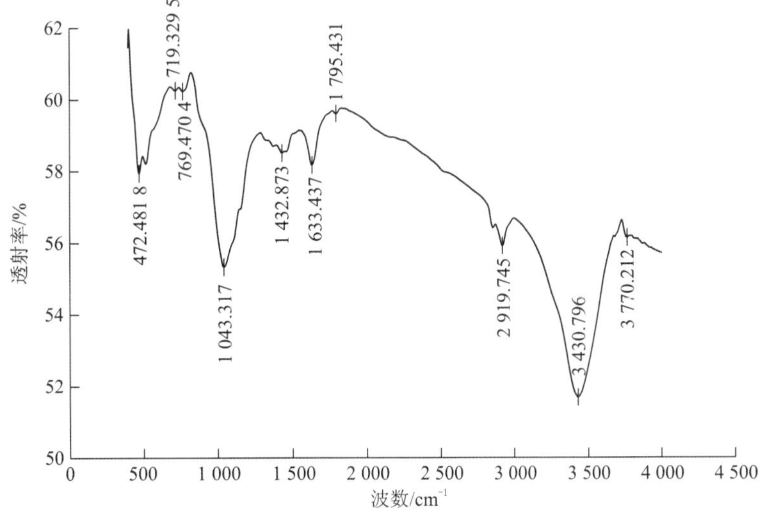

图 7.22　未经处理土壤的红外光谱图

由图 7.23 可知，经过处理的 4 种土壤在 3 430 cm^{-1} 处均没有明显吸收峰，这可能是因为黏土矿物层间吸附的水消失，这也能对 1 633 cm^{-1} 处吸收峰变小进行解释。1 083 cm^{-1} 处出现新的吸收峰，这可能是简单的一级醇或二级醇的 C—O 吸收。而 2 920 cm^{-1} 的吸收峰也消失，说明淋溶过后土壤有机质含量降低。

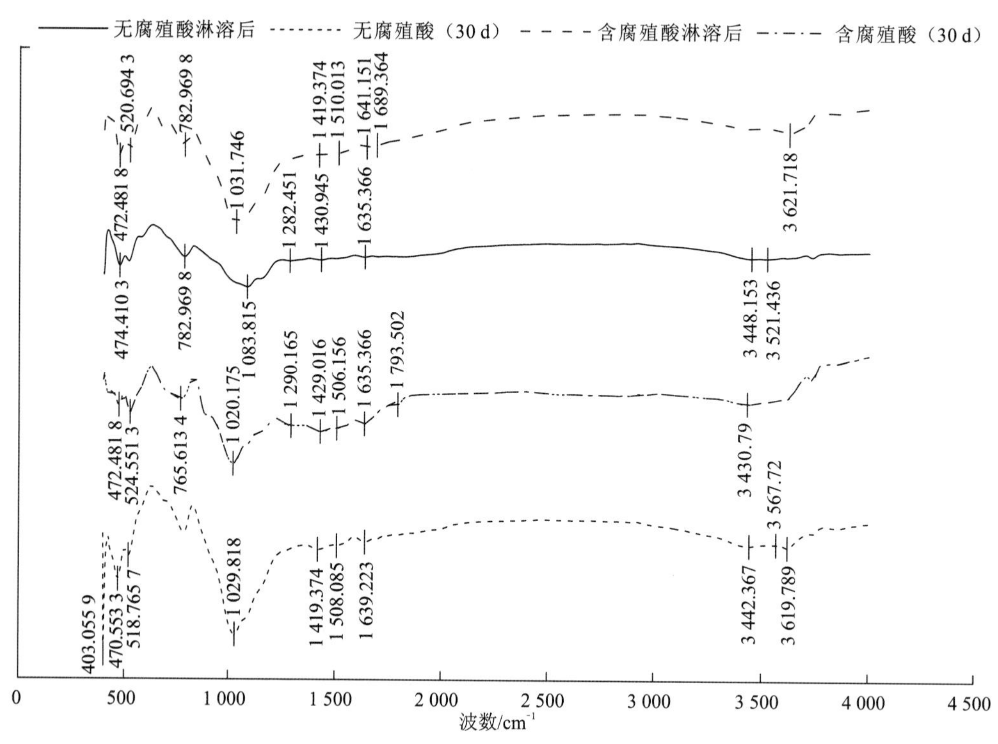

图 7.23　各处理后的土壤红外光谱图

7.2.4　腐殖酸对土壤氮磷肥保持效应实验结论

（1）腐殖酸对溶液中氮、磷土柱淋溶证明，腐殖酸对土壤磷素释放有促进作用，对氮素流失有抑制作用。腐殖酸能降低土壤碱性。

（2）腐殖酸对土壤含水率、土壤 pH、脲酶、磷酸酶及 FDA 水解酶的影响。腐殖酸能够提高土壤含水率，对土壤的水分保持有良好的促进作用，在相同条件下能够减少土壤水分流失。腐殖酸可以降低土壤酸性，提高土壤 pH。腐殖酸能增加土壤磷酸酶、FDA 水解酶活性，在一定范围内对脲酶活性有抑制作用。

（3）扫描电镜、红外光谱等表征可知，腐殖酸能增加土壤有机质含量，进而增加土壤胶体含量，使土粒通过有机质和矿质胶结而增加土壤孔隙度，土壤有效抑制土壤板结。

7.3　腐殖酸及其复合材料对盐碱地土壤改良效应

土壤盐碱化又称盐渍化，是指在自然或者人为因素的影响下，土体中盐碱成分不断累积，从而使其他各类型的土壤逐渐演变为盐碱土的一个成土过程。自然因素造成的影响周期时间较长，并且需要特定的地质过程或气象、水文等因素的综合作用，其特点是范围广和面积大。人为因素造成的土壤盐碱化一般属于次生盐碱化，主要表现于农艺措施的粗放和不科学，灌溉体系的不完备及管理不到位等，有着次生性、地区性、集中性等特点。目前，土壤盐渍化越来越严重，治理和改良盐碱地已经成为全球关注的焦点。相关研究表明，全球约有 9.55 亿 hm^2 的盐碱地。我国的盐碱土约占全球总量的 10.3%（田一良，2018），主要分布在东北、华北、西北和滨海地区等 17 个省份，以次生盐碱化为主。滨海地区的盐碱地是我国盐碱地的主要类型之一，主要受海水的影响，季节性返盐现象比较严重，海水的含盐量高，在自然状况下的脱盐率比较低。盐碱土中含有较多的可溶性盐类会降低土壤溶液的渗透势，引起植物的“生理干旱”。土壤中的盐分离子过高时，导致盐分集聚在植物体内，使植物原生质受害，蛋白质的合成受到阻碍。

在改良盐碱化土壤条件方面，常用的措施包括物理、水利、农艺和化学改良方法等。在这方面，国内外已积累丰富经验，技术在一些地区也得到成功应用，取得一定的效果。但是，盐碱地由于面积大、分布范围广，所采用的措施在实际应用中存在技术应用条件差异大，改良所用的材料、原料不稳定，材料成本高，以及技术推广范围有限等问题。近年来，随着环保意识加强，环境材料在盐碱地改良方面也得到认识和应用。脱硫石膏和腐殖酸是其中研究较多的两种环境材料，在滨海盐碱化土壤的改良中显得更有针对性。因此，作为一种廉价、绿色资源，盐渍化土壤改良剂具有广阔的应用前景。

腐殖酸是一种两性胶体，其中带负电的胶体与土壤结合后，能够增加阳离子的吸附量，达到隔盐、吸盐的效果，从而减少表层土壤盐分的积累，降低含盐量。同时腐殖酸也是一种弱酸，能够和土壤中的阳离子结合形成腐殖酸盐，形成一个缓冲系统，更好地调节土壤的酸碱度。腐殖酸还可与土壤中的碱性物质发生中和反应，降低土壤的碱度。腐殖酸的盐基交换量为 200～300 cmol/kg，是土壤中黏土矿物的 10～20 倍，使得土壤溶液中的有害离子能够与腐殖酸发生交换反应，降低土壤盐基含量。腐殖酸具有良好的保水性能，黄震等（2010）应用腐殖酸为材料制作的腐殖酸保水剂研究表明，腐殖酸型多功能保水剂对土壤水分有明显保持作用，同时促进土壤团粒结构的形成，改善土壤的水肥气热状况，而且腐殖酸中的酸性功能基团可以破坏盐分沿土壤毛管上升，减少表层土壤的盐分积累。因此，腐殖酸对盐碱地改良具有很好的作用。

孙在金（2013）通过土柱淋溶试验，分析土柱林溶液 pH 和 EC 变化，以及土壤 pH、水溶性盐总量、交换性钠离子、氯离子含量和钠吸附比（SAR）等，探讨腐殖酸等环境材料对盐碱化土壤的改良效果，为盐碱土壤改良提供理论依据。

7.3.1　不同环境材料对滨海盐碱化土壤的改良效果

以山东省滨州市沾化区 4 种不同盐碱化程度（低、中、中高和高等程度的盐渍化土壤）的表土（0～20 cm）为例，采用土柱淋溶试验，分析腐殖酸，以及腐殖酸与燃煤电厂脱硫副产物脱硫石膏复合改良剂对盐碱化土壤的改良效果。试验共设置 4 个处理：空白对照（CK），施用脱硫石膏处理（A），施用腐殖酸处理（B），脱硫石膏与腐殖酸配施处理（C），每处理 3 次重复，用去离子水淋溶 4 次，收集淋溶液进行分析。

1. 腐殖酸及其复合改良剂对淋滤液 pH 和 EC 的影响

孙在金（2013）研究表明，腐殖酸和脱硫石膏对盐碱土壤的改良具有协同作用，所以腐殖酸改良盐碱土壤时配施脱硫石膏效果较好。脱硫石膏的主要成分是 $CaSO_4$，Ca^{2+} 比 Na^{+}对土壤中胶体粒的吸附能力强，已吸附的 Na^{+}会和土壤溶液中的 Ca^{2+}发生离子交换。一方面可以通过灌溉冲洗去除 Na^{+}，使钠质土变为钙质土，降低土壤碱性。另一方面含 Ca^{2+}胶体微粒的外层不吸附水分子，胶体微粒互相靠近而团聚形成微粒团，水分子渗入微粒之间使微粒团膨胀，在干燥过程中土层龟裂。反复循环此过程后，土壤团粒结构形成，透水性增加，有利于植物吸收水分和养分。

图 7.24 表明，盐碱土淋滤液 pH 未随淋溶次数的增加呈现规律性变化。4 种土壤的处理 A 和处理 A 的土壤淋滤液 pH 均显著低于 CK 和处理 B，其中处理 C 对土壤淋滤液 pH 降低最显著。原因可能是 $CaSO_4$ 溶液将土壤胶体中的钠置换出来，在 H_2O 和 CO_2 的作用下形成 $NaHCO_3$，可溶态 $CaSO_4$ 与 $NaHCO_3$ 反应生成 $CaCO_3$ 及 Na_2SO_4，有利于淋滤液向中性转化。施用腐殖酸也在一定程度上降低了淋滤液的 pH，原因是腐殖酸是一种形成土壤有机-无机复合体的有机胶体物质，有很大的阳离子吸附和交换容量，是一种有机弱酸和弱酸盐，腐殖酸的酸性功能团释放出 H^{+}与 OH^{-}生成 H_2O，使土壤碱性降低。

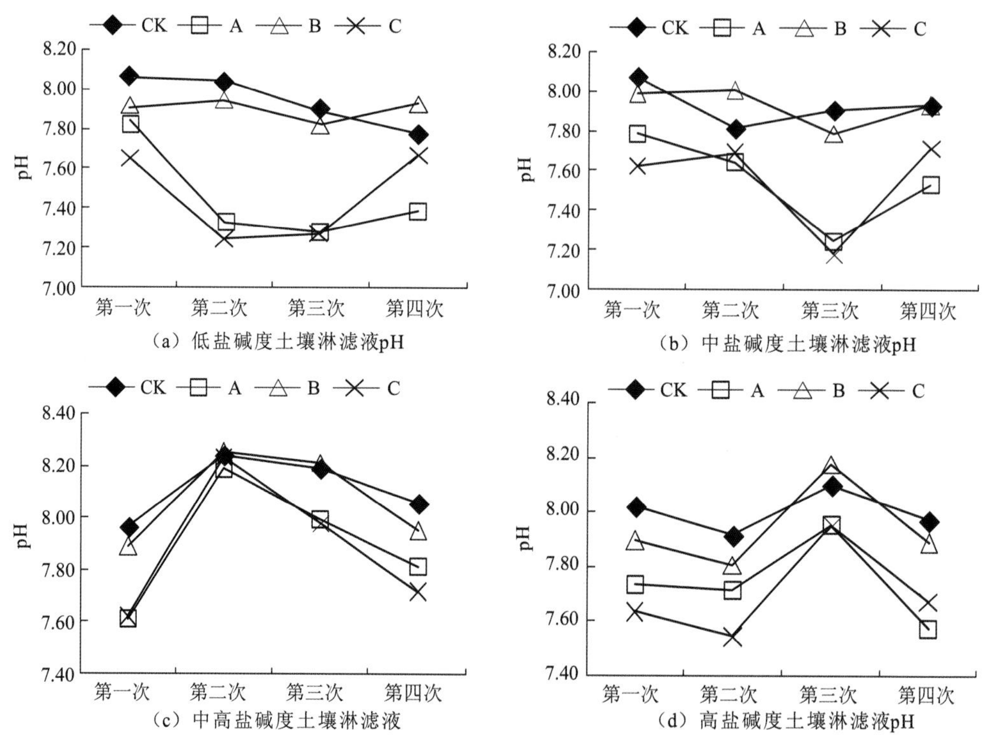

图 7.24 不同处理下 4 种盐碱土壤淋滤液的 pH（孙在金，2013）

电导率（EC）表示土壤中水溶性离子的溶出状况，表征物质传递电流的能力。对于离子成分较为固定的滨海盐碱土，EC 在一定程度上也反映盐离子含量。由图 7.25 可知，除处理 A 和 C 第 2 次淋滤液 EC 高于第 1 次，其他的淋滤液 EC 均随淋溶次数的增加呈现显著降低，说明土壤中盐离子含量随淋滤量增加呈减少趋势，导致淋滤液电导率降低。4 种土壤中处理 A 和 C 的土壤淋滤液 EC 均显著高于 CK 和处理 B，原因是脱硫石膏的加入使土壤中离子含量增加，溶出量也随之增加。

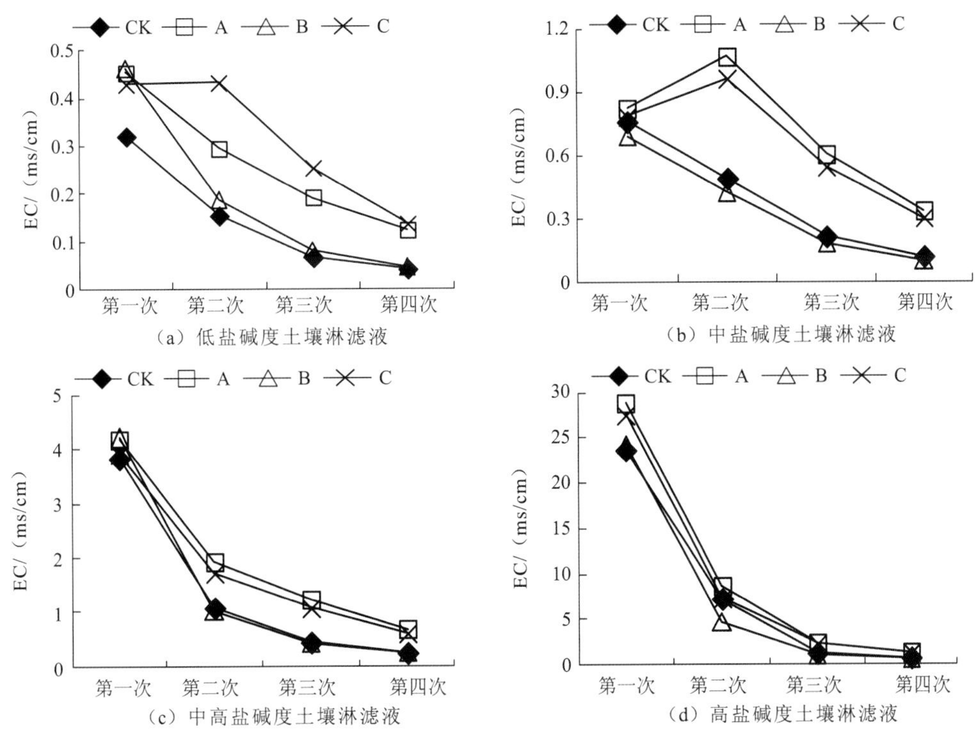

图 7.25　不同处理下 4 种盐碱土壤淋滤液的 EC（孙在金，2013）

2. 脱硫石膏与腐殖酸对淋溶后土壤 pH 影响

土壤 pH 反映土壤酸碱化程度，对土壤许多化学反应和化学过程有很大影响。由图 7.26 看出，添加环境材料淋溶处理后，土壤 pH 均有一定程度降低。低盐碱度土壤的 pH 大小顺序为：CK＞B＞A＞C，各处理间差异均不显著；中高盐碱度土壤的 pH 大小顺序为：CK＞A＞B＞C，而对中盐碱度和高盐碱度土壤 pH 大小顺序为：CK＞B＞A＞C，三种土壤处理 A、B、C 与 CK 相比均呈显著性差异。比较可知，添加环境材料对降低盐碱土壤 pH 有显著作用，土壤盐碱化程度越高，pH 降低幅度越大，环境材料的改良效率就越高，这与前人研究结果一致（孙华杰，2012）。处理 C 即脱硫石膏与腐殖酸配合施用在降低盐碱土壤 pH 方面效果最为显著，与对照相比，4 种土壤的 pH 分别降低 0.26%、0.83%、1.05%和 1.83%。脱硫石膏与腐殖酸在降低土壤 pH 上原理差异互补，是不同含盐量盐碱土效果好的主要原因。

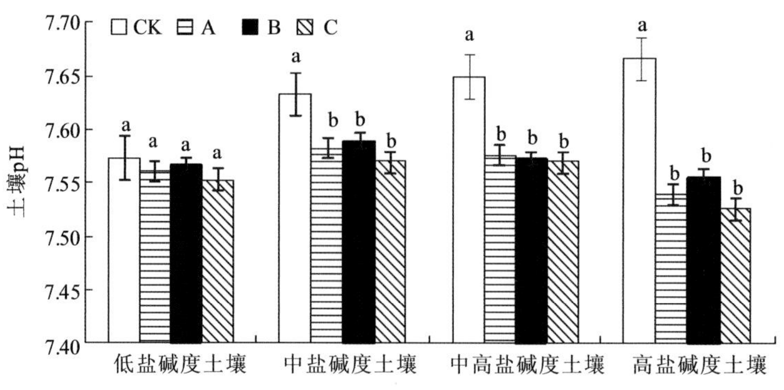

图 7.26 不同处理下 4 种土壤淋溶后 pH 变化

图中同组不同处理数据后不同小写字母表示有显著性差异（$P<0.05$）

3. 腐殖酸及其复合改良剂对淋溶后盐碱土水溶性盐总量的影响

土壤含盐量是盐碱土的一个重要指标，是影响作物生长的障碍因素。由表 7.6 可知，4 种不同盐碱化程度土壤，添加腐殖酸的处理 B 能降低土壤全盐量，降低幅度分别为 12.9%、22.8%、12.2%和 21.2%，但与对照相比差异均不显著。添加脱硫石膏的处理 A、脱硫石膏与腐殖酸配施的处理 C 能够极显著增加土壤全盐量，增幅分别为 9.06 g/kg、8.89 g/kg、10.54 g/kg、9.94 g/kg，以及 9.22 g/kg，9.39 g/kg，10.12 g/kg、10.17 g/kg。本试验结果与田间试验结果并不一致，出现这种现象的原因可能是脱硫石膏的加入导致土壤盐离子含量升高，尽管随淋溶过程能溶出一部分，但本试验的淋溶装置仅在底部留一小孔，部分盐离子仍未溶出，大量残留在土壤中，造成土壤水溶性盐含量升高。

表 7.6 不同处理下 4 种土壤淋溶后水溶性全盐含量（孙在金，2013） 单位：%

处理	低盐碱度土壤	中盐碱度土壤	中高盐碱度土壤	高盐碱度土壤
CK	0.041±0.002a	0.050±0.005a	0.082±0.005a	0.126±0.005a
A	0.947±0.014b	0.939±0.067b	1.136±0.022b	1.120±0.017b
B	0.036±0.036a	0.038±0.006a	0.072±0.008a	0.099±0.004a
C	0.964±0.075b	0.989±0.085b	1.094±0.006b	1.143±0.015b

注：同列不同处理数据后不同小写字母表示有显著性差异（$P<0.05$），后同

4. 腐殖酸及其复合改良剂对淋溶后盐碱土壤代换性钠离子含量的影响

滨海盐碱土许多不良性质均与其含有大量的代换性 Na^+密切相关，对作物生长有一定制约作用。由表 7.7 可知，添加环境材料的处理 A、B、C 较对照均能够显著降低土壤代换性 Na^+含量，再次证明脱硫石膏中 Ca^{2+}与土壤粒子表面 Na^+发生离子代换，腐殖酸一方面可中和碱性，吸附 20%游离 Na^+，另一方面有亲 Ca^{2+}特性，代换土壤中 Na^+。对低盐碱度、中盐碱度、中高盐碱度土壤，处理 A、B、C 间均呈显著性差异，降低土壤代

换性 Na 效果顺序为 C＞A＞B。对高盐碱度土壤，处理 A 和 C 改良效果均显著好于处理 B。综合分析，降低土壤代换性 Na^+方面，施用脱硫石膏比腐殖酸效果更显著，两者配施效果好于单个施用；与对照相比，添加腐殖酸与脱硫石膏复合改良剂的处理 C，在 4 种土壤中 Na^+分别降低 82.4%、92.6%、89.1%、78.6%。

表 7.7 不同处理下 4 种土壤淋溶后土壤 Na^+含量（孙在金 等，2013）

处理	土壤 Na^+含量/（g/kg）			
	低盐碱度土壤	中盐碱度土壤	中高盐碱度土壤	高盐碱度土壤
CK	0.034±0.002a	0.068±0.005a	0.119±0.011a	0.607±0.068a
A	0.015±0.001c	0.023±0.001c	0.040±0.004c	0.136±0.048c
B	0.024±0.001b	0.033±0.002b	0.102±0.012b	0.411±0.034b
C	0.006±0.003d	0.005±0.000 5d	0.013±0.000 2d	0.130±0.030c

值得注意的是，添加脱硫石膏能导致总盐分量升高，表面上似乎对盐碱化土壤改良不利，但盐分组成发生较大变化，对植物产生不利影响的 Na^+ 减少了，同时给土壤提供了植物生长必需的 Ca 和 S，一定程度上提高了作物的抗逆性。

5. 脱硫石膏与腐殖酸对淋溶后盐碱土壤氯离子含量的影响

滨海盐碱土受海水成分影响，氯离子含量较高，占阴离子比重 80%以上。由表 7.8 可知，与对照相比，添加环境材料的处理 A、B、C 均能够显著降低土壤代换性 Cl^-含量。对低盐碱度、中盐碱度、中高盐碱度和高盐碱度土壤，处理 A、B、C 之间均呈显著性差异，降低土壤代换性 Na 效果顺序为处理 C＞A＞B。综合分析，在降低土壤代换性 Cl^-方面，施用脱硫石膏比腐殖酸效果更显著，两者配施效果好于单个施用，与对照相比，添加腐殖酸与脱硫石膏的处理 C 的 4 种土壤 Cl^-分别降低了 41.4%、37.8%、46.2%、33.9%。

表 7.8 不同处理下 4 种土壤淋溶后土壤 Cl^-含量 单位：g/kg

处理	土壤 Cl^-含量			
	低盐碱度土壤	中盐碱度土壤	中高盐碱度土壤	高盐碱度土壤
CK	0.029±0.003a	0.045±0.007a	0.078±0.012a	0.236±0.038a
A	0.020±0.002b	0.035±0.002b	0.046±0.012bc	0.171±0.034b
B	0.021±0.002b	0.037±0.001b	0.052±0.014b	0.185±0.029b
C	0.017±0.001c	0.028±0.003c	0.042±0.008c	0.156±0.030c

。

6. 脱硫石膏与腐殖酸对淋溶后盐碱土壤钠吸附比（SAR）的影响

滨海土壤的盐碱化过程是土壤胶体吸附钠离子的过程，也是土壤固相和液相间阳离子相互交换的过程。由表 7.9 可知，与对照 CK 相比，各个处理均能显著降低土壤 SAR，效果顺序为处理 C＞A＞B。对低盐碱度土壤，处理 A、B、C 分别比空白对照降低了 93.1%、49.2%、97.4%；对中盐碱度土壤，处理 A、B、C 分别比空白对照降低 94.0%、64.5%、98.5%；对中高盐碱度土壤，处理 A、B、C 分别比空白对照降低了 93.2%、46.1%、97.7%；对高盐碱度土壤，处理 A、B、C 分别比空白对照降低了 94.2%、46.2%、94.7%。添加腐殖酸可以改善土壤结构，增强土壤透水性能，有利于 Na^+溶出，降低土壤 SAR。脱硫石膏的成分主要为 $CaSO_4$，可以代换土壤胶体吸附的 Na^+，另一方面还增加土壤 Ca 含量，导致土壤 SAR 显著降低。同时，腐殖酸对盐碱离子还有螯合、吸附和离子交换作用，与脱硫石膏配施更有利于置换土壤中的 Na^+，因此效果好于仅使用脱硫石膏的处理。

表 7.9　不同处理下 4 种土壤淋溶后土壤 SAR

处理	土壤 SAR			
	低盐碱度土壤	中盐碱度土壤	中高盐碱度土壤	高盐碱度土壤
CK	3.05±0.27a	5.35±0.58a	7.25±2.38a	30.42±3.07a
A	0.21±0.01c	0.32±0.22c	0.49±0.53c	1.76±0.66c
B	1.55±0.02b	1.90±0.18b	3.91±0.20b	16.38±1.27b
C	0.08±0.04c	0.08±0.01c	0.17±0.004c	1.61±0.36c

7.3.2　脱硫石膏与腐殖酸对滨海盐碱化土壤改良影响

孙华秀（2012）在山东省滨州市沾化区房家一村进行田间试验，试验田面积 900 m^2。棉田土壤基本理化性质：pH 7.37，有机质 15.28 g/kg，碱解氮 36.67 mg/kg，有效磷 11.75 mg/kg，有效钾 142.47 mg/kg。试验设 5 个处理：CK（对照，不施任何环境材料），A（施腐殖酸 2 kg），B（施腐殖酸 2 kg+脱硫石膏 10 kg），C（施腐殖酸 2 kg+脱硫石膏 15 kg），D（施腐殖酸 2 kg+脱硫石膏 20 kg），每个处理重复 3 次。试验采用随机区组设计，共 15 个小区，每个小区面积 45 m^2。改良剂在翻土时均匀施入耕层土壤，棉花种植及管理均按当地种植施行。

1. 脱硫石膏与腐殖酸对棉田土壤 pH 的影响

由图 7.27 可知，试验各处理 A、B、C、D 均能显著降低土壤 pH，以处理 C 效果最好。由于腐殖酸酸性官能团释放出 H^+与 OH^-生成 H_2O，使碱性降低了，施用腐殖酸的处理能够降低土壤 pH。处理 B、C、D 之间没有呈现显著性差异，说明不同用量脱硫石膏对降低土壤 pH 无显著作用。处理 D 能够最有效降低土壤 pH，比对照降低 0.09。两者配施能够产生显著效应，原因是脱硫石膏中含有大量 Ca^{2+}能够与土壤胶体吸附 H^+、Na^+

发生离子代换，腐殖酸酸性官能团也在一定程度上降低土壤 pH，两者原理互补，改良效果最好。

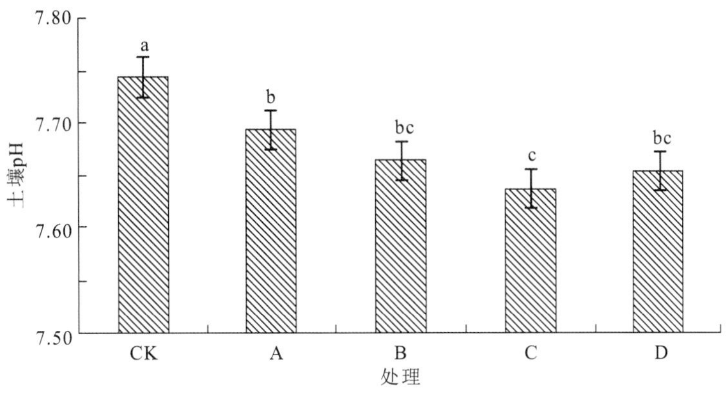

图 7.27　不同处理棉田土壤 pH 变化

2. 脱硫石膏与腐殖酸对棉田土壤全盐量的影响

水溶性盐含量（全盐量）是划分盐碱化程度的主要标准之一。由图 7.28 可知，试验采用的各处理均能显著增加土壤全盐量，高于对照组，这与试验添加环境材料有关，尤其是脱硫石膏。其中，处理 D 对土壤全盐量的增长效果最显著，与对照相比，全盐量由 0.66 g/kg 增长到 1.19 g/kg。虽然土壤中盐离子能够通过浇水溶出部分，但残留在土壤中导致土壤全盐量增加。由于所增加的离子中多为植物生长所需的矿质营养，会在一定程度上促进植物生长。

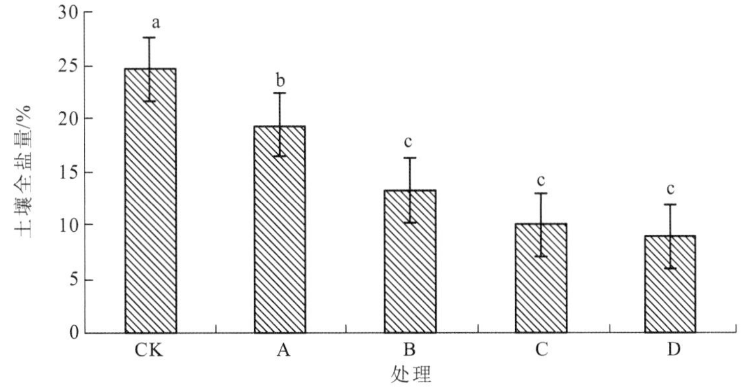

图 7.28　不同处理棉田土壤全盐量变化

3. 脱硫石膏与腐殖酸对棉田土壤主要离子含量的影响

由表 7.10 可知，添加腐殖酸的处理 A 对棉田土壤中各主要离子含量影响较小，除能够显著降低土壤 Na^+含量外，对其他离子含量均无显著影响，说明单施腐殖酸对降低土壤盐离子含量效果较差；与脱硫石膏配施后对调节土壤各离子含量起到非常显著作用。

一方面，脱硫石膏含有大量 Ca^{2+}和 SO_4^{2-}，可显著增加土壤中 Ca^{2+}和 SO_4^{2-} 含量；另一方面，Ca^{2+}能与土壤中 Na^+发生离子代换反应，导致 Na^+含量下降。综合分析，处理 D 对调节土壤中主要离子含量效果显著，与对照相比，Ca^{2+}和 SO_4^{2-} 含量分别提高 211.7%和 187.1%，Na^+和 Cl^-分别降低 68.5%和 39.0%。

表 7.10　不同处理土壤主要离子含量　　单位：g/kg

处理	Ca^{2+}含量	Na^+含量	Cl^-含量	SO_4^{2-}含量
CK	0.589±0.082a	2.058±0.299a	0.835±0.215a	0.178±0.025a
A	0.614±0.151a	1.879±0.305b	0.822±0.129a	0.165±0.058a
B	1.187±0.117b	0.992±0.223c	0.573±0.093b	0.396±0.063b
C	1.508±0.124c	0.663±0.402d	0.511±0.194c	0.428±0.092c
D	1.836±0.223d	0.647±0.259d	0.509±0.207c	0.511±0.089d

4. 脱硫石膏与腐殖酸对土壤 SAR 的影响

滨海土壤盐碱化过程是土壤胶体吸附钠离子过程，也是土壤固相和液相间阳离子相互交换的过程。SAR 是评价土壤盐碱化程度的重要指标。由图 7.29 可知，各处理与对照相比，均能显著降低土壤 SAR，原因是加入脱硫石膏，一方面 Ca^{2+}与 Na^+发生离子代换反应，$CaSO_4$ 溶液将土壤胶体中钠置换出来，导致土壤胶体吸附钠离子量减少；另一方面，增加了土壤中 Ca^{2+}含量而降低土壤 SAR。各处理中以处理 D 改良土壤 SAR 效果最好，与对照相比，土壤 SAR 由 24.8 改良至 7.9，降低 68.1%，完全满足农业生产需要。

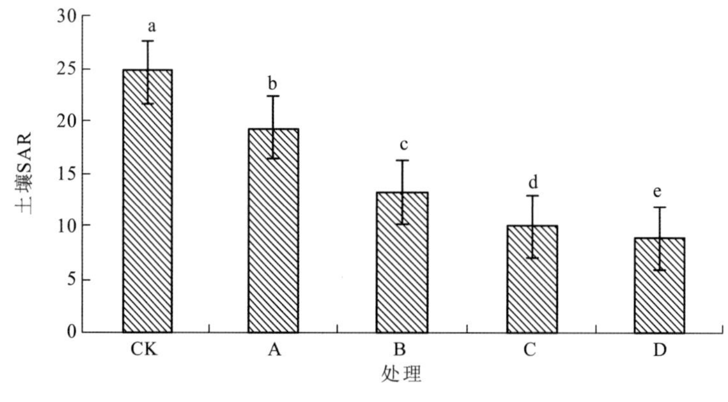

图 7.29　不同处理棉田土壤 SAR

7.4　腐殖酸及其复合改良剂对半生土改良效应

生土，原为考古学中专有词汇，多指未经人类扰动过的原生土壤，亦称“死土”。在目前土壤中多指物理结构差、持水保肥能力弱的农田土壤。这些土壤大都在与之相对的熟土之下或是人类活动干预移动土。生土主要有三个来源：①将高低不平坡地和零星地块变为平整的大片农田，将土山或山丘推平引起部分地区表土剥离，底物生土层裸露；②土壤修复中的客土法，将当地山地或荒郊地的生土移到待修复场地与熟土混合，形成修复场地为半生土地；③矿区复垦和废弃地复垦利用中，覆盖土壤常采用外来黄土等生土，形成生土地。生土特点是土壤结构紧密，容重较高（往往高于 1.5 g/cm^3），孔隙度较小，保水和通气能力差，大团聚体（>2.5 μm）缺乏。生土的机械组成多为细沙和粉粒。

熊毅和李庆逵主编的《中国土壤》（第二版）（熊毅 等，1987）中将“土壤熟化过程”定义为：在耕作条件下，通过耕作、培肥与改良促进水、肥、气、热诸因素不断协调，使土壤向有利于作物高产方面转化的过程。西南农业大学主编的《土壤学》（南方本，第二版）（西南农业大学，2001）中，“土壤熟化”定义是：人们通过轮作、耕作、施肥、灌溉等措施，不断改变土壤不良性状，使土壤定向高产的过程。也将其分为水耕和旱耕两种熟化形式，将土壤熟化过程分三个阶段：①改造不利的自然成土过程；②培肥熟化；③高产稳产阶段。生土熟化的技术方法研究较多，主要有三种。①物理法，包括旋耕、翻耕、深松、轮作、套作和添加熟土等。有研究发现，物理法可以有效改善生土的物理性状，疏松土壤，改善土壤渗透性能，增加土壤孔隙度，提高土壤蓄水能力，促进土壤中微生物活性（Gong et al.，2018）。②化学法，包括施肥和加入土壤调理，合理地施用有机和无机肥可以增加土壤养分含量及植物生长所需的养分，再配施一定的土壤调理剂会起到更好的效果，土壤调理剂还可以利用自身结构，比如发达的孔隙结构和多样的官能团，促进土壤中微生物生长繁殖和营养元素的矿化（Liu et al.，2018）。③生物法。包括加入微生物菌剂、种植肥地植物及加入蚯蚓等有益于土壤性状改良的动物等。微生物菌剂，可以将土壤中有机物分解为更易被植物吸收的无机物，同时还可以防治病虫害；蚯蚓可以改善土壤理化性质，能显著改善土壤结构和质量，提高土壤中的转化酶、脲酶、过氧化氢酶、酸性磷酸酶、β-葡萄糖苷酶、乙酰氨基葡萄糖苷酶、多酚氧化酶和过氧化物酶活性，促进植物生长。另外，蚯蚓形成的土壤团聚体能有效抵抗雨水冲蚀（Zhao et al.，2019）。

腐殖酸能够有效调节土壤的水、肥、气、热，改良贫瘠土壤，调节土壤 pH，促进土壤微生物酶活性等效果；保水剂可增加土壤持水能力，也是一种良好的土壤胶结剂，促进土壤水肥保持，使植物供给能力得到改善，达到作物增产。生物炭自身发达的孔隙结构可影响土壤的物理结构，促进养分矿化和微生物生长繁殖。目前，这些方法在不同地区和环境条件下有一些应用实践，但对生土熟化的认识和重视程度不够，一些地区往往使用大量有机肥，种植绿肥或者大量使用化肥和配合有机肥等，这些技术要使生土达到熟土和种植植物正常生长，往往需要 3～5 年，缺乏针对生土快速熟化的材料或者产品（特别是在目前土壤修复市场不断扩大，矿区土地复垦和生态修复中）。

李昉泽（2019）选择腐殖酸、保水剂和生物炭等材料作为生土熟化过程中的改良剂，将不同材料的功能进行互补，分析腐殖酸与保水剂和生物炭不同组合对生土的土壤物理和化学性能的影响，以及种植植物生长的效应，期望获得既能促进植物生长又能有效快速提高土壤物理和化学性能的优化组合，以期为废弃地的土壤改良提供技术依据和应用参考。

7.4.1 环境材料对半生土土壤物理性能的影响

试验采用盆栽，采用三因素三水平正交试验设计，共 9 处理（表 7.11），每处理重复 5 次，种植盆直径 30 cm，高度 50 cm，每盆装土 10 kg。土壤为半生土（当地农田土壤 60 cm 以下基层土壤和 0～20 cm 表层熟土各一半）。试验在北京市昌平区亭自庄村北京市轻工业研究所基地进行。2018 年 4 月 17 日种植，7 月 27 日收获，经历 102 d。所有处理施用土壤重量 0.1%复合肥（N∶P∶K=18∶9∶18），2.5%农家肥（牛粪发酵湿重，含水率 28%）。

表 7.11 三种材料正交试验设计表 单位：g/kg

编号	处理	高分子保水剂含量	腐植酸含量	生物炭含量
CK	—	—	—	—
E1	S1+H1+B1	1	3	5
E2	S1+H2 B2	1	6	10
E3	S1+H3+B3	1	9	15
E4	S2+H1+B3	3	3	15
E5	S2+H2+B2	3	6	10
E6	S2+H3+B1	3	9	5
E7	S3+H1+B1	6	3	5
E8	S3+H2+B3	6	6	15
E9	S3+H3+B2	6	9	10

土壤物理性能主要分析土壤容重、密度和计算孔隙度变化。土壤容重反映土壤结构、透气性、透水性能。表 7.12 表明，施用三种环境材料对土壤容重有明显影响。说明三种材料可有效降低土壤容重，其中，E7 处理效果最为明显，对比空白 CK，其容重降低了 27.4%，这与 Laird 等（2010）研究结果一致。添加环境材料能够有效降低土壤容重，机理可能是腐殖酸中羟基、羧基易与土壤中的 Ca^{2+}发生凝聚反应，能够促进土壤团粒结构形成，腐殖酸结合植物根系生理作用加快土壤团粒结构形成。当土壤团粒结构变好时，其容重降低、孔隙度增大，具备良好通透性。添加生物质炭也会引起土壤中有机质的增加，土壤变得疏松多孔，容重降低。

表 7.12 三种环境材料对生土土壤物理性能的影响

处理	容重/（g/cm^3）	密度/（g/cm^3）	孔隙度
CK	1.401 9±0.020 8a	2.600 3±0.134 2a	0.460 8±0.005 4f
E1	1.279 0±0.079 7ce	2.586 7±0.098 5ab	0.505 5±0.017 2d
E2	1.164 5±0.098 7cde	2.553 9±0.267 1ab	0.544 0±0.003 5cd

续表

处理	容重/（g/cm^3）	密度/（g/cm^3）	孔隙度
E3	1.121 0±0.073 7de	2.517 4±0.002 5ab	0.554 6±0.002 6bd
E4	1.122 3±0.097 7d	2.583 2±0.326 6ab	0.565 5±0.027 8bd
E5	1.297 7±0.027 3b	2.549 3±0.129 3ab	0.490 9±0.006 8e
E6	1.181 6±0.007 4ce	2.597 8±0.317 5a	0.545 1±0.011 3c
E7	1.017 6±0.143 8e	2.498 7±0.124 7b	0.592 7±0.009 2ac
E8	1.115 1±0.008 5e	2.586 4±0.233 7ab	0.568 8±0.024 3ac
E9	1.249 1±0.094 2cde	2.573 3±0.007 5ab	0.514 5±0.032 6d

土壤密度间接反映土壤的矿物组成和有机质含量。往往土壤密度较低时，有机质含量会比较高。土壤中有机碳的增加可有效降低密度。所有处理中，E7（添加 6 g/kg 保水剂、3 g/kg 腐殖酸和 10 g/kg 生物质炭）对密度影响最大，对比空白下降了 3.90%，本小节研究中生物质炭和腐殖酸可降低土壤样品的密度，而且添加生物质炭和腐殖酸的量越大，土壤密度减小越多。这是因为土壤密度与土壤有机质和矿物质含量有密切的关系。土壤密度也在一定程度上影响着土壤湿度。土壤的孔隙度直接影响蓄墒效果和透气性，并间接影响植物的土壤肥力和植物生长状况；同时，土壤孔隙度的增加，在一定程度上也会有助于土壤整体的吸附能力和微生物群落的增殖。土壤的孔隙度大小与土壤质地、结构、松紧度和有机质含量多少有关，从表 7.12 可知，添加三种材料后土壤孔隙度整体变化明显，处理 E1～E7 孔隙度平均较对照提高 16%，E7 处理孔隙度提高最多，比对照上升 28.62%。

如图 7.30 所示，尽管土壤中＜0.25 μm 的团聚体还是占主要部分，三种材料可以有效提高土壤中＞0.25 μm 的团聚体含量，与空白 CK 18.45%相比，其余 9 组处理中含量均在 20%以上，从大到小依次为 E8＞E7＞E9＞E2＞E4＞E1＞E5＞E3＞E6，其中 E7、E8、E9

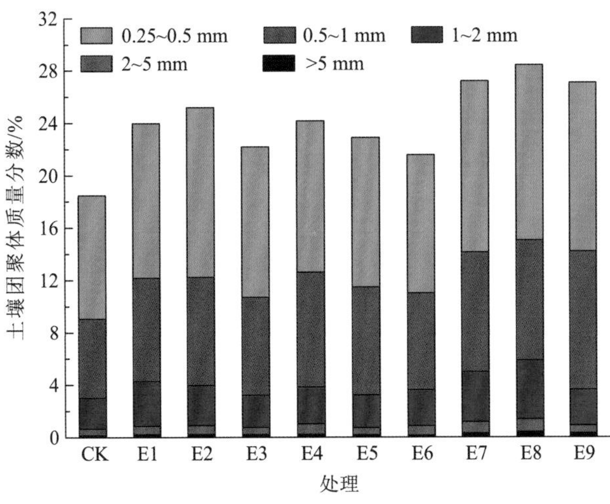

图 7.30　加入三种材料对生土团聚体的影响

之间差异并不显著（$P>0.5$），保水剂作为一种具有超高吸水和保水能力的高分子聚合物，是良好的土壤胶结剂，既能蓄水保墒，又能促进团聚体形成。逐渐增加保水剂添加量会使>0.25 μm 团聚体含量增加，这一结果与马征等（2016）研究结果一致，但是添加超过1%保水剂会导致土壤板结，反而会对土壤团聚体产生不利影响（Cao et al.，2017）。

7.4.2 腐殖酸复合改良剂对生土土壤化学性能的影响

腐殖酸是一种大分子的酸性物质，表面含有羧基等酸性官能团，保水剂表面也会含有氨基，它们均能在土壤中电离出 H^+，从而与碱性土壤中的 OH^-发生中和反应，降低土壤的 pH，可通过酸碱中和和交换作用降低盐碱土的 pH，生物质炭尽管为碱性物质，但会抑制其碱性官能团电离。从图 7.31 看出，pH 变化与保水剂添加量呈正相关。随着保水剂添加量的增多，pH 也逐渐增大，这与魏胜林等（2011）的研究结果基本一致。

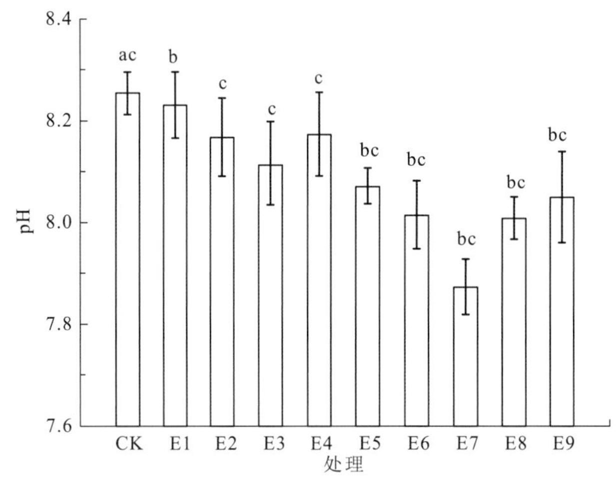

图 7.31　腐殖酸与两种材料对生土土壤 pH 的影响

试验地区土壤容重大，孔隙度小，夏季多雨，这会导致土壤氮容易流失。加入环境材料后，总氮与空白相比，9 个正交处理都出现了不同程度增大，并且是极显著的（$P<0.5$），E7 总氮含量最高，为 2.111 7 g/kg，较空白提高 63.57%，但是，加入环境材料的不同处理间总氮的变化是不显著的（$P>0.5$）。土壤碱解氮的质量分数为 44.32 g/kg，处于土壤养分等级的第五水平（根据《全国土壤第二次普查分类标准》）。由图 7.32 可见，添加三种环境材料可以增加土壤对有效氮的保持能力（E1～E9 平均提高土壤中的有效氮达 43.50%），处于《全国土壤第二次普查分类标准》的二级标准。但是不同环境材料配比对生土快速熟化过程中碱解氮的提升效果并不相同，其中 E7 处理对土壤碱解氮提升幅度最大，这可能是因为这三种材料，特别是腐殖酸能够促进土壤微生物和酶的活性。一方面是土壤自生固氮菌显著增多，使硝酸盐的含量明显增大，丰富了土壤的氮素营养，改善了作物根系的营养条件；另一方面，施用腐殖酸使好氧性细菌、放线菌、纤维分解菌的数量增加，有利于加速有机物的矿化，促进营养元素的释放。同时，生物炭可以促进土壤中的 NH_3 和 NH_4^+ 转化为 NO_3^-。

有研究表明，温度越高，生物质炭更有利于 NO_3^- 的吸附，从而降低土壤中有效氮的流失。

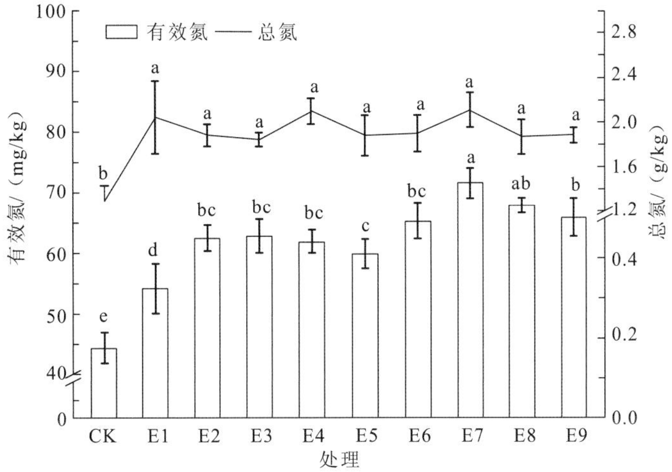

图 7.32　腐殖酸复合材料对生土土壤碱解氮影响

磷是植物生长所需的大量养分元素之一，也是引起水体富营养化的关键元素之一。生物质炭本身含有大量的磷，并且有很高的有效性，因此，加入土壤后可以显著增加土壤有效磷的含量。从图 7.33 可以看出，添加三种材料后土壤中速效磷最高可增加 3 g/kg（E7 处理）。通常土壤中 $Ca_3(PO_4)_2$ 很难溶于水，而加入腐殖酸发生反应后所形成的磷酸氢盐和磷酸二氢盐都溶于水，容易被农作物吸收。当土壤中施入腐殖酸后，由于腐殖酸胶体的负电特性，可以在 Fe^{3+}、Al^{3+}表面形成一层掩盖膜，使这类阳离子与磷酸根离子隔离开来，减少了它们之间结合形成难溶盐的机会，使施用的磷肥效力相对得以提高。这在刘秀梅等（2010）研究中得到了同样印证。

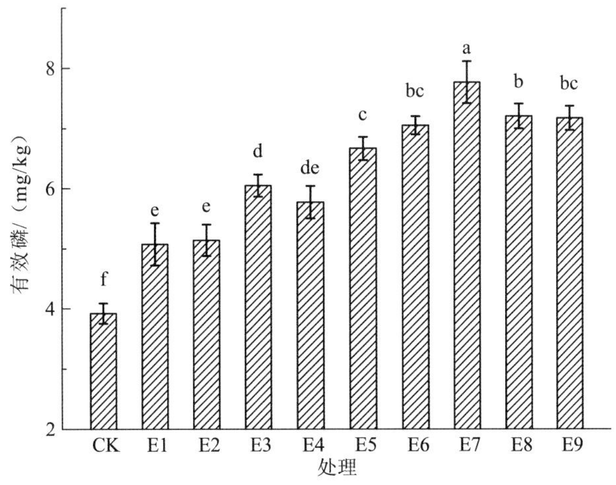

图 7.33　腐殖酸复合材料对生土土壤速效磷影响

土壤有机质（soil organic matter，SOM）是土壤的重要组成部分，是土壤肥力评价的一个重要指标，也是陆地生态系统的主要碳汇来源。如图 7.34 所示，在添加环境材料后生土有机质明显提高（空白为 7.07 g/kg，平均提高了 5.07 g/kg，平均提高 71.71%）。这可能是因为添加生物炭的土壤有机质组成发生改变，形成了稳定的土壤有机碳（soil organic carbon，SOC）。添加 E8 后生土有机质增幅最大，对比空白增加 1.19 倍，主要原因还是生物炭和腐殖酸自身就有很多的有机碳，经过植物利用后可以有效转换为生土中的有机质。

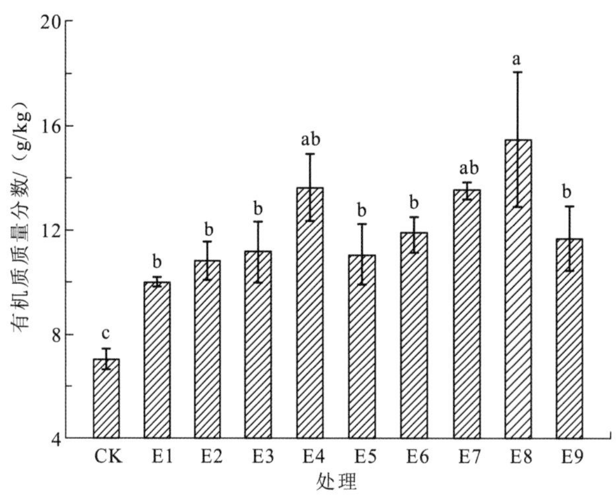

图 7.34　腐殖酸复合材料对生土有机质影响

7.4.3　腐殖酸复合改良剂对黑麦草生物量的影响

添加腐殖酸与两种材料能促进植物生长。9 组处理株高较对照平均增加 8.6 cm，干重平均增加 26.74 g。由图 7.35 看出，处理 E7 中黑麦草株高和干重均为最大值，对比空白分别增加 17.26 cm 和 50.77 g，增长分别为 50.18%和 334.79%。这与理化性能表现一致。腐殖酸能够改善土壤物理结构，改良化学性质。生物炭的高度芳香化结构及丰富脂肪类和氧化态结构，为土壤微生物提供很好的生存空间。保水剂有三维网状结构，羧基、羟基和季铵盐类等亲水性官能团，通过吸水及溶胀两种方式增加土壤含水量，增强根系吸收能力和植物叶片叶绿素含量，调节植株叶片蒸腾作用，维持植物体内水分平衡，取得显著促进植物生长的效果。

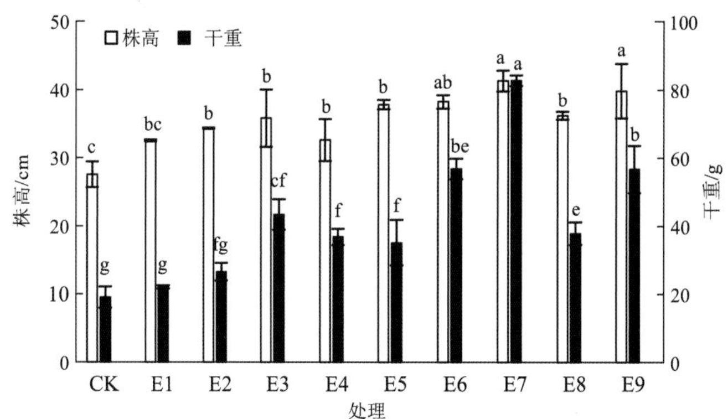

图 7.35　腐殖酸复合材料对黑麦草生物量的影响

第 8 章　腐殖酸在土壤重金属钝化中的应用

8.1　腐殖酸对土壤重金属钝化稳定化研究进展

近年来，随着工农业的发展，大量重金属通过施肥、灌溉、大气等多种途径进入土壤，造成严重的土壤重金属污染。相关资料显示，在过去半个世纪中，全球 Cd、Cu、Pb 和 Zn 的排放量分别约为 2.20 万 t、93.9 万 t、78.3 万 t 和 135 万 t（冉烈 等，2011）。此外约占我国耕地面积 1/5 的土地受到重金属污染，实测面积约 2 000 多万公顷，其中有 1 300 hm^2 的土地因重金属 Cd 污染严重超标而不能耕种（王庆仁 等，2001）。重金属 Pb 进入人体后，将会被氧化成二价离子，从而代替人体内原有的 Ca 和 Zn 离子，严重影响人体健康。

针对土壤重金属污染突出问题，自 20 世纪 70 年代以来，美国、日本、丹麦和德国等国家陆续开展了土壤重金属污染治理和修复的研究工作，并颁布了多项污染治理方针，如超级基金法、农用地土壤污染防治法、土壤污染对策法、土壤污染法等。我国在土壤重金属修复方面起步较晚，2016 年 11 月 29 日环境保护部公布了《重金属污染综合防治“十二五”规划》，2016 年 5 月 28 日国务院发布《土壤污染防治行动计划》（国发〔2016〕31 号，即“土十条”），明确指出土壤污染防治的方针，预计到 2020 年，受污染耕地安全利用率达到 90%左右，污染地块安全利用率达到 90%以上；预计到 2030 年，受污染耕地安全利用率达到 95%以上，污染地块安全利用率达到 95%以上。2019 年 1 月 1 日全国实施《土壤污染防治法》。

随着我国社会经济的发展和生态文明建设的持续推进，土壤重金属污染治理已成为社会关注的焦点之一。因此，如何减缓重金属污染、钝化土壤中的重金属，开发绿色高效的重金属吸附材料成为目前环境工作者研究的热点和重要课题。一些研究工作者发现腐殖酸作为一种环境材料在钝化稳定化重金属方面有显著效果，可以作为一种廉价、绿色、高效的环境材料应用于土壤重金属修复。

本章结合研究基础和实验系列工作，在对土壤重金属钝化材料分类介绍和效应机理分析的基础上（黄占斌，2017），主要开展腐殖酸对重金属的直接吸附特征（陆中桂，2017；孙朋成，2016）、土壤重金属钝化稳定化效应（孙朋成，2016；崔鹏涛，2016；单瑞娟，2015）、重金属生物有效性（崔鹏涛，2016；彭丽成，2011）等层次的研究。

8.1.1　土壤重金属钝化稳定化材料分类

土壤重金属污染修复技术迅速发展。现有的土壤重金属污染修复技术包括物理修复、化学修复、植物修复和微生物修复。土壤重金属钝化材料有多种分类方法，依据作用机理分为物理型、化学型和生物型钝化材料；依据来源可分为黏土矿物类、磷酸盐类、铁盐类、工业废弃物类；按照环境材料自身性质可将其分为无机、有机和复合材料，此分类应用较广泛。

需要说明的是，许多资料有土壤重金属钝化稳定化和重金属固化提法，二者有一些区别，但本质一样。行业一般将场地重金属修复称为固化（solidification），将矿区土壤重金属修复称为钝化稳定化（passivation stabilization）。

1. 无机钝化材料

在重金属污染土壤的钝化修复中，无机钝化修复材料应用最广泛，主要有以下类别。

1）黏土矿物类

黏土矿物多为层状镁铝硅酸盐矿物，包括高岭石族、伊利石族、蒙脱石族、蛭石族及海泡石族等矿物。黏土矿物比表面积及阳离子交换量较大、化学性质稳定、吸附作用强且价廉易得，广泛用于污染土壤修复。黏土矿物一般具有较大电负性，因而对金属阳离子具有较强吸附能力。黏土矿物层间有大量羟基，可与金属离子发生配合作用。黏土矿物吸附具有选择性，与离子半径、水合热和电子层等有关。研究发现，沸石、钠基和钙基膨润土能够降低土壤中 Zn、Cd、Cu、Ni 的有效态含量。蛭石可降低土壤中可交换态及碳酸盐结合态Cu、Ni、Pb、Zn含量，使菠菜、莴苣重金属含量降低60%以上（Malandrino et al.，2011）。海泡石对土壤中 Pb、Cd 和 Sr 具有很强的吸附能力，可降低其迁移性。凹凸棒可提高土壤pH、有效钝化重金属，Cd、Zn和Cu钝化效率分别为34.92%、26.15%和31.50%，能大幅降低蔬菜体内重金属含量（谭科艳 等，2011）。高岭石对重金属 Pb、Zn 吸附效果较好，蒙脱石对 Cu、Cd 吸附具有选择性，伊利石对 Cr、Zn 和 Cd 吸附能力较强。沸石可显著降低尾矿砂中有效态 Zn、Cu 和 Cd 含量，降低作物对 Zn、Cu、Cd 的吸收。

2）磷酸盐类

磷酸（HPO_4）、KH_2PO_4、$Ca(H_2PO_4)_2$ 是可溶性的，而磷石膏、磷矿石和羟基磷灰石则溶解性较差。磷酸盐对不同重金属离子修复机理有差异，影响重金属吸附稳定性和有效性。磷酸盐钝化重金属以沉淀机制为主。难溶性磷酸盐的修复效果与土壤 pH 密切相关。土壤 pH 呈酸性时，难溶性磷酸盐 PO_4^{3-} 溶出，与重金属 Pb^{2+} 快速反应生成 $Pb_5(PO_4)_3OH$，使 Pb^{2+} 钝化。可溶性磷酸盐发生水解反应淋溶 H^+，周围土壤酸碱度降低，砷元素迁移性增大。磷酸盐钝化 Cd、Zn、Cu 机制包含离子交换吸附、表面络合作用和沉淀作用。

3）铁盐类

高分子聚合铁盐及三价铁盐作为水质净化剂应用广泛。零价铁和二价铁等对重金属离子具有很强的还原作用，对土壤重金属污染治理表现出巨大潜力。铁盐对 As 有解毒效果，主要通过沉淀和吸附等途径实现。铁盐水解后变成 $Fe(OH)_2$、$Fe(OH)_3$ 胶体，与 As 发生吸附或沉淀作用，生成 $FeAsO_3$、$Fe(AsO_2)_3$ 等沉淀。单独使用磷酸盐和硫酸亚铁

（$FeSO_4 \cdot 7H_2O$）、硫酸铁［$Fe_2(SO_4)_3$］无法同时钝化 Pb 和 As。复合使用才能降低可交换态 Pb 和 As 含量。微生物可增强水铁矿吸附土壤 Cd 的能力，形成 $CdCO_3$-$FeCO_3$-$CaCO_3$ 混合矿物相。

4）工业废弃物类

工业废弃物包括煤类渣粉、矿石类渣和化工类渣粉等多种形式的废弃物。研究表明，赤泥可降低可交换态的 Cd、Zn 和 Ni 含量，降低作物吸收 Cd、Zn 和 Ni 量达 81%～87%（Santona et al.，2006）。粉煤灰可降低土壤中可交换态 Pb、Cd 和 Zn 含量，降低其迁移性，使植物吸收 Pb、Cd 和 Zn 量明显降低。金属氧化物废渣主要成分为 Fe_2O_3、Al_2O_3 及 SiO_2，通过诱导吸附、生成沉淀等方式有效钝化重金属。

2. 有机固化材料

有机固化材料主要包括农业废弃物、动物粪便、堆肥、泥炭、水厂污泥等。有机固化材料含羧基、羟基、氨基、氢键等官能团，对重金属有较强吸附能力。有机钝化剂可通过吸附作用、络合作用形成不溶性金属-有机复合物，降低重金属生物可利用性。绿肥能使土壤浸出液 Cd 和 Zn 的浓度降低 48%，堆肥减少黑麦草对 Pb、Cd、Cu 和 Zn 吸收量（Van et al.，2007）。有机堆肥可提高有机结合态 Cd 含量，降低水溶态 Cd、可交换态 Cd 含量，降低其生物可利用性。禽畜粪便可显著降低可交换态 Pb 含量，植物秸秆、猪粪和泥炭配施能显著降低水稻中 Cu、Cd 含量（Zouari et al.，2016）。生物炭和堆肥能提升土壤酸碱度和有机质含量，显著降低土壤中有效态重金属含量。赤泥和富含硫基的油菜秸秆复合配施能有效抑制作物对 Cd 的吸收（丁琼，2012）。

3. 复合材料

研究表明，有机、无机固化材料配施，优势互补，提高重金属钝化能力，同时增强土壤肥力。单独施用凹凸棒土或腐殖酸对 Pb^{2+} 的吸附效果明显低于凹凸棒土-腐殖酸复合体。凹凸棒土-腐殖酸复合体同羟基、羧基结合，更易与 Pb^{2+} 结合。石灰与泥炭配施对降低 Cd 生物有效性效果最好，钙镁磷肥与猪粪配施对 Ni 钝化效果最好，石灰与猪粪配施对 Cu 钝化效果最好（杜葱远，2009）。

8.1.2 环境材料对土壤重金属钝化的机理

土壤重金属污染化学钝化稳定化材料种类和性质不同，其作用机制也有很大差异，主要作用机制包括以下 6 个方面。

1. 离子交换吸附

重金属离子与被固化材料表面或层间域的离子发生交换作用，静电吸附起关键作用。黏土矿物一般具有电负性，可以与金属阳离子发生吸附作用。黏土矿物材料表面、层间域和孔道提供了离子交换吸附的场所。

2. 沉淀作用

环境材料可与重金属结合产生沉淀，使其生物可利用性降低。石灰石等碱性修复材料可通过提高土壤酸碱度，促使重金属产生 $M_x(OH)_y$ 沉淀，可降低交换态重金属含量，抑制其浸出毒性。沸石和磷酸盐可与 Pb、Cd 结合生成沉淀或难溶化合物，显著降低作物对其吸收利用。硫酸根离子在厌氧环境下可被还原成 S^{2-}，与金属离子 M^{2+} 结合生成沉淀，降低其生物有效性。

3. 吸附作用

吸附作用包括物理、化学吸附作用。沸石具有 Si—O—Si 四面体结构，通过物理吸附作用可将重金属 Pb、Cd 吸附在表面。赤泥对 Cd、Zn 和 Cu 的钝化机制主要为化学吸附作用。

4. 配位作用

黏土矿物羟基化表面可以通过静电作用与溶液中的离子发生表面配位反应。由于层间分子作用力较弱，重金属离子可以进入黏土矿物层间，与 SiO_3^{2-} 通过配位作用而结合在一起。可利用黏土矿物对重金属的配合作用降低其迁移性和生物有效性，实现污染土壤修复。骨粉和凹凸棒石等黏土矿物可以通过配位作用有效减少烟草对重金属 Pb、Cd 的吸收。酚羟基上的氧基，可与重金属离子发生配位作用，形成配合物。有研究证实，铬酸盐 Cr（VI）与儿茶酚发生酯化作用，实质上也是一种配位作用。

5. 络合作用

土壤有机质在微生物作用下，与重金属离子发生有机络合作用形成络合物。施用农家肥能显著降低淋溶液中 Cd 和 Zn 的浓度，厩肥可通过有机质与 Cd 和 Zn 的络合反应，降低有效态重金属含量。堆肥可降低重金属生物有效性。部分细菌及真菌细胞壁上含有大量—SH、—COOH、—OH 等活性基团，可与重金属离子反应生成络合物，降低其生物可利用性。在有机质丰富的土壤中，有机络合是重金属钝化的一种主要形式。

6. 氧化还原作用

重金属价态不同，其毒性、迁移性和生物有效性的差异很大。土壤中 As^{3+} 在铁氧化物作用下被氧化成 As^{5+}、AsO_3^-，它们比 AsO_2^- 的吸附量大，有利于土壤 As 钝化。一些微生物可通过氧化或还原作用，使重金属 As、Se、Cr、Fe、Hg 等元素价态发生改变。某些微生物在厌氧环境中，可将二价汞还原成具有挥发性的单质态 Hg，将六价铬还原成毒性较弱的三价铬，减轻其生物毒性。SO_4^{2-} 可被硫酸盐还原细菌还原成 S^{2-}，而 S^{2-} 可与重金属离子发生反应生成沉淀。

8.1.3 腐殖酸土壤重金属污染修复的应用

腐殖酸类物质是土壤有机质中最主要的部分，约占土壤有机质的 70%～80%。含有多种官能团如羧基、羟基、甲氧基和醌基等，是天然的高分子有机物质，这些活性官能团通过络合、离子交换、还原和螯合等方法与腐殖酸类物质发生反应，生成一些水溶性或不溶性物质。大量研究表明，腐殖酸作为一种材料在钝化稳定化土壤重金属（Cu^{2+}、Pb^{2+}和 Cd^{2+}等）方面具有显著效果。陆中桂等（2018）研究了腐殖酸对重金属 Pb、Cd 的吸附特征，结果表明，Cd 受 pH 的影响较大，腐殖酸对 Cd 的吸附量随 pH 的增加而增加，且根据准二级动力学模型表明，腐殖酸主要是通过物理吸附和化学吸附的复合过程对重金属 Pb 和 Cd 进行吸附；张丽洁等（2009）在土壤重金属复合污染的化学固定修复的研究中发现，施用风化煤的量为 80 g/kg 时，土壤有效态 Zn 和 Cu 的含量分别降低了 37.22%和 31.32%；Zhang 等（2018）研究了从我国北方黑土中提取的不溶性腐殖酸和胡敏素对六价铬的还原机理的影响，结果表明，这两种物质对铬均具有还原能力，且不溶性腐殖酸比胡敏素的还原能力更强。

腐殖酸能够修复土壤重金属污染，如果直接用于改良土壤，会造成土壤 N 含量低、C/N 比过高、酸性大等问题，因此，为了能够更好地提高腐殖酸对重金属离子的吸附能力，有必要对腐殖酸进行物理和化学改性，制备吸附性能良好的腐殖酸基吸附材料。国内外对于改性腐殖酸对金属离子的吸附解吸研究鲜有报道，暴秀丽等（2017）通过褐煤基材料对 Cd^{2+}的吸附机制的研究表明，褐煤基三种材料（褐煤、腐殖酸和活性炭）对 Cd^{2+}的吸附是自发的吸热过程，其中腐殖酸对 Cd^{2+}的吸附量和吸附能力最强；罗道成（2013）利用褐煤为原料制备褐煤活性焦吸附材料，研究对废水铬的处理效果，结果发现，这种新型材料对铬具有良好的吸附性能，且差异显著。

土壤介质中的重金属的赋存形态决定了重金属的生物有效性和生物毒性，重金属的不同赋存形态在土壤中的迁移性能不同，被生物的利用性差异也比较显著（Ernst，1996）。赵珂等（2016）通过研究褐煤基改良剂对石灰性土壤复合体 Pb 赋存形态的影响，结果表明，改性后的褐煤基材料促进了水稳性复合体的形成，降低了交换态 Pb 的含量，对土壤中的 Pb 起到了钝化的作用；由于是两性物质，其酸性对 Pb 有强烈的复合能力，当腐殖酸钾施入后，有效态 Pb（包括可交换态、碳酸盐态、铁锰氧化态和有机结合态）含量下降，残留态 Pb 含量显著增加。腐殖酸材料应用于重金属污染的土壤中，能够使重金属的有效态转化为惰性形态，降低重金属的生物有效性，达到重金属修复的目的。

8.2　腐殖酸对重金属吸附效应特征

土壤重金属 Pb、Cd 复合污染较为普遍，如何治理农田土壤 Pb、Cd 复合污染，钝化土壤中的重金属，降低其有效性，是农田生态环境改善及农业可持续发展的重要研究课题。

研究环境材料对 Pb^{2+}、Cd^{2+}和氮素的吸附性能，是将环境材料应用于土壤，进而揭示环境材料对土壤 Pb、Cd 重金属固化和氮素增效机理的关键。本节选用褐煤腐殖酸为环境材料，其具有丰富的孔洞结构、较高的阳离子交换能力、较大的比表面积、电负性及化学稳定性；此外褐煤腐殖酸含有羧基、酚羟基、羰基等活性基团，对重金属 Pb、Cd 具有良好的吸附性能，在重金属污染土壤治理方面表现出巨大的应用潜力。

目前，国内外关于环境材料对重金属的吸附-解吸效果及影响的研究颇多，也有很多文献探究了腐殖酸在各种因素影响下对水中重金属的吸附-解吸特性，对于土壤中重金属的吸附机理研究相对较少。然而实际中，大多数土壤存在 Pb、Cd 等重金属污染。为了钝化土壤中的重金属，必须降低其有效态含量。

孙朋成（2016）以重金属 Pb、Cd 为例，以褐煤腐殖酸为材料，采用批量吸附试验的方法研究腐殖酸对 Pb^{2+}、Cd^{2+}的吸附性能。探讨腐殖酸材料用量、吸附时间、吸附温度、pH、吸附质初始浓度等因素对吸附效果的影响，并开展等温吸附和吸附动力学试验，揭示腐殖酸材料对 Pb^{2+}、Cd^{2+}的固化稳定化机理。

8.2.1　腐殖酸对铅镉的吸附特征

1. 腐殖酸用量对腐殖酸 Pb^{2+}、Cd^{2+}吸附效果影响

腐殖酸的用量关系投入成本和 Pb^{2+}、Cd^{2+}去除率，是一个重要的参数。吸附剂用量较低时，腐殖酸表面有限的吸附位点被 Pb^{2+}和 Cd^{2+}吸附饱和，随着腐殖酸用量的增加，在某个时刻，吸附位点相对吸附反应而言是过剩的，Pb^{2+}和 Cd^{2+}吸附率随腐殖酸用量增加而增大；随着腐殖酸用量继续增加，可能出现吸附剂的聚合，会降低吸附剂的表面积，吸附到单位质量吸附剂上的 Pb^{2+}和 Cd^{2+}量减少。了解腐殖酸对 Pb^{2+}和 Cd^{2+}最佳吸附用量，有利于用最低的成本达到较高去除率的效果（孙朋成，2016）。

图 8.1 为褐煤腐殖酸不同用量对 Pb^{2+}吸附效果的影响情况。试验结果表明，溶液中 Pb^{2+}初始浓度一定时，随着腐殖酸用量的增加，吸附剂对 Pb^{2+}吸附率逐渐增大，Pb^{2+}吸附负载量则逐渐降低。腐殖酸对 Pb^{2+}的吸附负载量与环境用量和 Pb^{2+}初始浓度密切相关。当褐煤腐殖酸用量由 2.5 g/L 增加至 12.5 g/L 时，Pb^{2+}吸附率由 73.73%增加至 96.73%，Pb^{2+}吸附负载量由 173.08 mg/g 降至 44.02 mg/g。

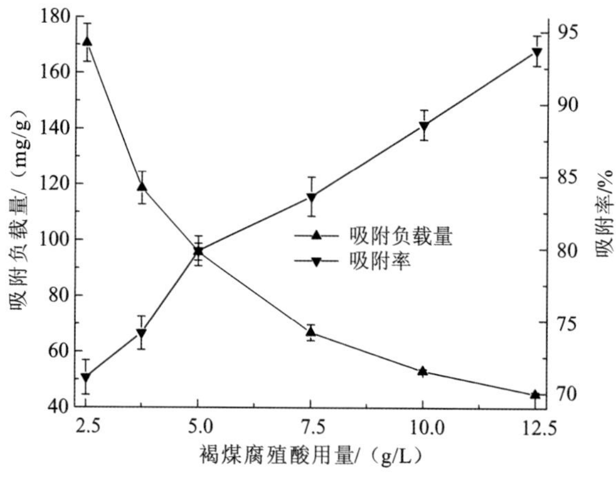

图 8.1　褐煤腐殖酸用量与 Pb^{2+}吸附效果的关系（孙朋成，2016）

图 8.2 为褐煤腐殖酸用量对 Cd^{2+}吸附效果的影响情况。试验结果表明，溶液中 Cd^{2+}初始浓度一定时，随着腐殖酸用量的增加，吸附剂对 Cd^{2+}吸附率逐渐增大，Cd^{2+}吸附负载量则逐渐降低。腐殖酸对 Cd^{2+}的吸附负载量与环境用量和 Cd^{2+}初始浓度密切相关。结果表明，当褐煤腐殖酸用量由 2.5 g/L 增加至 12.5 g/L 时，Cd^{2+}吸附率由 48.43%增加至 87.61%，Cd^{2+}吸附负载量由 19.37 mg/g 降至 6.91 mg/g。

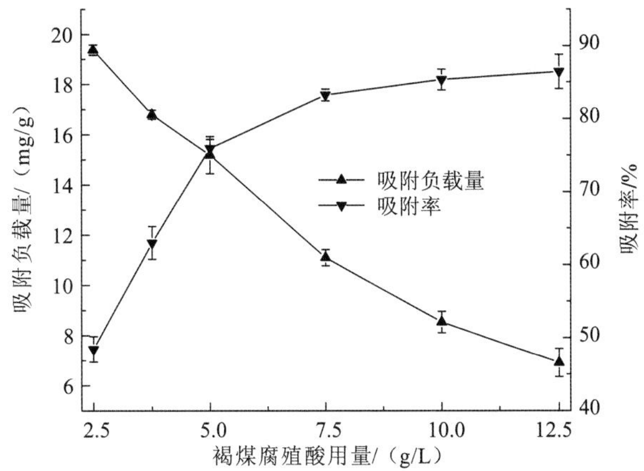

图 8.2　褐煤腐殖酸用量与 Cd^{2+}吸附效果的关系（孙朋成，2016）

2. 吸附时间对腐殖酸 Pb^{2+}、Cd^{2+}吸附效果影响

1）吸附时间对吸附的影响

吸附时间是影响腐殖酸吸附效果的重要因素之一，在一定环境条件下，腐殖酸对 Pb^{2+}、Cd^{2+}重金属吸附-解吸的速率大小，直接反映了它们的迁移能力，因此确定合适的吸附时间，有利于了解 Pb^{2+}、Cd^{2+}重金属在土壤中的转化规律。

图 8.3 为吸附时间对褐煤腐殖酸吸附 Pb^{2+}的影响情况。结果表明，腐殖酸对重金属 Pb^{2+}离子的去除效果随着吸附时间的延长而增强，Pb^{2+}吸附负载量的变化趋势与吸附率一致，其

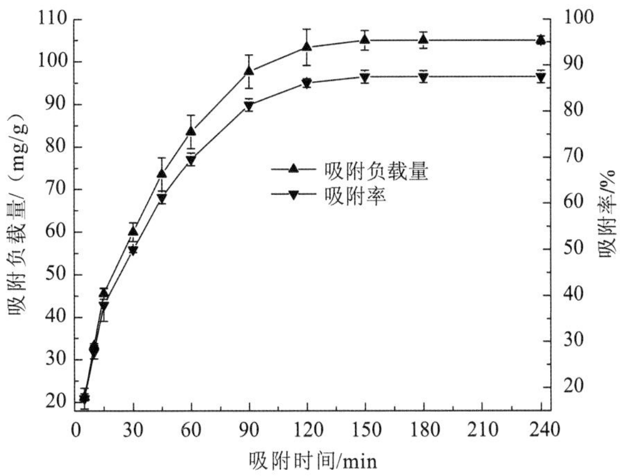

图 8.3　吸附时间对褐煤腐殖酸吸附 Pb^{2+}的影响（孙朋成，2016）

中 Pb^{2+}吸附率由 17.65%增加至 87.49%，Pb^{2+}吸附负载量由 21.19 mg/g 增加至 104.98 mg/g，在 180 min 时吸附达到动态平衡。

图 8.4 为吸附时间对 Cd^{2+}吸附效果的影响情况。结果表明，与之类似，褐煤腐殖酸对 Cd^{2+}吸附率及其吸附负载量随着吸附时间延长逐渐增大，Cd^{2+}吸附率由 5.91%增加至 76.24%，Cd^{2+}吸附负载量由 1.18 mg/g 增加至 15.25 mg/g，在 180 min 时吸附达到动态平衡。

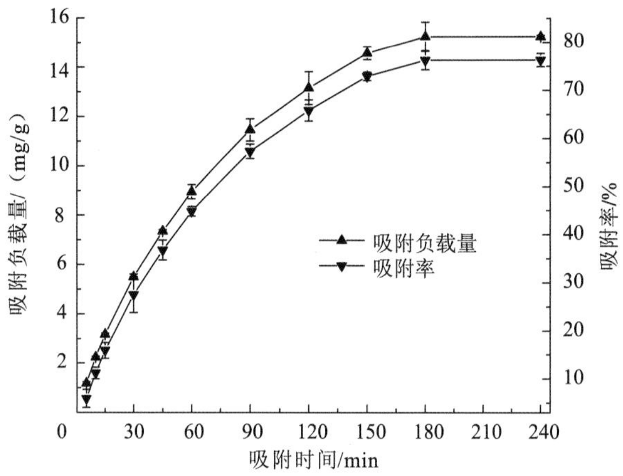

图 8.4　吸附时间对褐煤腐殖酸吸附 Cd^{2+}的影响（孙朋成，2016）

由图 8.3 和图 8.4 可知，前期褐煤腐殖酸吸附 Pb^{2+}、Cd^{2+}重金属非常迅速，可能是因为初始阶段腐殖酸比表面积较大，存在大量吸附活性位点，能迅速吸附 Pb^{2+}和 Cd^{2+}（武瑞平，2010），且初始阶段溶液中 Pb^{2+}、Cd^{2+}浓度较高，与腐殖酸表面的 Pb^{2+}、Cd^{2+}存在明显浓度差，产生推动力；当吸附位点逐渐被占据后，吸附饱和达到平衡。

2）吸附动力学分析

吸附量随时间的变化直接反映了吸附速率的大小，是环境材料颗粒与 Pb^{2+}、Cd^{2+}和 NH_4^+微观吸附过程在宏观上的反映。三种环境材料对 Pb^{2+}、Cd^{2+}和 NH_4^+的吸附过程实际上是一种能量传递和物质交换的化学过程。研究传质过程和化学反应等吸附过程的控制机制，常用一级动力学模型、二级动力学模型和内部扩散模型表示。

一级动力学模型：

$$\lg(q_e - q_t) = \lg q_e - \frac{k_1}{2.303t} \tag{8.1}$$

式中：q_e和 q_t分别为 Pb^{2+}、Cd^{2+}和 NH_4^+在平衡时和时间 t 时在吸附剂上的吸附量，mg/g；k_1为一级吸附的速率常数，min^{-1}。

二级动力学模型：

$$\frac{t}{q_t} = \frac{1}{k_2 q_e^2} + \frac{t}{q_e} \tag{8.2}$$

式中：q_e和 q_t分别为 Pb^{2+}、Cd^{2+}和 NH_4^+在平衡时和时间 t 时在吸附剂上的吸附量，mg/g；k_2为二级吸附的速率常数，min^{-1}。

内部扩散模型：

$$q_t = k_i \cdot t^{0.5} \qquad (8.3)$$

式中：q_t 为 Pb^{2+}、Cd^{2+}和 NH_4^+ 在时间 t 时在吸附剂上的吸附量，mg/g；k_i 为内部扩散速率，mg/（g・$min^{0.5}$），k_i 在数值上等于 q_t - $t^{0.5}$ 图的直线的斜率。

吸附试验前用 KCl 电解质溶液将 Pb^{2+}、Cd^{2+}和 NH_4^+ 储备液稀释成试验所需的浓度。分别称取一定量的环境材料置于 250 mL 锥形瓶中，加入 100 mL 初始浓度分别为 600 mg/L Pb^{2+}（100 mg/L Cd^{2+}或 100 mg/L NH_4^+）溶液，加盖密封，在（25±0.2）℃条件下置于恒温振荡器中，按照预计平衡时间以 250 r/min 转速振荡，Pb^{2+}、Cd^{2+}吸附在第 5 min、10 min、15 min、30 min、60 min、90 min、120 min、150 min、180 min 和 240 min 取样（NH_4^+ 吸附在第 15 min、30 min、60 min、120 min、240 min、360 min、540 min、900 min、1 440 min、2 880 min 中取样），以 6 000 r/min 高速离心 10 min，取上清液经 0.45 μm 滤膜过滤，使用 ICP-AES 测定滤液 Pb^{2+}、Cd^{2+}浓度，使用 UV-1100 紫外–可见分光光度计测定 NH_4^+ 浓度。

吸附动力学研究吸附过程能量传递和物质交换，吸附量随时间的变化直接反映了吸附速率的大小，是环境材料颗粒与 Pb^{2+}、Cd^{2+}微观吸附过程在宏观上的反映。

图 8.5 和图 8.6 为褐煤腐殖酸对 Pb^{2+}、Cd^{2+}吸附动力学拟合情况。结果显示，褐煤腐殖酸对 Pb^{2+}、Cd^{2+}吸附速率起始阶段很快，其后逐渐变慢；且褐煤腐殖酸对 Pb^{2+}、Cd^{2+}吸附动力学均能按照一级动力学模型和二级动力学模型拟合。

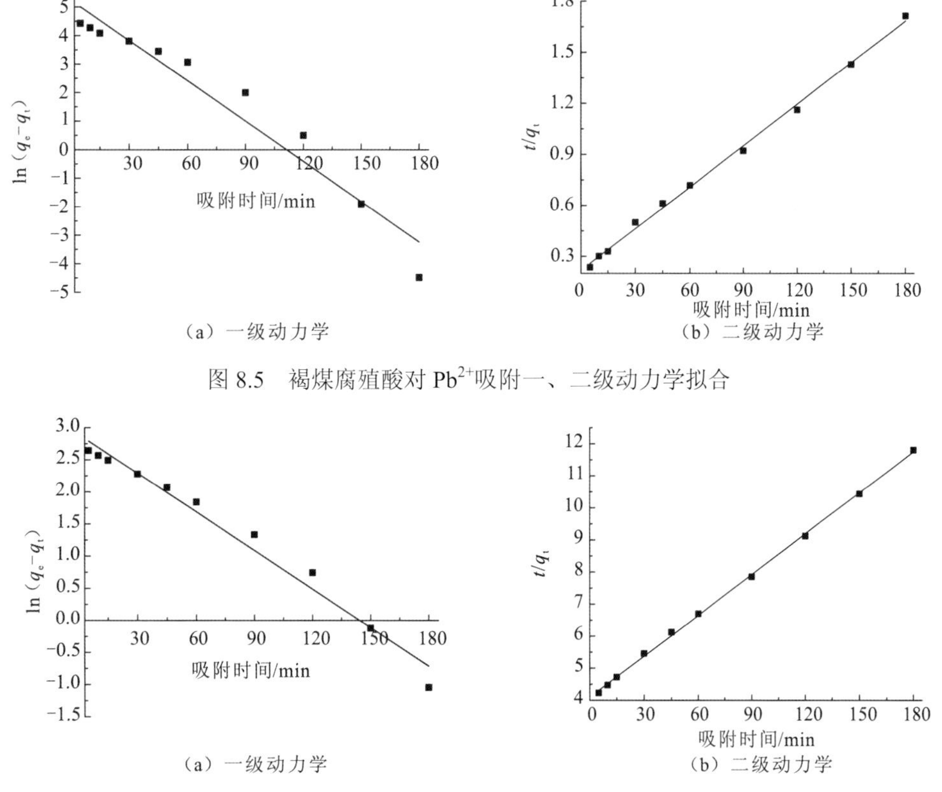

（a）一级动力学　（b）二级动力学

图 8.5　褐煤腐殖酸对 Pb^{2+}吸附一、二级动力学拟合

（a）一级动力学　（b）二级动力学

图 8.6　褐煤腐殖酸对 Cd^{2+}吸附一、二级动力学拟合

表 8.1 为褐煤腐殖酸对 Pb^{2+}、Cd^{2+}吸附动力学曲线按照一级动力学模型、二级动力学模型及内部扩散模型拟合的相关参数。结果显示，褐煤腐殖酸吸附 Pb^{2+}、Cd^{2+}二级动力学方程拟合相关系数分别为 0.997 0 和 0.999 1。二级动力学模型基于极高的相关系数，能够很好地拟合褐煤腐殖酸材料对 Pb^{2+}、Cd^{2+}的吸附动力学过程。

表 8.1 腐殖酸对 Pb^{2+}和 Cd^{2+}的吸附反应动力学参数(孙朋成，2016)

离子	一级动力学模型		二级动力学模型		内部扩散模型	
	拟合方程	R^2	拟合方程	R^2	拟合方程	R^2
Pb^{2+}	y=−0.047 1x+5.241 8	0.935 4	y=0.008 1x+0.218 2	0.997 0	y=0.061 9x+3.160 6	0.958 9
Cd^{2+}	y=−0.020 0x+2.892 1	0.975 3	y=0.042 5x+4.096 4	0.999 1	y=0.061 9x+3.160 6	0.958 9

拉格朗日一级动力学方程是建立在固､液相间平衡的可逆反应基础之上的经验方程。拟合结果显示，褐煤腐殖酸对 Pb^{2+}、Cd^{2+}的吸附动力学过程与一级动力学方程吻合不是太好。二级动力学模型的前提假设条件是化学吸附为速控步骤，拟合结果显示，褐煤腐殖酸对 Pb^{2+}、Cd^{2+}的吸附动力学曲线与二级动力学方程吻合很好，也间接证实了褐煤腐殖酸材料对 Pb^{2+}的吸附存在化学吸附，且化学吸附占主导地位。

3. 初始浓度对腐殖酸 Pb^{2+}、Cd^{2+}吸附效果影响

吸附质初始浓度是影响环境材料吸附效果的重要因素，直接影响吸附效果。通常吸附材料对 Pb^{2+}、Cd^{2+}吸附量随浓度的增加而增加，但吸附率则随初始浓度的增大而减小。

图 8.7 为溶液初始浓度对褐煤腐殖酸吸附 Pb^{2+}效果的影响情况。结果表明，褐煤腐殖酸对 Pb^{2+}吸附率随初始浓度增大而降低，Pb^{2+}吸附负载量则随溶液 Pb^{2+}初始浓度的增大出现先增大后减小的现象。当 Pb^{2+}初始浓度由 400 mg/L 增加至 1 600 mg/L 时，Pb^{2+}吸附率由 99.26%降至 34.79%；当 Pb^{2+}初始浓度由 400 mg/L 增加至 1 200 mg/L 时，Pb^{2+}吸附负载量由 79.41 mg/g 增加至 119.10 mg/g；当 Pb^{2+}初始浓度由 1 200 mg/L 增加至 1 600 mg/L 时，Pb^{2+}吸附负载量由 119.10 mg/g 降至 111.34 mg/g。

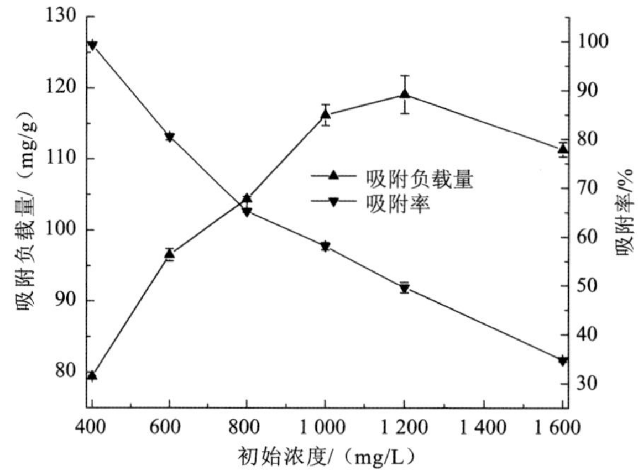

图 8.7 溶液初始浓度对褐煤腐殖酸吸附 Pb^{2+}的影响（孙朋成，2016）

图 8.8 为溶液初始浓度对褐煤腐殖酸吸附 Cd^{2+}效果的影响情况。结果表明，褐煤腐殖酸对 Cd^{2+}吸附率随 Cd^{2+}初始浓度增大而降低，Cd^{2+}吸附负载量呈现随溶液 Cd^{2+}初始浓度的增大而增大的规律。当 Cd^{2+}初始浓度由 50 mg/L 增加至 500 mg/L 时，Cd^{2+}吸附率由 98.23%降至 21.21%，Cd^{2+}吸附负载量由 9.82 mg/g 增加至 21.21 mg/g。

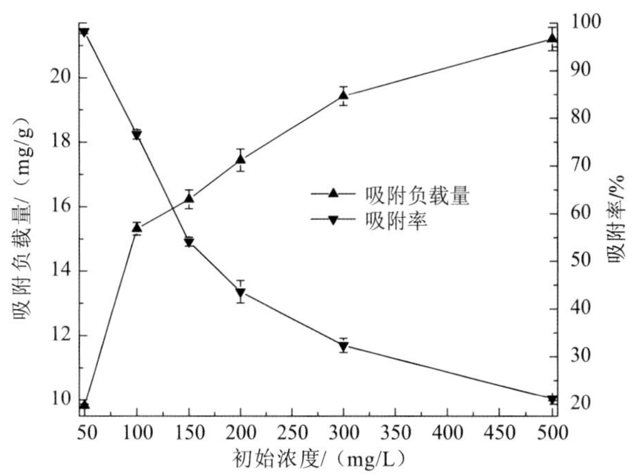

图 8.8　溶液初始浓度对褐煤腐殖酸吸附 Cd^{2+}的影响（孙朋成，2016）

图 8.7 和图 8.8 表明，腐殖酸吸附 Pb^{2+}、Cd^{2+}的量随着 Pb^{2+}、Cd^{2+}初始浓度增大而增加，但吸附率随浓度增大而减少。重金属离子的初始浓度，在一定程度上反映了环境被污染的程度（张小亮 等，2013）。腐殖酸投加量一定时，当 Pb^{2+}、Cd^{2+}浓度较低，腐殖酸表面活性位点尚未饱和，单位质量的腐殖酸与 Pb^{2+}、Cd^{2+}的碰撞机会多（李静萍 等，2016），因此低浓度时腐殖酸吸附 Pb^{2+}、Cd^{2+}效果很好；浓度增大时，溶液中 Pb^{2+}、Cd^{2+}总数增加，提高了与腐殖酸吸附位点接触的概率，容易被腐殖酸内部活性位点吸附；同时削弱了其他离子如 H^{+}的竞争作用，因此 Pb^{2+}、Cd^{2+}吸附量随着初始浓度的增加而增加。但随着浓度增大，溶液中单位数量 Pb^{2+}、Cd^{2+}对应的腐殖酸数量减少，碰撞概率降低，导致吸附率降低。

4. 溶液 pH 对腐殖酸 Pb^{2+}、Cd^{2+}吸附效果影响

溶液的初始 pH 对吸附效果具有重要影响。确定三种环境材料吸附效果最好时的 pH 范围，具有重要的理论和应用价值。

图 8.9 为不同初始 pH 对褐煤腐殖酸吸附 Pb^{2+}效果的影响。结果表明，褐煤腐殖酸对 Pb^{2+}吸附负载量和吸附率均随溶液初始 pH 增大而增大。当溶液初始 pH 由 2.5 增加至 7.5 时，Pb^{2+}吸附率由 68.81%增加至 96.76%，Pb^{2+}吸附负载量由 82.56 mg/g 增加至 116.11 mg/g。

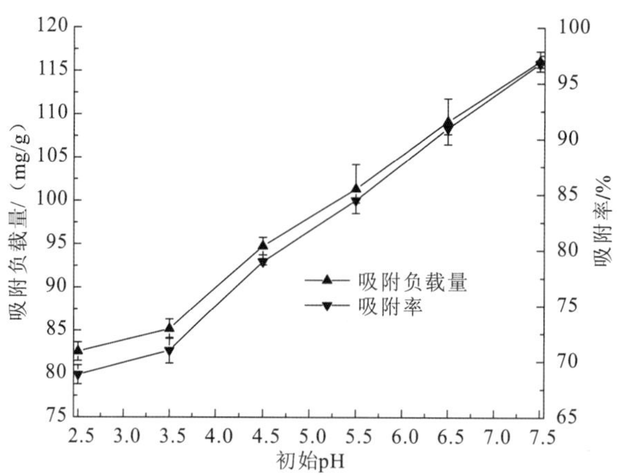

图 8.9　溶液初始 pH 对褐煤腐殖酸吸附 Pb^{2+}的影响（孙朋成，2016）

图 8.10 为溶液初始 pH 对褐煤腐殖酸吸附 Cd^{2+}的影响情况。结果表明，褐煤腐殖酸对 Cd^{2+}吸附负载量和吸附率均随溶液初始 pH 增大而增大。Cd^{2+}吸附负载量与吸附率变化趋势一致。pH 较低时由于 H^{+}的竞争作用，H^{+}与 Cd^{2+}形成竞争吸附。腐殖酸表面的活性位点被 H^{+}占据，Cd^{2+}由于静电斥力无法靠近吸附位点，抑制了腐殖酸对 Cd^{2+}的吸附作用。当 pH 升高，溶液中 H^{+}减少，腐殖酸表面吸附位点上负电荷增加，对 Cd^{2+}产生引力作用，腐殖酸与 Cd^{2+}之间的结合能力增强，吸附量增大。同时随着 pH 升高，部分 Cd^{2+}与 OH^{-}结合形成 $Cd(OH)^{+}$形态，表面电荷降低，专性吸附和静电吸附作用加强，腐殖酸吸附更多的 $Cd(OH)^{+}$，Cd^{2+}的吸附量增加。但是 pH 越高不一定越利于 Cd 的吸附，因为碱性条件下 Cd 会以 $Cd(OH)_2$ 沉淀形式析出，水解和吸附作用同时进行，很难判断 Cd 是被腐殖酸吸附还是 Cd 本身生成沉淀。当溶液 pH 由 2.5 增加至 7.5 时，Cd^{2+}吸附率由 46.65%增加至 82.42%，Cd^{2+}吸附负载量由 9.33 mg/g 增加至 16.48 mg/g。

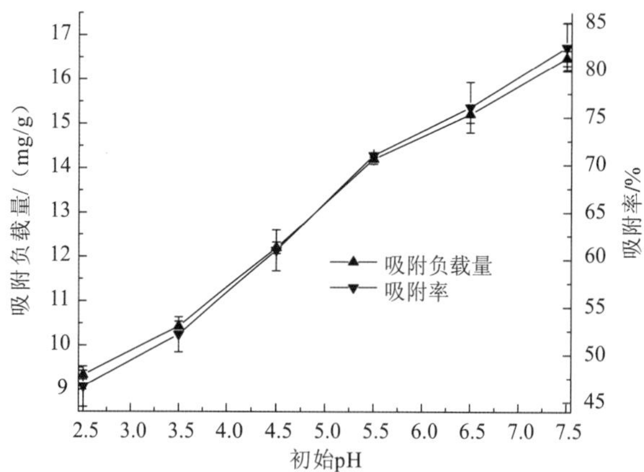

图 8.10　溶液初始 pH 对褐煤腐殖酸吸附 Cd^{2+}的影响（孙朋成，2016）

5. 温度对腐殖酸 Pb^{2+}、Cd^{2+}吸附效果影响

1）温度对吸附的影响

温度是影响环境材料吸附 Pb^{2+}、Cd^{2+}和 NH_4^+的重要因素，提高温度能够加快反应速度。因此，选择合适的温度对于提高吸附效果具有重要意义。

图 8.11 为温度对褐煤腐殖酸吸附 Pb^{2+}效果的影响。结果表明，褐煤腐殖酸对 Pb^{2+}吸附率和吸附负载量随吸附温度升高逐渐增大。当吸附温度由 15 ℃升至 55 ℃时，Pb^{2+}吸附率由 73.58%增加至 84.48%，Pb^{2+}吸附负载量由 88.29 mg/g 增加至 101.37 mg/g。

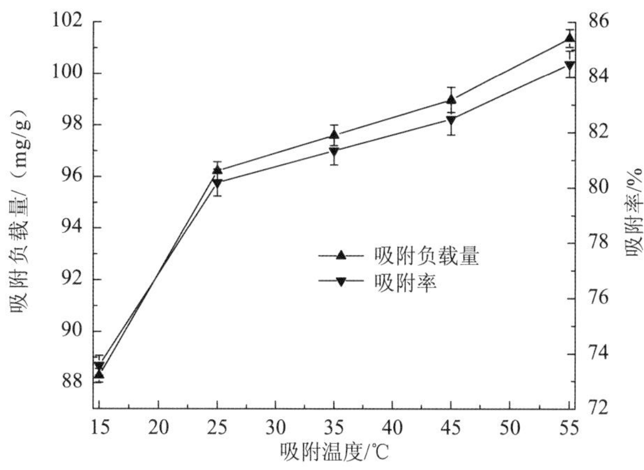

图 8.11　吸附温度对褐煤腐殖酸吸附 Pb^{2+}的影响（孙朋成，2016）

图 8.12 为温度对褐煤腐殖酸吸附 Cd^{2+}效果的影响。结果表明，褐煤腐殖酸对 Cd^{2+}吸附率和吸附负载量随温度升高逐渐增大。当吸附温度由 15 ℃升至 55 ℃时，Cd^{2+}吸附率由 66.93%增加至 81.49%，Cd^{2+}吸附负载量由 13.39 mg/g 增加至 16.29 mg/g。

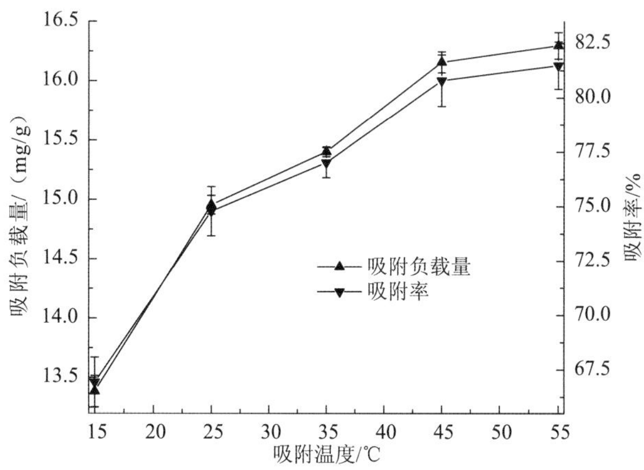

图 8.12　吸附温度对褐煤腐殖酸吸附 Cd^{2+}的影响（孙朋成，2016）

图 8.11 和图 8.12 表明，腐殖酸吸附 Pb、Cd 均随着温度的增加而增加，腐殖酸对 Pb^{2+}、Cd^{2+}的吸附负载量与吸附率变化趋势一致，腐殖酸吸附 Pb^{2+}、Cd^{2+}均为吸热反应。这可

能是因为温度升高改变了腐殖酸的结构，使腐殖酸表面具有更多的吸附位点，增加了腐殖酸吸附 Pb^{2+}和 Cd^{2+}的机会；也可能是温度升高增强了离子运动，Pb^{2+}、Cd^{2+}扩散速度增加，离子活度增大，更多的 Pb^{2+}、Cd^{2+}能够进入腐殖酸表面和内部结构中（Chowdhury et al.，2011）。

2）等温吸附

等温吸附试验可以在不同温度条件下，研究吸附剂对不同初始浓度的吸附质的吸附效果。描述重金属 Pb^{2+}、Cd^{2+}和 NH_4^+在蛇纹石、纳米碳及褐煤腐殖酸这类固-液等温吸附曲线最常用的两个模型就是 Langmuir 模型和 Freundlich 模型。

Freundlich 吸附等温式：

$$\lg q = \lg k_F + \frac{1}{n}\lg c_e \tag{8.4}$$

式中：q 为吸附剂吸附负载量，mg/g；k_F 为 Freundlich 吸附等温常数，（mg/g）/（1/mg）$^{1/n}$；c_e 为重金属离子在溶液中的平衡浓度，mg/L；$1/n$ 为吸附指数，表示不同平衡浓度时的吸附能力。当 $1/n$ 介于 0.1～0.5 时，易于吸附；当 $1/n$>2 时，则难以吸附。

Langmuir 吸附等温式：

$$\frac{c_e}{q_e} = \frac{1}{bq_m} + \frac{c_e}{q_m} \tag{8.5}$$

式中：q_e 为吸附剂吸附负载量，mg/g；q_m 为最大吸附量，也称为单层饱和吸附量，mg/g；c_e 为重金属离子在溶液中的平衡浓度，mg/L；b 为吸附平衡常数，L/mg。

用 KCl 电解质溶液配置浓度为 600 mg/L 的 Pb^{2+}（100 mg/L Cd^{2+}和 100 mg/L NH_4^+）标准溶液。分别称取一定质量的环境材料于 250 mL 锥形瓶中，加入 100 mL 相应浓度的重金属 Pb^{2+}、Cd^{2+}或 NH_4^+ 溶液，置于恒温振荡器中，在 15 ℃、25 ℃、35 ℃、45 ℃、55 ℃条件下按照预定平衡时间以 250 r/min 转速振荡。振荡结束后，以 6 000 r/min 高速离心 10 min，取上清液经 0.45 μm 滤膜过滤，使用 ICP-AES 测定滤液 Pb^{2+}、Cd^{2+}浓度，使用 UV-1100 紫外-可见分光光度计测定 NH_4^+浓度。

等温吸附试验可以研究不同温度条件下，环境材料对不同初始浓度的 Pb^{2+}、Cd^{2+}的吸附效果，提供材料最大饱和吸附量、吸附类型等信息。等温吸附模型包括 Langmuir 模型、Freundlich 模型、Kelvin 模型、微孔填充理论 DR 模型等，但是 Langmuir 模型和 Freundlich 模型是描述固-液等温吸附曲线最常用的两个模型。

图 8.13 为褐煤腐殖酸对 Pb^{2+}等温吸附曲线的 Langmuir 和 Freundlich 拟合情况。结果显示，Pb^{2+}在 T=298 K、308 K、318 K、328 K 的等温吸附曲线均能按照 Freundlich 和 Langmuir 等温模型拟合。

表 8.2 为褐煤腐殖酸对 Pb^{2+}等温吸附曲线的 Langmuir 和 Freundlich 拟合相关参数情况。拟合结果显示，使用 Freundlich 模型对褐煤腐殖酸对 Pb^{2+}的等温吸附曲线拟合时，褐煤腐殖酸相关系数介于 0.833 7～0.910 7。使用 Langmuir 模型对褐煤腐殖酸对 Pb^{2+}的等温吸附曲线拟合时，褐煤腐殖酸相关系数介于 0.996 8～0.998 2。显然，基于极高的相关系数，Langmuir 模型对褐煤腐殖酸材料 Pb^{2+}等温吸附曲线拟合情况更好。

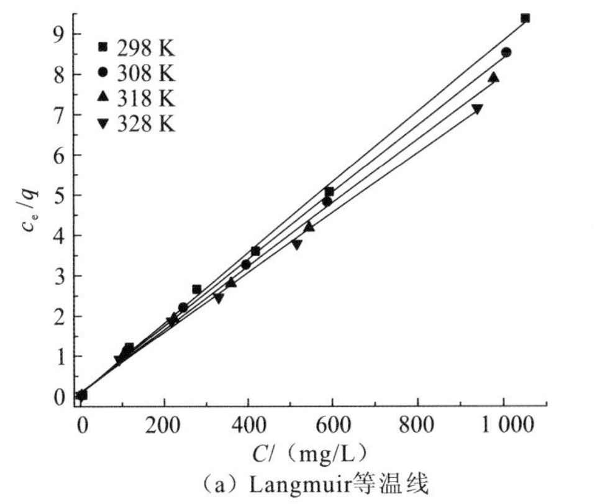

（a）Langmuir等温线

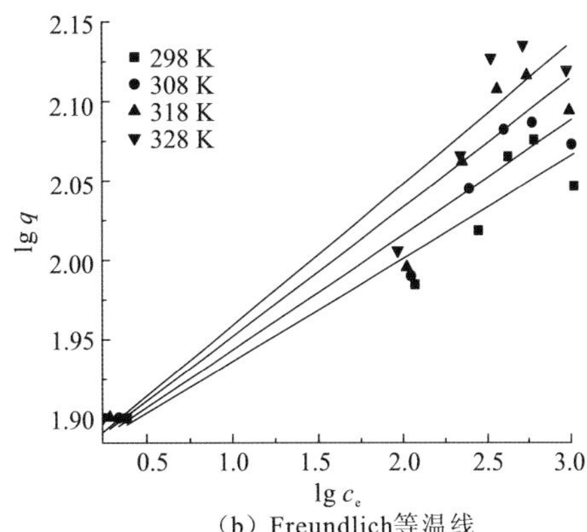

（b）Freundlich等温线

图 8.13　褐煤腐殖酸对 Pb^{2+}等温吸附方程

表 8.2　Freundlich 和 Langumir 吸附等温线模型拟合参数

等温线	参数	T/K			
		298	308	318	328
Freundlich 等温线	$k_F/(mg/g)(L/mg)^{1/n}$	74.352 3	74.301 9	74.233 5	74.113 9
	n	15.408 3	13.812 2	12.285 0	11.248 6
	R^2	0.833 7	0.910 7	0.879 2	0.890 9
Langumir 等温线	q_m/（mg/g）	113.636 4	120.481 9	126.582 3	135.135 1
	R^2	0.997 5	0.998 2	0.996 9	0.996 8
	b	0.137 7	0.098 7	0.100 1	0.068 6

褐煤腐殖酸材料 Pb^{2+}等温吸附曲线均能较好地按照 Langmuir 模型拟合，说明褐煤腐殖酸对 Pb^{2+}的吸附存在化学吸附，属于单层吸附。由表 8.2 结果可知，随吸附温度的升高，铵化腐殖酸对 Pb^{2+}吸附的最大饱和单层吸附量增大。褐煤腐殖酸对 Pb^{2+}最大饱和单层吸附量介于 113.63～135.14 mg/g。

吸附平衡常数 b 及最大饱和单层吸附量 q_m 均随吸附温度升高而增大，初步说明褐煤腐殖酸对 Pb^{2+}的吸附属于吸热反应。

图 8.14 为褐煤腐殖酸对 Cd^{2+}等温吸附曲线的 Langmuir 和 Freundlich 拟合情况。结果显示，Cd^{2+}在 T=298 K、308 K、318 K、328 K 的等温吸附曲线均能按照 Freundlich、Langmuir 等温吸附模型拟合。

表 8.3 为褐煤腐殖酸对 Cd^{2+}等温吸附曲线的 Langmuir 和 Freundlich 拟合相关参数情况。

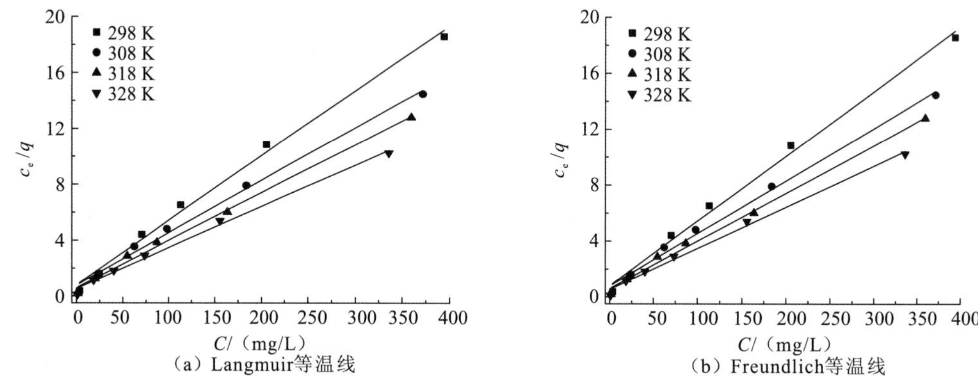

图 8.14　褐煤腐殖酸对 Cd^{2+}等温吸附方程

表 8.3　Freundlich 和 Langumir 吸附等温线模型拟合参数

等温线	参数	T/K			
		298	308	318	328
Freundlich 等温线	k_F/(mg/g)(L/mg)$^{1/n}$	0.954 3	0.990 7	0.980 4	0.982 3
	n	8.037 1	7.726 8	8.598 1	9.743 2
	R^2	6.082 7	4.828 6	4.828 6	4.725 9
Langumir 等温线	q_m（mg/g）	21.598 3	26.595 7	29.325 5	33.898 3
	R^2	0.992 8	0.992 5	0.993 8	0.992 9
	b	0.057 5	0.047 9	0.058 0	0.055 5

拟合结果显示，使用 Freundlich 模型对褐煤腐殖酸对 Cd^{2+}的等温吸附曲线拟合时，褐煤腐殖酸相关系数介于 0.954 3～0.990 7。使用 Langmuir 模型对褐煤腐殖酸对 Cd^{2+}的等温吸附曲线拟合时，相关系数介于 0.992 5～0.993 8。Langmuir 模型对褐煤腐殖酸 Cd^{2+}等温吸附曲线拟合情况更好。褐煤腐殖酸 Cd^{2+}等温吸附曲线均能较好地按照 Langmuir 模型拟合，说明褐煤腐殖酸对 Cd^{2+}的吸附存在化学吸附，属于单层吸附。褐煤腐殖酸对 Cd^{2+}最大饱和单层吸附量介于 21.60～33.90 mg/g。

8.2.2　腐殖酸对重金属的吸附机理

孙朋成（2016）通过表征分析，研究了腐殖酸吸附重金属铅镉的机理。研究采用的褐煤腐殖酸（HA），化学组成分析采用 DHF82 多元素快速分析仪，证明褐煤腐殖酸主要由 C、H、O、S 等元素组成，分别占 47.46%、4.48%、34.13%和 6.51%（表 8.4）。图 8.15 为腐殖酸分子结构模型，其分子结构较为复杂，含有大量不饱和基团。

表 8.4　褐煤腐殖酸化学组成

成分	C	O	H	Na	Mg	Al	Si	S	Ca
占比/%	47.46	34.13	4.48	5.17	0.10	1.13	0.83	6.51	0.20

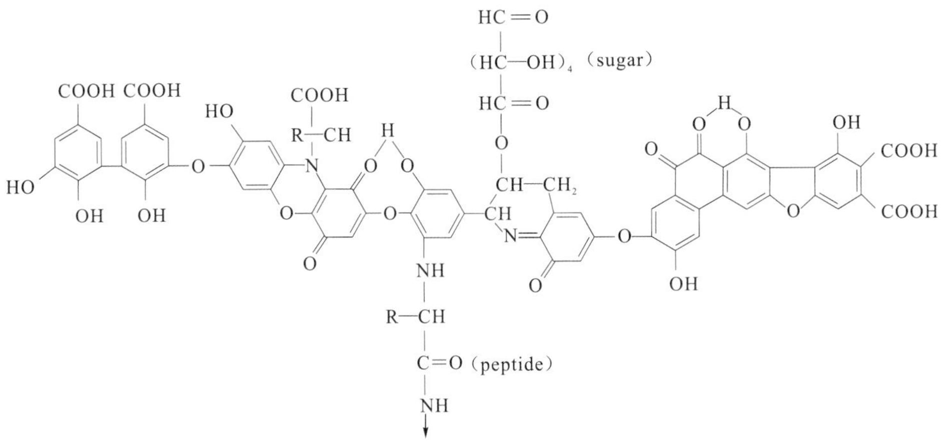

图 8.15　褐煤腐殖酸分子结构模型

褐煤腐殖酸的孔径、孔体积及比表面积由美国 TRI-Star 3000 比表面积与孔径仪测定。褐煤腐殖酸比表面积、孔径及孔体积分别为 13.64 m^2/g、18.13 nm 和 0.004 cm^3/g。

褐煤腐殖酸粒度由 Mastersizer 2 000 型激光粒度仪进行测定，材料粒度分布曲线图使用 Mastersizer 2 000 分析软件进行统计分析。表 8.5 列举了褐煤腐殖酸粒度分布情况。结果表明，褐煤腐殖酸粒度稍小，其粒径分布比较集中，10～80 μm 占比较大，D_{50}=15.46 μm，D_{90}=63.47 μm。

表 8.5　褐煤腐殖酸粒度分布　单位：μm

样品名称	D_{10}	D_{50}	D_{90}
褐煤腐殖酸	2.99	15.46	63.47

1. 红外光谱分析

图 8.16 为褐煤腐殖酸吸附 Pb^{2+}、Cd^{2+}及 NH_4^+前后波长信息的变化。吸附前，褐煤腐殖酸 FTIR 图谱中，3 423.15 cm^{-1}吸收峰为—CN 的伸缩振动；2 929.66 cm^{-1}吸收峰可能是烷烃或环烷烃的—CH_2伸缩振动和变形振动；1 701.34 cm^{-1}处的吸收峰分别由—COOH 和羰基官能团中 C＝O 和 C—O 的伸缩振动引起，表明褐煤腐殖酸中存在羧基、醛基和酮类官能团；在 1 594.82 cm^{-1}处的吸收峰则是由酰胺基—NH 变形振动引起的；1 234.48 cm^{-1}处为羧酸官能团的 C—O 伸缩振动和 O—H 变形振动；1 087.18 cm^{-1}吸收峰可能为 C—O—C 振动。分析发现，褐煤腐殖酸与 Pb^{2+}、Cd^{2+}及 NH_4^+发生反应后，位于 1 701.34 cm^{-1}

和 1 234.48 cm^{-1} 处的吸收峰分别由—COOH 中 C═O 和 C—O 的伸缩振动弱化和偏移，说明褐煤腐殖酸与 Pb^{2+}、Cd^{2+}及 NH_4^+ 反应过程中存在化学反应。同时褐煤腐殖酸与 NH_4^+ 反应后，3 423.15 cm^{-1} 和 1 594.82 cm^{-1} 吸收峰处 C—N 的伸缩振动明显加强，酰胺基—NH 变形振动明显弱化，说明褐煤腐殖酸吸附 NH_4^+ 过程存在化学键的生成和断裂，即存在化学反应。

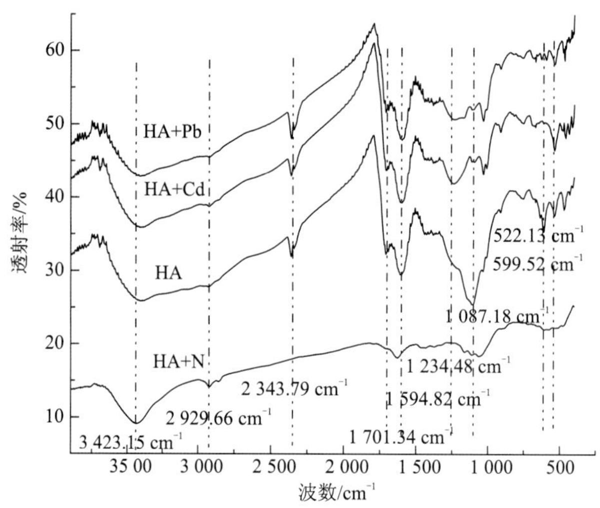

图 8.16　褐煤腐殖酸傅里叶红外光谱图

2. 电子能谱分析

图 8.17 为褐煤腐殖酸电子能谱分析结果。结果表明，褐煤腐殖酸中 C 和 O 元素占的比重很高，结合前面红外光谱分析可知，褐煤腐殖酸中含有—CH_2、—CN、—COOH、C═C、—OH、醛基、羰基等活性基团，对于 Pb^{2+}、Cd^{2+}吸附效果及吸附稳定性至关重要。

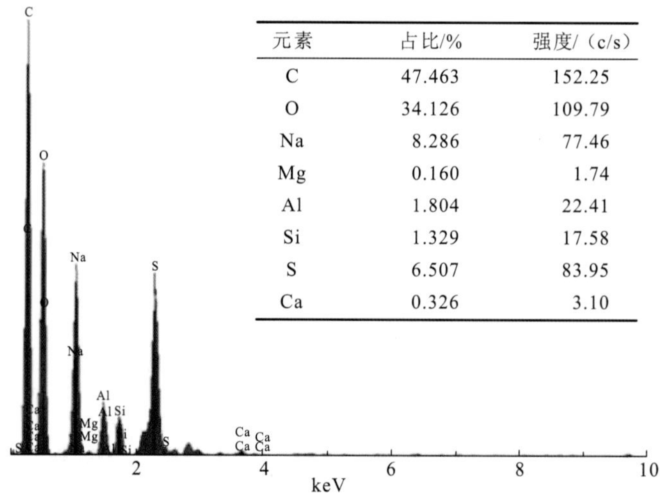

元素	占比/%	强度/（c/s）
C	47.463	152.25
O	34.126	109.79
Na	8.286	77.46
Mg	0.160	1.74
Al	1.804	22.41
Si	1.329	17.58
S	6.507	83.95
Ca	0.326	3.10

图 8.17　褐煤腐殖酸光电子能谱分析

图 8.18 为褐煤腐殖酸吸附 Cd^{2+}后电子能谱分析结果。结果表明，吸附反应后，褐煤腐殖酸中 C、O 和 Na 元素含量变化较大，Cd^{2+}含量由 0 增加至 0.862%，结合前面红外光谱分析可知，褐煤腐殖酸中含有—COOH、—OH 等活性基团，可能参与了褐煤腐殖酸对 Cd^{2+}吸附反应，同时 Na 元素降低非常明显，推断吸附过程可能存在离子交换吸附。

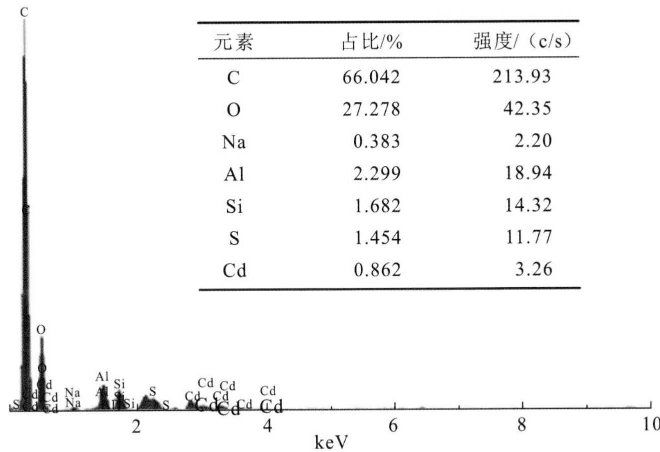

元素	占比/%	强度/（c/s）
C	66.042	213.93
O	27.278	42.35
Na	0.383	2.20
Al	2.299	18.94
Si	1.682	14.32
S	1.454	11.77
Cd	0.862	3.26

图 8.18　褐煤腐殖酸吸附 Cd^{2+}后光电子能谱分析

图 8.19 为褐煤腐殖酸吸附 Pb^{2+}后电子能谱分析结果。结果表明，吸附反应后，褐煤腐殖酸中 C、O 和 Na 元素含量变化较大，Pb 含量由 0 增加至 18.531%，结合前面红外光谱分析可知，褐煤腐殖酸中含有—COOH、—OH 等活性基团，可能参与了褐煤腐殖酸对 Pb^{2+}吸附反应，同时 Na 元素降低非常明显，推断吸附过程可能存在离子交换吸附。

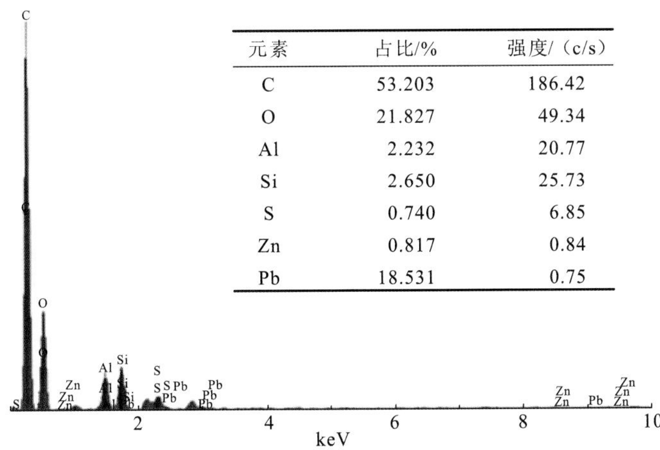

元素	占比/%	强度/（c/s）
C	53.203	186.42
O	21.827	49.34
Al	2.232	20.77
Si	2.650	25.73
S	0.740	6.85
Zn	0.817	0.84
Pb	18.531	0.75

图 8.19　褐煤腐殖酸吸附 Pb^{2+}后光电子能谱分析

3. 电镜扫描

本小节使用日立 SU 8010 场发射扫描电子显微镜对褐煤腐殖酸吸附 Pb^{2+}、Cd^{2+}前后表面形态进行研究。

图 8.20 为褐煤腐殖酸电镜扫描结果。分析发现，褐煤腐殖酸表面较为粗糙，布满了凸起、颗粒和微球，颗粒之间的孔隙较为疏松。

图 8.20　褐煤腐殖酸电镜扫描分析

图 8.21 为褐煤腐殖酸吸附 Cd 后电镜扫描结果。分析发现，吸附反应后，褐煤腐殖酸表面较吸附前更为平滑，凸起、颗粒和微球之间的孔隙较吸附前紧实。结合红外表征和能谱分析可知，Cd 吸附在了褐煤腐殖酸上。

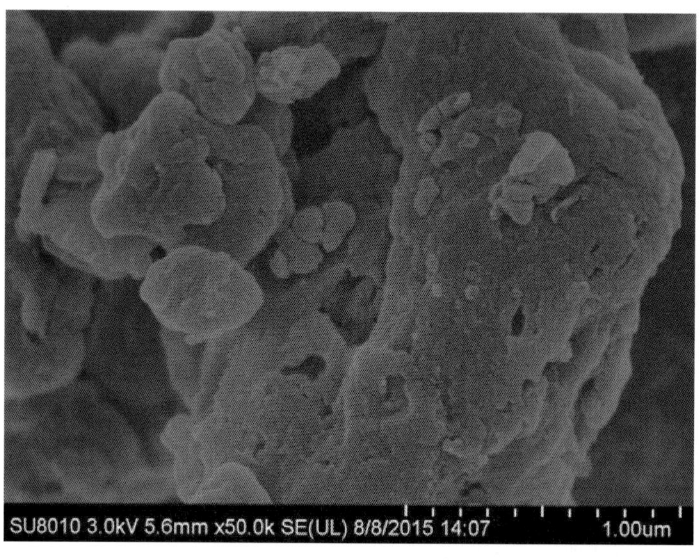

图 8.21　褐煤腐殖酸吸附 Cd^{2+}后电镜扫描分析

图 8.22 为褐煤腐殖酸吸附 Pb 后电镜扫描结果。分析发现，吸附反应后，褐煤腐殖酸表面较吸附前更为平滑，凸起、颗粒和微球之间的孔隙较吸附前紧实。结合红外表征

和能谱分析可知，Pb 吸附在了褐煤腐殖酸上。

图 8.22　褐煤腐殖酸吸附 Pb^{2+}后电镜扫描分析

4. 腐殖酸对土壤 Pb^{2+}、Cd^{2+}钝化效应机理

褐煤腐殖酸对 Pb^{2+}、Cd^{2+}钝化作用机理，主要通过褐煤腐殖酸对 Pb^{2+}、Cd^{2+}吸附性能、吸附类型、吸附稳定性及材料表征结果等指标来反映。

吸附-解吸试验结果表明，褐煤腐殖酸对 Pb^{2+}、Cd^{2+}有良好的吸附性能，褐煤腐殖酸对 Pb^{2+}、Cd^{2+}吸附率分别为 77.18%～80.55%和 71.50%～78.22%；Pb^{2+}、Cd^{2+}等温吸附曲线服从 Langmuir 等温吸附模型，NH_4^+ 等温吸附曲线服从 Freundlich 模型，Pb^{2+}、Cd^{2+}的吸附动力学曲线服从二级动力学模型，说明褐煤腐殖酸对 Pb^{2+}、Cd^{2+}吸附过程化学吸附占主导地位；Pb^{2+}、Cd^{2+}吸附很稳定，不易脱附，在 6.5＜pH＜7.5 条件下，Pb^{2+}、Cd^{2+}脱附率低于 0.95%和 0.61%，强酸性环境下，Pb^{2+}、Cd^{2+}脱附率低于 21.53%和 24.37%。

扫描电镜分析显示，褐煤腐殖酸 Pb^{2+}、Cd^{2+}发生反应前，材料表面有很多微孔、微球，微球之间孔隙较为疏松，吸附反应后，微孔、微球及微球之间的孔隙布满了细小的颗粒。

电子能谱分析显示，褐煤腐殖酸 Pb^{2+}、Cd^{2+}发生反应后，环境材料表面的 Pb^{2+}、Cd^{2+}含量分别由 0 增加至 20.71%、15.27%和 18.53%，　0.78%、0.54%和 0.86%。结果表明，Pb^{2+}、Cd^{2+}吸附在了褐煤腐殖酸上。

红外图谱分析显示，褐煤腐殖酸与 Pb^{2+}、Cd^{2+}发生反应后，—COOH 中 C═O 和 C—O 的吸收峰伸缩振动弱化和偏移，C—N 吸收峰的伸缩振动明显加强，说明褐煤腐殖酸与 Pb^{2+}、Cd^{2+}反应过程中存在化学反应。

8.3　腐殖酸对土壤重金属的钝化稳定化效应

8.3.1　腐殖酸对土壤重金属镉的钝化效应

为了揭示腐殖酸对土壤重金属 Cd 的淋溶效果，单瑞娟（2015）采用土柱模拟淋溶方法，开展不同腐殖酸用量对土壤重金属 Cd 的淋溶试验，分析不同腐殖酸用量与土壤对重金属 Cd 的可溶性量淋溶效果。

试验采用单因素、完全试验设计方案，配置淋溶土壤 Cd 浓度为 10 mg/kg 土，以 $CdCl_2$ 离子溶液形式加入土壤，设置 4 个处理水平，腐殖酸添加量分别为 0.5 g/kg、2 g/kg、3.5 g/kg、5 g/kg，编号分别为 HA-1、HA-2、HA-3、HA-4，一个空白对照组 CK（未添加腐殖酸），每种处理设 3 组重复以保证试验数据的准确性。试验数据采用统计分析软件 SPSS 19.0 进行分析，在 95%置信水平下，应用最小显著差异法（least significant difference，LSD）进行单因素方差分析。

1. 腐殖酸对淋溶液 pH 的影响

土壤中 Cd 的溶解度受土壤 pH、有机质含量和土壤矿物学的影响，其中 pH 是最重要的影响因素之一。在 pH 大于 7 的条件下，由于腐殖酸分子大多带负电荷，易与重金属发生配位，并吸附在土壤表面，从而降低土壤中融溶态重金属浓度。

由图 8.23 可以看出，随着淋溶次数的增加，不同腐殖酸添加量的各处理淋溶液均为弱碱性，各处理淋溶液 pH 呈前三次上升、第四次则呈下降的趋势。第一次淋溶中，5 组淋溶液的 pH 依次升高，但差异不显著，第三次淋溶液的 pH 基本相等。4 次淋溶中，各处理淋溶液 pH 差值范围均在 0.5 之内，说明腐殖酸的添加量对土壤在淋溶时的酸碱度无明显改变。

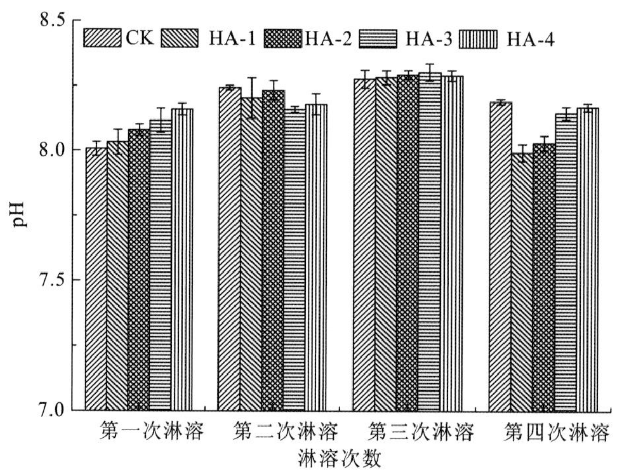

图 8.23　腐殖酸对 Cd 污染土壤淋溶液 pH 的影响

2. 腐殖酸对淋溶液电导率的影响

电导率表明土壤中水溶性离子的溶出状况，能反映出水中存在电解质的程度。电导率的大小与离子的种类有关，通常是强酸的电导率最大，强碱和它与弱酸产生的盐类次之，而弱酸和弱碱的电导率最小。

由图 8.24 可以看出，随着淋溶次数的增加，各处理淋溶液的电导率逐渐降低。这可能是由于随着淋溶的次数增加，土壤中可溶性离子越来越少。第一次淋溶中淋溶液的电导率以 CK 处理最高，这可能是由于腐殖酸固定了大量的重金属离子，使其淋溶液中重金属含量减少，从而影响了电导率。后三次淋溶中 CK 处理的淋溶液电导率略低于添加了腐殖酸的试验组电导率，但差异不明显。综合 4 次淋溶液中的电导率发现，HA-1 和 HA-4 为 CK 处理的 100%，HA-2 为 CK 处理的 94.2%，HA-3 为 CK 处理的 97.70%，差异不显著。说明不同的腐殖酸用量对淋溶液的电导率影响效果不明显。

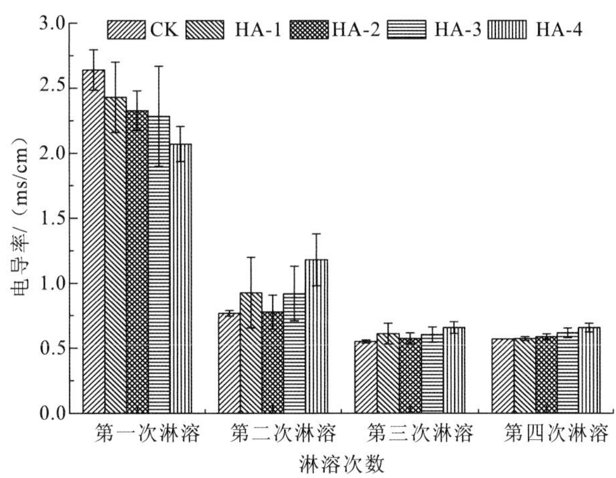

图 8.24　腐殖酸对 Cd 污染土壤淋溶液电导率的影响

3. 腐殖酸对 Cd 的淋溶效应

腐殖酸对重金属吸附作用一般认为是腐殖酸具有螯合作用，当羧基邻位有酚羟基时，对重金属螯合作用特别有利。从 4 次淋溶看（表 8.6），腐殖酸对土壤中重金属的固化效果显著。

表 8.6　腐殖酸对 Cd 的淋溶效应　　单位：mg/L

处理号	第一次淋溶	第二次淋溶	第三次淋溶	第四次淋溶
CK	12.541±0.938a	1.981±0.435b	1.742±0.559b	0.417±0.022a
HA-1	9.719±1.183ab	1.538±0.309b	1.314±0.193b	0.203±0.011c
HA-2	8.333±1.667b	2.260±0.371ab	1.515±0.158b	0.546±0.014a
HA-3	5.992±0.741b	3.493±0.698a	2.087±0.262ab	0.193±0.089c
HA-4	7.867±1.363b	1.998±0.359b	2.897±0.372a	0.688±0.034b

第一次淋溶中，各处理淋溶液中的重金属 Cd 含量均高于后三次。其中，CK、HA-1、

HA-2、HA-3 处理的 Cd 含量随淋溶次数的增加逐渐降低。HA-4 处理中第三次淋溶液 Cd 含量高于第二次淋溶液的 Cd 含量，这可能是由于土壤 pH 降低，腐殖酸的溶解性变差，且不利于腐殖酸分子活性基团的离解（刘利军　等，2013）。从总量分析，4 次淋溶各处理的Cd淋溶总量均低于CK处理，HA-1为CK处理的76.58%，HA-2为CK处理的75.86%，HA-3 为 CK 处理的 70.53%，HA-4 为 CK 处理的 80.63%。随着腐殖酸用量的增加，HA-1、HA-2、HA-3 处理组的淋溶液中 Cd 含量呈下降趋势，但是当腐殖酸达到一定浓度时，该下降趋势稳定，这可能是由于腐殖酸对重金属的吸附已达到其最大量。

8.3.2　腐殖酸对土壤重金属铅镉的钝化效应

本小节采用小塑料盒土壤淋溶的试验方法，设置 Pb、Cd 单一，Pb、Cd 复合共 3 个实验组，重金属量如表 8.7 所示，每组腐殖酸添加量占土壤比重 0.005%，共淋溶 4 次，每次间隔 7 d。

表 8.7　重金属设置量　　单位：mg/kg

处理	F4（腐殖酸）	F8（对照）
Pb	500	0
Cd	20	0
Pb+Cd	500+20	0

1. 对重金属 Pb、Cd 单一处理的影响

腐殖酸结构复杂，但大都含有羧基、酚羟基、醇羟基、醌基、甲氧基、氨基、羰基等基团，这些基团使腐殖酸具有酸性、亲水性、离子交换性、络合能力和较高的吸附能力。由图 8.25 可见，在淋溶试验中有腐殖酸材料的土壤中（F4）Pb 含量均低于对照，其中在第二次淋溶时效果显著，表现出腐殖酸对重金属具有强的络合和吸附能力；在 Cd 淋溶液中，效果则不明显，初次淋溶和第三次淋溶液中 Cd 含量均高于对照，可能是由于土壤中加入重金属 Cd 含量较少（20 mg/kg），试验误差相对较大造成的，但在第二次和第四次淋溶液中 Cd 含量略低于对照。总体来看，腐殖酸对重金属 Pb、Cd 的固化效果较明显。

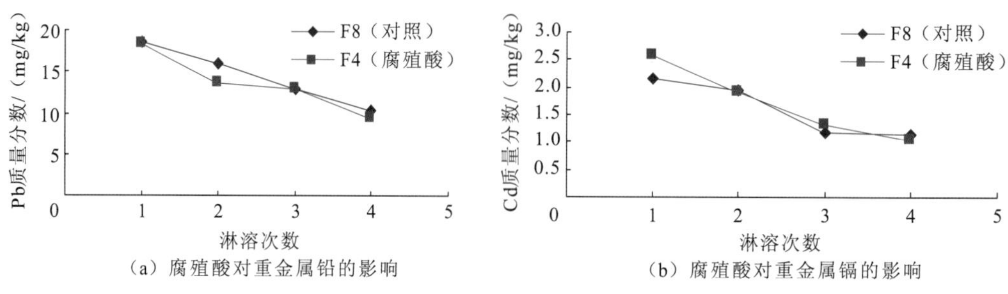

图 8.25　腐殖酸对重金属 Pb、Cd 的影响

2. 对重金属 Pb、Cd 复合处理的影响

对照比较加改良材料腐殖酸的土壤和不加腐殖酸的土壤，模拟重金属 Pb、Cd 复合混入土壤，采用土壤反复淋溶的方法测定淋溶液中的重金属浓度。通过比较研究腐殖酸对 Pb、Cd 复合污染土壤中重金属 Pb、Cd 的固化效果，观察试验结果与以上对 Pb、Cd 单一处理的试验结果的一致性，进一步证明腐殖酸对土壤中重金属的固化效果。腐殖酸对土壤中重金属 Pb、Cd 复合的影响，其方法、步骤均与单一处理相同。

由表 8.8、表 8.9 试验结果可见，添加腐殖酸的处理 F4 在每次淋溶液中的 Pb、Cd 浓度均低于对照 F8 与以上 Pb、Cd 单一处理的结果基本一致，说明腐殖酸对重金属 Pb、Cd 的固化效果较好。该试验说明腐殖酸可有效降低土壤中重金属 Pb、Cd 的淋洗迁移量。

表 8.8　腐殖酸对 Pb、Cd 复合处理土壤中 Pb 的影响　　单位：mg/kg

处理	Pb-1	Pb-2	Pb-3	Pb-4
F4（腐殖酸）	9.40±1.10	4.87±1.22	4.41±1.15	2.90±0.73
F8（对照）	15.27±1. 21	14.45±1.16	12.80±1.90	10.65±1.17

注：表中 Pb-（1、2、3、4）表示共淋溶 4 次，每次淋溶液中重金属 Pb 的浓度

表 8.9　腐殖酸对 Pb、Cd 复合处理土壤中 Cd 的影响　　单位：mg/kg

处理	Cd-1	Cd-2	Cd-3	Cd-4
F4（腐殖酸）	3.79±0.61	1.40±0.26	1.31±0.30	0.88±0.09
F8（对照）	4.58±0.76	2.22±0.56	1.52±0.70	1.32±0.65

注：表中 Cd-（1、2、3、4）表示共淋溶 4 次，每次淋溶液中重金属 Cd 的浓度

8.4　腐殖酸及其复合材料对土壤重金属钝化效应

将腐殖酸及不同环境材料复合使用，研究其对土壤重金属形态分布的影响，能够说明其钝化稳定化效应。孙朋成（2016）结合对土壤物理、化学性质的影响，揭示腐殖酸对土壤重金属铅、镉的钝化稳定化效应机理，选取不同环境材料对重金属固化的最佳配比，为重金属污染土壤的环境污染治理提供技术参考。

8.4.1　腐殖酸及其复合材料对铅镉的土柱淋溶试验

孙朋成（2016）采用土柱间歇淋溶的方法，探索纳米碳（CN）、蛇纹石（AS）及褐煤腐殖酸（HA）三种环境材料对 Pb^{2+}、Cd^{2+}固化、NH_4^+缓释效应、淋溶规律，旨在

为研究环境材料 Pb^{2+}、Cd^{2+}固化和 NH_4^+ 缓释提供依据。通过土柱正交淋溶试验探讨环境材料对土壤重金属 Pb、Cd 固化及氮素保持效果，筛选对 Pb^{2+}、Cd^{2+}及 NH_4^+保持效果最佳的环境材料组合。

通过土柱淋溶试验，可以明确 Pb^{2+}、Cd^{2+}及 NH_4^+淋溶规律、环境材料保持效果，确定保持效果最佳的环境材料组合。

淋溶用土为 500 g 自然风干过 2 mm 筛农田表土，纯氮施用量为 0.2 g/kg、0.3 g/kg、0.5 g/kg、1.0 g/kg，纯 Pb 0.5 g/kg 土，纯 Cd 0.03 g/kg 土，将氮肥（N）、纳米碳（CN）、蛇纹石（AS）及腐殖酸（HA）与土样搅拌均匀，装入淋溶柱内。每个处理重复 3 次，以不加氮素（Pb 或 Cd）的土柱为对照（CK）。为筛选对土壤重金属 Pb、Cd 固化和 N 素保持同步效应最佳环境材料组合，将纳米碳、蛇纹石、褐煤腐殖酸及氮素设计成四因素四水平正交试验，共计 16 个处理，淋溶次数设定为 4 次。试验设计如表 8.10 所示，相关试验测定结果见表 8.11。

表 8.10　正交试验设计表　　单位：mg/kg

处理	CN	HA	AS	N
1	1（0.05）	1（1.50）	1.（2.50）	1（0.20）
2	1（0.05）	2（2.50）	2（3.50）	2（0.30）
3	1（0.05）	3（5.00）	3（5.50）	3（0.50）
4	1（0.05）	4（7.50）	4（7.50）	4（1.00）
5	2（0.10）	1（1.50）	2（3.50）	3（0.50）
6	2（0.10）	2（2.50）	1.（2.50）	4（1.00）
7	2（0.10）	3（5.00）	4（7.50）	1（0.20）
8	2（0.10）	4（7.50）	3（5.50）	2（0.30）
9	3（0.15）	1（1.50）	3（5.50）	4（1.00）
10	3（0.15）	2（2.50）	4（7.50）	3（0.50）
11	3（0.15）	3（5.00）	1.（2.50）	2（0.30）
12	3（0.15）	4（7.50）	2（3.50）	1（0.20）
13	4（0.25）	1（1.50）	4（7.50）	2（0.30）
14	4（0.25）	2（2.50）	3（5.50）	1（0.20）
15	4（0.25）	3（5.00）	2（3.50）	4（1.00）
16	4（0.25）	4（7.50）	1.（2.50）	3（0.50）

表 8.11　土柱淋溶试验结果

处理	CN /g	AS /g	HA /g	N /g	第一次淋溶				第二次淋溶				第三次淋溶				第四次淋溶			
					V /mL	Pb^{2+} /(mg/L)	Cd^{2+} /(mg/L)	TN /(mg/L)	V /mL	Pb^{2+} /(mg/L)	Cd^{2+} /(mg/L)	TN /(mg/L)	V /mL	Pb^{2+} /(mg/L)	Cd^{2+} /(mg/L)	TN /(mg/L)	V /mL	Pb^{2+} /(mg/L)	Cd^{2+} /(mg/L)	TN /(mg/L)
1	1	1	1	1	430	183.21	10.51	103.80	435	101.02	5.79	57.22	415	62.71	3.60	35.54	460	50.27	2.88	28.47
2	1	2	2	2	355	169.37	9.72	95.96	450	70.12	4.03	39.72	420	39.75	2.28	22.52	450	17.57	1.01	9.96
3	1	3	3	3	400	140.81	8.10	79.76	425	64.01	3.68	36.27	425	34.57	1.99	19.60	455	18.91	1.09	10.72
4	1	4	4	4	395	121.37	7.00	68.75	450	64.84	3.74	36.73	430	34.84	2.01	19.73	455	16.06	0.93	9.09
5	2	1	2	3	425	154.74	8.99	89.95	460	81.47	4.73	47.36	425	49.94	2.90	29.03	470	20.08	1.17	11.68
6	2	2	1	4	425	143.36	8.35	83.51	455	88.57	5.16	51.59	410	57.45	3.34	33.47	455	32.58	1.90	18.98
7	2	3	4	1	385	136.11	7.93	79.40	438	87.19	5.08	50.88	430	58.20	3.39	33.95	445	27.09	1.58	15.80
8	2	4	3	2	420	122.08	7.14	71.46	440	69.41	4.06	40.62	410	40.01	2.34	23.41	435	15.93	0.93	9.34
9	3	1	3	4	410	139.19	8.21	81.14	442	47.81	2.82	27.88	400	32.44	1.91	18.91	455	20.41	1.20	11.89
10	3	2	4	3	380	123.44	7.31	72.22	410	63.78	3.78	37.33	425	37.33	2.21	21.85	475	20.09	1.19	11.75
11	3	3	1	2	450	110.66	6.59	65.00	440	77.39	4.61	45.45	425	55.92	3.33	32.84	430	16.97	1.01	9.96
12	3	4	2	1	410	96.15	5.76	56.76	455	45.16	2.71	26.66	420	31.53	1.89	18.61	425	13.89	0.83	8.19
13	4	1	4	2	375	121.14	7.28	70.93	455	70.72	4.25	41.40	425	48.95	2.94	28.66	460	17.63	1.06	10.33
14	4	2	3	1	365	110.39	6.67	64.84	440	57.64	3.48	33.86	360	35.90	2.17	21.09	465	17.63	1.07	10.35
15	4	3	2	4	410	94.64	5.78	58.21	445	31.18	1.90	19.18	410	16.49	1.01	10.14	465	4.53	0.28	2.78
16	4	4	1	3	435	86.31	5.30	53.50	430	42.23	2.60	26.17	415	22.78	1.40	14.12	480	11.87	0.73	7.36
CK	0	0	0	0	445	201.02	11.36	94.90	438	147.26	8.32	69.52	425	72.55	4.10	34.26	450	52.55	2.97	24.80

1. 环境材料对土柱 Pb 淋溶影响

表 8.11 结果表明，所有环境材料组合均能起到固化 Pb^{2+}效果，不同环境材料组合对 Pb^{2+}固化效果有很大差异；随淋溶次数增加，各材料组合处理效果差异越来越小。以第一次淋溶试验结果为例，CK 处理 Pb^{2+}淋出量为 89.45 mg，对 Pb^{2+}固化效果最好的处理 16（表 8.10）的 N 素淋出量为 37.54 mg，对 Pb^{2+}固化效果最差的处理 1 的 Pb^{2+}淋出量为 78.78 mg，分别较 CK 降低 58.03%和 11.93%。

表 8.12 为 Pb^{2+}土柱淋溶正交分析。结果表明，纳米碳、蛇纹石及褐煤腐殖酸处理对 Pb^{2+}固化效应有差异。极差分析结果显示，前三次淋溶试验中纳米碳对土壤 Pb^{2+}固化作用最大，但在第 4 次淋溶试验中其作用排在褐煤腐殖酸后，居第 2 位，推测可能是纳米碳表面的吸附位点趋于饱和所致；N 素用量对于 Pb^{2+}淋出总量的影响较小，其对 Pb^{2+}固化影响程度除第一次淋溶试验居第 3 位外，其他 3 次淋溶试验均排在最后；褐煤腐殖酸对于 Pb^{2+}固化效应非常明显，前 3 次淋溶试验褐煤腐殖酸对 Pb^{2+}固化影响逐渐增大，第四次淋溶试验其极差大于纳米碳、蛇纹石及 N 素用量，居第 1 位。褐煤腐殖酸对 Pb^{2+}固化效应出现的迟滞效应，不但是对纳米碳及蛇纹石固化效能的有益补充，对 Pb^{2+}在土壤中的长久固化效应具有重要意义；蛇纹石对于 Pb^{2+}固化效应的影响始终非常稳定，始终排在第 2 位和第 3 位。

结果表明，4 次淋溶试验对 Pb^{2+}固化效应的材料组合有差异。第一次淋溶试验最佳材料组合是 $CN_4AS_4HA_3N_4$，第二次淋溶试验最佳材料组合是 $CN_4AS_4HA_2N_4$，第三次淋溶试验最佳材料组合是 $CN_4AS_4HA_2N_4$，第四次淋溶试验最佳材料组合是 $CN_4AS_4HA_2N_2$。比较 4 次淋溶试验的最佳材料组合发现，纳米碳及蛇纹石始终是在第 4 水平下作用效果最好，因此，纳米碳及蛇纹石用量均取第 4 水平，分别为 0.25 g/kg 和 7.5 g/kg；褐煤腐殖酸有 3 次是在第 2 水平下对 Pb^{2+}固化效果最好，因此，褐煤腐殖酸用量取第 2 水平，为 2.5 g/kg；N 素用量在 4 次淋溶试验中有三次是在第 4 水平下作用效果最好，一次在第 2 水平下作用效果最好，考虑 N 素用量对 Pb^{2+}溶出总量影响较小，减少氮肥施用量，提高其利用效率，是本研究关注的焦点之一。因此，N 素用量取第 2 水平，0.3 g/kg。综合考虑，对于 Pb^{2+}固化效应的最佳材料组合为 $CN_4AS_4HA_2N_2$。

2. 环境材料对土柱 Cd 淋溶影响

表 8.11 结果表明，所有环境材料组合均能起到 Cd^{2+}固化效果，不同环境材料组合对 Cd^{2+}固化效果有很大差异；随淋溶次数增加，各材料组合处理效果差异越来越小。以第一次淋溶试验为例，CK 处理 Cd^{2+}淋出量为 5.06 mg，对 Cd^{2+}固化效果最好的处理 16 的 N 素淋出量为 2.31 mg，对 Cd^{2+}固化效果最差的处理 1 的 Cd^{2+}淋出量为 4.52 mg，较 CK 降低 54.35%和 10.67%。

表 8.12　材料不同配比对 Pb、Cd 及 N 素的保持效应正交分析

元素	均值	第一次淋溶				第二次淋溶				第三次淋溶				第四次淋溶			
		CN	AS	HA	N	CN	AS	HA	N	CN	AS	HA	N	CN	AS	HA	N
	k1	153.69	149.57	130.96	131.47	74.99	75.26	77.30	72.75	42.97	48.51	49.72	47.09	25.70	27.10	27.92	27.22
Pb^{2+}	k2	139.07	136.64	128.73	130.81	81.66	70.03	56.98	71.91	51.40	42.61	34.43	46.16	23.92	21.97	14.02	17.03
	k3	117.36	120.56	123.12	126.40	58.54	64.94	59.72	62.87	39.31	41.30	35.73	36.16	17.84	16.88	18.22	17.74
	k4	103.19	106.55	125.52	124.64	50.44	55.41	71.63	58.10	31.03	32.29	44.83	35.31	12.92	14.44	20.22	18.40
极差 R		50.49	43.02	5.45	6.83	31.22	19.85	20.32	14.65	20.37	16.22	15.29	11.78	12.79	12.66	13.90	10.19
主次顺序		CN＞AS＞N＞HA				CN＞HA＞AS＞N				CN＞AS＞HA＞N				HA＞CN＞AS＞N			
优组合		$CN_4AS_4HA_3N_4$				$CN_4AS_4HA_2N_4$				$CN_4AS_4HA_2N_4$				$CN_4AS_4HA_2N_2$			
	k1	8.83	8.75	7.69	7.72	4.31	4.40	4.54	4.27	2.47	2.84	2.92	2.76	1.48	1.58	1.63	1.59
Cd^{2+}	k2	8.10	8.01	7.56	7.68	4.76	4.11	3.34	4.24	2.99	2.50	2.02	2.72	1.40	1.29	0.82	1.00
	k3	6.97	7.10	7.53	7.43	3.48	3.82	3.51	3.70	2.34	2.43	2.10	2.13	1.06	0.99	1.07	1.05
	k4	6.26	6.30	7.38	7.34	3.06	3.28	4.21	3.41	1.88	1.91	2.64	2.07	0.79	0.86	1.19	1.08
极差 R		2.57	2.45	0.31	0.38	1.70	1.12	1.20	0.86	1.11	0.93	0.90	0.70	0.69	0.72	0.81	0.59
主次顺序		CN＞AS＞N＞HA				CN＞HA＞AS＞N				CN＞AS＞HA＞N				HA＞AS＞CN＞N			
优组合		$CN_4AS_4HA_4N_4$				$CN_4AS_4HA_2N_4$				$CN_4AS_4HA_2N_4$				$CN_4AS_4HA_2N_2$			
	k1	37.86	37.59	33.24	33.13	18.47	18.90	19.61	18.33	10.59	12.19	12.61	11.87	6.33	6.78	7.04	6.83
TN	k2	35.25	34.41	32.71	32.97	20.70	17.66	14.45	18.17	13.03	10.75	8.73	11.68	6.07	5.55	3.55	4.30
	k3	29.91	30.69	32.31	32.11	14.93	16.50	15.07	15.99	10.02	10.49	9.02	9.19	4.54	4.27	4.60	4.51
	k4	26.90	27.23	31.66	31.69	13.11	14.15	18.08	14.72	8.05	8.25	11.33	8.94	3.35	3.69	5.11	4.65
极差 R		10.96	10.37	1.58	1.43	7.59	4.75	5.17	3.61	4.98	3.94	3.88	2.93	2.98	3.09	3.50	2.52
主次顺序		CN＞AS＞N＞HA				CN＞HA＞AS＞N				CN＞AS＞HA＞N				HA＞AS＞CN＞N			

表 8.12 为 Cd^{2+}土柱淋溶正交分析。结果表明，纳米碳、蛇纹石及褐煤腐殖酸处理对 Cd^{2+}固化效应有差异。极差分析结果显示，前三次淋溶试验纳米碳对土壤 Cd^{2+}固化作用影响最大，但在第四次淋溶试验中，纳米碳的作用排在褐煤腐殖酸及蛇纹石之后，居第 3 位，推测可能是纳米碳表面的吸附位点趋于饱和所致；N 素用量对于 Cd^{2+}淋出总量的影响较小。N 素用量对 Cd^{2+}固化的影响除第 1 次淋溶试验居第 3 位外，其他三次淋溶试验均排在最后；褐煤腐殖酸对于 Cd^{2+}固化及缓释效应非常明显，前三次淋溶试验中其对 Cd^{2+}固化的影响程度逐渐增大，在第四次淋溶试验中褐煤腐殖酸的极差大于纳米碳、蛇纹石及 N 素用量，居第 1 位。褐煤腐殖酸对 Cd^{2+}固化效应出现的迟滞效应，不但是对纳米碳及蛇纹石固化效能的有益补充，而且对 Cd^{2+}在土壤中的长久固化效应具有重要意义；蛇纹石对于 Cd^{2+}固化效应的影响始终非常稳定，除第二次淋溶试验排在第 3 位外，其他几次淋溶始终排在第 2 位。

3. 环境材料对土柱 NH_4^+淋溶影响

表 8.11 结果表明，所有环境材料组合均能起到保持 N 素效果，但不同环境材料组合对 N 素保持效果有很大差异；随淋溶次数增加，N 素淋出量越来越少，各材料组合之间的处理效果差异越来越小。以第一次淋溶试验结果为例，不添加环境材料的空白对照（CK）N 素淋出量为 21.12 mg，对 N 素保持效果最好的处理 16 的 N 素淋出量为 10.12 mg，对 N 素保持效果最差的处理 1 的 N 素淋出量为 19.41 mg，分别为空白对照的 47.91%和 91.90%。

表 8.12 列举了 N 素土柱淋溶正交试验分析结果。分析表明，纳米碳、蛇纹石及褐煤腐殖酸三种环境材料对 N 素保持效应有差异。极差分析显示，前三次淋溶试验中纳米碳对土壤 N 素保持作用最大，但在第四次淋溶试验中，纳米碳的作用排在褐煤腐殖酸、蛇纹石之后，居第 3 位，推测可能是纳米碳表面的吸附位点趋于饱和所致；N 素用量对于 N 素的淋出率影响非常小。N 素用量对于 N 素保持的影响程度除第一次淋溶试验居第 3 位外，其他三次淋溶试验 N 素用量的作用均排在最后；褐煤腐殖酸对于 N 素保持及缓释效应非常明显，极差分析显示，前三次淋溶试验中褐煤腐殖酸对于 N 素保持的影响程度低于纳米碳和蛇纹石，分别居于第 2 至第 4 位，但第四次淋溶试验中褐煤腐殖酸的极差大于纳米碳及蛇纹石，其作用居第 1 位。褐煤腐殖酸对 N 素保持效应出现迟滞效应，不但是对纳米碳及蛇纹石保持效能的有益补充，而且对 N 素在土壤中的缓释效应具有重要意义；蛇纹石对于 N 素保持效应的影响始终非常稳定，除第二次淋溶试验居第 3 位外，其他几次淋溶试验蛇纹石对 N 素保持效应的影响始终是第 2 位。

极差分析表明，4 次淋溶试验对 N 素保持效应材料组合有差异。第一次淋溶试验最佳材料组合是 $CN_4AS_4HA_4N_4$，第二次淋溶试验最佳材料组合是 $CN_4AS_4HA_2N_4$，第三次淋溶试验最佳材料组合是 $CN_4AS_4HA_2N_4$，第四次淋溶试验最佳材料组合是 $CN_4AS_4HA_2N_2$。比较 4 次淋溶试验的最佳材料组合发现，纳米碳及蛇纹石始终是在第 4 水平下作用效果最好。因此，纳米碳及蛇纹石用量均取第 4 水平，分别为 0.25 g/kg 和 7.5 g/kg；褐煤腐殖酸有三次是在第 2 水平下对 N 素保持效果最好，因此，褐煤腐殖酸用量取第 2 水平，为 2.5 g/kg；

N 素用量在 4 次淋溶试验中有三次是在第 4 水平下作用效果最好，考虑 N 素用量对 N 素溶出率影响最小，同时减少 N 肥施用量，因此 N 素用量取第 2 水平，0.3 g/kg。综合考虑，对于 N 素保持效应的最佳材料组合为 $CN_4AS_4HA_2N_2$。

4. 环境材料对土柱 Pb^{2+}、Cd^{2+}及 NH_4^+ 累积淋出率影响

表 8.13 为环境材料处理对 Pb^{2+}、Cd^{2+}及 N 素累积淋出率影响，证明环境材料处理对 Pb^{2+}、Cd^{2+}固化及 N 素缓释效果非常显著。表 8.14 列举了土柱淋溶试验 Pb^{2+}、Cd^{2+}及 N 素累积淋出率正交试验结果。极差分析表明，Pb^{2+} 4 次淋溶试验累积淋出率影响大小顺序为：纳米碳＞蛇纹石＞褐煤腐殖酸＞N 素，对 Pb^{2+}固化效果最好的环境材料组合为 $CN_4AS_4HA_2N_4$；对 Cd^{2+} 4 次淋溶试验累积淋出率影响大小顺序为：纳米碳＞褐煤腐殖酸＞蛇纹石＞N 素，对 Cd^{2+}固化效果最好的环境材料组合为 $CN_4AS_4HA_2N_4$；对 N 素 4 次淋溶试验累积淋出率影响大小顺序为：N 素＞蛇纹石＞纳米碳＞褐煤腐殖酸，对 N 素保持效果最好的环境材料组合为 $CN_4AS_4HA_3N_4$。

表 8.13 土柱淋溶累积淋出率试验结果

处理	试验设计				总淋溶量			累积淋出率		
	CN	AS	HA	N	Pb^{2+}/mg	Cd^{2+}/mg	TN/mg	Pb^{2+}/%	Cd^{2+}/%	TN/%
1	1	1	1	1	171.87	9.86	97.37	68.75	65.71	97.37
2	1	2	2	2	116.28	6.68	65.88	46.51	44.51	43.92
3	1	3	3	3	106.82	6.15	60.53	42.73	40.97	24.21
4	1	4	4	4	99.41	5.74	56.30	39.76	38.24	11.26
5	2	1	2	3	133.90	7.78	77.84	53.56	51.86	31.14
6	2	2	1	4	139.61	8.13	81.32	55.84	54.20	16.26
7	2	3	4	1	127.67	7.44	74.48	51.07	49.59	74.48
8	2	4	3	2	105.15	6.15	61.55	42.06	40.99	41.03
9	3	1	3	4	100.46	5.92	58.56	40.18	39.48	11.71
10	3	2	4	3	98.47	5.83	57.62	39.39	38.88	23.05
11	3	3	1	2	114.91	6.84	67.49	45.96	45.62	44.99
12	3	4	2	1	79.12	4.74	46.70	31.65	31.61	46.70
13	4	1	4	2	106.52	6.40	62.37	42.61	42.67	41.58
14	4	2	3	1	86.78	5.24	50.97	34.71	34.96	50.97
15	4	3	2	4	61.54	3.76	37.86	24.62	25.06	7.57
16	4	4	1	3	70.86	4.35	43.92	28.34	29.03	17.57
CK	0	0	0	0	208.44	11.78	98.40	83.37	78.52	98.40

表 8.14　材料不同配比对 Pb、Cd 及 N 素的累积淋出率正交分析

	Pb^{2+}总淋溶率				Cd^{2+}总淋溶率				N 总淋溶率			
	CN	AS	HA	N	CN	AS	HA	N	CN	AS	HA	N
k1	49.44	51.28	49.72	46.55	47.36	49.93	48.64	45.47	44.19	45.45	44.05	67.38
k2	50.63	44.11	39.09	44.29	49.16	43.14	38.26	43.45	40.73	33.55	32.33	42.88
k3	39.30	41.10	39.92	41.01	38.90	40.31	39.10	40.19	31.61	37.81	31.98	23.99
k4	32.57	35.45	43.21	40.10	32.93	34.97	42.35	39.25	29.42	29.14	37.59	11.70
极差 R	18.06	15.82	10.64	6.45	16.23	14.96	10.38	6.22	14.77	16.31	12.07	55.68
主次顺序	CN＞AS＞HA＞N				CN＞HA＞AS＞N				N＞AS＞CN＞HA			
优组合	$CN_4AS_4HA_2N_4$				$CN_4AS_4HA_2N_4$				$CN_4AS_4HA_3N_4$			

比较发现，褐煤腐殖酸用量在第 2 水平时对 Pb^{2+}、Cd^{2+}固化效果最好，褐煤腐殖酸用量在第 3 水平时对 N 素保持效果最好，综合分析，褐煤腐殖酸用量取第 2 水平，即 2.50 g/kg；N 素用量始终是在第 4 水平下对 Pb^{2+}、Cd^{2+}固化及 N 素保持作用效果最好，N 素用量取第 4 水平。但是，N 素用量对 Pb^{2+}、Cd^{2+}固化影响都是最小的。考虑在 4 次淋溶试验中，对 Pb^{2+}、Cd^{2+}及 NH_4^+ 作用效果最好的材料组合为 $CN_4AS_4HA_2N_2$，同时，降低 N 肥用量，提高 N 肥利用效率是本小节研究的重要目标，因此 N 素用量取第 2 水平，即 0.3 g/kg。综上，对 Pb^{2+}、Cd^{2+}固化及 NH_4^+保持效果最好的环境材料组合为 $CN_4AS_4HA_2N_2$。

8.4.2　腐殖酸及其复合材料对铅镉污染土壤的淋溶效应

彭丽成（2011）选用北京市通州区农田土壤，通过添加重金属制成 Pb、Cd 污染土壤，选用腐殖酸、保水剂、粉煤灰及沸石 4 种环境材料，采用土柱淋溶实验对污染土壤中 Pb、Cd 的淋溶过程进行模拟研究，探讨了不同环境材料组合对 Pb、Cd 污染土壤淋溶液性质的影响，旨在了解不同环境材料及其组合对 Pb、Cd 土壤污染作用的规律及重金属在土壤中的分布影响，为 Pb、Cd 污染土壤的环境污染治理提供实验依据。另外，利用该技术和材料对污染退化的耕地及矿区土壤进行修复治理，不仅费用低而且效果明显。

实验设 3 种受试污染土壤：添加单一 Pb 污染土壤（Pb 土）、添加单一 Cd 污染土壤（Cd 土）、添加 Pb、Cd 复合污染土壤（Pb-Cd 复合土）。采用 4 种性质不同的环境材料，腐殖酸材料（HA）、高分子保水剂（SAP）、粉煤灰（FM）及沸石（FS），供试土壤取自北京市通州区农田表土（0～20 cm），过筛，实验中 Pb、Cd 浓度分别为 500 mg/kg、20 mg/kg，以 $Pb(NO_3)_2$、$CdCl_2·2.5H_2O$ 金属盐形式均匀加入，实验共设 8 个处理：①HA（0.25 g/kg）；②SAP（2 g/kg）；③FM（50 g/kg）；④FS（10 g/kg）；⑤N1:HA（0.25 g/kg）+SAP（2 g/kg）+ FM（50 g/kg）+FS（10 g/kg）；⑥N2:HA（0.25 g/kg）+SAP（2 g/kg）+FM（50 g/kg）；⑦N3:HA（0.25 g/kg）+SAP（2g/kg）+FS（10 g/kg）；设置一个对照 CK，不加任何环境材料，3 次重复、拌土时按比例加入混合即可，组合中的用量为相应单一量之和（彭丽成 等，2011）。

1. 环境材料对淋溶液 pH 的影响

由图 8.26 看出，Pb 土、Cd 土及 Pb-Cd 复合污染土的淋溶试验中，不同环境材料及其组合处理土柱淋溶液的 pH，随着淋溶次数增加，呈现先上升后降低再上升的趋势，但 pH 在 0.01～0.53 变化，均为弱碱性，说明采用的 4 种环境材料及其组合对土壤酸碱度的改变无显著差异。与 CK 相比，Pb 土中添加单一 HA、FA 的 pH 大于对照，第一次淋溶中，添加单一 HA 及 FM 的变化较大，比 CK 分别高 6.35%及 2.03%；Cd 土中添加单一 SAP 的 pH 大于对照；Pb-Cd 复合土中处理 SAP、N3 的 pH 大于对照。

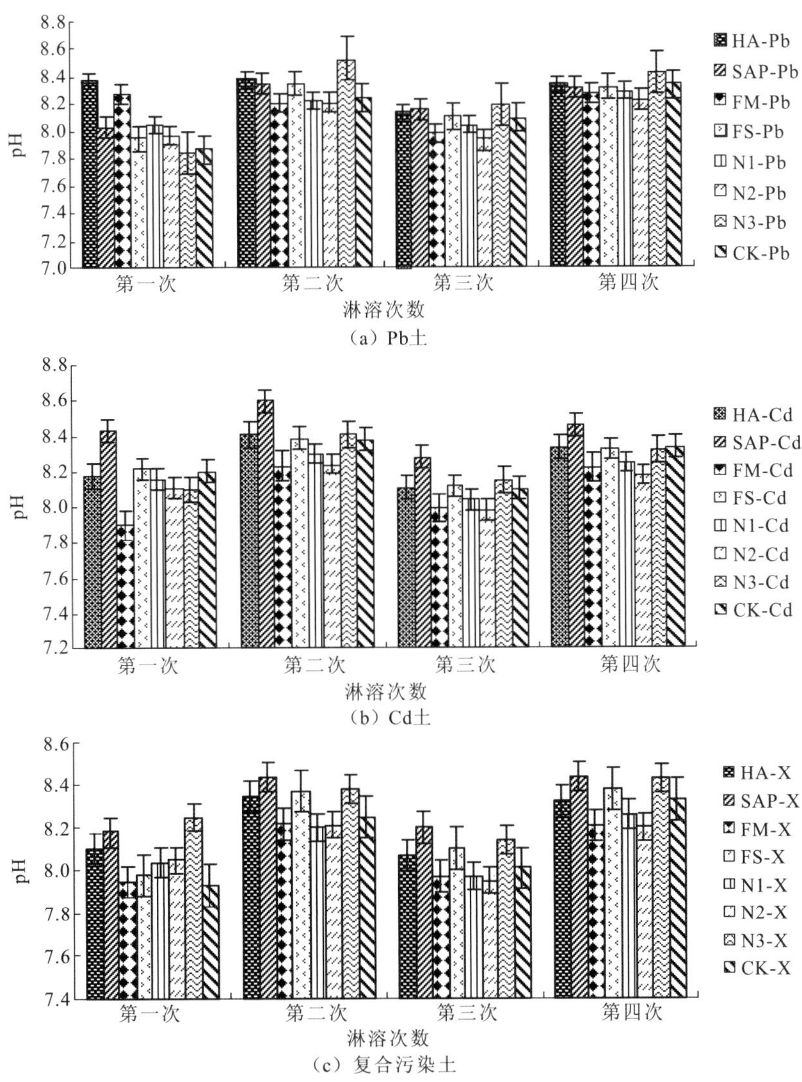

图 8.26　环境材料对 Pb、Cd 及其复合污染土壤多次淋溶的 pH 的影响（彭丽成，2011）

2．环境材料对 Pb、Cd 污染土壤淋溶液电导率影响

由图 8.27 可以看出，各种重金属污染土壤淋洗实验中，淋出液电导率的变化呈现相

似规律，即随着淋溶次数的增加，不同环境材料及其组合处理污染土壤的淋出液电导率逐渐降低。对比单一处理，添加 FM 的土壤淋出液电导率明显高于 CK；对比组合，添加 N1 和 N2 的土壤淋出液电导率均明显高于 CK。在 Pb 土中，第一次淋溶 FM、N1、N2 电导率其高出值为 CK 的 57.8%、72.57%及 79.32%。添加单一 FM 及组合 N1 和 N2 的淋出液电导率明显高于其他处理，说明与 FM（粉煤灰）表面能高、具有一定的活性基团有关，从而对增加土壤电导率起到较大作用。

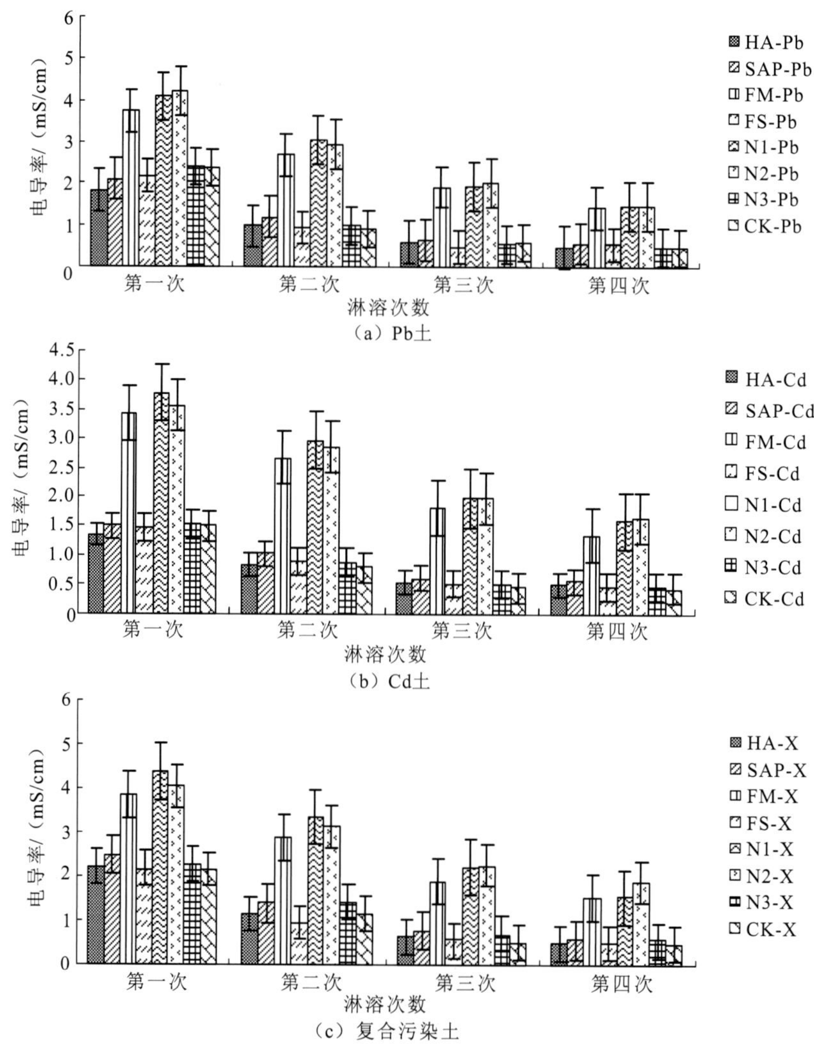

图 8.27　环境材料对 Pb、Cd 及其复合污染土壤多次淋溶的电导率的影响（彭丽成，2011）

3．淋滤液中 Pb 含量的测定

表 8.15 表明，在不同环境材料及其组合处理下，Pb 单一污染土壤淋出液 Pb 量不同。添加单一 FM 及组合材料 N1、N2 处理的 4 次淋出液中 Pb 量均低于对照，对 Pb 的固定作用明显，添加组合材料 N1、N2 淋溶出的累积 Pb 量分别为对照的 58.99%、76.51%；

第 4 次淋溶液 Pb 量分别为对照的 50.34%、52.26%，显著低于对照；添加单一 HA 处理累积淋出 Pb 量小于 CK，第 2 次淋溶出 Pb 量为对照的 83.93%，与对照之间差异不显著。而添加单一 FS 处理 4 次淋出液的 Pb 量均大于 CK，促进 Pb 淋溶，第三次淋溶出 Pb 量为对照的 113.91%，达到显著性差异；添加单一 SAP 处理 4 次淋出液的累积 Pb 量大于对照，累积量为对照的 119.21%。

表 8.15　不同环境功能材料对 Pb 淋溶效果　单位：mg/L

处理	单一 Pb			
	第一次	第二次	第三次	第四次
CK	18.76±3.04abc	16.12±0.22ab	12.87±0.53a	10.41±0.07ac
HA	18.45±1.52a	13.53±0.39a	12.91±0.67a	9.46±0.47ac
SAP	27.99±1.47b	15.60±0.32ab	14.06±0.98b	11.68±2.92ac
FM	15.22±5.35a	14.60±3.64ab	11.77±0.50c	9.24±0.40ac
FS	19.26±2.54abc	17.20±0.31b	14.66±0.24b	11.28±3.46ac
N1	12.31±0.27a	8.36±0.98c	8.40±0.74d	5.24±1.40b
N2	17.99±3.15a	10.83±1.62c	10.24±0.54e	5.44±0.12b
N3	25.70±1.24c	23.97±1.01d	18.64±0.35f	10.06±2.19ac
处理	复合 Pb			
	第一次	第二次	第三次	第四次
CK	15.28±0.29a	14.45±0.33a	12.80±0.09a	10.65±0.70a
HA	9.40±0.43b	4.88±0.67b	4.41±0.73b	2.90±1.44b
SAP	32.69±0.58c	26.31±0.05c	17.48±0.19c	12.28±1.84a
FM	21.84±0.35d	14.08±0.13a	12.21±0.64d	8.48±1.66c
FS	25.37±0.17e	17.17±0.35d	16.84±0.11c	10.61±0.60ac
N1	19.04±0.05f	18.09±0.13e	13.24±5.20ad	8.60±1.88c
N2	17.17±1.36g	14.85±0.26af	9.85±0.58abd	8.68±2.08c
N3	15.74±0.28a	10.17±0.06g	7.43±0.05b	7.54±0.46cd

注：数据采用平均数和标准差，数字后的字母表示差异性，相同字母表示无显著性差异，不同字母表示有显著性差异

综合复合污染土淋溶结果，单一 HA 处理淋溶出的 Pb 量低于对照，这与单一 Pb 污染土实验结果一致。HA 对 Pb 的固定作用较其他处理显著，腐殖酸（HA）对金属离子的迁移影响最大，添加单一 HA 淋溶出的累积 Pb 量为对照的 40.6%，说明腐殖质胶体的吸附容量高于土壤中其他胶体，腐殖质对金属的螯合作用与交换吸附作用是同时存在的。一般认为，当金属离子浓度高时，以交换吸附为主；当金属离子浓度低时，以螯合作用为主，而单一 SAP 处理淋溶出的 Pb 量高于对照，其 pH 高于对照，这有可能是 pH 影响吸附功能团的解离。

对比以上两种污染土壤，不同环境材料及其组合发挥的作用不同。在单一 Pb 污染土壤中，添加单一 FS 和 SAP 处理促进 Pb 淋溶；单一 FM 及组合 N1、N2 则抑制 Pb 淋溶，

对重金属 Pb 达到显著固定作用。而在复合污染土壤中，添加单一 SAP 处理促进 Pb 淋溶，这与单一污染土壤规律一致；单一 HA 对 Pb 淋溶起到抑制作用。

由实验结果可知，受试土壤在添加 FM 及 HA 这两种环境功能材料后，均增强了对 Pb 的固定。这与两种材料自身结构有关，FM 粒细质轻、疏松多孔，表面能高，具有一定的活性基团和较强的吸附能力，能通过吸附、中和、絮凝、过滤等协同作用去除有害物质，在腐殖酸胶体分子中，羧基（—COOH）、羟基（—OH）功能团的 H^+ 可与金属阳离子交换，具有一定的络合性能，能延缓或减弱重金属污染。

4．淋滤液中 Cd 含量的测定

表 8.16 表明，在不同环境材料及其组合处理下，Cd 单一污染土壤淋出液的 Cd 含量不同，添加组合材料 N2 处理淋出液中的 Cd 量显著高于对照，为对照的 364.45%，而 pH 则低于对照，电导率高于对照，这是由于 pH 降低，土壤中 Cd 的溶解度增加（廖敏 等，1999），从而加大了土壤中 Cd 的淋溶。添加单一 SAP 处理所淋溶出的 Cd 量小于对照，淋溶出的 Cd 量为对照的 63.68%，说明对 Cd 起到一定的固定作用，原因可能是 SAP 本身含有各种官能团，与重金属离子发生螯合作用。

表 8.16　不同环境功能材料对 Cd 淋溶效果　　单位：mg/L

处理	单一 Cd			
	第一次	第二次	第三次	第四次
CK	2.18±0.65ab	1.96±0.09a	1.18±0.03a	1.15±0.28a
HA	2.58±1.53ab	1.91±1.06a	1.32±0.16a	1.04±0.13a
SAP	1.80±0.86a	1.10±0.05a	0.76±0.28a	0.46±0.03b
FM	3.63±1.76bc	1.91±0.97a	1.41±0.81b	0.96±0.04a
FS	2.90±0.41abc	1.35±0.20a	1.23±0.13ab	1.18±0.09a
N1	4.53±0.94c	1.14±0.95a	2.32±0.13c	1.66±0.10c
N2	9.17±0.47d	7.17±0.38b	4.21±0.43d	3.10±0.14d
N3	2.84±0.38abc	1.14±0.90a	0.84±0.22ab	0.55±0.33b
处理	复合 Cd			
	第一次	第二次	第三次	第四次
CK	4.58±0.01a	1.22±0.02a	1.317±0.060a	1.52±0.03a
HA	3.79±0.001b	1.31±0.95b	1.40±0.58a	0.88±0.35a
SAP	3.49±0.03b	0.89±0.53ab	1.01±0.34a	0.86±0.22a
FM	5.33±0.005c	3.63±1.09c	2.81±1.05b	2.70±1.99b
FS	4.27±0.012a	3.62±0.88c	1.51±0.014ac	1.60±0.029a
N1	5.13±0.07c	3.17±0.45c	1.93±0.98b	3.48±0.06bc
N2	12.56±0.58d	11.23±0.065d	8.70±0.21d	8.26±0.14d
N3	1.28±0.03e	1.18±0.20ab	1.06±0.11ac	1.26±0.45a

注：数据采用平均数和标准差，数字后的字母表示差异性，相同字母表示无显著性差异，不同字母表示有显著性差

从复合污染土壤淋溶结果得知，添加 FM 及组合材料 N1、N2 淋溶液的电导率及淋溶出的 Cd 量均高于对照，说明促进了重金属 Cd 的淋溶。而添加 SAP 及组合材料 N3 处理对 Cd 淋溶起到抑制作用，所淋溶出的累积 Cd 量分别为对照的 55.32%、78.13%，对 Cd 起到固定作用，这与单一 Cd 污染土壤规律一致。

对比以上两种污染土壤，不同环境材料及其组合发挥的作用不同。在单一 Cd 污染土壤中，添加组合材料 N2 处理促进 Cd 淋溶；单一 SAP 则抑制 Cd 淋溶，对重金属 Cd 达到显著固定作用。而在复合污染土壤中，添加单一 FM 及组合 N1、N2 处理促进 Cd 淋溶；添加单一 SAP 及组合 N3 对 Cd 淋溶起到抑制作用。这除了与所用环境材料不同性质有关，还与土壤胶体表面特殊的电性有关，原因是特殊的电性会不同程度地吸附周围介质的分子、原子或离子，使这些分子、原子或离子的浓度在表面富集。

8.4.3　腐殖酸及其复合材料和磷肥对土壤铅镉的固化效应

为了揭示腐殖酸及其复合材料对土壤重金属的固化效应机理，特别是土壤中重金属固化的稳定化效应，崔鹏涛（2016）对此进行了研究。采用盆栽老化土壤实验，设计四因素三水平正交实验，研究不同环境材料（高分子保水材料、有机营养材料腐殖酸、钠基膨润土、过磷酸钙）和磷肥混施对土壤重金属 Pb、Cd 污染土壤的稳定化效果。老化时间为一个月，分析土壤 Pb、Cd 形态分布情况及其影响因素，探索三种环境材料和磷肥施用对土壤 Pb、Cd 的稳定化机理，提出对土壤重金属 Pb、Cd 稳定化效果较好的组合。

正交实验（L9（3^4））实验设计如表 8.17 所示，保水剂（A）、腐殖酸（B）、钠基膨润土（C）、过磷酸钙（D），重金属 Pb、Cd 分别以 $Pb(NO_3)_2$ 和 $CdCl_2$ 溶液的形式加入供试土壤，土壤 Pb、Cd 的质量分数分别为 500 mg/kg、5 mg/kg，形成 Pb、Cd 复合污染土壤，土壤速效氮质量分数为 202.50 g/kg，速效钾质量分数为 395.80 g/kg。以不添加环境材料和磷肥为对照组 CK。每组设 3 个重复，拌匀后经过一个月老化，再取样测定土壤酸碱度、有机质、电导率，并通过 Tessier 方法提取 Pb、Cd 形态。

表 8.17　正交实验分组表

组号	A/g	B/10^{-1}g	C/g	D/g
1	A1(2.50)	B1(6.25)	C1(15.00)	D1(2.00)
2	A1(2.50)	B2(12.50)	C2(30.00)	D2(4.00)
3	A1(2.50)	B3(25.00)	C3(45.00)	D3(6.00)
4	A2(5.00)	B1(6.25)	C2(30.00)	D3(6.00)
5	A2(5.00)	B2(12.50)	C3(45.00)	D1(2.00)
6	A2(5.00)	B3(25.00)	C1(15.00)	D2(4.00)
7	A3(7.50)	B1(6.25)	C3(45.00)	D2(4.00)
8	A3(7.50)	B2(12.50)	C1(15.00)	D3(6.00)
9	A3(7.50)	B3(25.00)	C2(30.00)	D1(2.00)

1. 环境材料和磷肥对 Pb、Cd 污染土壤理化性质的影响

1）环境材料和磷肥对 Pb、Cd 污染土壤 pH 的影响

如表 8.18 所示，四因素对重金属 Pb、Cd 污染土壤 pH 影响主次为 B（腐殖酸）＞D（过磷酸钙）＞C（钠基膨润土）＞A（保水剂），优组合为 $A_3B_2C_3D_3$，对应实验组第 8 组与其相接近，对土壤提高 pH 效果最显著，空白组 CK 的土壤 pH 为 7.57，与之相比第 8 组提高了 1.19%，效果不是特别明显，施入磷肥和环境材料后土壤的 pH 基本无变化。各组合土壤 pH 变化情况如图 8.28 所示。

表 8.18　四因素对土壤 pH 的影响分析

盆号	保水剂	腐殖酸	钠基膨润土	过磷酸钙	pH
1	A_1	B_1	C_1	D_1	7.51
2	A_1	B_2	C_2	D_2	7.54
3	A_1	B_3	C_3	D_3	7.62
4	A_2	B_1	C_2	D_3	7.48
5	A_2	B_2	C_3	D_1	7.61
6	A_2	B_3	C_1	D_2	7.50
7	A_3	B_1	C_3	D_2	7.50
8	A_3	B_2	C_1	D_3	7.66
9	A_3	B_3	C_2	D_1	7.54
K_1	22.67	22.48	22.67	22.66	
K_2	22.59	22.81	22.56	22.54	
K_3	22.70	22.66	22.72	22.76	
k_1	7.56	7.49	7.56	7.55	
k_2	7.53	7.60	7.52	7.51	
k_3	7.57	7.55	7.57	7.59	
极差 R	0.04	0.11	0.05	0.08	
主次顺序		B＞D＞C＞A			
优水平	A_3	B_2	C_3	D_3	
优组合		$A_3B_2C_3D_3$			

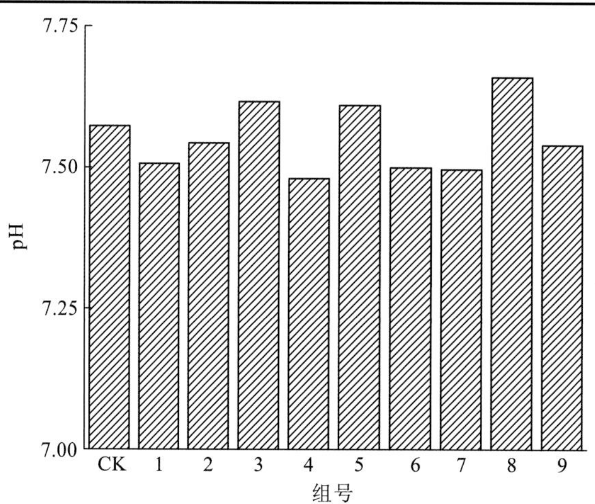

图 8.28　各组合 pH 变化趋势

2）环境材料和磷肥对 Pb、Cd 污染土壤 EC 的影响

如表 8.19 所示，四因素对重金属 Pb、Cd 污染土壤 pH 影响顺序为 D（过磷酸钙）>B（腐殖酸）> C（钠基膨润土）>A（保水剂），优组合为 $A_3B_1C_2D_1$，对应第 9 组接近，对控制土壤 EC 效果最显著，空白组 CK 的土壤 EC 为 0.90，与之相比第 1 组降低了 1.11%，施入磷肥和环境材料之后对土壤 EC 影响不明显。各组合土壤 EC 如图 8.29 所示。

表 8.19　四因素对土壤 EC 的影响分析

盆号	保水剂	腐殖酸	钠基膨润土	过磷酸钙	EC
1	A_1	B_1	C_1	D_1	0.89
2	A_1	B_2	C_2	D_2	1.02
3	A_1	B_3	C_3	D_3	1.23
4	A_2	B_1	C_2	D_3	1.12
5	A_2	B_2	C_3	D_1	0.93
6	A_2	B_3	C_1	D_2	1.12
7	A_3	B_1	C_3	D_2	1.04
8	A_3	B_2	C_1	D_3	1.16
9	A_3	B_3	C_2	D_1	0.91
K_1	3.13	3.05	3.17	2.73	
K_2	3.17	3.11	3.05	3.18	
K_3	3.12	3.26	3.20	3.51	
k_1	1.04	1.02	1.06	0.91	
k_2	1.06	1.04	1.02	1.06	
k_3	1.04	1.09	1.07	1.17	
极差 R	0.02	0.07	0.05	0.26	
主次顺序		D>B>C>A			
优水平	A_3	B_1	C_2	D_1	
优组合		$A_3B_1C_2D_1$			

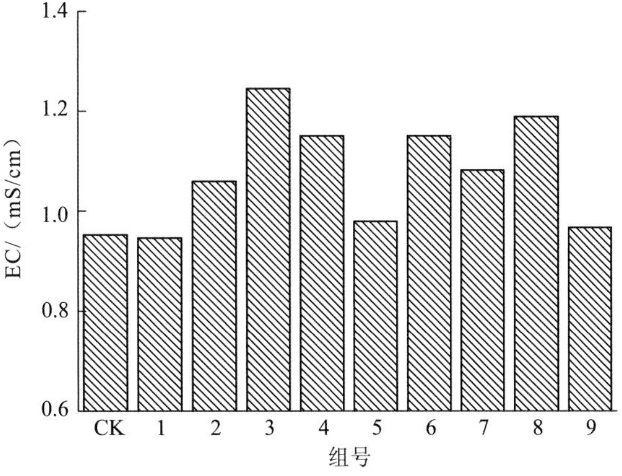

图 8.29　各组合 EC 变化趋势图

3）环境材料和磷肥对 Pb、Cd 污染土壤有机质的影响

如表 8.20 所示，四因素对重金属 Pb、Cd 污染土壤有机质影响顺序为 D（过磷酸钙）＞C（钠基膨润土）＞B（腐殖酸）＞A（保水剂），优组合为 $A_2B_3C_2D_1$，对应实验组第 9 组与其相接近，对土壤提高有机质效果最显著，空白组 CK 的土壤有机质质量分数为 6.45 g/kg，与之相比第 9 组提高了 24.81%，从实验组的有机质整体含量来看，加入磷肥和环境材料还是有一定效果的，各组均有一定程度的提高。各组合土壤有机质情况如图 8.30。

表 8.20 四因素对土壤有机质的影响分析

盆号	保水剂	腐殖酸	钠基膨润土	过磷酸钙	有机质
1	A_1	B_1	C_1	D_1	7.02
2	A_1	B_2	C_2	D_2	7.80
3	A_1	B_3	C_3	D_3	7.48
4	A_2	B_1	C_2	D_3	7.09
5	A_2	B_2	C_3	D_1	8.05
6	A_2	B_3	C_1	D_2	7.40
7	A_3	B_1	C_3	D_2	7.18
8	A_3	B_2	C_1	D_3	6.74
9	A_3	B_3	C_2	D_1	8.05
K_1	22.30	21.29	21.15	23.12	
K_2	22.54	22.60	22.94	22.38	
K_3	21.97	22.92	22.71	21.31	
k_1	7.43	7.10	7.05	7.71	
k_2	7.51	7.53	7.65	7.46	
k_3	7.32	7.64	7.57	7.10	
极差 R	0.19	0.54	0.60	0.61	
主次顺序		D＞ C＞ B ＞A			
优水平	A_2	B_3	C_2	D_1	
优组合		$A_2B_3C_2D_1$			

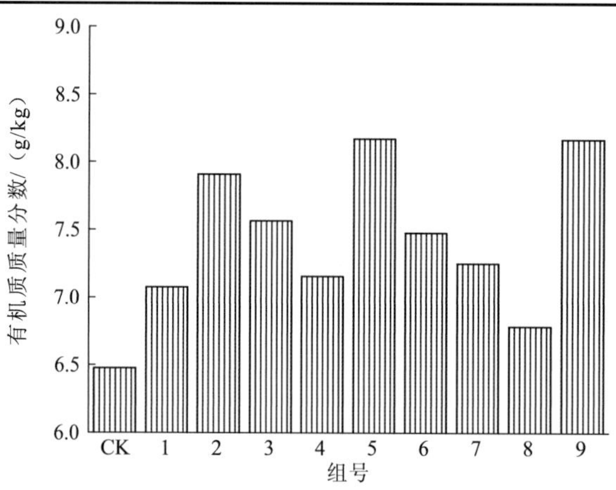

图 8.30 各组合土壤有机质变化趋势图

通过分析土壤理化性质（pH、EC 和有机质）的变化规律，得出改良土壤理化性质的优化组合。

三种环境材料和磷肥对土壤理化性质的影响分析情况（表 8.21）表明，腐殖酸（B）对土壤酸碱度影响较大，过磷酸钙（D）对电导率和有机质影响较大。腐殖酸类物质具有良好的吸水性、吸附螯合能力，对酸碱度调节、有机质增加等方面都有明显的效果（廖敏 等，1999）。通过以上结果可以看出，施入磷肥和环境材料的土壤，酸碱度和电导率变化较小，有机质整体有一定幅度的提高，因此不必担心使用后对土壤自身造成较大的改变，可以当成稳定剂直接施入。

表 8.21　四因素对土壤理化性质的分析

理化性质	影响顺序				优组合	变化率/%
	A	B	C	D		
酸碱度	B>D>C>A				$A_3B_2C_3D_3$	1.19
电导率	D>B>C>A				$A_3B_1C_2D_1$	1.11
有机质	D>C>B>A				$A_2B_3C_2D_1$	24.81

2. 腐殖酸及其复合材料和磷肥对 Pb、Cd 污染土壤中重金属形态分布的影响

Tessier 五步连续形态提取法将重金属的形态分为可交换态、碳酸盐结合态、铁锰氧化态、有机结合态和残渣态。可交换态对环境变化最敏感，其活性最大，易被植物生长所吸收，当土壤的酸碱度降低时碳酸盐结合态易被活化，铁锰氧化态、有机结合态不易被释放，但在强氧化性下易被分解释放，引起生物毒性，残渣态一般能长期稳定地赋存于土壤中，不易被植物所吸收。Mao（1996）根据不同形态下其生物利用大小将各类形态归纳为有效态、潜在有效态和不可利用态三种，其中有效态包括可交换态与碳酸盐结合态，潜在有效态包括铁锰氧化态与有机结合态，不可利用态通常是指残渣态，其中潜在有效态是有效态的潜在直接提供者。

重金属进入土壤后，其毒性不仅仅与其总量有关系，而且在很大程度上受形态分布所控制。重金属各形态分离能对重金属各形态的活性进行分类，揭示土壤中重金属各形态的存在形式、迁移转化规律及可能产生的环境效应，从而揭示重金属的迁移转化规律和潜在的环境危害。因此，研究土壤中重金属各形态及其变化规律是解决土壤重金属污染的首要任务。崔鹏涛（2016）经过系列实验，获得以下结果。

1）土壤中 Pb 形态分布

结果表明，各处理改变了土壤 Pb 的形态分布，对可交换态来说，各处理和对照相差不太大，但对铁锰结合态、有机结合态和残渣态的影响较大的为处理 4，其有机结合态和残渣态的含量高于 CK，说明处理 4 环境材料和磷肥组合土壤 Pb 有效态向稳定态转化。统计结果表明（图 8.31），Pb 主要以残渣态赋存于土壤中，9 组残渣态 Pb 平均占比为 51.71%，有机结合态和铁锰氧化物结合态的平均占比分别为 24.42%和 11.50%，碳酸盐

结合态和可交换态平均占比相对较低，分别为 9.95%和 2.43%，各形态平均占比与 CK 组相差不大。土壤中 Pb 形态分布为：残渣态＞有机结合态＞铁锰氧化物结合态＞碳酸盐结合态＞可交换态，整体来看，重金属 Pb 的可交换态含量较低，活化程度较低。

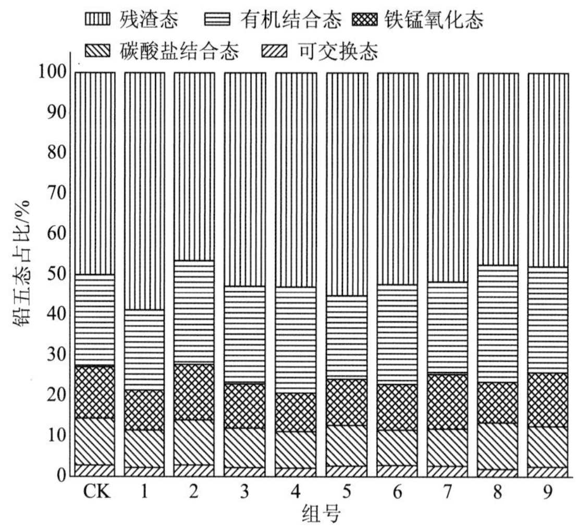

图 8.31　重金属 Pb 形态全量分布图

各处理的土壤 Pb 形态分布较 CK 处理有显著差异。统计结果（表 8.22）表明，环境材料和磷肥对稳定态（铁锰氧化物结合态+有机结合态+残渣态）影响顺序为：B（腐殖酸）＞A（保水剂）＞C（钠基膨润土）＞D（过磷酸钙），腐殖酸对其影响较显著，优组合为 $A_2B_1C_1D_3$，较 CK 升高 3.86 %，有效地减小了土壤 Pb 活化程度。

表 8.22　土壤中 Pb 形态分布正交分析　　单位：%

组号	A	B	C	D	X
1	A_1	B_1	C_1	D_1	88.43
2	A_1	B_2	C_2	D_2	85.89
3	A1	B_3	C_3	D_3	87.87
4	A_2	B_1	C_2	D_3	88.79
5	A_2	B_2	C_3	D_1	87.20
6	A_2	B_3	C_1	D_2	88.37
7	A_3	B_1	C_3	D_2	88.08
8	A_3	B_2	C_1	D_3	86.52
9	A_3	B_3	C_2	D_1	87.47
稳定态			X		
k_1	87.40	88.43	87.77	87.70	
k_2	88.12	86.54	87.38	87.45	
k_3	87.36	87.90	87.72	87.73	
极差 R	0.76	1.89	0.39	0.28	
主次顺序			B＞A＞C＞D		
优水平	A_2	B_1	C_1	D_3	
优组合			$A_2B_1C_1D_3$		

注：X 表示土壤 Pb 铁锰氧化态、有机结合态、残渣态之和

2）土壤中 Cd 形态分布

结果表明，各处理改变了土壤 Cd 的形态分布，对可交换态和残渣态来说，各处理的差异较大，影响较大的为处理 4 和处理 7，处理 4 土壤 Cd 可交换态的含量低于 CK，残渣态的含量高于 CK，处理 7 结果刚好相反，土壤 Cd 可交换态的含量高于 CK，残渣态的含量低于 CK，说明处理 4 环境材料和磷肥组合土壤 Cd 的有效态向稳定态转化，而处理 7 环境材料和磷肥组合则促进土壤 Cd 活化。统计结果表明（图 8.32），Cd 以可交换态为主，9 组中可交换态 Cd 平均比例为 44.97%，铁锰氧化物结合态、残渣态平均占比分别为 24.56%和 16.75%，碳酸盐结合态的平均占比为 9.84%，而有机结合态平均占比相对较低，仅为 3.88%。该老化土壤中 Cd 形态分布为：可交换态＞铁锰氧化物结合态＞残渣态＞碳酸盐结合态＞有机结合态。从各部分比例分布来看，可交换态仍占较大比例，Cd^{2+}的活化程度较高，需要考虑其他影响因素尽量控制其迁移转化。

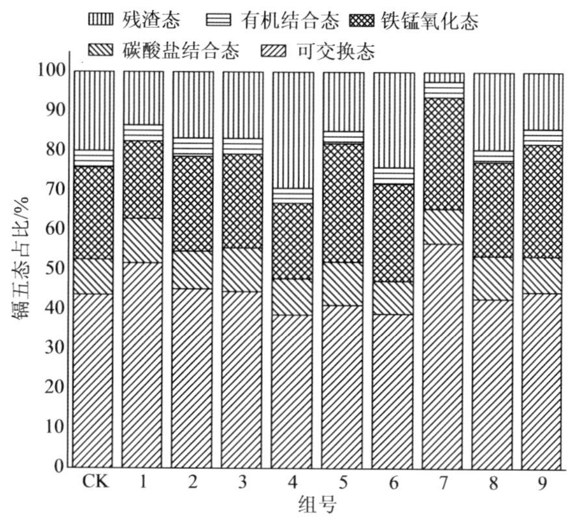

图 8.32　重金属 Cd 形态全量分布图

各处理的土壤 Pb 形态分布较 CK 处理有显著差异。统计结果（表 8.23）表明，环境材料和磷肥对稳定态（铁锰氧化物结合态+有机结合态+残渣态）影响顺序为：A（保水剂）＞D（过磷酸钙）＞C（钠基膨润土）＞B（腐殖酸），保水剂对其影响较显著，优组合为 $A_2B_3C_2D_2$，较 CK 升高 11.36 %，有效地降低了土壤 Cd 活化程度。

表 8.23　土壤中 Cd 形态分布正交分析　　单位：%

组号	A	B	C	D	Y
1	A_1	B_1	C_1	D_1	37.05
2	A_1	B_2	C_2	D_2	45.24
3	A1	B_3	C_3	D_3	44.41
4	A_2	B_1	C_2	D_3	52.14

续表

组号	A	B	C	D	Y
5	A_2	B_2	C_3	D_1	47.90
6	A_2	B_3	C_1	D_2	52.72
7	A_3	B_1	C_3	D_2	50.54
8	A_3	B_2	C_1	D_3	46.32
9	A_3	B_3	C_2	D_1	46.41
稳定态			Y		
k_1	42.23	46.58	45.36	43.79	
k_2	50.92	46.49	47.93	49.50	
k_3	47.76	47.85	47.62	47.62	
极差 *R*	8.69	1.36	2.57	5.71	
主次顺序			A＞D＞C＞B		
优水平	A_2	B_3	C_2	D_2	
优组合			$A_2B_3C_2D_2$		

注：Y 表示土壤 Cd 铁锰氧化物结合态、有机结合态、残渣态之和

通过分析环境材料和磷肥对土壤 Pb、Cd 形态含量的变化情况，得出环境材料和磷肥对土壤 Pb、Cd 稳定态含量影响较大的组合，为环境材料和磷肥在土壤污染的原位修复中的推广应用提供理论依据。

（1）土壤中 Pb 的形态分布为：残渣态＞有机结合态＞铁锰氧化物结合态＞碳酸盐结合态＞可交换态，整体来看，Pb 活化程度较低；土壤中 Cd 的形态分布为：可交换态＞铁锰氧化物结合态＞残渣态＞碳酸盐结合态＞有机结合态，整体来看，Cd 可交换态仍占较高比重，其活化程度亦较高。

（2）添加环境材料和磷肥的污染土壤中 Pb、Cd 的可交换态和碳酸盐结合态比例较 CK 有所降低，稳定态（铁锰氧化物结合态+有机结合态+残渣态）比例较 CK 有所增加，说明添加环境材料和磷肥有利于土壤 Pb、Cd 的有效态向稳定态转化。保水剂和腐殖酸对 Pb 形态分布影响最大，组合 $A_2B_1C_2D_3$ 较 CK 的稳定态增加 3.86 %；保水剂和磷肥对 Cd 形态分布影响最大，组合 $A_2B_3C_1D_2$ 较 CK 稳定态增加 11.36 %。

综上所述，添加环境材料和磷肥对土壤 Pb、Cd 形态皆有一定的影响，一些组合对土壤 Pb、Cd 稳定态影响较大，该结果可为土壤 Pb、Cd 稳定化治理提供参考。

3. 重金属形态分布与土壤理化性质变化相关分析

在各种土壤条件下，土壤中重金属元素的性质和土壤自身的理化性质共同决定了重金属在土壤环境中的各种形态，因此土壤的理化性质的变化对土壤重金属的元素存在形态具有很大影响。当土壤环境呈碱性时，土壤中的重金属趋于形成迁移转化能力较差的

难溶性化合物；土壤的有机质可通过吸附重金属元素来影响土壤重金属分布富集。

如表 8.24 所示，土壤酸碱度、电导率和有机质与 Pb、Cd 形态含量存在一定的线性关系。Pb 的形态含量分布中，酸碱度与可交换态含量呈负相关，说明随着酸碱度的升高，可交换态含量降低；电导率与可交换态含量呈负相关，与有机结合态含量呈正相关，说明随着电导率的升高，可交换态含量降低，有机结合态含量升高；有机质与可交换态含量和铁锰氧化物结合态含量均呈正相关，与有机结合态含量和残渣态含量均呈负相关，说明随着有机质的增加，可交换态含量和铁锰氧化物结合态含量均增加，有机结合态含量和残渣态含量均减少。

表 8.24　重金属形态与土壤理化性质相关性

重金属	形态	酸碱度	电导率	有机质	回归方程	R
Pb	可交换态	−0.37	−0.33	0.67	$Y=15.97-2.38X_1+0.38X_2+0.54X_3$	0.79
	碳酸盐结合态	0.74	0.06	0.08	$Y=-76.74+11.80X_1-1.49X_2-0.12X_3$	0.76
	铁锰氧化物结合态	−0.16	−0.32	0.62	$Y=33.26-5.12X_1+0.39X_2+2.22X_3$	0.65
	有机结合态	0.24	0.56	−0.21	$Y=-20.04+3.82X_1+13.45X_2+0.21X_3$	0.57
	残渣态	−0.26	−0.27	−0.17	$Y=147.55-8.12X_1-12.73X_2-2.86X_3$	0.44
Cd	可交换态	0.08	−0.46	−0.04	$Y=-51.45+19.13X_1-24.08X_2-3.31X_3$	0.61
	碳酸盐结合态	0.69	−0.06	−0.13	$Y=-91.72+15.03X_1-4.48X_2-0.98X_3$	0.81
	铁锰氧化物结合态	0.29	−0.28	0.64	$Y=-131.67+16.47X_1-2.96X_2+4.71X_3$	0.70
	有机结合态	−0.64	0.00	0.09	$Y=41.30-5.41X_1+1.29X_2+0.28X_3$	0.71
	残渣态	−0.38	0.58	−0.42	$Y=333.66-45.23X_1+30.23X_2-0.70X_3$	0.81

注：X_1、X_2、X_3 分别表示土壤酸碱度、电导率和有机质

Cd 的形态含量分布中，酸碱度与碳酸盐结合态含量和铁锰氧化物结合态含量均呈正相关，与有机结合态含量和残渣态含量呈负相关，说明随着酸碱度的升高，碳酸盐结合态含量和铁锰氧化物结合态含量均升高，有机结合态含量和残渣态含量均降低；电导率与可交换态含量和铁锰氧化物结合态含量均呈负相关，与残渣态含量呈正相关，说明随着电导率的升高，可交换态含量和铁锰氧化物结合态含量均降低，残渣态含量升高；有机质与碳酸盐结合态含量和残渣态含量均呈负相关，与铁锰氧化物结合态含量呈正相关，说明随着有机质的增加，碳酸盐结合态含量和残渣态含量均减少，铁锰氧化物结合态含量增加。

8.5　腐殖酸及其复合材料对重金属生物有效性的影响

8.5.1　腐殖酸及其复合材料对铅镉土壤生物有效性的影响

为了揭示腐殖酸及其复合材料对土壤重金属的生物有效性，彭丽成（2011）对此进

行系列研究。她在前人研究的基础上，选用北京市通州区农田土壤，通过添加重金属制成 Pb、Cd 污染土壤，选用腐殖质类材料（HA）、高分子材料（SAP）、煤基复合材料粉煤灰（FM）及粉质矿物材料沸石（FS）4 种环境材料，结合盆栽种植玉米对 Pb、Cd 污染土壤改良效应进行模拟研究，旨在了解不同环境材料及其组合对玉米在重金属污染土壤中的生长、安全状况及对土壤重金属污染改良效应，分析环境材料结合植物修复对治理 Pb、Cd 污染土壤的效果，为重金属污染土壤的环境污染治理提供技术参考。

供试土壤取自北京市通州区农田表土（0～20 cm），黏粒 16.23%，粉粒 59.27%，沙粒 24.5%，总碳 10.1 g/kg，土壤容重 1.39 g/cm^3，田间持水量 19.3%，pH 为 7.50，EC 为 0.28 ms/cm，有机质质量分数为 5.7 g/kg，Pb 本底质量分数为 19.115 mg/kg，Cd 本底含量为 0.063 mg/kg。经自然风干、捣碎、剔除杂物后过 2 mm 尼龙筛，于塑料盆中装土 8 kg。试验中 Pb、Cd 质量分数分别为 500 mg/kg、10 mg/kg，以 $Pb(NO_3)_2$、$CdCl_2 \cdot 2.5H_2O$ 金属盐形式于拌土时均匀加入，并陈化 4 周后开始种植玉米。试验共设 11 个处理（表 8.25），对照 CK1 不加任何重金属及环境材料，CK2 加重金属但不加任何环境材料，3 次重复，共计 39 个盆栽。拌土时环境材料的用量按土壤重量的比例加入混合，比例参照前人研究结果（李勇 等，2009）和环境材料的经济性确定，组合处理中的用量为相应单一材料的用量之和。供试玉米品种为“农大 86”，每盆播种 3 穴，每穴 2 株。自来水浇灌，当土壤含水量为田间持水量 50%左右时，浇水至 100%田间持水量，准确记录每次浇水量。试验在玉米苗期（5 月 18 日）、拔节期（6 月 18 日）及后期（7 月 19 日）取植物样品测定生长指标，后期取玉米地上部样品测定品质及重金属 Pb、Cd 含量。

表 8.25 试验不同处理的环境材料组合

材料	处理										
	HA	SAP	FM	FS	F21	F22	F23	F31	F32	F33	F4
HA	√				√			√	√		√
SAP		√			√	√	√	√		√	√
FM			√			√		√	√	√	√
FS				√			√		√	√	√

注：√表示试验处理含有对应的环境材料

1. 环境材料对玉米生长的影响

由图 8.33 可知，在玉米苗期，对照组中 CK1 处理的玉米株高为 58.3 cm，叶面积为 110.0 cm^2；CK2 处理的玉米株高为 53.2 cm，叶面积为 94.8 cm^2。环境材料组合 F22（FM+SAP）、F23（FS+SAP）及 F32（HA+SAP+FS）处理的玉米长势好于 CK2。其中，F23（FS+SAP）处理的玉米长势最好，株高为 55.5 cm，为 CK2 的 104.3%；叶面积为 111.0 cm^2，为 CK2 的 117.1%。玉米拔节期时，对照组中 CK1 处理的玉米株高为 94.3 cm，叶面积为 298.4 cm^2；CK2 处理的玉米株高为 86.2 cm，叶面积为 267.1 cm^2。单一 HA 及 FM 处理的玉米株高低于 CK2，其他都高于 CK2；而对于叶面积，组合 F23（FS+SAP）、F31

（HA+SAP+FM）及全组合 F4（HA+SAP+FM+FS）高于 CK2 外，其他均小于 CK2。F4（HA+SAP+FM+FS）处理的叶面积达 310.7 cm^2，为 CK2 的 116.3%。收获期，对照组中 CK1 处理的玉米株高为 111.0 cm，叶面积为 466.7 cm^2；CK2 处理的玉米株高为 112.0 cm，叶面积为 470.4 cm^2。单一 SAP 及全组合 F4（HA+SAP+FM+FS）叶面积高于 CK2，其他处理下的玉米叶面积均小于对照，单一 SAP 处理的叶面积达 334.4 cm^2，为 CK2 的 71.1%。由此可知，随着玉米植株的生长，试验中所加入的环境材料对其生长有较明显的促进作用。

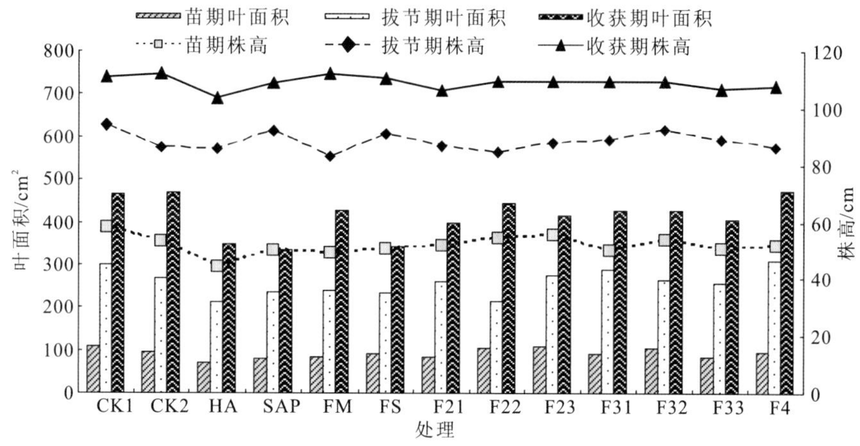

图 8.33　环境材料对 Pb-Cd 污染土壤玉米株高、叶面积的影响

2. 环境材料对玉米品质的影响

植物粗灰分是植物无机营养物质的总和。在未受污染环境下，植物粗灰分的含量高低可作为判断作物品质的指标之一。若在受污染情况下，植物粗灰分含量越高，表明其中的金属盐物质偏高，在一定程度上能判断其受污染程度。淀粉属于多糖类，是植物体内的储存物质。谷类作物生长发育过程中，通过检测其叶淀粉含量可判断光合作用强弱，检测植物淀粉含量对于鉴定农产品品质具有重要意义。

由图 8.34 可知，对照组中 CK1 处理的玉米粗灰分质量分数为 93.2%，高于其他处理。CK2 的粗灰分质量分数为 93.0%，所有环境材料处理的玉米粗灰分含量均低于 CK2。单一 FM 和 FS 处理的玉米粗灰分略低于 CK2，其他处理均明显低于 CK2，HA 和 SAP 处理的玉米粗灰分质量分数分别为 90.4%及 91.2%，分别为 CK2 的 97.2%及 98.1%。两两组合 F21（HA+SAP）处理的玉米粗灰分含量最低，为 89.6%，为 CK2 的 96.3%。三三组合中 F32 处理的玉米粗灰分含量低于其他三三组合，为 90.1%，为 CK2 的 96.9%。由粗灰分含量测定结果可知，环境材料对土壤重金属污染起到一定的改良效应。

CK1 处理的玉米地上部粗淀粉质量分数为 686.2 g/kg，CK2 处理的玉米地上部粗淀粉质量分数为 719.4 g/kg；添加单一 HA、FM 及 FS 处理玉米地上部粗淀粉含量均稍高于 CK2，其质量分数分别为 731.7 g/kg、723.0 g/kg 及 750.9 g/kg；其他处理的玉米粗淀粉含量均低于 CK2。单一 SAP 处理和组合 F22（FM+SAP）处理的粗淀粉质量分数分别为 651.9 g/kg、655.2 g/kg，明显低于 CK2；组合 F31（HA+SAP+FM）、F32（HA+SAP+FS）和 F33（SAP+FM+FS）

处理的粗淀粉质量分数分别为 655.3 g/kg 、671.3 g/kg 及 636.1 g/kg，均显著低于 CK2。

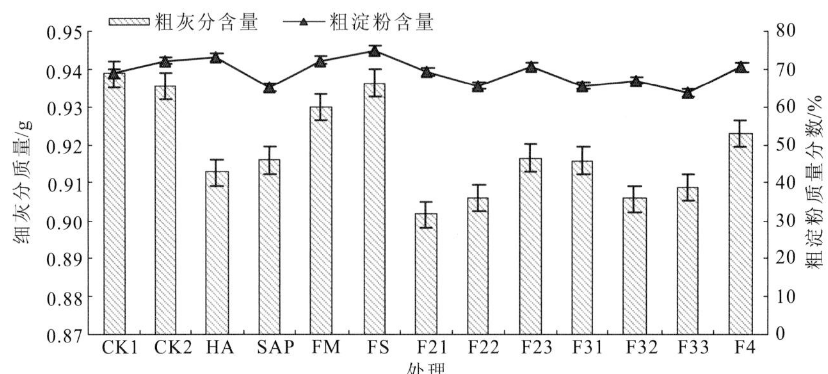

图 8.34 环境材料对 Pb-Cd 污染土壤玉米地上部粗灰分、粗淀粉含量的影响

3. 环境材料对玉米地上部 Pb、Cd 含量的影响

由表 8.26 知，在玉米收获期，对照组 CK1 和 CK2 处理的玉米地上部 Pb、Cd 质量分数分别为 11.13 mg/kg、0.99 mg/kg 和 33.96 mg/kg、15.65 mg/kg。单一 SAP 处理的玉米地上部 Pb 含量与 CK2 接近，其他处理均显著低于 CK2，其中单一 FM 处理 Pb 含量为 CK2 的 68.92%，说明 FM 对土壤 Pb 固化效果明显；组合 F33（SAP+FM+FS）和 F4（HA+SAP+FM+FS）处理的玉米地上部 Pb 含量为 CK2 的 65.67%和 64.21%，达显著性差异。单一 FM、组合 F33（SAP+FM+FS）及 F4（HA+SAP+FM+FS）固定 Pb 效果显著。单一材料 SAP 处理固定 Pb 效果略差，这可能是试验土呈碱性，土壤中—OH 与金属离子的化学作用力增大，导致 SAP 对 Pb 吸附率降低，从而增加玉米地上部 Pb 的含量。添加材料处理的玉米地上部 Cd 含量均显著低于 CK2，单一 FS 处理的玉米地上部 Cd 含量最低，为 10.30 mg/kg，为 CK2 处理的 65.81%；组合 F21（HA+SAP）处理玉米地上部 Cd 质量分数为 10.86 mg/kg，为 CK2 的 69.39%；F33（SAP+FM+FS）处理的玉米地上部 Cd 质量分数为 10.38 mg/kg，为 CK2 的 66.33%。FM、FS 及 F33（SAP+FM+FS）处理的玉米 Cd 含量显著低于 CK2，效果明显优于其他处理，说明这 3 种材料对土壤中重金属 Cd 向玉米迁移起到显著抑制作用。

表 8.26 不同环境材料对 Pb-Cd 污染土壤玉米地上部 Pb、Cd 含量的影响

处理	Pb 质量分数/（mg/kg）	Cd 质量分数/（mg/kg）
CK1	11.13±0.12a	0.99±0.28a
CK2	39.96±0.68b	15.65±0.25b
HA	32.68±0.49cg	12.64±0.25c
SAP	38.10±1.13b	12.11±0.80cd
FM	27.54±0.32dh	10.66±0.25de
FS	31.58±0.14ce	10.30±0.01e
F21	29.71±0.63ef	10.86±0.06de

续表

处理	Pb 质量分数/（mg/kg）	Cd 质量分数/（mg/kg）
F22	34.64±2.54g	12.64±1.75c
F23	30.46±1.78ef	11.39±1.51ce
F31	29.19±1.56b	12.85±0.05c
F32	28.84±1.05bc	11.45±0.45ce
F33	26.24±1.09h	10.38±1.43e
F4	25.66±1.04h	10.60±1.21de

4. 环境材料对玉米根系土壤理化性质的影响

1）环境材料对玉米根系土壤 pH、电导率的影响

图 8.35 为环境材料对土壤 pH 及电导率的影响。添加重金属但未添加环境材料的 CK2 处理土壤 pH 为 7.86，而未添加重金属及环境材料的 CK1 处理的 pH 为 7.88。添加环境材料的土壤 pH 均高于 CK2，呈弱碱性，最高 pH 为 F4（HA+SAP+FM+FS）处理的 8.32，比 CK2 高 0.46，该现象与所加环境材料自身性质有关。各材料相互组合后可能会出现不同的反应，从而对玉米根系土壤 pH 起到一定的增加作用，导致不同处理下玉米根系土壤 pH 的不同变化。

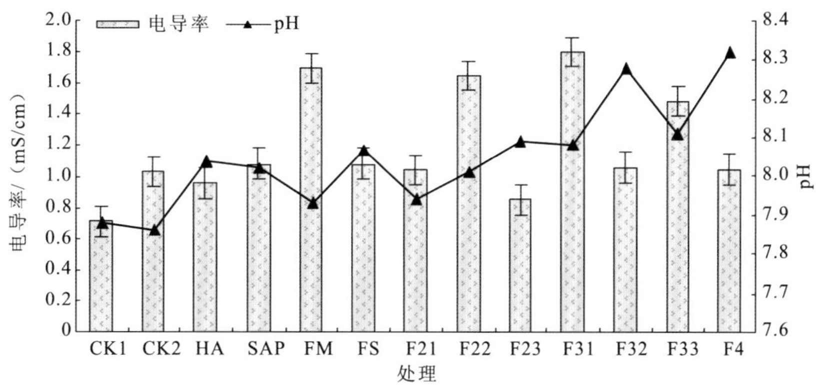

图 8.35　环境材料对 Pb-Cd 污染土壤 pH、电导率的影响

CK1 处理的土壤电导率为 0.708 mS/cm，CK2 处理的土壤电导率为 1.026 mS/cm。添加单一 FM（电导率为 1.695 mS/cm）及组合 F22（FM+SAP，电导率为 1.648 mS/cm）、F31（HA+SAP+FM，电导率为 1.799 mS/cm）、F33（SAP+FM+FS，电导率为 1.483 mS/cm）处理的玉米根系土壤电导率明显高于 CK2，达显著性差异；其中单一 FM、组合 F22 及 F31 处理的玉米根系土壤电导率分别为 CK2 处理的 165.20%、160.62%和 175.34%，组合 F31 对玉米根系土壤电导率提高最为显著，与大豆根系土壤效果一致。这几个处理均含有煤基复合材料 FM，说明 FM 对土壤电导率的增加能起到一定作用，这可能与 FM 本

身性质有关。FM（煤基复合材料）表面能高，具有一定的活性基团，能对土壤电导率起到较大的增强作用。对比不同环境材料及其组合对土壤电导率的提高效果分析表明，组合 F31 效果均显著高于其他材料及其组合，说明 F31（HA+SAP+FM）材料组合有利于土壤电导率的提高。

2）环境材料对玉米根系土壤养分的影响

由表 8.27 可知，CK1 处理玉米根系土壤碱解氮含量为 50.17 mg/kg，CK2 处理土壤碱解氮为 51.33 mg/kg，组合材料处理的土壤碱解氮均明显高于 CK2。组合 F21（HA+SAP，67.83 mg/kg）、F22（SAP+FM，67.67 mg/kg）、F23（SAP+FS，58.33 mg/kg）、F31（HA+SAP+FM，66.50 mg/kg）、F32（HA+FM+FS，67.67 mg/kg）、F33（SAP+FM+FS，61.83 mg/kg）及 F4（HA+SAP+FM+FS，63.00 mg/kg）均与 CK2 达显著性差异；其中 F21 处理的土壤碱解氮含量最高，为 CK2 的 132.14%。单一材料中 SAP 处理玉米根系土壤碱解氮含量为 60.83 mg/kg，为 CK2 的 118.51%。F32 及 F4 处理玉米根系土壤碱解氮含量分别为对照 CK2 的 131.83%及 122.74%。由结果可知，试验中添加的 HA 和 SAP 两种环境材料有利于土壤碱解氮的保持。HA 含有一定的 N、P、K 及相当数量的微量元素，能在一定程度上增加土壤的养分元素。高分子材料加入土壤后能改善土壤结构，增强土壤抗侵蚀能力，对土壤肥效起到一定作用。

表 8.27　环境材料对 Pb-Cd 污染土壤理化性质的影响

处理	碱解氮质量分数/（mg/kg）	速效磷质量分数/（mg/kg）	有机质质量分数/%
CK1	50.17±2.02a	8.10±0.87a	1.24±0.05a
CK2	51.33±4.04b	7.55±0.74bcd	1.02±0.13bd
HA	55.67±0.58bef	6.61±1.03bce	1.29±0.24cg
SAP	60.83±1.89bcde	6.48±0.15bce	1.04±0.04bd
FM	56.00±3.50bef	9.78±2.26dgh	0.97±0.12bd
FS	52.50±3.50be	7.25±1.07bc	0.89±0.12b
F21	67.83±7.01c	4.67±0.70e	1.06±0.09bd
F22	67.67±2.02c	8.71±0.65bdg	1.10±0.14bc
F23	58.33±8.81bc	5.45±0.84ce	1.12±0.09cd
F31	66.50±0.01cd	12.47±2.70f	1.54±0.11ef
F32	67.67±13.25cd	5.99±0.40ce	1.34±0.10eg
F33	61.83±5.34ce	11.11±1.48fg	1.60±0.13f
F4	63.00±7.00cf	11.46±2.43fh	1.41±0.09fg

CK1 处理玉米根系土壤速效磷质量分数为 8.10 mg/kg，CK2 处理玉米根系土壤速效磷质量分数为 7.55 mg/kg，组合 F31（HA+SAP+FM）、F4（HA+SAP+FM+FS）土壤速效磷含量均显著高于 CK2 处理。单一 FM 处理的土壤速效磷质量分数达 9.78 mg/kg，为 CK2 的

129.54%；两两组合 F22 及全组合 F4 处理玉米根系土壤速效磷质量分数分别为 8.71 mg/kg 及 11.46 mg/kg，为 CK2 的 115.36%及 151.79%；组合 F31 土壤速效磷质量分数最高，达 12.47 mg/kg，为 CK2 的 165.17%。以上结果说明材料中添加的 FM 能促进土壤中速效磷的释放。而添加单一 SAP 处理土壤速效磷含量偏低，为 6.48 mg/kg，为 CK2 的 85.83%，说明 SAP 对土壤速效磷能起缓释作用。

试验用土中有机质含量普遍偏低。CK1 处理玉米根系土壤有机质质量分数为 12.4 g/kg，CK2 处理玉米根系土壤有机质含量为 10.2 g/kg，所有环境材料处理中，土壤有机质含量显著高于 CK2 的处理为单一 HA、组合 F31（HA+SAP+FM）、F32（HA+SAP+FS）、F33（SAP+FM+FS）及 F4（HA+SAP+FM+FS），均达显著性差异。其中，单一材料中 HA 处理玉米根系土壤有机质含量高于其他三种单一材料处理，为 12.9 g/kg，为 CK2 的 126.47%；组合处理中，F23、F33 及 F4 处理玉米根系土壤有机质含量分别为 11.2 g/kg、16.0 g/kg 及 14.1 g/kg，分别为 CK2 的 109.80%、156.86%及 138.24%。以上结果说明，组合中添加的 HA 与 FM 能促进土壤有机质的增加，这与 HA、FM 自身性质有关，酸碱中和作用致使土壤一些性质发生改变，从而影响有机质的含量。煤基复合材料富含 Si、Ca、Fe、Mg，还含有一定的 N、P、K 及相当数量的微量元素，在一定程度上能增加土壤的养分元素。腐殖质类材料具有胶体性质，能改善土壤的团粒结构，使土壤疏松、通透能力加强，蓄水、保温、保肥能力得到改善，改良土壤的作用明显。

8.5.2 腐殖酸复合材料和氮肥对土壤铅镉生物有效性的影响

孙朋成（2016）通过 Pb、Cd 重金属胁迫下玉米种子发芽试验和盆栽种植试验，分析蛇纹石（AS）、纳米碳（CN）及褐煤腐殖酸（HA）及其复合处理对种子发芽、盆栽玉米生长、产量及品质的影响，探讨三种环境材料及其组合对土壤重金属固化效果及对重金属生物有效性的影响，揭示 Pb、Cd 重金属污染对作物生长和重金属累积效应，进一步明确环境材料对土壤重金属 Pb、Cd 固化作用机理。

1. 环境材料对 Pb^{2+}、Cd^{2+}胁迫下玉米种子萌发的影响

种子萌发是作物生长的最初阶段，对外界环境极为敏感。通过种子萌发率、芽长、根长及发芽势可体现重金属胁迫对种子萌发的影响。

采用发芽试验，统计分析不同 Pb^{2+}、Cd^{2+}浓度胁迫对玉米发芽率、发芽势、芽长、根长的影响，以期寻找对玉米萌发最低抑制浓度。Pb^{2+}溶液质量浓度设置：0、5 mg/L、10 mg/L、25 mg/L、50 mg/L、100 mg/L、200 mg/L；Cd^{2+}溶液质量浓度设置：0、5 mg/L、10 mg/L、15 mg/L、25 mg/L、50 mg/L、100 mg/L；每个浓度处理设两个平行试验。

1）Pb^{2+}、Cd^{2+}浓度对玉米种子萌发的影响

表 8.28 为不同 Pb^{2+}、Cd^{2+}浓度处理对玉米种子萌发的影响。结果表明，Pb^{2+}、Cd^{2+}浓度对玉米发芽率、发芽势、芽长及根长伸长影响较大，并且 Pb^{2+}和 Cd^{2+}浓度对玉米种子萌发的影响具有显著差异。Pb^{2+}、Cd^{2+}浓度对玉米种子萌发的影响出现低浓度促进，

高浓度抑制的现象，且浓度越高抑制作用越明显。

在 Pb^{2+}浓度小于 25 mg/L 时，玉米种子发芽率为 77.50%～85.71%，较 CK 高 0.58%～8.79%。显然，低浓度 Pb^{2+}胁迫促进种子发芽率提高。Pb^{2+}浓度大于 25 mg/L 时，Pb^{2+}胁迫玉米种子发芽率较 CK 低 6.19%～69.03%。可见，高浓度 Pb^{2+}对玉米种子发芽率起抑制作用，且浓度越高抑制作用越明显。表 8.28 表明，Pb^{2+}浓度对发芽势的影响与对发芽率的影响趋势相近。Pb^{2+}浓度小于 25 mg/L 时，Pb^{2+}胁迫有助于提高种子发芽势；Pb^{2+}浓度大于 25 mg/L 时，Pb^{2+}胁迫表现出抑制作用，且浓度越高抑制作用越明显。Pb^{2+}浓度对玉米种子芽长和根长，均表现出抑制作用，Pb^{2+}浓度对根长的抑制作用强于芽长。

表 8.28　Pb^{2+}、Cd^{2+}浓度对玉米种子萌发的影响

处理	发芽率/%	发芽势/%	芽长/cm	根长/cm
CK	76.92	41.84	3.21	6.08
Pb10	85.71	47.62	2.73	3.36
Pb15	82.05	43.59	2.45	2.31
Pb25	77.50	35.00	2.15	1.81
Pb50	70.73	26.83	1.88	0.93
Pb100	43.24	18.92	1.43	0.64
Pb200	7.89	2.63	0.67	0.21
Cd5	90.00	42.50	1.92	2.86
Cd10	87.17	33.33	1.81	2.42
Cd15	80.00	27.50	1.78	2.37
Cd25	67.50	20.00	1.51	1.12
Cd50	40.48	16.67	1.03	0.73
Cd100	4.88	2.43	0.39	0.31

与 Pb^{2+}相比，玉米种子萌发对 Cd^{2+}胁迫更为敏感。低浓度时，Cd^{2+}胁迫对发芽率、发芽势、芽长及根长等指标促进作用比 Pb^{2+}胁迫处理明显；高浓度时，Cd^{2+}胁迫对相应指标的抑制作用也比 Pb^{2+}胁迫处理明显。在 Cd^{2+}浓度小于 15 mg/L 时，玉米种子发芽率较 CK 高 3.08%～13.08%。低浓度 Cd^{2+}胁迫促进种子发芽率提高，但这种促进作用随 Cd^{2+}浓度增大而减弱。Cd^{2+}浓度大于 15 mg/L 时，玉米种子发芽率较 CK 低 9.42%～72.04%。高浓度 Cd^{2+}对玉米种子发芽率表现出抑制作用，且浓度越高抑制作用越明显。表 8.28 表明，Cd^{2+}浓度对发芽势的影响与发芽率相近。Cd^{2+}浓度小于 15 mg/L 时，Cd^{2+}胁迫有助于提高种子发芽势。Cd^{2+}浓度大于 15 mg/L 时，Cd^{2+}胁迫对种子发芽势表现出抑制作用，且浓度越高抑制作用越明显。Cd^{2+}浓度对玉米种子芽长和根长，均表现出抑制作用，Cd^{2+}浓度对根长的抑制作用强于对芽长的抑制作用。

综合分析，重金属 Pb^{2+}、Cd^{2+}对玉米种子萌发有重要影响。Pb^{2+}、Cd^{2+}对玉米种子发芽率、发芽势的影响表现出低浓度促进，高浓度抑制，且浓度越高抑制作用越明显；玉米种子萌发对 Cd^{2+}胁迫较 Pb^{2+}敏感；玉米种子根长对 Pb^{2+}、Cd^{2+}胁迫响应较芽长更为敏感。

2）环境材料对 Pb^{2+}、Cd^{2+}胁迫下玉米种子萌发的影响

表 8.29 为蛇纹石（AS）、纳米碳（CN）及褐煤腐殖酸（HA）对在 Pb^{2+}、Cd^{2+}胁迫下玉米种子萌发的影响情况。结果表明，蛇纹石（AS）、纳米碳（CN）及褐煤腐殖酸（HA）能够提高在 Pb^{2+}、Cd^{2+}胁迫下玉米发芽率、发芽势、芽长及根长，但各环境材料作用效果有异。

表 8.29　环境材料对 Pb^{2+}、Cd^{2+}胁迫下玉米种子萌发的影响

处理	发芽率/%	发芽势/%	芽长/cm	根长/cm
CK1	7.89	2.63	0.67	0.21
CN-Pb	16.67	12.50	1.62	0.87
HA-Pb	16.00	8.00	1.58	0.83
AS-Pb	12.50	4.17	1.47	0.71
CK2	4.88	2.43	0.39	0.31
CN-Cd	19.23	11.54	1.37	0.59
HA-Cd	26.92	7.69	1.42	0.61
AS-Cd	16.00	4.00	1.31	0.52

注: Pb^{2+}浓度为 200 mg/L、Cd^{2+}浓度为 100 mg/L

不同环境材料对 Pb^{2+}胁迫下玉米种子发芽率作用效果有差异。在 Pb^{2+}浓度为 200 mg/L 时，对照 CK1 种子平均发芽率为 7.89%，纳米碳处理种子发芽率为 16.67%，褐煤腐殖酸处理为 16%，蛇纹石处理为 12.50%，较 CK1 提高 8.78%、8.11%和 4.61%。三种环境材料对 Pb^{2+}胁迫下玉米种子发芽率作用效果大小顺序为：纳米碳＞褐煤腐殖酸＞蛇纹石。

发芽势、芽长和根长表现出与发芽率类似的规律，对照 CK1 种子发芽势为 2.63%，芽长为 0.67 cm，根长为 0.21 cm，纳米碳、褐煤腐殖酸和蛇纹石处理发芽势较 CK1 分别提高 9.87%、5.37%和 1.54%，芽长分别为 CK1 的 2.42 倍、2.36 倍和 2.19 倍，根长分别为 CK1 的 4.14 倍、3.95 倍和 3.38 倍。玉米幼苗根比芽对 Pb^{2+}胁迫更敏感，环境材料处理对玉米幼苗根的缓解作用也更明显。三种环境材料对 Pb^{2+}胁迫下玉米种子发芽势、芽长和根长作用效果大小顺序为：纳米碳＞褐煤腐殖酸＞蛇纹石。

与 Pb^{2+}胁迫类似，蛇纹石（AS）、纳米碳（CN）及褐煤腐殖酸（HA）处理对 Cd^{2+}胁迫下玉米种子发芽率作用效果有异。Cd^{2+}浓度为 100 mg/L 时，对照组 CK2 种子发芽率为 4.88%，纳米碳、褐煤腐殖酸、蛇纹石处理玉米发芽率较 CK2 提高 14.35%、22.04%和 11.12%。环境材料处理发芽率较 CK2 有较大程度提高，三种环境材料对 Cd^{2+}胁迫下玉米种子发芽率作用效果大小顺序为：褐煤腐殖酸＞纳米碳＞蛇纹石。与 Pb^{2+}胁迫相比，环境材料在缓解 Cd^{2+}胁迫效果更为突出，褐煤腐殖酸的作用效果强于纳米碳。

发芽势、芽长和根长表现出与发芽率类似的规律，对照 CK2 种子发芽势为 2.43%，芽长为 0.39 cm，根长为 0.31 cm，纳米碳、褐煤腐殖酸和蛇纹石处理玉米发芽势较 CK2 提高 9.11%、5.26%和 1.57%，玉米芽长为 CK2 的 3.51 倍、3.64 倍和 3.36 倍，根长为 CK2 的 1.90 倍、1.97 倍和 1.68 倍。三种环境材料对 Cd^{2+}胁迫下玉米种子发芽势、芽长和根长作用效果大小顺序为：褐煤腐殖酸＞纳米碳＞蛇纹石。

综合分析表明，三种环境材料对重金属 Pb^{2+}、Cd^{2+}胁迫下玉米种子萌发具有重要影响。环境材料能够降低 Pb^{2+}、Cd^{2+}胁迫对玉米种子的抑制作用；三种环境材料对 Pb^{2+}、Cd^{2+}胁迫下种子萌发的缓解作用有差异，对于 Pb^{2+}胁迫，环境材料作用效果大小顺序为：纳米碳＞褐煤腐殖酸＞蛇纹石；对于 Cd^{2+}胁迫，环境材料作用效果大小顺序为：褐煤腐殖酸＞纳米碳＞蛇纹石。

2. 环境材料及氮肥用量对玉米生长、产量及品质影响

通过盆栽种植试验，开展蛇纹石、纳米碳及褐煤腐殖单一及复合处理对重金属 Pb^{2+}、Cd^{2+}离子生物有效性、氮肥利用率及植物生长的影响研究，并探索相关机理。

选取 Pb^{2+}、Cd^{2+}胁迫对玉米萌发抑制最明显的浓度，分别添加环境材料，每组 8 种材料组合处理。按照已有资料设置腐殖酸（HA）0.25 g/L、蛇纹石（AS）0.25 g/L、纳米碳（CN）0.25 g/L。单独加蒸馏水和环境材料作为对照（CK），每个处理设置两个平行试验。试验材料处理按照表 8.30 执行。

表 8.30　环境材料对种子萌发的影响

处理	CN	HA	AS	Pb	Cd
CN	√			√	√
HA		√		√	√
AS			√	√	√
Pb				√	
Cd					√

1）环境材料及氮肥用量对玉米生长及产量的影响

蛇纹石、纳米碳及褐煤腐殖酸对重金属 Pb^{2+}、Cd^{2+}及 NH_4^+吸附效果有差异，这种作用效果将反映在玉米籽粒及地上部分（茎秆）干物质量等指标上。

图 8.36 为环境材料单一及复合处理对玉米籽粒及地上部分干物质量影响情况。结果表明，单一材料处理，纳米碳处理对促进玉米籽粒及地上部分干物质积累作用效果最好，分别较 CK 增加 44.42%和 21.40%；褐煤腐殖酸作用效果次之，分别较 CK 提高 34.85%和 14.47%；蛇纹石处理分别较 CK 提高 19.99%和 5.86%。复合材料处理，添加蛇纹石、纳米碳及褐煤腐殖酸处理（AS+CN+HA）效果最佳，玉米籽粒及地上部分干物质量较 CK 提高 59.71%和 30.35%，纳米碳、褐煤腐殖酸处理（CN+HA）次之，分别较 CK 提高 48.94%和 23.55%，纳米碳、蛇纹石处理（CN+AS）分别较 CK 提高 43.70%和 21.80%，褐煤腐殖酸、蛇纹石（HA+AS）分别较对照 CK 提高 37.67%和 18.41%。

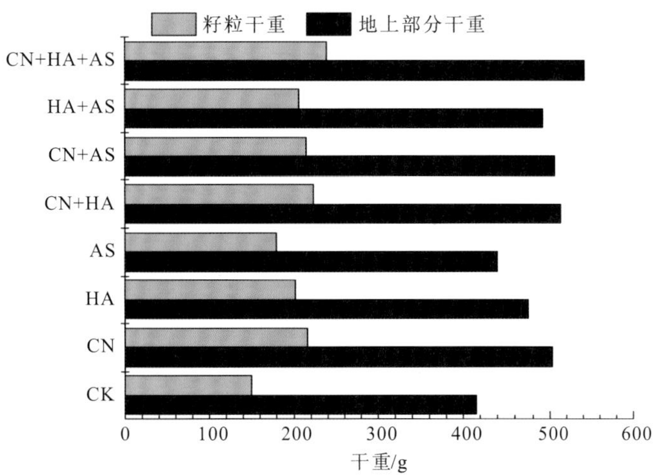

图 8.36　环境材料对玉米籽粒及地上部分干物质量的影响

分析表明，环境材料处理能够促进玉米干物质积累，三种环境材料的作用效果有异，这种差异与环境材料吸附性能及其吸附重金属 Pb^{2+}、Cd^{2+}及 NH_4^+的稳定性密切相关。

2）环境材料及氮肥用量对玉米品质的影响

吸附解吸及淋溶试验结果表明，蛇纹石、纳米碳及褐煤腐殖酸三种环境材料对重金属 Pb^{2+}、Cd^{2+}固化效果有差异，这种作用效果将反映在玉米籽粒及地上部分（茎秆）Pb^{2+}、Cd^{2+}含量等指标上。

图 8.37 为环境材料处理对玉米籽粒 Pb^{2+}、Cd^{2+}含量影响情况。结果表明，单一材料处理，纳米碳处理（CN）对降低玉米籽粒 Pb^{2+}、Cd^{2+}含量作用效果最好，籽粒 Pb^{2+}、Cd^{2+}含量较 CK 降低 22.64%和 23.72%；复合材料处理，添加蛇纹石、纳米碳及褐煤腐殖酸处理（AS+CN+HA）效果最佳，籽粒 Pb^{2+}、Cd^{2+}含量较 CK 降低 39.66%和 41.33%。结果表明，环境材料处理能够降低玉米籽粒 Pb^{2+}、Cd^{2+}离子含量，三种环境材料处理作用效果有异，这种差异与环境材料的吸附性能及其吸附重金属 Pb^{2+}、Cd^{2+}的稳定性密切相关。

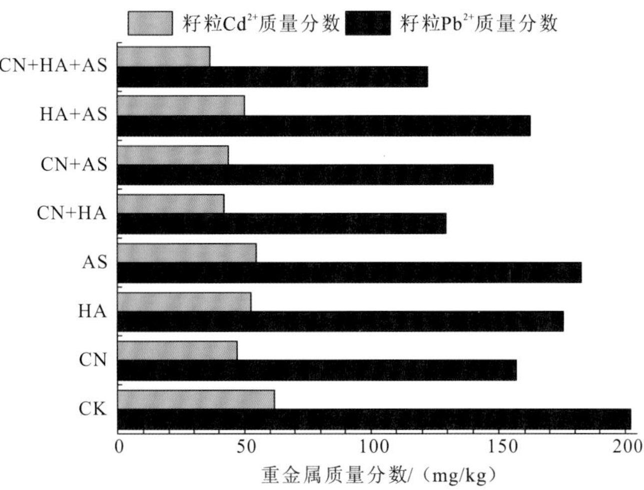

图 8.37　环境材料对玉米籽粒 Pb^{2+}、Cd^{2+}含量的影响

图 8.38 为氮肥用量对玉米籽粒 Pb^{2+}、Cd^{2+}含量的影响情况。结果表明，增加氮肥用量能够提高玉米籽粒 Pb^{2+}、Cd^{2+}含量。玉米籽粒 Pb^{2+}、Cd^{2+}含量与氮肥施用量呈正相关。玉米籽粒 Pb^{2+}、Cd^{2+}含量随着氮肥用量增加逐渐增大。籽粒 Pb^{2+}、Cd^{2+}含量较不添加氮肥对照（CK）增加，增幅大于 42.94%和 45.17%，但增幅随氮肥用量增加而放缓。过量施用化肥不但造成资源浪费，而且会增加玉米籽粒重金属含量，降低作物品质。

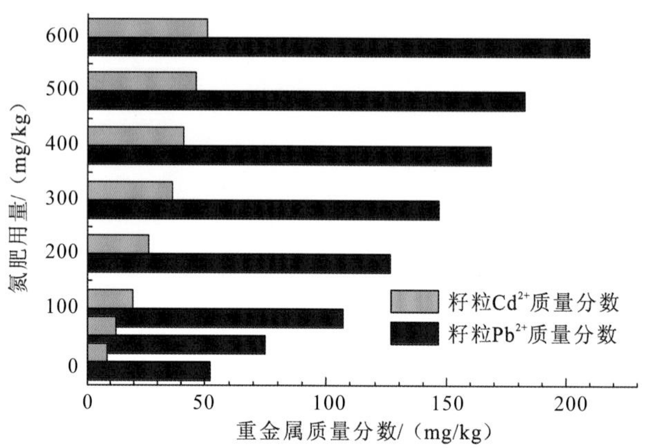

图 8.38　氮肥用量对玉米籽粒 Pb^{2+}、Cd^{2+}含量的影响

图 8.39 为环境材料处理对玉米茎秆 Pb^{2+}、Cd^{2+}含量影响情况。结果表明，单一材料处理，纳米碳处理（CN）对降低玉米茎秆 Pb^{2+}、Cd^{2+}含量作用效果最好，籽粒 Pb^{2+}、Cd^{2+}含量较 CK 降低 20.43%和 23.61%；复合材料处理，添加蛇纹石、纳米碳及褐煤腐殖酸处理（AS+CN+HA）效果最佳，籽粒 Pb^{2+}、Cd^{2+}含量较 CK 降低 36.55%和 40.72%。结果表明，环境材料处理能够降低玉米茎秆 Pb^{2+}、Cd^{2+}含量，三种环境材料处理作用效果有异，这种差异与环境材料的吸附性能及其吸附重金属 Pb^{2+}、Cd^{2+}离子的稳定性密切相关。

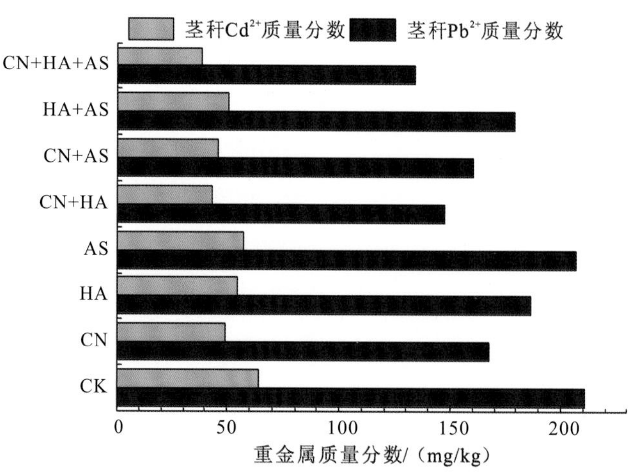

图 8.39　环境材料对玉米茎秆 Pb^{2+}、Cd^{2+}含量的影响

图 8.40 为氮肥用量对玉米茎秆 Pb^{2+}、Cd^{2+}含量的影响情况。结果表明，增加氮肥用量能够提高玉米茎秆 Pb^{2+}、Cd^{2+}含量。玉米茎秆 Pb^{2+}、Cd^{2+}含量与氮肥施用量呈正相关。玉米茎秆 Pb^{2+}、Cd^{2+}含量随着氮肥用量增加逐渐增大。茎秆 Pb^{2+}、Cd^{2+}含量较不添加氮肥对照（CK）增加，增幅大于 36.24%和 30.34%，但增幅随氮肥用量增加而放缓。过量施用氮肥不但造成资源浪费，而且会增加玉米茎秆重金属含量，降低作物品质。

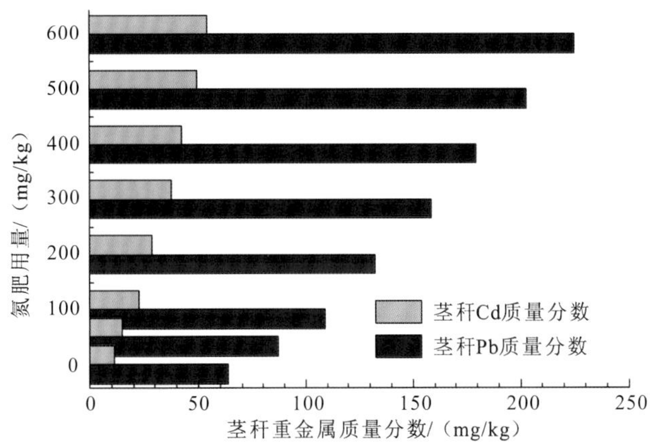

图 8.40　氮肥用量对玉米茎秆 Pb^{2+}、Cd^{2+}含量的影响

8.5.3　腐殖酸及其复合材料对油菜生长和铅镉生物有效性的影响

崔鹏涛（2016）通过盆栽种植实验，以油菜为实验作物材料，分析环境材料和磷肥施用对土壤 Pb、Cd 污染的生物有效性。测定油菜的生长指标（根部、茎和叶长度，干、鲜重）、土壤理化性质（土壤 pH、EC 和有机质）指标、油菜各部位重金属 Pb、Cd 含量分布情况，提出有效降低油菜体内重金属 Pb、Cd 吸收累积量且生长影响最小的配比组合，为筛选环境材料和磷肥降低土壤重金属 Pb、Cd 生物有效性的最佳组合提供参考。

按照表 8.31 的方式设计四因素三水平正交实验。保水剂（A）、腐殖酸（B）、钠基

表 8.31　正交实验分组表

组号	A/g	B/10^{-1}g	C/g	D/g
1	A1(2.50)	B1(6.25)	C1(15.00)	D1(2.00)
2	A1(2.50)	B2(12.50)	C2(30.00)	D2(4.00)
3	A1(2.50)	B3(25.00)	C3(45.00)	D3(6.00)
4	A2(5.00)	B1(6.25)	C2(30.00)	D3(6.00)
5	A2(5.00)	B2(12.50)	C3(45.00)	D1(2.00)
6	A2(5.00)	B3(25.00)	C1(15.00)	D2(4.00)
7	A3(7.50)	B1(6.25)	C3(45.00)	D2(4.00)
8	A3(7.50)	B2(12.50)	C1(15.00)	D3(6.00)
9	A3(7.50)	B3(25.00)	C2(30.00)	D1(2.00)

膨润土（C）、过磷酸钙（D），重金属 Pb、Cd 分别以 $Pb(NO_3)_2$ 和 $CdCl_2$ 溶液的形式加入供试土壤，土壤 Pb、Cd 质量分数分别为 500 mg/kg、5 mg/kg，形成 Pb、Cd 复合污染土壤，土壤速效氮 202.50 g/kg，速效钾 395.80 g/kg。以不添加环境材料和磷肥为对照组 CK，为保证油菜正常生长所需要的营养元素，向每盆供试土壤中加入尿素 2.5 g，氯化钾 2.5 g，每组处理设置 3 组重复已保证实验数据的准确性，共 30 盆。

1. 环境材料和磷肥对油菜生长影响

1）环境材料和磷肥对油菜茎、叶高度的影响

当植物遭到重金属危害时，会发生生长放缓、植株矮小、产量减少和根系受到压迫等现象。油菜根、茎的高度作为表征生长发育的重要指标之一，在一定程度上体现了油菜的生长速度和健壮程度。茎、叶越高，生物积累量越多，长势越好。添加环境材料之后对 Pb、Cd 复合污染土壤的油菜生长有较明显的促进作用。各组合油菜茎、叶变化情况如图 8.41 所示。

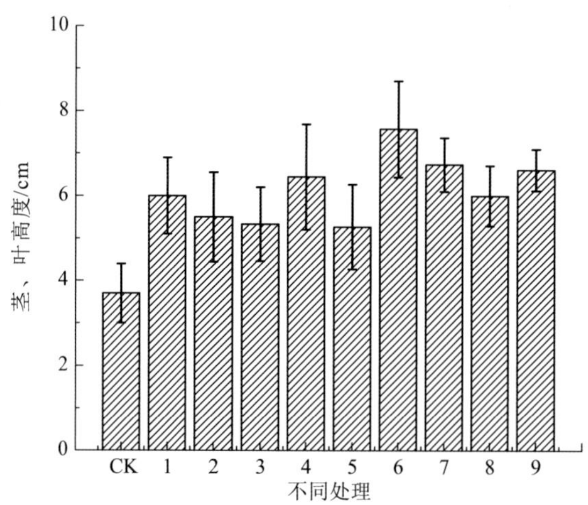

图 8.41　各组合油菜茎、叶高度的变化趋势图

由图 8.41 可知，各组合油菜茎、叶的生长高度明显大于重金属 Pb、Cd 污染土壤上生长的油菜，CK 为 3.7 cm，最高组第 6 组较 CK 提高了 105.41%，各组合茎、叶高度平均比 CK 提高了 67.57%，增长较大，说明施用磷肥、保水剂、腐殖酸和钠基膨润土的实验组降低了重金属 Pb、Cd 对油菜生长的胁迫作用，CK 组生长缓慢、植株矮小、产量较低。而四因素磷肥、保水剂、腐殖酸和钠基膨润土对油菜茎、叶高度的影响正交分析见表 8.32，其中 H 表示油菜茎、叶高度。

由表 8.32 可知，四因素对重金属 Pb、Cd 污染土壤种植油菜的生长情况影响顺序为 B（腐殖酸）＞A（保水剂）＞C（钠基膨润土）＞D（过磷酸钙），腐殖酸对于油菜茎、叶高度的影响较为明显，优组合为 $A_2B_3C_1D_2$，优组合对应实验第 6 组。

表 8.32　油菜茎、叶高度的正交分析

盆号	保水剂	腐殖酸	钠基膨润土	过磷酸钙	H
1	A_1	B_1	C_1	D_1	6.03
2	A_1	B_2	C_2	D_2	5.51
3	A_1	B_3	C_3	D_3	5.27
4	A_2	B_1	C_2	D_3	6.44
5	A_2	B_2	C_3	D_1	5.29
6	A_2	B_3	C_1	D_2	7.56
7	A_3	B_1	C_3	D_2	6.62
8	A_3	B_2	C_1	D_3	6.04
9	A_3	B_3	C_2	D_1	6.58
K_1	16.81	19.09	19.63	17.90	
K_2	19.29	16.84	18.53	19.69	
K_3	19.24	19.41	17.18	17.75	
k_1	5.60	6.36	6.54	5.97	
k_2	6.43	5.61	6.18	6.56	
k_3	6.41	6.47	5.73	5.92	
极差 R	0.83	0.86	0.81	0.64	
主次顺序		B>A>C>D			
优水平	A_2	B_3	C_1	D_2	
优组合		$A_2B_3C_1D_2$			

2）环境材料和磷肥对油菜根系长度的影响

根系是影响植物生长状况的重要指标之一，植物生长所需的大部分矿物质微量元素和水分都来自根系吸收，因此根系的发达程度直接影响植株生长情况和产量。研究表明，重金属压迫使根尖细胞核新陈代谢放缓，影响根的生长变长，因此可将根系长度作为衡量植物受重金属毒性的指标。各组合油菜根系的变化趋势见图 8.42。

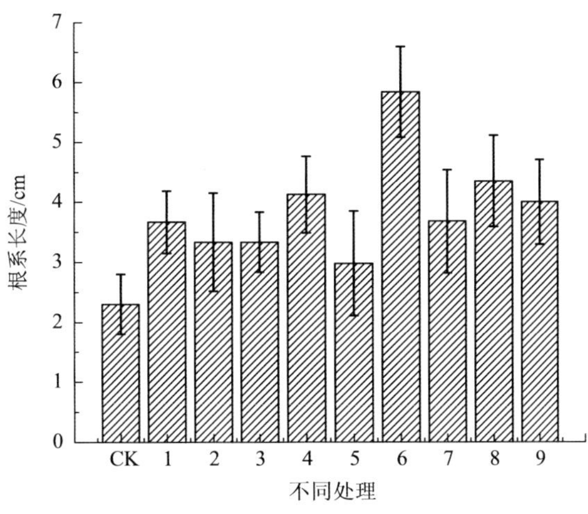

图 8.42　各组合油菜根系的变化趋势图

由图 8.42 可知，各组合油菜根系的长度明显大于重金属 Pb、Cd 污染土壤上生长的油菜根系长度，CK 为 2.3 cm，最长组第 6 组较 CK 提高了 152.17%，各组合根系长度平均比 CK 提高了 69.57%，变化较明显，说明施用磷肥、保水剂、腐殖酸和钠基膨润土的实验组降低了重金属 Pb、Cd 对油菜根系的胁迫作用，CK 组根系面积较小，各组合不仅是面积较大，而且长度较长。四因素磷肥、保水剂、腐殖酸和钠基膨润土对油菜根系的影响正交分析见表 8.33，其中 h 表示油菜根系长度。

表 8.33　油菜根系的正交分析

盆号	保水剂	腐殖酸	钠基膨润土	过磷酸钙	h
1	A_1	B_1	C_1	D_1	3.73
2	A_1	B_2	C_2	D_2	3.31
3	A_1	B_3	C_3	D_3	3.28
4	A_2	B_1	C_2	D_3	4.14
5	A_2	B_2	C_3	D_1	3.03
6	A_2	B_3	C_1	D_2	5.76
7	A_3	B_1	C_3	D_2	3.72
8	A_3	B_2	C_1	D_3	4.39
9	A_3	B_3	C_2	D_1	4.03
K_1	10.32	11.59	13.88	10.79	
K_2	12.93	10.73	11.48	12.79	
K_3	12.14	13.07	10.03	11.81	
k_1	3.44	3.86	4.63	3.60	
k_2	4.31	3.58	3.83	4.26	
k_3	4.05	4.36	3.34	3.94	
极差 R	0.87	0.78	1.29	0.66	
主次顺序		C＞A＞B＞D			
优水平	A_2	B_3	C_1	D_2	
优组合		$A_2B_3C_1D_2$			

由表 8.33 可知，四因素对重金属 Pb、Cd 污染土壤种植油菜的生长情况影响顺序为 C（钠基膨润土）＞A（保水剂）＞B（腐殖酸）＞D（过磷酸钙），其中钠基膨润土对重金属污染土壤中油菜根系长度影响最明显，对应的优组合为 $A_2B_3C_1D_2$，对应实验组为第 6 组。

3）环境材料和磷肥对油菜鲜重的影响

作为表征植物生长情况的重要指标之一，鲜重包含一定的水分和干物质量，直观地表现出植株的自然发育状态。有研究表明重金属 Cd 通过食物链进入植物体内会损害生物细胞结构，造成植株出现氧化逼迫，不能合成糖及蛋白质，营养失调，以及许多其他生理代谢混乱，会进一步导致植物生长量和产量降低。各组合油菜鲜重的变化趋势见图 8.43。

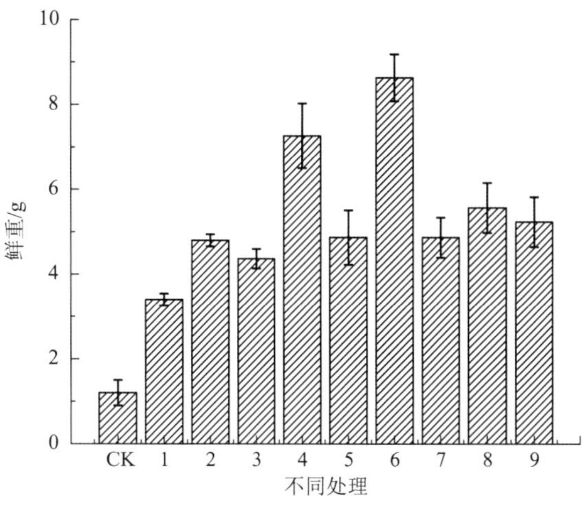

图 8.43　各组合油菜鲜重的变化趋势

由图 8.43 可知，各组合油菜鲜重均高于重金属 Pb、Cd 污染土壤上生长的油菜鲜重，CK 为 1.2 g，最重组第 6 组较 CK 提高了 616.67%，各组合鲜重平均比 CK 提高了 350%，变化较大，说明施用磷肥、保水剂、腐殖酸和钠基膨润土的实验组要比 CK 组生长状况好。四因素磷肥、保水剂、腐殖酸和钠基膨润土对油菜鲜重的影响正交分析见表 8.34，其中 M 表示油菜鲜重。

表 8.34　油菜鲜重的正交分析

盆号	保水剂	腐殖酸	钠基膨润土	过磷酸钙	M
1	A_1	B_1	C_1	D_1	3.41
2	A_1	B_2	C_2	D_2	4.83
3	A_1	B_3	C_3	D_3	4.38
4	A_2	B_1	C_2	D_3	7.34
5	A_2	B_2	C_3	D_1	4.89
6	A_2	B_3	C_1	D_2	8.56
7	A_3	B_1	C_3	D_2	4.88
8	A_3	B_2	C_1	D_3	5.62
9	A_3	B_3	C_2	D_1	5.24
K_1	12.62	15.63	17.59	13.54	
K_2	20.79	15.34	17.41	18.27	
K_3	15.74	18.18	14.15	17.34	
k_1	4.21	5.21	5.86	4.51	
k_2	6.93	5.11	5.80	6.09	
k_3	5.25	6.06	4.72	5.78	
极差 R	2.72	0.95	1.14	1.58	
主次顺序		A>D>C>B			
优水平	A_2	B_3	C_1	D_2	
优组合		$A_2B_3C_1D_2$			

由表 8.34 可知，四因素对重金属 Pb、Cd 污染土壤种植油菜的生长情况影响顺序为 A（保水剂）>D（过磷酸钙）>C（钠基膨润土）>B（腐殖酸），保水剂对重金属污染土壤中生长的油菜鲜重影响较为显著，优组合为 $A_2B_3C_1D_2$，对应实验组为第 6 组。

4）环境材料和磷肥对油菜干重的影响

生物学中干重是指细胞除去全部自由水之后的重量。油菜干重物质主要来源于矿物质吸收、呼吸作用和叶片光合作用，是决定其产量的重要因素，各组合油菜鲜重变化情况见图 8.44。

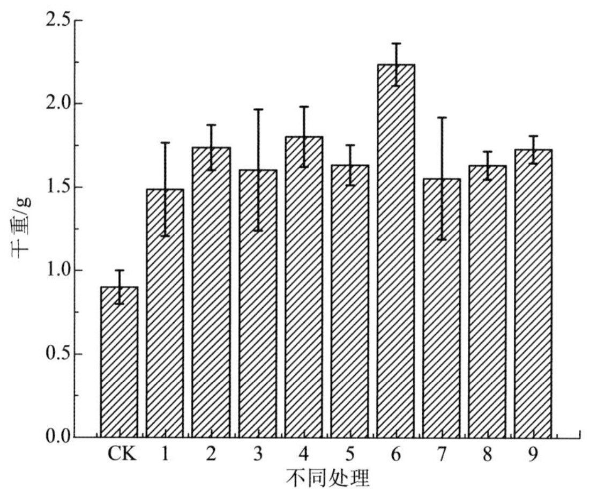

图 8.44　各组合油菜干重的变化趋势图

由图 8.44 可知，各组合油菜干重均高于重金属 Pb、Cd 污染土壤上生长的油菜干重，CK 为 0.9 g，最重组第 6 组较 CK 提高了 144.44%，各组合干重平均比 CK 提高了 88.89%，说明施用磷肥、保水剂、腐殖酸和钠基膨润土的实验组要比 CK 组生物积累量大。四因素磷肥、保水剂、腐殖酸和钠基膨润土对油菜干重的影响正交分析见表 8.35，其中 m 表示油菜干重。

表 8.35　油菜干重的正交分析

盆号	保水剂	腐殖酸	钠基膨润土	过磷酸钙	m
1	A_1	B_1	C_1	D_1	1.53
2	A_1	B_2	C_2	D_2	1.71
3	A_1	B_3	C_3	D_3	1.56
4	A_2	B_1	C_2	D_3	1.78
5	A_2	B_2	C_3	D_1	1.64
6	A_2	B_3	C_1	D_2	2.23
7	A_3	B_1	C_3	D_2	1.59
8	A_3	B_2	C_1	D_3	1.57

续表

盆号	保水剂	腐殖酸	钠基膨润土	过磷酸钙	m
9	A_3	B_3	C_2	D_1	1.67
K_1	4.80	4.90	5.33	4.84	
K_2	5.65	4.92	5.16	5.53	
K_3	4.83	5.46	4.79	4.91	
k_1	1.60	1.63	1.78	1.61	
k_2	1.88	1.64	1.72	1.84	
k_3	1.61	1.82	1.60	1.64	
极差 R	0.28	0.19	0.18	0.23	
主次顺序	A＞D＞B＞C				
优水平	A_2	B_3	C_1	D_2	
优组合	$A_2B_3C_1D_2$				

由表 8.35 可知，四因素对重金属 Pb、Cd 污染土壤种植油菜的生长情况影响顺序为 A（保水剂）＞D（过磷酸钙）＞B（腐殖酸）＞C（钠基膨润土），其中保水剂对重金属污染土壤的油菜干重影响最明显，优组合为 $A_2B_3C_1D_2$，对应实验组为第 6 组。

5）环境材料及磷肥对油菜生长效应的影响分析

本节主要研究了在重金属 Pb、Cd 污染土壤的情况下，采用四因素三水平正交实验盆栽种植油菜，四因素分别为保水剂（A）、腐殖酸（B）、钠基膨润土（C）和过磷酸钙（D），通过分析油菜茎、叶高度、根系长度和干、鲜重的生长变化规律，得出降低重金属胁迫、提高生物有效性的优化组合，四因素对油菜生长效应的影响分析情况如表 8.36 所示。

表 8.36　环境材料及磷肥对油菜生长效应的分析

生长指标	影响主次	优组合	增长率/%
茎、叶高度	B＞A＞C＞D	$A_2B_3C_1D_2$	105.41
根系长度	C＞A＞B＞D	$A_2B_3C_1D_2$	152.17
鲜重	A＞D＞C＞B	$A_2B_3C_1D_2$	616.17
干重	A＞D＞B＞C	$A_2B_3C_1D_2$	144.44

腐殖酸（B）对油菜茎、叶的高度影响较大，钠基膨润土（C）对根系长度影响较大，保水剂（A）和腐殖酸（B）对油菜干鲜重影响较大。施入土壤的保水材料具有较强的吸水和保水能力，有利于土壤团粒的形成进而使土壤结构更加稳定，有效地降低了土壤的容重，增加土壤的透气性，使土壤变得疏松，有利于油菜的生长，腐殖酸中的各种有机类官能团不但可与重金属发生化学反应，使土壤中活化态重金属含量降低，某些活性功

能基团还可增强作物体内过氧化氢酶活性，加快作物的生理代谢，促进植物的生长，增加作物的产量。综合油菜生长效应可得其优化组为第 6 组（$A_2B_3C_1D_2$），四项指标实验组与 CK 对比均有显著提升，优化组增长率见表 8.36。

2. 环境材料和磷肥对油菜 Pb、Cd 吸收及其分布影响

1）油菜根部、茎和叶中 Pb、Cd 含量

土壤受到 Pb、Cd 复合污染后，会对土壤生态系统产生极大的危害，生长于 Pb、Cd 复合污染土壤的油菜生长周期短、对重金属的耐性很强和具有一定的吸收积累能力，故可食部分对重金属的积累量很大，直接威胁人体的健康，研究表明（冯绍元 等，2002），重金属在植物体内的分布情况一般为：根＞茎叶＞籽粒。代天飞等（2006）通过对成都平原 46 个样点种植的油菜各器官对重金属的积累特征进行分析，结果表明 Pb、Cd 在油菜各部位的积累规律均为：壳部＞茎叶＞根部＞籽粒。

表 8.37　油菜各部位 Pb、Cd 含量　　单位：μg/kg

组数	油菜根系重金属				油菜茎和叶重金属			
	Pb	富集系数	Cd	富集系数	Pb	富集系数	Cd	富集系数
CK	6 332.50	1.27	406.80	8.12	76.40	0.02	166.10	3.32
1	6158.40	1.16	349.80	5.88	68.50	0.01	123.00	2.07
2	4 299.20	0.87	258.80	4.82	86.10	0.02	86.70	1.61
3	7 258.30	1.47	334.90	6.46	55.00	0.01	124.40	2.40
4	5 622.20	1.09	281.10	4.87	53.70	0.01	103.20	1.79
5	6 549.00	1.29	233.40	4.66	60.20	0.01	108.00	2.16
6	3 893.40	0.78	147.60	2.61	100.20	0.02	105.40	1.86
7	5 398.60	1.09	205.40	3.93	78.80	0.02	94.90	1.82
8	2 641.60	0.53	365.20	6.74	58.60	0.01	115.70	2.13
9	2 987.20	0.59	132.80	2.39	79.20	0.02	114.60	2.07

统计结果（表 8.37）显示，各处理油菜各部位 Pb、Cd 含量差异较大，总体来看，油菜体内 Pb、Cd 含量为根＞茎和叶。各处理油菜各部位 Pb、Cd 含量明显低于 CK，油菜根部 Pb 富集系数均低于 CK（除第 3 组和第 5 组以外），Cd 富集系数各处理均低于 CK；油菜茎和叶 Pb 富集系数各处理相差不大，Cd 富集系数各处理均低于 CK，说明油菜根部对 Pb、Cd 的吸收积累能力明显强于茎和叶，油菜对 Pb、Cd 的富集顺序为 Cd＞Pb。根据食品中污染物限量标准（GB 2762—2005，Pb＜0.3 mg/kg、Cd＜0.2 mg/kg）可知，油菜根部 Pb、Cd 均超标，其中 Pb 含量严重超标，但食用部分 Pb、Cd 含量未超过标准，处理组 Pb、Cd 含量要明显低于 CK，说明添加环境材料和磷肥，有利于抑制油菜各部位吸收积累 Pb、Cd，降低油菜重金属毒性，配合油菜种植可为该 Pb、Cd 复合污染土壤（Pb、

Cd 质量分数分别为 500 mg/kg、5 mg/kg）修复提供理论依据。

各处理油菜中 Pb、Cd 的含量较 CK 处理有显著差异。统计结果（表 8.38）表明，环境材料和磷肥对油菜根部 Pb 含量影响顺序为：A（保水剂）＞C（钠基膨润土）＞B（腐殖酸）＞D（过磷酸钙），保水剂对其影响较明显；对油菜根部 Cd 含量影响顺序为：D（过磷酸钙）＞A（保水剂）＞B（腐殖酸）＞ C（钠基膨润土），过磷酸钙对其影响最明显；对油菜茎和叶中 Pb 含量影响顺序为：D（过磷酸钙）＞B（腐殖酸）＞C（钠

表 8.38　油菜中 Pb、Cd 含量正交分析　　单位：μg/kg

组号	A	B	C	D	X_1	X_2	Y_1	Y_2
1	A_1	B_1	C_1	D_1	6 158.40	349.80	68.50	123.00
2	A_1	B_2	C_2	D_2	4 299.20	258.80	86.10	86.70
3	A1	B_3	C_3	D_3	7 258.30	334.90	55.00	124.40
4	A_2	B_1	C_2	D_3	5 622.20	281.10	53.70	103.20
5	A_2	B_2	C_3	D_1	6 549.00	233.40	60.20	108.00
6	A_2	B_3	C_1	D_2	3 893.40	147.60	100.20	105.40
7	A_3	B_1	C_3	D_2	5 398.60	205.40	78.80	94.90
8	A_3	B_2	C_1	D_3	2 641.60	365.20	58.60	115.70
9	A_3	B_3	C_2	D_1	2 987.20	132.80	79.20	114.60
油菜根部		X_1				X_2		
k_1	5 905.30	5 726.40	4 231.13	5 231.53	314.50	278.77	287.53	238.67
k_2	5 354.87	4 496.60	4 302.87	4 530.40	220.70	285.80	224.23	203.93
k_3	3 675.80	4 712.97	6 401.97	5 174.03	234.47	205.10	257.90	327.07
极差 R	2 229.50	1 229.80	2 170.84	701.13	93.80	80.70	63.30	123.14
主次顺序		A＞C＞B＞D				D＞A＞B＞C		
优水平	A_3	B_2	C_1	D_2	A_2	B_3	C_2	D_2
优组合		$A_3B_2C_1D_2$				$A_2B_3C_2D_2$		
油菜茎和叶		Y_1				Y_2		
k_1	69.87	67.00	75.77	69.30	111.37	107.03	114.70	115.20
k_2	71.37	68.30	73.00	88.37	105.53	103.47	101.50	95.67
k_3	72.20	78.13	64.67	55.77	108.40	114.80	109.10	114.43
极差 R	2.33	11.13	11.10	32.60	5.84	11.33	13.20	19.53
主次顺序		D＞B＞C＞A				D ＞C＞B＞A		
优水平	A_1	B_1	C_3	D_3	A_2	B_2	C_2	D_2
优组合		$A_1B_1C_3D_3$				$A_2B_2C_2D_2$		

注：X_1、X_2 分别表示油菜根部 Pb、Cd 的含量，Y_1、Y_2 分别表示油菜茎和叶 Pb、Cd 的含量

基膨润土）>A（保水剂），过磷酸钙对其影响较显著；对油菜茎和叶中 Cd 含量影响顺序为：D（过磷酸钙）>C（钠基膨润土）> B（腐殖酸）>A（保水剂），过磷酸钙对其影响较显著；综合来看，过磷酸钙对油菜各部位 Pb、Cd 含量影响最大，各组合较 CK 均有不同程度降低，有效抑制油菜生长中吸收 Pb、Cd，对应的优组合为 $A_1B_2C_2D_2$，较 CK 油菜根系富集系数分别降低了 31.50%、40.64%，较 CK 油菜茎和叶 Pb 富集系数基本无变化，Cd 富集系数降低了 51.51%。

2）土壤理化性质对油菜各部位吸收 Pb、Cd 的影响

Pb、Cd 在土壤环境系统中的转移十分复杂，受到的影响因素也较多，土壤各物理化学性质通过改变土壤中 Pb、Cd 存在形态而间接影响 Pb、Cd 的有效性。研究表明，土壤中重金属的生物有效性与土壤酸碱度、有机质等因素密切相关，而酸碱度是影响植物吸收重金属的最主要土壤因素。

分析结果（表 8.39）表明，油菜根部 Pb 含量受土壤 pH、EC 和有机质影响均较小，油菜根部的 Cd 与 pH 和 EC 均呈负相关，与有机质呈正相关，茎和叶的 Pb、Cd 与 pH 呈正相关，与有机质呈负相关。从其相关性来看，油菜各部位 Pb、Cd 含量受到土壤中多种因素的控制，油菜各部位 Pb、Cd 含量与土壤 pH 有较高的相关关系，与有机质关系密切。

表 8.39　土壤理化性质与油菜各部位 Pb、Cd 含量相关性分析

重金属	油菜部位	酸碱度	电导率	有机质
Pb	根部	−0.062	0.011	0.075
	茎和叶	0.45	0.31	−0.61
Cd	根部	−0.47	−0.22	0.26
	茎和叶	0.40	0.064	−0.21

3）土壤 Pb、Cd 形态对油菜各部位吸收 Pb、Cd 的影响

采用 Tessier 五步连续提取法提取土壤中 Pb、Cd 形态，并于油菜各部位 Pb、Cd 含量进行比对分析，分析结果（表 8.40）表明，油菜根部 Pb、Cd 含量受到可交换态 Pb、Cd 影响很小，茎和叶中的 Pb 含量与可交换态 Pb 呈负相关，Cd 含量与可交换态 Cd 呈正相关；油菜根部 Pb、Cd 含量与碳酸盐结合态 Pb、Cd 呈负相关，茎和叶中的 Pb、Cd 含量与碳酸盐结合态 Pb、Cd 呈正相关；油菜根部 Pb 含量与铁锰氧化态 Pb 呈负相关，Cd 含量与铁锰氧化态 Cd 呈正相关，茎和叶中的 Pb、Cd 含量与铁锰氧化态呈负相关；油菜根部 Pb 含量与有机结合态 Pb 呈负相关，Cd 含量与有机结合态 Cd 呈正相关，茎和叶中的 Cd 与有机结合态 Cd 呈负相关；油菜根部 Pb 含量与残渣态 Pb 呈正相关，茎和叶中的 Pb 与残渣态 Pb 呈正相关，Cd 含量与残渣态 Cd 呈负相关。综合来看，土壤中的碳酸盐结合态 Pb、Cd 对油菜各部位 Pb、Cd 含量影响最大，这可能是由于油菜的分泌物质造成了土壤 pH 的减小，碳酸盐结合态释放到土壤中，而重金属的压迫现象改变了油菜根系处各种分泌物的成分与质量，导致根系土壤周围环境（酸碱度、有机质）的变化，

这种变化又将改变油菜根系的生长情况和对重金属的吸收迁移。

表 8.40　土壤 Pb、Cd 形态含量与油菜各部位 Pb、Cd 含量相关性分析

重金属	油菜部位	可交换态	碳酸盐结合态	铁锰氧化态	有机结合态	残渣态
Pb	根部	0.025	−0.39	−0.25	−0.72	0.65
	茎和叶	−0.71	0.46	−0.64	0.049	0.28
Cd	根部	0.014	−0.57	0.44	0.53	−0.011
	茎和叶	0.43	0.69	−0.18	−0.28	−0.25

综上所述，在重金属 Pb、Cd 污染土壤情况下，采用四因素三水平正交实验盆栽种植油菜，四因素分别为保水剂（A）、腐殖酸（B）、钠基膨润土（C）和过磷酸钙（D），通过分析油菜各部位 Pb、Cd 含量，并对影响因素进行相关性分析，得出添加环境材料和磷肥不同程度地降低了油菜各部位吸收 Pb、Cd，过磷酸钙对其影响最大，油菜对 Pb、Cd 的富集顺序为：Cd＞Pb，食用部分 Pb、Cd 均未超标；土壤 pH 对油菜各部位 Pb、Cd 影响较大，另外有机质与其密切相关；土壤中 Pb、Cd 的碳酸盐结合态对油菜各部位 Pb、Cd 含量影响最大。

参 考 文 献

白中科, 周伟, 王金满, 等, 2018. 再论矿区生态系统恢复重建. 中国土地科学, 32(11): 1-9.

暴秀丽, 张静静, 化党羽, 等, 2017. 褐煤基材料对 Cd^{2+} 的吸附机制. 农业资源与环境学报, 34(4): 343-351.

毕银丽, 2017. 丛枝菌根真菌在煤矿区沉陷地生态修复应用研究进展. 菌物学报, 36(7): 800-806.

毕银丽, 吴福勇, 武玉坤, 2006. 接种微生物对煤矿废弃基质的改良与培肥作用. 煤炭学报(3): 365-368.

卞正富, 1999. 矿区土地复垦界面要素的演替规律及其调控研究. 中国土地科学(2): 7-12.

卞正富, 2005. 我国煤矿区土地复垦与生态重建研究. 资源·产业(2): 18-24.

卞正富, 雷少刚, 金丹, 等, 2018. 矿区土地修复的几个基本问题. 煤炭学报, 43(1): 190-197.

曹心德, 魏晓欣, 代革联, 等, 2011. 土壤重金属复合污染及其化学钝化修复技术研究进展. 环境工程学报, 5(7): 1441-1453.

常恩福, 李娅, 李品荣, 等, 2018. 岩溶山地不同植被恢复模式和年限土壤养分的变化[J]. 西南林业大学学报(自然科学), 38(2): 76-82.

车明超, 2010. 保水剂对土壤微生物及脲酶活性的影响与肥料混合实验. 北京: 中国矿业大学(北京).

车明超, 黄占斌, 王晓茜, 等, 2010. 施用保水剂对土壤氮素淋溶及脲酶活性的影响. 农业环境科学学报, 29(增刊): 93-97.

陈静, 黄占斌, 2014. 腐殖酸在土壤修复中的作用. 腐殖酸(4): 30-34.

陈磊, 2014. 腐殖酸液肥、复合肥对“金农丝苗”稻米重金属富集影响的研究. 长沙: 中南大学.

陈涛, 2008. 磷矿渣覆土还田利用可行性研究. 武汉: 华中农业大学.

陈威, 2012. 土壤改良剂对氮素淋溶及植物生长效应研究. 北京: 中国矿业大学(北京).

陈宝玉, 黄选瑞, 邢海福, 等, 2004. 3 种剂型保水剂的特性比较. 东北林业大学学报(6): 99-100.

陈宝玉, 张林, 滕铁, 等, 2008. 保水剂对混剂土特性的影响. 中国水土保持科学(5): 62-65.

陈俊杰, 朱刘娟, 邹友峰, 2007. 煤炭开采对粮食安全的影响及对策研究. 中国矿业, 16(5): 36-39.

陈世检, 2000. 泥炭和堆肥对几种污染土壤中铜化学活性的影响. 土壤学报, 37(2): 280-283.

陈文婷, 付岩梅, 隋跃宇, 等, 2013. 长期施肥对不同有机质含量农田黑土土壤酶活性及土壤肥力的影响. 中国农学通报, 29(15): 78-83.

陈雅敏, 冯述青, 杨天翔, 等, 2013. 我国不同类型土壤有机质含量的统计学特征. 复旦学报(自然科学版), 52(2): 220-224.

陈彦广, 陆佳, 韩洪晶, 等, 2013. 粉煤灰在环境材料中利用的研究进展. 化学通报(9): 811-821.

陈振华, 陈利军, 武志杰, 2005. 脲酶-硝化抑制剂对减缓尿素转化产物氧化及淋溶的作用. 应用生态学报(2): 238-242.

成杰民, 解敏丽, 荆林晓, 等, 2011. 猪粪降解液改性膨润土应用于修复 Cu 污染土壤的影响因素研究.

土壤通报, 42(6): 1491-1495.

成绍鑫, 2010. 腐殖酸化学研究与应用. 北京: 化学工业出版社.

程亮, 张保林, 王杰, 等, 2011. 腐殖酸肥料的研究进展. 中国土壤与肥料, 5: 5-10.

程海宽, 杨素勤, 景鑫鑫, 等, 2012. 不同改良剂对重金属污染土壤中铅镉有效性影响研究. 第二届重金属污染防治及风险评价研讨会论文集: 152-158.

崔娜, 张玉龙, 曲波, 等, 2010. 保水剂对苗期番茄根际土壤微生物数量及土壤酶活性的影响.北方园艺(23): 24-26.

崔鹏涛, 2016. 三种环境材料和磷肥施用对土壤铅、镉的固化效应研究. 北京: 中国矿业大学(北京).

戴瑞, 郑水林, 贾建丽, 等, 2009. 非金属矿物环境材料的研究进展. 中国非金属矿工业导刊(6): 3-9.

代天飞, 王昌全, 李冰, 2006. 油菜各部位对土壤中活性态重金属的累积特征分析. 农业环境科学学报(S2): 471-475.

党建友, 王秀斌, 裴雪霞, 等, 2008. 风化煤复合包裹控释肥对小麦生长发育及土壤酶活性的影响. 植物营养与肥料学报, 6: 164-170.

邓丽莉, 江韬, 何丙辉, 等, 2009. 聚丙烯酰胺与几种强化剂联合作用对土壤氮素吸附-解吸和迁移释放的影响. 水土保持学报, 23(3), 120-124, 188.

丁琼, 2012. 土壤性质及钝化剂对镉在土壤-植物系统转移的影响. 北京: 首都师范大学.

杜葱远, 2009. 有机中性化技术对镉、铅、锌、铜、镍形态的长期影响的研究. 福州: 福建农林大学.

杜建军, 苟春林, 崔英德, 等, 2007. 保水剂对氮肥氨挥发和氮磷钾养分淋溶损失的影响. 农业环境科学学报(4): 1296-1301.

杜立栋, 王有年, 李奕松, 等, 2008. 微生物对土壤中铅富集作用的研究. 北京农学院学报(1): 38-41.

冯丹, 邢巧, 葛成军, 等, 2017. 木薯渣基炭制备及对热带砖红壤的改良效果. 江苏农业科学, 45(1): 234-239.

冯绍元, 邵洪波, 黄冠华, 2002. 重金属在小麦作物体中残留特征的田间试验研究. 农业工程学报(4): 113-115.

干方群, 周健民, 王火焰, 等, 2009. 凹凸棒石环境矿物材料的制备及应用. 土壤(4): 525-533.

高跃, 韩晓凯, 李艳辉, 等, 2008. 腐殖酸对土壤铅赋存形态的影响. 生态环境(3): 1053-1057.

葛生珍, 罗力, 牛静, 等, 2013. 不同施氮量对土壤理化性质及微生物的影响. 中国农学通报, 29(36): 167-171.

宫辛玲, 刘作新, 尹光华, 2008. 土壤保水剂与氮肥的互作效应研究. 农业工程学, 24(1): 50-54.

苟春林, 杜建军, 曲东, 等, 2006. 氮肥对保水剂吸水保肥性能的影响. 干旱地区农业研究(6): 78-84.

谷孝鸿, 胡文英, 李宽意, 2000. 基塘系统改良低洼盐碱地环境效应研究. 环境科学学报(5): 569-573.

关连珠, 张继宏, 严丽, 等, 1992. 天然沸石增产效果及对氮磷养分和某些肥力性质调控机制的研究. 土壤通报, 23(5): 205-208.

韩君, 梁学峰, 徐应明, 等, 2014. 黏土矿物原位修复镉污染稻田及其对土壤氮磷和酶活性的影响. 环境科学学报(11): 2853-2860.

韩瑞, 2012. 合成淀粉系载磷保水剂的性质及磷元素释放效应研究. 武汉: 华中农业大学.

郝汉舟, 陈同斌, 靳孟贵, 等, 2011. 重金属污染土壤稳定/固化修复技术研究进展. 应用生态学报,

22(3): 816-824.
郝秀珍, 周东美, 2000. 天然蒙脱石和沸石改良对黑麦铜尾矿砂上生长的影响. 土壤学报, 42(3): 434-439.
郝玉芬, 杨璐, 胡振琪, 2007. 矿-粮复合区土地利用规划环境影响评价. 中国矿业(9): 42-44.
何念鹏, 吴泠, 姜世成, 等, 2004. 扦插玉米秸秆改良松嫩平原次生光碱斑的研究. 应用生态学报(6): 969-972.
何腾兵, 易萱蓉, 蔡是华, 等, 1996. 高吸水剂的吸水能力及其对土壤水分物理性质的影响. 耕作与栽培(5): 57-59.
胡文, 2008. 土壤-植物系统中重金属的生物有效性及其影响因素的研究. 北京: 北京林业大学.
胡振琪, 1997. 煤矿山复垦土壤剖面重构的基本原理与方法. 煤炭学报, 22(6): 617-622.
胡振琪, 2009. 中国土地复垦和生态重建 20 年: 回顾与展望. 科技导报, 27(17): 25-29.
胡振琪, 魏忠义, 秦萍, 2005. 矿山复垦土壤重构的概念与方法. 土壤(1): 8-12.
胡振琪, 刘杰, 蔡斌, 等, 2006. 菌根生物技术在大武口洗煤厂矸石山绿化中的应用初探. 能源环境保护(1): 14-16.
胡振琪, 位蓓蕾, 林衫, 等, 2013. 露天矿上覆岩土层中表土替代材料的筛选. 农业工程学报, 29(19): 209-214.
化全县, 李见云, 周健民, 2006. 天然沸石对磷、钾在红壤中迁移影响的室内模拟研究. 农业工程学报, 22(9): 261-263.
黄麟, 叶建仁, 盛江梅, 等, 2007. 6 种保水剂吸水保水性能的比较. 南京林业大学学报(自然科学版) (2): 101-104.
黄震, 黄占斌, 李文颖, 等, 2010. 不同保水剂对土壤水分和氮素保持的比较研究. 中国生态农业学报, 18(2): 245-249.
黄震, 黄占斌, 孙朋成, 等, 2012. 环境材料对作物吸收重金属 Pb、Cd 及土壤特性研究. 环境科学学报, 32(10): 2490-2499.
黄占斌, 2017. 环境材料学. 北京: 冶金工业出版社.
黄占斌, 夏春良, 2005. 农用保水剂作用原理研究与发展趋势分析. 水土保持研究(5): 108-110.
黄占斌, 孙在金, 2013. 环境材料在农业生产及其环境治理中的应用. 中国生态农业学报, 21(1): 88-95.
黄占斌, 张国桢, 李秧秧, 等, 2002. 保水剂特性测定及其在农业中的应用. 农业工程学报(1): 22-26.
黄占斌, 张玲春, 董莉, 等, 2007. 不同类型保水剂性能及其对玉米生长效应的比较. 水土保持学报(1): 140-143.
黄占斌, 孙朋成, 钟建, 等, 2016. 高分子保水剂在土壤水肥保持和污染治理中的应用进展. 农业工程学报, 32(1): 125-131.
江海燕, 王志国, 赵秋香, 等, 2014. 胡敏酸改性膨润土钝化污染土壤 Pb&Cd 及机理. 环境保护科学, 40(1):46-50.
蒋煜峰, 袁建梅, 卢子扬, 等, 2005. 腐殖酸对污灌土壤中 Cu、Cd、Pb、Zn 形态影响的研究. 西北师范大学学报(自然科学版), 41(6): 42-46.
蒋先军, 骆永明, 赵其国, 等, 2000. 重金属污染土壤的植物修复研究. I.金属富集植物 *Brassica juncea* 对铜、锌、镉、铅污染的响应. 土壤(2): 71-74.
焦志华, 黄占斌, 李勇, 等, 2010. 再生水灌溉对土壤性能和土壤微生物的影响研究. 农业环境科学学报, 29(2): 319-323.
金丹, 卞正富, 2009. 国内外土地复垦政策法规比较与借鉴. 中国土地科学, 23(10): 66-73.
景生鹏, 黄占斌, 景伟东, 2016. 化学改良剂对矿区重金属Pb、Cd污染土壤治理的作用. 资源开发与市场, 32(1): 72-76.
柯超, 2018. 保水剂对土壤重金属铅镉的淋溶效应研究. 北京: 中国矿业大学(北京).
柯超, 黄占斌, 马筠, 等, 2018. 纳米碳保水肥对柑橘田土壤细菌群落结构及柑橘生长的影响. 中国农学通报, 34(21): 101-107.
孔宪清, 苑静, 2005. 天然沸石在温室土壤改良中的作用研究. 中国非金属矿工业, 2: 31-33.
寇晓蓉, 2017. 矿区复垦土地功能提升的方法与途径研究:以平朔矿区为例. 北京: 中国地质大学(北京).
黎关超, 刘红缨, 左娟, 等, 2010. 腐殖酸基-粉煤灰型保水剂的制备和性能测试. 腐殖酸, (2):16-20.
李纯, 刘康怀, 兰俊康, 等, 2001. 腐殖酸及其环境保护意义. 广西科学院学报, 17(3): 129-132.
李涛, 赵之伟, 2005. 丛枝菌根真菌产球囊霉素研究进展. 生态学杂志, 24(9): 1080-1084.
李勇, 黄占斌, 王文萍, 等, 2009. 重金属铅镉对玉米生长及土壤微生物的影响. 农业环境科学学报(11): 2241-2245.
李长洪, 李华兴, 张新明, 2000. 天然沸石对土壤及养分有效性的影响. 土壤与环境, 9(2): 163-165.
李长荣, 邢玉芬, 朱健康, 等, 1989. 高吸水性树脂与肥料相互作用的研究. 北京农业大学学报(2): 187-192.
李昉泽, 毋振庆, 门姝慧, 等, 2019. 腐殖酸复合材料对生土熟化及黑麦草生长的效应研究. 腐殖酸, 187(2): 19-24.
李嘉竹, 2012. 保水剂对土壤保水及氮肥缓释效能研究. 北京: 中国矿业大学(北京).
李焕珍, 徐玉佩, 杨伟奇, 等, 1999. 脱硫石膏改良强度苏打盐渍土效果的研究. 生态学杂志(1): 26-30.
李慧杰, 徐福利, 等, 2012. 施用氮磷钾对黄土丘陵区山地红枣林土壤酶与土壤肥力的影响. 干旱地区农业研究, 30(4): 53-59.
李吉进, 张琳, 倪小会, 等, 2001. 膨润土对有机物料腐殖化系数的影响. 北京农业科学(5): 22-24.
李建彬, 2019. 泥炭土改良铅锌矿渣下木本植物修复效果研究. 长沙: 中南林业科技大学.
李建华, 郜春花, 卢朝东, 等, 2009. 丛枝菌根和根瘤菌双接种对矿区土地复垦的生态效应. 中国土壤与肥料(5): 77-80.
李剑睿, 徐应明, 林大松, 等, 2014. 农田重金属污染原位钝化修复研究进展. 生态环境学报(4): 721-728.
李静萍, 仝云霄, 管振杰, 等, 2016. 腐殖酸吸附剂的制备表征及对 As(Ⅲ)吸附性能研究. 腐殖酸(4):1631-1634.
李丽君, 刘平, 白光洁, 等, 2012. 海泡石改良土壤效果研究. 水土保持学报(2): 277-280, 285.
李世坤, 毛小云, 廖宗文, 2007. 复合保水剂的水肥调控模拟及其肥效研究. 水土保持学报(4): 112-116.
李秀英, 赵秉强, 李絮花, 等, 2005. 不同施肥制度对土壤微生物的影响及其与土壤肥力的关系. 中国农业科学(8): 1591-1599.

李宇庆, 陈玲, 仇雁翎, 等, 2004. 上海化学工业区土壤重金属元素形态分析. 生态环境(2): 154-155.
梁凯, 2011. 非金属矿物材料在环境保护中的应用. 地质与资源(6): 458-461.
梁利宝, 洪坚平, 谢英荷, 等, 2010. 不同培肥处理对采煤塌陷地复垦不同年限土壤熟化的影响. 水土保持学报, 24(3): 140-144.
梁学峰, 韩君, 徐应明, 等, 2015. 海泡石及其复配原位修复镉污染稻田. 环境工程学报, 9(9): 4571-4577.
廖敏, 黄昌勇, 谢正苗, 1999. pH 对镉在土水系统中的迁移和形态的影响. 环境科学学报(1): 83-88.
林健, 2010. 木质素磺酸钙接枝高吸水树脂合成与应用研究，西安: 西安科技大学.
林义成, 丁能飞, 傅庆林, 等, 2005. 土壤溶液电导率的测定及其相关因素的分析. 浙江农业学报(2): 83-86.
刘丹, 2017. 煤质腐殖酸对氮磷的吸附特性及其土壤保持效应研究. 北京: 中国矿业大学(北京).
刘锋, 王琪, 黄启飞, 等, 2008. 固体废物浸出毒性浸出方法标准研究. 环境科学研究, 21(6): 945.
刘春阳, 何文寿, 何进智, 等, 2007. 盐碱地改良利用研究进展. 农业科学研究, 28(2): 68-71.
刘虎俊, 王继和, 杨自辉, 等, 2005. 干旱区盐渍化土地工程治理技术研究. 中国农学通报(4): 329-333.
刘力章, 马少健, 乔红光, 2004. 环境矿物材料在环境保护中的应用现状与前景. 第十届全国粉体工程学术会暨相关设备、产品交流会论文专辑: 3.
刘璐涵, 2015. 环境材料对氮、磷肥同步增效的应用研究. 北京: 中国矿业大学(北京).
刘利军, 洪坚平, 闫双堆, 等, 2013. 不同 pH 条件下腐殖酸对土壤中砷形态转化的影响. 植物营养与肥料学报(1): 134-141.
刘瑞凤, 张俊平, 郑欣, 等, 2006. PAM-atta 复合保水剂对土壤物理性质的影响. 土壤, 38(1): 86-91.
刘秀梅, 冯兆滨, 侯红乾, 等, 2010. 包膜控释掺混尿素对双季稻生长及氮素利用率的影响. 农业环境科学学报, 29(9): 1737-1743.
刘峙嵘, 韦鹏, 曾凯, 等, 2006. 镍污染土壤与腐殖酸修复研究. 现代化学, 26(10): 132-137.
鲁安怀, 1999. 环境矿物材料在土壤、水体、大气污染治理中的利用. 岩石矿物学杂志(4): 292-300.
陆中桂, 2017. 腐殖酸和钝化剂对土壤铅镉的吸附钝化效果研究. 北京: 中国矿业大学(北京).
陆中桂, 黄占斌, 李昂, 等, 2018. 腐殖酸对重金属铅镉的吸附特征研究. 环境科学学报, 38(9): 3721-3729.
栾富波, 谢丽, 李俊, 等, 2008. 腐殖酸的氧化还原行为及其研究进展. 化学通报(11): 833-837.
罗道成, 汪威, 2013. 改性褐煤活性焦对含铬(VI)废水的处理. 材料保护, 46(1): 50-52.
骆永明, 滕应, 2006. 我国土壤污染退化状况及防治对策. 土壤, 38(5): 505-508.
马克拉韦, 2019. 沸石在环境保护中的应用. 南宁: 广西师范大学.
马征, 张柏松, 徐长英, 等, 2016. 改良剂对粘质潮土团聚体特征及分形维数的影响. 水土保持学报, 30(5): 337-341.
孟凡生, 王业耀, 2007. 煤矿开采环境影响评价中地下水问题探析. 地下水(1): 81-84.
牟俊山, 朱书全, 等, 2007. 粉煤灰土壤改良剂在现代种植环境中的应用研究. 中山大学学报, 46: 312-313.
木合塔尔·吐尔洪, 木尼热·阿不都克力木, 西崎·泰, 等, 2008. 康苏风化煤对荒漠盐渍土的改良效果分析. 环境科学与技术(5): 7-10.

宁东峰, 2016. 土壤重金属原位钝化修复技术研究进展. 中国农学通报, 16(23): 72-80.

庞元明, 2009. 土壤肥力评价研究进展. 山西农业科学, 37(2): 85-87.

彭丽成, 2011. 环境材料对 Pb、Cd 污染的土壤改良效应. 北京: 中国矿业大学(北京).

彭丽成, 黄占斌, 石宇, 等, 2011. 环境材料对 Pb、Cd 污染土壤玉米生长及土壤改良效果的影响. 中国生态农业学报(6): 1386-1392.

彭勇军, 李晔, 1998. 膨润土改性技术及其除臭机理研究. 化工矿山技术(2): 33-35.

祁娜, 孙向阳, 张婷婷, 等, 2011. 沸石在土壤改良及污染治理中的应用研究进展. 贵州农业科学, 11: 141-143.

祁桂林, 张爱芬, 2005. 保水剂对狼尾草幼苗耐旱效应. 农业与技术(6): 45-47.

乔志香, 金春姬, 贾永刚, 等, 2004. 重金属污染土壤电动力学修复技术. 环境污染治理技术与设备(6): 80-83.

曲贵伟, 2011. 聚丙烯酸盐对重金属污染修复作用的研究. 沈阳: 沈阳农业大学.

冉烈, 李会合, 2011. 土壤镉污染现状及危害研究进展. 重庆文理学院学报, 30(4): 69-73.

任建宏, 艾海舰, 2003. 土壤保水剂对荷兰菊幼苗在干旱胁迫下生长的影响. 陕西农业科学(1): 6-7.

任岩岩, 2009. 营养型抗旱保水剂对冬小麦根际微生物的影响. 郑州: 河南大学.

荣颖, 胡振琪, 杜玉玺, 等, 2018. 露天矿区土壤基质改良材料研究进展. 金属矿山, 500(2): 164-171.

邵玉翠, 张余良, 2005. 天然矿物改良剂在微咸水灌溉土壤中应用效果的研究. 水土保持学报, 19(4): 100-103.

单瑞娟, 2015. 环境材料对土壤重金属镉的固化效应研究. 北京: 中国矿业大学(北京).

沈忱, 2012. 环境材料对 Pb、Cd 复合污染土壤微生物及酶活性的影响. 北京: 中国矿业大学(北京).

史红文, 杨兰芳, 丁昭全, 等, 2010. 石楠和大叶黄杨对污泥基质中重金属的吸收与富集特征. 北方园艺(3): 70-74.

宋晴晴, 何群, 付在秋, 等, 2002. 保水剂对夏播甜菜苗期生长的影响. 中国甜菜糖业(4): 42-43.

宋正国, 唐世荣, 丁永祯, 等, 2011. 田间条件下不同钝化材料对玉米吸收镉的影响研究. 农业环境科学学报, 30(11): 2152-2159.

孙永秀, 丛秀平, 张建国, 2012. 谈谈土壤环境与作物生长的关系. 吉林农业(9): 108.

孙约兵, 王朋超, 徐应明, 等, 2014. 海泡石对镉-铅复合污染钝化修复效应及其土壤环境质量影响研究. 环境科学, 35(12): 4720-4726.

孙在金, 2013. 脱硫石膏与腐殖酸改良滨海盐碱土的效应及机理研究. 北京: 中国矿业大学(北京).

孙华杰, 2012. 煤基矿物和高分子材料在盐碱化土壤改良中的应用. 北京: 中国矿业大学(北京).

孙朋成, 2016. 三种环境材料对土壤铅镉固化及氮肥增效机理的研究. 北京: 中国矿业大学(北京).

谭科艳, 刘晓端, 刘久臣, 等, 2011. 凹凸棒石用于修复铜锌镉重金属污染土壤的研究. 岩矿测试(4): 451-456.

滕应, 黄昌勇, 骆永明, 等, 2004. 铅锌银尾矿区土壤微生物活性及其群落功能多样性研究. 土壤学报(1): 113-119.

田一良, 刘艳升, 张海兵, 2018. 盐碱地改良与腐殖酸应用技术探讨. 腐殖酸, (3): 42-46.

王璐, 2018. 氮肥和水分对钝化剂作用土壤铅镉的效果研究. 北京: 中国矿业大学(北京).

王平, 付战勇, 李絮花, 等, 2018. 腐殖酸对土壤氮素转化及氨挥发损失的影响. 中国土壤与肥料(4): 28-33.
王帅, 杨阳, 郑伟, 等, 2012. 不同培肥方式对盐碱土壤肥力改良效果的研究. 中国农学通报, 28(33): 172-176.
王春娜, 宫伟光, 2004. 盐碱地改良的研究进展. 防护林科技(5): 38-41.
王海英, 宫渊波, 龚伟, 2005. 同林分土壤微生物、酶活性与土壤肥力的关系研究综述. 四川林勘设计(3): 9-13.
王晓茜, 黄占斌, 李文颖, 等, 2010. 不同环境材料对土壤磷肥的淋溶效应研究//中国环境科学学会 2010 年学术年会论文集, 北京: 中国环境科学出版社.
王庆仁, 崔岩山, 董艺婷, 2001. 植物修复重金属污染土壤整治的有效途径. 生态学报, 21(2): 326-331.
汪亚峰, 李茂松, 卢玉东, 等, 2005. 20 种保水剂吸水特性研究. 中国农学通报(1): 167-170.
位蓓蕾, 胡振琪, 林杉, 等, 2013. 分枝期紫花苜蓿对改良露天矿表土替代材料的响应. 西北农业学报, 22(8): 193-198.
魏远, 顾红波, 薛亮, 等, 2012. 矿山废弃地土地复垦与生态恢复研究进展. 中国水土保持科学, 10(2): 107-114.
魏胜林, 徐梦萤, 张辉, 2011. 保水剂和泥炭降低 pH 效应及对木槿耐碱胁迫的影响. 江苏农业科学(1): 187-189.
吴泠, 何念鹏, 周道玮, 2001. 玉米秸秆改良松嫩盐碱地的初步研究. 中国草地(6): 35-39.
武瑞平, 2010. 风化煤腐殖酸对重金属铅污染土壤修复作用的研究. 太原: 山西大学.
西南农业大学, 2001. 土壤学. 第 2 版. 北京: 中国农业出版社.
夏瑶, 娄运生, 杨超光, 等, 2002. 几种水稻土对磷的吸附与解吸特性研究. 中国农业科学(11): 1369-1374.
夏星辉, 陈静生, 1997. 土壤重金属污染治理方法研究进展. 环境科学(3): 74-78.
肖凯明, 2013. 稻壳灰制备有序介孔氧化硅及吸附性能研究. 南京: 南京理工大学.
谢凤鸾, 刘谷端, 符世明, 等, 2010. 柑橘喷施含腐殖酸水溶肥料效果试验研究. 现代农业科技(16): 280-282.
谢淑州, 龚小兵, 2008. 铁锰磁性海泡石吸附剂的吸附性实验室研究. 中国高新技术企业(9): 97-100.
熊毅, 李庆逵, 1987. 中国土埌. 第 2 版. 北京: 科学出版社.
徐莉英, 邢光熹, 1995. 土壤溶液中重金属离子的浓度. 土壤(5): 245-246.
徐阳春, 沈其荣, 冉炜, 2002. 长期免耕与施用有机肥对土壤微生物生物量碳、氮、磷的影响. 土壤学报(1): 83-90.
徐寅良, 陈凯旋, 陈传群, 等, 2000. 137Cs 在水-吸附体系中的行为. 核农学报, 14(4): 234-240.
许新桥, 刘俊祥, 2013. 腐殖酸的作用机制及其在林业上的应用. 世界林业研究, 26(1): 48-52.
薛照文, 2015. 纳米碳肥料增效剂在秋马铃薯上的应用试验. 农业科技通讯(9): 104-106.
杨秀敏, 2016. 丛枝菌根对重金属污染土壤中玉米生长及养分吸收的影响. 金属矿山(11): 173-176.
杨永辉, 吴普特, 武继承, 等, 2010. 保水剂对冬小麦土壤水分和光合生理特征的影响. 中国水土保持科学, 8(5): 36-41.
叶凌枫, 2016. 不同修复措施对矿区土壤肥力质量的影响及评价. 西安: 长安大学.

叶协锋, 杨超, 2013. 绿肥对植烟土壤酶活性及土壤肥力的影响. 植物营养与肥料学报, 19(2): 445-454.

易杰祥, 刘国道, 2006. 膨润土的土壤改良效果及其对作物生长的影响. 安徽农业科学, 34(10): 2209-2212.

余贵芬, 蒋新, 和文祥, 等, 2002. 腐殖酸对红壤中铅镉赋存形态及活性的影响. 环境科学学报(4): 508-513.

余贵芬, 蒋新, 赵振华, 等, 2006. 腐殖酸存在下镉和铅对土壤脱氢酶活性的影响. 环境化学(2): 168-170.

俞仁培, 陈德明, 1999. 我国盐渍土资源及其开发利用. 土壤通报(4): 15-16.

员学锋, 汪有科, 吴普特, 等, 2005. 聚丙烯酰胺减少土壤养分的淋溶损失研究. 农业环境科学学报(5): 99-104.

臧亚君, 乔志香, 王庚, 等, 2003. 污染土壤的电动力学修复: Lasagna 技术. 污染防治技术(S1): 68-71.

曾敏, 廖柏寒, 张永, 等, 2004. $CaCO_3$ 对黄豆生长过程中 Cd 毒害的缓解效应. 湖南农业大学学报(自然科学版)(5): 453-456.

曾东梅, 2015. 有机-无机复合稳定剂对土壤重金属稳定化处理的研究. 南宁: 广西大学.

曾宪成, 李双, 2018. 构筑“土肥和谐”: 墨色腐殖酸的中国画卷. 腐殖酸(4): 1-14.

张晖, 2005. 沸石改性和去除水中氮磷的研究. 长沙: 中南大学.

张溪, 周爱国, 甘义群, 等, 2010. 金属矿山土壤重金属污染生物修复研究进展. 环境科学与技术, 33(3): 106-112.

张莹, 2014. 环境材料改良土壤肥力的微生物及土壤酶效应研究. 北京: 中国矿业大学(北京).

张建刚, 汪勇, 汪有科, 等, 2009. 10 种保水剂基本特性对比研究. 干旱地区农业研究, 27(2): 208-212.

张建英, 朱利中, 占启范, 等, 1994. 改性膨润土混凝剂 Scpb 处理印染废水. 环境污染与防治(2): 18-19.

张丽洁, 张瑜, 刘德辉, 2009. 土壤重金属复合污染的化学固定修复研究. 土壤(3): 420-424.

张树清, 刘秀梅, 冯兆斌, 2007. 腐殖酸对氮、磷、钾的吸附解吸特性研究. 腐殖酸(2): 15-21.

张小亮, 何江涛, 石钰婷, 等, 2013. 不同金属离子及三氯乙烯(TCE)初始浓度对有-矿质复合体的吸附影响研究. 农业环境科学学报, 32(1): 95-102.

张小明, 2012. 环境材料对土壤微生物及酶活性影响的研究. 北京: 中国矿业大学(北京).

张小明, 孙宇轩, 胡兴安, 等, 2013. 环境材料对高速公路绿化带土壤盐碱化的改良效应. 公路(8): 286-289

张云龙, 李军, 2007. 硅素物质对土壤-水稻系统中镉行为的影响. 安徽农业科学 (10): 2955-2956.

赵珂, 丁满, 化党羽, 等, 2016. 褐煤基改良剂对石灰性土壤复合体铅赋存形态的影响. 中国水土保持科学, 14(1): 123-130.

赵瑞, 2006. 煤烟脱硫副产物改良碱化土壤研究. 北京: 北京林业大学.

赵可夫, 冯立国, 2001. 中国盐生植物资源. 北京: 科学出版社.

郑水林, 2008. 非金属矿物环境污染治理与生态修复材料应用研究进展. 中国非金属矿工业导刊(2): 3-7.

周国华, 2003. 被污染土壤的植物修复研究. 物探与化探(6): 473-475.

周连碧, 2007. 我国矿区土地复垦与生态重建的研究与实践. 有色金属(2): 90-94.

左广玲, 叶红勇, 李入林, 等, 2010. 利用大豆秸秆制备农用保水剂及其保水性能研究. 河南农业科学,

39(4): 50-56.

朱林, 韩文节, 於忠祥, 等, 2006. 缓释型保水剂对土壤物理性状作用及油菜增产效果的研究. 土壤通报(4): 644-647.

钟建, 2018. 保水剂对土壤氮磷肥保持和重金属固化同步效应研究. 北京: 中国矿业大学(北京).

自国丽, 2014. Al 基 MOFs 材料催化转化生物质及其吸附去除水体污染物的研究. 昆明: 云南大学.

邹德乙, 2011. 腐殖酸的概念与腐殖酸分类问题的探讨. 腐殖酸(4): 44-48.

邹德乙, 隋小慧, 2009. 有机肥和腐殖酸类肥料对土壤碳循环及温室效应的影响. 腐殖酸(2): 45-46.

邹新禧, 1991. 超强吸水剂. 北京: 化学工业出版社.

BAI W B, SONG J Q, LI M S, 2008. Comparative study of water absorbing and retaining characteristics of four superabsorbents. Agricultural Research in the Arid Areas, 26(5): 100-104.

BAKASS M, MOKHLISSE A, LALLEMANT M, 2002. Absorption and desorption of liquid water by a superabsorbent polymer: Effect of polymer in the drying of the soil and the quality of certain plants. Journal of Applied Polymer Science, 83(2): 234-243.

BLASI C, ZAVATTERO L, MARIGNANI M, et al., 2008. The concept of land ecological network and its design using a land unit approach. Plant Biosystems-An International Journal Dealing with all Aspects of Plant Biology, 142(3): 540-549.

CAO X D, MA L Q, SINGH S P, et al., 2008. Phosphate-induced lead immobilization from different lead minerals in soils under varying pH conditions. Environmental Pollution, 152(1): 184-192.

CAO Y, WANG B, GUO H, et al., 2017. The effect of super absorbent polymers on soil and water conservation on the terraces of the loess plateau. Ecological Engineering, 102: 270-279.

CHEN H, DOU J, XU H. 2018. Remediation of Cr(VI)-contaminated soil with co-composting of three different biomass solid wastes. Journal of Soils and Sediments, 18(3): 897-905.

CHEN L, 2001. Flue gas desulfurization by-products additions to acid soil: Alfalfa productivity and environment quality. Environmental Pollution, 114(2): 161-168.

CHOWDHURY S, MISHRA R, SAHA P, et al., 2011. Adsorption thermodynamics, kinetics and isosteric heat of adsorption of malachite green onto chemically modified rice husk. Desalination, 265(1-3):159-168.

CLARK R B, ZETO S K, RITCHEY K D, et al., 1997. Growth of forages on acid soil amended with flue gas desulfurization by-products. Fuel, 76(8): 771-775.

CREWS J, DICK W A, 1998. Liming acid forest soils with flue gas desulfurization by-product: growth of Northern red oak and leachate water quality. Environmental Pollution, 103(1): 55-61.

ERNST W H O, 1996. Bioavailability of heavy metals and decontamination of soils by plants. Applied Geochemistry, 11:163-167.

FANG Y, XUN F, BAI W, et al., 2012. Long-term nitrogen addition leads to loss of species richness due to litter accumulation and soil acidification in a temperate steppe. Plos One, 7(10): e47369.

FENG M H, SHAN X Q, ZHANG S Z, et al., 2005. A comparison of the rhizosphere-based method with DTPA, EDTA, $CaCl_2$, and $NaNO_3$ extraction methods for prediction of bioavailability of metals in soil to barley. Environmental Pollution, 137(2): 231-240.

FLORY PJ, 1954. Principle of Polymer Chemistry New York: Comell University Press.

GAIND S, GAUR A C, 2003. Evaluation of fly ash as a carrier for diazotrophs and phosphobacteria. Bioresource Technology, 95:187-190.

GARCIA-SANCHEZ A, ALASTUEY A, QUEROL X, 1999. Heavy metal adsorption by different minerals: Application to the remediation of polluted soils. The Science of the Total Environment, 242: 179-188.

GIANNIS A, GIDARAKOS E, SKOUTA A, 2007. Application of sodium dodecyl sulfate and humic acid as surfactants on electrokinetic remediation of cadmium-contaminated soil. Desalination, 211(1): 249-260.

GOMEZ-EYLES J L, GHOSH U, 2018. Enhanced biochars can match activated carbon performance in sediments with high native bioavailability and low final porewater PCB concentrations. Chemosphere, 203: 179-187.

GONG H, LI J, MA J, et al., 2018. Effects of tillage practices and microbial agent applications on dry matter accumulation, yield and the soil microbial index of winter wheat in North China. Soil and Tillage Research, 184: 235-242.

GRAY C W, DUNHAM S J, DENNIS P G, et al., 2006. Field evaluation of in situ remediation of a heavy metal contaminated soil using lime and red-mud. Environmental Pollution, 142(3): 530-539.

GU H H, QIU H, TIAN T, et al., 2011. Mitigation effects of silicon rich amendments on heavy metal accumulation in rice (*Oryza sativa* L.) planted on multi-metal contaminated acidic soil. Chemosphere, 83(9): 1234-1240.

HILGEN F J, KRIJGSMAN W, LANGEREIS C G, et al., 1995. Extending the astronomical (polarity) time scale into the Miocene. Earth and Planetary Science Letters, 136(3): 495-510.

KABIRI K, FARAJI-DANA S, ZOHURIAAN-MEHR M J, 2005. Novel sulfobetaine-sulfonic acid-contained superswelling hydrogels. Polymers for Advanced Technologies, 16(9): 659-666.

KARLSSON T, ELGH-DALGREN K, BJÖRN E, et al., 2007. Complexation of cadmium to sulfur and oxygen functional groups in an organic soil. Geochimica et Cosmochimica Acta, 71(3): 604-614.

KENDIR E, KENTEL E, SANIN F D, 2015. Evaluation of heavy metals and associated health hazards in a metropolitan wastewater treatment plant's sludge for its land application. Human and Ecological Risk Assessment: An International Journal, 21(6): 1631-1643.

KUMPIENE J, LAGERKVIST A, MAURICE C, 2008. Stabilization of As, Cr, Cu, Pb and Zn in soil using amendments-A review. Waste Management, 28(1): 215-225.

KUMPIENE J, MENCH M, BES C M, et al., 2011. Assessment of aided phytostabilization of copper-contaminated soil by X-ray absorption spectroscopy and chemical extractions. Environmental Pollution, 159(6): 1536-1542.

LAI K M, YE D Y, WONG J W C, 1999. Enzyme activities in a sandy soil amended with sewage sludge and coal fly ash. Water Air Soil Pollution, 113: 261-272.

LAIRD D A, FLEMING P, DAVIS D D, et al., 2010. Impact of biochar amendments on the quality of a typical Midwestern agricultural soil. Geoderma, 158(3): 443-449.

LARKIN R P, 2008. Relative effects of biological amendments and crop rotations on soil microbial communities and soilborne diseases of potato. Soil Biology and Biochemistry, 40(6): 1341-1351.

LI Z M, LIU L L, SHI C Y, et al., 2009. Effects of humic acid fertilizer on urease activity in ginger growing soil and nitrogen absorption of ginger. China Vegetables, 1(4): 44-47.

LIANG S H, KAO C M, KUO Y C, et al., 2011. In situ oxidation of petroleum-hydrocarbon contaminated groundwater using passive ISCO system. Water Research, 45(8): 2496-2506.

LIU M, LIANG R, ZHAN F L, et al., 2007. Preparation of superabsorbent slow release nitrogen fertilizer by inverse suspension polymerization. Polymer International, 56(6): 729-737.

LIU Y, HU C, HU W, et al., 2018. Stable isotope fractionation provides information on carbon dynamics in soil aggregates subjected to different long-term fertilization practices. Soil and Tillage Research, 177: 54-60.

LOMBI E, STEVENS D P, MCLAUGHLIN M J, 2010. Effect of water treatment residuals on soil phosphorus, copper and aluminium availability and toxicity. Environmental Pollution, 158(6): 2110-2116.

MAHDAVINIA G R, POURJAVADI A, ZOHURIAAN-MEHR M J, 2006. A convenient one-step preparation of chitosan-poly (sodium acrylate-co-acrylamide) hydrogel hybrids with super-swelling properties. Journal of Applied Polymer Science, 99(4): 1615-1619.

MAHDAVINIA G R, ZOHURIAAN-MEHR M J, POURJAVADI A, 2004. Modified chitosan III, superabsorbency, salt- and pH-sensitivity of smart ampholytic hydrogels from chitosan-g-PAN. Polymers for Advanced Technologies, 15(4): 173-180.

MALANDRINO M, ABOLLINO O, BUOSO S, et al., 2011. Accumulation of heavy metals from contaminated soil to plants and evaluation of soil remediation by vermiculite. Chemosphere, 82(2): 169-178.

MAO M Z, 1996. Specification of metals in sediments along the Le An River. the Final Report of the Co-operative Ecological Research Project(CERP),,the United Nations Educational. France: Scientific and Cultural Organization: 1-57.

NAIDU R, KOOKANA R S, BASKARAN S, 1998. Pesticide dynamics in the tropical soil-plant ecosystem-potential impact on soil and crop quality//Kennedy IR, Skerritt JH, Johnson GI, et al. Seeking agricultural produce free of pesticide residues. Canberra: ACIAR Press: 171-183.

NASSE M S, SAGHEER A O, HUSSEIN I A, et al., 2016 Intercalation of ionic liquids into bentonite: swelling and rheological behaviors. Colloids and Surfaces A: Physicochemical and Engineering Aspects, 507(20): 141-151.

PICCOLO A, MBAGWU J S C, 1989. Effects of humic substances and surfactants on the stability of soil aggregates. Soil Science, 147(1): 47-54.

QI X H, LIU M Z, CHEN Z B, et al., 2009. Preparation and properties of macroporous superabsorbent composite. Polymers for Advanced Technologies, 21(3): 196-204.

RAHMAT A K, FAISOL N, 2016. Manufacturers satisfaction on logistics service quality: operational, relational and national culture. Procedia-Social and Behavioral Sciences, 224: 339-346.

RATTAN R K, DATTA S P, CHHONKAR P K, et al., 2005. Long-term impact of irrigation with sewage effluents on heavy metal content in soils, crops and groundwater: a case study. Agriculture, Ecosystems & Environment, 109(3-4): 310-322.

REYES A, FUENTES B, LETELIER M V, et al., 2017. Mobilization of arsenic and heavy metals from polluted soils by humic acid// EGU General Assembly Conference. EGU General Assembly Conference Abstract.

RIZWAN M, MEUNIER J D, MICHE H, et al., 2012. Effect of silicon on reducing cadmium toxicity in durum wheat (*Triticum turgidum* L. cv. Claudio W.) grown in a soil with aged contamination. Journal of Hazardous Materials, 209-210: 326-334.

SANTONA L, CASTALDI P, MELIS P, 2006. Evaluation of the interaction mechanisms between red muds and heavy metals. Journal of Hazardous Materials, 136(2): 324-329

SARATHCHANDRA S U, WATSON R N, COX N R, et al., 1996. Effects of chitin amendment of soil on microorganisms, nematodes, and growth of white clover (*Trifolium repens* L.) and perennial ryegrass (*Lolium perenne* L.). Biology and Fertility of Soils, 22: 221-226.

SHI W Y, SHAO H B, LI H, et al., 2009. Progress in the remediation of hazardous heavy metal-polluted soils by natural zeolite. Journal of Hazardous Materials, 170(1): 1-6.

SOJKA R E, ENTRY J A, FUHRMANN J J, 2006. The influence of high application rates of polyacrylamide on microbial metabolic potential in an agricultural soil. Applied Soil Ecology, 32(2): 243-252.

STOUT W L, 1996. Use of flue gas desulfurization (FGD) by product gypsum on alfalfa. Communications in Soil Science and Plant Analysis, 27(9/10): 2419-2432.

TAN K H, 2003. Humic matter in soil and the environment: principles and controversies. Soil Science Society of America Journal, 79(5): 1520.

US EPA, 1986. Method 1311 Toxicity characteristic leaching procedure (TCLP) . Washington DC: US EPA

US EPA, 1994a. Method 1312 Synthetic precipitation leaching procedure (SPLP). Washington DC: US EPA.

US EPA, 1994b. Method 1320 Multiple extraction procedure (MEP).Washington DC: US EPA.

US EPA, 2013. Liquid-solid partitioning as a function of extract pH using a parallel batch extraction procedure. Washington DC: US EPA.

US EPA, 2013a. Liquid-solid partitioning as a function of liquid-solid ratio for constituents in solid materials using an up-flow percolation column procedure. Washington DC: US EPA.

US EPA, 2013b. Mass transfer rates of constituents in monolithic or compacted granular materials using a semi-dynamic tank leaching procedure. Washington DC: US EPA.

US EPA.2013c. Liquid-solid partitioning as a function of liquid-to-solid ratio in solid materials using a parallel batch procedure. Washington DC: US EPA.

VAN HERWIJNEN R, HUTCHINGS T R, AL-TABBAA A, et al., 2007. Remediation of metal contaminated soil with mineral-amended composts. Environmental Pollution, 150(3): 347-354

VENEGAS A, RIGOL A, VIDAL M, 2016. Changes in heavy metal extractability from contaminated soils remediated with organic waste or biochar. Geoderma, 279: 132-140.

WANG S, TERDKIATBURANA T, TADE M O, 2008. Adsorption of Cu(II), Pb(II) and humic acid on natural zeolite tuff in single and binary systems. Separation and Purification Technology, 62(1): 64-70.

WENDELL L, 2018. TF-3 Teach the Teacher: A Self-Guided Syllabus for the Senior Teaching Resident. Annals of Emergency Medicine, 72(4): S156.

WICK A F, INGRAM L J, STAHL P D, 2009. Aggregate and organic matter dynamics in reclaimed soils as indicated by stable carbon isotopes. Soil Biology and Biochemistry, 41(2): 201-209.

WONG J W C, FANG M, JIANG R, 2001. Persistency of Bacterial indicators in biosolids stabilization with coal fly ash and lime. Water Environment Research, 73(5): 607-610.

ZHANG J, YIN H L, Wang H, et al., 2018. Reduction mechanism of hexavalent chromium by functional groups of undissolved humic acid and humin fractions of typical black soil from Northeast China. Environmental Science and Pollution Research, 25 (17): 16913-16921.

ZHAO X, HUANG J, LU J, et al., 2019. Study on the influence of soil microbial community on the long-term heavy metal pollution of different land use types and depth layers in mine. Ecotoxicology and Environmental Safety, 170: 218-226

ZOUARI M, BEN AHMED C, ELLOUMI N, et al., 2016. Impact of proline application on cadmium accumulation, mineral nutrition and enzymatic antioxidant defense system of *Olea Europaea L. cv Chemlali* exposed to cadmium stress. Ecotoxicology and Environmental Safety, 128: 195-205.

ZUGENMAIER P, 2001. Conformation and packing of various crystalline cellulose fibers. Progress In Polyme Science, 26(9): 1341-1417.